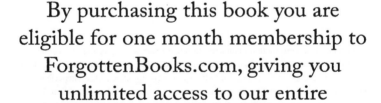

ISBN 978-0-656-40625-8
PIBN 10357264

ZOOLOGICA.

Original-Abhandlungen

aus

dem Gesamtgebiete der Zoologie.

Herausgegeben

von

Dr. Carl Chun in Leipzig.

Heft 44.

Untersuchungen über die Süsswasser-Mikrofauna Paraguays

von

Dr. E. von Daday

ord. Professor der Zoologie am Polytechnikum in Budapest.

Mit einem Anhang von **Dr. W. Michaelsen.**

Mit 23 Tafeln und 2 Textfiguren.

STUTTGART.

Verlag von Erwin Nägele.

1905.

Untersuchungen

über die

Süsswasser-Mikrofauna

Paraguays

von

Dr. E. von Daday

ord. Professor der Zoologie am Polytechnikum in Budapest.

Mit 23 Tafeln und 1 Textfigur.

Mit einem Anhang:

Zur Kenntnis der Naididen

von **Dr. W. Michaelsen**

mit 1 Textfigur.

STUTTGART.

Verlag von Erwin Nägele.

1905.

Druck von Carl Rembold, Heilbronn a. N.

Inhaltsverzeichnis.

Vorwort.

Im Laufe der Jahre 1901—1904 stellte mir Prof. J. D. Anisits in Asuncion ein sehr reichhaltiges Plankton-Material zur Verfügung, welches er an verschiedenen Stellen von Paraguay gesammelt hatte. Ich übernahm die Untersuchung dieses Materials um so bereitwilliger, als sich mir dadurch die Gelegenheit bot, einerseits die bisher gänzlich unbekannte Mikrofauna von Paraguay zu studieren, anderseits aber in Verbindung damit Beiträge zur Kenntnis der Süßwasserfauna von Südamerika bieten zu können.

Das mir zur Verfügung gestellte Material war teils im Spiritus oder Formol, teils aber nach einer Behandlung mit Chromessigsäure in Spiritus konserviert, stammt von den nachstehend verzeichneten Fundorten und wurde zu der beigesetzten Zeit gesammelt.

1. Aregua, Pfützen entlang der Eisenbahn. 27. Juli 1902.
2. Aregua, Inundationen eines Baches, welcher den Weg zu der Laguna Ipacarai kreuzt. 27. Juli 1902.
3. Zwischen Aregua und Lugua, Inundationen des Yuguariflusses. 27. Juli 1902.
4. Zwischen Aregua und Lugua, Banado, entlang der Eisenbahn. 27. Juli 1902.
5. Zwischen Aregua und dem Yuguariflusse, Inundationen eines Baches entlang der Eisenbahn. 27. Juli 1902.
6. Asuncion, Seitenarm (Gran Chaco) des Paraguayflusses. 5. Juli und 12. August 1902.
7. Asuncion, Campo Grande, Calle de la Canada, durch Quellen gebildete Tümpel und Gräben. 15. Juni 1902.
8. Asuncion, auf den mit halbdürren Camalote bedeckten Sandbänken in den Flußarmen. 11. Juli 1902.
9. Asuncion, Laguna (Pasito), Inundationen des Paraguayflusses. 29. Sept. 1903.
10. Asuncion, Pfützen auf der Insel (Banco) im Paraguayflusse, gegenüber dem Hafen. 5. Juli 1902.
11. Asuncion, Villa Morra, Calle Laureles, Straßengraben. 25. Juni 1902.
12. Asuncion, gegen Trinidad, Gräben und Tümpel an der Eisenbahn. 16. Juni 1902.
13. Baraneo Branco, Bahia des Conchas. 20. Okt. 1895.
14. Cacarapa, ständiger Tümpel. 3. Nov. 1903.
15. Cerro Leon, 65 km südwestlich von Asuncion, mit Wasserpflanzen bewachsenes Sumpfgebiet (Banado). 6. Juli 1902.
16. Cerro Noaga, Oroyo. Dez. 1896.
17. Churuzu-chica, toter Arm des Paraguayflusses. 16. Juni 1903.
18. Churuzu-nú, Teich beim Hause des Marcos Romeros. 6. Feb. 1903.
19. Corumba, Matto Grosso, Inundationstümpel des Paraguayflusses. 1901.
20. Estia Postillon, Lagune und deren Inundationen. Dez. 1901. 3. Nov. 1902.

21. Gourales, ständiger Tümpel. 3. Okt. 1903.
22. Gourales, Pfütze bei der Eisenbahnstation. 5. Okt. 1903.
23. Gran Chaco, gegenüber von Asuncion, von Riachok verursachte Lagune. 5. Juli und
    12. August 1902.
24. Laguna-Ipacarai, Ufer, bei der Eisenbahnstation Aregua. 27. Juli 1902.
25. Laguna-Ipacarai, Oberfläche. 11. Okt. 1903.
26. Lugua, Pfütze bei der Eisenbahnstation. 27. Juli 1902.
27. Paso Barreto, Lagune am Wege zur Fähre über den Rio Aquidaban. 5. Feb. 1903.
28. Paso Barreto, Banado beim Hause Salamons am linken Ufer des Rio Aquidaban.
    5. Feb. 1903.
29. Pirayu, Pfützen und Straßengräben bei der Eisenbahnstation. 6. Juli 1902.
30. Pirayu, Quellen bei der Ziegelei an der Eisenbahn. 6. Juli 1902.
31. Sapucay, Regenpfütze. 24. Okt. 1903.
32. Sapucay, Arroyo Poná. 25. Okt. 1903.
33. Sapucay, Pfütze bei dem Eisenbahndamm. 25. Okt. 1903.
34. Sapucay, mit Limnanthemum bewachsene Regenpfützen. 24. Okt. 1903.
35. Tebicuay, ständiger Tümpel. 4. Nov. 1903.
36. Villa Encarnacion, Alto Parana, Sumpf. 21. Jan. 1904.
37. Villa Rica, Graben an der Eisenbahn. 3. Nov. 1903.
38. Villa Rica, quellenreiche Wiese. 9. Nov. 1903.
39. Villa Sana, Peguaho, kleinen Teich bildende Wasserader. 27. Jan. 1903.
40. Villa Sana, Inundationen des Baches Paso Ita. 3. Feb. 1903.
41. Inundationen des Yuguariflusses, an der Brücke. 27. Juli 1902.

Die große Anzahl der Fundorte, sowie das reiche Planktonmaterial legen für den unermüdlichen Eifer des Prof. J. D. Anisits ein glänzendes Zeugnis ab.

Bei Schilderung der zufolge meiner diesbezüglichen Untersuchungen erzielten Resultate
befolgte ich die aufsteigende systematische Reihenfolge und war nach Tunlichkeit bemüht,
sämtliche in dem Planktonmaterial vertretenen Tierarten aufzuarbeiten; bloß von der
Gruppe der Turbellarien mußte ich absehen, weil die übrigens in wenigen Exemplaren
vorhandenen Arten derselben nicht derart konserviert waren, daß ihre Bestimmung möglich
gewesen wäre. Dagegen habe ich auch die in dem Planktonmaterial konservierten Oligochaeten, bezw. Naiden aufbewahrt; zu meinem Vergnügen ist es mir gelungen, Dr. W.
Michaelsen zum Studium derselben zu gewinnen, dessen diesbezügliche Arbeit unter dem
Titel „Zur Kenntnis der Naiden" ich als Anhang und Ergänzung der Mikrofauna der vorliegenden Arbeit anschließe.

Hinsichtlich der Anordnung meines Werkes ist zu bemerken, daß ich der Schilderung
der einzelnen Gruppen, gleichsam als Einleitung einen kurzen historischen Überblick über
die auf Südamerika bezügliche Literatur vorausschicke. Bei der Detailschilderung, d. i. bei
der Beschreibung der einzelnen Arten habe ich stets diejenigen literarischen Nachweise verzeichnet, welche ich bei Determinierung der Art, bei der Feststellung ihres Namens vor
Augen hatte, und habe dies in einzelnen Fällen auch im Rahmen der Gattungen nicht unterlassen. Eine eingehendere Beschreibung gebe ich nur von den neuen, oder in irgend einer

Beziehung interessanteren Arten, während ich mich bei den allgemein bekannten Arten zumeist auf die Aufzeichnung d.r Fundorte und der geographischen Verbreitung beschränke. Als Beschluß der Schilderung größerer Gruppen war ich bestrebt, die speziellen und allgemeinen Verbreitungsverhältnisse einerseits der von mir aus der Fauna von Paraguay beobachteten, anderseits aus Südamerika schon früher nachgewiesenen Arten in großen Zügen zu bieten, und wo und insofern es möglich war, habe ich versucht, Vergleichungen anzustellen zwischen den entsprechenden Tiergruppen von Paraguay und anderer Gebiete aus Südamerika, sowie von Südamerika und anderen Weltteilen. Um schließlich ein übersichtliches Bild über das aufgearbeitete Material, bezw. über die durch mich beobachteten Arten zu bieten, habe ich die Namen derselben in systematischer Reihenfolge zusammengestellt.

Das Verzeichnis der benützten Literatur habe ich, nach den Tiergruppen gesondert, alphabetisch zusammengestellt und gruppenweise mit fortlaufender Nummer versehen. Im Text sind statt der Titel der einzelnen Werke nur die vor demselben stehenden Nummern angeführt, daher kommt es vor, daß die Nummern der Citate sich im Texte gruppenweise eventuell öfters wiederholen.

Ich kann es nicht unterlassen, dem Herrn Prof. J. D. Anisits für den unermüdlichen Eifer, womit er das Zustandekommen des vorliegenden Werkes ermöglichte, sowie dem Herrn Dr. W. Michaelsen für seine freundliche Mitwirkung meinen verbindlichsten Dank auch an dieser Stelle auszusprechen.

I. Protozoa.

Die ersten Angaben über die Protozoen der Süßwasser-Mikrofauna von Südamerika und den dazugehörigen Inseln veröffentlichte 1841 C. G. Ehrenberg (8.), der dieselben in seiner Publikation vom Jahre 1848 und 1861 (9. 10.) ergänzte, bezw. einigermaßen erweiterte. Alle drei Aufsätze aber behandeln fast ausschließlich bloß die Repräsentanten der *Sarcodina*-Klasse und unter den aufgeführten Arten befinden sich auch mehrere zweifelhafte, insofern laut der Zusammenstellung von W..Schewiakoff (20. p. 169—172) bloß 7 derselben als sichere Arten zu betrachten sind. Die nächstfolgende diesbezügliche Angabe machte J. Bruner im Jahre 1886, als er seine Studien über die in Chile beobachtete *Euglena viridis* Ehrb. (2.) publizierte.

Die Daten der genannten zwei Forscher werden weit überflügelt durch diejenigen, welche A. Certes in seiner Publikation vom Jahre 1889 (4.) brachte, insofern darin 43 Arten aus einem Material vom Feuerland enthalten sind. Unter den von A. Certes verzeichneten und teilweise auch beschriebenen Arten sind die Repräsentanten sowohl der *Sarcodina*-, als auch der *Mastigophora*- und *Infusoria*-Klasse vertreten, die zu letzterer Klasse gehörigen allerdings in sehr beschränkter Auswahl (3). Übrigens sind laut der Zusammenstellung von W. Schewiakoff von den 43 Arten bloß 31 sichere Arten, die übrigen aber teils synonym, teils zweifelhaft (20. p. 166—167).

Einen großen Aufschwung gewann die Kenntnis der südamerikanischen Süßwasser-Protozoen durch J. Frenzels zwei Publikationen, deren erste, im Jahr 1891 erschienene (15.) 23 Arten und 13 Gattungen der *Sarcodina*-Klasse, 37 Gattungen der *Mastigophora*-Klasse und 46 Gattungen der *Infusoria*-Klasse ohne Bezeichnung der Arten erwähnt. Das im Laufe der Jahre 1892—97 erschienene zweite und größere monographische Werk (16.) enthält teils die Beschreibung, teils das Namensverzeichnis der *Rhizopoda*- und *Helioamoeba*-Arten und hiernach hat J. Frenzel insgesamt 88 hierhergehörige Arten von argentinischen Fundorten beobachtet. Von den Gattungen sind 22, von den Arten aber 43 neu. Außer der Beschreibung der neuen Gattungen und Arten, sowie der interessanteren Formen, nimmt J. Frenzel indessen auch eine neue Einteilung der Rhizopoden vor, insofern er sie in folgende vier Ordnungen trennt, und zwar: 1. *Protamoebaea*, 2. *Amoebaea*, 3. *Helioamoebaea*, 4. *Mastigoamoebaea*.

In jüngster Zeit haben G. Entz und E. v. Daday auf die südamerikanischen Süßwasser-Protozoen bezügliche Daten veröffentlicht. G. Entz hat nämlich 1902 aus dem von F. Silvestri in verschiedenen Gegenden von Patagonien gesammelten Material 23 Arten verzeichnet, und zwar aus der *Sarcodina*-Klasse 3, aus der *Mastigophora*-Klasse 9, aus der *Sporozoa*-Klasse 1 und aus der *Infusoria*-Klasse 10 Arten. Der größte Teil der Arten war bis dahin aus Südamerika nicht bekannt, darunter aber auch eine sehr interessante neue

Art. *Acineta tripharetra* (13). In der gleichfalls 1902 erschienenen Abhandlung von E. v. Daday (6.) werden aus Chile 5 *Protozoa*-Arten erwähnt, wovon 3 in die *Mastigophora*- und 2 in die *Infusoria*-Klasse gehören.

Als ein, auch auf die Süßwasser-Protozoen von Südamerika Rücksicht nehmendes Werk ist hier noch W. Schewiakoffs größere Arbeit „Über die geographische Verbreitung der Süßwasser-Protozoen" aus dem Jahre 1893 zu erwähnen, insofern es die in der Literatur bis dahin erschienenen diesbezüglichen Daten zusammenfaßt.

Bei der nachstehenden Aufzählung und Beschreibung der bei meinen Untersuehungen beobachteten Arten befolge ich im ganzen diejenige systematische Einteilung, welche G. Entz in dem die Protozoen behandelnden Hefte des Werkes „Fauna Regni Hungariae" mit teilweiser Modifikation des Systems von O. Bütschli (3.) festgestellt hat, und mache in dieser Hinsicht bloß bei der *Sarcodina*-Klasse eine Ausnahme, bei deren inneren Einteilung ich im ganzen in die Fußstapfen von Leidy-Lang trete (17. a), wogegen ich hinsichtlich der Synonymie und bezw. der Nomenklatur durchaus die obenerwähnte Publikation von G. Entz vor Augen habe.

I. Klasse. **Sarcodina** Bütschli.

1. Subklasse **Rhizopoda.**

Diese Subklasse umfaßt die Bütschli-Entzsche Ordnung der Rhizopoden, sowie die Subklassen *Lobosa, Filosa* und *Rhizopoda* (Reticulosa) des Systems A. Langs. Übrigens hat auch J. Frenzel diese Subklasse abgesondert.

1. Ord. **Lobosa.**

Der Umfang dieser Ordnung ist identisch mit dem der Leidy-Langschen Subklasse *Lobosa* und umfaßt die Unterordnung *Nuda* des Bütschli-Entzschen Systems, sowie die Familie *Arcellidae* der Unterordnung *Testacea.*

1. Subord. **Amoebaea.**

Diese Unterordnung hat identischen Wert mit der Bütschli-Entzschen Subordo *Nuda* und der A. Langschen Ordo *Amoebaea;* es vereint sodann die J. Frenzelschen Ordnungen *Protamoebaea* und *Amoebaea.*

Fam. Amoebidae.

Die südamerikanischen Arten dieser Familie hat zuerst J. Frenzel zum Studium gemacht (Bibliotheca Zoologica. Heft 12) und die von ihm beobachteten 29 Arten und einige Varietäten in 8 Gattungen zusammengefaßt. Von diesen Gattungen sind bloß *Amoeba, Pelomyxa* und *Dactylosphaerium* älter, die übrigen 5, die *Guttulidium, Saccamoeba, Saltonella, Eickenia* und *Stylamoeba* hingegen neu. Unter den 29 beobachteten Arten sind bloß 12 früher bekannt gewesen, die übrigen 17 dagegen sind neu.

J. Frenzel nimmt übrigens in die Familie *Amoebaea lobosa* nicht nur die allgemein zu der Familie *Amoebidae* gerechneten Gattungen, sondern als Subfamilie *Amoebaea testacea* auch die Gattungen der Familien *Arcellidae* und *Euglyphidae*.

Gen. Amoeba Bory de St. Vincent.

Die Arten dieser Gattung hat J. Frenzel in seinem erwähnten Werke in zwei Gattungen geschieden, und zwar in das alte Genus *Amoeba* und in das neue *Saccamoeba*. Von den beschriebenen 22 Arten beläßt er bloß 8 im Genus *Amoeba*, während er 14 zum Genus *Saccamoeba* gibt.

1. Amoeba verrucosa Ehrb.

Amoeba verrucosa J. Leidy 18, p. 53, Taf. III.

Fundort: Estia Postillon, Lagune. Die in Formol konservierten Exemplare waren zwar etwas eingeschrumpft, allein die an der Oberfläche in verschiedenen Richtungen hinziehenden Falten machten eine sichere Bestimmung möglich. Unter den Exemplaren waren übrigens diejenigen am häufigsten, welche den Abbildungen 29, 34 und 36 auf Tafel 3 von J. Leidy gleich sind. J. Frenzel hat diese Art unter dem Namen *Saccamoeba verrucosa* (Ehrb.) von dem Fundort Cordoba aus Argentinien beschrieben (16. p. 4, Taf. IV, Fig. 1. 2), während sie A. Certes vom Kap Horn verzeichnete (4.).

Gen. Pelomyxa Greeff.

Dies Genus ist zu den kosmopolitischen zu zählen. Aus Südamerika wurde es zuerst von A. Certes, dann von J. Frenzel aufgezeichnet.

2. Pelomyxa villosa Leidy.

Pelomyxa villosa J. Leidy, 18, p. 73, Taf. V, VIII, Fig. 31—33.

Die einzige Art der Gattung, welche auch aus Südamerika bekannt ist, indem sie von A. Certes vom Kap Horn und von J. Frenzel aus Argentinien aufgeführt wurde. Ich fand sie bloß in dem Material aus der Lagune bei Estia Postillon in mehreren Exemplaren, deren manche so vortrefflich konserviert waren, daß die Determination keinem Zweifel unterliegt. Diese Art ist bisher bloß aus Asien und Afrika noch nicht bekannt.

Subord. Testacea.

Diese Unterordnung umfaßt die Familie *Arcellidae* der Bütschli-Entzschen Einteilung und ist gleichwertig mit der gleichnamigen Ordo der Langschen Einteilung; sodann entspricht die J. Frenzelsche Subfamilie *Amoebaea testacea*.

Fam. Arcellidae.

Nach den Aufzeichnungen von C. G. Ehrenberg, J. Frenzel und G. Entz waren von dieser Familie aus verschiedenen Gebieten Südamerikas (Venezuela, Guiana, Brasilien, Argentinien, Patagonien) bisher bloß 14 Arten bekannt, während es mir zufolge meiner Untersuchungen gelungen ist, diese Zahl auf 16 zu erhöhen.

Gen. **Arcella** Ehrb.

Dies Genus ist in der Fauna von Paraguay als gemein zu betrachten. Dafür spricht der Umstand, daß ich die bisher bekannten Arten, mit Ausnahme der einzigen *Arcella artocrea* Leidy, nicht nur insgesamt vorgefunden, sondern auch noch zwei neue Arten entdeckt habe, was um so interessanter ist, als J. Frenzel zufolge seiner Untersuchungen nur eine Art aufzuzeichnen vermochte.

3. **Arcella** vulgaris Ehrb.

Arcella vulgaris J. Leidy, 18, p. 170, Taf. XXVII, Fig. 1—7.

Eine der gemeinsten *Protozoa*-Arten, die ich von nachstehend genannten Fundorten verzeichnet habe: Bach zwischen Aregua und dem Yuguarifluß; Aregua, Grabenpfütze an der Eisenbahn; Asuncion, Pfütze auf der Insel (Banco) im Paraguayflusse; Asuncion, Gran Chaco, Seitenarm des Paraguayflusses; Cerro Noaga, Oroyo; Corumba, Matto Grosso, Inundations-Pfütze des Paraguayflusses; Gran Chaco, vom Riachok zurückgebliebene Pfütze; Paso Barreto, Lagune am Ufer des Aquidabanflusses; Pirayu, Straßenpfütze und Pfütze bei der Ziegelei; Inundationen des Yuguariflusses; Gourales, ständiger Tümpel; Sapucay, Arroyo Poná, mit Pflanzen bewachsene Graben am Eisenbahndamm; Tebicuay, Pfütze; Villa Rica, Graben am Eisenbahndamm und nasse, quellige Wiese. Auch J. Frenzel verzeichnet diese Art aus Argentinien und bezeichnet sie als überall gemein.

Unter den untersuchten Exemplaren fand ich all jene Formen, welche J. Leidy in seinem großen Werke aus Nordamerika abgebildet hat, allein die mit ganz glatten, oder etwa nur fein punktierten Schalen scheinen im Verhältnis seltener zu sein, als die mit gefelderten Schalen, welch letztere besonders in dem Material aus Corumba in größerer Anzahl vorhanden waren.

Außer der Stammform fand ich jedoch auch die Leidysche *Arcella vulgaris* var. *angulosa*, und zwar in dem Material aus den Pfützen zwischen Asuncion und Trinidad. Die blaß gelblichbraune Schale der mir vorgelegenen Exemplare ist nicht granuliert und von oben gesehen sehr ähnlich der von J. Leidy Taf. XVIII, Fig. 8 abgebildeten, allein die Seitenlinien sind nicht so stark vertieft, ferner ist der von den Seitenfeldern umschlossene obere Raum in vier, annähernd dreieckige Felderchen geteilt und zugespitzt, demzufolge die Schale, von der Seite gesehen, der von J. Leidy auf Taf. XVIII, Fig. 13 dargestellten ähnlich. Der größte Durchmesser der Schalen, an den zwei gegenüberstehenden Spitzen gemessen, schwankt zwischen 0,1—0,13 mm.

4. **Arcella** discoides Ehrb.

Arcella discoides J. Leidy, 18, p. 173, Taf. XXVIII, Fig. 14—38.

Diese Art ist ebenso häufig als vorige. Bei meinen Untersuchungen fand ich sie in dem Material von folgenden Fundorten: Aregua, Bach, der den Weg nach der Lagune Ipacarai kreuzt; zwischen Aregua und Lugua, Inundations-Pfützen des Yuguariflusses; Asuncion, Campo Grande, Calle de la Canada, Quellen; zwischen Asuncion und Tri-

nidad, Pfützen im Eisenbahngraben; Asuncion, Gran Chaco, Seitenarm des Paraguayflusses; Baraneo Branco, Bahia des Conchas; Corumba, Matto Grosso, Inundationspfütze des Paraguayflusses; Curuzu-chica, toter Arm des Paraguayflusses; Curuzu-nú,
Teich beim Hause des Marcos Romeros; Estia Postillon, Lagune und deren Ergießungen;
Gran Chaco, aus dem Riachok hinterbliebene Lagune; Laguna Ipacarai; zwischen
Lugua und Aregua, Pfütze an der Eisenbahn; Paso Barreto, Banado und Lagune
am Ufer des Aquidaban; Pirayu, Pfütze bei der Ziegelei; Villa Sana, Paso Jta-Bach
und Peguaho-Teich; Yuguarifluß, Inundationen; Gourales, ständiger Tümpel; Asuncion, Lagune (Pasito), Inundationen des Paraguayflusses. Aus Südamerika ist diese Art
bisher bloß von G. Entz verzeichnet. (13. p. 443.)

Die Schalen der untersuchten Exemplare waren zum größten Teil lichtbraun, bloß ab
und zu fand sich eine dunkelbraune oder ganz farblose, ausnahmslos aber erschien die
Form der Schalen, von oben gesehen, als regelmäßiger Kreis, dessen Durchmesser zwischen
0,2—0,23 mm schwankte. In weit breiteren Grenzen schwankt dagegen der Durchmesser
der äußeren Öffnung, insofern die kleineren Schalen 0,04 mm. die größeren hingegen
0,11 mm maßen.

5. Arcella mitrata Ehrb.

Arcella mitrata J. Leidy, 18, p. 175, Taf. XXIX.

Nach der großen Anzahl von Fundorten zu schließen, ist diese Art eine relativ ziemlich häufige, aber doch nicht so gemein, wie die beiden vorigen Arten. Die Fundorte sind
folgende: Aregua, Bach, der die Straße nach der Laguna Ipacarai kreuzt; Asuncion,
Pfütze auf der Insel (Banco) des Paraguayflusses und mit halb trocken gebliebenen Camalate bedeckte Sandbänke in den Nebenarmen des Paraguayflusses; zwischen Asuncion
und Trinidad, Grabenpfütze an der Eisenbahn; Cerro Leon, Banado, Gran-Chaco,
nach dem Riachok hinterbliebene Pfütze; Lugua, Pfütze bei der Eisenbahnstation; Paso
Barreto, Banado am Ufer des Rio Aquidaban; Villa Rica, Graben am Eisenbahndamm.
Aus Südamerika ist diese Art bisher noch von niemand verzeichnet worden.

Unter den mir vorliegenden Exemplaren fand ich kein einziges, dessen Schale gefeldert gewesen wäre. Hinsichtlich der Schalenform war die breit schlauchförmige die vor-
herrschende, die Färbung derselben im allgemeinen gelblichbraun, verschiedenen Tones,
allein es fehlte auch nicht an ganz farblosen Exemplaren. Unter letzteren fand ich auch
solche, an deren Schale sich kreuzende, etwas spiralförmig nach oben von rechts nach links
und von links nach rechts laufende sehr feine Linien hinzogen. Am Kreuzungspunkt dieser
Linien zeigen sich feine Pünktchen, während die Zwischenräume der Linien kleine rhombische Felderchen bilden.

Eine fernere interessante Eigenschaft der Schale ist es, daß der untere Saum, bezw.
der Außenrand der Mundöffnung eine ziemlich scharf entwickelte, an der freien Oberfläche
cylindrische Krempe bildet.

Die Länge der Schale beträgt 0,10 mm, ihr größter Durchmesser 0,18 mm, der Durchmesser des untern Schalenrandes samt der Krempe 0,14 mm.

Das hier kurz beschriebene Exemplar ist vermöge seiner Schale dem von J. Leidy
auf Taf. XXIX, Fig. 12 abgebildeten sehr ähnlich, die Schale desselben ist jedoch nicht
granuliert, noch mit Linien versehen, auch fehlt ihr die Krempe am Unterrand.

6. Arcella dentata.

Arcella dentata J. Leidy, 18, p. 177, Taf. XXX. Fig. 10—11.

Weniger häufig als die vorherigen Arten und mir nur von folgenden Fundorten vorgekommen: A r e g u a, Pfütze an der Eisenbahn; C e r r o N o a g a, Oroyo; C u r u z u - n u, Teich beim Hause des Marcos Romeros; P i r a y u, Straßenpfütze; C a e a r a p a, Pfütze; T e b i c u a y, Pfütze. Aus Südamerika bisher unbekannt.

Unter den mir vorgelegenen Exemplaren befanden sich nur sehr wenig solche, deren Schalenfortsätze auffälliger verlängert waren, während die meisten so ziemlich bloß kleine Erhöhungen bildeten und in dieser Hinsicht mit der Abbildung von J. L e i d y, Taf. XXX, Fig. 10 vollständig übereinstimmten.

Die Färbung der Schale sämtlicher Exemplare war lichter oder dunkler gelblichbraun; ihr größter Durchmesser an den zwei entgegengesetzten Ecken gemessen hat sehr häufig 0,14 mm überragt.

7. Arcella rota n. sp.

(Taf. I, Fig. 1—5.)

Die Schale ist von oben gesehen kreisförmig, am Rande aber stehen zahlreiche, 38—40 kleine, zahnartige Fortsätze, demzufolge sie einem dicht gezähnten Uhrrad gleicht (Taf. I, Fig. 1). Von der Seite gesehen gleicht die Schale im ganzen einem Uhrglas, ist auch ziemlich stumpf gewölbt (Taf. I, Fig. 2. 3), ihre größte Höhe erreicht nicht ein Viertel ihres Durchmessers.

Am Schalenrand hat sich eine Krempe gebildet, welche oben schwach bogig, unten aber flach ist, wie dies in Fig. 2 ersichtlich gemacht ist. Die am Rand stehenden Zahnfortsätze erheben sich eigentlich am Außenrand dieser Krempe, wogegen der Innenrand derselben den äußeren Damm der Trichteröffnung bildet (Taf. 1, Fig. 2—5).

Die einzelnen Zahnfortsätze sind entweder gerade nach außen gerichtet, oder etwas nach unten gebogen (Taf. I, Fig. 2. 5), und ich fand kein einziges Exemplar, dessen Zahnfortsätze wie bei *Arcella dentata* nach oben gekrümmt gewesen wären. Die Zahnfortsätze sind im Verhältnis ziemlich kurz, insofern sie ein Zehntel des Schalendurchmessers nicht überragen.

Die Öffnung der Schale bildet einen einfachen Trichter, ist aber nach innen auffällig verengt, und erreicht die halbe Höhe der Schalenhöhle kaum, oder überhaupt nicht; der äußere Saum hat ungefähr 0,18 mm, der innere dagegen bloß 0,04—0,07 mm im Durchmesser.

In welchem Maße der Sarkodekörper die Schale ausfüllt, auch welche Form und Struktur die Kern hat, vermochte ich nicht sicher festzustellen.

Die Färbung der Schale ist dunkel gelblichbraun, ihre Oberfläche ist mit sehr kleinen Körnchen dicht besät, von einer Felderbildung aber zeigt sich keine Spur. Die Zahnfortsätze sind stets etwas dunkler gefärbt als die Schale selbst.

Der größte Durchmesser der Schale, die Zahnfortsätze mitgerechnet, beträgt 0,24 bis 0,27 mm; ihre größte Höhe 0,06 mm.

Fundorte: Asuncion, mit halb trocken gebliebener Camalote bedeckte Sandbänke in den Nebénarmen des Paraguayflusses; Cerro Leon, Banado; zwischen Lugua und Aregua, Pfütze an der Eisenbahn; Tebicuay, Pfütze; Villa Rica, nasse, quellige Wiese.

Diese Art, welche ich nach der Schalenform benannt habe, steht von den bisher bekannten Arten dieses Genus am nächsten zu *Arcella dentata* Ehrb., und zwar vermöge der Zahnfortsätze der Schale; unterscheidet sich aber von derselben einesteils durch die auffallend große Anzahl der Zahnfortsätze, anderseits aber, und zwar wesentlich dadurch, daß die Zahnfortsätze nicht, wie bei jener, nach oben gekrümmt sind, sondern entweder gerade nach außen, oder aber etwas nach unten gebogen erscheinen.

8. Arcella marginata n. sp.

(Taf. I, Fig. 6—8.)

Die Schale hat einen platten Saum, von oben gesehen die Form eines regelmäßigen Kreises, von der Seite gesehen aber die einer Semmel oder einer Halbkugel (Taf. I, Fig. 6—8), am Rande erhebt sich eine scharfe Krempe, welche nach oben durch eine beträchtliche Vertiefung von der Schale getrennt ist, wogegen sie unten namentlich in den Trichterbestand übergeht, ihre freie Oberfläche aber cylindrisch ist (Taf. I, Fig. 6. 7).

Die äußere Trichteröffnung der Schale ist fast so groß, wie der größte Schalendurchmesser, ungerechnet der Krempe, dagegen die innere Öffnung im Verhältnis sehr geräumig, inwiefern ihr Durchmesser etwas größer ist als ein Siebentel des größten Schalendurchmessers; übrigens ist der Trichter sehr kurz, denn er erreicht die halbe Schalenhöhe nicht.

Inwiefern der Sarkodekörper die Schale ausfüllt und welche Form der Kern hat, das vermochte ich wegen der durch die Konservierung erfolgten Schrumpfung des Tierchens nicht festzustellen, auch die Beschaffenheit der Pseudopodien ist mir unbekannt geblieben.

Die Schale sämtlicher mir vorliegenden Exemplare ist ganz farblos, hyalin. An der Schalenoberfläche erheben sich in den meisten Fällen unregelmäßig verstreute kleine Höckerchen (Taf. I, Fig. 7), seltener erscheint statt derselben die ganze Schalenoberfläche, sowie die äußere Trichterwand fein granuliert (Taf. I, Fig. 6).

Der größte Durchmesser der Schale samt der Krempe beträgt 0,14 mm, ohne die Krempe 0,11—0,12 mm, der Durchmesser der äußeren Trichteröffnung 0,11 mm, der inneren Öffnung 0,034 mm.

Fundorte: Asuncion, Pfütze auf der Insel (Banco) im Paraguayfluß; zwischen Asuncion und Trinidad, Grabenpfütze an der Eisenbahn; Corumba, Matto Grosso, Inundationspfütze des Paraguayflusses; Curuzu-chica, toter Arm des Paraguayflusses.

Durch die Schalenkrempe erinnert diese Art einigermaßen an die von J. Leidy Taf. XXVII, Fig. 1 und 3 abgebildeten Exemplare von *Arcella vulgaris*, unterscheidet sich aber von derselben durch die allgemeine Form und feinere Struktur der Schale. Die Farblosigkeit der Schale ist indessen nicht als wichtigeres Merkmal zu betrachten, denn die Jungen der übrigen *Arcella*-Arten sind in den meisten Fällen farblos, und auch unter den Alten finden sich gänzlich ungefärbte, wie dies auch durch die bezüglichen Abbildungen von J. Leidy dargetan wird.

Gen. **Centropyxis** Stein.

Centropyxis J. L e i d y , 18, p. 180.

Einen Repräsentanten dieser Gattung hat bereits C. G. E h r e n b e r g 1841 aus Südamerika verzeichnet, ihn aber unter dem Namen *Difflugia ecornis* in das Genus *Difflugia*
gestellt. Dieselbe Art wird später auch von J. F r e n z e l und G. E n t z aus Südamerika erwähnt.

9. Centropyxis aculeata Ehrb.

Centropyxis aculeata J. L e i d y , 18, p. 180, Taf. XXX, Fig. 20—34; Taf. XXXI, XXXII, Fig. 29—37.

Diese Art ist in der Fauna von Paraguay gemein; ich verzeichnete sie aus dem
Material von folgenden Fundorten: A r e g u a , Bach, der den Weg zur Laguna Ipacarai
kreuzt; Bach zwischen A r e g u a und dem Y u g u a r i f l u ß ; A s u n c i o n , Gran Chaco, Neben-
arm des Paraguayflusses; B a r a n e o B r a n c o , Bahia des Conchas; C e r r o L e o n , Banado;
C e r r o N o a g a , Oroyo; C o r u m b a , Matto Grosso, Inundationspfütze des Paraguayflusses;
C u r u z ü - c h i c a , toter Arm des Paraguayflusses; E s t i a P o s t i l l o n , Lagune und deren Er-
gießungen; P a s o B a r r e t o , Lagune am Ufer des Aquidaban; P i r a y u , Pfütze bei der
Ziegelei; S a p u c a y , Arroyo Poná, mit Pflanzen bewachsene Graben am Eisenbahndamm;
C a e a r a p a , Pfütze; G o u r a l e s , ständiger Tümpel; T e b i c u a y , Tümpel und Pfütze; V i l l a
R i c a , Graben am Eisenbahndamm; A s u n c i o n , Lagune (Pasito), Inundationen des
Paraguayflusses. J. F r e n z e l erwähnt diese Art aus Argentinien, G. E n t z aber aus Pata-
gonien. Nach Wl. S c h e w i a k o f f ist die von A. C e r t e s vom Kap Horn als neue Art be-
schriebene *Centropyxis Magdalenae* nichts anderes als *Centropyxis aculeata* (Ehrb.).

Bei meinen Untersuchungen fand ich alle jene Formen dieser Art vor, welche J. L e i d y
auf Taf. XXXI und XXXII, Fig. 29—37 abgebildet hat. Ich fand indessen auch solche
Exemplare, an welchen die basale Lamelle der Schale von dem übrigen Teile schärfer getrennt ist, sehr häufig ganz platt, oder höchstens mit feineren Körnchen bedeckt erscheint.
Die fast regelmäßig kreisförmige Trichteröffnung liegt nahezu im Mittelpunkt der Schale
und am Schalenrand erheben sich 11 Dornfortsätze, die zum größten Teil gerade, zu einem
geringen Teil sichelförmig gekrümmt sind; alle aber liegen horizontal. Die Oberfläche
der Schale ist, mit Ausnahme des Basalteils, mit Kiesel- und Kalkkörnern bedeckt. Übrigens
waren im allgemeinen an der Schale der meisten Exemplare die Kiesel- und Kalkkörner die
vorherrschenden, wogegen die mit Diatomeen zum Teil oder ganz Bedeckten nicht so häufig
waren. Zwischen sehr weiten Grenzen schwankte übrigens auch die Zahl der Dornfortsätze,
die Form der Schalenöffnung, sowie die Größe der Schalen, deren Durchmesser zwischen
0,26—0,35 mm wechselt.

Außer der Stammform fand ich aber auch *Centropyxis aculeata* var. *ecornis* (Ehrb.)
in dem Material von den Fundorten C e r r o L e o n und S a p u c a y . An der Schale der
meisten dieser Exemplare waren bloß Diatomeenschalen oder Kiesel- und Kalkkörner mit
Diatomeen gemengt vorhanden und in dieser Hinsicht hatten sie Ähnlichkeit mit den von
J. L e i d y auf Taf. XXXI, Fig. 33 und 34 abgebildeten, ihr Durchmesser aber schwankte
zwischen 0,3—0,36 mm. J. F r e n z e l führt diese Varietät als eigene Art auf.

Gen. Lequereusia Schlumb.

Lequereusia Schlumberger, Ann. Science Nat. 1845, p. 255.

Mehrere der neueren Forscher, darunter auch J. Leidy, haben dies Genus gänzlich beseitigt und dafür das von C. G. Ehrenberg aufgestellte Genus *Difflugia* angenommen.

10. Lequereusia spiralis (Ehrb.)
(Taf. I, Fig. 9, 10.)

Difflugia spiralis J. Leidy, 18, p. 124, Taf. XIX, Fig. 1—23.

Es ist dies eine der gemeineren Arten, die ich bei meinen Untersuchungen in dem Material von folgenden Fundorten vorfand: Aregua, Pfütze an der Eisenbahn; zwischen Aregua und Lugua, Inundationspfützen des Yuguariflusses; Bach zwischen Aregua und dem Yuguarifluß; zwischen Asuncion und Trinidad, Pfützen im Eisenbahngraben; Baraneo Branco, Bahia des Conchas; Cerro Noaga, Oroyo; Corumba, Matto Grosso, Inundationspfützen des Paraguayflusses; Estia Postillon, Lagune; Pirayu, Pfütze bei der Ziegelei; Gourales, ständiger Tümpel; Villa Rica, nasse, quellige Wiese. Aus Südamerika bisher noch nicht bekannt.

Die Schale des größten Teiles der untersuchten Exemplare zeigt die typische Form (Taf. I, Fig. 9), ich fand indessen nicht selten auch solche, die denen von J. Leidy auf Taf. XIX, Fig. 7. 8. 12. 15 abgebildeten gleichen, sowie auch solche, deren Schale am hinteren abgerundeten Ende einen ziemlich kräftigen Dornfortsatz trägt (Taf. I, Fig. 10). Die letzteren sind namentlich in den Lagunen bei Estia Postillon die häufigeren und wohl als mit Dornfortsätzen versehene Varietäten zu betrachten.

Gen. Difflugia Leclerc.

Difflugia J. Leidy, 18, p. 95 (proparte.)

Dies Genus ist von manchen Forschern verschieden umgrenzt worden. So z. B. hat J. Leidy in dies Genus aufgenommen: *Difflugia spiralis* Ehrb. und *Difflugia cratera* Leidy, deren erstere Repräsentant des Genus *Lequereusia* Schlumb., letztere aber derjenige des Genus *Codonella* Haeck. ist, wie es G. Entz nachgewiesen, der letztere Art unter dem Namen *Codonella lacustris* beschrieben hat (Mitteil. d. Zool. Stat. zu Neapel. Bd. 6. 1884. p. 185. Taf. 13. 14). Wl. Schewiakoff hat zwar die vorerwähnten zwei Arten aus dem eigentlichen Genus *Difflugia* ausgeschieden, dafür aber *Centropyxis aculeata* Ehrb. unter dem Namen *Difflugia aculeata* Ehrb. in dasselbe aufgenommen.

Aus der Fauna von Südamerika sind auf Grund der Beobachtungen von C. G. Ehrenberg, A. Certes, G. Entz und J. Frenzel bisher 8 gut charakterisierte Arten bekannt.

11. Difflugia acuminata Ehrb.

Difflugia acuminata J. Leidy, 18, p. 109, Taf. XIII.

Diese Art, welche aus Südamerika bloß von A. Certes verzeichnet wurde, ist in der Fauna von Paraguay gemein; darauf deutet der Umstand hin, daß ich dieselbe in dem Ma-

— 13 —

terial von zahlreichen Fundorten aufgefunden habe, und zwar: Aregua, Bach, der den Weg zur Lagune Ipacarai kreuzt; Bach zwischen Aregua und dem Yuguarifluß; Asuncion, Gran Chaco, Nebenarm des Paraguayflusses; Baranco Branco, Bahia des Conchas; Cerro Noaga, Oroyo; Corumba, Matto Grosso, Inundationspfütze des Paraguayflusses; Curuzu-chica, toter Arm des Paraguayflusses; Estia Postillon, Lagune; zwischen Lugua und Aregua, Pfütze an der Eisenbahn; Paso Barreto, Lagune am Ufer des Rio Aquidaban und Banado ebenda; Pirayu, Straßenpfütze und Pfütze bei der Ziegelei.

Bei meinen Untersuchungen fand ich all jene Formen dieser Art, welche J. Leidy auf Taf. XIII abgebildet hat, und darunter waren die gestreckten, einem schmalen Schlauch ähnlichen Exemplare am häufigsten, es fehlte indessen auch nicht an solchen, deren Schale kurz, annähernd spindelförmig war. Ich fand aber auch solche Exemplare, deren breit schlauchförmige Schale vorn halsartig verengt und außerdem auch mit einem Saum versehen war, und die auf diese Weise die Charaktere der von J. Leidy auf Taf. XIII, Fig. 8 und 12 dargestellten Formen einigermaßen in sich vereinigten; ihre Länge beträgt 0,35 mm, ihr größter Durchmesser 0,24 mm.

Die Oberfläche der meisten Schalen war mit Kiesel- und Kalkkörnern bedeckt und nur ganz wenig tragen auch die Schalen von Diatomeen. Die Länge der Schalen schwebt zwischen 0,18—0,35 mm, während der größte Durchmesser 0,06—0,24 mm betrug.

12. Difflugia constricta Ehrb.

Difflugia constricta J. Leidy, 18, p. 120, Taf. XVIII.

Obgleich diese Art, gleich der vorigen, zu den Kosmopoliten zu zählen ist, war sie aus Südamerika bisher bloß von A. Certes und J. Frenzel verzeichnet und scheint auch hier nicht häufig aufzutreten; ich fand sie bloß in dem Material von folgenden Fundorten: Bach zwischen Aregua und dem Yuguarifluß, sowie Baraneo Branco, Bahia des Conchas.

Die Schalen der mir vorgelegenen Exemplare waren großenteils am hinteren Ende mit Dornfortsätzen versehen, deren Anzahl sehr veränderlich ist. Ich habe sämtliche Übergänge von einem bis zu sieben Fortsätzen vorgefunden.

13. Difflugia corona Ehrb.

Difflugia corona J. Leidy, 18, p. 117, Taf. XVII.

Es ist dies eine der gemeinsten Arten dieses Genus, welche indessen aus Südamerika bisher bloß von A. Certes erwähnt worden ist. Bei meinen Untersuchungen fand ich sie in dem Material von folgenden Fundorten: Aregua, Bach, der den Weg zur Lagune Ipacarai kreuzt; zwischen Aregua und Lugua, Inundationen des Yuguariflusses und einer Pfütze an der Eisenbahn; Bach zwischen Aregua und dem Yuguariflusse; Asuncion, auf den mit halbtrockenen Camalate bedeckten Sandbänken der Nebenarme des Paraguay-flusses und eine Pfütze auf der Insel (Banco) im Paraguayflusse; zwischen Asuncion und Trinidad, Pfütze im Eisenbahngraben; Cerro Leon, Banado; Asuncion, Gran Chaco, Nebenarm des Paraguayflusses; Cerro Noaga, Oroyo; Corumba, Matto Grosso, Inun-dationspfütze des Paraguayflusses; Curuzu-chica, toter Arm des Paraguayflusses;

Curuzu-nu, Teich beim Hause des Marcos Romeros; Estia Postillon, Lagune und deren Ergießungen; Lugua, Pfütze bei der Eisenbahnstation; Paso Barreto, Banado am Ufer des Rio Aquidaban; Pirayu, Straßenpfütze und Pfütze bei der Ziegelei; Villa Sana, Paso Itabach und Peguahoteich; Inundationen des Yuguariflusses; Sapucay, Arroyo Poná, Inundationen eines Baches und Pfütze; Caearapa, Pfütze; Gourales, ständiger Tümpel; Tebicuay, Tümpel; Villa Rica, Graben am Eisenbahndamm und nasse, quellige Wiese; Asuncion, Lagune (Pasito), Inundationen des Paraguayflusses.

Die Schale der sämtlichen mir vorgelegenen Exemplare trug zahlreichere, 5—7, Dornfortsätze und ich fand keine einzige, die mit der Anzahl der Dornfortsätze den von J. Leidy auf Taf. XVII, Fig. 7. 9. 10 abgebildeten Schalen geglichen hätte, bezw. die mit weniger als 5 Dornfortsätzen versehen gewesen wäre. Auch die Anzahl der Zähne an den Zacken der Schalenöffnung schwankt in sehr weiten Grenzen, und zwar zwischen 6 und 12. Hinsichtlich der Größe bleiben meine Exemplare hinter denen von J. Leidy zurück, insofern die Schale des größten bloß 0,23 mm lang und breit ist.

14. Difflugia globulosa Ehrb.

Difflugia globulosa J. Leidy, 18, p. 96, Taf. XV, Fig. 25—31; Taf. XVI, Fig. 1-34.

Diese Art ist zufolge der Aufzeichnungen von A. Certes, G. Entz und J. Frenzel schon längere Zeit aus Südamerika bekannt, und gleichfalls zu den gemeinen Arten zu zählen. Bei meinen Untersuchungen fand ich dieselbe nämlich in dem Material von folgenden Fundorten: Zwischen Aregua und Lugua, Inundationen des Yuguariflusses; Asuncion, Campo Grande, Calle de la Canada, von Quellen gebildete Gräben und Pfützen und mit halb trockener Camalote bedeckte Sandbänke der Nebenarme des Paraguayflusses; zwischen Asuncion und Trinidad, Pfützen im Eisenbahngraben; Baraneo Branco, Bahia des Conchas; Corumba, Matto Grosso, Inundationspfützen des Paraguayflusses; Curuzu-chica, toter Arm des Paraguayflusses; Estia Postillon, Lagune und ihre Ergießungen; Gran Chaco, von Riachok hinterbliebene Lagune; Paso Barreto, Banado am Ufer des Rio Aquidaban; Caearapa, Pfütze; Gourales, ständiger Tümpel.

Der überwiegende Teil der untersuchten Exemplare hat eine kugelförmige Schale und ist im ganzen den diesbezüglichen Abbildungen von J. Leidy auf Taf. XVI ähnlich. Es fanden sich jedoch auch einige Exemplare, an deren schlauchförmiger Schale ein Halsteil abgesondert war und welche somit an das von J. Leidy auf Taf. XV, Fig. 17 abgebildete Exemplar erinnerten. An die Schalenoberfläche sind fast ausnahmslos Kiesel- und Kalkkörner angeheftet, wogegen die mit Diatomeenpanzern bedeckten zu den seltenen gehörten; die Länge der Schale beträgt 0,028—0,033 mm, die Breite aber schwankt zwischen 0,26 bis 0,3 mm.

15. Difflugia lobostoma Leidy.

(Taf. I, Fig. 11—14.)

Difflugia lobostoma J Leidy, 18, p. 112, Taf. XV, Fig. 1-24; Taf. XVI, Fig. 25--29.

Eine seltene Art, denn aus Südamerika hat sie bisher bloß A. Certes verzeichnet und auch ich habe sie bloß in dem Material von folgenden Fundorten gefunden: Asuncion, Gran Chaco, Seitenarm des Paraguayflusses; zwischen Asuncion und Trinidad, Pfützen im Eisenbahngraben; Corumba, Matto Grosso, Inundationstümpel des Paraguay- flusses; Inundationen des Yuguariflusses.

Die Schale der mir vorgelegenen Exemplare glich größtenteils mehr oder weniger einem breiten Schlauch oder bis zu einem gewissen Grade einer Kugel, die Öffnung der- selben war gewöhnlich 4-, seltener 3- oder 6lappig. Diese kamen also den von J. Leidy (Taf. XV, Fig. 1—24) abgebildeten gleich. Allein an mehreren Fundorten fand ich auch solche Exemplare, welche vermöge der Struktur ihrer Schale von dem typischen Exemplare in so hohem Grade abweichen, daß man sie, wenn auch nicht für eine eigene Art, jeden- falls aber für eine sehr charakteristische Varietät betrachten muß. Diese Varietät ist *Difflugia lobostoma* var. *impressa* n. v., deren Merkmale ich nachstehend zusammenfasse.

Difflugia lobostoma var. impressa n. v.

Die Schale ist, von oben oder unten gesehen, kreisförmig (Taf. I, Fig. 11), von der Seite gesehen gleicht sie einer etwas abgeflachten Halbkugel (Taf. I, Fig. 12); die obere Seite ist etwas bobig; die untere erscheint gerade. Am Bauch der Schale zeigt sich eine trichterartige Vertiefung, an deren innerem Ende die Schalenöffnung liegt. Am äußern Rand der Vertiefung befindet sich eine mehr oder weniger horizontale Krempe, deren Breite $^1/_8$ oder $^1/_6$ des ganzen Schalendurchmessers beträgt. Über dies Verhältnis gibt übrigens der Ideal-Durchschnitt (Taf. I, Fig. 12) den besten Aufschluß.

Die Schalenöffnung liegt, wie erwähnt, am inneren Ende der trichterartigen Ver- tiefung, gleichwie beim Genus *Arcella;* am Rande aber erheben sich 6—8 spitzige Zähn- chen, und zwar horizontal gegen den Mittelpunkt der Schalenöffnung (Taf. I, Fig. 11. 14). Die Zähnchen bestehen aus kompakter Cuticula und sind dunkelbraun oder schwärzlichgrau. Die Basis der einzelnen Zähnchen ist, gleichwie bei der Stammform, durch bogige Ver- tiefungen getrennt.

An der Schalenoberfläche kleben Sand- und Kalkklümpchen und ebensolche bedecken auch die äußere Oberfläche der Trichtervertiefung.

Die Struktur des Plasma war ich nicht in der Lage untersuchen zu können, obgleich an dem einen oder dem andern im Formol konservierten Exemplar sogar die Pseudopodien kenntlich vorhanden waren.

Der Durchmesser der Schale schwankt zwischen 0,3—0,45 mm, die Höhe derselben zwischen 0,1—0,15 mm; der größte Durchmesser der Trichtervertiefung beträgt 0,15—0,19 mm.

Fundorte: Asuncion, Lagune (Pasito), Inundationen des Paraguayflusses; Sapucay, Arroyo Pona, Inundationen eines Baches; Tebicuay, Tümpel.

16. Difflugia pyriformis Perty.

Difflugia pyriformis J. Leidy, 18, p. 93, Taf. X—XII, Fig. 1—18; Taf. XV, Fig. 32. 33; Taf. XVI, Fig. 38; Taf. XIX. Fig. 24—26.

Diese Art ist aus Südamerika bereits von A. Certes und J. Frenzel verzeichnet worden. In der Fauna von Paraguay ist sie sehr gemein; ich habe sie in dem Material von folgenden Fundorten vorgefunden: Aregua, Bach, der den Weg zur Lagune Ipacarai

kreuzt, und eine Pfütze an der Eisenbahn; zwischen A r e g u a und L u g u a, Inundationspfütze des Yuguariflusses und eine Pfütze an der Eisenbahn; Bach zwischen A r e g u a und
dem Y u g u a r i f l u s s e; A s u n c i o n, Straßenpfützen bei der Villa Morra, Calle Laureles,
sowie Gran Chaco, Nebenarm des Paraguayflusses, von Quellen herrührende Pfützen auf
dem Campo Grande, Calle de la Canada; zwischen A s u n c i o n und T r i n i d a d, Pfützen
im Eisenbahngraben; C o r u m b a, Matto Grosso, Inundationspfützen des Paraguayflusses;
C u r u z u - c h i c a, toter Arm des Paraguayflusses; C u r u z u - n u, Oroyo; E s t i a P o s t i l l o n,
Lagune und deren Ausflüsse; L u g u a, Pfütze bei der Eisenbahnstation; C e r r o L e o n,
Banado; B a r a n e o B r a n c o, Bahia des Conchas; P a s o B a r r e t o, Banado am Ufer des
Rio Aquidaban; P i r a y u, Straßenpfütze; V i l l a S a n a, Peguahoteich und Paso Ita-Bach;
Inundationen des Y u g u a r i f l u s s e s; S a p u c a y, Pfütze und mit Pflanzen bewachsene
Graben am Eisenbahndamm; C a e a r a p a, Pfütze; G o u r a l e s, ständiger Tümpel; V i l l a
R i c a, Graben am Eisenbahndamm; A s u n c i o n, Lagune (Pasito), Inundationen des Para-
guayflusses.

Bei meinen Untersuchungen fand ich außer der Stammform mit gestreckt schlauchförmiger Schale auch die von J. L e i d y abgesonderten Abarten, d. i. var. *compressa* und
var. *nodosa*. Erstere dieser Varietäten ist häufig, letztere dagegen sehr selten, ich habe sie
nur in dem Material aus der Pfütze an der Eisenbahn zwischen A r e g u a und L u g u a gefunden, und zwar in einem Exemplar, welches dem von J. L e i d y auf Taf. II, Fig. 12
und 21 abgebildeten einigermaßen gleicht, aber an den Seiten auffällig unsymmetrisch und
am hinteren Ende zugespitzt, auch mit verschieden großen Sandkörnchen bedeckt ist; der
Durchmesser der Schale beträgt 0,35 mm, der Durchmesser ihrer Öffnung 0,05 mm, die
größte Breite der Schale aber 0,26 mm. Die Farbe des Protoplasmakörpers bezw. die von
J. L e i d y darin bemerkten grünen Körperchen vermochte ich nicht wahrzunehmen.

17. Difflugia urceolata Ehrb.
(Taf. I, Fig. 15. 16.)

Difflugia urceolata J. L e i d y, 18, p. 106; Taf. XIV, XVI, Fig. 33, 34; Taf. XIX, Fig. 28. 29.

Diese Art wurde aus Südamerika bisher bloß ˙von A. C e r t e s vom Kap Horn verzeichnet; in der Fauna von Paraguay aber ist sie als gemein zu betrachten, insofern ich
sie in dem Material von folgenden Fundorten antraf:˙ A r e g u a, Bach, den der Weg zur
Lagune Ipacarai kreuzt, und im Tümpel an der Eisenbahn; zwischen A r e g u a und L u g u a,
Tümpel an der Eisenbahn; Bach zwischen A r e g u a und dem Yuguarifluß; A s u n c i o n,
Campo Grande, Calle de la Canada, von Quellen gebildete Tümpel; Gran Chaco, Seiten-
arm des Paraguayflusses; Lagune (Pasito), Inundationen des Rio Paraguay; C e r r o L e o n,
Banado; C o r u m b a, Matto Grosso, Inundationstümpel des Paraguayflusses; C e r r o N o a g a,
Oroyo; C u r u z u - c h i c a, toter Arm des Rio Paraguay; E s t i a P o s t i l l o n, Lagune und
deren Inundationen; G o u r a l e s, stehender Tümpel; L a g u n a - I p a c a r a i, Oberfläche;
P a s o B a r r e t o, Lagune am Ufer des Aquidaban; P i r a y u, Tümpel bei der Ziegelei;
S a p u c a y, Arroyo Poná und Pfütze am Eisenbahndamm; T e b i c u a y, Pfütze; V i l l a
R i c a, Graben am Eisenbahndamm und nasse Wiese.

Unter den untersuchten Exemplaren waren die mehr oder weniger gestreckt schlauch-
förmigen am häufigsten; allein nicht minder häufig waren solche, die einem enghalsigen,

runden Topf ähnlich aussahen, und darunter fanden sich nicht selten Exemplare mit auffällig verengtem Hals. Der Rand der Schalenöffnung war zumeist gekrempt und die Krempe
war sehr häufig nach hinten geneigt.

Die Schalenlänge beträgt 0,15—0,6 mm, der größte Durchmesser 0,17—0,4 mm; der
Durchmesser der Schalenöffnung 0,04—0,21 mm; am längsten waren natürlich die schlauch-
förmigen, am breitesten die kugelförmigen.

Bei meinen Untersuchungen fand ich indessen in dem Material aus der Lagune bei
Estia Postillon auch zwei Varietäten, denen ähnliche unter den erwähnten Abbildungen
von J. Leidy nicht vorkommen; ich halte es daher für angezeigt, die Beschreibung derselben nachstehend kurz zusammenzufassen.

1. Difflugia urceolata var. ventricosa nov. var. (Taf. I, Fig. 16.)

Die Schale ist annähernd gestreckt schlauchförmig, vorn verengt, mit gut entwickeltem
Kragen versehen, hinten in einem unpaaren Dornfortsatz ausgehend. Es ist sehr charakteristisch, daß sich an der Schale eine Bauch- und Rückenseite abgesondert hat. Die Bauchseite ist flach, fast gerade, die Rückenseite dagegen bogig, gegen die Schalenöffnung seicht
abschüssig, gegen den Dornfortsatz aber fast senkrecht abfallend.

Die Schalenöffnung befindet sich am Ende der kragenartigen Absonderung. Der
Kragen selbst ist gegen die Bauchseite gerichtet, demzufolge die Schalenöffnung mit der
Bauchseite fast in eine Linie fällt.

Der Dornfortsatz ist schief nach unten und hinten gerichtet, im Verhältnis ziemlich
dick, und überragt ein Viertel der Schalenlänge.

An der ganzen Schalenoberfläche kleben Sand- und Kalkkörnchen, allein an der
Schale einzelner Exemplare zeigten sich auch vieleckige Felderchen, auf welchen feine
Körnchen saßen. An der Kragenoberfläche sind die Körnchen stets viel winziger, als ander-
wärts an der Schale.

Die Länge der Schale beträgt ohne den Dornfortsatz 0,23—0,3 mm; die größte Höhe
0,17—0,2 mm.

Durch die Schalenöffnung erinnert diese Varietät an den Typus, durch die Lage der
Öffnung und die Absonderung der Schalenbauchseite an diejenigen Exemplare von *Difflugia
constricta* und *Difflugia corona*, welche J. Leidy auf Taf. XVII, Fig. 7 abgebildet hat.

2. Difflugia urceolata var. quadrialata nov. var. (Taf. I, Fig. 15.)

Die Schale gleicht annähernd einem gestreckten Kegel, nach vorne, bezw. gegen die
Öffnung verengt, der Kragen abgesondert.

Auf der Schale erheben sich vier große Kämme, welche paarweise einander gegenüberstehen und im Querschnitt ein Kreuz bilden. Die benachbarten Kämme stehen
übrigens unter 90° zueinander. Die Kämme werden im Verlauf nach hinten immer höher
und sind am hinteren Ende am höchsten, ihr Hinterrand ist indessen ausgebuchtet, so zwar,
daß sie demzufolge in einer mehr oder weniger spitz gerundeten Kuppe endigen. Das
hintere Schalenende bildet einen kleinen Kegel, in welchen auch die Basis der Kämme
übergeht.

Der Kragen ist ringförmig, gerade, ziemlich breit, an der Oberfläche kleben winzige fremde Körnchen.

Die Schalenöffnung ist einfach, nach vorn gerichtet.

Die Schalenoberfläche ist mit verschieden großen Sand- und Kalkpartikeln bedeckt.

Die ganze Länge der Schale nebst dem Kragen beträgt 0,31 mm; der Durchmesser an der Basis des Kragens 0,16 mm; der Durchmesser am hinteren Ende der Kämme samt denselben 0,3 mm; die größte Höhe der Kämme 0,14 mm; die Breite des Kragens 0,05 mm.

18. Difflugia vas Leidy.

Difflugia pyriformis var. *vas* J. Leidy, 18, p. 99, Taf. XII, Fig. 2—9.

Diese Art wurde, wie bekannt, 1875 von J. Leidy aufgestellt, in seinem Hauptwerke (1879) aber nur mehr als Varietät von *Difflugia pyriformis* betrachtet. Fast sämtliche spätere Forscher haben jedoch die Art restituiert, so unter anderen auch A. Certes, der sie als selbständige Art vom Kap Horn aufführt.

Allem Anschein nach gehört diese Art in der Fauna von Südamerika zu den selteneren, denn bei meinen Untersuchungen habe auch ich sie nur von wenigen und zwar von folgenden Fundorten verzeichnet: Zwischen Aregua und Lugua, Inundationspfützen des Yguariflusses; zwischen Asuncion und Trinidad, Grabenpfütze an der Eisenbahn; Estia Postillon, Lagune und deren Ausflüsse; Inundationspfützen des Yguariflusses.

Unter den untersuchten Exemplaren kamen zwar auch solche Variationen vor, wie sie J. Leidy auf Taf. XII, Fig. 2—9 abgebildet hat, am häufigsten aber waren die ziemlich regelmäßig eiförmigen, indessen ist ihr Halsteil nur halb so lang als der Hauptteil, auch ist ihre Basis gürtelartig erweitert.

2. Ord. Filosa.

Diese Ordnung entspricht der Subklasse *Filosa* der Leidy-Langschen Einteilung, sowie der Frenzelschen Ordo *Helioamoebaea*; umfaßt somit die Bütschli-Entzsche Familie *Euglyphidae* und wären hierher auch die *Vampyrella*-Arten zu ziehen. Hinsichtlich der detaillierten Einteilung schließe ich mich der Auffassung von A. Lang an, nur daß ich die von ihm als Ordnungen betrachteten Gruppen *Amphistomina* und *Monostomina* für Unterordnungen halte.

Fam. Euglyphidae.

Die Arten dieser Familie werden von J. Frenzel in seinem bereits erwähnten Werke aus dem Jahre 1897 in die von ihm aufgestellte Ordo *Helioamoebaea* untergebracht, und zwar in Gemeinschaft mit *Vampyrella* Cienk., *Nuclearia* Cienk. und anderer Genera, von welchen er sie indessen als selbständige Subordo mit dem Namen *Helioamoebae testaceae* absondert und zugleich vier Arten aus Argentinien aufführt.

Gen. Euglypha Duj.

Euglypha J. Leidy, 18, p. 206.

Ein aus Südamerika längst bekanntes Genus, dessen Arten schon C. G. Ehrenberg im Jahre 1841 namhaft machte.

19. Euglypha alveolata Ehrb.

Euglypha alveolata J. Leidy, 18, p. 207, Taf. XXXV, Fig. 1—18.

Diese Art scheint in Südamerika recht gemein zu sein, insofern sie C. G. Ehren-berg aus Venezuela, Cayenne, britisch Guyana, Brasilien und dem Kerguelenland, — A. Certes vom Kap Horn und J. Frenzel aus Argentinien verzeichneten. Auch in der Fauna von Paraguay ist sie nicht selten; ich fand sie in dem Material von folgenden Fundorten: Aregua, Pfütze an der Eisenbahn; Baraneo Branco, Bahia des Conchas; zwischen Asuncion und Trinidad, Grabenpfütze an der Eisenbahn; Curuzu-nu, Teich beim Hause von Marcos Romeros; Gourales, ständiger Tümpel; Sapucay, mit Pflanzen bewachsene Graben am Eisenbahndamm.

Unter den untersuchten Exemplaren waren die Exemplare mit dorniger und un-bedornter Schale gleich häufig; die Länge derselben schwankte zwischen 0,18—0,22 mm, sie waren somit etwas länger als die von J. Leidy erwähnten nordamerikanischen Exemplare.

20. Euglypha ciliata Ehrb.

Euglypha ciliata J. Leidy, 18, p. 214, Taf. XXXV, Fig. 19, 20, Taf. XXXVI, XXXVII, Fig. 30, 31.

Diese Art ist weniger häufig als vorige, aus Südamerika aber bereits von C. G. Ehrenberg (1861) und A. Certes (1889) aufgeführt. Bei meinen Untersuchungen fand ich sie bloß in dem Material von zwei Fundorten, und zwar aus dem Bach zwischen Aregua und dem Yuguarifluß, sowie aus der Lagune bei Estia Postillon, aber hier wie dort nur in wenigen Exemplaren.

Die untersuchten Exemplare waren insgesamt gestreckt schlauchförmig und ziemlich spärlich bedornt, so daß sie dem von J. Leidy auf Taf. XXXVI, Fig. 1. 3 abgebildeten sehr nahe standen.

21. Euglypha brachiata Leidy.

Euglypha brachiata J. Leidy, 18, p. 220, Taf. XXXVII, Fig. 5—10.

Diese interessante Art, welche bisher bloß aus Nordamerika bekannt war, habe ich an zwei Fundorten konstatiert, und zwar in dem Material aus einer Inundationspfütze des Yuguariflusses zwischen Aregua und Lugua, sowie in den Ausflüssen der Lagune bei Estia Postillon.

Einige untersuchte leere Schalen stimmen mit der von J. Leidy, Taf. XXXVII, Fig. 5 abgebildeten vollständig überein, denn ihre ziemlich kräftigen 6 Dornfortsätze sind ebenso situiert; ihre Länge beträgt 0,13 mm, ihr größter Durchmesser 0,04 mm.

22. Euglypha mucronata Leidy.

Euglypha mucronata J. Leidy, 18, p. 219. Taf. XXXVII, Fig. 11—14.

In Gesellschaft der vorigen fand ich einige leere Schalen dieser Art, und zwar in dem Material aus den Inundationspfützen des Yuguariflusses zwischen Aregua und Lugua. Aus Südamerika hat sie übrigens A. Certes bereits 1889 aufgeführt.

J. Leidy hat diese und vorige Art von einem sphagnumreichen Fundort und aus nassem Humus beschrieben; es ist somit nicht ausgeschlossen, daß auch die mir vorgelegenen leeren Schalen solcher Herkunft sind und nur sekundär in die betreffenden Pfützen ihres Fundorts gerieten.

Gen. Trinema Duj.

Trinema J. Leidy, 18, p. 226.

Dies Genus ist aus Südamerika ebenso lange her bekannt, wie das vorherige, und ebenso schon 1841 von C. G. Ehrenberg verzeichnet.

23. Trinema enchelys (Ehrb.)

Trinema enchelys J. Leidy, 18, p. 226, Taf. XXXIX.

Wie es scheint, ist diese Art in Südamerika ziemlich gemein. Dafür spricht, daß sie C. G. Ehrenberg aus Chile, Brasilien, Venezuela, San Paolo und Galopagos-Inseln, vom Kerguelenland, — A. Certes vom Kap Horn, J. Frenzel aber aus Argentinien verzeichnet hat. Bei meinen Untersuchungen fand ich sie in dem Material von folgenden Fundorten: Zwischen Aregua und Lugua, Pfütze an der Eisenbahn; Asuncion, von Quellen herrührende Pfützen auf dem Campo Grande, Calle de la Canada; Lugua, Pfütze bei der Eisenbahnstation; Inundationspfützen des Yuguariflusses; Estia Postillon, Lagune.

Die mir vorliegenden Exemplare gleichen vermöge der Form ihrer Schale den von J. Leidy auf Taf. XXXIX, Fig. 1. 5. 20. 28. 30. 45 abgebildeten, sind mehr oder weniger birnförmig, indessen fehlen auch schmal eiförmige nicht, die an Fig. 6—9 derselben Tafel von J. Leidy erinnern.

Gen. Cyphoderia Schlumb.

Cyphoderia J. Leidy, 18, p. 201.

Dies Genus ist aus Südamerika seit 1861 bekannt, zu welcher Zeit es C. G. Ehrenberg aus dem Kerguelenland verzeichnete, ist aber, wie es scheint, nicht so allgemein verbreitet, wie die vorherige.

24. Cyphoderia ampulla (Ehrb.)

Cyphoderia ampulla J. Leidy, 18, p. 202, Taf. XXXIV, Fig. 1—16.

Bei meinen Untersuchungen fand ich diese Art in dem Material von folgenden Fundorten vor: Zwischen Aregua und Lugua, Pfütze an der Eisenbahn und Inundationspfützen des Yuguariflusses; Estia Postillon, Lagune und deren Ausflüsse; Paso Barreto, Banado am Ufer des Rio Aquidaban; Villa Sana, Peguahoteich; Inundationspfützen des Yuguariflusses.

Aus Südamerika hat sie auch J. Frenzel aus Argentinien aufgezeichnet.

Bei den mir vorgelegenen Exemplaren war die Schale in den meisten Fällen hinten einfach abgerundet und nur selten fand ich welche mit spitzem Fortsatz; in der Form stimmten sie übrigens mit Taf. XXXIV, Fig. 1—5 von J. Leidy überein; die Farblosen waren sehr selten.

Ord. Heliozoa.

Die südamerikanischen Arten dieser Ordnung hat bisher bloß J. F r e n z e l zum Studium gemacht und einen Teil derselben in die von ihm aufgestellte und bereits erwähnte Ordnung *Helioamoebaea* eingestellt, während er einen andern Teil als echte Heliozoen betrachtet. Aus der Ord. *Helioamoebaea* Frenz. sind bloß die in der Subord. *Helioamoebaeadae* enthaltenen die eigentlichen Heliozoen, wogegen die übrigen Repräsentanten der Familie *Euglyphidae* sind, wie bereits oben bemerkt.

Fam. Chalarothoraca.

Den ersten Repräsentanten dieser Familie, *Raphidiophrys viridis* Arch., hat J. F r e n z e l in seiner vorläufigen Mitteilung aus Argentinien aufgezeichnet, während es mir gelungen ist, außer diesem Genus auch den Repräsentanten eines zweiten Genus aufzufinden.

Gen. Raphidiophrys Archer.

Raphidiophrys J. L e i d y , 18, p. 248.

Welcher Verbreitung sich dies Genus in Paraguay erfreut, vermochte ich trotz des mir vorliegenden reichen Untersuchungsmaterials nicht festzustellen, was ich hauptsächlich dem zur Konservierung benützten Formol zuschreibe. Zu dieser Voraussetzung bestärkt mich der Umstand, daß ich bloß in dem mit Chromsalzsäure behandelten und in Alkohol konservierten Material kenntliche und determinierbare Exemplare vorfand.

25. Raphidiophrys elegans Hetw. Less.

Raphidiophrys elegans J. L e i d y , 18, p. 248, Taf. XLII.

Fundort: C o r u m b a , Matto Grosso, Inundationspfützen des Paraguayflusses. In dem von hier herrührenden, mit Chromessigsäure behandelten Stoffe fand ich bloß vereinzelte, gänzlich farblose Exemplare vor. Es ist indessen nicht ausgeschlossen, daß meine Exemplare auch Zoochlorellen enthielten, die aber durch die Konservierung ihre Farbe vollständig verloren haben. Aus Südamerika bisher unbekannt.

Gen. Acanthocystis Carter.

Acanthocystis J. L e i d y , 18, p. 284.

Dies Genus scheint häufiger und widerstandsfähiger zu sein als das vorige, insofern es sich auch in Formol gut konserviert, zufolge der Struktur seiner Kieselnadeln leicht zu erkennen ist.

26. Acanthocystis chaetophora Schrank.

Acanthocystis chaetophora J. L e i d y , 18, p. 264, Taf. XLIII, Fig. 1—6.

Diese Art war aus Südamerika bisher noch nicht bekannt. Ich habe sie bei meinen Untersuchungen in dem Material zweier Fundorte vorgefunden, und zwar C e r r o L e o n , Banado, und E s t i a P o s t i l l o n , Lagune und deren Ausflüsse.

Die mir vorliegenden Exemplare stimmten mit den von J. L e i d y auf Taf. XLIII, Fig. 1. 4 abgebildeten völlig überein, waren jedoch gänzlich farblos, was übrigens auch der Konservierung zugeschrieben werden kann.

Fam. Desmothoraca.

Aus Südamerika verzeichnete J. F r e n z e l den ersten Repräsentanten dieser Familie, welche zufolge ihrer von Poren durchbrochenen, netzartigen Schale mit Kieselwandung, leicht zu erkennen ist. Von den hierher gehörigen zwei Genera *(Clathrulina* und *Hedryocystis)* bin ich bei meinen Untersuchungen bloß auf die eine derselben gestoßen.

Gen. Clathrulina Cienk.

Clathrrlina J. L e i d y, 18, p. 272.

Die erste Art dieses Genus hat C i e n k o w s k y 1867 unter dem Namen *Clathrulina elegans* beschrieben und 1869 fügte C. v. M e r e s c h k o w s k y mit der Bezeichnung *Clathrulina Cienkowskii* eine zweite hinzu. Von den späteren Forschern hat J. L e i d y in seinem großen Werke von letzterer Art keine Erwähnung gemacht, G. E n t z (12. p. 24) dagegen sie für identisch mit der vorherigen erklärt. Bei meinen Untersuchungen habe ich beide Formen vorgefunden und halte sie für selbständige Arten.

27. Clathrulina elegans Cienk.

Clathrulina elegans J. L e i d y, 18, p. 273, Taf. XLIV.

Ich fand bloß einige Exemplare dieser Art, und zwar in dem Material aus den Inundationspfützen des Yuguariflusses, zwischen A r e g u a und L u g u a; G o u r a l e s, ständiger Tümpel, und T e b i c u a y, Tümpel. Die Schale der mir vorgelegenen Exemplare war kugelförmig mit glatter Oberfläche, d. i. an dem Berührungspunkte des Netzes zwischen den Poren zeigten sich keine dornförmigen Erhebungen. Die meisten Exemplare waren einzeln, es fanden sich indessen auch solche, welche zu zweit .oder dritt eine Kolonie bildeten. Die Farbe der Schale war gelblich-braun; ihr Durchmesser 0,03—0,04 mm, die Länge der Stiele aber 0,01—0,02 mm.

Aus Südamerika hat J. F r e n z e l diese Art zuerst, und zwar aus Argentinien, aufgezeichnet.

28. Clathrulina Cienkowskii Meresch.

(Taf. I, Fig. 17.)

Clathrulina Cienkowskii M e r e s c h k o w s k y, C. v., 19, p. 191, Taf. X, Fig. 34.

Ich fand diese Art in dem Material aus den Pfützen des Baches zwischen A r e g u a und dem Y u g u a r i f l u s s e. Die mir vorgelegenen Exemplare sind hinsichtlich der Schalenform von den typischen Exemplaren verschieden, denn sie sind nicht kugel-, sondern eiförmig (Taf. I, Fig. 17), und in dieser Hinsicht, sowie auch in anderen Details denjenigen gleich, welche ich unter dem Namen *Clathrulina Cienkowskii* var. *ovalis* aus Siebenbürgen, und zwar aus den Inundationspfützen des Altflusses, beschrieben habe (5.).

Die Poren der blaß gelblichbraunen Schale sind ziemlich groß. Das diese Poren scheidende Netz erscheint aus sechseckigen Felderchen zusammengesetzt und in der Mitte der einzelnen Leisten zeigt sich eine scharfe, braune Linie, welche gleichsam die Grenze der benachbarten sechseckigen Felderchen andeutet. An der Stelle, wo die Spitze von je drei Felderchen, bezw. je drei Leisten sich treffen, erheben sich drei kleine Dornen. In dieser Hinsicht also unterscheiden sich meine Exemplare von der typischen Form, bei welcher an dem erwähnten Berührungspunkt bloß je eine kräftigere dornförmige Erhöhung vorhanden ist.

Die Länge der Schale beträgt 0,06 mm, ihr größter Durchmesser 0,045 mm, der Durchmesser der Poren 0,003 mm, die Länge des Stiels schwankt zwischen 0,08—0,16 mm. Sämtliche Exemplare waren einzeln.

Klasse **Mastigophora.**

Die erste Mitteilung über südamerikanische *Mastigophoren* bot J. Bruner im Jahre 1886, als er seine Beobachtungen über die in Chile gefundene *Euglena viridis* veröffentlichte. In faunistischer Hinsicht aber ist A. Certes als Bahnbrecher zu betrachten, insofern er in seiner Publikation aus dem Jahre 1889 aus der Fauna des Kap Horn 8 Arten aufführte. J. Frenzel hat in seiner Publikation aus dem Jahre 1891 bloß die Namen der gefundenen Genera mitgeteilt, in seinem 1897 erschienenen zusammenfassenden Werke aber sieben neue Arten einer älteren und fünf neue Gattungen von Mastigamoeben beschrieben. Fernere Daten finden sich in den Publikationen von G. Entz und E. v. Daday aus dem Jahre 1902, insofern ersterer aus Patagonien 9, letzterer aus Chile 2 Arten aufführt.

Ord. **Dinoflagellata.**

Bisher war bloß ein einziger Repräsentant dieser Ordnung aus Südamerika bekannt, und zwar *Ceratium macroceros* Schr., den G. Entz 1902 aus Patagonien erwähnt. Ich habe bei meinen Untersuchungen diese Art zwar nicht gefunden, dagegen aber ist es mir gelungen, nachstehende fünf Arten zu beobachten.

Fam. **Peridinidae.**

Gen. **Glenodinium** Ehrb.

Dies Genus gehört zu denjenigen mit beschränkterer geographischer Verbreitung, insofern Arten desselben bisher bloß aus Europa, Nordamerika, Australien und Neu-Seeland bekannt sind. Aus Südamerika hat sie keiner der früheren Forscher verzeichnet, wogegen es mir gelungen ist, nachstehende zwei Arten aufzufinden.

29. **Glenodinium polylophum** n. sp.
(Taf. I, Fig. 18—22.)

Diese Art gleicht in der äußeren Körperform sehr jenem hornlosen *Peridinium divergens*, welches F. Stein in seinem großen Werke (22.) auf Taf. X, Fig. 8 abgebildet hat, bezw. erinnert dieselbe an zwei kurze, breite, mit der Basis aneinandergefügte Kegel (Taf. I, Fig. 18. 21). Bauch und Rücken, sowie die vordere und hintere Spitze, sind ziemlich verschieden voneinander. Der Bauch ist nämlich etwas abgeflacht, in der Mitte, bezw. bei der Mundöffnung gebuchtet (Taf. I, Fig. 19. 20), während der Rücken gleichmäßig gebogen ist (Taf. I, Fig. 19. 20). Die vordere Spitze ist etwas schief geschnitten und zwar von links nach rechts, erscheint demzufolge abgestutzt (Taf. I, Fig. 18. 21); dagegen ist die hintere Spitze in der Mitte eingeschnitten, sonach in zwei kleine scharfe Spitzen geteilt und stets spitziger als die vordere (Taf. I, Fig. 18. 21). Die Verschiedenheit der beiden Spitzen ist jedoch weit auffälliger, wenn man das Tierchen nicht vom Rücken oder Bauch, sondern von rechts oder links betrachtet. In diesem Falle erscheint nämlich das vordere Ende zugespitzt, das hintere Ende dagegen breit bogig, und zwar zeigen sich bei günstiger Stellung zwei, miteinander parallel laufende Bogen, die auf dem Rücken in gewisser Entfernung sich vereinigen, auf dem Bauch dagegen in eine parallele Linie übergehen (Taf. I, Fig. 22). Der Querschnitt dieser beiden Kreisbogen stellt die von oben oder unten gesehenen zwei kleinen Spitzen des hinteren Endes dar und lehrt, daß diese Kreisbogen nichts anderes sind, als die hier vorspringenden Kammlamellen der Schale, die durch eine große Vertiefung voneinander getrennt sind. Diese Vertiefung beginnt übrigens am Bauch, in der hinteren Körperhälfte und reicht von der Mundöffnung bis zur Mitte des Rückens; sie ist im ganzen genommen, nichts anderes als die Längsfurche und deren Fortsetzung auf dem Rücken.

Die Längsfurche ist in der Nähe der Mundöffnung weit breiter, als anderwärts, bezw. gegen das hintere Ende stark verengt; im mittleren Teile zeigt sich beiderseits bloß eine scharfe Linie, während von da an gegen das Ende sich an beiden Seiten ein Kamm erhebt (Taf. I, Fig. 21).

Die Querfurche ist typisch entwickelt und reicht, einem Ringe gleich, um den ganzen Körper; der obere und untere Rand erscheint gezackt, außerdem ist dieselbe im ganzen Verlaufe mit einer, aus dünner Membran bestehenden Krempe umgeben, die indessen nur sichtbar wird, wenn man das Tierchen von einem der Enden aus betrachtet (Taf. I, Fig. 19. 20). Sowohl die Krempe, als auch die Wandung der Querfurche erscheint fein gefasert.

Die Mundöffnung liegt am Anfange der Querfurche und daneben befindet sich eine kleine Mundlamelle, welche mit der gerundeten Spitze gegen das vordere Ende blickt. Zu beiden Seiten der Mundlamelle erhebt sich ein scharfer Kamm, an der gerundeten Spitze aber fehlt der Kamm und zeigt sich hier bloß eine scharfe, aber dünne Linie (Taf. I, Fig. 20. 21).

Die Wandung der Hülle zeigt, abgesehen von der Mundlamelle, keine Spur einer Gliederung in Lamellen und solche vermochte ich selbst an der Hülle in Kalilauge mazerierter oder zerdrückter Tiere nicht wahrzunehmen. Sehr charakteristisch aber ist die Struktur der Hüllenoberfläche, inwiefern sich darauf vom Rand der Querfurche ausgehende und gegen die Enden in der Regel konvergierende Kämme erheben, deren Anwesenheit zur Benennung der Art Anlaß bot. ($\lambda \acute{o} \varphi o \varsigma$ = Kamm und $\pi o \lambda \acute{v} \varsigma$ = viel).

Die Kämme der Hüllenwandung in beiden Körperhälften, sowie auch auf dem Rücken und Bauch, sind hinsichtlich ihres Verlaufs, ihrer Struktur und Anzahl verschieden. Am Rücken der vorderen Hüllenhälfte erheben sich stets zwei zentrale gerade, parallel laufende

Kämme, deren Ende an der Querfurche meist, aber nicht immer, zweigeteilt ist. Diese Kämme sind eigentlich als Hauptkämme zu betrachten, denn die übrigen stehen mit denselben in Verbindung, und zwar beiderseits je zwei Seitenkämme, deren Ende an der Querfurche gewöhnlich zweiästig ist. Auf der Hülle der meisten Exemplare erheben sich am Rücken der vorderen Körperhälfte insgesamt 6 Kämme, somit ist dies als herrschende Zahl zu betrachten (Taf. I, Fig. 18), allein mit der Zunahme der Verzweigung kann auch die Anzahl der Kämme um 1—2 zunehmen. Die beiden Hauptkämme berühren am vorderen Ende die zwei Hauptkämme des Bauches.

In der hinteren Körperhälfte erheben sich in der Mitte des Rückens 1 oder 2 gerade Hauptkämme. In ersterem Falle ist der zentrale Hauptkamm zweigeteilt und laufen beide Äste etwas divergent gegen das hintere Ende; im anderen Falle dagegen ziehen beide Hauptkämme parallel, bezw. etwas divergent zum hinteren Ende und gehen hier auf den Bauch über (Taf. I, Fig. 18). Zu beiden Seiten des einfachen oder doppelten Hauptkammes erheben sich je 3 Seitenkämme, die konvergent verlaufend, sich mit dem entsprechenden Hauptkamm vereinigen, aber ihr Ende an der Querfurche ist nicht geteilt (Taf. I, Fig. 18. 19).

Am Bauch der vorderen Körperhälfte ist Zahl, Anordnung und Verlauf der Kämme nahezu identisch mit der des Rückens (Taf. I, Fig. 20. 21), allein auf dem von den zentralen oder Hauptkämmen begrenzten Gebiet befinden sich noch zwei kurze Kämme, welche die beiden Seiten der Mundlamelle begrenzen. Die Hauptkämme sind von jenen des Rückens durch einen kleinen Querkamm getrennt.

Am Bauche der hinteren Körperhälfte sind keine eigentlichen Hauptkämme vorhanden, denn die hier sich erhebenden sechs Kämme haben alle einen gleichen Verlauf, d. i. sie ziehen zu dritt konvergent gegen das hintere Ende. Außer diesen vollständigen Kämmen ist indessen am Bauch, an der Basis der Querfurche zu beiden Seiten je ein kurzes Stück eines Kammes vorhanden, das wohl als letzter Rest der beiden Hauptkämme zu betrachten ist (Taf. I, Fig. 20. 21).

Die Struktur der Kämme ist sehr verschieden; zuweilen sind sie gerade, ziemlich schmal, oder ihr Lauf ist wellig und sie sind im Verhältnis dick, an einzelnen Punkten, besonders an der Verzweigung derselben, verknotet, ihre Wandung ist stets fein quer gefasert. Ihre Anzahl schwankt in engen Grenzen.

Die Hüllenwandung ist übrigens ganz gleichmäßig, ungranuliert und erscheint überall gleich dick.

Über die Struktur und Färbung des Zellkörpers und der Chromatophoren kann ich keine sicheren Daten bieten.

Die Länge des Tierchens betrug 0,07—0.085 mm, der größte Durchmesser 0,063 bis 0,067 mm.

Fundort: Estia Postillon, Lagune. Es lagen mir zahlreiche Exemplare vor.

Diese Art unterscheidet sich von den übrigen der Gattung durch die Struktur der Hülle in dem Maße, daß sie füglich als Repräsentant einer neuen Gattung betrachtet werden könnte.

30. Glenodinium cinctum Ehrb.

Glenodinium cinctum Kent Sav., 17, p. 446, Taf. XXV, Fig. 27—29; F. v. Stein, 22, 3. Abt. Taf. III, Fig. 18—21.

Wie es scheint, gehört diese Art in der Fauna von Paraguay zu den selteneren, denn ich fand sie nur in dem Material von Corumba, Matto Grosso Inundationspfütze des Paraguayflusses, hier aber in ziemlich großer Anzahl. Außer in Europa auch aus Asien, Nordamerika und Australien bekannt.

Gen. Peridinium Ehrb.

Peridinium Kent Sav., 17, p. 447.

Aus diesem Genus sind sowohl Süßwasser-, als auch marine Arten bekannt, allein in den Erdteilen außerhalb Europa sind bisher bloß zwei Süßwasser-Arten gefunden worden. Bei meinen Untersuchungen habe ich drei Arten aus dem Süßwasser verzeichnet.

31. Peridinium quadridens Stein.

Peridinium quadridens F. v. Stein, 22, 3. Abt. 2. H. Taf. II, Fig. 3–6; F. Blochmann, 1, p. 70, Taf. VIII, Fig. 146.

Außerhalb Europa ist diese Art bisher bloß aus Asien bekannt gewesen. Ich habe sie bei meinen Untersuchungen in dem Material aus der Lagune von Estia Postillon vorgefunden, allein nicht häufig. Die mir vorliegenden Exemplare stimmen mit den oben bezeichneten Abbildungen von F. v. Stein vollständig überein.

32. Peridinium tabulatum Ehrb.

Peridinium tabulatum Kent Sav., 17, p. 448, Taf. XXV, Fig. 1—5, 55—57.

Eine kosmopolitische Art, die sowohl aus Europa, als auch aus Asien, Nordamerika und Australien bekannt ist. Aus Südamerika war sie bisher noch nicht verzeichnet. Ich fand sie bloß in dem Material von einem Fundort, und zwar aus einer Pfütze auf der Insel (Banco) im Paraguayflusse, und auch hier war sie nicht häufig.

33. Peridinium umbonatum Stein.

Peridinium umbonatum Stein, F., 22, Taf. XII, Fig. 1—8.

Diese Art war bisher bloß aus Europa bekannt und wie es scheint, ist sie auch in der Fauna von Paraguay nicht häufig, denn ich fand sie bloß in dem Material eines einzigen Fundorts, und zwar einem ständigen Tümpel bei Gourales. Es lagen mir mehrere Exemplare vor, die den von F. Stein abgebildeten in jeder Hinsicht gleichen.

Ord. Chrysomonadina.

Diese Ordnung entspricht annähernd dem von F. Blochmann 1895 aufgestellten Ord. *Chromomonadina*, schließt indessen die Arten *Cryptomonas* Ehrb. und *Chilomonas* Ehrb.

aus, welche G. Entz in seinem erwähnten Werke (12. p. 20) mit der Familie *Crypto-monadidae* vereint in die Ord. *Chloromonadina* stellt. Diese Ordnung scheidet G. Entz in die Familien *Chrysomonadidae* und *Dinobryontidae*, welche F. Blochmann in seiner er-wähnten Ordnung unter dem Namen *Chrysomonadina* vereinigt hat. Ich fand bloß zwei Repräsentanten der ersteren Familie, wogegen J. Frenzel als Repräsentanten der letzteren Familie das Genus *Dinobryon*, ohne Angabe der Art, aus Argentinien (15. p. 18); G. Entz aber *Dinobryon cylindricum* var. *divergens* Lemn. aus dem Lago di Villa Rica in Chile verzeichnet hat (13. p. 443, Fig. I).

Fam Chrysomonadidae.

Die ersten südamerikanischen Repräsentanten dieser Familie erwähnte J. Frenzel aus Argentinien, führt indessen bloß die Namen der Gattungen *Uroglena* und *Synura* auf, ohne Bezeichnung der Arten (15. p. 18).

Gen. Stylochrysalis Stein.

Außerhalb Europas war diese Gattung bisher noch nicht bekannt, es ist indessen wahrscheinlich, daß ihre geographische Verbreitung eine allgemeine ist, darauf läßt wenigstens der Umstand schließen, daß es mir gelungen ist, ihre einzige Art in der Fauna von Para-guay aufzufinden.

34. Stylochrysalis parasita Stein.

Stylochrysalis parasita Stein, F., 21, Taf. XIV. Fig. 4.

Bei meinen Untersuchungen habe ich diese Art nur in dem Material von zwei Fund-orten gefunden, und zwar aus der Lagune bei Estia Postillon und einem ständigen Tümpel bei Gourales. An ersterem Fundort sah ich sie nicht nur an Kolonien von *Eudorinen*, sondern auch an freischwebenden Pflanzenteilen und Algenfäden.

Gen. Uroglena Ehrb.

35. Uroglena volvox Ehrb.

Uroglena volvox Kent Sav., 17, p. 414, Taf. XXIII, Fig. 4—15.

Diese Art ist zu den selteneren zu zählen, inwiefern ich sie bloß in dem Material von einem Fundort, d. i. aus den Inundationspfützen des Yuguariflusses zwischen den Ortschaften Aregua und Lugua vorgefunden habe. Nachdem bisher bloß diese einzige Art des Genus bekannt ist, so halte ich es nicht für ausgeschlossen, daß J. Frenzel dieselbe vor sich hatte, als er das Genus aus Argentinien verzeichnete. Insofern sich übrigens aus der mir zu Gebote stehenden Literatur feststellen läßt, ist bisher kein Fundort dieser Art außerhalb Europa und Südamerika bekannt geworden.

Ord. Chloromonadina.

Diese von G. Entz 1896 umgrenzte Ordnung (12. p. 18) umfaßt die Familie *Euglenina* der von F. Blochmann in seinem System vom Jahre 1895 aufgestellten Ordnung *Eugle-*

— 28 —

nvidina (1. p. 50), ferner die Ordnung *Phytomonadina*, sowie die bereits oben erwähnten Gattungen *Cryptomonas* Ehrb. und *Chilomonas* Ehrb.

Die ersten südamerikanischen Repräsentanten dieser Ordnung erwähnt J. F r e n z e l (15. p. 18), beschränkt sich aber auf die Aufzählung von 12 Gattungen, ohne die Arten zu bezeichnen. Dagegen hat G. E n t z fünf Arten enumeriert, und zwar vier aus Patagonien, eine aber aus Chile, seine Angaben sind somit die ersten authentischen (13. p. 443).

Fam. Volvocidae.

Die auf diese Familie bezüglichen ersten Daten aus Südamerika hat J. F r e n z e l geboten, und zwar durch die Aufzeichnung der Namen folgender Gattungen: *Gonium* O.F.M., *Pandorina* Bory d. St. Vine. und *Volvox* L. Später hat G. E n t z die Art *Volvox aureus* Ehrb. aus Patagonien, *Eudorina elegans* Ehrb. aber aus Chile aufgeführt; letzte Art habe auch ich von eben daher erwähnt (6. p. 436).

Gen. Volvox L.

Welche der zwei bekannten Arten dieser Gattung J. F r e n z e l aus Argentinien vor sich hatte, läßt sich mangels näherer Daten nicht entscheiden, um so weniger, als es mir bei meinen Untersuchungen gelungen ist, beide Arten aufzufinden.

36. Volvox aureus Ehrb.

Volvox aureus F. B l o c h m a n n , 1, p. 66, Fig. 143.

Wie es den Anschein hat, erfreut sich diese Art in Südamerika einer großen Verbreitung, und wie erwähnt, hat sie G. E n t z bereits aus Patagonien aufgeführt; in der Fauna von Paraguay aber ist sie geradezu als gemein zu bezeichnen, denn ich fand sie in dem Material von zahlreichen Fundorten, und zwar: A r e g u a , Bach, welcher den Weg zu der Lagune Ipacarai kreuzt; zwischen A r e g u a und L u g u a , Inundationspfützen des Yuguariflusses und Pfützen an der Eisenbahn; Bach zwischen A r e g u a und Y u g u a r i ; A s u n c i o n , Gran Chaco, Nebenarm des Paraguayflusses; zwischen A s u n c i o n und T r i n i d a d , Pfützen in den Eisenbahngräben; C e r r o L e o n , Banado; C o r u m b a , Matto Grosso, Inundationspfützen des Paraguayflusses; C u r u z u - c h i c a , toter Arm des Paraguayflusses; C u r u z u - n ú , Teich beim Haus des Marcos Romeros; E s t i a P o s t i l l o n , Lagune und deren Ausflüsse; L u g u a , Pfütze bei der Eisenbahnstation; P i r a y u , Straßenpfütze und Teich bei der Ziegelei; Inundationen des Y u g u a r i f l u s s e s ; L a g u n e I p a c a r a i , Oberfläche; S a p u c a y , Pfütze; A r r o y o P o n á , Inundationen eines Baches, Graben am Eisenbahndamm; C a e a - r a p a , Pfütze; G o u r a l e s , ständiger Tümpel.

37. Volvox globator L.

Volvox globator F. B l o c h m a n n , 1, p. 65, Fig. 142.

Diese Art ist weniger häufig als vorige; ich verzeichnete sie bloß von folgenden Fundorten: A r e g u a , Pfütze an der Eisenbahn; A s u n c i o n , Campo Grande, Calle de la Canada, Quellenpfützen und Gräben, ferner V i l l a M o r r a , Calle Laureles, Straßengraben. Aus Südamerika bisher nicht bekannt.

Gen. Eudorina Ehrb.

Die in Tümpeln und Inundationspfützen vorkommenden Arten sind in Europa ziemlich gemein, außerhalb Europa aber ist bisher bloß eine Art aus Asien und Südamerika bekannt und diese habe ich gleichfalls zu verzeichnen.

38. Eudorina elegans Ehrb.

Eudorina elegans F. Blochmann, 1, p. 65.

Aus Südamerika wurde diese Art zuerst von G. Entz (13. p. 441) und von mir aufgeführt (6. p. 436), und zwar in beiden Fällen aus Chile. Ich fand sie in dem Material aus den Inundationen des Yuguariflusses zwischen den Ortschaften Aregua und Lugua; Gourales, ständiger Tümpel; Estia Postillon, Lagune.

Fam. Euglenidae.

Diese Familie umfaßt diejenigen Gattungen und Arten, welche in seinem System von 1895 F. Blochmann in der Familie *Euglenina* seiner Ordnung *Euglenoidina* vereinigt hat. J. Frenzel erwähnt von argentinischen Fundorten vier Gattungen dieser Familie, jedoch ohne Bezeichnung der Arten; während G. Entz auch auf die Arten sich erstreckenden Daten 1902 publizierte, indem er drei Arten aus Patagonien aufzählte (13. p. 442—43).

Gen. Trachelomonas Ehrb.

Trachelomonas Kent S., 17, p. 388.

Trotzdem unter ihren Arten auch wahre Kosmopoliten vorkommen, war von dieser Gattung bisher aus Südamerika keine einzige Art bekannt; bei meinen Untersuchungen habe ich deren fünf gefunden.

39. Trachelomonas volvocina Ehrb.

Trachelomonas volvocina Stein, F., 21, Taf. XXII, Fig. 1—11.

Diejenige Art der Gattung, welche die größte geographische Verbreitung besitzt, denn sie ist aus Europa, Asien, Afrika, Australien und Nordamerika bekannt. Es ist nicht ausgeschlossen, daß sie in Südamerika und speziell in der Fauna von Paraguay häufig ist, allein ich verzeichnete sie nur von einem Fundort, und zwar aus einem ständigen Tümpel bei Gourales, wo sie in größerer Anzahl auftrat.

40. Trachelomonas hispida Perty.
(Taf. I, Fig. 28. 29.)

Trachelomonas hispida Stein, F., 21, Taf. XXII, Fig. 10—34.

Hinsichtlich der geographischen Verbreitung macht diese Art der vorigen den Rang streitig, ist aber aus Afrika noch nicht nachgewiesen. Bei meinen Untersuchungen habe ich sie in dem Material von folgenden Fundorten vorgefunden, und zwar: Estia Postillon, Lagune; Gourales, ständiger Tümpel; Lagune Ipacarai, Oberfläche; Sapucay, mit Pflanzen bewachsener Graben an der Eisenbahn.

Der größte Teil der beobachteten Exemplare ist den von F. v. Stein abgebildeten in allen Stücken gleich; ich fand indessen noch zwei Varietäten, deren eine sich vom Typus durch den eiförmigen Körper, sowie dadurch unterscheidet, daß der Geißelkragen sich nicht entwickelt, während das vordere Ende der Hülse sich halsartig verlängert hat (Taf. I, Fig. 29). Die andere Varietät, welche ich mit dem Namen *Trachelomonas hispida* var. *verrucosa* n. var. zu bezeichnen wünsche, ist viel auffälliger vom Typus verschieden. Die Hülse ist mehr oder weniger kugel- oder kurz eiförmig, am hinteren Ende mit einem kurzen, im Verhältnis dicken, schiefgestellten Dornfortsatz versehen; der Geißelkragen bildet die Fortsetzung der Hülse, ihre Oberfläche aber ist glatt. Sehr charakteristisch ist die Struktur der Hülsenwandung, insofern sie mit warzenartigen Erhöhungen übersät ist (Taf. I, Fig. 28). Die größte Länge der Hülse, den Dornfortsatz mitgerechnet, beträgt 0,031 mm, der größte Durchmesser 0,02 mm.

Fundorte der ersteren Varietät sind: Lagune bei Estia Postillon und die Oberfläche der Lagune Ipacarai. Fundort der zweiten Varietät: Lagune bei Estia Postillon.

41. Trachelomonas armata (Ehrb.)

Trachelomonas armata Stein, F., 21, Taf. XXII, Fig. 37—38.

Bisher war diese Art bloß aus Europa, Australien und Nordamerika bekannt. Bei meinen Untersuchungen fand ich sie in dem Material aus der Lagune bei Estia Postillon. Unter den beobachteten Exemplaren waren diejenigen, deren Hülse bloß hinten Dornen trug, ebenso häufig wie solche, deren Geißelkragen gleichfalls mit Dornen besetzt war.

42. Trachelomonas annulata n. sp.
(Taf. I, Fig. 23.)

Die Hülse ist im ganzen eiförmig, indessen vorn halsartig verengt, hinten aber in einen kräftigen, dolchförmigen, geraden Fortsatz ausgehend. Am mittleren Teil der Hülse ziehen, gleichweit voneinander entfernt, drei Querfurchen hin, welche die Hülse in vier Partien teilen; die zwei vorderen sind schmäler als die beiden anderen, unter sich aber sind sie fast gleich breit.

Die Wandung der gelblichbraunen Hülse zeigt keinerlei Struktur und ist ganz glatt.

Die Hülsenöffnung ist eine einfache, klaffende, geradegeschnittene, kreisförmige Öffnung. Die Geißel hat keinen abgesonderten Kragen.

Der Dornfortsatz der Hülse ist gegen Ende stark verjüngt, cylindrisch und spitz endigend.

Der Kern ist eiförmig; die Chromatophoren sind annähernd stäbchenförmig, unregelmäßig zerstreut.

Die Gesamtlänge der Hülse beträgt 0,097 mm, der größte Durchmesser 0,04 mm, der Durchmesser der Öffnung 0,012 mm, die Länge des Fortsatzes, vom hinteren Rand der Schalenhöhlung gemessen, 0,03 mm.

Fundorte: Corumba (Matto Grosso), Inundationstümpel des Paraguayflusses; Estia Postillon, Lagune.

43. Trachelomonas ensifera n. sp.

(Taf. I, Fig. 24—27.)

Die Hülse ist in die Halspartie, die Wohnung und den Fortsatz geteilt, die jedoch ohne Grenze ineinander übergehen.

Die Halspartie ist eine bald längere, bald kürzere cylindrische Röhre, deren weit breitere Basis eine direkte Fortsetzung des Gehäuses bildet. Die Länge der Halspartie hängt übrigens innig zusammen mit der Form der Wohnung, denn z. B. ist die Halspartie der Hülsen mit schmälerer, annähernd kugelförmiger Wohnung (Taf. I, Fig. 24. 25) viel kürzer, als die Hülsen mit verhältnismäßig breiterer, einem Doppelkegel gleichen Wohnung (Taf. I, Fig. 26).

Die Wohnung ist entweder kugelförmig, die Konturen ihres Umfanges bilden fast regelmäßige Bögen (Taf. I, Fig. 24), oder sie ist in der Mitte mehr oder weniger zugespitzt und erinnert dann an zwei, mit der Basis aneinandergefügte Kegel (Taf. I, Fig. 25. 26).

Der Hülsenfortsatz ist von verschiedener Länge, zuweilen so lang, wie die übrigen Teile der Hülse zusammen, oder etwas kürzer, sehr häufig aber erreicht derselbe bloß ein Drittel der ganzen Hülsenlänge; derselbe ist stets cylindrisch, seine Basis breit, beginnt sich jedoch plötzlich zu verengen und endigt sehr zugespitzt.

Die Öffnung der Halspartie der Hülse ist sehr charakteristisch geformt, insofern sie eine trichterartige Vertiefung bildet; die Geißel gelangt somit eigentlich durch eine doppelte Öffnung aus der Hülsenhöhlung. Die eine Öffnung befindet sich am inneren Ende des Trichters, die andere dagegen ist bloß der äußere Rand des Trichters (Taf. I, Fig. 27).

Die Hülsenwandung ist lichter oder dunkler gelbbraun gefärbt, die Oberfläche meist glatt; allein ich fand auch Exemplare, deren Hülsenoberfläche mit zahlreichen, unregelmäßig zerstreuten warzenartigen Erhöhungen bedeckt war (Taf. I, Fig. 25). Die Hülsenwandung ist beim Hals am dünnsten, beim hintern Teil der Wohnung aber am dicksten.

Der Kern ist eiförmig; die Chromatophoren gleichen kurzen Stäbchen und sind unregelmäßig zerstreut.

Die Gesamtlänge der Hülse beträgt 0,12—0,134 mm, der größte Durchmesser 0,038 bis 0,055 mm, der Durchmesser der äußeren Öffnung 0,008—0,01 mm, die Länge des Fortsatzes, von der hinteren Grenze der Hülsenöffnung an gemessen, 0,042—0,07 mm.

Fundort: Estia Postillon, Lagune; hier in großer Menge vorhanden. Von den bisher bekannten unterscheidet sich diese Art hauptsächlich durch die Struktur der Hülsenöffnung; ihre nächsten Verwandten sind *Trachelomonas acuminata* (Schmar.) und *Trachelomonas annulata* Dad.

Gen. **Phacus** Nitsch.

Phacus Kent Sav., 17, p. 386.

Dies artenreiche Genus wurde aus Südamerika zuerst von J. F r e n z e l erwähnt. Welche der vielen Arten aber ihm bei Feststellung der Gattung zur Basis diente, übersah er aufzuzeichnen und dies läßt sich mangels weiterer Daten nicht einmal annähernd feststellen. Bei meinen Untersuchungen fand ich bloß nachstehende zwei Arten.

44. Phacus longicaudus (Ehrb.)

Phacus longicaudus K e n t S a v., 17, p. 387, Taf. XXI. Fig. 6, 7.

Trotzdem diese Art so ziemlich als kosmopolitisch betrachtet werden kann, war sie aus Südamerika bisher nicht bekannt. Bei meinen Untersuchungen fand ich sie in dem Material von folgenden Fundorten: Bach zwischen A r e g u a und dem Y u g u a r i f l u s s e; C o r u m b a, Matto Grosso, Inundationspfützen des Paraguayflusses; G o u r a l e s, ständiger Tümpel. An letzteren zwei Fundorten zeigte sie sich in Menge.

45. Phacus pleuronectes (O. F. M.).

Phacus pleuronectes K e n t S a v., 17, p. 386, Taf. XXI, Fig. 2—5.

Hinsichtlich ihrer geographischen Verbreitung stimmt diese Art mit der vorigen fast vollständig überein. Als Fundorte in Paraguay habe ich folgende aufgezeichnet: A s u n c i o n, die mit halbtrockenen Camalote bedeckten Sandbänke der Flußarme und eine Pfütze auf der Insel (Banco) im Paraguayflusse; E s t i a P o s t i l l o n, Lagune und Ausflüsse derselben; G o u r a l e s, ständiger Tümpel; T e b i c u a y, Tümpel.

Gen. Lepocinclis Perty.

Chloropeltis K e n t S a v., 17, p. 387; *Lepocinclis* F. B l o c h m a n n, I, p. 53.

Zwei Arten dieser Gattung (*L. ovum* [Ehrb.] und *L. hispidula* [Eich.]) sind außer Europa auch aus Amerika und Australien bekannt, dagegen drei andere Arten (*L. obtusa* Francé, *L. globosa* Francé und *L. acicularis* Francé) bisher bloß aus Europa und speziell aus der Umgebung des Balaton verzeichnet.

46. Lepocinclis hispidula (Eich.).
(Taf. I, Fig. 30.)

Chloropeltis hispidula K e n t S a v., 17, p. 388, Taf. XXI, Fig. 8, 9.

Diese Art habe ich bei meinen Untersuchungen bloß in dem Material aus einer Pfütze an der Eisenbahn zwischen A r e g u a und L u g u a vorgefunden. Die mir vorliegenden Exemplare ähneln durch ihre Körperform, sowie durch die Größe des Rumpfanhanges der Abbildung 42, durch die Zahl der Dornenreihen aber der Abbildung 41 auf Taf. XIX von F. v. S t e i n (Taf. I, Fig. 30). Körperlänge 0,05 mm, Schwanzlänge 0,02 mm, Rumpflänge 0,03 mm, größter Durchmesser des Rumpfes 0,027 mm. Nach den Angaben Wl. S c h e w i a k o f f s war diese Art außer Europa bisher bloß aus Nordamerika bekannt.

Gen. Colacium Ehrb.
47. Colacium vesiculosum Ehrb.

Colacium vesiculosum K e n t S a v., 17, p. 395, Taf. XXI, Fig. 34—38.

An den von verschiedenen Fundorten herrührenden Entomostraken ziemlich häufig. Aus Südamerika bisher bloß von G. E n t z verzeichnet (13. p. 443), und zwar von Entomostraken aus Patagonien.

48. Colacium arbuscula Stein.

Colacium arbuscula K e n t S a v., 17, p. 394, Taf. XXI, Fig. 33.

Nicht so häufig, wie vorige Art. Ich fand sie in dem Material von verschiedenen Fundorten, zumeist an Copepoden angeheftet. Auch diese Art wurde aus Südamerika zuerst von G. E n t z verzeichnet, und zwar von patagonischen Fundorten; er bezeichnet sie als häufig an Daphniden und an den Körperanhängen der Copepoden (13. p. 443).

Gen. Euglena Ehrb.

Euglena K e n t S a v., 17, p. 397.

Diese kosmopolitische Gattung wurde aus Südamerika zuerst von J. B r u n e r 1886 erwähnt, und zwar aus Chile, aber nur mit einer Art. A. C e r t e s verzeichnete 1892 gleichfalls eine Art vom Kap Horn, während G. E n t z 1902 eine dritte Art aus Patagonien aufführt. J. F r e n z e l erwähnt 1891 bloß den Namen des Genus aus Argentinien. Bei meinen Untersuchungen habe ich außer der von G. E n t z bezeichneten *Euglena lacustris* (Chantr.) nicht nur die von J. B r u n e r und A. C e r t e s aufgeführten, sondern noch einige andere, im ganzen fünf Arten vorgefunden.

49. Euglena acus Ehrb.

Euglena acus K e n t S a v., 17, p. 383, Taf. XX, Fig. 24, 25.

Diese aus Südamerika bisher nicht bekannte Art fand ich in dem Material aus einer Pfütze bei der Eisenbahnstation L u g u a und G o u r a l e s, ständiger Tümpel, allein nur in wenigen Exemplaren.

50. Euglena deses Ehrb.

Euglena deses K e n t S a v., 17, p. 383, Taf. XX, Fig. 52, 53.

Scheint häufiger zu sein als vorige Art. Ich habe sie aus dem Material von folgenden Fundorten aufgezeichnet: Zwischen A s u n c i o n und T r i n i d a d, Pfütze im Eisenbahngraben; C o r u m b a, Matto Grosso, Inundationspfützen des Paraguayflusses; an letzterem Fundorte zeigte sich diese Art ziemlich massenhaft, sie ist übrigens bisher aus Südamerika gleichfalls unbekannt gewesen.

51. Euglena oxyuris Ehrb.

Euglena oxyuris K e n t S a v., 17, p. 383, Taf. XX, Fig. 26.

Diese aus Südamerika bisher nicht bekannte Art habe ich bei meinen Untersuchungen in dem Material von zwei Fundorten gefunden, und zwar bei A s u n c i o n in einer Pfütze der Insel (Banco) des Paraguayflusses und bei E s t i a P o s t i l l o n in der Lagune und deren Ausflüssen, sie zeigte sich indessen an keinem Fundorte in größerer Anzahl.

52. Euglena spirogyra Ehrb.

Euglena spirogyra K e n t S a v., 17, p. 382, Taf. XX, Fig. 27, 28.

Aus Südamerika, und zwar vom Kap Horn ist diese Art bereits von A. C e r t e s verzeichnet; in der Fauna von Paraguay ist sie gemein; ich fand sie in dem Material von folgenden Fundorten: A r e g u a, Bach, welcher den Weg zu der Lagune Ipacarai kreuzt; A s u n c i o n, Pfütze auf der Insel (Banco) des Paraguayflusses; P a s o B a r r e t o, Banado am Ufer des Rio Aquidaban und Lagune längs des Rio Aquidaban; P i r a y u, Straßenpfütze; V i l l a S a n a, Paso Ita-Bach; C o r u m b a, Matto Grosso, Inundationspfütze des Paraguayflusses; V i l l a R i c a, Graben am Eisenbahndamm.

Die meisten der untersuchten Exemplare stimmen mit den Abbildungen von F. S t e i n und K e n t S a v i l l e vollständig überein; bloß die von P a s o B a r r e t o unterscheiden sich von denselben insofern, als die Kutikularkörnchen im Verhältnis kleiner sind, gedrängt stehen und nicht nur spirale, sondern auch Ringreihen bilden; ihre Länge beträgt 0,22—0,24 mm, die Länge des Rumpfanhanges 0,04 mm; der größte Durchmesser 0,03 mm.

53. Euglena viridis Ehrb.

Euglena viridis K e n t S a v., 17, p. 381, Taf. XX, Fig. 29—51.

Es ist dies die am längsten aus Südamerika bekannte Art der Gattung, denn schon J. B r u n e r hat dieselbe 1886 aus Chile beschrieben; seitdem aber hat sie kein Forscher wieder erwähnt, es ist indessen nicht unwahrscheinlich, daß sie auch J. F r e n z e l bei seinen Untersuchungen gefunden hat, um so mehr, als die Art in Paraguay relativ häufig ist. Ich fand sie in dem Material von folgenden Fundorten: Zwischen A r e g u a und L u g u a, Pfütze an der Eisenbahn; E s t i a P o s t i l l o n, Lagune; P a s o B a r r e t o, Banado am Ufer des Rio Aquidaban und Lagune ebenda; P i r a y u, Straßenpfütze und Pfütze bei der Ziegelei; G o u r a l e s, ständiger Tümpel; V i l l a R i c a, Graben am Eisenbahndamm; C o r u m b a, Matto Grosso, Inundationspfütze des Paraguayflusses; an letzterem Fundort in ziemlich großer Menge.

Gen. Eutreptia Perty.

Eutreptia K e n t S a v., 17, p. 416.

Dies Genus ist außer aus Europa bisher bloß aus Südamerika bekannt; J. F r e n z e l hat es ohne Bezeichnung der Art aus Argentinien erwähnt.

54. Eutreptia viridis Perty.

Eutreptia viridis K e n t S a v., 17, p. 416, Taf. XXI, Fig 54—59.

Wie es scheint, gehört diese Art zu den selteneren, inwiefern ich sie bei meinen Untersuchungen bloß an einem Fundort vorfand und zwar in dem Material aus einer Inundationspfütze des Paraguayflusses bei C o r u m b a in Matto Grosso und auch hier zeigte sie sich nur sehr spärlich. Nachdem bisher bloß diese Art der Gattung bekannt ist, so ist sicher anzunehmen, daß sie auch J. F r e n z e l gesehen hatte.

Ord. Zoomonadina Entz.

Diese Ordnung, welche G. E n t z 1896 umgrenzt hat (12. p. 16—18), umfaßt, abgesehen von O. B ü t s c h l i s Ord. *Dinoflagellata* und *Cystoflagellata*, diejenigen M a s t i g o p h o r e n, welche keine Chromatophoren besitzen und weist im Gegensatze zu den diesbezüg-.

lichen systematischen Einteilungen von Kent Saville, O. Bütschli und F. Blochmann (1895) einige wesentliche Abweichungen auf. Vergleicht man nämlich diese Ordnung mit dem System von Kent Saville (17. Vol. I), so zeigt es sich, daß es folgende Kent Savillesche Ordnungen in sich vereinigt, und zwar: *Trypanosomata, Rhizoflagellata, Radioflagellata* und *Choanoflagellata*, ferner die Ordnung *Flagellata pantostomata* mit Ausnahme der Familie *Polytomidae*, sowie aus der Ordnung *Flagellata eustomata* die Familien: *Paramonadidae, Astasiidae, Anisonemidae* und *Sphenomonadidae*.

Aus der Klasse *Mastigophora* O. Bütschlis gehören in diese Ordnung: sämtliche Repräsentanten der Ord. *Choanoflagellata*; von der Ord. *Flagellata* die ganze Unterordnung *Heteromastigoda*; die Unterordnung *Monadina* mit Ausnahme der Gattungen: *Dinobryon, Epipyxis* und *Uroglena*; aus der Unterordnung *Euglenoidina* die Familien: *Menoidina, Peranemina, Petalomonadina* und *Astasiina*, sowie aus der Unterordnung *Isomastigoda* die Familien: *Amphimonadina, Spongomonadina, Tetramitina, Polymastigina* und *Trepanomonadina*.

Von den Ordnungen F. Blochmanns in seinem System aus 1895 gehören hierher: Ord. *Protomonadina*. Ord. *Polymastigina*, sowie aus dem Ord. *Euglenoidina* die Familien *Astasiina* und *Peranemina*.

Fam. Craspedomonadidae Entz.

Von denjenigen Gattungen und Arten, welche O. Bütschli in der Ordnung *Choanoflagellata*, bezw. F. Blochmann in der gleichnamigen Familie vereinigt hatten, umfaßt diese Familie bloß jene, welche genannte Forscher in die Familie, bezw. Subfamilie *Craspedomonadina* aufgenommen hatten. Von den hierher gehörigen Gattungen hat J. Frenzel bereits vier *(Codonosiga, Codonocladium, Protospongia* und *Salpingoeca)* aus Argentinien aufgeführt, ohne indessen die Arten zu bezeichnen, G. Entz aber hat auch bereits eine Art dieser Familie verzeichnet.

Gen. Codonosiga James-Clark.

Codonosiga Francé, R., 14, p. 205.

55. Codonosiga botrytis (Ehrb.)

Codonosiga botrytis Francé, R., 14, p. 208, Fig. 1, 3, 6, 8, 9, 22, 23, 29, 30, 33, 48, 60, 61, 62.

Aus Südamerika wurde diese Art zuerst durch G. Entz (13. p. 443) von patagonischen Fundorten verzeichnet. Bei meinen Untersuchungen habe ich sie gleichfalls gefunden, und zwar sowohl an Pflanzenreste, als auch an Entomostraken angeheftet. Fundorte: Inundation des Yuguariflusses zwischen Aregua und Lugua; Corumba, Matto Grosso, Inundationspfütze des Paraguayflusses; Estia Postillon, Lagune und deren Ausflüsse.

Fam. Spongomonadidae.

Diese Familie besitzt wahrscheinlich eine allgemeine Verbreitung, allein Arten derselben sind bisher bloß aus Europa, Neuseeland und Nordamerika bekannt. Bei meinen Untersuchungen fand ich bloß Vertreter einer Gattung.

Gen. Rhipidodendron Stein.

Rhipidodendron Kent Sav., 17, p. 285.

Diese Gattung ist an ihren Kolonien, die aus von einzelnen Individuen bewohnten gallertartigen Röhrchen bestehen, leicht zu erkennen; ihre bisher bekannten zwei Arten sind bloß aus Europa, Neuseeland und Nordamerika nachgewiesen. Bei meinen Untersuchungen habe ich nachstehende Art gefunden.

56. Rhipidodendron splendidum Stein.

Rhipidodendron splendidum Stein, F., 21, Taf. IV, Fig. 1—7.

Die verschieden großen Kolonien und Koloniefragmente dieser Art fand ich in dem Material aus einem ständigen Tümpel bei Gourales. An den in Formol konservierten Kolonien waren sogar die kleinen Individuen gut wahrzunehmen.

Fam. Dendromonadidae Kent Sav.

Alle drei Gattungen dieser Familie sind bereits aus Südamerika bekannt, insofern *Dendromonas* und *Anthophysa* ohne Bezeichnung der Arten durch J. Frenzel verzeichnet, *Cephalothamnium* aber durch G. Entz von patagonischen Fundorten konstatiert worden ist.

Gen. Cephalothamnium Stein.

57. Cephalothamnium caespitosum (S. Kent).

Cephalothamnium caespitosum Kent Sav., 17, p. 272, Taf. XVII, Fig. 27–32; Taf. XVIII, Fig. 33–35.

Diese Art ist an die von verschiedenen Fundorten herstammenden Entomostraken, besonders Copepoden, angeheftet, sehr häufig. G. Entz fand sie an patagonischen Exemplaren von *Daphnia pulex* (13. p. 443).

Fam. Scytomonadidae. G. Entz.

Diese von G. Entz präzisierte Familie ist mit keiner der in den Systemen von O. Bütschli, Sav. Kent und F. Blochmann vorkommenden Familien zu identifizieren, was am besten daraus hervorgeht, daß dieselbe folgende Gattungen umfaßt: *Scytomonas* Stein, *Sphenomonas* Stein, *Anisonema* Duj., *Entosiphon* Stein, *Petalomonas* Stein und *Colponema* Stein, welche von genannten Forschern als Glieder verschiedener Familien betrachtet wurden. Von den namhaft gemachten Gattungen hat J. Frenzel drei, d. i. *Sphenomonas*, *Anisonema* und *Petalomonas*, ohne Bezeichnung der Arten erwähnt. Mir gelang es bloß, folgende Gattung und Art zu finden.

Gen. Colponema Stein.

Nach den Systemen von O. Bütschli und F. Blochmann gehört dieses Genus in die Familie *Bodonina*, wogegen es Sav. Kent in die Familie *Heteromitidae* stellt. Außerhalb Europa ist es noch nicht gefunden worden.

58. Colponema loxodes Stein.

Colponema loxodes Kent Sav., 17, p. 297, Taf. V, Fig. 45—46.

Bei meinen Untersuchungen habe ich diese Art bloß von einem Fundort verzeichnet, und zwar aus einer Inundationspfütze des Paraguayflusses bei Corumba in Matto Grosso; bloß einige Exemplare.

Klasse Infusoria.

Die ersten Daten über die in diese Klasse gehörigen und in Südamerika heimischen Tierchen verdanken wir J. Frenzel, der aus der Subklasse der *Ciliaten* die Namen von 42 Gattungen, aus der Subklasse der *Suctorien* aber 4 Gattungen namhaft machte, ohne aber die Art zu nennen, welche der Determination zu Grunde lag. G. Entz beschreibt bereits 10 Arten aus 7 Gattungen aus Patagonien und Chile, darunter 8 *Ciliaten* und 2 *Suctorien*. Schließlich verzeichnete E. v. Daday ebensoviel Arten aus 3 Gattungen (6. p. 436).

Bei meinen Beobachtungen habe ich bloß *Ciliaten* beobachtet, welche ich nach der mehrfach erwähnten Einteilung von G. Entz aufführe.

Ord. Gymnostomata.

Von den durch J. Frenzel erwähnten Gattungen kommen dieser Ordnung 14 zu, wogegen von den durch G. Entz und E. v. Daday aufgeführten keine einzige hierher gehört.

Fam. Enchelyidae.

Es unterliegt sicherlich keinem Zweifel, daß fast sämtliche Gattungen und Arten dieser Familie in der Fauna von Paraguay vertreten sein mögen, worauf schließen läßt, daß J. Frenzel 7 Gattungen derselben aus Argentinien verzeichnen konnte. Ich fand bloß in dem Material aus Corumba solche Repräsentanten derselben, welche zum Determinieren geeignet waren. Es mag etwa diesem Umstande zugeschrieben sein, daß ich so wenig hierhergehörige Arten zu verzeichnen vermochte.

Gen. Enchelyodon Clap. et Lachm.

Dies Genus gehört zu denjenigen der Familie, welche aus Südamerika bisher von niemand erwähnt worden sind. Dies Genus ist außer Europa aus keinem anderen Erdteil bekannt.

59. Enchelyodon farctus Cl. et C.

Enchelyodon farctus Sav., Kent, 17, p. 503, Taf. XXVI, Fig. 51—53.

Fundort Corumba, Matto Grosso, Inundationspfütze des Paraguayflusses; nicht häufig.

Gen. Lacrymaria Ehrb.

Dies Genus ist so ziemlich als kosmopolitisch zu betrachten, deren Arten außer Europa von Neu-Seeland, den Sandwich-Inseln und Nordamerika bekannt sind. Aus Südamerika führte es J. Frenzel zuerst auf, ohne aber auch nur eine Art namhaft zu machen.

60. Lacrymaria olor (O. F. Müller).

Lacrymaria olor Blochmann, F., 1, p. 88, Taf. V, Fig. 157.

Diejenige Art der Gattung, welche sich der größten geographischen Verbreitung erfreut, allein aus Asien und Afrika dennoch bisher unbekannt ist. Bei meinen Untersuchungen
habe ich dieselbe bloß von einem Fundorte verzeichnet, und zwar aus einer Inundationspfütze des Paraguayflusses bei Corumba in Matto Grosso.

Gen. Prorodon Blochm.

Prorodon Blochmann, F., 1, p. 89.

Hinsichtlich ihrer geographischen Verbreitung ist dies Genus als kosmopolitisch zu betrachten, denn die Arten derselben sind in allen Erdteilen heimisch, bloß eine fehlt in Asien.
J. Frenzel hat es auch aus Südamerika verzeichnet, die Art jedoch, welche bei der Determination des Genus vorlag, nicht genannt.

61. Prorodon ovum (Ehrb.).

Prorodon ovum Blochmann, F., 1, p. 89, Taf. V, Fig. 160.

Außer Europa aus anderen Erdteilen noch nicht bekannt. Fundort Corumba, Matto
Grosso, Inundationspfütze des Paraguayflusses.

62. Prorodon teres Ehrb.

Prorodon teres Blochmann, F., 1, p. 89, Taf. V, Fig. 161.

Kosmopolitische Art dieser Gattung, und es ist nicht ausgeschlossen, daß auch
J. Frenzel ihrer ansichtig wurde. Ich fand sie bei meinen Untersuchungen bloß in dem
Material aus einer Inundationspfütze des Paraguayflusses bei Corumba in Matto Grosso.

Gen. Coleps Nitzsch.

Mit Rücksicht darauf, daß alle vier Süßwasser-Arten dieser Gattung aus allen Erdteilen bekannt sind, ist dieselbe als kosmopolitisch aufzufassen. J. Frenzel hat sie auch aus
Südamerika erwähnt, die Art jedoch nicht genannt. Bei meinen Untersuchungen habe ich
bloß nachstehende Art gefunden.

63. Coleps hirtus Ehrb.

Coelps hirtus Blochmann, F., 1, p. 91, Taf. V, Fig. 164.

Gehört zu den häufigeren Arten; ich verzeichnete sie von folgenden Fundorten:
Aregua, Pfütze an der Eisenbahn; Corumba, Matto Grosso, Inundationspfütze des Paraguayflusses; Pirayu, Straßenpfütze, Inundationen des Yuguariflusses. Mit Rücksicht darauf, daß diese kosmopolitische Art eine der gemeinsten der Gattung ist, kann vorausgesetzt
werden, daß sie auch J. Frenzel bei der Determination des Genus vor sich hatte. .   .

Ord. Trichostomata Bütsch.

Aus Südamerika sind auf Grund der Aufzeichnungen von J. Frenzel 28 Gattungen dieser Ordnung bekannt; fünf derselben mit acht Arten hat G. Entz und drei mit ebensoviel Arten E. v. Daday aufgeführt. Die Angaben von J. Frenzel sind insofern mangelhaft, als sie den Namen keiner einzigen Art enthalten.

Fam. Oxytrichidae Bütsch.

Aus dieser Familie hat J. Frenzel sechs Gattungen aufgeführt, und zwar folgende: *Urostyla, Stichotricha, Uroleptus, Onychodromus, Pleurotricha, Stylonychia,* mir ist es jedoch nur gelungen, von zweien derselben je eine Art zu beobachten.

Gen. Stichotricha Perty.

Von den Arten dieses Genus ist es bisher bloß eine, welche außer Europa auch aus anderen Erdteilen bekannt wäre, und dies ist nachstehende, welche ich bei meinen Untersuchungen gleichfalls gefunden habe.

64. Stichotricha secunda Perty.

Stichotricha secunda Sav., Kent, 17, p. 776, Taf. XLIV, Fig. 1, 2.

Fundort Corumba, Matto Grosso, Inundationspfütze des Paraguayflusses. Die mir vorgelegenen Exemplare wohnten in schmalhalsigen schläuchenähnlichen, mit fremden Körnchen bedeckten Hülsen. Nachdem diese Art auch aus Neu-Seeland und Nordamerika bekannt ist, sowie im Hinblick auf eben erwähnten Fundort, halte ich es nicht für ausgeschlossen, daß auch J. Frenzel dieselbe Art untersucht hatte.

Gen. Stylonychia Ehrb.

Diese Gattung gehört zu den echten Kosmopoliten, indem zwei ihrer Arten außer Europa fast in allen Weltteilen heimisch sind, und es ist nicht unwahrscheinlich, daß sie in Südamerika gleichfalls vorkommen; allein ich fand bloß folgende Art.

65. Stylonychia mytilus (O. F. M.).

Stylonychia mytilus Sav., Kent, 17, p. 790, Taf. XLV, Fig. 1, 10—22.

Diese Art ist mit Ausnahme von Asien bereits aus allen Weltteilen verzeichnet worden, aus Südamerika aber dennoch bisher unbekannt, weil es zweifelhaft ist, welche Art J. Frenzel bei der Feststellung der Gattung untersucht hatte. Bei meinen Untersuchungen fand ich sie in dem Material aus einer Inundationspfütze des Paraguayflusses bei Corumba in Matto Grosso.

Fam. Vorticellidae.

J. Frenzel erwähnt aus Argentinien 9 Gattungen dieser Familie, ohne aber die Gattungen zu bezeichnen. G. Entz hat (13. p. 443—449) von patagonischen und chilesischen

Fundorten 7 Arten von 4 Gattungen besprochen, E. v. Daday aber 2 Arten zweier Gattungen aus Chile verzeichnet. Bei meinen derzeitigen Untersuchungen habe ich die Repräsentanten folgender Gattungen vorgefunden.

Gen. Cothurniopsis Entz.

Cothurniopsis Entz, G., 11, p. 426.

Es ist dies eine derjenigen Gattungen, welche aus Südamerika weder von J. Frenzel, noch von G. Entz oder E. v. Daday verzeichnet worden ist. Die Arten derselben sind übrigens bisher bloß aus Europa bekannt, mit Ausnahme von *Cothurniopsis folliculata* O. F. M. und *C. variabilis* Kell., die in Nordamerika, und *C. imberbis* (Ehrb.), die in Kleinasien vorkommen. Bei meinen Untersuchungen habe ich bloß nachstehende Art beobachtet.

66. Cothurniopsis imberbis (Ehrb.).

Cothurniopsis imberbis Sav., Kent, 17, p. 720, Taf. XL, Fig. 9, 10.

Diese Art ist mir bei meinen Untersuchungen öfters und an von mehreren Fundorten herstammenden Entomostraken untergekommen; in Massen aber hat sie sich nirgends gezeigt.

Gen. Cothurnia Ehrb.

Cothurnia Blochmann, F., 1, p. 121.

Dies Genus wurde, ohne Benennung der Art, aus Südamerika bereits von J. Frenzel erwähnt, die erste Art desselben aber von G. Entz aus Chile verzeichnet.

67. Cothurnia crystallina (Ehrb.)

Cothurnia crystallina Blochmann, F., 1, p. 122, Fig. 243.

Fundort Corumba, Matto Grosso, Inundationspfütze des Paraguayflusses, und hier, an Algen angeheftet, ziemlich häufig. Diese Art wurde von G. Entz und E. v. Daday auch aus Chile aufgeführt, und nachdem es die gemeinste Art der Gattung ist, so ist es leicht möglich, daß sie J. Frenzel auch in Argentinien gefunden hatte.

Gen. Epistylis Ehrb.

Epistylis Blochmann, F., 1, p. 120.

Diese Gattung erfreut sich wahrscheinlich in Südamerika einer weiten Verbreitung, und schon von J. Frenzel wurde sie, ohne Nennung der Art, erwähnt. G. Entz hat drei Arten derselben aus Patagonien verzeichnet, welche bis dahin bloß aus Europa bekannt waren. Bei meinen Untersuchungen habe ich folgende Arten vorgefunden.

68. Epistylis anastatica Ehrb.

Epistylis anastatica Kent Sav., 17, p. 701, Taf. XXXVIII, Fig. 19—22.

Diese Art war aus Südamerika bisher unbekannt. Außer Europa war sie bloß von Neu-Seeland und aus Nordamerika bekannt. Fundort Corumba, Matto Grosso, Inundationspfütze des Paraguayflusses, bezw. an von da herstammenden *Cyclops*-Arten fand ich größere und kleinere Kolonien derselben, allein ich fand sie auch an *Copepoden* von verschiedenen Fundorten.

69. Epistylis articulata From.

Epistylis articulata Entz, G., 13, p. 446, Fig. 3.

Diese Art ist außer Europa bisher bloß aus Südamerika bekannt, insofern sie G. Entz zuerst von patagonischen *Daphniden* und *Copepoden* verzeichnete. Bei meinen Untersuchungen fand ich sie mehrere Male an *Cyclops*- und *Diaptomus*-Arten von verschiedenen Fundorten, trotzdem aber kann sie nicht als häufig gelten.

70. Epistylis brevipes Clap. et Lachm.

Epistylis brevipes Entz, G., 13, p. 448, Fig. 4.

Gleich der vorigen ist auch diese Art außer Europa bisher bloß aus Südamerika bekannt, und zwar verzeichnete sie G. Entz von patagonischen Ostrakoden. Bei meinen Untersuchungen fand ich sie wiederholt an verschiedenen größeren *Ostracoda*-Arten.

71. Epistylis umbellaria (O. F. M.)

Epistylis flavicans Kent, Sav., 17, p. 702, Taf. XXXV, Fig. 48—50; Taf. XXXVIII, Fig. 1—5.

Außer Europa war diese Art bisher bloß von Neu-Seeland und aus Nordamerika bekannt. Bei meinen Untersuchungen fand ich besonders in dem Material aus der Laguna und deren Ausflüsse bei Estia Postillon mächtige Kolonien derselben, welche an morsche Pflanzenreste geheftet waren.

Gen. Zoothamnium Ehrb.

J. Frenzel hat diese Gattung ohne Nennung der Art aus Argentinien notiert, während G. Entz eine Art aus Patagonien erwähnt. Die geographische Verbreitung derselben ist übrigens eine ziemlich beschränkte, insofern bloß drei ihrer Arten außer Europa in je einem anderen Weltteil vorkommen.

72. Zoothamnium parasita Stein.

Zoothamnium parasita Kent, Sav., 17, p. 698, Taf. XXXVII, Fig. 16.

Außerhalb Europas wurde diese Art zuerst von G. Entz verzeichnet, und zwar aus Patagonien, wo sie an *Daphnidae* häufig vorkam. Bei meinen Untersuchungen ist sie mir mehrfach an größeren *Cladoceren* untergekommen, besonders an denjenigen, welche aus einer Laguna am Ufer des Aquidaban bei Paso Barreto herstammten.

Gen. Carchesium Ehrb.

Aus Südamerika wurde dies Genus zuerst von J. Frenzel erwähnt, die betreffende Art indessen nicht genannt. Bei der Beschreibung patagonischer Protozoen erwähnt G. Entz zwei Arten. Übrigens sind die Arten dieser Gattung größtenteils europäische und nur drei derselben sind auch von außereuropäischen Gebieten bekannt.

73. Carchesium polypinum (L.).

Carchesium polypinum Blochmann, F., 1, p. 119, Fig. 238.

Es ist dies diejenige Art der Gattung, welche die größte geographische Verbreitung besitzt, insofern sie außer Europa auch aus Afrika, Nordamerika und von Neu-Seeland bekannt ist. Aus Südamerika wurde sie zuerst von G. Entz verzeichnet, und zwar von Fundorten aus Chile. Bei meinen Untersuchungen fand ich sie in dem Material von folgenden Fundorten: Zwischen Aregua und Lugua, Inundationen des Yuguariflusses; Corumba, Matto Grosso, Inundationspfütze des Paraguayflusses; Curuzu-chica, toter Arm des Paraguayflusses.

74. Carchesium brevistylum (D'Udek).

Carchesium brevistylum Entz, G., 13, p. 445, Fig. 2.

Außer Europa ist diese Art bloß aus Nord- und Südamerika bekannt; von letzterem Gebiete hat sie G. Entz verzeichnet und festgestellt, daß sie nicht zum Genus *Vorticella* gehöre, wie dies D'Udeken und nach ihm mehrere andere Forscher behauptet hatten. Bei meinen Untersuchungen fand ich sie an *Copepoden* und *Ostracoden,* kann sie jedoch nicht als häufig bezeichnen.

Gen. Vorticella Ehrb.

Dies Genus zählt zu den kosmopolitischen und aus Südamerika hat sie, ohne Nennung der Art, schon J. Frenzel konstatiert. Daß es in Südamerika nicht zu den selteneren Gattungen gehört, geht daraus hervor, daß ich bei meinen Untersuchungen drei Arten derselben vorgefunden habe.

75. Vorticella lunaris O. F. M.

Vorticella campanula Kent, Sav., 17, p. 678, Taf. XXXIV, Fig. 36; Taf. XLIX, Fig. 12.

Diese Art besitzt eine sehr weite geographische Verbreitung und ist außer Europa aus Afrika und Nordamerika, sowie von Neu-Seeland bekannt. Ich fand prachtvolle Kolonien derselben in dem Material aus der Lagune und deren Ausflüssen bei Estia Postillon und waren dieselben an moderne Blätterfragmente angeheftet.

Hinsichtlich des Art-Namens habe ich zu bemerken, daß ich der Ansicht von G. Entz beipflichte, der die O. F. Müllersche *Vorticella lunaris* und Ehrenbergs *Vorticella campanula* für identisch hält.

75. Vorticella nebulifera O. F. M.

Vorticella nebulifera Kent, Sav., 17, p. 673, Taf. XXXIV, Fig. 20; Taf. XXXV, Fig. 32—47; Taf. XLIX, Fig. 1.

Hinsichtlich der geographischen Verbreitung stimmt diese Art mit der vorigen überein, ist aber auch aus Kleinasien und von den Sandwich-Inseln bekannt. Bei meinen Untersuchungen habe ich sie von folgenden Fundorten verzeichnet: Asuncion, mit halbdürrem Camalote bedeckte Sandbänke; Curuzu-nú, Teich beim Hause des Marcos Romeros. Ich sah nicht nur vereinzelt lebende Individuen, sondern auch größere Kolonien.

77. Vorticella microstoma Ehrb.

Vorticella microstoma Kent, Sav. 17, p. 683, Taf. XXXV, Fig. 9 - 24; Taf. XLIX, Fig. 27.

Diese Art ist aus allen Weltteilen bekannt, somit ein typischer Kosmopolit; demungeachtet war sie aus Südamerika bisher nicht bekannt. Bei meinen Untersuchungen fand ich sie wiederholt und von verschiedenen Fundorten, auch größere Kolonien.

78. Vorticella moniliata Tatem.

Vorticella moniliata Kent, Sav., 17, p. 688, Taf. XXXV, Fig. 27; Taf. XLIX, Fig. 39.

Diese Art, welche zufolge der auf der Körperoberfläche in Ringen angeordneten, halbkugelförmigen, glänzenden Körperchen leicht zu erkennen ist, war bisher außer Europa bloß aus Afrika und Nordamerika bekannt. Bei meinen Untersuchungen habe ich sie nur in dem Material aus der Lagune bei Estia Postillon gefunden; hier war sie ziemlich häufig und bildete zuweilen größere Kolonien.

Wenn man nunmehr die voranstehend beschriebenen und verzeichneten *Protozoa*-Arten hinsichtlich ihrer Verbreitung, bezw. ihres Vorkommens in Südamerika in Betracht zieht, so zeigt es sich, daß dieselben in drei Gruppen zerfallen, und zwar in solche, welche aus Südamerika schon früher bekannt waren, in solche, welche bisher aus Südamerika nicht bekannt waren, und in solche, welche bisher bloß aus Südamerika bekannt, d. i. neu sind. Aus diesem Gesichtspunkte gruppieren sich die aufgeführten Arten in folgender Weise:

1. Aus Südamerika schon früher bekannte Arten:

Amoeba verrucosa Ehrb.
Pelomyxa villosa Leidy.
Arcella vulgaris Ehrb.
Arcella discoides Ehrb.
5. Centropyxis aculeata Ehrb.
Difflugia constricta Ehrb.
Difflugia corona Ehrb.
Difflugia globulosa Ehrb.
Difflugia lobostoma Leidy.
10. Difflugia pyriformis Perty.
Difflugia urceolata Ehrb.
Difflugia vas Leidy.
Euglypha alveolata Ehrb.
Euglypha ciliata Ehrb.
15. Trinema enchelys Ehrb.

Cyphoderia ampulla (Ehrb.)
Clathrulina elegans Cienk.
Volvox aureus Ehrb.
Eudorina elegans Ehrb.
20. Colatium vesiculosum Ehrb.
Colatium arbuscula Stein.
Euglena spirogyra Ehrb.
Euglena viridis Ehrb.
Codonosiga botrytis (Ehrb.)
25. Cephalothamnium caespitosum (S. Kent.
Cothurnia crystallina (Ehrb.)
Epistylis articulata From.
Epistylis brevipes Cl. u. L.
Zoothamnium parasita Stein.
30. Carchesium polypinum (L.)
31. Carchesium brevistylum (d'Udek.)

Sonach sind von den durch mich beobachteten 78 Arten nicht viel mehr als ³/₈ solche, welche durch frühere Forscher von verschiedenen südamerikanischen Fundorten bereits verzeichnet worden sind, und auch nahezu ⅔ dieser Arten gehören der Klasse *Sarcodina* an, während auf die Klassen *Mastigophora* und *Infusoria* bloß ⅓ entfallen.

2. Aus Südamerika früher nicht bekannte Arten.

Arcella mitrata Ehrb.
Arcella dentata Ehrb.
Lequereusia spiralis (Ehrb.)
Difflugia acuminata Ehrb.
5. Euglypha brachiata Leidy.
Rhaphidiophrys elegans L. Hertw.
Acanthocystis chaetophora Schrank.
Clathrulina Cienkowskii Meresch.
Glenodinium cinctum Ehrb.
10. Peridinium quadridens Stein.
Peridinium tabulatum Ehrb.
Peridinium umbonatum Stein.
Uroglena volvox Ehrb.
Stylochrysalis parasita Stein.
15. Volvox globator Ehrb.
Phacus longicaudus (Ehrb.)
Phacus pleuronectes (O. F. M.)
Lepocinclis hispidula Eich.
Trachelomonas volvocina Ehrb.
20. Trachelomonas hispida (Perty.)

Trachelomonas armata Stein.
Euglena acus Ehrb.
Euglena deses Ehrb.
Euglena oxyuris Ehrb.
25. Eutreptia viridis Perty.
Rhipidodendron splendidum Stein.
Colponema loxodes Stein.
Enchelyodon farctus Cl. u. L.
Lacrymaria olor (O. F. M.)
30. Prorodon ovum (Ehrb.)
Prorodon teres Ehrb.
Coleps hirtus Ehrb.
Stichotricha secunda Perty.
Stylonychia mytilus (O. F. M.)
35. Cothurniopsis imbertis (Ehrb.)
Epistylis anastatica Ehrb.
Vorticella lunaris O. F. M.
Vorticella umbellaria (O. F. M.)
Vorticella nebulifera (O. F. M.)
40. Vorticella microstoma Ehrb.

Vorticella moniliata Tatem.

Hiernach sind von den durch mich beobachteten Arten ⁴/₈, d. i. die Hälfte, solche, welche bisher noch durch niemand von südamerikanischen Fundorten verzeichnet worden sind. Von diesen Arten gehört bloß ¼ der Klasse *Sarcodina* an, während ¾ sich auf die Klassen *Mastigophora* und *Infusoria* verteilen.

3. Bisher bloß aus Südamerika bekannte Arten.

Arcella rota n. sp.
Arcella marginata n. sp.
5. Trachelomonas ensifera n. sp.

Glenodinium polylophum n. sp.
Trachelomonas annulata n. sp.

Diesen neuen Arten schließen sich nachfolgende vier neue Varietäten an: *Difflugia urceolata* var. *ventricosa* n. v., *Difflugia urceolata* var. *quadrialata* n. v., *Difflugia lobostoma* var. *impressa* n. v. und *Trachelomonas hispida* var. *verrucosa* n. v.

Die zu den zwei ersteren Gruppen gehörigen Arten sind zum größten Teil entweder echte Kosmopoliten, d. i. aus allen Weltteilen bekannt, oder aus mehr als zwei Weltteilen nachgewiesen; allein es finden sich auch solche, welche bisher außer Südamerika bloß aus einem andern Weltteil bekannt sind; es sind folgende:

1. **Nord- und Südamerika.**

Euglypha brachiata Leidy.

2. **Europa und Südamerika.**

Clathrulina Cienkowskii Mer.
Peridinium umbonatum Stein.
Uroglena volvox Ehrb.
Stylochrysalis parasita Stein.
5. Colatium vesiculosum Ehrb.

Colatium arbuscula Stein.
Eutreptia viridis Perty.
Colponema loxodes Stein.
Prorodon ovum (Ehrb.)
10. Epistylis articulata Tatem.

Epistylis brevipes Cl. u. L.

Ganz natürlich ist es durchaus nicht ausgeschlossen, daß die hier verzeichneten Arten durch weitere Untersuchungen auch aus anderen Weltteilen nachgewiesen werden, es ist sogar als nahezu sicher anzunehmen. Ebenso wahrscheinlich ist es, daß das Vorkommen der neuen Arten auch von anderen südamerikanischen Gebieten, eventuell auch aus anderen Weltteilen konstatiert werden wird.

Um eine Übersicht über alle aus Südamerika bisher bekannten *Protozoa*-Arten zu bieten, erachte ich es für angezeigt, nachstehendes Verzeichnis der durch die Untersuchungen von C. G. Ehrenberg, A. Certes, J. Frenzel und G. Entz bekannt gewordenen, von mir aber nicht beobachteten Arten zusammenzustellen.

Gringa filiformis Fr. (Fr.)
Gringa media Fr. (Fr.)
Gringa verrucosa Fr. (Fr.)
Chromatella argentina Fr. (Fr.)
5. Aboema angulata Fr. (Fr.)
Guttulidium guttula Duj. (Fr.)
Guttulidium tinctum Fr. (Fr.)
Saccamoeba eladophorae Fr. (Fr.)
Saccamoeba punctata Fr. (Fr.)
10. Saccamoeba lucens Fr. (Fr.)
Saccamoeba magna Fr. (Fr.)
Saccamoeba cerrifera Penard (Fr.)
Saccamoeba cubica Fr. (Fr.)
Saccamoeba monula Fr. (Fr.)
15. Saccamoeba renocuajo Fr. (Fr.)
Saccamoeba insectivora Fr. (Fr.)
Saccamoeba alveolata Fr. (Fr.)
Saccamoeba spatula Pen. (Fr.)
Saccamoeba villosa Wall. (Fr.)
20. Saccamoeba limax Duj. (Fr.)
Saltanella saltans Fr. (Fr.)
Eickenia rotunda Fr. (Fr.)
Amoeba terricola Greef. (Cert.)

Amoeba proteus Leidy (Fr.)
25. Amoeba hercules Fr. (Fr.)
Amoeba pellucida Fr. (Fr.)
Amoeba salinae Fr. (Fr.)
Amoeba diffluens Ehrb. (Fr.)
Amoeba actinophora Auerb. (Fr.)
30. Amoeba tentaculata Grub. (Fr.)
Amoeba tentaculifera Fr. (Fr.)
Stylamoeba sessilis Fr. (Fr.)
Dactylosphaerium radiosum H. u. L.
(Cert. Fr.)
Cochliopodum bilimbosum Auerb. (Fr.)
35. Cochliopodum vestitum Arch. (Fr.)
Hyalosphaenia lata F. C. Sehl. (Cert. Fr.)
Hyalosphaenia papilio Leidy (Fr.)
Hyalosphaenia elegans Leidy (Cert.)
Hyalosphaenia picta Cert. (Cert.)
40. Quadrula symmetrica Wall. (Ehrb. Fr.)
Nebela collaris Ehrb. (Ehrb. Fr.)
Heleopera picta Leidy (Fr.)
Assulina seminulum Ehrb. (Ehrb. Cert.)
Nuclearia simplex Cienk. (Fr.)
45. Nuclearia Moebiusi Fr. (Fr.)

Nuclearia deliculata Cienk. (Fr.)
Nuclearina similis Fr. (Fr.)
Nuclearina Leuckarti Fr. (Fr.)
Nuclearella variabilis Fr. (Fr.)
50. Vampyrina pallida (Möb.) (Fr.)
Vampyrina Bütschlii Fr. (Fr.)
Estrella aureola Fr. (Fr.)
Estrella socialis Fr. (Fr.)
Heliosphaerium aster Fr. (Fr.)
55. Heliosphaerium polyedricum Fr. (Fr.)
Elaeorhanis arenosa Fr. (Fr.)
Lithosphaerella compacta Fr. (Fr.)
Olivina monostomum Fr. (Fr.)
Rosario argentinus Fr. (Fr.)
60. Microhydrella tentaculata Fr. (Fr.)
Campsacus cornutus Leidy (Fr.)
Tricholymax hylae Fr. (Fr.)
Micromastix Januarii Fr. (Fr.)
Mastigella polymastix Fr. (Fr.)
65. Limulina unica Fr. (Fr.)
Mastygina chlamys Fr. (Fr.)
Mastygina paramylon Fr. (Fr.)

Mastigamoeba Schulzei Fr. (Fr.)
Amoebidium parasitum Cienk. (Entz).
70. Phacotus lenticularis (Perty) (Cert.)
Dinobryon cylindricum v.divergens Lemn. (Entz).
Chlamydomonas pulvisculus Ehrb. (Cert.)
Euglena lacustris (Charp.) (Entz).
Cercomonas longicauda Duj. (Cert.)
75. Cercomonas crassicauda Duj. (Cert.)
Oikomonas mutabilis Kent. (Cert.)
Heteromita lens O. F. M. (Cert.)
Heteronema caudata Duj. (Cert.)
Bodo affinis Kent. (Cert.)
80. Bodo saltans Ehrb. (Cert.)
Ceratium macroceros Schr. (Entz).
Colpidium colpoda Ehrb. (Cert.)
Colpoda Steinii Mop. (Cert.)
Paramecium aurelia (O. F. M. (Cert.)
85. Stentor coeruleus Ehrb. (Entz)
Epistylis invaginata Cl. u. L. (Entz).
Acineta tripharetra Entz (Entz).
Tokophyra cyclopum Cl. u. L. (Entz).

Hier habe ich vor allem zu bemerken, daß ich die Daten von C. G. Ehrenberg und A. Certes auf Grund der Synonymie von W. Schewiakoff verzeichne und die von ihm mit Fragezeichen versehenen Arten nicht in Betracht ziehe; die Daten von J. Frenzel dagegen ohne Ausnahme aufnehme. Die hinter dem Artnamen in Klammern stehenden Abkürzungen bedeuten die Namen der beobachtenden Forscher, und zwar: Ehrb. = C. G. Ehrenberg, Cert. = A. Certes, Fr. = J. Frenzel und Entz = G. Entz.

Wenn man nun schließlich die Anzahl der von mir aus der Mikrofauna von Paraguay beobachteten Arten mit den oben bezeichneten summiert, so zeigt es sich, daß aus der Fauna von Südamerika derzeit 166 *Protozoa*-Arten bekannt sind, — gewiß eine verhältnismäßig beträchtliche Anzahl. Es ist jedoch nicht ausgeschlossen, daß diese Anzahl mit der Zeit an der Hand einer Revision der Frenzelschen Arten einerseits reduziert, anderseits aber durch weitere Forschungen beträchtlich zunehmen wird.

II. Hydroidea.

Aus der Fauna von Südamerika war meines Wissens bisher keine einzige Süßwasser-Hydroide bekannt. In dem mir vorliegenden Material ist es mir gelungen, zwei Arten zu finden, welche jedoch, insofern es mir auf Grund der zur Verfügung stehenden Literatur gelang festzustellen, mit den aus Europa bekannten entsprechenden Arten identisch sind.

Fam. Hydridae.

Gen. Hydra L.

79. Hydra fusca Auct.

Diese Art scheint in der Fauna von Paraguay ziemlich häufig zu sein; ich habe sie von folgenden Fundorten verzeichnet: Aregua, Inundationen eines Baches, der den Weg zu der Lagune Ipacarai kreuzt; Sapucay, mit Pflanzen bewachsener Graben an der Eisenbahn; Villa Rica, nasse Wiese; Villa Sana, Inundationen des Baches Paso Ita und der kleine Peguaho-Teich; Inundationen des Yuguariflusses.

80. Hydra viridis Auct.

Diese Art ist weniger häufig als die vorige; ich fand sie bloß an folgenden Fundorten: Zwischen Aregua und dem Yuguariflusse, Inundationen eines Baches; Asuncion, Lagune (Pasito) und Inundationen des Rio Paraguay; Estia Postillon, Lagune und deren Inundationen. Die von letzterem Fundort herstammenden Exemplare, an welchen sich auch 1—2 ziemlich entwickelte Sprossen befinden, unterscheiden sich von denjenigen der übrigen Fundorte in erster Reihe dadurch, daß sie bloß fünf Arme besitzen; in zweiter Reihe dadurch, daß das aborale Ende des Körpers schlauchartig aufgedunsen ist. Ersterer Umstand ist vermutlich der Variabilität zuzuschreiben; letzterer Umstand (die Gedunsenheit des aboralen Körperendes) aber dürfte von der Konservierung herrühren. Die Cnidocysten unterscheiden sich, insofern es mir mit Anwendung verschiedener Vergrößerungen gelungen ist festzustellen, — gar nicht von denjenigen europäischer Exemplare von *Hydra viridis*.

III. Nematoda.

Hinsichtlich der Nematoden von Südamerika hat meines Wissens A. C e r t e s die ersten Daten 1889 (2. a) veröffentlicht, als er die neuen Arten *Dorylaimus Giardi* und *Eubostrichus Guernei* vom Feuerland beschrieb. Bald darnach 1902 verzeichnete ich *Dorylaimus superbus* Man. aus Chile. Bei meinen derzeitigen Untersuchungen habe ich nachstehende 20 Arten beobachtet, welche für die Fauna von Südamerika insgesamt neu sind; drei derselben, und zwar *Trilobus gracilis* Bast., *Dorylaimus stagnalis* Bast. und *Monhystera paludicola* d. M., sind auch aus anderen Weltteilen bekannt, die übrigen 18 Arten aber sind zur Zeit als charakteristisch für die Fauna von Paraguay und Südamerika überhaupt zu betrachten.

Gen. Aphanolaimus de Man.

Aphanolaimus de M a n, 5, p. 34, Taf. I, Fig. 4.

Von diesem Genus waren bisher bloß europäische und neuguineische Arten bekannt, und zwar zwei, d. i. *A. attentus* d. M. und *A. aquaticus* Dad. aus Europa, drei aber, und zwar *A. papillatus* Dad., *A. tenuis* Dad. und *A. brachyurus* Dad. aus Neu-Guinea, deren erstere in feuchter Erde, an den Wurzeln von Grammineen, die übrigen dagegen in Süßwässern vorkommen. In dem mir vorgelegenen Plankton-Material aus Paraguay ist es mir gelungen, die nachstehend beschriebenen zwei neueren Arten aufzufinden.

81. Aphanolaimus Anisitsi n. sp.
(Taf. II, Fig. 1—6.)

Der Körper des Männchens und Weibchens ist gleicherweise gegen beide Enden auffällig verjüngt, so zwar, daß das hintere Ende nicht viel dünner ist, als das vordere; die Mundrundung ist fast viermal kleiner, als der Durchmesser des Körpers am hinteren Ende des Oesophagus (Taf. II, Fig. 12). Die äußere Kutikularschicht des Körpers ist sehr dünn und glatt, die mittlere hingegen ziemlich dick und geringelt, die Ringe aber sind sehr schmal. In der ganzen Körperlänge zieht eine scharfe Seitenlinie und außerdem zeigt sich nahe zum vorderen Körperende je ein scheibenförmiges Seitenorgan (Taf. II, Fig. 3).

Der freie Rand der Mundöffnung erscheint in der Mitte vertieft, bildet jedoch keine wirklichen Lappen. In der Mund-, bezw. Oesophagushöhle liegen keine Kutikulargebilde und die Mundhöhle scheint gänzlich zu fehlen. An der Basis der Mundwandung erheben sich sechs feine Borsten (Taf. II, Fig. 3).

Der Oesophagus ist auffallend dünn, in seiner Wandung zeigen sich keine Muskelfasern; er ist in der ganzen Länge fast gleich dünn, geht unbemerkt in den Magen über und überragt ein Fünftel der Körperlänge nicht oder nur wenig. Am Berührungspunkte des Oesophagus und Magens ist am Bauche eine mächtige einzellige Drüse, welche den Oesophagus aus der Mittellinie beiseite schiebt und auch die Magenwandung vertieft, ihr Ausführungsgang geht nach vorn, wo sie aber endigt, vermochte ich nicht festzustellen (Taf. II, Fig. 4).

In der Magenwandung vermochte ich die Umrisse von Zellen nicht wahrzunehmen und wie es scheint, besteht sie bloß aus granuliertem Protoplasma.

Das weibliche Genitalorgan ist paarig, das obere Ende des vordern von dem hintern Ende des Oesophagus gerade so weit entfernt, wie von der Genitalöffnung, — das untere Ende des hintern liegt doppelt so nahe zur Genitalöffnung als zur Afteröffnung. Die weibliche Genitalöffnung liegt in der Körpermitte, doppelt so nahe zum hintern Ende des Oesophagus, als zur Afteröffnung (Taf. II, Fig. 1).

Der Hoden liegt ungefähr in der Körpermitte unter dem Magen (Taf. II, Fig. 2).

Der Schwanz ist bei beiden Geschlechtern von der Afteröffnung an plötzlich verjüngt, an der Endspitze zeigt sich ein kegelförmiges Ausführungsgebilde, im Innern vermochte ich keine Drüsen, bloß granuliertes Protoplasma wahrzunehmen. Beim Männchen erheben sich am Bauch, vor der Afteröffnung, neun praeanale Papillen in gleicher Entfernung voneinander, an deren Spitze je ein krallenförmiges, aus Kutikula bestehendes Drüsenausführungsgebilde sitzt (Taf. II, Fig. 6).

Die Spicula sind sichelförmig gekrümmt, an beiden Enden spitzig, das äußere indessen spitziger als das innere, in der Mitte erhebt sich ein stumpf gerundeter breiter Hügel und hier sind sie am breitesten, dahinter liegt ein stäbchenförmiger kleiner Kutikularkörper, der gleichsam die Nebenspicula repräsentiert, aber auch fehlen kann (Taf. II, Fig. 6).

Es lagen mir mehrere Männchen und Weibchen vor, die Größenverhältnisse derselben sind folgende:

	Weibchen	Männchen
Körperlänge	1,2—1,4 mm	1,4—1,6 mm
Oesophaguslänge	0,22—0,27 mm	0,24 mm
Schwanzlänge	0,13—0,19 mm	0,13—0,15 mm
Größter Durchmesser	0,03—0,05 mm	0,02—0,03 mm.

Fundort Cerro Noaga, Oroyo; Aregua, der Bach, welcher den Weg nach der Laguna Ipacarai kreuzt; Pirayu, Pfütze bei der Ziegelei; Cerro Leon, Banado. Mit Rücksicht auf die Anzahl der Fundorte ist diese Art als häufig in der Fauna von Paraguay zu betrachten.

Diese Art steht sehr nahe zu *Aphanolaimus attentus* d. M., *A. aquaticus* Dad. und *A. multipapillatus* Dad., unterscheidet sich indessen von den beiden ersteren nicht nur durch die Anwesenheit der großen Drüse unter dem Oesophagus, sondern auch durch die größere Anzahl von praeanalen Papillen, deren beim Männchen von *A. attentus* d. M. bloß fünf, bei dem von *A. aquaticus* Dad. bloß sechs vorhanden sind, außerdem besitzt erstere auch postanale Papillen. Dem *A. multipapillatus* Dad. gleicht die neue Art insofern, als an beiden Drüsen unter dem Oesophagus vorhanden sind, unterscheidet sich indessen von derselben durch die geringere Anzahl der praeanalen Papillen, denn *A. multipapillatus* Dad. weist deren 10 auf, und auch seine Spicula haben eine ganz andere Struktur. Den Namen erhielt die neue Art zu Ehren des Sammlers, Prof. J. D. Anisits.

82. Aphanolaimus multipapillatus n. sp.

(Taf. II, Fig. 7—9.)

Der Körper ist gegen beide Enden auffällig verjüngt, hinter der Afteröffnung indessen doch weit stärker, als gegen den Mund, und ist am vordern Ende viermal schmäler, als hinter dem hintern Ende des Oesophagus (Taf. II, Fig. 7).

Die äußere Kutikularschicht ist sehr dünn und glatt, die mittlere hingegen im Verhältnis dick und geringelt, die Ringe aber sind sehr schmal. Am Körper zieht in der ganzen Länge eine scharfe Seitenlinie hin.

Der Rand der Mundöffnung ist glatt; an der Basis stehen außen sehr feine Kutikularborsten, etwas mehr nach hinten aber liegt an beiden Seiten ein ziemlich großes, scheibenförmiges Seitenorgan (Taf. II, Fig. 7). Die Mundhöhle ist sehr eng, kaum bemerkbar, und weder in ihr, noch in der Oesophagushöhle befinden sich Kutikulargebilde.

Der Oesophagus ist auffallend dünn, in seiner Wandung sind keine Muskelfasern sichtbar, die Umrisse gehen namentlich in die Magenwandung über, zwischen dem hintern Ende des Oesophagus und dem Anfang des Magens liegt am Bauche eine große Drüse, welche den Oesophagus gleichsam aus der Mittellinie des Körpers gegen die Rückenseite drängt und außerdem am Magen eine große Vertiefung verursacht.

Die Wandung des Darmkanals zeigt keine Umrisse von Zellen und scheint bloß aus granuliertem Protoplasma zu bestehen.

Der Hoden liegt etwas ober der Körpermitte unter dem Magen.

Hinter der Körpermitte erheben sich am Bauch bis zur Afteröffnung 18 praeanale Papillen, deren jede eine krallenförmige, aus Kutikulastoff bestehende Drüsenausleitung enthält (Taf. II, Fig. 9); postanale Papillen aber sind nicht vorhanden.

Der Schwanz ist von der Afteröffnung an stark verjüngt, das Ende keulenartig etwas erweitert und trägt einen kleinen, kegelförmigen Ausführungsanhang, im Innern vermochte ich keine Drüsenzellen, bloß granuliertes Protoplasma wahrzunehmen.

Die Spicula sind sichelförmig gekrümmt, das äußere Ende ist sehr spitz, das innere breiter, die untere Spitze kürzer und gerundet, die obere länger, fingerförmig vortretend; an der Basis erhebt sich eine eigentümliche, bogige, nach hinten und unten gerichtete Kutikularleiste, die einigermaßen als Repräsentant der Nebenspicula erscheint (Taf. II, Fig. 8).

Es lagen mir bloß zwei Männchen vor, die Größenverhältnisse derselben sind folgende: Ganze Körperlänge 1,4—1,5 mm; Oesophaguslänge 0,2—0,25 mm; Schwanzlänge 0,19 bis 0,22 mm; der größte Durchmesser 0,04—0,05 mm.

Fundort: Bach zwischen Aregua und dem Yuguarifluß.

Diese Art erinnert lebhaft an *Aphanolaimus Anisitsi* Dad., unterscheidet sich jedoch von derselben darin, daß sie 18 praeanale Papillen besitzt, während das Männchen von *A. Anisitsi* Dad. deren bloß neun aufweist, auch die Spicula eine andere Form und Struktur haben. Wenn man indessen von diesen Verschiedenheiten absieht, oder dieselben für unwesentlich hält, so könnte man die beiden Arten dreist vereinigen; es ist sogar nicht ausgeschlossen, daß zwischen ihren Weibchen kein wesentlicher Unterschied herrscht.

Genus Monhystera Bast.

Monhystera J. G. de Man, 5, p. 35.

Dies in der Fauna von Europa durch zahlreiche Arten repräsentierte Genus ist, wie es scheint, in der Fauna von Paraguay und wohl in ganz Südamerika nicht so heimisch, denn ich habe in dem mir vorliegenden reichen Plankton-Material bloß nachstehende drei Arten aufgefunden.

83. Monhystera paludicola de Man.

(Taf. III, Fig. 2. 3. 4.)

Monhystera paludicola de Man, 5, p. 37, Taf. II, Fig. 7.

Der Körper gegen beide Enden verjüngt, · hinten aber weit dünner als vorn. Alle Schichten der Kutikula erscheinen glatt; um die Mundöffnung stehen sechs kurze Härchen. Das kreisförmige Seitenorgan liegt unweit der Mundöffnung (Taf. III, Fig. 2. 3). Den Farbstoff oder die Linsen der Augen vermochte ich nicht zu erkennen, es ist jedoch nicht ausgeschlossen, daß ersterer bei der Konservierung vernichtet wurde.

Die Mundöffnung hat einen fast glatten Rand. In der Mundhöhle bemerkte ich seitlich eine Kutikularverdickung gleich einem kurzen Stäbchen, übrigens wird das Vorderende und innere Lumen des Oesophagus durch eine dicke Kutikula begrenzt (Taf. III, Fig. 3). Der Oesophagus ist nach hinten allmählich verdickt, bildet indessen keinen Bulbus; zwischen dem hintern Ende desselben und dem vordern Ende des Magens sah ich je eine große schlauchförmige, einzellige Drüse (Taf. III, Fig. 2). Der Oesophagus ist kürzer als ein Viertel der Körperlänge.

Die Magenwand besteht bloß aus granuliertem Protoplasma und sind die Konturen der Zellen nicht wahrzunehmen.

Der Hoden beginnt vor dem vordern Körperdrittel, das Vas deferens ist somit sehr lang. Die Spicula sind zwar auffallend lang, aber dennoch weit kürzer als die Schwanzlänge, sie sind schwach sichelförmig gekrümmt und neben ihnen zeigen sich annähernd hammerförmige kleine Nebenspicula (Taf. III, Fig. 4).

Der Schwanz ist von der Afteröffnung an plötzlich verjüngt und endigt in einer kleinen Keule; im Innern bemerkte ich keine Drüsenzellen, sondern nur granuliertes Plasma (Taf. III, Fig. 4).

Es lag mir nur ein einziges Männchen vor. Die Größenverhältnisse desselben sind folgende: Ganze Körperlänge 1,23 mm; Oesophaguslänge 0,27 mm; Schwanzlänge 0,19 mm; größter Durchmesser 0,04 mm.

Fundort: Inundationen des Yuguariflusses zwischen Aregua und Lugua, wo ich diese Art in Gesellschaft von *Trilobus diversipapillatus* fand. Sie war bisher bloß aus Holland bekannt. Von den europäischen Männchen unterscheidet sich vorliegendes Exemplar insofern, als am hintern Ende des Oesophagus Drüsen vorhanden sind; der Oesophagus länger ist, die Spicula hingegen kürzer sind, inwiefern sie die Länge des Schwanzes nicht erreichen, der Schwanz aber in einer kleinen Keule endigt.

84. Monhystera propinqua n. sp.
(Taf. II, Fig. 10—12.)

Der Körper ist gegen beide Enden verjüngt, hinter der Afteröffnung aber weit stärker, als vor dem hintern Ende des Oesophagus, um die Mundöffnung nur so dick, daß der Durchmesser ein Drittel des größten Körperdurchmessers nicht erreicht, und um die Hälfte kürzer, als der Körperdurchmesser am hintern Ende des Oesophagus (Taf. II, Fig. 10. 11).

Alle Kutikularschichten sind sehr dünn und glatt, tragen nirgends Borsten und haben keine Seitenlinie, dagegen zeigt sich am Anfang des Oesophagus an beiden Seiten je eine kleine, seitenorganartige runde Vertiefung (Taf. II, Fig. 11).

Am freien Rande der Mundöffnung stehen sechs papillenartige kleine Vorsprünge. In der Oesophagushöhle, bezw. am vordern Ende des Oesophagus sind zwei, schwach bogige Kutikularstäbchen, die mit ihrem innern Ende sich gegeneinanderbeugen, bezw. so liegen, daß sie einen trichterförmigen Raum umschließen (Taf. II, Fig. 10. 11).

Der Oesophagus ist nur wenig länger als ein Sechstel der ganzen Körperlänge, das vordere Ende ist etwas aufgetrieben, gegen das hintere Ende kaum merklich verdickt, bildet keinen Bulbus, zwischen ihn und den Ma_{gen} sind Drüsenzellen eingekeilt (Taf. II, Fig. 10. 11).

Die Wandung des Darmkanals zeigt keine Umrisse von Zellen und scheint nur aus granuliertem Protoplasma zu bestehen.

Das weibliche Genitalorgan ist unpaar und im Verhältnis sehr lang, insofern es am hintern Ende des Oesophagus, bezw. nahe am Anfang des Magens beginnt und ungefähr im hintern Körperdrittel, in der Genitalöffnung endigt (Taf. II, Fig. 11).

Der Schwanz ist von der Afteröffnung an plötzlich verjüngt, etwas länger als ein Fünftel der ganzen Körperlänge, und endigt mit einer kleinen Keule, im Innern vermochte ich die Umrisse einer großen Drüse wahrzunehmen (Taf. II, Fig. 12).

Männchen fanden sich nicht vor.

Es lag mir bloß ein vollständig geschlechtsreifes Weibchen vor, die Größenverhältnisse desselben sind folgende: Ganze Körperlänge 1,1 mm; Oesophaguslänge 0,16 mm; Schwanzlänge 0,23 mm; größter Durchmesser 0,04 mm.

Fundort: Corumba, Matto Grosso, Inundationspfütze des Paraguayflusses.

Diese Art steht am nächsten zu *Monhystera papuana* Dad., welcher sie jedoch bloß durch die Kutikularstäbchen in der Oesophagushöhle einigermaßen ähnlich ist, sich indessen von derselben dadurch unterscheidet, daß sie gegen die Mundöffnung stark verjüngt und am Mundrande papillenartige Erhöhungen vorhanden sind, — ferner unterscheidet sie sich durch die seitenorganförmigen Seitenvertiefungen, sowie durch alle Größenverhältnisse.

85. Monhystera annulifera n. sp.
(Taf. II, Fig. 13—17.)

Der Körper ist gegen beide Enden verjüngt, von der Afteröffnung an jedoch weit stärker, als von dem Oesophagusende; der Durchmesser der Mundöffnung ist nur halb so groß als der Körper am Oesophagusende (Taf. II, Fig. 13. 14).

Die äußere Kutikularschicht ist dünn und glatt, die übrigen Schichten dagegen sind granuliert; eine Seitenlinie ist nicht vorhanden, dagegen zeigt sich unweit der Mundöffnung je ein kreisförmiges Seitenorgan (Taf. II, Fig. 15).

Der Mundrand ist glatt und erheben sich an beiden Seiten sehr feine Borsten. In der Mundhöhle ist bloß ein querliegender, wahrscheinlich aus mehreren Kutikularkörperchen gebildeter Ring, der die vordere Spitze des Oesophagus zu begrenzen scheint (Taf. II, Fig. 15).

Der Oesophagus ist nur wenig länger, als ein Sechstel der Körperlänge, nach hinten allmählich verdickt, das hintere Ende gerundet, bulbusartig, und hier hängen daran zwei, gestreckten Schläuchen gleiche Drüsen herab, welche gleichsam das vordere Ende des Magens bedecken (Taf. II, Fig. 15. 16).

Das weibliche Genitalorgan ist unpaar; das Ovarium liegt in nur ganz geringer Entfernung von dem Anfang des Darmkanals, bezw. des Magens; die Genitalöffnung befindet sich vor dem Körperdrittel, der Afteröffnung um das Doppelte näher als zum hintern Oesophagusende (Taf. II, Fig. 13); im Uterus sah ich ein großes Ei.

· Der Hoden liegt vor der Körpermitte, das Vas deferens ist daher ziemlich lang .

Der Schwanz hat bei beiden Geschlechtern dieselbe Struktur, ist von der Afteröffnung an allmählich und stark verjüngt, am Ende keulenartig erweitert, und trägt einen kegelförmigen, kleinen Ausführungsanhang; im Innern vermochte ich bloß granuliertes Protoplasma wahrzunehmen (Taf. II, Fig. 13. 14). Das Männchen besitzt eine praeanale Papille, die indessen ziemlich entfernt von der Afteröffnung liegt (Taf. II, Fig. 14).

Die Spicula sind ·sichelförmig gekrümmt, an beiden Enden spitz, in der Mitte, am Bauchrand etwas ausgehöhlt; Nebenspicula sind nicht vorhanden (Taf. II, Fig. 17).

Es lag mir ein Männchen und ein Weibchen vor; die Größenverhältnisse derselben sind folgende:

	Weibchen	Männchen
Körperlänge	0,98 mm	0,92 mm
Oesophaguslänge	0,15 mm	0,16 mm
Schwanzlänge	0,19 mm	0,16 mm
Größter Durchmesser	0,05 mm	0,03 mm.

Fundort: Asuncion, Straßengraben bei der Villa Morra, Calle Laureles.

Diese Art unterscheidet sich von den bisher bekannten durch den Kutikularing und die Oesophagushöhle, durch die Struktur der Spicula und hauptsächlich durch die praeanalen Papillen.

Genus Trilobus Bast.

Trilobus, J. G. de Man, 5, p. 7.

Trotzdem von diesem Genus bisher bloß sieben Arten bekannt waren, konnte dasselbe dennoch als ziemlich allgemein verbreitet betrachtet werden, denn je eine Art ist aus Asien, Nordamerika und Neu-Guinea, vier (mit der einen auch in Asien vorkommenden Art fünf) Arten sind aus Europa beschrieben worden. Aus Südamerika war indessen bis jetzt keine Art bekannt; demnach sind die nachstehend beschriebenen zwei Arten nicht nur für die Fauna von Paraguay, sondern für die von Südamerika überhaupt neu.

86. Trilobus diversipapillatus n. sp.

(Taf. II, Fig. 18—23; Taf. III, Fig. 1.)

Der Körper ist nach vorn nur in geringem Maße, nach hinten dagegen stärker verjüngt. Beim Weibchen ist das vordere Körperende halb so breit, als der Körperdurchmesser am Oesophagusende, beim Männchen aber schmäler.

Alle Kutikularschichten sind glatt, ungeringelt, und auf dem ganzen Körper erheben sich zerstreut feine Borsten, im hintern Drittel des Männchens aber sind der Borsten mehr als beim Weibchen.

Der Rand der Mundöffnung zeigt sechs Erhöhungen, an deren äußerer Seite sechs kräftige, nach vorn und außen gerichtete Dornen stehen. In der Mundhöhle sind zwei sichelförmige, gegeneinander gekrümmte Kutikularstäbchen, die sich in der Mittellinie des Körpers mit den Enden berühren, mit dem hintern Ende aber scheint je ein feineres, wenig bogiges Stäbchen in Verbindung zu stehen (Taf. II, Fig. 18. 19.)

Der Oesophagus ist nach hinten nur sehr wenig verdickt, bildet keinen Bulbus, zwischen dem hintern Ende und dem Magen liegen kugelförmige, dunkelgranulierte Drüsen (Taf. II, Fig. 18.)

An der Oberfläche des Körpers vermochte ich weder Seitenorgane, noch eine Seitenlinie wahrzunehmen.

In der Wandung des Darmkanals sind keine Zellenumrisse zu bemerken und es scheint, daß dieselbe bloß aus granuliertem Protoplasma besteht.

Das weibliche Genitalorgan ist paarig, das vordere Ovarium zieht fast bis zum Anfang des Magens hinan, während das hintere bis zum hintern Körperdrittel gesenkt ist. Die weibliche Genitalöffnung liegt wenig vor der Körpermitte. Nahe zur Genitalöffnung bildet der zum Uterus ausgedehnte Eileiter zahlreiche Falten (Taf. II, Fig. 20).

Am Bauch des Männchens stehen vor der Genitalöffnung praeanale Papillen, und zwar sechs birnförmige und dreizehn kleinere. Von den birnförmigen Papillen sind die nahe zur Afteröffnung liegenden drei viel kleiner als die drei nach vorn liegenden und die vordere kleinere und die hinterste größere stehen entfernter voneinander, als die kleinen und großen, außerdem liegen zwischen ihnen auch vier größere kugelförmige. Zwischen den hinteren birnförmigen Papillen erheben sich 4—5 kleine kugelförmige Papillen (Taf. II, Fig. 23). Am Basalteil der größeren Papillen sitzt je eine feine Borste und auch auf dem Raum zwischen ihnen zeigt sich je eine feine Borste.

Die Spicula sind sichelförmig gekrümmt, das innere Ende erscheint etwas verdickt, neben ihnen zeigt sich ein keulenförmiges, in der Mitte durchbrochenes Nebenspiculum (Taf. II, Fig. 22. 23).

Der Schwanz beider Geschlechter ist von gleicher Form und Struktur und beginnt hinter der Afteröffnung sich zu verschmälern, nur am etwas erweiterten Ende zeigt sich ein röhrenförmiges kleines Drüsenausführungsgebilde, im Innern habe ich eine große Drüse bemerkt (Taf. II, Fig. 21. 23).

Es lagen mir zahlreiche Männchen und Weibchen vor, die Größenverhältnisse derselben sind folgende:

	Weibchen	Männchen
Körperlänge	1,85—2,2 mm	1,7—2 mm
Oesophaguslänge	0,28 mm	0,28 mm
Schwanzlänge	0,25 mm	0,13 mm
Größter Durchmesser	0,06—0,07 mm	0,05 mm.

Fundorte: Asuncion, Campo Grande, Calle de la Canada, von Quellen herstammende Pfützen und Gräben; Curuzu-chica, toter Arm des Paraguayflusses; Villa Sana, Peguaho-teich; Paso Barreto, Banado am Ufer des Rio Aquidaban; zwischen Asuncion und Trinidad, Grabenpfützen; Yguarifluß, Inundationen; Lugua, nahe zur Station gelegene Pfütze; Asuncion, Villa Morra, Calle Laureles, Straßengraben; zwischen Aregua und Lugua, Inundationen des Yguariflusses; Aregua, der Bach, welcher die Straße nach der Laguna Ipacarai kreuzt; zwischen Lugua und Aregua, Pfütze an der Eisenbahn; Pirayu, Straßenpfütze; Aregua, Pfütze an der Eisenbahn; Paso Barreto, Lagune am Ufer des Aquidaban; zwischen Aregua und dem Yguarifluß fließender Bach; Gourales, ständiger Tümpel; Tebicuay, Pfütze; Villa Rica, Graben am Eisenbahndamm. Nach den Fundorten zu schließen, in Paraguay gemein.

Diese Art unterscheidet sich von den bisher bekannten Arten dieser Gattung außer durch die Struktur der Mundhöhle hauptsächlich durch die Struktur der praeanalen Papillen des Männchens, sowie auch durch die Spicula. Den Namen erhielt sie nach der Verschiedenheit der praeanalen Papillen.

Unter den mir vorgelegenen zahlreichen Männchen und Weibchen fand ich indessen zu meiner nicht geringen Überraschung auch ein Exemplar, welches in seinem ganzen Habitus einem vollständig entwickelten typischen Männchen gleich war, auch die Lage, Zahl und Struktur der praeanalen Papillen war ganz identisch und sogar die Spicula waren ebenso entwickelt. Auf all dies hin hielt ich das fragliche Exemplar für den ersten Moment natürlich für ein Männchen, sah mich jedoch gezwungen, diese Meinung zufolge der Untersuchung der vordern Körperhälfte, bezw. der innern Organe, alsbald zu modifizieren. Im Innern der vordern Körperhälfte, an derselben Stelle, wie beim typischen Weibchen, fand ich nämlich ein vollständiges paariges weibliches Genitalorgan, mit paarigem Eierstock und allen Nebenorganen, sogar im Uterus befanden sich im Reifen begriffene Eier; die Genitalöffnung aber öffnete sich an derselben Stelle nach außen, wie beim typischen Weib (Taf. III. Fig. 1).

Die obengeschilderten Umstände ließen in mir die Meinung aufkommen, daß ich es hier mit einem Falle der sogenannten Androgyne-Mißbildung zu tun habe, insofern mein Exemplar bloß im äußern Habitus mit dem typischen Männchen übereinstimmt, während das Genitalorgan ein vollständig und ausschließlich weibliches ist. Und diese Meinung sah ich gleichsam bestätigt durch den Umstand, daß unter den freilebenden Nematoden bisher noch keine einzige Art bekannt war, welche außer den getrennt geschlechtlichen Individuen auch Hermaphroditen aufzuweisen hätte. Bloß das eine stellt sich obgedachter Meinung hindernd entgegen, daß mein Exemplar typische Spicula besitzt, und dieser Umstand veranlaßte mich zugleich zu weiteren Untersuchungen. Das Resultat derselben war, daß es mir gelang, auch das oberhalb der zweiten der drei großen praeanalen Papillen beginnende, also sehr kurze männliche Genitalorgan zu finden. Nach meinem Befunde besteht das männliche Genitalorgan aus dem Hoden und dem Samenleiter, ebenso wie beim typischen männlichen Genitalorgan, nur daß beide Teile weit kürzer sind. Die Ursache davon beruht sicherlich darin, daß das weibliche Genitalorgan seine ursprüngliche Stelle eingenommen hatte, es mithin gezwungen war, sich in allen Teilen einzuschränken (Taf. III, Fig. 1).

Auf Grund des bisher Vorgebrachten glaube ich das eben geschilderte Exemplar mit vollem Rechte als Hermaphrodit bezeichnen zu dürfen; allein die Frage, ob es ein selbständiger, sich selbst befruchtender, bezw. befruchtbarer, oder ein wechselseitiger, die Rolle des Männchens und Weibchens gleichzeitig oder abwechselnd übernehmender Hermaphrodit sei, das vermochte ich unter den gegebenen Verhältnissen nicht zu entscheiden, um so weniger, als es mit Hinblick auf das kräftig entwickelte weibliche Genitalorgan durchaus nicht ausgeschlossen ist, daß ihm ausschließlich die Rolle des Weibchens zu teil ward.

Falls man das fragliche Exemplar als vollständig selbständigen oder wechselseitigen Hermaphrodit auffaßt, bietet sich die Annahme dar, daß man es hier mit einer an *Rhabdonema nigrovenosum* erinnernden Heterogonie zu tun habe. Dieser Annahme tritt jedoch der Umstand entgegen, daß ich unter der mir vorliegenden großen Anzahl von vollständig entwickelten Männchen und Weibchen bloß ein einziges hermaphroditisches Exemplar gefunden habe, während dann, wenn das Auftreten solcher ein regelmäßiges wäre und demzufolge die Heterogonie tatsächlich vorkäme, die Zahl ähnlicher Exemplare eine größere sein müßte. Gegen das Auftreten einer regelmäßigen Heterogonie spricht jedoch auch die identische Lebensweise der getrennt geschlechtlichen und hermaphroditen Exemplare, während bei *Rhabdonema* die verschieden organisierten Generationen unter verschiedenen Existenzbedingungen sich entwickeln und ihr Leben verbringen. Vielleicht hat in diesem Falle gerade dies auch die Heterogonie hervorgebracht.

Eine offene Frage bleibt es nunmehr, welchen ontogenetischen Prozessen dieser eigentümliche, in der Gruppe der freilebenden Nematoden im allgemeinen, insbesondere aber im Genus *Trilobus* geradezu beispiellos dastehende Hermaphrodit sein Entstehen zu verdanken haben mochte. Ebenso bleibt es auch eine offene Frage, ob man diesen Hermaphroditen als Beweis für die Rouxsche Mosaik-Theorie, für Weismanns Determinanten-Theorie, bezw. den Neoevolutionismus, oder aber für Hertwigs biogenetische Theorie, bezw. die Neoepigenesis zu betrachten habe. In eine Erörterung dieser Fragen möchte ich jedoch bei dieser Gelegenheit nicht eingehen, um so weniger, als mir keinerlei positive Daten zur Verfügung stehen.

87. Trilobus gracilis Bast.

Trilobus gracilis J. de Man, 5, p. 75, Taf. II, Fig. 40.

Diese Art hat eine ziemlich allgemeine Verbreitung, scheint indessen in der Fauna von Paraguay nicht häufig zu sein, denn ich traf sie nur an einem einzigen Fundort an, und zwar in einem ständigen Tümpel bei Caearapa und auch hier war sie ziemlich selten: ich sah bloß zwei Weibchen und ein Männchen.

Genus Prismatolaimus de Man.

Prismatolaimus de Man, 5, p. 79.

Aus diesem Genus sind bisher sechs Arten bekannt, und zwar drei aus Europa und

drei aus Neu-Guinea. Es ist vorauszusetzen, daß auch in Südamerika mehrere Arten vorkommen, allein mir gelang es nur nachstehend beschriebene Art aufzufinden.

87. Prismatolaimus microstomus n. sp.

(Taf. III, Fig. 5—7.)

Der Körper ist an beiden Enden verjüngt, nach hinten aber in größerem Maße,
übrigens vom hintern Oesophagusende bis zur Afteröffnung fast überall gleich dick; am
Rande der Mundöffnung dreimal dünner, als am Ende des Oesophagus (Taf. III, Fig. 6. 7).
Die äußere Kutikularschicht ist ziemlich dick und glatt, die mittlere etwas dicker
als die äußere, geringelt, die Ringe sind sehr schmal. Ein Seitenorgan habe ich nicht wahrgenommen. Den Körper entlang zieht eine scharfe Seitenlinie hin (Taf. III, Fig. 6).

Die Mundgegend ist von dem übrigen Teile des Körpers etwas abgesondert. Der
Mundrand glatt, an der äußern Wandung desselben erheben sich sechs feine Borsten. An
der Wandung der prismatischen Mundhöhle gleicht die verdickte Kutikularpartie Stäbchen
mit angelartigem Ende; diese Enden sind gegeneinandergekrümmt und liegen parallel der
Längsachse des Körpers (Taf. III, Fig. 7).

Die Länge des Oesophagus beträgt bloß ein Fünftel der ganzen Körperlänge; derselbe ist gegen das hintere Ende ziemlich stark verdickt, bildet indessen keinen wirklichen
Bulbus. Mit dem Magen verbindet er sich vermittels eines schmalen Stiels, der als das
vordere Ende des Magens aufzufassen ist. Die Verengerung des letzteren wird durch eine
zwischen dem Oesophagus und dem Magen am Bauche liegende große, einzellige Drüse
verursacht (Taf. III, Fig. 5).

Die Magenwandung zeigt keine Umrisse von Zellen und scheint bloß aus granuliertem
Protoplasma zu bestehen.

Das weibliche Genitalorgan ist unpaar, allein der Uterus hat nach hinten einen die
Genitalöffnung weit überragenden blinddarmartigen Fortsatz, so daß auf den ersten
Blick ein doppeltes Genitalorgan vorhanden zu sein scheint. Das geschlossene Ende des
Ovariums blickt gegen die Genitalöffnung, zieht von hier nach vorn, und wendet sich dann
ungefähr halbwegs der Genitalöffnung und des Oesophagusendes nach hinten. Die weibliche
Genitalöffnung liegt ungefähr in der Körpermitte und unweit davon erheben sich am Bauch
drei Papillen, die als die Öffnungen von verdickten, sichelförmigen Drüsenleitungen mit dicker
Kutikularwandung fungieren. Die vorderste Papille liegt doppelt so weit von der weiblichen
Genitalöffnung, als von der nächstfolgenden, die hinterste aber ist fünfmal so weit von der
Afteröffnung entfernt, als von der ihr voranstehenden (Taf. III, Fig. 6).

Der Schwanz ist von der Afteröffnung an nach hinten ziemlich auffällig verjüngt, an
der Spitze mit einem kleinen kegelförmigen Drüsenausleitungsanhang. Drüsen vermochte ich
nicht wahrzunehmen, bloß granuliertes Protoplasma. Der Schwanz ist übrigens kürzer als
der Oesophagus und überragt nur wenig ein Sechstel der ganzen Körperlänge Taf. III.
(Fig. 6).

Es lag mir bloß ein Weibchen vor, die Größenverhältnisse desselben sind folgende:
Ganze Körperlänge 0,9 mm, Oesophaguslänge 0,18 mm, Schwanzlänge 0,14 mm, größter
Durchmesser 0,05 mm.

Fundort: Ein Bach zwischen Aregua und dem Yuguarifluß.

Diese Art erinnert durch die Struktur der Mundhöhle an *Prismatolaimus intermedius* d. M. und *P. macrurus* Dad., unterscheidet sich jedoch auffällig von derselben, sowie von den übrigen bisher bekannten Arten dieser Gattung dadurch, daß unter dem hintern Ende des Oesophagus und dem vordern Ende des Magens am Bauche eine große Drüse vorhanden ist, ferner, daß hinter der Genitalöffnung ebensolche drei Papillen liegen, wie sie beim Männchen des Genus *Aphanolaimus* zu finden sind.

Genus Cylindrolaimus de Man.

Cylindrolaimus J. G. de Man, 5, p. 82.

Von diesem zu den kleineren der freilebenden Nematoden gehörigen Genus waren bisher bloß einige Arten aus Europa und Neu-Guinea bekannt, und zwar aus ersterem Gebiete *Cylindrolaimus communis* d. M. und *C. melancholicus* d. M., aus letzterem Gebiete aber *C. macrurus* Dad. Diesen kann ich zufolge meiner Untersuchungen eine ferne Art aus Südamerika beifügen, deren Charaktere ich im Nachfolgenden zusammenfasse.

89. Cylindrolaimus politus n. sp.
(Taf. III, Fig. 8. 9.)

Der Körper gegen beide Enden verjüngt, unter dem After indessen weit stärker, als gegen die Mundöffnung, wo derselbe bloß halb so dünn ist, wie am hintern Ende des Oesophagus (Taf. III, Fig. 8).

Die den Körper bedeckende äußere Kutikularschicht ist viel dünner als die mittlere, aber beide glatt und ungeringelt; Borsten stehen bloß rings der Mundöffnung, es sind deren, insofern es mir gelang festzustellen, bloß vier vorhanden. Die Seitenlinie fehlt, dagegen ist das Seitenorgan gut entwickelt, es liegt nahe zur Mundöffnung und ist kreisförmig (Taf. III, Fig. 8. 9).

Der freie Rand der Mundöffnung ist glatt und trägt keine Papillen. In der verhältnismäßig langen Mundhöhle liegen wahrscheinlich drei ziemlich lange, stäbchenförmige Kutikularverdickungen, ich vermochte jedoch bloß zwei gut wahrzunehmen. Das vordere Ende jeder dieser stäbchenförmigen Verdickungen ist nach innen gekrümmt (Taf. III, Fig. 9).

Der Oesophagus ist zwar nach hinten allmählich verdickt, bildet aber trotz der Erweiterung des Lumens am hintern Ende keinen eigentlichen Bulbus; das in den Magen mündende Ende ist etwas zugespitzt, die Kutikula des Lumens ragt jedoch nicht in die Magenhöhle (Taf. III, Fig. 9).

In der Wandung des Darmkanals vermochte ich keine Umrisse von Zellen wahrzunehmen und dieselbe besteht wahrscheinlich nur aus granuliertem Protoplasma. Auf das vordere Ende des Darmkanals legen sich schlauchförmige Drüsen, die am Oesophagusende zu entspringen scheinen; ich habe indessen bloß zwei derselben gut zu unterscheiden vermocht (Taf. III, Fig. 8).

Das weibliche Genitalorgan ist unpaar, das vordere Ende des Ovariums liegt relativ hoch, und zwar doppelt so nahe zum hintern Oesophagusende, als zur Genitalöffnung; der Uterus enthält mehrere Eier.

Die weibliche Genitalöffnung liegt hinter der Körpermitte, aber vor dem hintern Körperdrittel, fast doppelt so nahe zur Afteröffnung als zum hintern Oesophagusende (Taf. III, Fig. 8).

Der Schwanz ist hinter der Afteröffnung stark verjüngt, etwas länger als der Oesophagus und überragt nicht ein Fünftel der ganzen Körperlänge. Am Ende ist er etwas keulenartig gedunsen und trägt an der Spitze eine röhrenartige kleine Drüsenausleitung (Taf. III, Fig. 8); im Innern vermochte ich bloß granuliertes Protoplasma wahrzunehmen.

Es lag mir bloß ein Weibchen vor, dessen Größenverhältnisse folgende sind: Ganze Körperlänge 1,1 mm, Oesophaguslänge 0,19 mm, Schwanzlänge 0,21 mm; größter Durchmesser 0,05 mm.

Fundort: Bach zwischen Aregua und dem Yuguarifluß.

Diese Art steht unter den bisher bekannten Arten am nächsten zu *Cylindrolaimus macrurus* Dad., der sie durch die ungeringelte Kutikula und die Struktur der Mundhöhle gleicht, sich aber von derselben durch die Anwesenheit des Seitenorgans und der Borsten um die Mundöffnung unterscheidet. Den beiden anderen Arten des Genus gleicht sie durch die Mundborsten und das Seitenorgan, unterscheidet sich aber von ihnen durch die Struktur der Kutikula und der Mundhöhle. Charakteristisch für die neue Art sind: das Vorhandensein der Drüsen zwischen dem Magen und Oesophagus, die Größe des Genitalorgans und die Lage der Genitalöffnung. Hinsichtlich der Größenverhältnisse stimmt sie mit *Cylindrolaimus melancholicus* d. M. überein, ist größer als *C. communis* d. M. und kleiner als *C. macrurus* Dad., und zwar zeigt sich der Unterschied nicht nur in der ganzen Körperlänge, sondern auch in der Länge des Oesophagus und Schwanzes, dagegen ist der größte Durchmesser nur um ein Geringes größer. Den Namen erhielt die Art von der ungeringelten Kutikula.

Genus **Bathylaimus** n. gen.

βαθύς = tief, λαιμός = Mundhöhle.

Der Körper ist nach vorn nur in geringem Maße, dagegen hinter der Genitalöffnung, besonders aber unter der Afteröffnung stark verjüngt. Die Kutikula des Körpers ist scharf geringelt und trägt keine Borsten. An den beiden Körperseiten zieht eine scharfe Seitenlinie hin, ein Seitenorgan ist jedoch nicht vorhanden. Der Mundrand ist glatt, rings an der Basis seines Umkreises stehen sechs sichelförmige Kutikulardornen. Die Mundhöhle ist sehr tief, in der vordern Hälfte ringartig geschwungen, in der hintern Hälfte zeigen sich stäbchenförmige Kutikulargebilde, welche mit dem einen Ende die ringförmigen Kutikulargebilde, mit dem andern Ende den Oesophagus berühren. Der Oesophagus ist nach hinten verdickt, zu einem Bulbus erweitert. Unter dem Oesophagusende liegt eine große einzellige Drüse. Die Wandung des Darmkanals ist zellig, das weibliche Genitalorgan unpaarig. Das Männchen hat zahlreiche (22) pracanale Papillen. Der Schwanz beider Geschlechter ist gleichförmig, in einer Keule endigend.

Dies Genus erinnert durch den Umfang der Mundhöhle einigermaßen an das Genus *Choanolaimus* d. M., durch die Struktur aber weist es in gewissem Grade auf die Art *Plectus Schneideri* d. M. hin. Von dem Genus *Choanolaimus* unterscheidet sich das neue Genus außer in der Struktur der Mundhöhle durch die allgemeine Körperform, durch den

Mangel des Seitenorgans und der Mundpapillen, durch die scharfe Seitenlinie, die kräftigen Kutikulargebilde um den Mund, den Bulbus des Oesophagus, sowie durch das unpaarige weibliche Genitalorgan. Von dem Genus *Plectus* dagegen unterscheidet sich das neue Genus durch den Mangel der Seitenlinie, die Kutikularanhänge am Mund, den nur wenig entwickelten Bulbus und das unpaarige weibliche Genitalorgan.

90. Bathylaimus maculatus n. sp.

(Taf. III, Fig. 10—15.)

Der weibliche Körper ist vorn nur in sehr geringem Maße verjüngt, so daß der Rand der Mundöffnung nur um das Dreifache geringer ist, als der Körperdurchmesser am Oesophagusende; von der Genitalöffnung an beginnt der Körper sich zu verjüngen, die Verjüngung aber ist hinter der Afteröffnung noch auffälliger, so zwar, daß der Schwanz nahezu fadenartig wird (Taf. III, Fig. 11). Der Körper des Männchens ist nach vorn kaum merklich verjüngt, die Mundöffnung nur um das Doppelte kleiner als der Körperdurchmesser am Oesophagusende, bis zur Afteröffnung fast überall gleich dick, hinter der Afteröffnung an aber plötzlich und stark verjüngt und ebenso endigend wie beim Weibchen (Taf. III, Fig. 13).

Die äußere Kutikularschicht des Körpers ist sehr dünn und ebenso geringelt wie die dickere mittlere Schicht; die Ringe sind sehr schmal. Die Seitenorgane vermochte ich nicht wahrzunehmen, die Seitenlinien aber sind sehr scharf und auffällig. Borsten zeigt die Körperoberfläche nicht.

Der Umkreis des Mundes ist von dem übrigen Teile des Körpers nur in geringem Maße abgesetzt, der freie Rand glatt, an der Basis erheben sich im Kreise sechs kräftige Kutikularstäbchen, die leicht sichelförmig gebogen und am Ende angelförmig gekrümmt sind (Taf. III, Fig. 10), und welche sich besonders an Exemplaren mit zurückgezogenem Mund auffälliger zeigen (Taf. III, Fig. 12). Die Mundhöhle ist sehr geräumig, besonders aber sehr tief, und erscheint in eine vordere kleinere, und in eine hintere größere Partie geteilt. In dem vordern Teil der Mundhöhle liegen wahrscheinlich drei, einen fast vollständigen Ring bildende Kutikularleisten, deren ich jedoch bloß zwei ganz deutlich wahrnahm (Taf. III, Fig. 10). Diese Ringe sind wahrscheinlich nichts anderes, als Verdickungen der Mundhöhlenwandung und stehen in der vollständig geöffneten Mundhöhle in der Längsachse des Körpers in Berührung miteinander; ihr offener Teil ist nach vorn, d. i. gegen die Mundöffnung gerichtet (Taf. III, Fig. 10); in der eingezogenen Mundhöhle dagegen sind sie derart voneinander entfernt, bezw. verändern sie ihre Lage in der Weise, daß sie mit ihren offenen Enden einander gegenüberstehen (Taf. III, Fig. 12). In der Wandung des hintern größern Teils der Mundhöhle liegen wahrscheinlich drei stäbchenförmige, fast gerade nach hinten gerichtete Kutikularverdickungen, deren jedoch nur zwei scharf sichtbar waren (Taf. III, Fig. 10). Diese Stäbchen liegen in der ganz ausgestreckten Mundhöhle parallel der Körperlängsachse und berühren mit dem einen Ende die ringförmigen Verdickungen, mit dem andern Ende aber die vordere Spitze des Oesophagus (Taf. III, Fig. 10); in der zurückgezogenen Mundhöhle ist ihre Lage eine wesentlich andere, insofern sie ganz am vordern Ende des Oesophagus situiert sind (Taf. III, Fig. 12), zugleich aber etwas gebogen erscheinen.

Beim Weibchen ist der Oesophagus nicht länger als ein Sechstel der ganzen Körperlänge, beim Männchen dagegen nur um ein Achtel. Nach hinten verdickt er sich allmählich und erscheint zu einem Bulbus aufgetrieben, ohne aber einen wirklichen Bulbus zu
bilden, weil das Lumen auch hier nicht geräumiger ist, als anderwärts; mit dem Magen
steht der Oesophagus mittels eines ziemlich langen Stiels in Verbindung. Unter dem hintern
Ende des Oesophagus und dem Anfang des Magens liegt eine mächtige einzellige Drüse,
deren Leitung nach vorn geht; indessen vermochte ich ihre Öffnung nicht wahrzunehmen
(Taf. III, Fig. 11).

Die Wandung des Darmkanals wird durch gut gesonderte Zellen gebildet, deren
Plasma kleine, licht gelbbraune Körnchen enthält.

In dem Körperinnern, bezw. in der unter den beiden Seitenlinien befindlichen
Matrix liegen eiförmige Häufchen dunkel gelbbrauner Körnchen, welche Häufchen besonders
im vordern Körperviertel und im hintern Drittel ziemlich groß sind und dicht stehen, in der
Körpermitte dagegen spärlich auftreten und zuweilen gänzlich fehlen. In den Weibchen
sind sie stets in größerer Anzahl vorhanden, als in den Männchen (Taf. III, Fig. 11. 13). Die
Anwesenheit dieser eigentümlichen Flecken gab die Veranlassung zur Bezeichnung der Art.

Das weibliche Genitalorgan ist unpaarig; das Ovarium blickt mit dem geschlossenen
Ende gegen die Genitalöffnung, läuft dann ein Stück nach vorn, kehrt sodann nach hinten
und setzt sich in den geräumigen Uterus fort; der Punkt der Abbiegung liegt ebenso weit
entfernt vom Oesophagus, wie von der Genitalöffnung. Der Uterus enthält mehrere Eier,
dagegen fand ich keinen einzigen Embryo. Die Genitalöffnung liegt in der Körpermitte
und führt in eine ziemlich geräumige Vulva.

Der Hoden liegt im vordern Körperdrittel, demzufolge das Vas deferens sehr lang ist.

Der Schwanz ist hinter der Afteröffnung bei beiden Geschlechtern gleichmäßig ver-
jüngt, das Ende keulenförmig und trägt eine kleine fingerförmige Drüsenausleitung, im
Innern vermochte ich keine abgesonderten Drüsen wahrzunehmen, doch dürfte der reichliche
Protoplasma-Inhalt den Bestand der zerfallenen Drüsen repräsentieren.

In der hintern Körperhälfte des Männchens zeigen sich den Bauch entlang bis zur
Afteröffnung in gleicher Entfernung voneinander 22 eigentümliche praeanale Papillen
(Taf. III, Fig. 13), in deren jeder eine sichelförmig gekrümmte, einem kräftigen Dorn gleiche
Drüsenausleitung mit verhärteter Wandung liegt, die sich ins Freie öffnet, ebenso wie beim
Männchen des Genus *Aphanolaimus* und beim Männchen von *Plectus granulosus* Bast.
(Taf. III, Fig. 15).

Die Spicula sind sichelförmig gekrümmt, das äußere Ende schmäler und spitzig, das
innere dagegen breiter und abgerundet; in der Mitte sind sie am breitesten, nahe zum innern
Ende erhebt sich am Bauch ein gerundeter Hügel (Taf. III, Fig. 14). Bei jedem Spiculum
zeigt sich ein eigenartig geformtes Nebenspiculum. Es stellt eine Lamelle dar, welche einer
halbierten Birne gleicht, in der Mitte aber eine runde Höhlung enthält und am Vorderrand
eine kleine Öffnung bildet (Taf. III, Fig. 14).

Es lagen mir zahlreiche Männchen und Weibchen vor; die Größenverhältnisse derselben sind folgende.

	Weibchen	Männchen
Ganze Körperlänge	1,38—1,45 mm	1,21—1,28 mm
Oesophaguslänge	0,2 —0,24 mm	0,14—0,16 mm
Schwanzlänge	0,28—0,3 mm	0,2 —0,24 mm
Größter Durchmesser	0,06—0,08 mm	0,05—0,06 mm.

Fundorte: Villa Sana, Peguahoteich; zwischen Asuncion und Trinidad, Graben-pfützen an der Eisenbahn; Curuzu-chica, toter Arm des Paraguayflusses; Bach zwischen Aregua und dem Yuguarifluß. Nach der Anzahl der Fundorte und der Menge der untersuchten Exemplare zu schließen, dürfte diese Art in Paraguay ziemlich gemein sein.

Hoplolaimus n. gen.

ὅπλον = Waffe, λαιμός = Kehle.

Der Körper ist an beiden Enden etwas verjüngt, die äußere und mittlere Kutikular-schicht geringelt, die Mundöffnung durch eine scharfe Einschnürung vom übrigen Teile des Körpers getrennt, an der Seitenwandung mit sechs stark vorragenden Papillen; in der Oesophagushöhle liegt ein kompakt erscheinendes Stilett, an dessen hinterem Ende nach vorn gerichtete blattförmige Gebilde sich erheben; das weibliche Genitalorgan ist paarig.

Dies Genus erinnert durch das Stilett im Oesophagus an das Genus *Aphelenchus* Bast. und noch mehr an das Genus *Tylenchus* Bast., von welchen es sich indessen durch die Struktur der Mundöffnung und den Mangel einer Afteröffnung unterscheidet, in dieser Beziehung aber dem Genus *Ichthyonema* gleicht. Bisher ist bloß eine hierhergehörige Art bekannt.

91. Hoplolaimus tylenchiformis n. sp.
(Taf. III, Fig. 16—19.)

Der Körper ist an beiden Enden fast gleich dünn, hier indessen nicht viel schmäler als in der Mitte und in der ganzen Länge gleich dick erscheinend. Die äußere und mittlere Kutikularschicht ist gleichmäßig geringelt, die Ringe der äußern Schicht aber sind weit größer als die mittlern (Taf. III, Fig. 16—19). Im übrigen ist die Körperoberfläche glatt, bezw. zeigen sich daran nirgends Borsten oder sonstige Kutikulargebilde.

Die Mundpartie ist durch eine scharfe Einschnürung von dem übrigen Teil des Körpers getrennt und gleicht einem Kegel mit breiter Basis; die Basis ist umgeben von sechs kegelförmigen Papillen mit abgerundeter Spitze, von denen je zwei an den Seiten, je eine aber am Rücken und Bauch sitzen (Taf. III, Fig. 18. 19). Der Mund ist sehr schmal und erscheint als dreieckige Öffnung.

Der Oesophagus ist auffallend kurz, nicht länger als ein Achtel der Körperlänge, und bildet in der Mitte einen ziemlich großen, zwiebelförmigen Bulbus, der sich mit einem kurzen Stiel fortsetzt in die verbreiterte, annähernd schlauchförmige und mit dem Magen un-mittelbar korrespondierende aufgetriebene Oesophaguspartie, welche derart als zweiter Bulbus erscheint. Im Innern des vordern, eigentlichen Bulbus zeigt sich eine breite, eiförmige Höhle, in welcher ich drei halbmondförmig gekrümmte Stäbchen wahrnam (Taf. III, Fig. 19). Über dem Oesophagus liegt ein kompakt erscheinendes mächtiges Stilett, das fast ein Drittel der ganzen Oesophaguslänge erreicht; das hintere Ende ist von drei blattförmigen Vorsprüngen umgeben, welche mit ihrer scharfen Spitze nach vorn blicken. Das vordere Ende des Stilettes ist zugespitzt, das hintere dagegen abgeschnitten (Taf. III, Fig. 18, 19).

Die Wandung des Darmkanals konnte ich in der ganzen Länge nicht untersuchen, weil die inneren Organe des Tierchens, vermutlich zufolge der Konservierung, sehr zerfallen sind und das Innere des ganzen Rumpfes mit fetttröpfchenförmigen Klümpchen ausgefüllt ist. Daß aber die Afteröffnung fehlt, vermochte ich mit voller Sicherheit zu konstatieren, insofern an der Körperkutikula, abgesehen von der Genitalöffnung, nirgends eine Unterbrechung wahrzunehmen ist, trotzdem das untersuchte Exemplar auf der einen Seite lag und folglich außer der Genitalöffnung auch die Afteröffnung hätte sichtbar sein müssen.

Die weibliche Genitalöffnung liegt in der Körpermitte und das Ovarium ist sicherlich paarig, wie aus der Lage der Genitalöffnung und der damit in Verbindung stehenden doppelten Eileitungspartie zu schließen ist (Taf. III, Fig. 16). Die Ovarien selbst konnte ich nicht beobachten und es ist möglich, daß das Tier alle seine Eier bereits abgelegt hatte, es ist aber auch nicht unmöglich, daß dieselben durch die Konservierung zerfallen sind.

Der Schwanz, bezw. das hintere Körperende ist spitz gerundet, und hier der Bauch- und Rückenrand gleich abgeflacht (Taf. III, Fig. 16).

Es lag mir bloß ein Weibchen vor, die Größenverhältnisse desselben sind folgende: Körperlänge 1,1 mm, Oesophaguslänge 0,15 m, größter Durchmesser 0,07 mm, Länge der Stilette 0,048 mm.

Fundort: Asuncion, Pfütze auf der Insel (Banco) des Paraguayflusses.

Gen. Cephalobus Bast.

Cephalobus J. G. de Man, 5, p. 89.

Die Arten dieser Gattung waren bisher zum größten Teil nur aus Europa bekannt, aber auch aus Neu-Guinea wurde eine Art beschrieben. Es ist somit wahrscheinlich, daß sie auf der ganzen Erde verbreitet ist. Bei meinen Untersuchungen habe ich nachstehende Art gefunden.

92. Cephalobus aculeatus n. sp.
(Taf. V, Fig. 1—3.)

Der Körper ist vom Bulbus des Oesophagus an gegen die Mundöffnung allmählich verengt, ebenso von der Kloakenöffnung an gegen das Schwanzende, aber dennoch hinten weit mehr verengt als vorn und im ganzen hinter der Mitte ziemlich verjüngt (Taf. V, Fig. 1).

Die äußere Kutikularschicht erscheint glatt, die mittlere dagegen geringelt. An der Seite des Körpers läuft eine Längslinie hin.

Die Mundöffnung befindet sich am vordern Körperende an einer abgesonderten kegelförmigen Erhöhung; in der Mundhöhle zeigen sich zwei parallel liegende, kurzen Stäbchen gleiche Kutikularkörperchen. Rings der Basis des Mundkegels erheben sich vier kurze, kräftige, spitze Dornen (Taf. V, Fig. 2).

Der Oesophagus ist bis zum mittlern Drittel allmählich verdickt, sodann bis zum Bulbus stärker verengt und hier mit drüsenartigen Zellen bedeckt. In der Oesophagushöhle sitzen zwei pistolenförmige Kutikularstäbchen, die untereinander und mit der Längsachse des Körpers parallel liegen. Der Bulbus des Oesophagus ist eiförmig, das hintere Ende gestielt, in der Höhle zeigen sich gut entwickelte Kutikularstäbchen (Taf. V, Fig. 1). Die Wandung des Darmkanals scheint aus granuliertem Plasma zu bestehen.

Der Hoden entspringt am Anfang des Darmkanals und scheint an der Rückenseite zu liegen, was vielleicht von der Konservierung herrührt.

Der Schwanz hat eine sehr auffallende Struktur. Vom hintern Drittel an ist derselbe plötzlich und stark verengt und trägt im vordern Viertel eine Papille (Taf. V, Fig. 3). Im Schwanz befindet sich eine große Drüsenzelle.

Die Spicula sind annähernd sichelförmig, in der Mitte aber verdickt; seitlich derselben liegen spindelförmige Nebenspicula (Taf. V, Fig. 3).

Es lag mir ein einziges Männchen vor; die Größenverhältnisse desselben sind folgende:

Ganze Körperlänge	2,1 mm
Länge des Oesophagus	0,55 mm
Schwanzlänge	0,22 mm
Größter Durchmesser	0,12 mm.

Fundort: Lagune bei Estia Postillon.

Von den bisher bekannten Arten der Gattung steht die neue am nächsten zu *Cephalobus longicaudatus* Bütschli; die beiden Arten gleichen sich in geringem Maße durch die Struktur des Schwanzes, unterscheiden sich indessen voneinander durch die Länge des Schwanzes, hauptsächlich aber durch die Struktur des Mundes und des Oesophagus. Eins der wichtigsten Merkmale der neuen Art bilden am Kopfende sich erhebende vier Dornen, welchen sie auch den Namen zu verdanken hat.

Gen. Dorylaimus Duj.

Dorylaimus de Man, 5, p. 154.

Dies in der paläarktischen Fauna durch mehrere Arten repräsentierte Genus erfreut sich auch in den Gewässern von Paraguay einer ziemlich großen Verbreitung. Darauf läßt schließen, daß ich bei der Untersuchung des mir vorliegenden Plankton-Materials nicht weniger als nachstehende 8 Arten fand, was mit Rücksicht darauf, daß aus Süßwässern bisher bloß 13 Arten bekannt sind, als eine sehr beträchtliche Anzahl bezeichnet werden kann.

93. Dorylaimus filicaudatus n. sp.
(Taf. IV, Fig. 7. 8.)

Der Körper ist gegen beide Enden verjüngt, hinten indessen weit stärker als vorn, im ganzen sehr dünn, fadenförmig. Die äußere Kutikularschicht ist dünn, die mittlere dagegen dick, beide aber haben anscheinend keine Struktur.

Der freie Rand der Mundöffnung erscheint in drei große Lappen geteilt und trägt an der äußern Oberfläche in zwei Gürteln kleine Papillen, wovon die dem Mundrand nahe gelegenen etwas größer zu sein scheinen. Die Mundbasis ist durch eine Einschnürung vom übrigen Teile des Körpers ziemlich getrennt (Taf. IV, Fig. 8).

Der Oesophagus erreicht fast ein Drittel der Körperlänge, ist hinter der Mitte nach hinten allmählich verdickt, bildet aber keinen Bulbus. Das Oesophagus-Stilett hat eine einfache Struktur; an der Hülle des Stilettes sind am vordern Ende zwei Kutikularringe sichtbar (Taf. IV, Fig. 8).

Die Wandung des Darmkanals besteht aus granuliertem Protoplasma, in welchem sich spärlich zerstreute größere Fetttropfen zeigen.

Die Ovarien sind paarig; die Genitalöffnung liegt etwas vor der Körpermitte, die Entfernung derselben von dem Hinterende des Oesophagus ist fast um die Hälfte geringer, als die von der Afteröffnung, bezw. dieselbe steht zur letztern anderthalbmal entfernter, als zur erstern.

Der Schwanz ist von der Afteröffnung an plötzlich und stark verjüngt, der Bauchrand geht in gerader Linie in den Schwanz über, während der Rückenrand sich ober der Afteröffnung bogig hinabzieht. Trotzdem der Schwanz bei seiner auffälligen Dünnheit sehr lang erscheint, ist derselbe nur wenig länger als ein Fünftel der ganzen Körperlänge und nur sehr wenig kürzer als der Oesophagus (Taf. IV, Fig. 9).

Es lag mir bloß ein Weibchen vor, die Größenverhältnisse desselben sind folgende: Ganze Körperlänge 2,23 mm, Oesophaguslänge 0,55 mm, Schwanzlänge 0,52 mm, größter Durchmesser 0,06 mm.

Fundort: Cerro Noaga, Oroyo.

Diese Art erinnert durch den äußern Habitus vor allem an *Dorylaimus filiformis* Bast., ist aber weit kleiner als diese Art, der Mund hat eine andere Struktur und der Schwanz ist im Verhältnis zum Körper, bezw. zum Oesophagus, viel länger. Dieselbe gleicht aber auch dem *Dorylaimus longicaudatus* Bütsch., ist jedoch viel kleiner und dünner, auch hat der Schwanz eine andere Stellung, zudem lebt erwähnte Art in nasser Erde. Durch die Struktur des Mundes und Schwanzes erinnert die neue Art auch an *Dorylaimus brigdammensis* d. M., welcher gleichfalls in nasser Erde an Pflanzenwurzeln lebt.

94. Dorylaimus annulatus n. sp.
(Taf. IV, Fig. 1—4.)

Der Körper ist vorn dünner als hinten, im ganzen relativ ziemlich dick. Die äußere Kutikularschicht ist sehr dünn und glatt, wogegen die mittlere im Verhältnis dick und geringelt ist, die Ringe sind aber ziemlich schmal.

Die Mundgegend ist nur wenig von dem übrigen Teile des Körpers abgesetzt. Die Mundöffnung ist durch sechs Erhöhungen begrenzt, an deren Außenseite je eine ziemlich große, höckerartig vorspringende Papille sitzt (Taf. IV, Fig. 3). Das Oesophagus-Stilett ist kräftig, am Ende zugespitzt. An der Wandung der Hülse des Stilettes sind in der hintern Hälfte, in gleicher Entfernung voneinander, drei Kutikularringe sichtbar (Taf. IV, Fig. 3).

Der Oesophagus ist im Verhältnis lang, indessen nicht länger als ein Drittel der Körperlänge, bis zur Mitte dünn, dann etwas verdickt, das hintere Ende stärker erweitert, so daß es in gewissem Grade einen Bulbus bildet (Taf. IV, Fig. 1. 3). Das Lumen des Bulbus ist ziemlich schmal und nur in der hintern Hälfte geräumiger, erscheint jedoch bloß als erweiterte Fortsetzung des Oesophagus.

Der Hoden liegt unweit des hintern Endes des Oesophagus und ist demzufolge das Vas deferens ziemlich lang.

Vor der Afteröffnung, in ziemlicher Entfernung davon, erheben sich zahlreiche, und zwar 37 kleine Papillen, zu deren jeder je eine dünne Muskelfaser läuft (Taf. IV, Fig. 2).

Der Schwanz, bezw. der hinter der Afteröffnung liegende Körperteil ist sehr kurz, d. i. zwei Drittel des größten Körperdurchmessers nicht überragend, an der Spitze gerundet, nicht weit hinter der Afteröffnung etwas vertieft, der Rücken gegen den Bauch bogig (Taf. IV, Fig. 4).

Die Spicula sind sichelförmig, an beiden Enden spitz, in der Mitte an der Bauchseite erhebt sich ein breiter, gerundeter Hügel, ist demzufolge hier am breitesten; Nebenspicula sind nicht vorhanden (Taf. IV, Fig. 4).

Es lag mir bloß ein Männchen vor, die Größenverhältnisse desselben sind folgende: Ganze Körperlänge 4,55 mm, Oesophaguslänge 1,5 mm. Schwanzlänge 0,1 mm, größter Durchmesser 0,15 mm.

Fundort: Aregua, Bach, der den Weg nach der Laguna Ipacarai kreuzt.

Das auffallendste Merkmal dieser Art ist die geringelte Kutikula, worin sie sich von allen bisher bekannten Arten wesentlich unterscheidet; ein ferneres Merkmal ist es, daß das hintere Ende des Oesophagus zu einem Bulbus erweitert ist. Durch die Struktur des Mundrandes, besonders aber durch die großen Papillen erinnert dieselbe an *Dorylaimus elegans* d. M.

95. Dorylaimus cyatholaimus n. sp.

(Taf. IV, Fig. 5. 6.)

Der Körper ist gegen beide Enden in geringem Maße verjüngt, endigt aber hinten etwas spitziger als vorn, ist am hintern Oesophagusende und hinter demselben am breitesten. Die äußere Kutikularschicht ist dünner als die mittlere, beide glatt.

Die Mundgegend ist zufolge der an der Basis sich zeigenden Einschnürung von dem übrigen Teile des Körpers ziemlich abgesetzt, an den Seiten vermochte ich keine Papillen wahrzunehmen. Die Mundöffnung ist durch einen ziemlich dicken Kutikularring begrenzt, innerhalb dessen noch ein zweiter, weit dünnerer Ring liegt, der indessen schon zur Wandung der Stiletthülse gehört. Die Wandung der Stiletthülse besteht aus relativ dicker Kutikula, gleicht einem abgestutzten Doppelkegel und der vorerwähnte innere Kutikularring zieht gerade an der Basis derselben entlang; aber auch auf der Kuppe des hintern Kegels liegt ein Kutikularring, der indessen einen weit geringeren Durchmesser hat, als die beiden vordern. Aus der innern Wand der Stiletthülse ragen eigentümliche, gegen den Mittelpunkt ziehende Kutikulargebilde, welche die äußere kleinere und die innere größere Kegelhöhlung gewissermaßen voneinander trennen (Taf. IV, Fig. 6). Das Stilett ist bloß am vordern Ende plötzlich zugespitzt, wogegen es sonst fast gleichbreit erscheint.

Der Oesophagus ist kürzer als ein Drittel der Körperlänge, in der vordern Hälfte dünner, in der hintern dicker, bildet aber keinen Bulbus.

Der Hoden liegt unfern des hintern Oesophagusendes.

Vor der Afteröffnung, unweit derselben, beginnt eine Längsreihe kleiner Papillen; es sind deren 18 und zu jeder führt eine dünne Muskelfaser (Taf. IV, Fig. 5).

Der Schwanz ist ziemlich spitz gerundet, sehr kurz, den halben Körperdurchmesser überragend, die Bauchseite gerade, die Rückenseite abschüssig bogig.

Die Spicula sind sichelförmig, das äußere Ende spitzig, das innere breiter und gerundet, an der Bauchseite zeigt sich ein größerer und ein kleinerer, stumpf gerundeter Vorsprung und an ersterem am breitesten. Nebenspicula sind nicht vorhanden (Taf. IV, Fig. 5).

Es lagen mir bloß einige Männchen vor, die Größenverhältnisse derselben sind folgende : Körperlänge 2,35 mm, Oesophaguslänge 0,72 mm, Schwanzlänge 0,05 mm, größter Durchmesser 0,07 mm.

Fundorte: Paso Barreto, Bañado am Ufer des Rio Aquidaban; Aregua, Pfütze an der Eisenbahn.

Diese Art steht zufolge der Struktur des Oesophagus *Dorylaimus rotundicauda* d. M. und *Dorylaimus macrolaimus* d. M. sehr nahe, insbesondere letzterem ; in der Struktur der Mundhöhle und in den Details weist dieselbe jedoch solche Verschiedenheiten auf, daß auf Grund derselben, sowie vermöge der Struktur der Spicula beide Arten leicht zu unterscheiden sind.

96. Dorylaimus tripapillatus n. sp.
(Taf. IV, Fig. 19—21.)

Der Körper des Weibchens ist gegen beide Enden verjüngt, hinten aber weit stärker, dagegen ist der Körper des Männchens bloß nach vorn etwas verjüngt. Die äußere Kutikularschicht ist sehr dünn, ohne Struktur, die mittlere hingegen sehr dick und in der Längsrichtung gestreift.

Der Mund ist durch eine seichte Einschnürung von dem übrigen Teile des Körpers gesondert, an der äußern Oberfläche seines Umkreises vermochte ich keine Papillen wahrzunehmen. Am Anfang der Mundhöhle stehen zwei, bogig nach hinten gerichtete Kutikularstäbchen, die mit dem einen Ende an der innern Mundwand liegen, mit dem äußern Ende dagegen die äußere Öffnung der Stiletthülse an beiden Seiten stützen (Taf. IV, Fig. 21), demzufolge die Öffnung der Stiletthülse gleich einem abgestutzten Kegel vorspringt. Innerhalb dieser Leisten folgt ein Kutikularring, dem sich fernere zwei bogige Kutikularleisten anschließen, die an beiden Enden mit dem Ringe verwachsen sind und außerdem vermittels eines Querausläufers mit den inneren Enden auch miteinander korrespondieren, so daß sie je einen größeren äußern und einen kleinern viereckigen Raum, oder ein Fenster umschließen. Von der Außenseite der Bogen geht je eine Kutikularleiste aus, von denen die äußeren schief nach innen, die inneren gleichfalls schief, aber nach außen und hinten verlaufen und am hintern Ende an beiden Seiten an der obern Seite eines Ringes sich vereinigen (Taf. IV, Fig. 21). An der Stiletthülse ist die Wandung der hintern Hälfte beiderseits durch je zwei Ringe begrenzt, auf deren Enden querliegende schmale Kutikularringe gelagert sind. Das hintere Ende der Stiletthülse wird durch einen mit Vorsprüngen versehenen Ring geschlossen. Das Stilett ist bis zum vordern Viertel gleichmäßig dick, von hier an aber zugespitzt (Taf. IV, Fig. 21).

Der Oesophagus hat nicht ganz ein Fünftel der Körperlänge, ist nach hinten allmählich verdickt, bildet indessen keinen Bulbus, das Lumen ist am Anfang ziemlich auffällig, die Oberfläche mit einer relativ dicken Kutikula bedeckt.

Die Ovarien sind paarig, das obere entspringt unweit des hintern Oesophagusendes. Die weibliche Genitalöffnung liegt weit vor der Körpermitte, fast sechsmal so weit von der Afteröffnung, als vom hintern Oesophagusende.

Der Hoden liegt vor dem vordern Körperdrittel, demzufolge das Vas deferens sehr lang ist.

Der Schwanz des Weibchens ist von der Afteröffnung an plötzlich verjüngt und spitz endigend, der Bauch- und Rückenrand geht gleichförmig in den Schwanz über; in seinem Innern sind neben und hinter der Afteröffnung strahlenförmige Muskelfasern sichtbar (Taf. IV, Fig. 19).

Der Schwanz des Männchens ist sehr kurz, kaum so lang, wie die Hälfte des größten Körperdurchmessers, ziemlich spitz gerundet, der Rücken nach hinten abschüssig, der Bauch gerade. Vor der Afteröffnung zeigen sich zwei große Papillen und eine papillenartige größere Erhöhung (Taf. IV, Fig. 20). Die einzelnen Papillen sind abgestutzten Kegeln gleich, am freien Rande fein gezähnt, ihre Hauptmasse aus einem mächtigen Büschel sehr feiner Muskelfasern gebildet. Die papillenartige Erhöhung ist nicht so hoch, wie die eigentlichen Papillen, der freie Rand glatt, enthält aber im Innern gleichfalls ein Büschel von Muskelfasern.

Die Spicula sind sichelförmig, an beiden Enden spitzig, der Bauchrand in der Mitte erhöht und hier am breitesten (Taf. IV, Fig. 20). Nebenspicula sind nicht vorhanden.

Es lagen mir zahlreiche Männchen und Weibchen vor, die Größenverhältnisse derselben sind folgende:

	Weibchen	Männchen
Körperlänge	5,4—5,7 mm	5,2—5,5 mm
Oesophaguslänge	1,15—1,17 mm	1,15—1,2 mm
Schwanzlänge	0,35 mm	0,05 mm
Größter Durchmesser	0,1—0,12 mm	0,1—0,12 mm.

Fundorte: Estia Postillon, Lagune und deren Ausgüsse; Aregua, ein Bach, der den Weg nach der Laguna Ipacarai kreuzt; Aregua, Pfütze an der Eisenbahn.

Diese Art ist eine der größeren *Dorylaimus*-Arten und gehört zufolge der Struktur der Mundhöhle mit *Dorylaimus rotundicaudatus* d. M., *D. macrolaimus* d. M. und *D. cyatholaimus* Dad. einer Gruppe an, unterscheidet sich jedoch von all diesen durch die Strukturdetails der Mundhöhle und der Stiletthülse, durch die Größenverhältnisse und hauptsächlich dadurch, daß das Männchen am Bauch drei praeanale Papillen führt, woher auch die Benennung stammt. Durch die drei praeanalen Papillen erinnert diese Art auch an *Dorylaimus primitivus* d. M., ist aber durch die Struktur der Mundhöhle, Stilette und Stilethülse wesentlich von denselben verschieden. Nach den Fundorten zu schließen, ist diese Art in Paraguay häufig.

97. Dorylaimus micrurus n. sp.
(Taf. IV, Fig. 9—12.)

Der Körper ist nach hinten bis zur Afteröffnung kaum merklich, vorn gegen die Mundöffnung aber stärker verjüngt, das hintere Ende geht indessen in einen kurzen, spitzen Schwanz aus (Taf. IV, Fig. 10). Alle Kutikularschichten sind glatt, die äußere sehr dick, gelblichbraun gefärbt, was übrigens auch von der Konservierung herrühren mag.

Die Mundgegend ist durch eine ziemlich auffällige Einschnürung von dem übrigen Teil des Körpers geschieden. Die Mundöffnung ist von sechs ziemlich scharf getrennten Lippenerhöhungen umgeben, auf deren jedem eine kleine Papille sitzt; den Gürtel der hintern Papillen vermochte ich nicht zu erkennen (Taf. IV, Fig. 9).

Der Oesophagus ist in der vordern Hälfte gleichmäßig dünn, in der hintern Hälfte dagegen plötzlich verdickt, am hintern Ende etwas dicker als anderwärts, bildet aber keinen Bulbus; derselbe erreicht ein Drittel der Körperlänge, ist somit relativ ziemlich lang.

Die Ovarien sind paarig, sie sind, jedes für sich, samt dem postovarialen Teile nicht länger als ein Drittel der Entfernung zwischen der Genitalöffnung und der Afteröffnung. Die Genitalöffnung liegt in der Körpermitte, an ihrem Eingang liegen zwei birnförmige Körper, mit dem spitzigen Ende nach außen gerichtet, und auch die Vulva zeigt die Form einer Birne (Taf. IV, Fig. 11).

Der Schwanz ist sehr kurz, von der Afteröffnung bis zur Spitze gemessen, nicht viel länger als der größte Körperdurchmesser, an der Bauchseite in gerader Linie nach hinten gerichtet, an der Rückseite hingegen abschüssig nach unten und hinten gebogen, dann gerade nach hinten ziehend und spitz endigend (Taf. IV, Fig. 12); im Innern laufen ober der Afteröffnung feine strahlenförmige Muskelfasern hin.

Es lagen mir mehrere Weibchen vor, die Größenverhältnisse derselben sind folgende: Ganze Körperlänge 1,65 mm, Oesophaguslänge 0,55 mm, Schwanzlänge 0,12 mm, größter Durchmesser 0,09 mm.

Fundorte: Estia Postillon, Lagune und deren Ergüsse; Cerro Noaga, Oroyo; Asuncion, Pfützen auf der Insel (Bañco) im Paraguayflusse; Aregua, Pfütze an der Eisenbahn. Nach den Fundorten zu schließen, ist diese Art in Paraguay häufig.

Diese Art steht von den bisher bekannten Arten am nächsten *Dorylaimus Leuckarti* Bütsch. und *D. Carteri* Bast., insbesondere der letztern, insofern die Ovarien samt dem postovarialen Teil nur so lang sind, als bei dieser, durch die Form des Schwanzes und durch den Mangel des zweiten Mundpapillen-Gürtels aber von beiden leicht zu unterscheiden.

98. Dorylaimus pusillus n. sp.
(Taf. IV, Fig. 13—16.)

Der Körper des Weibchens ist gegen beide Enden verjüngt, nach hinten aber stärker, der Körper des Männchens hingegen nach vorn nur schwach verschmälert. Die Kutikularschichten zeigen keine Struktur, die äußere Schicht ist dicker als die mittlere.

Der Mundrand ist in sechs Erhöhungen geteilt, auf deren jeder eine kleine Papille sitzt (Taf. IV, Fig. 13). Die Wandung der Stiletthülse zeigt zwei Querringe.

Der Oesophagus ist im Verhältnis sehr kurz, d. i. nicht länger als ein Fünftel der ganzen Körperlänge, ist nach hinten allmählich verdickt, ohne aber einen Bulbus zu bilden.

Das weibliche Genitalorgan ist paarig, die Genitalöffnung liegt in der Körpermitte. In der Genitalöffnung liegen zwei keilförmige Körper, an den beiden Seiten aber je eine große Drüse (Taf. IV, Fig. 15).

Der Hoden liegt im vordern Körperdrittel, das Vas deferens ist dabei relativ sehr lang.

Der Schwanz des Weibchens beginnt hinter der Afteröffnung sich zu verschmälern, verjüngt sich dann allmählich und endigt spitzig (Taf. IV, Fig. 14); derselbe erreicht nicht ganz ein Siebentel der ganzen Körperlänge, während er drei Viertel der Oesophaguslänge etwas überragt.

Der Schwanz des Männchens ist sehr kurz, die Länge des größten Körperdurchmessers nicht erreichend, spitz gerundet, mit der Spitze aber dem Bauch zugekehrt, der Bauch hinter der Afteröffnung etwas vorspringend, nahe der Spitze vertieft, der Rücken stumpf nach unten gebogen (Taf. IV, Fig. 16). Vor der Afteröffnung in ziemlicher Entfernung stehen · 12 kleine Papillen.

Die Spicula sind sichelförmig gekrümmt, das äußere Ende spitzig, das innere breiter, etwas abgerundet, die Bauchseite in der Mitte höckerartig schwach vorspringend und hier am breitesten.

Es lagen mir einige Männchen und Weibchen vor, die Größenverhältnisse derselben sind folgende:

	Weibchen	Männchen
Körperlänge	1,65—1,75 mm	1,75—1,8 mm
Oesophaguslänge	0,3 mm	0,33 mm
Schwanzlänge	0,23—0,25 mm	0,04 mm
Größter Durchmesser	0,06 mm	0,05 mm.

Fundort: A r e g u a, Pfütze an der Eisenbahn.

Durch die Struktur der Mundöffnung erinnert diese Art an *Dorylaimus micrurus* Dad., durch die kleinen praeanalen Papillen und die Form der Spicula hingegen an *Dorylaimus cyatholaimus* Dad., *D. unipapillatus* Dad. und *D. annulatus* Dad. Außerdem gleicht das Weibchen in der Form des Schwanzes dem *Dorylaimus limnophilus* d. M., das Männchen dagegen dem *Doryl. brachyuris* d. M.

99. Dorylaimus unipapillatus n. sp.
(Taf. IV, Fig. 17. 18.)

Der Körper ist gegen beide Enden nur sehr wenig verjüngt, bei der Mundöffnung indessen dreimal dünner als am Oesophagusende. Die äußere Kutikularschicht ist im Verhältnis dick, nicht viel dünner als die mittlere, beide zeigen keine Struktur.

Rings um die Mundöffnung erheben sich sechs Papillen, während die Mundöffnung selbst ausgeschnitten erscheint. In der Wandung der Stilethülse sind neun Querringe sichtbar, deren vorderste zwei von den übrigen entfernt liegen, wogegen die hinteren sieben einander genähert sind (Taf. IV, Fig. 18). Es ist übrigens nicht ausgeschlossen, daß die hinteren Ringe nichts anderes sind, als Falten, welche durch den Austritt des Stilettes in der Hülsenwandung entstanden sind.

Der Oesophagus ist fast in seiner ganzen Länge gleich dick und erscheint nur nahe zum Mund etwas breiter; derselbe erreicht bloß ein Viertel der ganzen Körperlänge.

Der Hoden liegt in der Körpermitte, demzufolge das Vas deferens im Verhältnis kurz ist.

Der Schwanz ist sehr kurz, spitz gerundet, die Bauch- und Rückenseite geht gleichmäßig verjüngt in die Endspitze über, seine Länge erreicht nicht ganz den halben Körper-

durchmesser, im Innern sind eine schlauchförmige Drüse und einige strahlenförmige Muskelfasern sichtbar (Taf. IV, Fig. 18). Unmittelbar vor der Afteröffnung steht eine größere Papille, außerdem aber zeigen sich in größerer Entfernung von der Afteröffnung am Bauche
gedrängt nebeneinanderliegende 30 kleine Papillen, zu deren jeder dünne Muskelfasern führen
(Taf. IV, Fig. 18).

Die Spicula sind schwach sichelförmig gekrümmt, das äußere Ende ist spitzig, das
innere breiter und abgerundet, jenseits der Mitte der Bauchrand etwas bogig vorspringend
und hier am breitesten (Taf. IV, Fig. 18). Nebenspicula sind nicht vorhanden.

Es lag mir bloß ein Männchen vor, die Größenverhältnisse desselben sind folgende:
Körperlänge 4 mm, Oesophaguslänge 1,1 mm, Schwanzlänge 0,05 mm, größter Durchmesser
0,15 mm.

Fundort: Asuncion, Pfütze auf der Insel (Bañco) im Paraguayfluß.

Durch die Papillen nähert sich diese Art dem *Dorylaimus robustus* d. M., unterscheidet sich aber von demselben durch die Form des Schwanzes, die Papillen um den
Mund, sowie durch die Zahl der praeanalen Papillen und die Struktur des Oesophagus.

100. Dorylaimus stagnalis Bast.

Dorylaimus stagnalis de Man, 5, p. 186, Taf. XXXII, Fig. 132.

Diese Art erfreut sich einer sehr großen Verbreitung; ich fand sowohl Männchen als
auch Weibchen in dem Material von folgenden Fundorten: Curuzu-chica, toter Arm
des Paraguayflusses; Villa Sana, Peguaho-Teich; Baranco Branco, Bahia des Conchas;
Aregua, Bach, der den Weg nach der Laguna Ipacarai kreuzt; zwischen Lugua und
Aregua, Pfütze an der Eisenbahn; Aregua, Pfütze an der Eisenbahn; Paso Barreto,
Lagune am Ufer des Aquidaban; Bach zwischen Aregua und dem Yuguarifluß; Estia
Postillon, Lagune.

IV. Nematorhyncha.

Klasse **Nematorhyncha** Bütschli.

Die Klasse der *Nematorhyncha*, als eine von den Rotatorien unabhängige und in gewissem Grade mit den Nematoden in Verwandtschaft stehende Gruppe, hat bekanntlich O. Bütschli 1876 begründet (1. p. 392) und im Rahmen derselben die Gattungen in die Ordnungen der *Gastrotricha* und *Atricha* gruppiert, deren erstere übrigens J. Metschnikoff schon 1865 von den Rotatorien abgesondert hatte (5. p. 461). Dem Vorgang Bütschlis folgte auch C. Zelinka (1890), insofern er die Ordnung der *Gastrotricha* acceptiert, sie jedoch auf Grund eingehender Studien in zwei Unterordnungen und Familien gliedert (12. p. 295).

Die bei meinen Untersuchungen gefundenen Arten, welche übrigens, nebst *Chaetonotus tabulatus* Schmard., die ersten bekannten Repräsentanten dieser Ordnung aus Südamerika sind, schildere ich nach der systematischen Einteilung von C. Zelinka, übrigens war mir auch bei der Determination, abgesehen von einigen neueren literarischen Daten, das zusammenfassende Werk von C. Zelinka maßgebend. Beim Studium der Arten trachtete ich zwar, außer Konstatierung der Artmerkmale auch die anatomischen Verhältnisse zu untersuchen, allein meine diesbezüglichen Bemühungen führten an den in Formol konservierten Exemplaren zu keinem befriedigenden Resultat, demzufolge ich auch außer der Aufzählung der Arten keine genaueren Daten über dieselben beizubringen vermag.

Subord. **Euichthydina** Zelinka.

Die sämtlichen Arten der hierhergehörigen Gattungen sind mit Gabelschwänzen versehen und ihre Körperoberfläche ist teils beschuppt oder unbeschuppt, teils aber bedornt oder unbedornt.

Fam. **Ichthydinidae** Zel.

Das Hauptmerkmal der Gattungen dieser Familie ist es, daß die Oberfläche ihres Körpers beschuppt oder unbeschuppt, der Rücken aber jedenfalls unbedornt ist.

Gen. **Ichthydium** Ehrb.

Ichthydium Zelinka, C., 12, p. 296.

Von den bisher bekannten Arten dieser Gattung ist eine, *Ichthydium podura* Ehrb., ein echter Kosmopolit, dagegen ist *Ichth. sulcatum* Stockes bisher bloß aus Nordamerika, *Ichth. forcipatum* Voigt aber bloß aus Europa bekannt. Diesen schließt sich nun die bei meinen Untersuchungen gefundene neue Art als vierte an.

101. Ichthydium crassum n. sp.
(Taf. V, Fig. 4. 5.)

Der ganze Körper gleicht von oben oder unten gesehen (Taf. V, Fig. 4) annähernd einem lang- und dünnhalsigen Kruge. Der Kopf ist weit dünner als der Rumpf, mit einem Durchmesser von ca. 0,03 mm. Der Hals ist in der Mitte des Oesophagus stark verengt und hier bloß 0,027 mm dick; beginnt aber von hier sich zu verdicken und geht dann unmerklich über in den Rumpf. Der Rumpf ist nach hinten an beiden Seiten bogig verbreitert, in der Mitte am breitesten und hat hier einen Durchmesser von 0,06 mm, wird dann gegen die Basis der Furcalanhänge wieder schmäler; die Basis der Furcalanhänge ist in Form eines gerundeten Hügelchens gut abgesondert. Zwischen beiden Hügeln bildet das hintere Körperende einen ziemlich stumpfbogigen Hügel (Taf. V, Fig. 4).

Von der Seite gesehen, bildet der Rückenrand am Kopfe einen stumpf gerundeten Hügel; ist an der Mitte des Oesophagus eingebuchtet, erhebt sich von hier an allmählich und fällt dann hinten bogig herab; der Bauch ist in der ganzen Länge stumpf und breit bogig; seine größte Höhe mißt 0,051 mm.

Die ganze Körperlänge beträgt 0,143 mm.

Die Körperoberfläche ist unbeschuppt, am Rücken sind keine Dornen, nahe zum hintern Körperende ragen zwei lange Tastborsten empor und eine ebensolche erhebt sich auch an der Basis der Furcalhügel; außerdem aber sitzen auch am hintern Körperrand drei kürzere, feine Härchen (Taf. V, Fig. 4. 5).

Die ganze Oberfläche des Bauches ist mit feinen Wimpern bedeckt, allein die beiden Cilienbänder vermochte ich nicht wahrzunehmen. Nahe der Mundöffnung erheben sich an beiden Seiten die charakteristischen zwei langen Tastborstenbündelpaare, deren hinterstes Paar länger erschien (Taf. V, Fig. 4).

Die Mundöffnung ist röhrenförmig und sitzt auf einer cylindrischen Mundröhre, in deren Wand sich cylindrische Stäbchen befinden. Auf jedes Stäbchen stützt sich eine Cilie (Taf. V, Fig. 4). Die Länge der Mundröhre beträgt 0,008 mm, der Durchmesser der Mundöffnung 0,015 mm.

Der Oesophagus ist nach hinten etwas verdickt, das Lumen ziemlich eng; die Wandung im Verhältnis dick; die Zellen sind gut zu unterscheiden; die ganze Länge beträgt 0,068 mm. Von der Seite gesehen ist die Wandung an der Mitte des Rückens stark eingebuchtet.

Der Darmkanal ist ein in der ganzen Länge fast gleich breiter Schlauch, endigt aber hinten in einem kleinen Hügelchen, welches vermutlich den Mastdarm repräsentiert.

Die Furcalanhänge zeigen sich als sichelförmig gekrümmte Röhrchen, die gegen den Bauch neigen und eine glatte Oberfläche besitzen; gegen das Ende werden sie dünner; liegt das Tierchen auf dem Bauch, so sind die Furcalanhänge selbst nicht sichtbar, ihre Basis aber zeigt sich als lichter Hof (Taf. V, Fig. 4. 5). Die Länge der einzelnen Furcalanhänge beträgt 0,012 mm.

Fundort: Asuncion, mit halb dürrem Camalote bedeckte Sandbänke in den Nebenarmen des Paraguayflusses. Es lag mir ein einziges Exemplar vor.

Von den bisher bekannten Arten ist diese neue Art auf Grund ihrer Körperform und der Situierung der Furcalanhänge leicht zu unterscheiden.

Gen. **Lepidoderma** Zelinka.

Lepidoderma Z e l i n k a , C., 12, p. 300.

Die Arten dieser Gattung vor C. Z e l i n k a werden bald zur Gattung *Ichthydium*, bald zur Gattung *Chaetonotus* gezählt. Von den bisher bekannten Arten sind zwei (*Lepid. rhomboides* Stockes und *Lepid. concinnum* Stockes) von nordamerikanischen, eine (*Lepid. ocellatum* Metschn.) von europäischen, eine (*Lepid. Biroi* Dad.) von neuguineischen, eine aber (*Lepid. squamatum* Duj.) von europäischen und nordamerikanischen Fundorten herstammend. Wahrscheinlich gehören auch die beiden unter den Namen *Ichthydium Entzii* Dad. und *Chaetonotus longicaudatus* Tatem. beschriebenen Arten hierher. Bei meinen Untersuchungen ist es mir gelungen, den erwähnten eine fernere Art beizugesellen, deren Beschreibung ich nachstehend zusammenfasse.

102. **Lepidoderma elongatum** n. sp.

(Taf. VI, Fig. 1. 2.)

Der Körper ist im ganzen stäbchenförmig, vorn und hinten wenig schmäler, als anderwärts; samt den Furcalanhängen 0,77 mm, ohne dieselben 0,572 mm lang; der Durchmesser ist vorn 0,06 mm, in der Mitte 0,08 mm, vor den Furcalanhängen 0,05 mm.

Der Kopf ist auf der Stirn mit einer Kutikularschale bedeckt, welche am Rücken sich als eigentümlich geformte Lamelle zeigt, erscheint indessen an der Stirn dicker als anderwärts (Taf. VI, Fig. 2), übrigens erscheinen beide Seiten des Kopfes gelappt, die Lappen sind zugespitzt und nach hinten gerichtet. Die den Kopf bedeckende Kutikularlamelle hat in der Mittellinie eine Länge von 0,034 mm.

Am hintern Körperende zeigt sich in der Mittellinie eine scharfe Vertiefung, welche die Basalteile der beiden Furcalanhänge voneinander trennt (Taf. VI, Fig. 1). Die Furcalanhänge sind 0,2 mm lang, geißelförmig, im Verhältnis sehr dünn; sie erscheinen gegliedert und mag die Anzahl der Glieder 30 betragen; ob sie mit Klebdrüsen in Verbindung stehen, gelang mir nicht festzustellen. Beide Furcalanhänge sind etwas nach außen und hinten gerichtet, ob sie indessen am lebendigen Tiere gerade sind, oder ein wenig bogig, wie an den konservierten, ist fraglich.

An der Körperoberfläche, in der ganzen Länge des Rückens und an beiden Seiten bildet die Kutikula fast überall gleich breite Halbringe. Jeder voranstehende Halbring verdeckt mit dem Hinterrand den Vorderrand des nächstfolgenden Halbringes. Allein Halbringe bemerkte ich auch am Bauch, so, daß die Kutikula hier eigentlich ganze Ringe zu bilden scheint. In der Mitte und am Anfang des Körpers ist die den Bauch bedeckende Kutikula so ziemlich als ganz glatt zu bezeichnen und hier sind die Umrisse der Ringe kaum wahrzunehmen. Es ist sehr wahrscheinlich, daß die Kutikularringe und Halbringe eigentlich Reihen kleiner Schuppen sind, wie bei den übrigen Arten der Gattung; allein ich vermochte die Umrisse der Schuppen selbst mit homogener Immersion und einem Kompensations-Okular 12. nicht wahrzunehmen. Übrigens wurde das Erkennen der Schuppen auch durch den Umstand erschwert, daß die Oberfläche der Ringe, bezw. Halbringe in der Längsrichtung gestrichelt erscheint.

Auf dem Rücken stehen keine Dornen, dieselben werden vermutlich durch die kleinen Kutikularlinien substituiert, wie dies H. Ludwig an *Lepidoderma ocellatum* Metschn. konstatiert hat. Am Bauch befinden sich nahe zur Mundöffnung an beiden Seiten je zwei Bündel Tastborsten, von welchen die Borsten der vorderen Bündel kürzer, die der hinteren länger sind (Taf. VI, Fig. 2). Unfern hinter der Mundöffnung erheben sich gedrängt stehende feine Cilien, welche am ganzen Bauch hinziehen, allein ich vermochte trotz aller Bemühung nicht festzustellen, daß dieselben zwei breite Bänder bilden, vielmehr überzeugte ich mich davon, daß die Cilien den ganzen Bauch überall gleichmäßig bedecken. Am hintern Körperende, nahe zur Basis der Furcalanhänge, treten unter den Cilien auch Kutikularborsten auf, welche die Umrisse des Körpers etwas überragen (Taf. VI, Fig. 1). Auf dem Rücken habe ich keine Tastborsten wahrgenommen.

Die Mundröhre ist ziemlich kurz, insofern die Kutikularstäbchen ihrer Wandung nicht ganz 0,01 mm messen. Der Durchmesser der Mundöffnung ist nahezu 0,02 mm.

Der Oesophagus ist nach hinten etwas verbreitert, 0,16 mm lang; seine Wandung besteht aus querliegenden Zellen; sein größter Durchmesser ist 0,05 mm; das innere Lumen ziemlich ausgedehnt.

Der Darmkanal verengt sich nach hinten allmählich und ist 0,36 mm lang.

Fundort: Ein Bach zwischen Aregua und dem Yuguarifluß. Es lag mir ein einziges Exemplar vor.

Vermöge ihrer allgemeinen Körperform und der Struktur der Furcalanhänge erinnert diese Art sehr an *Lepidoderma rhomboides* Stockes und *Lepidoderma Biroi* Dad., noch mehr aber an *Chaetonotus longicaudatus* Tatem., unterscheidet sich indessen von denselben durch die Struktur des Kopfes und der Kutikula. So viel ist übrigens sicher, daß diese Art von den bisher bekannten Arten dieser Gattung mit *Lepidoderma rhomboides* in nächster Verwandtschaft steht, denn ihr Kopf ist ebenso gelappt, wie derjenige dieser Art, die Lappen aber sind nicht so geformt und die Kutikula weist die charakteristischen rhombischen Felderchen nicht auf, welche das *Lepidoderma rhomboides* so leicht kenntlich machen.

Fam. Chaetonotidae Zelinka.

Das Merkmal der hierher gehörigen Gattungen ist es, nach Zelinka, daß ihre Haut geschuppt oder ungeschuppt, jedenfalls aber mit Dornen versehen ist.

Gen. Chaetonotus Ehrb.

Chaetonotus Zelinka, C., 12, p. 311.

Es ist dies die an Arten reichste Gattung der Familie, ja sogar der ganzen Suborduung, insofern derzeit nicht weniger als 27 Repräsentanten derselben aus verschiedenen Weltteilen bekannt sind. Die meisten Arten, d. i. 16, sind aus Europa bekannt; dann folgt Nordamerika mit 11 Arten; sodann sind je 2 Arten, welche außer Europa auch aus Nordamerika, bezw. Neu-Guinea, schließlich je eine Art, die bloß aus Südamerika, bezw. Neu-Guinea bekannt sind. Ich habe während meiner Untersuchungen die nachstehenden sechs Arten gefunden.

103. Chaetonotus pusillus n. sp.
(Taf. V, Fig. 10—14.)

Der Körper vorn und hinten in geringem Maße verengt, am Oesophagus dünner als am Kopf und Rumpf; derselbe mißt von der Stirnspitze bis zur Basis der Furcalanhänge 0,16 mm; die größte Breite des Körpers 0,05 mm. Das hintere Körperende ist an der Basis der Furcalanhänge ausgebuchtet; beide Seiten vom Anfang des Magens breit bogig (Taf. V, Fig. 10).

Der Kopf besteht aus drei gerundeten Lappen, deren einer gerade in der Mitte der Stirn, in der Mittellinie liegt und schmäler ist, als die beiden anderen, welche an den zwei Seiten des Kopfes sitzen (Taf. V, Fig. 10). Der ganze Kopf ist von oben mit einem ziemlich dicken Kutikularhelm bedeckt, welcher, von oben gesehen, am Hinterrand in einem gerundeten breiten Fortsatz vorragt, an dessen beiden Seiten je eine breite Ausbuchtung sichtbar ist (Taf. V, Fig. 10). Von der Seite gesehen erscheint der Kutikularhelm als ein schwach gebogenes Stäbchen mit scharfen Umrissen (Taf. V, Fig. 11). Die größte Breite des Kopfes beträgt 0,047 mm; die Länge des Kutikularhelms von der Seite gesehen 0,035 mm.

Der Hals ist hinter dem Kopf plötzlich verengt, so zwar, daß die Grenze beider ziemlich auffällig ist, in den Rumpf aber geht derselbe fast unbemerkbar über; sein geringster Durchmesser ist 0,038 mm. Betrachtet man das Tierchen von der Seite, so zeigt sich an der Rückenseite des Halses ein Vorsprung, der einem breiten Hügel gleicht (Taf. V, Fig. 11).

Der Rumpf ist in der Mitte am breitesten, nach hinten allmählich verschmälert, an der Basis der Furcalanhänge etwas vertieft, demzufolge die Basis der Furcalanhänge je einem kleinen Hügel ähnlich ist (Taf. V, Fig. 10).

Die Furcalanhänge sind sichelförmig gekrümmte dünne Röhrchen, welche bei dem am Bauch liegenden Exemplar nach außen, bei dem seitlich liegenden aber nach unten gerichtet und 0,032 mm lang sind.

Die Kutikula, welche die Körperoberfläche deckt, ist in Querreihen angeordnete Schüppchen gegliedert, deren jedes vorn bogig gerundet, hinten bogig eingebuchtet ist (Taf. V, Fig. 12. 14). Jede der Schuppen trägt, insofern es mir gelang festzustellen, einen Dorn, der sich auf einem kleinen Höcker erhebt, in welcher Reihenfolge aber die Schuppen, bezw. Dornen rangieren, vermochte ich trotz aller Mühe nicht zu erkennen. So viel konnte ich mit aller Sicherheit feststellen, daß die Schuppen nicht nur auf dem Rücken vorhanden sind, sondern auch auf beide Körperseiten und sogar bis zum Bauchrand sich erstrecken. Auch war es mir möglich, zu konstatieren, daß die Oberfläche der Schuppen ganz glatt ist und sich darauf bloß jene kleine höckerartige Erhöhung befindet, die dem Dorn zur Basis dient (Taf. V, Fig. 13). Die Dornen sind am Kopf und Hals kurz und fein, werden aber gegen das hintere Körperende allmählich länger und kräftiger, sind übrigens durchaus glatt. Nahe zum hintern Körperende zeigen sich unter den Dornen auch zwei Paare langer Tastborsten, deren eines Paar weit länger ist als das andere (Taf. V, Fig. 10).

Die Umrisse der Schuppen am Bauch konnte ich nur am Außenrand wahrnehmen und auch die Umrisse der von Cilien gebildeten zwei Bänder vermochte ich nicht zu erkennen, bezw. ich fand, daß die Cilien auf der ganzen Oberfläche des Bauches sich erheben. Nahe der Mundöffnung sah ich die zwei Paare Bündel von Tastborsten, an deren hinterem die Fäden länger sind (Taf. V, Fig. 10).

Der Munddarm ist bloß 0,05 mm lang mit dicker Wandung, nach hinten etwas verdickt, die größte Breite 0,018 mm; die querliegenden Zellen der Wandung sind gut wahrzunehmen, das innere Lumen ist ziemlich eng.

Der Darmkanal bildet eine cylindrische, nach hinten allmählich verengte Röhre von 0,09 mm Länge; die Zellen der Wandung waren nicht zu sehen.

Fundort: Corumba, Matto Grosso, Inundationspfütze des Paraguayflusses, und Estia Postillon, Lagune. Es lagen mir bloß zwei Exemplare vor, deren eines es gelungen ist, in mikroskopischem Präparat zu fixieren.

Am nächsten steht diese Art zu *Chaetonotus ornatus* Dad., der sie durch die Körperform, den Kutikularhelm und die Form der Furcalanhänge so ähnlich ist, daß man sie auf den ersten Blick für identisch halten könnte. Beide Arten unterscheiden sich indessen in erster Reihe durch die Form der Kutikularschuppen, sodann aber dadurch, daß *Chaetonotus ornatus* bloß in der hintern Rückenhälfte nach hinten allmählich längere Dornen trägt.

104. Chaetonotus dubius n. sp.
(Taf. V, Fig. 6.)

Der Körper ist nahezu in der ganzen Länge gleich dick und bloß am Halse ein wenig eingeschnürt. Der Kopf ist wenig breiter als der Hals, am Rücken mit einer Kutikulalamelle bedeckt, welche in der Mitte des Hinterrandes als stumpfer Hügel hervorragt. Der Rumpf ist am hintern Ende schmäler als anderwärts, zwischen der Basis der beiden Furcalanhänge in der Mittellinie eingeschnitten (Taf. V, Fig. 6).

Die Furcalanhänge sind im Verhältnis sehr kurz, sichelförmig und bei den durch das Deckglas nicht niedergedrückten Tieren nach unten gerichtet.

Die Haut besteht aus Schuppen, deren Konturen ich jedoch nur am Seitenrand des Körpers wahrnehmen konnte, dagegen war ich nicht im stande, die Form und Struktur der Schuppen wahrzunehmen. Auf dem Rücken erheben sich fast gleichlange Dornen, allein in wieviel Reihen dieselben angeordnet sind, das vermochte ich trotz aller Mühe nicht festzustellen. Zwischen den kurzen und einfachen Dornen stehen auch fünf Paare langer, stachelartiger Dornen, und zwar zwei Paare am Halse und drei Paare in der hintern Rumpfhälfte (Taf. V, Fig. 6). Von den am Hals aufragenden langen Dornen ist das vordere Paar länger als das zweite, beide aber liegen in einer Linie. Von den hinteren Dornen ist das vordere Paar am längsten, die beiden anderen werden allmählich kürzer und diese stehen näher zueinander wie das erste Paar zum zweiten.

Die Mundöffnung ist ebenso, wie bei den übrigen Arten der Gattung, und auch hier erheben sich am Bauch die charakteristischen Bündel von Tastborsten. Der Oesophagus ist am hintern Ende schwach bulbusartig erweitert. Der Magen ist eine gerade verlaufende, gegen hinten verengte Röhre (Taf. V, Fig. 6).

Die ganze Länge des Körpers beträgt ohne die Furcalanhänge 0,095 mm, der Durchmesser des Kopfes 0,024 mm, der Durchmesser des Halses 0,02 mm, der größte Durchmesser des Rumpfes 0,026 mm, die Länge der Furcalanhänge 0,015 mm, die Länge des längsten stachelartigen Dorns 0,04 mm, die des kürzesten 0,02 mm.

Fundort: Inundationstümpel des Paraguayflusses bei Corumba in Matto Grosso. Es lag mir nur ein einziges Exemplar vor.

Diese Art erinnert sehr lebhaft an *Chaetonotus Bogdanowii* Schimk., besonders vermöge der am Rücken aufragenden stachelartigen langen Dornenpaare; unterscheidet sich jedoch von derselben durch die Anzahl der langen Dornenpaare, hauptsächlich aber dadurch, daß ihre Kutikula aus Schuppen besteht, bei jener hingegen glatt ist. Übrigens halte ich die Identität beider Arten nicht für völlig ausgeschlossen. (Vergl. C. Zelinka, 12. p. 345, Taf. XV, Fig. 6.)

105. Chaetonotus similis Zel.

(Taf. V, Fig. 7—9.)

Chaetonotus similis Zelinka, C., 12, p. 317, Taf. XIII, Fig. 5, 10.

Der Körper der mir vorliegenden Exemplare ist im ganzen pantoffelförmig, weil an der Grenze von Kopf und Hals ziemlich stark eingeschnürt, dann nach hinten verbreitert, an der Basis der Furcalanhänge aber wieder verengt (Taf. V, Fig. 7).

Am Kopfe vermochte ich keine Ausbuchtungen (Lappen) wahrzunehmen; die beiden, bogig gerundeten Seiten des Kopfes gehen unmerklich in den Halsteil über. Der Hals ist vor dem Bulbus des Oesophagus am engsten und geht unbemerkt in die Seitenlinien des Rumpfes über.

Der ganze Körperrücken ist mit dornigen Schuppen bedeckt, die in neun Längsreihen angeordnet sind. Die einzelnen Schuppen sind annähernd verkehrt schildförmig, vorn bogig gerundet, hinten aber etwas gebuchtet, demzufolge hier zugespitzt (Taf. V, Fig. 8. 9). An jeder Schuppe ragt ein Dorn empor, und zwar in der Mittellinie der Schuppe am Hinterrande. Die Dornen am Kopf und Hals sind viel kürzer als am Rumpf, die nach hinten allmählich länger werden, am längsten indessen sind die nahe zur Basis der Furcalanhänge stehenden zwei, welche die Tastborsten repräsentieren. Alle Dornen sind dreikantig und tragen in größerer oder kleinerer Entfernung vom distalen Ende eine kleine Nebenspitze (Taf. V, Fig. 7—9). An der Basis aller Dornen zeigen sich auf den Schuppen drei kammartige Erhöhungen, deren eine in der Mittellinie der Schuppe liegt und fast bis an den Vorderrand derselben reicht, wogegen die beiden anderen am Hinterrand der Schuppe im Bogen, bezw. parallel mit demselben hinziehen (Taf. V, Fig. 8. 9).

Ob auch am Bauch Schuppen vorhanden sind, vermochte ich an dem mir vorliegenden Exemplare nicht festzustellen, ebenso konnte ich nicht wahrnehmen, ob die Cilien in einem oder in zwei Bändern stehen. Die an der Bauchseite des Kopfes aufragenden zwei Paar geißelförmige Tasthaarbündel sind gut entwickelt und bestehen — sofern es mir gelungen, festzustellen — aus je vier Tasthaaren (Taf. V, Fig. 7).

Die Furcalanhänge sind sichelförmig gekrümmt, gegen das distale Ende allmählich verjüngt; ihre Oberfläche ist glatt; zwischen denselben ist der Rumpf stark vertieft (Taf. V, Fig. 7).

Die Mundröhre ist gut entwickelt und ich konnte nicht nur die Stäbchen ihrer Wandung, sondern auch die Randcilien gut sehen (Taf. V, Fig. 7). In der Wandung der Mundröhre habe ich 18 Stäbchen gezählt.

Der Oesophagus ist nach hinten allmählich verdickt und bildet am hintern Ende einen gut entwickelten Bulbus.

Der Magen ist ein gerade verlaufender, nach hinten allmählich verengter Schlauch, dessen Wandung es mir nicht gelang, hinsichtlich der Struktur zu untersuchen.

Die Körperlänge beträgt ohne die Furcalanhänge 0,14 mm, die größte Breite 0,05 mm; die Länge der Furcalanhänge 0,023 mm, die Länge des Oesophagus 0,048 mm, die der Kopfdornen 0,007 mm, die des Halses 0,01—0,013 mm, die des Rumpfes 0,016—0,0195 mm, die Länge der Tastdornen 0,05 mm.

Fundort: Estia Postillon, Lagune.

Das mir vorliegende einzige Exemplar weicht hinsichtlich der Körperform und besonders durch die Struktur des Kopfes einigermaßen ab von dem durch C. Zelinka beschriebenen und abgebildeten Exemplar; nachdem es jedoch hinsichtlich der Form der Rückenschuppen, sowie der Struktur und Größe der Dornen im ganzen übereinstimmt, so halte ich sie für identisch, und zwar um so mehr, als ich die Verschiedenheiten im Habitus dem Einflusse der Konservierung zuschreibe. Bisher war die Art bloß aus Nordamerika und Europa bekannt.

106. Chaetonotus hystrix Metschn.
(Taf. V, Fig. 23—27.)

Chaetonotus hystrix C. Zelinka, 12, p. 323, Taf. XIV, Fig. 17—20.

Hinsichtlich der äußern Körperform steht diese Art dem *Chaetonotus similis* sehr nahe, allein der Kopf ist breiter und auch die Einschnürung des Halses ist nicht so stark, sodann ist der Rumpf nicht so dick und nur wenig breiter als der Kopf, zwischen den Furcalanhängen aber tiefer und breiter gebuchtet (Taf. V, Fig. 27).

Der Kopf erscheint dreilappig, der mittlere Lappen ist größer als die beiden seitlichen, schwach bogig; die Seitenlappen gehen unmerklich in den Hals über, ebenso wie der Hals in die beiden Körperseiten.

Der ganze Körperrücken ist mit in neun Längsreihen angeordneten Schuppen bedeckt. Die einzelnen Schuppen sind keilförmig, bezw. dreiflügelig, das Vorderende ziemlich spitz, das Hinterende, welches gewissermaßen der Keilbasis entspricht, ist bogig ausgeschnitten, demzufolge bilden die beiden hinteren Spitzen bogige, spitze Flügelfortsätze (Taf. V, Fig. 23. 24).

Jede einzelne Schuppe liegt mit den hinteren Flügelfortsätzen auf den ihr folgenden zwei Schuppen und zwei angrenzende Schuppen bedecken in gewissem Grade den Spitzenteil der zwischen und hinter ihnen liegenden Schuppe (Taf. V, Fig. 23).

Auf jeder Schuppe erhebt sich ein mit Nebenspitze versehener, dreikantiger Dorn; die am Kopf befindlichen Dornen sind viel kürzer als die am Rumpf befindlichen, bezw. die Dornen werden vom Kopf an nach hinten allmählich länger, am längsten von allen aber sind die an der Basis der Furcalanhänge aufragenden tastborstenartigen zwei Dornen (Taf. V, Fig. 27). Alle Dornen erheben sich nahe zum Hinterrand der Schuppe und ihre Basis ist dreikämmig; der eine Kamm steht in der Mittellinie der Schuppe und reicht fast bis zur vordern Spitze derselben, wogegen die beiden anderen auf den hinteren Flügelfortsätzen der Schuppen liegen (Taf. V, Fig. 24. 26).

Am Bauche habe ich die Anwesenheit von Schuppen nicht feststellen können. Von den langen Tastborstenbündeln an der Bauchseite des Kopfes vermochte ich bloß das eine Paar wahrzunehmen (Taf. V, Fig. 27).

Die Furcalanhänge sind schwach sichelförmig gekrümmt, ihr distales Ende allmählich verengt, ihre Oberfläche glatt (Taf. V, Fig. 27).

Die Mundröhre ist gut wahrnehmbar, in ihrer Wandung zählte ich 18 Stäbchen. Der Oesophagus ist nach hinten allmählich verdickt, bildet indessen keinen bemerkbaren Bulbus und erreicht $\frac{8}{1}$ der Magenlänge. Der Magen gleicht einem geraden, nach hinten verengten Schlauch.

Die Länge des Körpers beträgt ohne die Furcalanhänge 0,13 mm, die Länge der Furcalanhänge 0,02 mm, die Breite des Kopfes 0,04 mm, die größte Breite des Rumpfes 0,05 mm, die Länge der Kopfdornen 0,003—0,005 mm, die der Rumpfdornen schwankt zwischen 0,018—0,022 mm.

Fundort: Estia Postillon, Lagune.

Diese Art war bisher bloß aus Europa bekannt. Das mir vorliegende Exemplar weicht in der äußern Körperform, in der Größe der Dornen, sowie in Form und Struktur der Schuppen einigermaßen von den europäischen Exemplaren ab, allein ich halte die Verschiedenheiten nicht für gewichtig genug, um das paraguayische Exemplar als den Repräsentanten einer andern Art anzusprechen.

107. Chaetonotus erinaceus n. sp.

(Taf. V, Fig. 18—22.)

Der Körper ist annähernd pantoffelförmig, am Halse ziemlich stark eingeschnürt, am Kopfe viel schmäler als am Rumpfe, bezw. nach hinten stark verbreitert, zwischen den zwei Furcalanhängen tief eingeschnitten (Taf. V, Fig. 18).

Am Kopfe vermochte ich keine Lappen wahrzunehmen und wahrscheinlich fehlen diese gänzlich, denn Scheitel und Stirn sind mit einer aus dicker Kutikula bestehenden Helmlamelle bedeckt, was bei der Seitenlage des Tierchens sichtbar wird (Taf. V, Fig. 21). Zudem ist bei meinen Exemplaren das Mundende stark zum Bauch gebeugt, demzufolge die vorderen Umrisse von oben nicht zu sehen sind.

Der Hals ist vor dem Oesophagusende stark eingeschnürt und kaum halb so breit als der Rumpf, welcher gegen die Basis der Furcalanhänge etwas verengt ist, während die Seiten stumpf bogig sind.

Auf dem Rücken stehen neun Reihen von Schuppen. Alle Schuppen sind ganz kreisförmig, Nebenschuppen sind nicht vorhanden, allein die Schuppen am Kopf sind viel kleiner als die am Hals und besonders am Rumpf (Taf. V, Fig. 19. 20). Die Schuppen sind in Querreihen aneinandergeordnet und die Reihen berühren einander (Taf. V, Fig. 22). Sämtliche Schuppen tragen je einen Dorn. Alle Dornen haben eine Nebenspitze, sind im Verhältnis dick, kräftig, dreikantig, von vorn nach hinten allmählich vergrößert, die am Kopfe befindlichen am kürzesten, die am hintern Ende des Rumpfes befindlichen am längsten (Taf. V, Fig. 18. 21). Die Dornen insgesamt entspringen an der Mitte der Schuppen und zeigt ihre Basis drei Kämmchen, deren eines nach vorn, die beiden anderen nach hinten gerichtet sind, ersteres ist gerade, letztere sind etwas bogig, erreichen indessen den Saum der Schuppen nicht.

Die Anwesenheit von Schuppen am Bauch vermochte ich nicht festzustellen, ebenso war es nicht wahrzunehmen, ob die Cilien in einem oder in zwei Bändern angeordnet sind. Von den an der Bauchseite des Kopfes entspringenden Tastborstenbündeln konnte ich nur ein Paar unterscheiden; das kürzere Paar ist wahrscheinlich durch die etwas herabgebeugte Stirn verdeckt (Taf. V, Fig. 18).

Die Furcalanhänge sind sichelförmig gekrümmt, ganz glatt und gegen das distale Ende allmählich verengt (Taf. V, Fig. 18. 21).

Die Mundröhre ist ziemlich lang, die Stäbchen ihrer Wandung sind gut entwickelt und beträgt ihre Anzahl, insofern es mir gelungen festzustellen, 18.

Der Oesophagus ist nach hinten allmählich verdickt, bildet aber keinen Bulbus und ist halb so lang als der Magen. Der Magen ist ein nach hinten allmählich verengter gerader Schlauch, unter welchem ich ein großes Ei fand.

Die Länge des Körpers beträgt ohne die Furcalanhänge 0,14—0,17 mm, die Länge der Furcalanhänge 0,08 mm, die Breite des Kopfes 0,038 mm, die geringste Breite des Halses 0,03 mm, die größte Breite des Rumpfes 0,052 mm, die Länge des Oesophagus 0,052 mm. die Länge der Kopfdornen 0,025—0,03 mm, die der Rumpfdornen 0,05—0,06 mm, der Durchmesser der Kopfschuppen 0,013—0,015 mm, der Durchmesser der Halsschuppen 0,018 mm, der Durchmesser der Rumpfschuppen 0,025 mm.

Fundort: Estia Postillon, Lagune, woher mir einige Exemplare vorlagen.

Diese Art steht dem *Chaetonotus Chuni* Voigt am nächsten, unterscheidet sich jedoch in mancher Beziehung wesentlich von demselben. Die Unterscheidungs-Merkmale sind: der Helm der Kopfkutikula, die Einfachheit der Furcalanhänge, die Kreisform der Schuppen, sowie die geringeren Größenverhältnisse des Körpers und der Dornen. Bei *Chaetonotus Chuni* Voigt trägt nämlich der Kopf keinen Kutikularhelm, die Furcalanhänge sind am distalen Ende verbreitert, die Schuppen annähernd eiförmig, bezw. länglichrund, die Größenverhältnisse des Körpers und der Dornen aber größer. (Vergl. Voigt, M. 11. p. 143—145, Taf. VI. VII, Fig. 48. 52.)

108. Chaetonotus heterochaetus n. sp.
(Taf. V, Fig. 15—17.)

Der Körper ist pantoffelförmig, das Kopfende schmäler als der Rumpf, der Hals vor dem Bulbus eingeschnürt (Taf. V, Fig. 15).

Der Kopf ist dreilappig; den einen Lappen bildet die stark vortretende, bogig gerundete Stirn; die beiden Seitenlappen sind stumpf gerundet und gehen unmerklich in die Umrisse des Halses über (Taf. V, Fig. 15). Der Hals ist merklich schmäler als der Kopf, 0,025 mm im Durchmesser und geht ohne jegliche scharfe Grenze in den Rumpf über, dessen Seiten stumpf bogig sind; das hintere Ende ist etwas schmäler und zwischen der Basis der Furcalanhänge breit und tief gebuchtet (Taf. V, Fig. 15).

Der Rücken ist mit in acht Längsreihen angeordneten Schuppen bedeckt. Sämtliche Schuppen sind verkehrt schildförmig, ihr Vorderrand stumpf gerundet, der Hinterrand buchtig, demzufolge sich zwei kurze Hinterenden entwickelt haben (Taf. V, Fig. 16. 17). Die Schuppen des Kopfes sind viel kleiner als die des Halses und diese als die des Rumpfes, d. i. die Schuppen werden nach hinten allmählich größer. An den acht Schuppen-Querreihen des Kopfes erheben sich keine Dornen, wogegen die darauf folgenden sämtlichen Schuppen je einen Dorn tragen (Taf. V, Fig. 15). Die Dornen am Hals und am größten Teil des Rumpfes sind glatt, aber dreikantig, und werden nach hinten allmählich länger.

Hinter der Rumpfmitte aber erheben sich in einer Querreihe 8 mit Nebenspitze versehene Dornen, die stärker und länger sind als die übrigen und hinter welchen vor der Basis der Furcalanhänge beiderseits noch je ein etwas längerer Dorn ähnlicher Struktur aufragt (Taf. V, Fig. 15). Ob die acht mit Nebenspitzen versehenen Dornen vollständig in einer Querreihe oder in zwei Reihen stehen, das vermochte ich nicht festzustellen, ersteres aber scheint mir wahrscheinlicher. Alle Dornen entspringen am Hinterrand der Schuppen, das eine Kämmchen ihrer Basis aber läuft in der Mittellinie der Schuppen bis fast an den Vorderrand derselben, wogegen die beiden anderen Kämmchen parallel mit dem Hinterrand hinziehen (Taf. V, Fig. 16. 17).

Am Bauch vermochte ich keine Dornen zu sehen, bezw. ich konnte mir keine Gewißheit darüber verschaffen, ob solche vorhanden sind oder nicht, ebenso war ich außer stande, die Anordnung der Cilien und überhaupt die Struktur der Bauchoberfläche zu beobachten. Von den Tastborstenbündeln der Bauchseite des Kopfes vermochte ich bloß das hintere, längere Paar wahrzunehmen (Taf. V, Fig. 15).

Die Furcalanhänge sind sichelförmig gekrümmt, gegen das distale Ende allmählich verjüngt, glatt, 0,024 mm lang.

Die Mundröhre ist gut entwickelt, aber kurz, in ihrer Wandung zählte ich 18 Kutikularstäbchen. Der Oesophagus ist nach hinten allmählich verdickt, schwillt aber nicht zu einem Bulbus an, seine Länge beträgt 0,045 mm. Der Magen ist ein gerader, nach hinten verengter Schlauch.

Die Länge des Körpers beträgt ohne die Furcalanhänge 0,185 mm, der Durchmesser des Kopfes 0,031 mm, der geringste Durchmesser des Halses 0,025 mm, der größte Durchmesser des Rumpfes 0,042 mm, die Länge der vorderen Halsschuppen 0,005 mm, die der hinteren Halsschuppen 0,012 mm, die Länge der Schuppen in der Rumpfmitte 0,016 mm, die Länge der Schuppen der mit Nebenspitzen versehenen Dornen 0,018 mm, die Länge der kürzesten Halsdornen 0,015 mm, die der längsten Halsdornen 0,04 mm, die Länge der längsten Rumpfdornen 0,058 mm, die Länge der zweispitzigen Dornen 0,078 mm.

Fundort: Estia Postillon, Lagune.

Von den bisher bekannten Arten der Gattung steht die neue Art dem *Chaetonotus longispinosus* Stockes am nächsten, dem sie übrigens nur in der Zahl und einigermaßen in der Anordnung der mit Nebenspitzen versehenen Dornen gleicht. Dagegen unterscheidet sie sich von demselben, abgesehen von der Größe, durch ihre zweierlei Dornen, durch den dreilappigen Kopf und die Dornlosigkeit der Kopfschuppen. Hinsichtlich der Dornlosigkeit der Kopfschuppen erinnert diese Art an *Chaetonotus similis* Zel., unter deren Exemplaren C. Zelinka auch solche erwähnt, deren Kopfschuppen dornlos sind (cfr. C. Zelinka 12. p. 318). Letzterer Umstand läßt es übrigens einigermaßen wahrscheinlich erscheinen, daß *Chaetonotus longispinosus* Stockes und *Chaetonotus heterochaetus* zusammengehören, allein bloß die Vergleichung der Schuppen beider Arten kann diesbezüglich sicheren Aufschluß bieten.

Subord. **Apodina** Zelinka.

Das Hauptmerkmal der Arten der hierhergehörigen Gattungen ist der Mangel der Furcalanhänge, demzufolge das hintere Körperende entweder einfach gerundet, oder gelappt und in letzterem Falle mit Bündeln von Cilien oder Borsten bewehrt ist.

— 83

C. Zelinka hat in diesem Subordo keine Familien aufgestellt; ich aber habe, der vollständigen systematischen Reihenfolge wegen, die Gattungen in zwei Familien gruppiert, und zwar in die der *Dasydytidae* und die der *Gosseidae*, deren Charakter ich nachstehend zusammenfasse.

Fam. Dasydytidae.

Der Kopf ist scharf abgesondert; Taster fehlen; das hintere Körperende ist abgerundet, ohne Borstenbündel.

Hierher gehört eine einzige Gattung und zwar *Dasydytes* Gosse, von welcher zwei europäische und eine nordamerikanische Art bekannt ist. Ich habe keinen Repräsentanten derselben gefunden.

Fam. Gosseidae.

Der Kopf ist nicht scharf abgesondert und trägt zwei Taster; das hintere Körperende ist gelappt und trägt lange Borstenbündel.

Aus dieser Familie ist bisher bloß eine Gattung bekannt, deren zwei Arten ich gefunden habe.

Gen. Gossea Zelinka.

Gossea Zelinka, C., 12, p. 354.

Die erste Art dieser Gattung hat P. H. Gosse als zum Genus *Dasydytes* gehörig beschrieben, und erst später wurde dieselbe durch C. Zelinka von den eigentlichen Dasydyten abgesondert, wofür die in den Charakteren der Familien *Dasydytidae* und *Gosseidae* sich zeigende Verschiedenheit eine hinlängliche Begründung bietet.

109. Gossea fasciculata n. sp.
(Taf. VI, Fig. 5—7.)

Der Körper ist im ganzen schlauchförmig, indessen vorn enger als hinten; es zeigen sich daran drei Einschnürungen, welche denselben in drei kleinere, vordere und eine weit größere hintere Partie gliedern (Taf. VI, Fig. 5).

Der Kopf ist nur insofern vom Hals abgesondert, als zwischen beiden eine scharfe, ringförmige Einschnürung vorhanden ist, aus welcher beiderseits je ein keulenförmiger Taster ausgeht. Die vordere Grenze des Kopfes ist weit schmäler als die hintere, so zwar, daß derselbe einem abgestutzten Kegel gleicht; die Länge beträgt 0,015—0,018 mm, an der Basis die Breite 0,035 mm. Die Taster sind 0,023 mm lang.

In der Mitte und am Ende des Halses zeigt sich je eine ringartige Vertiefung, deren vordere den ganzen Hals in zwei, fast gleich große Segmente teilt, während die andere die Grenze zwischen Hals und Rumpf bildet. Die Gesamtlänge der beiden Halssegmente ist 0,028—0,03 mm, der Durchmesser des hinteren Ringes 0,033 mm (Taf. VI, Fig. 5).

Der Rumpf ist annähernd eiförmig, 0,08—0,102 mm lang, der größte Durchmesser 0,052—0,07 mm; das Hinterende ist in der Mitte gerundet, an beiden Seiten aber geht es in je einen fingerförmigen Fortsatz aus, bezw. ist dreilappig, ebenso wie bei *Gossea antenni-*

gera Goss., nur daß die beiden Seitenlappen zu fingerförmigen Fortsätzen verlängert und verschmälert sind (Taf. VI, Fig. 5). Die fingerförmigen Fortsätze sind 0,015—0,02 mm lang; beide an der Basis dünner und am Außenrand bis zur Spitze mit feinen Härchen besetzt, welche beiderseits 0,12—0,13 mm lange Bündel bilden. Am Rande des mittlern Lappens zeigt sich eine Reihe feiner Härchen, die viel kürzer als vorige sind (Taf. VI, Fig. 5).

Die ganze Körperlänge samt den Borstenbündeln beträgt 0,24—0,268 mm, ohne den Bündel 0,12—0,138 mm.

Die Kutikula des Körpers erscheint am Rücken in rhombische Felderchen geteilt, an deren Mitte je eine glatte Borste entspringt. Die Felderchen substituieren gleichsam die Schuppen, die Borsten aber die Dornen der *Chaetonotus*-Arten. Die Borsten am Rücken werden nach hinten etwas länger (Taf. V, Fig. 7). An der Bauchseite, nahe zur Basis der Mundröhre, erhebt sich an beiden Seiten je ein Bündel von Tastborsten, während der ganze Bauch mit feinen Cilien bedeckt ist, ob dieselben aber in einem oder in zwei Bändern angeordnet sind, war nicht festzustellen.

Die Mundröhre ist 0,005 mm lang; in der Wandung derselben fehlen die Stäbchen und Cilien nicht. Der Durchmesser der Mundöffnung beträgt 0,004 mm.

Der Oesophagus hat eine Länge von 0,032 mm; sein hinteres Ende bildet einen Bulbus, dessen Durchmesser 0,014 mm beträgt; die Wandung ist dick, das Lumen sehr breit.

Der Darmkanal erscheint als gerade verlaufende, ungegliederte, nach hinten verengte Röhre von 0,07 mm Länge; der ganze Inhalt erschien graulich granuliert.

Fundort: Lagune bei Estia Postillon. Es lagen mir mehrere Exemplare vor.

Von den bisher bekannten Arten der Gattung unterscheidet sich die neue Art auffällig durch die Gliederung des Körpers und die gefelderte Kutikula, insofern sich am Körper keiner einzigen andern Art die ringartigen Einschnürungen zeigen, welche sicherlich nicht als Resultat der zufolge der Konservierung eingetretenen Schrumpfung zu betrachten sind, denn dieselben waren an sämtlichen mir vorliegenden Exemplaren an gleicher Stelle und in gleichem Umfang vorhanden. Durch die gefelderte Kutikula erinnert die Art einigermaßen an die von M. Voigt beschriebene *Gossea antennigera = Gossea Voigti*, allein die Felderchen bilden bei derselben wirkliche verkehrt schildförmige Schuppen. Die Borstenbündel an den beiden hintern Seitenenden des Körpers sind ganz so, wie bei *Gossea antennigera* (Gosse) und *Gossea Voigti*.

Mit Rücksicht darauf, daß *Gossea pauciseta* n. sp. und *Gossea fasciculata* n. sp. an ein und demselben Fundort vorkommen, könnte man leicht zu der Voraussetzung gelangen, daß beide Arten etwa zusammengehören und verschieden alte Exemplare ein und derselben Art seien. Gegen diese Voraussetzung spricht indessen außer der in der Gliederung des Körpers, auch die in der Struktur der Körperkutikula und der Behaarung des Bauches sich zeigende Verschiedenheit, sowie die vollständige Geschlechtsreife der Exemplare beider Arten, insofern jedes derselben je ein großes Ei unter dem Darmkanal enthält.

110. **Gossea pauciseta** n. sp.
(Taf. VI, Fig. 3. 4.)

Der Körper gleicht einem schmalen Pantoffel, insofern derselbe in der Gegend des Oesophagus-Bulbus stärker eingeschnürt, sodann aber ziemlich verbreitert ist; die hintere

Spitze der beiden Seiten ist einem gerundeten Hügel gleich vorspringend und erheben sich an diesen Hügeln verschieden lange und in verschiedener Richtung stehende feine, steife Borsten. Zwischen den beiden Endhügeln ist das hintere Körperende bogig und mit feinen, steifen, kurzen Borsten gesäumt (Taf. VI, Fig. 3).

Der Kopf ist ungelappt, die vorderen Seitenecken stumpf gerundet und unmerklich in den Hals übergehend, 0,028 mm breit; wogegen der kleinste Durchmesser des Halses 0,024—0.025 mm, der größte Durchmesser des Rumpfes aber 0,034 mm beträgt. Auf den Durchmesser des Rumpfes ist übrigens von großem Einfluß die Größe des darin ruhenden Eies.

Die Körperkutikula ist zusammenhängend und vermochte ich selbst mit Hilfe der Homogen-Immersion keine Spur einer Gliederung in Schuppen wahrzunehmen. Am Rücken erheben sich ziemlich kräftige glatte Borsten, die nach hinten nur wenig an Größe zunehmen. An der Bauchseite des Kopfes steht außer den beiden Tastborstenbündeln an jeder Seite ein Taststäbchen, welches gegen das distale Ende allmählich verbreitet ist und annähernd gekeult erscheint (Taf. VI, Fig. 3); sie sind 0,018 mm lang. An der Bauchseite des Kopfes und Halses erheben sich zwischen den Cilien und vielleicht anstatt derselben feine steife Borsten, die nach hinten allmählich kürzer werden und bei der Seitenlage des Tieres sehr gut zu sehen sind (Taf. VI, Fig. 4). Diese feinen Borsten dienen sicherlich bei der Ortsveränderung zum Aufstützen des Kopfes, denn ich halte es für sehr wahrscheinlich, daß das Tierchen bei einer Ortsveränderung den Kopf nach oben trägt. Hierauf läßt der Umstand schließen, daß die meisten der mir vorliegenden Exemplare von der Seite gesehen die in Taf. VI, Fig. 4 geschilderten Verhältnisse aufweisen. An der Bauchseite des Rumpfes zeigen sich überall gleichförmige Cilien, ob dieselben jedoch in einem oder in zwei Bändern angeordnet sind, das ließ sich nicht feststellen.

Die Mundröhre ist gut entwickelt und ziemlich lang; in ihrer Wandung zählte ich 18 Stäbchen, an deren distalem Ende die charakteristischen Mundcilien entspringen (Taf. VI, Fig. 3. 4).

Das hintere Ende des Oesophagus bildet einen beträchtlichen Bulbus; die Wandung desselben ist vorn etwas dünner als hinten; das Lumen ist im Verhältnis sehr groß, d. i. 0,029—0,031 mm lang.

Der Magen ist ein einfacher, nach hinten allmählich verengter Schlauch, gefüllt mit verschlungenen Pflanzenpartikelchen.

Die meisten Exemplare enthielten je ein großes Ei unter dem Darmkanal, ich fand indessen auch solche, in welchen an beiden Seiten des Darmkanals je ein Ei enthalten war. Die Länge der vereinzelten Eier erreichte nahezu 0,048 mm.

Die Länge des Körpers beträgt ohne die hinteren Endborsten 0,09—0,115 mm. die der längsten Endborste 0,043 mm.

Fundort: Estia Postillon, Lagune, von wo mir mehrere Exemplare vorlagen.

Diese Art erinnert durch die Körperform an Gosses *Gossea antennigera* (cfr. C. Zelinka, 12. Taf. XV, Fig. 7), unterscheidet sich jedoch von derselben durch die Anzahl der Endborsten, sowie durch die Beborstung des Rückens. Sie unterscheidet sich aber auch von der Voigtschen *Gossea antennigera*, und zwar auffällig dadurch, daß sie am Rücken keine

Schuppen trägt, während M. Voigt vom Rücken seiner Exemplare verkehrt schildförmige Schuppen beschreibt (cfr. M. Voigt, 11. p. 153).

Bezüglich der Gosseschen und Voigtschen *Gossea antennigera* habe ich zu bemerken, daß ich die beiden nicht für identisch halte, und werde in dieser Auffassung bestärkt durch die in der Struktur der Haut an den Exemplaren beider Forscher sich zeigende wesentliche Verschiedenheit. Die Exemplare von P. H. Gosse sind nämlich unbeschuppt, der Rücken mit Bündeln von je fünf Borsten bedeckt, wogegen die Exemplare von M. Voigt am Rücken Schuppen tragen und die Borsten bezw. Dornen einzeln auf den Schuppen sitzen. Auf Grund dessen behalte ich zur Bezeichnung der Exemplare von P. H. Gosse den Namen *Gossea antennigera* Gosse, hingegen schlage ich zur Bezeichnung der Exemplare von M. Voigt den Namen *Gossea Voigti* Dad. nov. nomen vor.

Unter den aus der Fauna von Paraguay bezw. aus Südamerika bisher nachgewiesenen Arten befinden sich solche, die außer Südamerika auch aus anderen Weltteilen bekannt sind, sodann begegnen wir auch solchen, und zwar in überwiegender Anzahl, welche bisher bloß aus Südamerika beschrieben worden sind. Hinsichtlich der geographischen Verbreitung zerfallen die oben aufgeführten *Gastrotricha*-Arten in folgender Weise:

1. Bloß aus Südamerika bekannte Arten.

Ichthydium crassum n. sp.
Lepidoderma elongatum n. sp.
Chaetonotus pusillus n. sp.
Chaetonotus dubius n. sp.
5. Chaetonotus tabulatus Sehm.

Chaetonotus erinaceus n. sp.
Chaetonotus heterochaetus n. sp.
Gossea fasciculata n. sp.
9. Gossea pauciseta n. sp.

2. Auch aus anderen Weltteilen bekannte Arten.

Chaetonotus hystrix Metschn. Europa.
Chaetonotus similis (Zelinka). Europa, Nordamerika.

Die in ersterer Gruppe verzeichneten Arten sind bisher als charakteristisch für die Fauna von Südamerika zu betrachten, allein die Möglichkeit ist natürlich nicht ausgeschlossen, daß dieselben durch spätere diesbezügliche Forschungen auch aus anderen Weltteilen nachgewiesen werden, um so mehr, als die in letzterer Gruppe aufgeführten Arten für die große geographische Verbreitung dieser Tiere Zeugenschaft ablegen.

V. Rotatoria.

Die ersten Daten über südamerikanische Rotatorien veröffentlichte, insofern ich aus der mir zu Gebot stehenden Literatur zu konstatieren vermochte, L.. Schmarda im Jahre 1859 in seinem Werke „Neue wirbellose Tiere", welches die Beschreibung mehrerer (21, mehr oder weniger gut charakterisierter Arten enthält. Diesem folgte 1889 die Publikation von A. Certes, in welcher die Beschreibung der am Kap Horn gesammelten mikroskopischen Tiere enthalten ist, in welcher jedoch nur einer *Rotatoria*-Art (*Rotifer vulgaris*) gedacht wird (5.). In seiner vorläufigen berichtartigen Publikation vom Jahre 1891 erwähnt J. Frenzel (17.) unter anderen auch den Namen von 9 *Rotatoria*-Gattungen, jedoch ohne Bezeichnung der Arten, was den Wert seiner Daten wesentlich vermindert. Gleichzeitig mit J. Frenzel befaßte sich auch C. Zelinka mit dem Studium südamerikanischer Rotatorien, insofern er drei neue Arten des Genus *Callidina* aus Brasilien beschreibt (39.).

Im Jahre 1892 haben G. de Lagerheim (23.) und A. Wierzejski (38.) gleichzeitig südamerikanische Rotatorien aufgezeichnet, ersterer aber bloß *Philodina roseola* aus Ecuador, letzterer dagegen 8 Arten und ein Genus (*Mastigocerca*), ohne Nennung der Art. Mehr *Rotatoria*-Arten verzeichnete hierauf (1894) A. Certes aus Chile (4.), über dessen Angaben ich nicht genau informiert bin, weil mir seine betreffende Publikation unzugänglich blieb und mir somit nur auf Grund einer Anmerkung von A. Collin bekannt ist, daß die erwähnten Arten insgesamt auch aus Europa bereits bekannt waren (7.).

Die neuesten Daten über südamerikanische Rotatorien habe ich im Jahre 1902 in zwei Publikationen gebracht, in deren einer von patagonischen Fundorten 14, in der andern dagegen aus Chile 9 Arten aufgezählt sind (13. 14.).

Die Anzahl der bei meinen derzeitigen Untersuchungen beobachteten Arten übertrifft weit die der bisher veröffentlichten, wie aus nachstehenden Daten hervorgehen wird.

Hinsichtlich der systematischen Reihenfolge ist zu bemerken, daß ich durchaus jene Einteilung befolge, welche ich im Anschluß an die Beschreibung von *Cypridicola parasitica* (8.), dem Vorgang L. Plates folgend (26.), entwickelt und festgestellt habe, wobei ich mir bei Unterscheidung der Ordnungen die Struktur des weiblichen Genitalorgans zur Richtschnur nahm.

I. Ord. Digononta Plate-Dad.

Diese Ordnung vereinigt die Rotatorien mit paarigem Ovarium, welche Hudson und Gosse in die von ihnen aufgestellte Ordnung *Bdelloida* eingeordnet hatten. Von den hierhergehörigen Arten wurden die ersten aus Südamerika von L. Schmarda beschrieben (31.), eine weitere erwähnte A. Certes (5.), während die übrigen aus den Aufzeichnungen von C. Zelinka (39.), sowie von G. de Lagerheim und A. Wierzejski (23. 38.) bekannt sind.

Fam. Philodinidae Ehrb.

Diese Rotatoria-Familie ist eine derjenigen, welche die größte geographische Verbreitung aufweisen und deren Gattungen als echte Kosmopoliten zu betrachten sind. Aus Südamerika waren übrigens bisher bloß die Gattungen *Philodina, Rotifer* und *Callidina* bekaunt.

Gen. Philodina Ehrb.

Philodina Hudson et Gosse, 19, Tom. I, p. 97.

Aus Südamerika wurde dies Genus mit 7 Arten zuerst 1859 von L. Schmarda verzeichnet, während 1891 auch J. Frenzel es erwähnt, allein die Art nicht nennt, welche er bei Bestimmung des Genus untersucht hatte. Es unterliegt keinem Zweifel, daß in Südamerika mehrere Arten dieser Gattung existieren; ich bin auch bei meinen Untersuchungen mehreren begegnet, vermochte jedoch, zufolge Einwirkung der Konservierung, nur nachstehende derselben mit voller Sicherheit zu determinieren.

111. Philodina roseola Ehrb.

Philodina roseola Hudson et Gosse, 19, I, p. 99, Taf. IX, Fig. 4.

Diese durch die parallel der Längsachse des Körpers hinziehenden Kämmchen auffällige, doch unbedornte Art wurde zuerst von L. Schmarda aus Chile aufgezeichnet (31.) und wahrscheinlich hat sie auch G. de Lagerheim in Ecuador beobachtet (23.). Bei meinen Untersuchungen fand ich sie in dem Material von folgenden Fundorten: Aregua, Bach, der den Weg nach der Lagune Ipacarai kreuzt und eine Lagune am Ufer des Aquidaban bei Paso Barreto. Außer Europa bisher aus Nordamerika, Asien, Afrika und Neu-Guinea bekannt.

Gen. Rotifer Schrank.

Rotifer Hudson et Gosse, 19, I, p. 103.

Dies Genus wurde mit einer Art aus Südamerika zuerst von L. Schmarda (31.) vom Fundort Mendona, sodann von A. Certes (15.) vom Kap Horn verzeichnet. Das Genus selbst, ohne Bezeichnung der betreffenden Art, wurde übrigens auch von J. Frenzel erwähnt (17.), wogegen A. Wierzejski (38.) auch die beobachtete Art genannt hat. Übrigens ist es ein kosmopolitisches Genus im vollen Sinne des Wortes. Ich habe folgende Arten desselben beobachtet.

112. Rotifer macrurus Ehrb.

Rotifer macrurus Hudson et Gosse, 19, I, p. 107, Taf. X, Fig. 4.

Diese durch den auffällig lang gestreckten Fuß und dessen Zehenfortsätze selbst in zusammengezogenem Zustand leicht kenntliche Art war bisher außer Europa nur aus Nordamerika bekannt. Bei meinen Untersuchungen habe ich sie von folgenden Fundorten notiert: Aregua, Bach, der den Weg zur Lagune Ipacarai kreuzt; Pfütze an der Eisenbahn zwischen Lugua und Aregua. Es lagen mir zahlreiche Exemplare vor.

113. Rotifer tardus Ehrb.

Rotifer tardus Hudson et Gosse, 19, I, p. 105, Taf. X, Fig. 1.

Diese Art war bisher außer Europa nur aus Nordamerika bekannt. Auf Grund der Kämmchen der Kutikula, welche parallel der Längsachse des Körpers hinziehen, sowie der Struktur des Fußes ist sie auch im zusammengezogenen Zustand von den übrigen Arten leicht zu unterscheiden und ganz sicher zu determinieren. Fundorte: Aregua, Bach, der den Weg zur Lagune Ipacarai kreuzt, und eine Lagune am Ufer des Aquidaban bei Paso Barreto. Ich fand bloß einige Exemplare.

114. Rotifer vulgaris Ehrb.

Rotifer vulgaris Hudson et Gosse, 19, I, p. 104, Taf. X, Fig. 2.

Es ist dies im vollen Sinne des Wortes eine kosmopolitische Art, die aus allen Weltteilen bekannt ist. Aus Südamerika wurde sie zuerst von L. Schmarda (31.), sodann 1889 von A. Certes vom Kap Horn (5.) und 1892 von A. Wierzejski aus Argentinien aufgeführt (38.). Bei meinen Untersuchungen fand ich sie in dem Material von folgenden Fundorten: Pfützen im Eisenbahngraben zwischen Asuncion und Trinidad; Curuzu-chica, toter Arm des Paraguayflusses; Pfützen an der Eisenbahn bei Aregua; Inundationspfützen des Yuguariflusses zwischen Aregua und Lugua; Asuncion, Campo Grande, Calle de la Cañada, von Quellen gebildete Pfützen und Gräben; Pfützen an der Eisenbahnstation Pirayú. Demnach ist diese Art in der Fauna von Paraguay als gemein zu bezeichnen und es ist nicht ausgeschlossen, daß auch J. Frenzel diese Art sah, als er das Genus aus Argentinien aufzeichnete, was übrigens auch durch die Angabe von A. Wierzejski wahrscheinlich wird.

115. Rotifer macroceros Gosse.

Rotifer macroceros Hudson et Gosse, 19, I, p. 105, Taf. X, Fig. 5.

Eine durch den auffällig langen Taster selbst im konservierten und zusammengeschrumpften Zustand leicht erkennbare Art, welche außer Europa bloß aus Nordamerika und Asien bekannt war. Wie es scheint, gehört sie zu den selteneren Arten, denn ich habe bloß in dem Material aus den Inundationspfützen des Yuguariflusses ein gut kenntliches Exemplar gefunden.

Gen. Actinurus Ehrb.

Actinurus Hudson et Gosse, 19, I, p. 108.

Dies Genus hat eine sehr große geographische Verbreitung, war aber aus Südamerika bisher unbekannt.

116. Actinurus neptunius Ehrb.

Actinurus neptunius Hudson et Gosse, 19, I, p. 108, Taf. X, Fig. 6.

Außer Europa bisher aus Asien, Nordamerika und Neu-Guinea bekannte Art, die in der Fauna von Paraguay nicht zu den selteneren zählt; ich habe sie von folgenden Fundorten verzeichnet: Pfützen im Eisenbahngraben zwischen Asuncion und Trinidad; Curuzu-chica, toter Arm des Paraguayflusses; Lagune bei Estia Postillon. Vermöge des auffällig langen, dünnen und vielgliederigen Fußes und der auffallend langen Zehen ist diese Art selbst in konserviertem Zustand leicht kenntlich. Eins der Exemplare, welches ich abbildete, mißt über 0,5 mm, die Zehen mitgerechnet.

II. Ordn. Monogononta Plate-Dad.

Diese Ordnung umfaßt alle jene Rotatorien, die ein unpaariges, am Bauche unter dem Darmkanal liegendes weibliches Genitalorgan besitzen, und zerfällt nach den Eigenschaften der Genitalöffnung in drei Unterordnungen, und zwar: *Gonopora*, mit besonderer Genitalöffnung; *Hemigonopora*, mit bloß einer, zur Entleerung der Harnausscheidung (Inhalt der Pulsivblase) und Ablage der Eier dienenden Öffnung, und *Agonopora*, mit einer zur Entfernung der Eier, der Harnausscheidung und des Darminhalts dienenden Kloakenöffnung. Der größte Teil der Familien und natürlich auch der Arten gehört in letztere Unterordnung, wogegen die Unterordnungen *Hemigonopora* und *Gonopora* nur je eine Familie aufweisen, und zwar letztere die *Cypridicolidae*, erstere aber die Familie *Asplanchnidae*.

Fam. Asplanchnidae.

Eine allgemeine geographische Verbreitung besitzende Familie, deren Vorkommen in Südamerika zuerst 1891 von J. Frenzel (17.), dann 1892 auch von A. Wierzejski konstatiert worden ist (38.).

Gen. Asplanchna Gosse.

Asplanchna Hudson et Gosse, 19, I, p. 120.

Aus Südamerika wurde dies Genus bereits von J. Frenzel aufgeführt, jedoch ohne Nennung des Artnamens; ich selbst habe 1902 zwei Arten aufgeführt, und zwar *Asplanchna Silvestrii* Dad. aus Chile und *Asplanchna Brightwellii* Gosse aus Patagonien (13. 14.). In dem Material aus Paraguay habe ich bloß letztere Art vorgefunden.

117. Asplanchna Brightwellii Gosse.

Asplanchna Brightwellii Hudson et Gosse, 19, I, p. 122, Taf. XII, Fig. 1.

Es ist dies diejenige Art des Genus, welche die größte geographische Verbreitung besitzt, insofern sie außer Europa auch aus Asien, Australien und Amerika bekannt ist. Bei meinen Untersuchungen verzeichnete ich selbe von folgenden Fundorten: Bach zwischen Aregua und dem Yuguarifluß; Inundationspfütze des Paraguayflusses bei Corumba in Matto Grosso; Lagune am Ufer des Aquidaban bei Paso Barreto; Caearapa, Tümpel. Am häufigsten ist die Art bei Corumba. Es ist nicht ausgeschlossen, daß auch J. Frenzel diese Art vor sich hatte, als er das Genus aus Argentinien aufführte.

Gen. Asplanchnopus de Guerne.

Asplanchnopus de Guerne, 18, Kap. VII, 1887.

Dies Genus steht mit vorigem in sehr naher Verwandtschaft und unterscheidet sich von demselben hauptsächlich dadurch, daß es einen gegliederten, obgleich kurzen Fuß besitzt; die Arten wurden früher zum Genus *Asplanchna* gezogen.

118. Asplanchnopus myrmeleo (Ehrb.).

Asplanchnopus myrmeleo Hudson et Gosse, 19, Supl. p. 15, Taf. XXXII, Fig. 13.

Mit Ausnahme von Afrika aus allen Weltteilen bekannt. Aus Südamerika hat A. Wierzejski diese Art zuerst aufgeführt (38.). Bei meinen Untersuchungen habe ich sie an zwei Fundorten gefunden, nämlich in einer Pfütze an der Eisenbahn bei Aregua und in dem Bach zwischen Aregua und dem Yuguarifluß; Cacarapa, Tümpel.

Fam. Floscularidae.

Die an Arten reichste Familie der festsitzenden Rotatorien. Aus fast allen Weltteilen sind mehrere Repräsentanten derselben bekannt; aus Südamerika aber war bisher keine sicher bestimmte Art nachgewiesen.

Gen. Floscularia Ehrb.

Floscularia Hudson et Gosse, 19, I, p. 43.

Schon J. Frenzel erwähnte dies Genus aus Argentinien, nicht aber auch die betreffende Art (17.). Ich fand nur an einem Fundort einen Vertreter derselben, vermochte indessen die Art nicht zu bestimmen. Fundort: Curuzu-chica, toter Arm des Paraguayflusses. Die mir vorgelegenen wenigen Exemplare saßen an Algenrudimenten in ganz durchsichtigen Kutikula-Hülsen, die Lappen des Räderorgans waren verborgen und bloß die langen feinen Cilien wiesen den Genus-Charakter auf.

Fam. Melicertidae.

Diese Familie, deren Arten gleichfalls festsitzend sind und Hülsen bewohnen, scheint in Südamerika mehr heimisch zu sein, als vorige. Die ersten südamerikanischen Repräsentanten derselben hat J. Frenzel in Argentinien erwähnt, insofern er den Nomen des hierher gehörigen Genus *Lacinularia*, nicht aber auch den der Art aufzeichnete (17.). Bei meinen Untersuchungen habe ich Arten der nachstehenden fünf Gattungen gefunden.

Gen. Melicerta Ehrb.

Melicerta Hudson et Gosse, 19, I, p. 68.

Die Arten dieser Gattung sind an der eigentümlichen Struktur ihrer Hülsen leicht zu erkennen. Obgleich darunter auch echte Kosmopoliten sind, war bisher keine einzige derselben aus Südamerika bekannt.

119. Melicerta ringens Ehrb.

Melicerta ringens Hudson et Gosse, 19, I, p. 70, Taf. V, Fig. 1.

Die gemeinste Art der Gattung, welche ebenso aus Europa und Asien, wie aus Nordamerika und Australien bekannt ist. Dem Anschein nach zählt sie in Südamerika zu den häufigsten Arten. Darauf weist hin, daß ich ihre charakteristischen Hülsen oder Bruchstücke derselben von folgenden Fundorten anmerkte: Inundationspfützen des Yuguariflusses und Pfützen an der Eisenbahn zwischen Aregua und Lugua; Bañado bei Cerro Leon; Curuzu-chica, toter Arm des Paraguayflusses; Straßenpfütze bei Pirayu; Paso-Ita-Bach und Peguaho-Teich bei Villa Sana; Inundationen des Yuguariflusses; Tümpel bei Caearapa.

Gen. Limnias Schrank.

Limnias Hudson et Gosse, 19, I, p. 75.

Hinsichtlich der geographischen Verbreitung wetteifert dies Genus mit dem vorigen, war aber trotzdem aus Südamerika bisher gleichfalls unbekannt.

120. Limnias annulatus Bailey.

Limnias annulatus Hudson et Gosse, 19, I, p. 77, Taf. VI, Fig. 2.

Diese Art ist an ihrer geringelten Kutikula-Hülse leicht zu erkennen, und war bisher sowohl aus Europa und Asien, als auch aus Nordamerika und Australien bekannt. In Südamerika erfreut sie sich wahrscheinlich einer großen Verbreitung, denn bei meinen Untersuchungen fand ich sie häufig, und zwar in dem Material von folgenden Fundorten: Bach bei Aregua, der den Weg zur Lagune Ipacarai kreuzt; Inundationspfützen des Yuguariflusses und Pfützen an der Eisenbahn zwischen Aregua und Lugua; Bahia des Conchas bei Baraneo Branco; Lagune bei Estia Postillon; Paso Ita-Bach und Peguaho-Teich bei Villa Sana.

Gen. Cephalosiphon Ehrb.

Cephalosiphon Hudson et Gosse, 19, I, p. 77.

Diese Gattung besitzt eine allgemeine geographische Verbreitung und ist zur Zeit aus Europa, Asien, Australien und Nordamerika bekannt. Aus Südamerika hat sie noch niemand verzeichnet. Ich fand nachstehende Art.

121. Cephalosiphon limnias Ehrb.

Cephalosiphon limnias Hudson et Gosse, 19, I, p. 77, Taf. VI, Fig. 3.

Diese, vermöge ihrer auffällig langen Taster leicht kenntliche Art habe ich nur an einem Fundort, und zwar in dem Material aus der Lagune bei Estia Postillon gefunden. Die mir vorliegenden wenigen Exemplare hatten sich zwar in die Wohnung zurückgezogen, allein durch die durchsichtige Wand der Wohnung waren die auffällig langen Taster sehr gut wahrzunehmen, welche bei der Determination maßgebend waren. Übrigens war die Wohnung einiger Exemplare bräunlich und ihre Oberfläche mit fremden Partikeln bedeckt.

Gen. Megalotrocha Ehrb.

Megalotrocha Hudson et Gosse, 19, I, p. 86.

Arten dieser Gattung sind derzeit sowohl aus Europa, Asien und Australien, als auch aus Nordamerika bekannt, aus Südamerika aber war bisher keine einzige verzeichnet, und auch ich habe nur nachstehende Art gefunden.

— 93 —

122. Megalotrocha spinosa Thorpe.
(Taf. VI, Fig. 9. 10.)

Megalotrocha spinosa Weber, E. F., 35, p. 300, Taf. XII, Fig. 1—4.

Die leichtest kenntliche Art der Gattung; ihr auffallendstes Merkmal sind die am Bauch und an beiden Seiten auf breiter Basis zerstreut stehenden, nach vorn gekrümmten Kutikulardornen.

Das Räderorgan ist, insofern es mir an den vorliegenden zahlreichen, verschiedenartig konservierten Exemplaren zu konstatieren gelang, — kreisförmig und liegt gewöhnlich ziemlich parallel mit dem nach unten gekrümmten Rücken. Die Stirn ist etwas vorspringend (Taf. VI, Fig. 9).

Der Rumpf ist, von der Basis des Räderorgans bis zur Afteröffnung gemessen, nur halb so lang, als der auch sonst auffallend lange Fuß; der Bauch ist bogig, der Rücken etwas gekrümmt; auf dem Rücken zeigen sich geringelte Muskelfasern (Taf. VI, Fig. 9).

Der Fuß ist cylindrisch, das Endviertel eingeschnürt und der abgeschnürte Teil kegelförmig, von eigentümlicher Struktur. Nahe an seinem breiten Ende sind nämlich paarweise einander gegenüberstehende kreisförmige Felder sichtbar, am Rande mit graulichen Körnchen besetzt. Diese kreisförmigen Felder sind wahrscheinlich kleine Saugscheiben, welche das Aneinanderhaften der Individuen einer Kolonie ermöglichen (Taf. VI, Fig. 9). In der Höhlung des Fußendes vermochte ich zweierlei Drüsen zu unterscheiden, und zwar zwei langen Spindeln gleiche, die sicherlich den Klebedrüsen des Fußes entsprechen, sodann kleinere, nahe der Spitze in einem Kreis, bezw. in einem Büschel stehende spindelförmige Drüsen, die vermutlich gleichfalls einen klebrigen Stoff ausscheiden (Taf. VI, Fig. 9).

Die Kiefern gleichen im ganzen denen von *Melicerta ringens*, tragen indessen nur vier gut entwickelte Zähne (Taf. VI, Fig. 10).

Hinsichtlich der inneren Organisation stimmen die mir vorliegenden Exemplare mit den von E. F. Weber abgebildeten überein, allein die Hepatopankreasdrüse fand ich wurstförmig gestreckt. Dem kann ich noch beifügen, daß ich an der Basis des Räderorgans am Rücken auch zwei rote Farbenflecke erblickte, die wahrscheinlich ergänzende Teile der Augen sind.

Reife Eier fand ich in keinem Exemplar.

Die Länge der zahlreichen gemessenen Exemplare schwankt in sehr weiten Grenzen, beträgt aber durchschnittlich 0,93—1,3 mm.

Fundorte: Caearapa, temporärer Tümpel, und Gourales, beständiger Tümpel.

Diese Art wurde zuerst von Thorpe aus China beschrieben; E. F. Weber fand sie in der Schweiz; die paraguayischen Fundorte stehen somit an dritter Stelle.

Gen. Conochilus Ehrb.
Conochilus Hudson et Gosse, 19, I, p. 89.

Die Individuen aller Arten dieser Gattung bilden kugelförmige Kolonien von gallertartigem Bestand. Die Gattung hat eine größere geographische Verbreitung als die beiden vorigen, insofern sie außer Europa, Asien, Nordamerika und Australien auch aus Afrika bekannt ist, in Südamerika aber hat sie bisher niemand gefunden.

123. Conochilus volvox Ehrb.

Conochilus volvox Hudson et Gosse, 19, I, p. 89, Taf. VIII, Fig: 3.

Fundorte: Aregua, ein Bach, der den Weg zu der Lagune Ipacarai kreuzt; Estia Postillon, Lagune und Inundationspfütze des Yuguariflusses; Caearapa, Tümpel. Ziemlich häufig.

Fam. Synchaetidae.

Diese Familie eröffnet die Reihe derjenigen Familien der *Ploima*-Gruppe aus dem Subordo *Agonopora* der Ordnung *Monogononta*, deren Arten frei umherschwimmen und einen gegliederten Fuß besitzen, deren Kutikula indessen biegsam ist und keinen Panzer bildet.

Gen. Synchaeta Ehrb.

Synchaeta Hudson et Gosse, 19, I, p. 125.

Die einzige Gattung der Familie, deren Arten sowohl aus Europa, als auch aus Nord-amerika, Asien und Australien bekannt sind; aus Südamerika habe ich die erste Art, *Synchaeta tremula* aus Chile aufgeführt (14.).

124. Synchaeta oblonga Ehrb.

Synchaeta oblonga Rousselet, Ch. F., 30, p. 284, Taf. III, Fig. 2; Taf. V, Fig. 10.

Diese Art war bisher bloß aus Europa und Asien bekannt. Bei meinen Unter-suchungen fand ich sie nur in dem Material von der Oberfläche der Lagune Ipacarai; allein auch hier war sie nicht häufig, denn ich sah bloß einige Exemplare.

125. Synchaeta pectinata Ehrb.

Synchaeta pectinata Hudson et Gosse, 19, I, p. 125, Taf. XIII, Fig. 3.

Bei meinen Untersuchungen habe ich diese Art bloß an einem Fundort konstatiert, und zwar in dem Material aus einer Pfütze bei der Eisenbahnstation Lugua. Dieselbe ist derzeit aus Europa, Nordamerika, Asien und Australien bekannt.

Fam. Notommatidae.

An Gattungen und Arten reiche Familie, deren ersten Repräsentanten A. Wierzejski aus Argentinien verzeichnete (38.), wogegen ich (13. 14.) aus Patagonien und Chile vier weitere Arten nachgewiesen habe. Bei meinen derzeitigen Untersuchungen bin ich mehreren Repräsentanten derselben begegnet.

Gen. Pleurotrocha Ehrb.

Pleurotrocha Hudson et Gosse, 19, II, p. 19.

Aus Südamerika war bisher keine Art dieser Gattung bekannt und allem Anschein nach dürfte sie auch nicht häufig sein, denn bei meinen Untersuchungen habe ich bloß nachstehende Art gefunden.

126. Pleurotrocha gibba Ehrb.

Pleurotrocha gibba Hudson et Gosse, 19, II, p. 20, Taf. XVIII, Fig. 5.

Fundort: Pfütze an einem Bach zwischen Aregua und dem Yuguarifluß. Bisher bloß aus Europa und Neu-Guinea bekannt.

Gen. Copeus Gosse.

Copeus Hudson et Gosse, 19, II, p. 18.

Die größten Arten der Familie gehören dieser Gattung an; einige derselben kommen sowohl in Europa, als auch in Nordamerika und Australien vor, aus Südamerika aber war bisher noch keine bekannt. Bei meinen Untersuchungen habe ich nachstehende Arten gefunden.

127. Copeus centrurus (Ehrb.)

Notommata centrura Ehrenberg, C. G., 16, p. 425. Leydig, F., 25, p. 33, Taf. III, Fig. 21.
Copeus labiatus Hudson et Gosse, 19, II, p. 28, Taf. XVI, Fig. 1.

H. P. Gosse hält C. G. Ehrenbergs *Notommata centrura* nicht für identisch mit dem gleichnamigen Exemplar von F. Leydig und schafft für letzteres den neuen Namen *Copeus labiatus* n. sp. Ich meinerseits teile die Auffassung Leydigs und betrachte die Exemplare der beiden ersten Forscher als zu ein und derselben Art gehörig. Auf Grund des Prioritätsrechtes gebe ich dem Ehrenbergschen Artnamen den Vorzug und betrachte Gosses Bezeichnung *labiatus* bloß als Synonym.

Diese Art war bisher aus Europa, Nordamerika und Australien bekannt. Bei meinen Untersuchungen habe ich sie in nur wenig Exemplaren in dem Material von folgenden Fundorten vorgefunden: Aregua, Pfütze an der Eisenbahn; Paso Barreto, Bañado am Ufer des Rio Aquidaban.

128. Copeus cerberus Gosse.

Copeus cerberus Hudson et Gosse, 19, II, p. 34, Taf. XVI, Fig. 3.

Die geographische Verbreitung dieser Art ist gleich derjenigen der vorigen Art. Bei meinen Untersuchungen habe ich sie von einem Fundorte verzeichnet, und zwar: Pfützen im Eisenbahngraben zwischen Asuncion und Trinidad. Ich fand bloß zwei Exemplare.

Gen. Proales Gosse.

Proales Hudson et Gosse, 19, II, p. 36.

Der größte Teil der Arten dieser Gattung wurde von C. G. Ehrenberg und ihm folgend von mehreren anderen Forschern als Repräsentanten des Genus *Notommata* betrachtet. L. Plate hat 1885 eine der hierhergehörigen Arten als Vertreter der neuen Gattung *Hertwigia* beschrieben (26. p. 36. Taf. XXVI, Fig. 7. 8) und damit eigentlich ein Vorrecht erworben über das Genus *Proales*. Aber mit Rücksicht darauf, daß sämtliche Forscher derzeit dem Gosseschen Genusnamen *Proales* den Vorzug geben, bezw. diesen akzeptieren, habe ich denselben bei dieser Gelegenheit gleichfalls beibehalten. Arten dieser Gattung sind zur Zeit aus Europa, Asien, Nordamerika und Australien bekannt. Ob J. Frenzel nicht etwa irgend eine derselben in Argentinien vor sich hatte, als er das Genus *Notommata* verzeichnete, ist natürlich fraglich. Ich halte es nicht für ausgeschlossen, daß in Südamerika mehrere Arten vorkommen und ich dürfte auch einigen begegnet sein, allein ich vermochte nur nachstehende Art mit voller Sicherheit zu determinieren.

129. Proales felis (Ehrb.)

Proales felis Hudson et Gosse, 19, II, p. 36, Taf. XVIII, Fig. 17.

Diese Art besitzt eine sehr große geographische Verbreitung, insofern sie aus Europa, Asien, Nordamerika und Australien bekannt ist. Ich fand sie bloß in dem Material aus den Inundationspfützen des Paraguayflusses bei Corumba in Matto Grosso. Nicht häufig. Die ganze Länge des abgebildeten Exemplars beträgt 0,09 mm.

Gen. Furcularia Ehrb.

Furcularia Hudson et Gosse, 19, II, p. 40.

Mit Ausnahme von Afrika sind aus allen Weltteilen ein oder mehrere Repräsentanten dieser Gattung bekannt, aus Südamerika aber war bisher noch keine Art derselben verzeichnet, wogegen ich bei meinen Untersuchungen mehrere, und zwar nachstehende Repräsentanten der Gattung vorgefunden habe.

130. Furcularia aequalis Ehrb.

Furcularia aequalis Hudson et Gosse, 19, II, p. 46, Taf. XVIII, Fig. 15.

Außer Europa war diese Art bisher bloß aus Nordamerika bekannt. Ich fand sie in dem Material aus den Inundationspfützen des Paraguayflusses bei Corumba in Matto Grosso und aus ständigen Tümpeln bei Gourales. Der Körper der untersuchten Exemplare war zufolge der Konservierung ziemlich stark verschrumpft, so zwar, daß die ganze Länge samt dem Fuß nicht mehr als 0,12 mm betrug, während die Zehen ausnehmend lang erschienen, d. i. 0,27 mm; beide Zehen waren natürlich gleich lang.

131. Furcularia forficula Ehrb.

Furcularia forficula Hudson et Gosse, 19, II, p. 41, Taf. XX, Fig. 1.

Vermöge der eigentümlichen Struktur der Zehen leicht kenntliche Art, welche mit Ausnahme von Afrika aus allen Weltteilen bekannt ist. In Südamerika hat sie bisher noch niemand beobachtet und es hat den Anschein, daß sie dort auch nicht allzu häufig ist, denn auch ich fand sie nur an zwei Fundorten, nämlich in dem Material aus den Ausflüssen eines Baches zwischen Aregua und dem Yuguariflusse und aus Inundationspfützen des Paraguayflusses bei Corumba in Matto Grosso.

132. Furcularia longiseta Ehrb.

Furcularia longiseta Hudson et Gosse, 19, II, p. 46, Taf. XVIII, Fig. 16.

Diese Art ist der *Furcularia aequalis* Ehrb. sehr ähnlich, ihr Körper aber gedrungener und kürzer, ferner ist die rechte Zehe kürzer als die linke und demzufolge von der erwähnten Art leicht zu unterscheiden. Ihre geographische Verbreitung ist nahezu eine allgemeine, bloß aus Afrika und Südamerika war sie bisher noch nicht verzeichnet. Die Körperlänge der mir vorliegenden Exemplare beträgt 0,095 mm, die Länge der rechten Zehe 0,1 mm, die der linken 0,13 mm. Fundorte: Ausflüsse eines Baches zwischen Aregua und dem Yuguarifluße, sowie die Lagune bei Estia Postillon. Nicht häufig.

133. Furcularia micropus Gosse.

Furcularia micropus Hudson et Gosse, 19, II, p. 46, Taf. XIX, Fig. 12.

Leicht erkennbare Art, welche durch den geringelt erscheinenden Körper, sowie durch die Kürze und Breite der Zehen charakterisiert ist. Bisher bloß aus Europa und Nordamerika bekannt gewesen. Ich habe sie nur an einem Fundort angetroffen, und zwar in den Inundationspfützen des Paraguayflusses bei Corumba in Matto Grosso.

Gen. Diglena Ehrb.

Diglena Hudson et Gosse, 19, II, p. 48.

Einzige Gattung der Familie, deren eine Art, und zwar *Diglena andesina*, von L. Schmarda 1859 aus Chile, eine andere, *Diglena catellina*, aber von A. Wierzejski 1892 aus Argentinien verzeichnet worden ist. Weitere Arten derselben sind übrigens aus Europa, Asien, Australien und Nordamerika bekannt.

134. Diglena forcipata Ehrb.

Diglena forcipata Hudson et Gosse, 19, II, p. 50, Taf. XIX, Fig. 2.

Diese Art gehört zu den größten der Gattung und ist auf Grund der Struktur ihrer Zehen, besonders in der Seitenlage, leicht zu erkennen. Mit Ausnahme von Afrika ist sie aus allen Weltteilen bekannt. Ich fand sie nur an einem Fundort, und zwar in dem Material aus den Inundationspfützen des Paraguayflusses bei Corumba in Matto Grosso. Nicht häufig.

135. Diglena grandis Ehrb.

Diglena grandis Hudson et Gosse, 19, II, p. 48, Taf. XIX, Fig. 6.

Diese Art war bisher bloß aus Europa und Nordamerika bekannt. Es ist die größte Art der Gattung, gut charakterisiert durch die lanzettförmig zugespitzten Zehen. Ich fand nur wenige Exemplare in dem Material aus den Inundationspfützen des Yuguariflusses zwischen Aregua und Lugua, sowie aus der Lagune bei Estia Postillon.

136. Diglena catellina Ehrb.

Diglena catellina Hudson et Gosse, 19, II, p. 58, Taf. XIX, Fig. 10.

Diese Art hat eine große geographische Verbreitung, denn nur aus Afrika ist sie noch nicht bekannt. Sie gehört zu den kleineren Arten der Gattung. Aus Südamerika, bezw. aus Argentinien wurde sie von A. Wierzejski nachgewiesen (38.). Ich fand sie an zwei Fundorten, und zwar in Pfützen an der Eisenbahn zwischen Aregua und Lugua, sowie in Pfützen des Eisenbahngrabens zwischen Asuncion und Trinidad.

Fam. Anuraeidae.

Die einzige Familie der mit Panzer versehenen Rotatorien, deren Arten ganz fußlos sind, daher sie von den übrigen Familien leicht zu unterscheiden ist. Obgleich unter ihren Arten einige echte Kosmopoliten sind, waren aus Südamerika bisher bloß zwei Arten bekannt, die ich aus Chile und Patagonien verzeichnete (13. 14.).

Gen. Anuraea Gosse.

Anuraea Hudson et Gosse, 19, II, p. 122.

Die an Arten reichste und verbreitetste Gattung der Familie. Ihre Arten stimmen übrigens hinsichtlich der Strukturverhältnisse vollständig überein mit den Arten des Genus *Notholca* Gosse, so zwar, daß eigentlich nur die Struktur des Panzers einen Unterschied zwischen den beiden Gattungen bildet. Der Panzer der *Anuraea*-Arten ist nämlich mit regelmäßigen 5—6eckigen Felderchen geschmückt, wogegen der der *Notholca*-Arten entweder glatt oder mit Längsstreifen versehen ist. Das Genus, ohne Bezeichnung der Art, hat schon L. Schmarda 1859 aus Chile erwähnt. Bei meinen Untersuchungen habe ich folgende Arten vorgefunden.

137. Anuraea aculeata Ehrb.
(Taf. VI, Fig. 8. 21.)

Anuraea aculeata Hudson et Gosse, 19, II, p. 123, Taf. XXIX, Fig. 4.

Ein echter Kosmopolit und aus allen Weltteilen bekannt. In Südamerika dürfte die Art nicht besonders häufig sein, denn ich notierte sie bloß von zwei Fundorten, und zwar aus einer Pfütze an der Eisenbahn zwischen Aregua und Lugua, sowie aus einer Pfütze auf der Insel (Banco) des Paraguayflusses bei Asuncion. Ich habe sie auch aus Patagonien verzeichnet (13.).

Unter den mir vorgelegenen typischen, mit zwei gleichlangen hinteren Panzerfortsätzen versehenen Exemplaren fand ich auch solche, an welchen der eine, in der Regel der rechte hintere Fortsatz sehr lang, fast so lang war, wie der Rumpfpanzer, der linke dagegen sehr verkürzt, so zwar, daß derselbe die halbe Länge des rechten Fortsatzes nicht ganz erreicht (Taf. VI, Fig. 8). Diese Exemplare erinnern somit an die von Barrois-Daday (3. p. 228. Taf. I, Fig. 11) aus den Tiberias- und Houlah-Seen beschriebene *Anuraea valga* Ehrb., und die von A. Collin unter dem Namen *Anuraea aculeata* v. *valga* aus dem afrikanischen Albert-

See beschriebenen Formen (6. p. 8, Fig. 10). Die Länge des Panzers dieser Exemplare beträgt ohne die Dornfortsätze 0,11 mm, der größte Durchmesser 0,08 mm; von den Dornfortsätzen des Stirnrandes sind die zwei mittleren länger als die übrigen, meist gerade, selten gekrümmt; der rechte hintere Fortsatz ist 0,1 mm, der linke 0,04 mm lang.

Nicht selten waren ferner Exemplare, deren einer, in der Regel der linke, selten der rechte hintere Panzerfortsatz gänzlich fehlte (Taf. VI, Fig. 21), so daß nur der Fortsatz einer Seite typisch entwickelt war. Diese Exemplare sind durchaus denjenigen gleich, welche Th. Barrois und E. v. Daday unter dem Namen *Anuraea valga* var. *monstrosa* aus dem Tiberias-See beschrieben haben (3. p. 229. Taf. I, Fig. 12). Der Rumpf dieser Exemplare mißt, ohne die Fortsätze 0,1 mm, der größte Durchmesser 0,08 mm; der hintere Panzerfortsatz, welcher entweder ganz gerade, oder etwas einwärts gebogen ist, 0,1 mm, ist folglich so lang, wie der Rumpf.

Hier habe ich übrigens zu bemerken, daß ich *Anuraea aculeata* Ehrb., *Anuraea valga* Ehrb. und *Anuraea brevispina* Gosse, sowie *Anuraea serrulata* Ehrb. für identisch halte.

138. Anuraea cochlearis Gosse.

Anuraea cochlearis Hudson et Gosse, 19, II, p. 124, Taf. XXIX. Fig. 7.

Diese Art ist gleich der vorigen als kosmopolitisch zu betrachten, insofern sie aus allen Weltteilen, mit Ausnahme von Afrika, bekannt geworden ist. Bei meinen Untersuchungen fand ich sie an nachstehenden Fundorten: Asuncion, Gran Chaco, Nebenarm des Paraguayflusses; Corumba, Matto Grosso, Inundationspfützen des Paraguayflusses; Lagune Ipacarai, Oberfläche. Ziemlich häufig. Ich habe sie aus Chile verzeichnet (14.).

139. Anuraea curvicornis Ehrb.

Anuraea curvicorius Hudson et Gosse, 19, II, p. 122, Taf. XXIX, Fig. 9.

Bisher war diese Art aus Europa, Nordamerika und Australien bekannt. Wie es scheint, ist sie auch in Paraguay gemein; darauf weist der Umstand hin, daß ich sie an folgenden Fundorten angetroffen habe: Zwischen Aregua und Lugua, Pfütze an der Eisenbahn; zwischen Aregua und dem Yuguariflusse, Ausflüsse eines Baches; Asuncion, Villa Morra, Calle Laureles, Straßenpfütze; Corumba, Matto Grosso, Inundationspfützen des Paraguayflusses.

In der Literatur begegnet man mehreren Arten, die der typischen *Anuraea curvicornis* sehr ähnlich sind. Dies gilt besonders von *Anuraea falculata* Ehrb., *An. tecta* Gosse und *An. cruciformis* Thomp. Von diesen Arten betrachtet E. F. Weber 1898 (36. p. 699) *Anuraea falculata* Ehrb., sowie *Anuraea curvicornis* Ehrb. selbst nebst anderen für Synonyme von *Anuraea aculeata* Ehrb., während er *Anur. tecta* Gosse und *Anur. cruciformis* Thomps. zu *Anuraea cochlearis* Gosse zieht (36. p. 700). Es ist allerdings richtig, wie ich es in einer früheren Publikation nachgewiesen habe (9.), daß von *Anuraea aculeata*, zufolge vollständigen Verlustes der zwei hinteren Panzerfortsätze, *Anur. curvicornis* Ehrb. abgeleitet werden kann, ebenso gleichfalls von *Anuraea aculeata* durch Verlust des hinteren Panzerfortsatzes der einen Seite, *Anuraea cochlearis* Gosse, und von dieser, nach Verlust des unpaarigen hinteren Panzerfortsatzes, *Anuraea tecta* Gosse. Ich betrachte daher, mit Rücksicht darauf, daß alle diese Arten nur sehr selten in Gemeinschaft anzutreffen sind, *Anuraea aculeata* Ehrb., *Anur. cochlearis* Gosse und *Anur. curvicornis* Gosse für selbständige Arten, *Anur. falculata* Ehrb., *Anur. tecta* Gosse und *Anur. cruciformis* Thomps. aber für synonym mit letzterer Art. In dem Falle aber, wenn man sich die Abstammung von *Anuraea curvicornis* Ehrb. oder *Anur. tecta* Gosse in der eben geschilderten Weise vorstellt, und dementsprechend entweder für Varietäten von *Anur. aculeata* Ehrb., oder von *Anur. cochlearis* Gosse hält, so kann *Anuraea cochlearis* Gosse nicht als selbständige Art, sondern bloß als Varietät von *Anur. aculeata* gelten.

Fam. Rattulidae.

Es ist dies die erste Familie derjenigen *Monognonta-* und *Agonopora*-Rotatorien, deren Kutikula zu einem Panzer verhärtet ist und die einen gegliederten Fuß besitzen. Ihre Arten sind, mit Ausnahme von Afrika, aus allen Weltteilen bekannt, aus Südamerika aber sind bisher nur Arten einer Gattung verzeichnet worden. In dem mir vorliegenden Material habe ich Repräsentanten dreier Gattungen vorgefunden.

Gen. Mastigocerca Ehrb.

Mastigocerca Hudson et Gosse, 19, II, p. 59.

Diese Gattung ist von den übrigen der Familie dadurch leicht zu unterscheiden, weil bloß die eine Zehe kräftiger entwickelt und annähernd geißelförmig ist, wogegen die andere entweder verkümmert ist oder ganz fehlt und dafür an der Basis der entwickelten Zehe 1—3 Dornfortsätze sich erheben. Von ihren Arten sind manche echte Kosmopoliten; aus Südamerika waren bisher vier derselben namhaft gemacht worden, wogegen aus Afrika noch keine einzige verzeichnet wurde.

140. Mastigocerca bicornis Ehrb.

Mastigocerca bicornis Hudson et Gosse, 19, II, p. 63, Taf. XX, Fig. 5.

Ein wichtiges Merkmal dieser Art ist es, daß sich am Stirnrand des Panzers ein größerer und ein kleinerer Fortsatz erhebt, daß ferner bloß die eine Zehe entwickelt und diese geißelförmig, etwas kürzer als der Rumpf ist. Bisher war sie aus Europa, Asien, Nordamerika und Australien bekannt. Ich fand sie in dem Material aus den Inundationspfützen des Paraguayflusses bei Corumba in Matto Grosso. Aus Chile habe ich sie bereits 1902 verzeichnet (14.).

141. Mastigocerca carinata Ehrb.

Mastigocerca carinata Hudson et Gosse, 19, II, p. 60, Taf. XX, Fig. 7.

Diese Art ist daran leicht zu erkennen, daß die vordere Körperhälfte einen bogigen Rückenkamm trägt und um die Basis der kräftig entwickelten, geißelförmigen Zehe sich drei dornartige Fortsätze erheben. Die Zehe ist so lang, wie der Rumpf. Es ist diejenige Art der Gattung, welche die größte geographische Verbreitung hat, und zwar ist sie aus

Europa, Asien, Nordamerika, Australien und Neu-Guinea bekannt. Ihre Fundorte in Paraguay sind: Asuncion, Gran Chaco, Nebenarm des Paraguayflusses; Estia Postillon,
Lagune. Ziemlich häufig.

142. Mastigocerca cornuta Eyferth.

Mastigocerca cornuta Hudson et Gosse, 19, Supl. p. 35, Taf. XXXIII, Fig. 21.

Der *Mastigocerca bicornis* Ehrb. sehr ähnlich, allein am Stirnrand des Panzers ragen
ein längerer und vier kürzere Dornfortsätze empor, die unpaare, geißelförmige Zehe ist nur
wenig länger als die Hälfte des Rumpfes. Diese Art ist aus Europa, Asien und Südamerika
bekannt, und zwar aus Patagonien, von wo sie E. v. Daday (13. p. 203) verzeichnet hat.
Derzeit fand ich sie nur in dem Material aus Inundationspfützen des Paraguayflusses bei
Corumba in Matto Grosso.

143. Mastigocerca elongata Gosse.

Mastigocerca elongata Hudson et Gosse, 19, II, p. 62, Taf. XX, Fig. 8.

Das Hauptmerkmal dieser Art ist, daß der Stirnrand des Panzers glatt ist, daß auf
dem Rücken ein sehr schmaler, bis über die Körpermitte reichender Kamm hinzieht und
daß die geißelförmige Zehe fast so lang ist wie der Rumpf, mit zwei kurzen Dornfortsätzen
an der Basis. Die Art erfreut sich einer sehr großen geographischen Verbreitung, sie ist
bekannt aus Europa, Asien, Nordamerika, Australien und Südamerika, bezw. aus Patagonien,
woher sie E. v. Daday 1902 verzeichnete (14.). Bei meinen derzeitigen Untersuchungen
fand ich sie bloß im Gran Chaco, Nebenarm des Paraguayflusses bei Asuncion.

144. Mastigocerca scipio Gosse.

Mastigocerca scipio Hudson et Gosse, 19, II, p. 61, Taf. XX, Fig. 11.

Eine der längsten Arten der Gattung und der *Mastigocerca elongata* Gosse einigermaßen ähnlich, allein der schmale Rückenkamm der Schale reicht nur bis zum Auge, bezw.
zum vordern Körperviertel und ragt an der Stirn zahnartig hervor; die unpaare Zehe ist
kaum halb so lang wie der Rumpf und ist an der Basis mit zwei kräftigen Dornfortsätzen
bewehrt. Bisher bloß aus Europa, Asien und Südamerika (Chile) bekannt, von welch letzterem Fundort E. v. Daday sie verzeichnet hat (14. p. 437). In Paraguay scheint die Art
häufig zu sein, denn ich fand sie an folgenden Fundorten: Ausgüsse eines Baches zwischen
Aregua und dem Yuguarifluß; Pfütze auf der Insel (Banco) des Paraguayflusses bei
Asuncion; Lagune bei Estia Postillon.

Gen. Rattulus Ehrb.

Rattulus Hudson et Gosse, 19, II, p. 64.

Im Habitus der Gattung *Mastigocerca* sehr ähnlich, unterscheidet sich jedoch von
derselben unter anderen dadurch, daß beide Zehen gleichförmig entwickelt, entweder länger
oder kürzer, in der Regel aber sichelförmig gekrümmt sind. Von ihren Arten sind manche
als Kosmopoliten zu bezeichnen, die bloß aus Afrika und Südamerika noch keine Repräsentanten aufzuweisen haben. Ich habe nachstehende Arten gefunden.

145. Rattulus tigris (Müll.).

Rattulus tigris Hudson et Gosse, 19, II, p. 65, Taf. XX, Fig. 13.

Von den übrigen Arten der Gattung hauptsächlich dadurch verschieden, daß der Körper nach hinten verengt ist, der Vorderrand des Panzers am Rücken und Bauch einen vorstehenden Zahnfortsatz bildet; die sichelförmig gekrümmten Zehen nur wenig kürzer sind als der Rumpf und an der Basis drei Dornfortsätze tragen. Derzeit ist die Art aus Europa, Asien, Nordamerika, Australien und Neu-Guinea bekannt. In Paraguay ist sie häufig; ich verzeichnete sie von folgenden Fundorten: Aregua, Ausflüsse eines Baches, der den Weg zur Lagune Ipacarai kreuzt, und Pfützen an der Eisenbahn; zwischen Asuncion und Trinidad, Pfützen in einem Eisenbahngraben; Paso Barreto, Bañado am Ufer des Rio Aquidaban und Lagune ebenda.

146. Rattulus bicornis Western.

Rattulus bicornis Western, G., 37, p. 159, Taf. IX, Fig. 4.

Diese Art war außer Europa bisher bloß aus Kleinasien bekannt. Ich habe sie bei meinen Untersuchungen nur an einem Fundort angetroffen, und zwar in der Lagune bei Estia Postillon.

Gen. Coelopus Gosse.

Coelopus Hudson et Gosse, 19, II, p. 67.

Diese Gattung bildet einen Übergang zwischen den Gattungen *Mastigocerca* und *Rattulus,* insofern die eine Zehe fehlt, die andere aber kurz und sichelförmig gekrümmt ist, an ihrer Basis zeigen sich zuweilen 1—2 Dornfortsätze. Dies Genus zählt zu den kosmopolitischen, denn manche ihrer Arten sind, mit Ausnahme von Afrika und Südamerika, aus allen Weltteilen bekannt. Bei meinen Untersuchungen habe ich bloß folgende Art gefunden.

147. Coelopus tenuior Gosse.

Coelopus tenuior Hudson et Gosse, 19, II, p. 68, Taf. XX, Fig. 19.

Diese Art ist daran leicht zu erkennen, daß am Stirnrand des Panzers Dornfortsätze sich erheben, die Zehe dünn, sichelförmig, kürzer als die halbe Rumpflänge ist und an der Basis zwei Dornfortsätze trägt. Sie ist bisher aus Europa, Asien, Nordamerika, Australien und Neu-Guinea bekannt. Ihre Fundorte in Paraguay sind folgende: Aregua, Ausflüsse eines Baches, der den Weg zur Lagune Ipacarai kreuzt; Asuncion, Gran Chaco, Nebenarm des Paraguayflusses.

Fam. Dinocharidae.

Das gemeinschaftliche Merkmal der hierher gehörigen Gattungen ist, daß der Körperpanzer auf dem Rücken auch das Räderorgan mehr oder weniger verdeckt und diese Partie mit dem Ganzen in beweglicher Verbindung steht. Unter ihren Arten kommen zwar auch Kosmopoliten vor, demungeachtet war bisher aus Afrika und Südamerika keine einzige Art bekannt. Ich habe in der Fauna von Paraguay die Repräsentanten von zwei Gattungen gefunden.

Gen. **Dinocharis** Ehrb.

Dinocharis Hudson et Gosse, 19, II, p. 71.

Die Arten dieser Gattung sind an dem durch die vorstehenden Kämmchen in Felderchen geteilten oder mit Dornen bewehrten Panzer leicht zu erkennen. Eine derselben ist
ein Kosmopolit, eine andere dagegen bisher bloß aus zwei Weltteilen, andere aus bloß einem
Weltteil bekannt. Ich fand in der Fauna von Paraguay nachstehende zwei Arten.

148. Dinocharis subquadratus (Perty).
(Taf. VII, Fig. 18.)

Dinocharis Collinsii Hudson et Gosse, 19, II, p. 72, Taf. XXI, Fig. 3.

An dem beiderseits mit Sägezähnen, am Rücken und Hinterrand mit langen Dornen
versehenen Panzer leicht zu erkennen. Bisher bloß aus Europa und Nordamerika bekannt.
Bei meinen Untersuchungen habe ich sie an zwei Fundorten angetroffen, und zwar in den
Inundationspfützen des Paraguayflusses bei Corumba in Matto Grosso und in der Lagune
bei Estia Postillon.

Manche der neueren Forscher ziehen diese Art zu der Pertyschen Gattung *Polychaetus*, bezw. sie betrachten *Dinocharis* Ehrb. und *Polychaetus* Perty für selbständige Gattungen. So geht z. B. H. J. Jennings vor (20. p. 89), der zugleich Pertys *subquadratus*
und Gosses *Collinsii* für selbständige Arten hält. Meinerseits halte ich sowohl das Genus
Polychaetus, als auch die Species *Collinsii* bloß für Synonyme, weil ich weder zwischen
den Gattungen *Dinocharis* Ehrb. und *Polychaetus* Perty, noch zwischen den Arten *subquadratus* Perty und *Collinsii* Gosse so einschneidende Verschiedenheiten sehe, auf Grund
deren beide als selbständig zu betrachten wären. Das Prioritätsrecht aber kommt der Gattung
Dinocharis und der Art *subquadratus* zu.

149. Dinocharis pocillum Ehrb.

Dinocharis pocillum Hudson et Gosse, 19, II, p. 71, Taf. XXI, Fig. 1.

Unbedornte Art, deren Panzer durch Kämme in Felderchen geteilt ist; von der ihr
zunächst stehenden *Dinocharis tetractis* Ehrb. unterscheidet sie sich hauptsächlich dadurch,
daß zwischen, bezw. ober ihren Zehen sich ein schmäler, kurzer, blattförmiger Fortsatz zeigt.
Erfreut sich einer sehr großen geographischen Verbreitung, d. i. bisher aus Europa, Asien,
Nordamerika und Australien bekannt. Ich habe sie von folgenden Fundorten verzeichnet:
Ergüsse eines Baches zwischen Aregua und dem Yuguarifluß; Gran Chaco, Nebenarm
des Paraguayflusses bei Asuncion; Bañado bei Cerro Leon. An jedem dieser Fundorte
ziemlich häufig.

Gen. **Scaridium** Ehrb.

Scaridium Hudson et Gosse, 19, II, p. 73.

Diese Gattung steht der vorigen sehr nahe und unterscheidet sich von derselben hauptsächlich dadurch, daß ihr Panzer glatt, weder bedornt, noch gefeldert und ihr Räder-

organ größtenteils unbedeckt ist. Bisher ist Afrika der einzige Weltteil, aus welchem noch keine ihrer Arten bekannt ist, ebenso war sie auch aus Südamerika unbekannt.

150. Scaridium longicaudum Ehrb.

Scaridium longicaudum Hudson et Gosse, 19, II, p. 73, Taf. XXI, Fig. 5.

Das Hauptmerkmal dieser Art ist, daß der Rumpf schmal, cylindrisch ist und fast ohne Abgrenzung in den Fuß übergeht. Bisher war sie aus Europa, Nordamerika, Asien, Australien und Neu-Guinea bekannt. Ich habe sie an folgenden zwei Fundorten angetroffen und zwar in der Lagune bei Estia Postillon und in einer Lagune am Ufer des Aquidaban bei Paso Barreto. Unter den Exemplaren fand ich eines, dessen Rumpf samt dem Räderorgan 0,2 mm, der Fuß mit den Zehen 0,37 mm, die Zehen aber 0,26 mm lang waren.

151. Scaridium eudactylotum Gosse.

Scaridium eudactylotum Hudson et Gosse, 19, II, p. 74, Taf. XXI, Fig. 4.

Von der vorigen unterscheidet sich diese Art durch den breiten, blattförmigen, hinten in der Mitte zugespitzten Panzer und den vom Rumpf gut abgesonderten Fuß. Ihre geographische Verbreitung ist eine weit beschränktere, insofern sie bisher bloß aus Europa und Nordamerika bekannt war. Ich verzeichnete sie bloß von einem Fundort, und zwar aus den Inundationspfützen des Paraguayflusses bei Corumba in Matto Grosso.

Fam. Salpinidae.

Diese Familie hat eine sehr große geographische Verbreitung. Ihr auffälligstes Merkmal ist, daß der Panzer, welcher den Körper ihrer Arten bedeckt, am Bauch der Länge nach eingeschnitten und sich hier eine elastische Kutikula gleich einem schmalen Bande zeigt. Aus Südamerika wurde die erste hierhergehörige Art von L. Schmarda 1859 aus Chile, die zweite von E. v. Daday 1902 aus Patagonien nachgewiesen (13. p. 204).

Gen. Diaschiza (Gosse).

Diaschiza Dixon Nuttall et Freeman, 15, p. 1.

Ein Teil der Arten dieser Gattung wurden früher als zu den Gattungen *Furcularia* und *Notommata* gehörig beschrieben. (Siehe: Hudson et Gosse, 19. II. p. 26. 42. 43.) Aus Südamerika war bisher noch keine ihrer Arten nachgewiesen, obgleich eine und die andere derselben so ziemlich als Kosmopoliten gelten. In Südamerika ist sie dem Anschein nach gemein, denn ich habe folgende Arten gefunden.

152. Diaschiza coeca Gosse.

Diaschiza coeca Dixon-Nuttall et Freeman, 15, p. 134, Taf. IV, Fig. 11, 11a.

Wie aus dem Dixon-Nuttall und Freemanschen Synonymen-Verzeichnis hervorgeht, hat Gosse diese Art in zwei Gattungen unter vier Artnamen beschrieben, und zwar als *Furcularia coeca*, *Furcularia ensifera*, *Diaschiza poeta* und als *Diaschiza acronota*.

Bisher war dieselbe bloß aus Europa und Australien bekannt. Ich habe sie an zwei Fund-orten angetroffen, und zwar in dem Material aus der Bañado bei Cerro Leon und der Lagune bei Estia Postillon.

153. Diaschiza gibba (Ehrb.).

Diaschiza gibba Dixon-Nuttall et Freeman, 15, p. 6, Taf. I, Fig. 1. 1a.

Die früheren Forscher, darunter auch Gosse, haben diese Art unter den Namen *Furcularia gibba* Ehrb. und *Diaschiza semiaperta* Gosse aufgeführt. Es ist eine der ver-breitetsten Arten dieser Gattung, insofern sie aus Europa, Asien, Nordamerika und Neu-Guinea bekannt ist. In der Fauna von Paraguay scheint sie nicht selten zu sein, denn ich habe sie an einigen Fundorten angetroffen, und zwar in dem Material aus einer Pfütze an der Eisenbahn zwischen Aregua und Lugua; in einer Pfütze der Insel (Banco) im Para-guayflusse und im Gran Chaco, einem Nebenarm des Paraguayflusses bei Asuncion.

154. Diaschiza lacinulata (O. F. Müller).

Diaschiza lacinulata Dixon-Nuttall et Freeman, 15, p. 11, Taf. II, Fig. 6. 6a.

Laut dem Synonymen-Verzeichnis von Dixon-Nuttall und Freeman hat diese Art seit C. G. Ehrenberg als Glied der Gattungen *Notommata, Proales, Notostemma* und *Plagiognatha* unter verschiedenen Artnamen figuriert. Bisher war sie bloß aus Europa, Nordamerika und Australien bekannt. Ich habe sie bloß von einem Fundort verzeichnet, und zwar aus einer Inundationspfütze eines Baches zwischen Aregua und dem Yuguari-flusse.

155. Diaschiza valga Gosse.

Diaschiza valga Hudson et Gosse, 19, II, p. 99, Taf. XXII, Fig. 12.

Bisher bloß aus Europa bekannt. Bei meinen Untersuchungen habe ich diese Art nur an einem Fundorte angetroffen, und zwar in einer Inundationspfütze des Paraguay-flusses bei Corumba in Matto Grosso. Selten.

Gen. Salpina Ehrb.

Salpina Hudson et Gosse, 19, II, p. 82.

Diese Gattung zählt zu den kosmopolitischen, insofern aus allen Weltteilen eine oder mehrere ihrer Arten bekannt sind. Aus Südamerika hat sie zuerst L. Schmarda 1859 mit der Species *polyodonta* Schmarda aus Chile verzeichnet (31.). Aus Patagonien hat E. v. Da day 1902 die Art *mucronata* Ehrb. aufgeführt (13.). Bei meinen derzeitigen Untersuchungen habe ich nachstehende Arten gefunden.

156. Salpina brevispina Ehrb.
(Taf. VII, Fig. 12.)

Salpina brevispina Hudson et Gosse, 19, II, p. 84, Taf. XXII, Fig. 4.

Die mir vorliegenden Exemplare weichen etwas ab von den bei Hudson und Gosse abgebildeten. Das hintere Ende des Panzers ober dem Fuße ist nämlich nicht spitzig, sondern abgerundet, und die Fußöffnung des Panzers am Bauch stark schräg geschnitten, der Art, wie z. B. bei *Salpina macracantha* Gosse, demzufolge die hinteren Panzerfortsätze in eine höhere Lage gelangen, dabei aber fast gerade nach hinten gerichtet sind (Taf. VII, Fig. 12). Die größte Länge des Panzers, von der Spitze der vorderen und hinteren Fortsätze gemessen, beträgt 0,21 mm, die größte Höhe 0,09 mm.

Bisher war diese Art bloß aus Europa, Asien und Nordamerika bekannt. Bei meinen Untersuchungen habe ich sie von folgenden zwei Fundorten verzeichnet, und zwar aus einer Pfütze an der Eisenbahn zwischen A r e g u a und L u g u a, sowie aus der Lagune bei E s t i a P o s t i l l o n. Es lagen mir mehrere Exemplare vor.

157. Salpina eustala Gosse.
(Taf. VII, Fig. 13.)

Salpina eustala H u d s o n et G o s s e , 19, II, p. 85, Taf. XXII, Fig. 5.

Von der vorigen unterscheidet sich diese Art hauptsächlich dadurch, daß das Hinterende des Panzers ober dem Fuß in einen langen Fortsatz ausgeht. Der Panzer der von mir untersuchten Exemplare ist etwas abweichend von demjenigen der bei H u d s o n - G o s s e abgebildeten, insofern der Bauch nicht gerade, sondern im ersten Viertel gerundet vorspringend ist, demzufolge der Fortsatz des Stirnrandes mit dem Bauch nicht in eine Linie fällt; ferner zeigt sich an der Basis des Stirnfortsatzes kein so scharfer Einschnitt. Die Länge des Panzers, von der Spitze des Stirnfortsatzes bis zur Spitze der unteren hinteren Fortsätze gemessen, beträgt 0,2 mm; die größte Höhe des Panzers 0,088 mm.

Bisher war die Art aus Europa, Asien, Nordamerika und Australien bekannt. Bei meinen Untersuchungen habe ich sie bloß von einem Fundort verzeichnet, und zwar aus der Lagune bei E s t i a P o s t i l l o n. Nicht häufig.

158. Salpina macracantha Gosse.

Salpina macracantha H u d s o n et G o s s e , 19, II, p. 84, Taf. XXII, Fig. 6.

Der vorigen gleicht diese Art insofern, als auch am hinteren Panzerende, ober dem Fuße, ein Fortsatz vorhanden ist, der Fußeinschnitt am Bauch aber sehr stark, schief erscheint und die unteren hinteren Fortsätze nach oben und hinten, nicht aber gerade nach hinten gerichtet sind, wie bei der vorigen Art. Bisher aus Europa, Asien und Nordamerika bekannt. Ihr Fundort in Paraguay ist die Lagune bei E s t i a P o s t i l l o n.

159. Salpina spinigera Ehrb.

Salpina spinigera H u d s o n et G o s s e , 19, II, p. 86, Taf. XXII, Fig. 2.

Von den vorigen unterscheidet sich diese Art dadurch, daß am vordern Panzerrand zwei Stirn- und zwei Bauch-Dornfortsätze vorhanden sind, wogegen der Hinterrand dem von *Salpina eustala* gleicht. Ihre geographische Verbreitung ist eine sehr beschränkte, insofern sie bisher bloß aus Europa und Asien bekannt war. Bei meinen Untersuchungen traf ich sie an zwei Fundorten, und zwar bei A r e g u a, in den Ergüssen eines Baches, der den Weg zu der Lagune Ipacarai kreuzt, und bei A s u n c i o n, im Gran Chaco, einem Nebenarm des Paraguayflusses. Nicht häufig.

Fam. **Euchlanidae.**

Diese Familie umfaßt derzeit bloß eine Gattung, unter deren Arten sich auch echte Kosmopoliten befinden.

Gen. **Euchlanis** Ehrb.

Euchlanis Hudson et Gosse, 19, II, p. 88.

Dies Genus wurde, ohne Bezeichnung der betreffenden Art, bereits 1859 von L. Schmarda erwähnt; indessen die erste in Südamerika vorkommende Art 1892 von A. Wierzejski aus Argentinien (38.), die zweite aber 1902 von E. v. Daday aus Patagonien aufgeführt worden ist (13.). Bei meinen derzeitigen Untersuchungen habe ich folgende Arten gefunden.

160. Euchlanis dilatata Ehrb.

Euchlanis dilatata Hudson et Gosse, 19, II, p. 90, Taf. XXIII, Fig. 5.

Eine echt kosmopolitische Art, welche bisher aus Europa, Asien, Nordamerika, Australien und Neu-Guinea bekannt war. Aus Südamerika hat sie schon A. Wierzejski nachgewiesen (38.). In Südamerika dürfte sie gemein sein, denn bei meinen Untersuchungen konstatierte ich ihr Vorkommen an folgenden Fundorten: Inundationspfützen des Yuguariflusses zwischen A r e g u a und L u g u a; sowie eine Pfütze an der Eisenbahn ebendort; Ergießungen eines Baches zwischen A r e g u a und dem Y u g u a r i f l u s s e; Lagune und deren Ergießungen bei E s t i a P o s t i l l o n; G r a n C h a c o, eine vom Riachok hinterlassene Lagune; im Bañado, sowie eine Lagune am Ufer des Rio Aquidaban bei P a s o B a r r e t o; der Peguaho-Teich bei V i l l a S a n a; Ergießungen des Yuguariflusses; Tümpel bei C a e a r a p a.

161. Euchlanis deflexa Gosse.

Euchlanis deflexa Hudson et Gosse, 19, II, p. 92, Taf. XXVI, Fig. 1.

Bisher ist diese Art bloß aus Europa, Nordamerika und Südamerika bekannt; aus letzterem Gebiete wurde sie 1902 durch E. v. Daday von einem patagonischen Fundort nachgewiesen. Bei meinen derzeitigen Untersuchungen habe ich sie nur an einem Fundorte in zwei Exemplaren angetroffen, und zwar in einer Pfütze der Insel (Banco) das Paraguayflusses bei A s u n c i o n.

162. Euchlanis triquetra Ehrb.

Euchlanis triquetra Hudson et Gosse, 19, II, p. 91, Taf. XXIII, Fig. 4.

Aus Südamerika war diese Art bisher unbekannt, sie ist jedoch häufiger als vorige und auch ihre geographische Verbreitung eine größere, insofern sie bereits aus Europa, Nordamerika und Australien nachgewiesen ist. Ihre Fundorte in Paraguay sind folgende: A r e g u a, Pfütze an der Eisenbahn; A s u n c i o n, Gran Chaco, Nebenarm des Paraguayflusses; L u g u a, Pfütze bei der Eisenbahnstation.

Fam. **Cathypnidae.**

Unter den Arten der hierher gehörigen Gattungen befinden sich einige, die mit Ausnahme von Afrika aus allen Weltteilen bekannt sind, dagegen andere, welche auch aus Südamerika, oder nur aus Südamerika beschrieben worden sind. Ich habe Repräsentanten der folgenden Gattung gefunden.

Gen. **Distyla Eckrt.**

Distyla Hudson et Gosse, 19, II, p. 96.

Diese Gattung steht der nachfolgenden Gattung *Cathypna* sehr nahe. Manche ihrer Arten haben eine große geographische Verbreitung; Repräsentanten derselben sind aus Europa, Asien, Nordamerika, Australien und Neu-Guinea bekannt; aus Südamerika aber wurde bisher noch keine einzige Art nachgewiesen. Ich habe folgende gefunden.

163. **Distyla Ludwigii Eckm.**
(Taf. VI, Fig. 11.)
Distyla Ludwigii Hudson et Gosse, 19, Supl. p. 43, Taf. XXXIII, Fig. 36.

Diese Art erfreut sich einer großen geographischen Verbreitung, insofern sie aus Europa, Nordamerika und Neu-Guinea bekannt ist, von welch letzterem Weltteile sie E. v. Daday unter dem Namen *Diplax ornata* beschrieben hat (10.). Der Panzer der mir vorgelegenen Exemplare trug am Bauche vier kurze Kämme, die vom Vorderrand ausgingen, der Rücken erschien ganz glatt und ich vermochte daran weder eine Granulierung, noch Felderchen wahrzunehmen. Der hintere Panzerfortsatz ist im Verhältnis lang und spitz. Die Zehen sind dünn und lang, d. i. etwas über 0,06 mm. Die ganze Länge des Panzers, vom Stirnrand des Rückens bis zur Spitze des hintern Fortsatzes gemessen, beträgt 0,163 mm, die größte Breite 0,06 mm.

Fundort: Die Lagune bei Estia Postillon. Relativ selten, mir nur in einigen Exemplaren vorgekommen.

Gen. **Cathypna Gosse.**

Cathypna Hudson et Gosse, 19, II, p. 94.

Es ist dies eine Gattung von allgemeiner geographischer Verbreitung, von ihren Arten war jedoch aus Südamerika bisher bloß eine bekannt, und zwar laut den Aufzeichnungen von A. Wierzejski und E. v. Daday. Bei meinen derzeitigen Untersuchungen habe ich folgende Arten gefunden.

164. **Cathypna leontina. Turner.**
(Taf. VI, Fig. 12. 18.)
Cathypna leontina Jennings, H. S., 20, p. 91, Taf. XIX, Fig. 25.

Bisher war diese Art bloß aus Europa, Nordamerika und Asien bekannt, von letzterem Weltteil unter dem Namen *Cathypna macrodactyla* Dad. Bei meinen derzeitigen Untersuchungen habe ich sie von folgenden zwei Fundorten verzeichnet: Asuncion, Gran

Chaco, Nebenarm des Paraguayflusses; Corumba, Matto Grosso, Inundationspfützen des Paraguayflusses.

Die mir vorgelegenen Exemplare stimmten zwar im äußern Habitus überein mit dem von H. S. Jennings abgebildeten, wiesen aber dennoch in ein und der andern Hinsicht geringe Abweichungen auf. Der vordere Bauchrand des Panzers ist nämlich nicht einfach ausgerandet, sondern in der Mitte schmal eingeschnitten und demzufolge in eine rechte und eine linke Hälfte geteilt (Taf. VI, Fig. 12). Der hintere, lamellenartige Fortsatz des Panzers ist im Verhältnis länger, aber schmäler, und die Endspitzen nicht so scharf eingeschnitten. Der hintere Bauchrand ist gerundet. Die Zehen sind sehr dünn, am distalen Ende mit einem kleinen Dorn versehen. Die ganze Länge des Panzers beträgt 0,29 mm, der größte Durchmesser 0,05 mm, die Breite des Lamellenfortsatzes 0,04 mm, die Länge der Zehen 0,15 mm.

Hier ist zu bemerken, daß Ch. F. Rousselet diese Art mit *Distyla ichthyoura* Shephard identifiziert hat (27. p. 12). Inwiefern Rousselets Auffassung berechtigt ist, darüber kann ich mich nicht äußern, weil mir die Publikation von Shephard, in welcher er die erwähnte Art beschrieben, leider nicht zu Gebot steht. So viel aber kann ich konstatieren, daß die Zehen von *Cathypna leontina* Turn. von denjenigen der Gattung *Distyla* wesentlich verschieden sind. Meiner Ansicht nach aber ist mit *Cathypna leontina* identisch die von Stockes beschriebene *Cathypna scutaria*, die Rousselet als eigene Art aufführt (29. p. 151).

Außer der hier kurz beschriebenen Stammform fand ich jedoch auch eine Varietät, welche ich mit dem Namen *Cathypna leontina* var. *bisinuata* zu bezeichnen wünsche.

Die Exemplare dieser Varietät sind im ganzen etwas kleiner als die Stammform, insofern die größte Länge des Panzers 0,24 mm, ihre größte Breite aber 0,16 mm beträgt. Der vordere Panzerrand ist auf dem Rücken und Bauch ebenso, wie bei der Stammform, allein vom Bauchrand geht an jeder Seite ein schmaler Kamm aus (Taf. VI, Fig. 18). Der hintere Lamellenfortsatz des Panzers ist auffallend breit, an der Basis mit einem Durchmesser von 0,09—0,1 mm, an der Spitze aber, welche scharf ausgerundet ist, 0,04 bis 0,05 mm breit. Sehr charakteristisch für diese Varietät ist es, daß beiderseits der Fußöffnung je ein Hügel sich erhebt, welcher mit der gerundeten Spitze nach hinten gerichtet ist; beide Hügel sind durch eine Bucht getrennt (Taf. VI, Fig. 18). Die Zehen sind sehr dünn, nahe zum distalen Ende an der Außenseite mit je einer kurzen Borste versehen; ihre Länge beträgt 0,158 mm, bezw. sie sind nicht viel kürzer als der Rumpf. Die Oberfläche des Panzers ist glatt; die innere Organisation weist keinerlei auffällige Eigentümlichkeiten auf.

Fundorte: Paso Barreto, Bañado am Ufer des Rio Aquidaban, und Pirayu, Straßenpfütze. Ich sah mehrere Exemplare.

165. Cathypna luna Ehrb.

Cathypna luna Hudson et Gosse, 19, II, p. 94, Taf. XXIV, Fig. 4.

Aus Südamerika war diese Art schon früher bekannt, insofern sie A. Wierzejski 1892 aus Argentinien, E. v. Daday aber 1902 aus Patagonien nachgewiesen hat. Übrigens die verbreitetste Art dieser Gattung, bekannt aus Europa, Asien, Nordamerika, Australien und Neu-Guinea. In der Fauna von Paraguay zählt sie zu den häufigsten Arten; ich habe sie von folgenden Fundorten verzeichnet: Aregua, Pfütze an der Eisenbahn; Inundationen des Yuguariflusses zwischen Aregua und Lugua; Inundationen eines Baches zwischen Aregua und dem Yuguarifluß; Asuncion, Gran Chaco, Nebenarm des Paraguayflusses, sowie eine Pfütze auf der Insel (Banco) des Paraguayflusses; Pfützen in dem Eisenbahngraben zwischen Asuncion und Trinidad; Corumba, Matto Grosso, Inundationspfützen des Paraguayflusses; Estia Postillon, Lagune und deren Ergüsse; Curuzuchica, toter Arm des Paraguayflusses; Paso Barreto, Bañado auf Ufer des Rio Aquidaban; Pirayu, Straßenpfütze; Caearapa, Tümpel; Villa Rica, nasse, quellige Wiese.

166. Cathypna biloba n. sp.
(Taf. VI, Fig. 14.)

Hinsichtlich des allgemeinen Habitus steht diese Art der *Cathypna leontina* Turn. sehr nahe. Panzer, bezw. der Körper im ganzen eiförmig. Der vordere Rückenrand des Panzers ist in der Mitte schwach, breit ausgebuchtet, am Bauch dagegen stärker vertieft und die Bucht hier viel breiter, als bei *Cathypna leontina* (Taf. VI, Fig. 14). Der hintere Lamellenfortsatz des Panzers ist gut entwickelt, in der Mitte aber fast bis zur Fußöffnung eingeschnitten, infolgedessen derselbe eigentlich in zwei Lappen geteilt, die einem etwas gespitzten, langen Dreieck gleichen. Die einzelnen Lappen sind in der Mitte des Außenrandes etwas vorspringend, die Innenseite schwach gerundet und mit dem distalen Ende nach außen blickend; sie sind 0,03 mm lang, an der Basis 0,02 mm breit. Die ganze Oberfläche des Panzers ist glatt. Die Zehen sind sehr dünn, nahe zum distalen Ende an der Außenseite mit je einer kleinen Borste versehen; ihre Länge beträgt 0,14 mm.

Die ganze Länge des Panzers beträgt 0,18 mm, der Durchmesser der Stirnöffnung 0,065 mm, der größte Durchmesser des Rumpfes 0,11 mm.

Fundort: Corumba, Matto Grosso, Inundationspfützen des Paraguayflusses. Ich fand bloß einige Exemplare.

Diese Art, welche ich wegen der Struktur des hintern Lamellenfortsatzes des Panzers *biloba* benannte, gehört unstreitig in den Formenkreis von *Cathypna leontina* Turn., ist indessen von derselben dennoch gut zu unterscheiden. Sie ist besonders durch die Vertiefungen des vordern Panzerrandes, sowie durch die Struktur des Lamellenfortsatzes charakterisiert.

167. Cathypna appendiculata Lev.
(Taf. VI, Fig. 13.)

Cathypna appendiculata Levander, K. M., 24, p. 50, Taf. III, Fig. 30.

Bisher war diese Art bloß aus Europa bekannt, wo sie K. M. Levander im Seewasser fand. Bei meinen Untersuchungen habe ich sie an folgenden Süßwasser-Fundorten angetroffen: Aregua, Ergüsse eines Baches, der den Weg zur Lagune Ipacarai kreuzt; Cerro Leon, Bañado.

Die mir vorliegenden Exemplare stimmen im allgemeinen mit dem von Levander abgebildeten überein. Der Rumpf ist im ganzen eiförmig; der vordere Bauchrand bildet

— 111 —

eine starke, breite Bucht, wogegen der Rückenrand nur ganz wenig ausgebuchtet ist (Taf. VI, Fig. 13). Der hintere Lamellenfortsatz des Panzers ist kräftig entwickelt, 0,05 mm lang, an beiden Enden breiter, in der Mitte schmäler, beide Seiten bogig ausgeschnitten, das distale Ende abgerundet (Taf. VI, Fig. 13). Die Zehen sind sehr dünn, nahe zum distalen Ende an der Außenseite mit je einer kleinen Borste versehen; sie sind im Verhältnis auffallend lang, insofern sie eine Länge von nahezu 0,16 mm erreichen, bezw. so lang sind, wie der Rumpf ohne den Lamellenfortsatz. Die ganze Länge des Panzers beträgt 0,2 mm, die größte Breite 0,12 mm, der Durchmesser der Stirnöffnung des Panzers 0,06 mm.

Hier habe ich zu bemerken, daß Ch. F. Rousselet diese Art für identisch hält mit *Distyla ichthyoura* Shepard, bezw. mit *Cathypna leontina* Turn. (27. p. 12). Meiner Ansicht nach sind jedoch die Merkmale der beiden *Cathypna*-Arten wesentlich genug, um beide als eigene Arten zu betrachten, obgleich es unstreitig ist, daß sie in naher Verwandtschaft zueinander stehen.

168. Cathypna incisa n. sp.
(Taf. VI, Fig. 17.)

Der Rumpf ist im ganzen breit eiförmig, hinten schmäler als vorn. Die Panzeroberfläche ist glatt, ungefeldert, allein am Bauch zieht eine scharfe, beiderseits vom Bauchrand ausgehende Linie nach hinten (Taf. VI, Fig. 17). Der Stirnrand ist am Rücken und Bauch gleich gebuchtet, am Bauch indessen etwas tiefer geschnitten. Das hintere Panzerende trägt einen stark eingeschnittenen kleinen Lamellenfortsatz, der jedoch von dem Rumpfpanzer nicht so scharf abgesondert ist, wie bei den übrigen Arten der Gattung. Die Fußöffnung ist kräftig entwickelt und bildet eine sehr tiefe, gerundete Bucht, was, im Gegensatz zu den übrigen Arten ein auffallendes Merkmal dieser Art bildet. Die Zehen sind schmal und tragen nahe zum distalen Ende an der Außenseite je eine kleine Borste; sie sind 0,13 mm lang, also nicht viel kürzer als der ganze Rumpf.

Die ganze Länge des Rumpfpanzers beträgt 0,18 mm, der größte Durchmesser 0,14 mm, der Durchmesser der Stirnöffnung 0,08 mm.

Fundort: Asuncion, Gran Chaco, Nebenarm des Paraguayflusses. Ich habe bloß einige Exemplare gefunden.

169. Cathypna ungulata Gosse.
(Taf. VI, Fig. 19.)

Cathypna ungulata Hudson et Gosse, 19, Supl. p. 42, Taf. XXXI, Fig. 36.

In der Fauna von Paraguay ziemlich häufig, aus Südamerika aber bisher noch nicht verzeichnet. Fundorte: Aregua, Pfütze an der Eisenbahn; zwischen Aregua und Lugua. Inundationen des Yuguariflusses; zwischen Asuncion und Trinidad, Pfützen im Eisenbahngraben; Corumba, Matto Grosso, Inundationstümpel des Paraguayflusses; Estia Postillon, Lagune; Pirayu, Straßenpfütze.

Die mir vorliegenden Exemplare weichen hinsichtlich der Schalenstruktur einigermaßen von europäischen und nordamerikanischen Stücken ab.

Der Panzer ist vorn ziemlich verengt, so daß er in der Mitte bauchig erscheint. Der Stirnrand ist am Rücken nur sehr schwach, am Bauch dagegen stärker ausgebuchtet

(Taf. VI, Fig. 19). Außerdem ist auch das hintere Panzerende sehr auffallend, insofern vom Rücken ein ziemlich langer Lamellenfortsatz mit gerundeter Spitze ausgeht (Taf. VI, Fig. 19). Die Zehen sind dünn, an der äußern Seite des distalen Endes sitzt eine kleine Borste, ihre Länge erreicht nahezu 0,11 mm. Die Länge der größten Exemplare ist 0,22 mm, ihre größte Breite schwankt zwischen 0,15—0,17 mm.

Gen. Monostyla Ehrb.

Monostyla Hudson et Gosse, 19, II, 97.

Eine echte kosmopolitische Gattung, von deren Arten manche aus fast allen Weltteilen bekannt sind. Die hierher gehörigen südamerikanischen Arten hat L. Schmarda 1859 unter den Namen *Monostyla macracantha* und *Mon. closterocera* aufgeführt. Außer diesen beiden Arten aber hat bisher niemand eine südamerikanische Art verzeichnet. Bei meinen Untersuchungen habe ich nachstehende Arten gefunden.

170. Monostyla bulla Gosse.

Monostyla bulla Hudson et Gosse, 19, II, p. 99, Taf. XXV, Fig. 4.

Eine der verbreitetsten Arten der Gattung, die, mit Ausnahme von Afrika, aus allen Weltteilen bekannt ist, demungeachtet aber aus Südamerika bisher nicht verzeichnet war. In der Fauna von Paraguay ist sie gemein, ich habe sie nämlich an folgenden Fundorten konstatiert: Inundationspfützen des Yuguariflusses zwischen Aregua und Lugua; Asuncion, Pfütze auf der Insel (Banco) des Paraguayflusses; Pfützen im Eisenbahngraben zwischen Asuncion und Trinidad; Bañado bei Cerro Leon; Corumba, Matto Grosso, Inundationspfützen des Paraguayflusses; Estia Postillon, Lagune; Paso Barreto, Bañado und Lagune am Ufer des Rio Aquidaban; Pirayu, Straßenpfütze. Die Rumpflänge des abgebildeten Exemplars beträgt 0,12 mm, der größte Durchmesser 0,09 mm, die Länge der Zehe 0,045 mm.

171. Monostyla pyriformis n. sp.
(Taf. VII, Fig. 16.)

Der Körper ist im ganzen birnförmig, an der Stirn viel breiter als hinten.

Die Stirnöffnung des Panzers ist im Verhältnis sehr schmal, der Rückenrand schwach, der Bauchrand hingegen stärker ausgebuchtet und geht von der Mitte eine kurze Linie aus (Taf. VII, Fig. 16). Die beiden Seiten des Panzers sind auffallend bogig, hinten aber geht der Panzer in einen ziemlich schmalen Lamellenfortsatz mit gerundeter Spitze aus. Der Bauchpanzer ist von der Basis des Fußes fast gerade geschnitten.

Die ganze Panzeroberfläche ist glatt, an beiden Seiten des Stirnrandes liegt indessen je eine kurze, mit den Seitenlinien parallel verlaufende Linie.

Hinsichtlich der inneren Organe vermochte ich nichts Bemerkenswertes zu beobachten.

Die beiden Fußglieder waren gut wahrzunehmen. Die Zehe ist dolchförmig, das Ende zugespitzt, die Länge beträgt 0,057 mm.

Die Panzerlänge ist 0,085—0,093 mm, der größte Durchmesser 0,08 mm, der Durchmesser der Stirnöffnung 0,03 mm.

Fundort: Estia Postillon, Lagune, aber auch hier nicht häufig, denn bei meinen Untersuchungen fand ich bloß einige Exemplare.

Von den bisher bekannten ist diese neue Art durch den ganzen Habitus und vermöge der Panzerstruktur leicht zu unterscheiden. Durch die allgemeine Form und Struktur des Panzers erinnert dieselbe übrigens lebhaft an die paraguayischen Exemplare von *Cathypna ungulata* Gosse (siehe Taf. VI, Fig. 19).

172. Monostyla lunaris Ehrb.

Monostyla lunaris Hudson et Gosse, 19, II, p. 98, Taf. XXV, Fig. 2.

Wetteifert hinsichtlich der geographischen Verbreitung mit der *Monostyla bulla*, ist aber aus Afrika und Südamerika bisher noch nicht bekannt. Obgleich ich sie bei meinen Untersuchungen von mehreren Fundorten verzeichnet habe, kann ich sie dennoch nicht als so häufig bezeichnen, wie die *Monost. bulla*. Fundorte: Aregua, Pfütze an der Eisenbahn; Inundationspfützen des Yuguariflusses zwischen Aregua und Lugua; Pfützen im Eisenbahngraben zwischen Asuncion und Trinidad; Lagune bei Estia Postillon; Lagune am Ufer des Rio Aquidaban bei Paso Barreto; Caearapa, Tümpel; Gourales, ständiger Tümpel; Sapucay, mit Pflanzen bewachsene Graben am Eisenbahndamm.

173. Monostyla quadridentata Ehrb.

Monostyla quadridentata Hudson et Gosse, 19, II, p. 100, Taf. XXV, Fig. 3.

Von den übrigen Arten der Gattung ist diese Art auf Grund der zwei kräftigen, auswärts gebogenen Dornfortsätze am Rücken des Stirnrandes leicht zu unterscheiden. Sie war bisher aus Europa, Asien, Nordamerika und Australien bekannt. Bei meinen Untersuchungen habe ich sie von folgenden Fundorten verzeichnet: Inundationen eines Baches zwischen Aregua und dem Yuguariflusse; Lagune bei Estia Postillon. Nicht häufig. Die Länge des abgebildeten Exemplars beträgt 0,18 mm, die größte Breite 0,14 mm, die Länge der Zehe 0,1 mm.

Fam. Coluridae.

Eines der wichtigsten Merkmale der hierher gehörigen Gattungen und Arten ist, daß ihr Panzer muschelförmig ist, insofern in der Mittellinie des Bauches ein von dem Panzer nicht bedecktes Band hinzieht und auch der Körper an beiden Seiten zusammengedrückt ist. Meiner Auffassung nach gehören in diese Familien bloß die Gattungen *Colurus* Ehrb., *Monura* Ehrb. und *Mytilia* Gosse, von welchen bloß Arten der einen aus Südamerika bekannt sind.

Gen. Colurus Ehrb.

Colurus Hudson et Gosse, 19, II, p. 101.

Diese Gattung ist von allen der Familie am reichsten an Arten und besitzt auch die größte geographische Verbreitung. Sie ist aus Europa, Nord- und Südamerika, sowie aus Australien bekannt. Den ersten südamerikanischen Repräsentanten derselben hat A. Wierzejski 1902 aus Argentinien nachgewiesen. Ich habe bloß nachstehende zwei Arten gefunden.

174. Colurus deflexus Ehrb.

Colurus deflexus Hudson et Gosse, 19, II, p. 102, Taf. XXVI, Fig. 1.

Eine derjenigen Arten der Gattung, welche die größte geographische Verbreitung aufweisen, demungeachtet ist sie bloß aus Europa, Nord- und Südamerika bekannt, namentlich hat A. Wierzejski sie aus Argentinien nachgewiesen (38. p. 16). Es scheint jedoch, daß sie in Südamerika nicht zu den häufigen Arten zählt, denn bei meinen Untersuchungen fand auch ich sie nur an einem Fundort, und zwar in dem Material aus den Inundationspfützen des Paraguayflusses bei Corumba in Matto Grosso.

175. Colurus uncinatus Ehrb.

Colurus uncinatus Ehrenberg, C. G., 16, p. 475, Taf. LIX, Fig. 6.

Hinsichtlich der geographischen Verbreitung macht diese Art der vorigen den Rang streitig, allein obgleich sie aus Europa, Asien und Australien bereits bekannt war, ist sie aus Amerika noch nicht nachgewiesen worden. Ich traf sie nur an einem Fundort an, und zwar in der Lagune bei Estia Postillon.

Fam. Lepadellidae.

Durch Hudson und Gosse wurden die Arten dieser Familie zu der Familie *Coluridae* gezogen (19. II. p. 106). Für die Gattungen *Metopidia* Ehrb., *Lepadella* Ehrb. und *Squamella* Ehrb. hat E. v. Daday die Familie *Lepadellidae* aufgestellt (8. p. 29), an deren Stelle K. Kertész die Familie *Metopididae* setzte (21. p. 20), in deren Rahmen er auch die Gattungen der Familie *Cathypnidae* aufnahm. In seinem großen Werk hat E. F. Weber 1898 die Gattung *Metopidia* bereits in die Familie *Coluridae* versetzt und zugleich die Gattungen *Lepadella* und *Squamella* bloß als Synonyme der Gattung *Metopidia* angenommen (36. p. 614, 629). In der Abgrenzung der Familien folge ich hier dem Vorgang von E. v. Daday, insofern ich gleichfalls bloß die Gattungen *Metopidia*, *Lepadella* und *Squamella* als hierher gehörig betrachte.

Gen. Metopidia Ehrb.

Metopidia Ehrenberg, C. G., 16, p. 477.

Das wichtigste Merkmal der zu dieser Gattung gehörigen Arten ist, daß sie an beiden Seiten der Stirn je ein Auge haben. Unter ihren Arten finden sich echte Kosmopoliten, demungeachtet war sie aus Südamerika bisher noch nicht bekannt. Bei meinen Untersuchungen habe ich nachstehende Arten gefunden.

176. Metopidia acuminata Ehrb.

Metopidia acuminata Hudson et Gosse, 19, II, p. 107, Taf. XXV, Fig. 9.

Von den verwandten Arten unterscheidet sich diese Art dadurch, daß ihr eiförmiger Panzer hinten in eine Spitze ausgeht. Bisher war sie bloß aus Europa und Nordamerika bekannt. In der Fauna von Paraguay ist sie nicht häufig; ich habe sie nur von einem

Fundort verzeichnet, und zwar im Gran Chaco, einem Nebenarm des Paraguayflusses bei Asuncion.

177. Metopidia Lepadella Ehrb.

Metopidia Lepadella Hudson et Gosse, 19, II, p. 106, Taf. XXV, Fig. 6.

Das wichtigste Merkmal dieser Art ist, daß an dem eiförmigen Panzer das hintere Ende gerade geschnitten ist. Eine der verbreitetsten Arten der Gattung, die bisher aus Europa, Asien, Nordamerika und Australien nachgewiesen worden ist. In der Fauna von Paraguay ist sie nicht selten, inwiefern ich sie an folgenden Fundorten beobachtet habe: Asuncion, Gran Chaco, Nebenarm des Paraguayflusses; Corumba, Matto Grosso, Inundationspfützen des Paraguayflusses; Estia Postillon, Lagune; Gourales, ständiger Tümpel.

178. Metopidia solida Gosse.

Metopida solida Hudson et Gosse, 19, II, p. 106, Taf. XXV, Fig. 11.

Von den vorhergehenden unterscheidet sich diese Art hauptsächlich dadurch, daß ihr Panzer breit eiförmig, hinten abgerundet und der Rücken fast ganz flach ist. Es ist die verbreitetste Art der Gattung, bekannt aus Europa, Asien, Afrika, Nordamerika und Australien. Bei meinen Untersuchungen habe ich sie nur an einem Fundort angetroffen, und zwar in der Lagune bei Estia Postillon; sie scheint mithin zu den selteneren Arten zu zählen.

Gen. Lepadella Ehrb.

Lepadella Ehrenberg, C. G., 16, p. 457.

Hinsichtlich der allgemeinen Organisationsverhältnisse ist diese Gattung der vorigen sehr ähnlich, allein sie besitzt keine Augen. Aus Südamerika ist sie seit L. Schmardas Forschungen (31.) bekannt, aber 1891 auch von J. Frenzel und 1902 von E. v. Daday verzeichnet worden. L. Schmarda führt zwei, E. v. Daday eine Art auf, während J. Frenzel bloß den Namen der Gattung erwähnt.

179. Lepadella ovalis Ehrb.

Lepadella ovalis Ehrenberg, C. G., 16, p. 457, Taf. LVII, Fig. 1.

Aus Südamerika wurde diese Art bereits von L. Schmarda, sowie von E. v. Daday nachgewiesen; sie ist außerdem auch aus Europa und Asien bekannt. Ich fand sie bloß an einem Fundort, und zwar in einer Pfütze der Insel (Banco) des Paraguayflusses bei Asuncion.

Fam. Pterodinidae.

Es ist dies eine der am leichtesten zu erkennenden Rotatorien-Familien, deren Arten durch den flachen, scheibenförmigen Körper und, mit Ausnahme des Genus *Pompholyx*, den cylindrischen, am distalen Ende mit einem Cilienkranz versehenen, zehenlosen Fuß charakterisiert sind. Es finden sich darunter auch Kosmopoliten; aus Südamerika aber sind bisher bloß zwei Arten bekannt gewesen.

Gen. **Pterodina** Ehrb.

Pterodina Hudson et Gosse, 19, II, p. 112.

Mit Ausnahme von Afrika ist diese Gattung aus allen Weltteilen bekannt; von ihren zahlreichen Arten ist indessen bisher aus Südamerika bloß eine nachgewiesen worden.

180. **Pterodina mucronata** Gosse.
(Taf. VI, Fig. 20.)

Pterodina mucronata Hudson et Gosse, 19, II, p. 114, Taf. XXVI, Fig. 15.

Bisher war diese Art bloß aus Europa bekannt. Bei meinen Untersuchungen habe ich sie an folgenden Fundorten angetroffen: Inundationen eines Baches zwischen Aregua und dem Yuguariflusse; Lagune bei Estia Postillon und in Bañado am Ufer des Rio Aquidaban bei Paso Barreto. Von jedem dieser Fundorte lagen mir mehrere Exemplare vor.

Der größte Teil der untersuchten Exemplare war mit einem mehr oder weniger eiförmigen Panzer versehen und nur bei wenigen hatte derselbe eine etwas elliptische Form. Der Dornfortsatz am vordern Rückenrand des Panzers ist im Verhältnis lang, die Basis breit, dann plötzlich verengt und sehr spitz auslaufend (Taf. VI, Fig. 20). An der Basis des Fortsatzes zeigt sich an beiden Seiten je eine seichte Vertiefung, wie bei *Pterodina trilobata* Kirkman, welche als hierhergehörige Varietät zu betrachten ist (22. p. 229—241, Taf. VI). Der Panzer erscheint fein granuliert; die Länge beträgt, von der Basis des Dornfortsatzes gemessen, 0,21—0,26 mm, die größte Breite 0,2—0,28 mm.

Hinsichtlich der inneren Organe stimmen die mir vorliegenden Exemplare im allgemeinen zwar überein mit den von Hudson-Gosse und F. E. Weber abgebildeten, in gewisser Beziehung aber sind sie dennoch von denselben verschieden. Ein Unterschied zeigt sich z. B. hinsichtlich der Hepatopankreas-Drüse und des Ovariums.

Die Hepatopankreas-Drüse reicht an beiden Seiten bis an den Panzerrand und ist baumartig reich verzweigt (Taf. VI, Fig. 20), was meines Wissens sonst nur von *Pterodina trilobata* bekannt ist; denn bei *Pterodina patina* ist diese Drüse zwar viellappig, aber weder baumartig verzweigt, noch so ausgedehnt, bis an den Panzerrand reichend.

Das Ovarium, bezw. der Dotterstock ist zweiästig; von den Ästen ist der innere weit länger als der äußere, aber beide gleich dick, wurstförmig (Taf. VI, Fig. 20). Bei den Exemplaren von Hudson-Gosse und F. E. Weber ist das entsprechende Organ ein einfacher Schlauch. In dieser Beziehung stimmen meine Exemplare mit der F. E. Weberschen *Pterodina patina* und mit Th. Kirkmans *Pterodina trilobata* überein (cfr. 36. Taf. XXV, Fig. 10. 11, und 22. Taf. VI).

181. **Pterodina patina** Ehrb.

Pterodina patina Hudson et Gosse, 19, II, p. 112, Taf. XXVI, Fig. 11.

Diese Art ist diejenige der Gattung, welche die größte geographische Verbreitung aufweist; sie ist bekannt aus Europa, Asien, Nordamerika, Australien und Neu-Guinea. Aus Südamerika wurde sie 1902 von E. v. Daday von einem patagonischen Fundort nachgewiesen.

Von der vorigen Art unterscheidet sie sich durch den Mangel des vordern Dornfortsatzes, sonst sind sie einander sehr ähnlich. In Paraguay ist die Art häufig; ich habe sie von folgenden Fundorten verzeichnet: Pfütze an der Eisenbahn zwischen A r e g u a und L u g n a; Inundationen eines Baches zwischen A r e g u a und dem Yuguariflusse; A s u n c i o n, Pfütze auf der Insel (Banco) des Paraguayflusses; A s u n c i o n, Gran Chaco, Nebenarm des Paraguayflusses; G r a n C h a c o, von Riachok zurückgebliebene Lagune.

Fam. Brachionidae.

Kosmopolitische Familie, deren Repräsentanten aus Südamerika zuerst von L. S c h m a r d a 1859 verzeichnet wurden. Sie wurde aber auch von J. F r e n z e l erwähnt (17.), und auch A. W i e r z e j s k i (38.) und E. v. D a d a y (13.) haben einige Arten nachgewiesen. Ein Teil der hierhergehörigen Gattungen ist an dem cylindrischen Fuß und den zwei blattförmigen Zehen an dessen Ende zu erkennen, bei einem andern Teil ist der Fuß zwar cylindrisch, allein artikuliert und die Zehen sind einem gestreckten Blatt oder annähernd einem Dolch ähnlich.

Gen. Noteus (Ehrb.)

Eines der auffallendsten Merkmale dieser Gattung ist der aus drei Gliedern bestehende und mit zwei dolchartigen Zehen versehene Fuß. Lange Zeit wurden bloß *Noteus quadricornis* Ehrb. und *Noteus Stuhlmanni* Coll. in dieser Gattung geführt, bis E. v. D a d a y 1901 nachgewiesen hat, daß die früher zur Gattung *Brachionus* gezogenen *Brachionus militaris* Ehrb. und *Brachionus polyacanthus* Ehrb. zufolge der Gliederung ihres Fußes in das Genus *Noteus* zu versetzen sind (12. p. 454).

Arten dieser Gattung sind aus allen Weltteilen bekannt. Aus Südamerika wurde die erste Art von A. W i e r z e j s k i aus Argentinien nachgewiesen. Bei meinen Untersuchungen habe ich zwei Arten gefunden.

182. Noteus quadricornis (Ehrb.)
(Taf. VI, Fig. 15, Taf. VII, Fig. 1.)
Noteus quadricornis H u d s o n et G o s s e, 19, II, p. 121, Taf. XXVIII, Fig. 5.

Diese aus allen Weltteilen bekannte Art ist aus Südamerika bereits von A. W i e r z e j s k i nachgewiesen worden. Dem Anscheine nach ist sie in der Fauna von Südamerika, bezw. Paraguay sehr häufig, insofern ich sie von folgenden Fundorten verzeichnen konnte: A r e g u a, Inundationen eines Baches, der den Weg zu der Lagune Ipacarai kreuzt; zwischen A r e g u a und L u g u a, Tümpel an der Eisenbahn; zwischen A r e g u a und dem Yuguariflusse, Inundationen eines Baches; A s u n c i o n, mit halbtrockener Camalote bedeckte Sandbänke in den Flußarmen, sowie ein Tümpel auf der Insel (Banco) des Paraguayflusses; zwischen A s u n c i o n und T r i n i d a d, Pfützen im Eisenbahngraben; C o r u m b a, Matto Grosso, Inundationstümpel des Paraguayflusses; C u r u z u - n ú, Teich beim Hause des Marcos Romeros; E s t i a P o s t i l l o n, Lagune; P a s o B a r r e t o, Bañado und Lagune am Ufer des Rio Aquidaban; C a c a r a p a, Tümpel; G o u r a l e s, ständiger Tümpel; T e b i c u a y, Pfütze; A s u n c i o n, Lagune (Pasito), Inundationen des Paraguayflusses.

Die meisten der untersuchten Exemplare gleichen im allgemeinen der typischen Form, wie sie z. B. bei H u d s o n et G o s s e abgebildet ist; einige Verschiedenheit aber zeigt sich dennoch, insofern z. B. der Stirnrand des Panzers am Bauch nicht einfach ist, wie bei der typischen Form, sondern in der Mitte stark ausgeschnitten (Taf. VII, Fig. 11). Die Länge des Panzers beträgt, ohne die Dornfortsätze 0,2—0,25 mm, ihr größter Durchmesser 0,2—0,23 mm, der hintere Panzerfortsatz ist 0,09—0,1 mm, die Stirnfortsätze 0,05 mm lang.

Die von dem Fundorte bei C o r u m b a herstammenden Exemplare weichen von der Stammform schon in so großem Maße ab, daß ich dieselben mit der Bezeichnung *Noteus quadricornis* var. *brevispinus* n. var. absondere. Der Panzer dieser Exemplare gleicht im ganzen einem an dem einen Ende abgerundeten Schild, ist am Rücken ebenso gefeldert und die ganze Oberfläche fein granuliert, wie die Stammform (Taf. VI, Fig. 15). Die zwei Dornfortsätze am Stirnrand sind gut entwickelt, nach unten und außen gekrümmt, 0,03 mm lang; die hinteren Dornfortsätze sind sehr kurz, messen bloß 0,01 mm und sind einander auffallend genähert (Taf. VI, Fig. 15). Der vordere Panzerrand bildet am Bauch zwei Wellenhügel und es zeigen sich drei Wellentäler daran, deren eines zwischen den beiden Wellenhügeln in der Mittellinie liegt. Die Länge des Panzers beträgt ohne die Dornfortsätze 0,13—0,14 mm, der größte Durchmesser 0,11—0,12 mm.

Demnach unterscheidet sich diese Varietät von der Stammform durch die Struktur des vorderen Bauchrandes, sowie durch die Situierung und Größe der hinteren Dornfortsätze.

183. Noteus militaris (Ehrb.)

(Taf. VII, Fig. 2—5.)

Brachionus militaris H u d s o n et G o s s e, 19, Supl. p. 52, Taf. XXXIV, Fig. 23.

Mit Ausnahme von Afrika und Südamerika ist diese Art aus den übrigen Weltteilen längst bekannt. Bei meinen Untersuchungen fand ich nicht nur die typische Form, sondern auch eine auffallende Varietät, *Noteus militaris* var. *macracanthus* n. var., welch letztere, wie es aus der Aufzählung der Fundorte sich ergeben wird, in der Fauna von Paraguay weit häufiger ist.

Die typischen Exemplare gleichen im ganzen den von C. G. E h r e n b e r g und H u d s o n - G o s s e abgebildeten und weichen von denselben nur insofern ab, als der rechte hintere Dornfortsatz weit kürzer ist als die übrigen, während die zwei mittleren fast gleich lang sind; sie erinnern somit an jene Exemplare, welche E. v. D a d a y aus Ceylon abgebildet hat (11. p. 17, Fig. 5). Die vorderen Panzerfortsätze am Rücken und Bauch gleichen den Exemplaren von C. G. E h r e n b e r g und H u d s o n - G o s s e und auch die Struktur des Panzers weist keine Abweichung auf (Taf. VII, Fig. 2). Die Länge des Panzers, ohne die zwei hinteren Dornfortsätze gemessen, beträgt 0,12—0,15 mm; ihre größte Breite 0,12—0,15 mm; der längste hintere Dornfortsatz mißt 0,04—0,07 mm.

Fundorte: A r e g u a, Inundationen eines Baches, der den Weg zu der Lagune Ipacarai kreuzt; zwischen A r e g u a und L u g u a, Inundationen des Yuguariflusses; zwischen A r e g u a und dem Y u g u a r i f l u s s e, Inundationen eines Baches; A s u n c i o n, Campo Grande, Calle de la Cañada, von Quellen gebildete Tümpel und Gräben; zwischen A s u n c i o n und T r i n i d a d, Pfützen im Eisenbahngraben; E s t i a P o s t i l l o n, Lagune; P a s o B a r r e t o,

Bañado am Ufer des Rio Aquidaban; Villa Sana, Inundationen des Baches Paso Ita; Gourales, ständiger Tümpel.

Die Merkmale von *Noteus militaris* var. *macracanthus* n. var. fasse ich in folgendem kurz zusammen.

Der Rumpf erinnert im ganzen an den der typischen Form, ist aber weit breiter als lang. Der Rumpfpanzer mißt nämlich, ohne die Dornfortsätze und von der Basis der hinteren mittleren Dornfortsätze gemessen, 0,12—0,15 mm, die Breite dagegen 0,18—0,2 mm. Die Panzeroberfläche ist am Rücken gefeldert und fein punktiert (Taf. VII, Fig. 3. 4., wogegen am Bauch die Felderchen fehlen und statt derselben nahe zur Basis der vorderen Dornfortsätze ein welliger Kamm quer hinzieht, von welchem zwei nach hinten ziehende Kämme ausgehen (Taf. VII, Fig. 5), dabei ist auch der Bauchpanzer fein punktiert.

Die hinteren Dornfortsätze des Panzers sind auffallend lang; der rechte und linke nahe zum hinteren Viertel einwärts gekrümmt; die mittleren zwei Dornfortsätze sind bald gerade, bald schwach gebogen, in den meisten Fällen aber gerade nach hinten gerichtet, und stehen stets näher zueinander als zu den seitlichen (Taf. VII, Fig. 3. 4. 5). Unter meinen Exemplaren fand ich indessen auch solche, deren einer z. B. der linke hintere Dornfortsatz bloß in Form einer kleinen Erhöhung vorhanden war, während die übrigen sich gut entwickelt hatten (Taf. VII, Fig. 4). Die Länge der seitlichen Dornfortsätze beträgt 0,12 bis 0,14 mm, die der mittleren 0,1—0,14 mm.

Fundorte: A r e g u a, Pfütze an der Eisenbahn, sowie Inundationen eines Baches, welcher den Weg zu der Lagune Ipacarai kreuzt; zwischen A r e g u a und dem Y u g u a r i - f l u s s e, Inundationen eines Baches; A s u n c i o n, Tümpel auf der Insel (Banco) des Paraguayflusses; C e r r o L e o n, Bañado; C o r u m b a, Matto Grosso, Inundationstümpel des Paraguayflusses; C u r u z u - c h i c a, toter Arm des Paraguayflusses; C u r n z n - n ú, Teich beim Hause des Marcos Romeros; E s t i a P o s t i l l o n, Lagune und deren Inundationen; G r a n C h a c o, von den Riachok hinterbliebene Lagune; P a s o B a r r e t o, Bañado und Lagune am Ufer des Rio Aquidaban; P i r a y u, Straßenpfütze; V i l l a S a n a, Inundationen des Baches Paso Ita und der Peguaho genannte Teich; schließlich Inundationen des Yuguariflusses; S a p u c a y, Pfütze und mit Pflanzen bewachsene Graben am Eisenbahndamm; C a e a r a p a, Tümpel; G o u r a l e s, ständiger Tümpel; V i l l a R i c a, Graben am Eisenbahndamm und nasse, quellige Wiese; A s u n c i o n, Lagune (Pasito), Inundationen des Paraguayflusses. An manchem dieser Fundorte mit der Stammform zugleich vorkommend.

Gen. Brachionus (Ehrb.)

Brachionus Hudson et Gosse, 19, II, p. 116.

Das wichtigste gemeinschaftliche Merkmal der hierhergehörigen Arten bildet, von sonstigen abgesehen, hauptsächlich der cylindrische, ungegliederte und in zwei kleine blattförmige Zehen endigende Fuß, was natürlich die früher hierher gezogenen, mit gegliederten Füßen versehene Arten: *Brachionus militaris* Ehrb. und *Brachionus polyacanthus* Ehrb. ausschließt, welche — wie wir sahen — in die Gattung *Noteus* zu stellen sind.

Die Gattung ist aus allen Weltteilen, auch aus Südamerika, längst bekannt; schon L. S c h m a r d a hat 1859 von verschiedenen Fundorten folgende Arten nachgewiesen: *Bra-*

chionus nicaraguensis Sehm., *Br. chilensis* Sehm., *Br. ancylognathus* Sehm. und *Br. longipes* Sehm., von welcher indessen die beiden mittleren, wie wir sehen werden, bloß Synonyme oder im besten Falle Varietäten einer dritten Art sind (31.). J. Frenzel hat 1891 bloß die Gattung erwähnt, es läßt sich also natürlich nicht bestimmen, welche Art er bei seinen Untersuchungen gefunden hatte. A. Wierzejski hat 1901 eine Art, *Brachionus rubens* Ehrb., aus Argentinien nachgewiesen, während E. v. Daday 1902 von patagonischen Fundorten zwei Formen beschrieben hat, und zwar *Brachionus Bakeri* var. *areolata* und *Br. patagonicus* Dad. (13.). Bei meinen derzeitigen Untersuchungen habe ich folgende Arten gefunden.

184. Brachionus Bakeri Ehrb.

(Taf. VII, Fig. 6. 7. 8.)

Brachionus Bakeri Rousselet, C. F., 28, p. 328—332, Taf. XVI, Fig. 1—14.
  „ „ Weber, C. F., 36, p. 679, Taf. XXIV, Fig. 1—4.

Eine echt kosmopolitische Art, deren Exemplare je nach dem Fundorte in sehr weiten Grenzen variieren, was übrigens sehr schön illustriert wird durch das Synonymenverzeichnis, welches C. F. Rousselet und C. F. Weber in ihren oben citierten Werken zusammenstellten und gleichfalls schon erwiesen wird durch die drei Abbildungen (Taf. VII, Fig. 6. 7. 8), welche ich bei meinen Untersuchungen nach den vorgelegenen Exemplaren angefertigt habe.

Hier muß ich übrigens betonen, daß die Ehrenbergschen typischen Exemplare, obgleich sie vermöge der Größe und Form der Panzerdornfortsätze den von späteren Forschern unter anderen Namen beschriebenen Exemplaren sehr ähnlich sind, dennoch von all denselben sich darin unterscheiden, daß am Rücken ihres Panzers vieleckige Felderchen vorhanden sind (16. Taf. LXIV, Fig. 1). Dieser Umstand dürfte als wichtig genug zu betrachten sein, um auf Grund dessen das von C. F. Rousselet und C. F. Weber zusammengestellte Synonymen-Verzeichnis einer Revision zu unterziehen. Mit Rücksicht darauf, daß die von genannten Forschern für synonym erklärten Formen entweder nur auf gewissen, engbegrenzten Gebieten, oder aber nur an gewissen Fundorten und unter gewissen, etwa eigenartigen natürlichen Verhältnissen auftreten, dürften dieselben nicht nur für Varietäten, sondern eventuell auch für biologische Arten zu betrachten sein, was um so leichter der Fall sein könnte, als die verschiedenen Formen nur selten oder überhaupt nicht in Gesellschaft voneinander anzutreffen sind.

Allein ich will hier von einer jedenfalls sehr langwierigen detaillierten Vergleichung absehen und mich der Kürze halber der Auffassung von C. F. Rousselet und C. F. Weber anschließen, bezw. das von denselben zusammengestellte Synonymen-Verzeichnis acceptieren. Aus demselben geht hervor, daß die von L. Schmarda aus Südamerika beschriebenen zwei Arten *Brachionus chilensis* und *Br. ancylognathus* nichts anderes als *Brachionus Bakeri* Ehrb. oder zumindest Varietäten desselben sind, folglich ist diese Art bereits seit 1859 aus Südamerika bekannt und wurde 1902 auch von E. v. Daday ebendaher nachgewiesen.

Das gemeinschaftliche Merkmal der mir vorgelegenen hierhergehörigen Formen ist, daß die Panzeroberfläche feiner oder gröber granuliert ist, allein in der Körpergröße, in der Länge und Richtung der vorderen und hinteren Dornfortsätze des Panzers, sowie in der Struktur des vordern Bauchrandes zeigt sich eine außerordentliche Verschiedenheit, so zwar, daß in dieser Hinsicht folgende drei Varietäten zu unterscheiden sind: *Brachionus Bakeri* var. *brevispinus*, *Br. Bakeri* var. *Melheni* und *Br. Bakeri* var. *cornutus* n. var.

Brachionus Bakeri var. *brevispinus* (Taf. VII, Fig. 6) hat einen gedrungenen Körper, ist aber in der Regel breiter als lang, die Dornfortsätze nicht gerechnet. Die Panzeroberfläche ist fein granuliert, auf dem Rücken erhebt sich, von der Basis der zwei inneren vorderen Fortsätze ausgehend, je ein kleiner Längskamm. Von den Rückenfortsätzen des vorderen Panzerrandes sind die zwei äußeren oder seitlichen nur wenig kürzer als die zwei mittleren. Am vordern Bauchrand zeigen sich nahe zur Mittellinie zwei zugespitzte Erhöhungen. Die zwei hinteren Panzerfortsätze sind sehr kurz, kaum länger als die vorderen inneren, und nach hinten und außen gerichtet.

Die Länge des Rumpfes, von der Basis der vorderen und hinteren Dornfortsätze gemessen, beträgt 0,17—0,2 mm, die größte Breite 0,2—0,22 mm, die Länge des hinteren Dornfortsatzes 0,03 mm.

Fundorte: A s u n c i o n, die mit halbtrockener Camalote bedeckten Sandbänke der Flußarme; C u r u z u - c h i c a, toter Arm des Paraguayflusses; P a s o B a r r e t o, Lagune am Ufer des Rio Aquidaban.

Brachionus Bakeri var. *Melheni* (Taf. VII, Fig. 7) ist von den drei Varietäten den bei E h r e n b e r g abgebildeten Exemplaren noch am ähnlichsten, unterscheidet sich indessen von denselben dadurch, daß am Rücken des Panzers keine Felderchen vorhanden sind, daß die hinteren Dornfortsätze länger sind und der vordere Bauchrand anders geschnitten ist. Sie ist schlanker als vorige Varietät, auch sind die vorderen inneren Dornfortsätze des Rückens länger. Im ganzen ist sie denjenigen Exemplaren sehr ähnlich, welche T h. B a r r o i s und E. v. D a d a y mit der Bezeichnung *Brachionus Melheni* aus Syrien beschrieben haben (3. p. 233. Taf. VII, Fig. 18. 19).

Die Größenverhältnisse der Exemplare sind folgende: Rumpflänge zwischen der Basis der vorderen und hinteren Dornfortsätze 0,16—0,17 mm, größte Breite 0,18 mm, Länge des hinteren Dornfortsatzes 0,14 mm, Länge der vorderen inneren Dornfortsätze 0,07 mm.

Fundorte: A r e g u a, Inundationen des Baches, der den Weg zu der Lagune Ipacarai kreuzt; P a s o B a r r e t o, Bañado am Ufer des Rio Aquidaban; V i l l a S a n a, der kleine Peguaho-Teich und Inundationen des Baches Paso Ita; G o u r a l e s, ständiger Tümpel.

Brachionus Bakeri var. *cornutus* n. var. (Taf. VII, Fig. 8) steht der vorigen im ganzen sehr nahe, ist aber weit kleiner; die hinteren Dornfortsätze des Panzers stehen in demselben Verhältnis zur Rumpflänge, wie bei den vorigen Varietäten; die vorderen inneren Dornfortsätze gehen von einer gemeinsamen vorstehenden Basis aus und sind sichelförmig gekrümmt; am vordern Bauchrand erheben sich drei Hügel, deren mittlerer zugespitzt ist, wogegen die beiden seitlichen stumpf gerundet sind. Sie ist sehr ähnlich denjenigen Exemplaren, welche unter dem Namen *Brachionus Melheni* Bar. et Dad. beschrieben und abgebildet sind (12. p. 455. Taf. XXV, Fig. 1).

Ihre Größenverhältnisse sind folgende: Rumpflänge zwischen der Basis der vorderen und hinteren Dornfortsätze 0,11 mm, größte Breite 0,13 mm, Länge des hinteren Dornfortsatzes 0,08—0,09 mm, Länge der vorderen inneren Dornfortsätze 0.04 mm.

Weit seltener als die vorherigen Varietäten und mir bei meinen Untersuchungen nur an einem Fundort, und zwar in Inundationstümpeln des Paraguayflusses bei Corumba in Matto Grosso untergekommen.

185. Brachionus caudatus Barr. et Dad.

(Taf. VII, Fig. 11.)

Brachionus caudatus Barrois et Daday, 3, p. 232, Taf. VII, Fig. 9. 10. 13.

Bisher war diese Art bloß aus Syrien bekannt, von wo sie durch Th. Barrois und E. v. Daday beschrieben worden ist. Die Exemplare aus Paraguay sind im ganzen den syrischen zwar sehr ähnlich, weichen aber von denselben dennoch in mehrfacher Hinsicht ab, so zwar, daß sie als Repräsentanten einer gut charakterisierten Varietät gelten könnten; vor allem sind sie größer.

Der Rumpf ist im ganzen eiförmig, hinten schmäler (Taf. VII, Fig. 11). Die ganze Panzeroberfläche ist sowohl am Rücken, wie am Bauch fein granuliert. Der vordere Rücken-, bezw. Stirnrand, die beiden Seitenenden des Panzers mitgerechnet, bildet sechs Hügelchen, welche durch breite, seichte Buchten voneinander getrennt sind, mit Ausnahme der beiden inneren, zwischen welchen eine kreisförmige Bucht ist. Die zwei inneren Hügel sind ziemlich schmal und gegeneinandergebogen, die nach außen folgenden zwei Hügel erinnern an ein breites Dreieck (Taf. VII, Fig. 11). Der vordere Bauchrand ist in vier Hügel geteilt, deren jeder ziemlich stumpf abgerundet ist; die beiden inneren sind durch einen scharfen Einschnitt voneinander getrennt.

Am hinteren Panzerende entspringt an jeder Seite ein säbelförmig einwärts gekrümmter, nach hinten gerichteter Dornfortsatz und auch ober der Fußöffnung erheben sich zwei kleine Dornfortsätze, die durch eine gerundete Bucht voneinander getrennt sind (Taf. VII, Fig. 11).

Die Räderorgane vermochte ich an keinem einzigen Exemplar einzeln zu studieren. Von den inneren Organen erwähne ich bloß die Hepatopankreas-Drüse, welche an beiden Seiten annähernd pfeifenförmig ist und je einen großen Kern enthält. Die Länge des Fußes konnte ich nicht feststellen, weil derselbe zum Teil oder gänzlich zurückgezogen war.

Die Rumpflänge beträgt 0,14—0,15 mm, der größte Durchmesser 0,1—0,12 mm, die Länge der hinteren seitlichen Dornfortsätze 0,07 mm, die Länge der Dornfortsätze ober der Fußöffnung 0,01—0,012 mm.

Fundort: Lagune am Ufer des Rio Aquidaban bei Paso Barreto, wo ich mehrere Exemplare vorfand.

Vergleicht man obige kurze Beschreibung mit der Beschreibung von Th. Barrois und E. v. Daday, bezw. die paraguayischen mit den syrischen Exemplaren (Houleh-See), so zeigt es sich, daß dieselben in der Struktur des Rücken- und Bauchrandes des Panzers, sowie in der Größe der hinteren seitlichen Dornfortsätze sich unterscheiden, hauptsächlich aber darin, daß die paraguayischen Exemplare auch rings der Fußöffnung Dornfortsätze tragen, welche den syrischen fehlen. In dieser Hinsicht erinnern die paraguayischen Exemplare übrigens an *Brachionus papuanus* Dad. und *Brachionus tetracanthus* Collin.

Hier muß ich bemerken, daß C. F. Rousselet in seiner „Second List of New Rotifers since 1889" (p. 13) den *Brachionus caudatus* Barr. et Dad. zwar mit Fragezeichen, aber dennoch als Varietät von *Schizocerca diversicornis* Dad. betrachtet. Um darzutun, wie irrig diese Auffassung Rousselets ist, genügt es, auf die offenbar große Verschiedenheit in der Struktur des Fußes, bezw. der Zehen von *Brachionus caudatus* und *Schizocerca diversicornis* hinzuweisen. Meiner Ansicht nach steht *Brachionus caudatus* Bar. et Dad. in keinerlei Verwandtschaft mit *Schizocerca diversicornis*, sondern, wenn man schon Verwandte desselben sucht, hat man sich an *Brachionus angularis* Gosse zu wenden, von welchem derselbe auch, mit Hilfe von vermittelnden Formen, leicht abzuleiten ist. Von *Brachionus angularis* zu *Br. caudatus* wird der erste Schritt von *Br. papuanus* Dad. getan, an dessen Fußöffnung sich an jeder Seite ein nach innen gekrümmter kurzer Dornfortsatz erhebt (10. p. 26, Fig. 8); von dieser Art bildet dann *Brachionus tetracanthus* Collin einen weiteren Übergang, jedoch in der Weise, daß, während die letzt erwähnten zwei Arten neben *Brachionus angularis* Gosse entschieden zum Range der Varietät herabsinken, dagegen *Brachionus caudatus* Dad., trotz der vorgeführten Verwandtschaft, unanfechtbar als eigene Art zu bestehen hat.

186. Brachionus mirabilis Dad.

(Taf. VII, Fig. 9. 10.)

Brachionus mirabilis Daday, E. v., 10, p. 24, Fig. 7a 8.

Bisher war diese Art bloß aus Neu-Guinea bekannt, von wo sie E. v. Daday 1901, auf Exemplare aus dem Sagomoor von Lemien gestützt, beschrieben hat. Bei meinen derzeitigen Untersuchungen habe ich diese auffallende Art ebenfalls gefunden und zwar in dem Material von folgenden Fundorten: Aregua, Inundationen eines Baches, der den Weg zu der Lagune Ipacarai kreuzt; zwischen Aregua und Lugua, Tümpel an der Eisenbahn.

Die mir vorliegenden Exemplare gleichen zwar unverkennbar denen aus Neu-Guinea, in einzelnen Details aber sind sie dennoch einigermaßen verschieden von denselben.

Der Rumpf gleicht im ganzen einem Viereck, ist aber nahe zum Vorderrand etwas schmäler, bezw. an der Basis der äußeren vorderen Dornfortsätze schwach eingeschnürt; die beiden Seiten sind in der Mitte ziemlich bogig (Taf. VII, Fig. 9). Die Panzeroberfläche ist ganz glatt, bloß am Bauch zeigt sich, von den mittleren Fortsätzen ausgehend, je ein Kämmchen, die schief nach außen und hinten, d. i. divergent verlaufen und ein annähernd dreieckiges Gebiet umfassen (Taf. VII, Fig. 9). Je eine sehr feine Linie geht übrigens auch von den äußeren Stirnfortsätzen des Panzerrückens aus.

Am vorderen Rücken- bezw. Stirnrand des Panzers erheben sich sechs Dornfortsätze, und zwar zwei seitliche, zwei äußere und zwei mittlere oder innere Dornfortsätze. Die zwei seitlichen Dornfortsätze sind nur wenig kürzer als die mittleren, spitzig, nach außen und vorn blickend. Die beiden äußeren Dornfortsätze sind weit kürzer als die übrigen, spitzig, an der Basis aber bilden sie einen ziemlich breiten, im ganzen dreieckigen Hügel. Die mittleren oder inneren Dornfortsätze sind sichelförmig, kräftiger als die übrigen, nach außen gekrümmt, die Bucht zwischen ihrer Basis ist weit tiefer, als die übrigen Ausbuchtungen des Randes (Taf. VII, Fig. 9,.

Der vordere Bauchrand der Schale erhebt sich dachförmig gegen die Mittellinie. bildet indessen auch je einen Hügel; in der Mittellinie zeigt sich eine kleine Ausbuchtung, demzufolge hier zwei gegeneinander geneigte kleine Spitzen entstehen. Mithin besteht in der Struktur des vorderen Bauchrandes ein Unterschied zwischen den paraguayischen und den

Exemplaren aus Neu-Guinea, denn bei letzteren ist derselbe in sechs Hügelchen geteilt und die Bucht in der Mittellinie ist sehr seicht und breiter.

Die zwei hinteren Panzerecken gehen in je einen auffallend langen, allmählich verengten, cylindrischen, säbelförmigen Fortsatz aus, welcher nach hinten und oben gerichtet ist. Die Richtung dieser Fortsätze ist übrigens bloß bei der Seitenlage des Tieres deutlich sichtbar (Taf. VII, Fig. 10), während dieselben bei dem am Rücken oder Bauch liegenden Tiere als gerade nach hinten gerichtet erscheinen (Taf. VII, Fig. 9). Allein auch am Bauch entspringen zwei Dornfortsätze, deren Basis die Fußöffnung umgibt. Diese Dornfortsätze sind gleichfalls cylindrisch, gegen Ende allmählich verengt, säbelförmig gekrümmt, sowie nach hinten und unten gerichtet, was nur an dem seitlich liegenden Tiere deutlich zu ersehen ist (Taf. VII, Fig. 10), wogegen sie bei dem am Rücken oder Bauch liegenden nach außen und hinten blicken (Taf. VII, Fig. 9). Hinter der Fußöffnung erheben sich indessen noch zwei kleine Dornfortsätze (Taf. VII, Fig. 10), deren E. v. Daday bei Exemplaren aus Neu-Guinea nicht gedenkt.

Die inneren Organe vermochte ich an dem zufolge der Konservierung stark zurückgezogenen Tiere nicht deutlich wahrzunehmen. Insofern ich es erkennen konnte, hat die Hepatopankreas-Drüse die Form einer Pfeife und enthält zwei Kerne.

Von dem vollständig zurückgezogenen Fuße war bloß das aus der Fußöffnung etwas vorragende hintere Ende zu bemerken; die Zehen sind blattförmig, typische *Brachionus*-Zehen (Taf. VII, Fig. 9).

Von der Seite gesehen gleicht das Tier einem eigentümlich geformten Schlauche, an dessen beiden Seiten eine scharfe Linie hinzieht, welche gleichsam in die hinteren Dornfortsätze des Rückens übergeht (Taf. VII, Fig. 10).

Die Länge des Rumpfes beträgt, zwischen der Basis der hinteren und vorderen Dornfortsätze des Rückens gemessen, 0,16—0,19 mm, die größte Breite 0,17 mm, die Länge des hinteren Rückenfortsatzes 0,14—0,17 mm, die Länge des hinteren Bauchfortsatzes 0,08 bis 0,09 mm, die Länge des mittleren Stirnfortsatzes 0,05 mm.

Der nächste Verwandte dieser interessanten und auffälligen Art ist *Brachionus pala* Ehrb. und besonders *Brachionus Bakeri* Ehrb., insbesondere aber die Varietäten der letzteren mit langen Dornfortsätzen.

187. Brachionus mirus n. sp.
(Taf. VII, Fig. 14. 15.)

Der Körper gleicht einem gezogenen Viereck, vorn und hinten gleich breit, an beiden Seiten schwach bogig (Taf. VII, Fig. 14).

Die Panzeroberfläche ist sehr fein granuliert, aus dem vorderen und hinteren Winkel beider Seiten geht je ein relativ sehr langer Dornfortsatz aus; die vorderen Dornfortsätze sind gerade, etwas dünner und kürzer als die hinteren, schief nach außen und vorn gerichtet (Taf. VII, Fig. 14); die hinteren Dornfortsätze etwas länger und dicker als die vorderen, schwach gekrümmt, nach außen und hinten gerichtet.

Am vorderen Rückenrand des Panzers liegen zwei stumpfe Hügel und in der Mittellinie zwei zugespitzte Erhöhungen, zwischen denselben ist ein tiefer Einschnitt sichtbar. Der vordere Bauchrand ist in der Mittellinie eingeschnitten, an beiden Seiten des Einschnitts

125

erhebt sich je ein stumpf abgerundeter Hügel (Taf. VII, Fig. 14). Am hinteren Panzerrand zeigt sich in der Mitte, bezw. an beiden Seiten der Fußöffnung je ein kleiner Dornfortsatz, deren Spitzen sich gegeneinanderkehren, zwischen ihnen entsteht dadurch eine ziemlich große kreisförmige Bucht.

Von den inneren Organen vermochte ich bloß die Hepatopankreas-Drüsen gut wahrzunehmen; dieselben sind nierenförmig, enthalten je einen Kern und ihre Ausleitung geht von der Mitte aus.

Die Länge des Fußes ließ sich nicht feststellen, weil sämtliche Exemplare mehr oder minder zusammengezogen waren, indessen konnte ich sehr genau unterscheiden, daß am Fußende zwei lanzen- oder blattförmige Zehen sitzen, ebenso wie bei den übrigen Arten der Gattung (Taf. VII, Fig. 15).

Die Länge des Rumpfpanzers beträgt ohne die Fortsätze 0,12—0,13 mm, samt den Fortsätzen 0,24—0,26 mm, die größte Breite 0,085—0,09 mm, die Länge der vorderen Seitenfortsätze 0,07 mm, die der hinteren Seitenfortsätze 0,08—0,09 mm, die der vorderen Randfortsätze 0,01 mm, die der hinteren Rand- oder Fußöffnungs-Fortsätze 0,014 mm.

Fundort: Paso Barreto, Lagune am Ufer des Rio Aquidaban, wo ich einige Exemplare fand.

Von den übrigen Arten der Gattung steht diese Art am nächsten zu *Brachionus angularis*, erinnert aber durch die Struktur der Schale so sehr an *Schizocerca diversicornis* var. *homoceros*, daß man sie mit derselben fast verwechseln könnte, wenn die Struktur des Fußes die generische Verschiedenheit nicht alsbald zeigte.

188. Brachionus angularis Gosse.

Brachionus angularis Hudson et Gosse, 19, II, p. 120, Taf. XXVII, Fig. 4.

Bisher war diese Art aus Europa, Asien und Afrika bekannt. Ich habe sie nur in dem an der Oberfläche der Lagune Ipacarai gesammelten Material gefunden, allein auch da war sie nicht häufig.

189. Brachionus urceolaris Ehrb.
(Fig. 1.)

Brachionus urceolaris Hudson et Gosse, 19, II, p. 118, Taf. XXVII, Fig. 6.

Eine der am weitesten verbreiteten Arten dieser Gattung, welche aber aus Südamerika bisher unbekannt war. Bei meinen Untersuchungen fand ich sie bloß an einem einzigen Fundort, und zwar bei Asuncion, Calle san Miguel, Pfützen, wo sie in Gemeinschaft mit *Daphnia pulex* ziemlich häufig war.

Die mir vorliegenden Exemplare weichen einigermaßen von den europäischen, besonders von der von Hudson und Gosse abgebildeten Stammform ab. Die beiden inneren Fortsätze am Stirnrand des Rückenpanzers sind weit länger als die übrigen, der Einschnitt zwischen ihnen ist tief und ziemlich schmal, ihre Basis ist von derjenigen der mittleren durch einen spitzen Einschnitt getrennt (Fig. 1). Die mittleren Fortsätze gehen von einer breiten Basis aus, gleichen spitzen Kegeln und sind von den äußeren durch eine breite Bucht getrennt. Die äußeren Fortsätze ragen nicht so hoch empor, wie die mittleren und sind viel dünner als diese. In der Mitte des Stirnrandes erheben sich am Bauche zwei Hügel mit abgerundeter Spitze, welche in der Mitte durch einen tiefen Einschnitt getrennt sind; ihr Außenrand ist wellig, bezw. bildet in der Mitte einen stumpf gerundeten Hügel (Fig. 1).

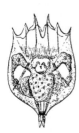

An beiden Seiten der Fußöffnung erhebt sich ein mehr oder wenig spitziger, aber kurzer Fortsatz, zwischen welchen in der Mitte am Rücken ein abgerundeter Lappen sitzt.

Die Panzeroberfläche ist glatt, am Rücken aber ziehen von den inneren und mittleren Stirnfortsätzen ausgehend, vier scharfe Linien nach hinten.

Die Hepatopankreas-Drüsen gleichen annähernd einem Hammer, und habe ich darin 1—2 kugelförmige Kerne wahrgenommen. Im übrigen zeigt sich die Organisation der Gattung, bezw. der Stammform.

Die ganze Panzerlänge beträgt 0,17—0,19 mm; die größte Breite 0,1 bis 0,13 mm. Sämtliche Exemplare waren farblos.

Fam. Triarthridae.

Es ist dies eine Familie der *Scirtopoda*-Gruppe; ihr wichtigstes Merkmal ist das Vorhandensein der an verschiedenen Punkten des Körpers, in der Regel an beiden Seiten nahe zum Räderorgan ausgehenden Schwimmfortsätze. Unter ihren Gattungen gibt es echt kosmopolitische, deren Arten aus allen Weltteilen bekannt sind; es finden sich indessen auch solche, die auf eine sehr enge Verbreitung beschränkt sind. Aus Südamerika wurden ihre ersten Repräsentanten 1902 durch E. v. Daday von patagonischen und chilenischen Fundorten nachgewiesen.

Gen. Triarthra Ehrb.

Triarthra Hudson et Gosse, 19, II, p. 5.

Eine der verbreitetsten Gattungen der Familie, denn ihre Arten sind aus Europa, Asien, Afrika, Australien, Nord- und Südamerika gleicherweise bekannt und aus letzterem Weltteile zuerst von E. v. Daday nachgewiesen. Das wichtigste Merkmal ihrer Arten sind die drei borstenartigen Ruder, deren zwei nahe dem Räderorgan an den Seiten, eines aber nahe dem hinteren Körperende am Bauch sich erhebt. Bei meinen Untersuchungen habe ich bloß folgende Art gefunden.

190. Triarthra longiseta Ehrb.

Triarthra longiseta Hudson et Gosse, 19, II, p. 6, Taf. XIII, Fig. 6.

Aus Südamerika wurde diese Art von patagonischen und chilenischen Fundorten durch E. v. Daday bereits erwähnt. Es ist diejenige Art der Gattung, welche aus allen Weltteilen bekannt ist. Ich traf sie an folgenden Fundorten an: Asuncion, Pfützen auf der Insel (Bañco) des Paraguayflusses; Corumba, Matto Grosso, Inundationstümpel des Paraguayflusses; Estia Postillon, Lagune; Lagune Ipacarai, Oberfläche.

Gen. Polyarthra Ehrb.

Polyarthra Hudson et Gosse, 19, II, p. 3.

In Hinsicht auf die geographische Verbreitung macht diese Gattung der vorigen den Rang streitig. Der erste Repräsentant derselben wurde in Südamerika gleichfalls von E. v. Daday nachgewiesen. Ihre Arten sind durch die nahe der Basis des Räderorgans angebrachten rechts- und linksseitlichen Bündel von feder- oder schippenförmigen Schwimmborsten charakterisiert.

191. Polyarthra platyptera Ehrb.

Polyarthra platyptera Hudson et Gosse, 19, II, p. 3, Taf. XIII, Fig. 5.

Diejenige Art der Gattung, welche die größte geographische Verbreitung hat; sie ist nämlich sowohl aus Europa, Asien, Afrika und Australien, als auch aus Nord- und Südamerika bekannt. Aus Südamerika wurde sie zuerst von E. v. Daday nachgewiesen. Derzeit fand ich sie an folgenden Fundorten: Aregua, Inundationen eines Baches, der den Weg zu der Lagune Ipacarai kreuzt; Asuncion, Tümpel auf der Insel (Banco des Paraguayflusses; zwischen Asuncion und Trinidad, Pfützen im Eisenbahngraben; Corumba, Matto Grosso, Inundationstümpel des Paraguayflusses; Estia Postillon, Lagune; Lagune Ipacarai, Oberfläche. Mit Rücksicht auf die Anzahl der Fundorte ist diese Art als ziemlich häufig zu betrachten.

Gen. Diarthra Dad.

Diarthra Daday, E. v., 10, p. 26.

Die einzige Gattung der Familie, welche einen Fuß besitzt; ein anderes wichtiges Merkmal bilden die säbelförmigen Schwimmfortsätze, die nahe zur Basis des Räderorgans an beiden Körperseiten (je eine) artikuliert sind. Bisher ist bloß eine Art bekannt, die E. v. Daday aus Neu-Guinea beschrieben hat.

192. Diarthra monostyla Dad.

(Taf. VII, Fig. 17.)

Diarthra monostyla Daday, E. v., 10, p. 26, Fig. 9.

Die mir vorliegenden Exemplare stimmen fast vollständig überein mit den von E. v. Daday aus Neu-Guinea beschriebenen, bloß in den Größenverhältnissen zeigen sich unwesentliche Abweichungen. (Vgl. E. v. Daday, 10. Fig. 9 und Taf. VII, Fig. 17.

Der Körper hat im ganzen die Form eines Eies oder noch mehr eines Kegels mit abgerundeter Spitze, ist vorn weit breiter, nach hinten allmählich verengt. Der Stirnrand ist gerade geschnitten und bildet an beiden Seiten je einen kleinen zugespitzten Dornfortsatz. Im vorderen Körperdrittel artikuliert an beiden Seiten je ein säbelförmiger, gegen das distale Ende allmählich verschmälerter, spitz endigender, dornartiger flacher Fortsatz, der als Ruder dient.

Die Kutikula des Körpers ist ganz glatt, ohne jegliche Struktur, ist ziemlich elastisch, bildet daher, obgleich ziemlich dick, dennoch keinen Panzer. Am Rücken ist der Rumpf ober dem Fuß verlängert, beiläufig in der Weise, wie bei den Arten der Gattung *Cathypna*. Der Fuß ist dreigliederig, die Glieder sind cylindrisch, fast gleich lang. Die Zehe ist unpaar, dolchförmig und länger als der Fuß.

Von den inneren Organen waren bloß der Darmkanal und die kugelförmigen Hepatopankreas-Drüsen gut wahrzunehmen.

Die ganze Länge des Rumpfes beträgt 0,075 mm, die der neuguineischen Exemplare 0,15 mm, die größte Breite des Rumpfes 0,06 mm, die ganze Länge des Fußes 0,06 mm, die der Zehe 0,04 mm, die Länge der Schwimmanhänge 0,04 mm.

Fundort: Lagune bei Estia Postillon, wo ich einige Exemplare fand.

Hinsichtlich der Organisations-Verhältnisse erinnert diese Gattung und Art an die Arten der Gattung *Cathypna*, wogegen die Schwimmfortsätze sie entschieden in die *Scirtopoda*-Gruppe verweisen.

Die in Vorstehendem gekennzeichneten Rotatorien-Arten lassen sich hinsichtlich ihres Vorkommens in Südamerika in drei Gruppen einteilen, und zwar: 1) in solche, die aus Südamerika schon früher bekannt waren; 2) in solche, die aus Südamerika bisher nicht bekannt waren, und 3) in solche, die bisher bloß aus Südamerika bekannt, d. i. neue Arten sind. Bei einer derartigen Anordnung der aufgeführten Arten zerfallen dieselben in folgender Weise:

1. Aus Südamerika schon früher bekannte Arten.

Philodina roseola Ehrb. (Sch.)
Rotifer vulgaris Ehrb. (Sch. C. W.)
Asplanchnopus myrmeleo (Ehrb.) (W.)
Diglena catellina Ehrb. (W.)
5. Anuraea aculeata Ehrb. (D.)
Anuraea cochlearis Gosse (D.)
Mastigocerca bicornis Ehrb. (D.)
Mastigocerca corunta Epf. (D.)
Mastigocerca elongata Goss. (D.)
10. Mastigocerca Scipio Goss. (D.)

Euchlanis dilatata Ehrb. (W.)
Euchlanis deflexa Goss. (D.)
Cathypna luna Ehrb. (D.)
Colurus deflexus Ehrb. (W.)
15. Lepadella ovalis Ehrb. (Sch. D.)
Pterodina patina Ehrb. (D.)
Noteus quadricornis Ehrb. (D.)
Brachionus bakeri Ehrb. (Sch. D.)
Triarthra longiseta Ehrb. (D.)
20. Polyarthra platyptera Ehrb. (D.)

Vergleicht man die Anzahl der hier aufgeführten Arten mit der Gesamtzahl (79) der von mir aus Paraguay verzeichneten Arten, so zeigt es sich, daß bloß ¼ aller Arten aus solchen bestehen, die bereits von früheren Forschern von anderen südamerikanischen Fundorten erwähnt worden sind. Zu bemerken ist, daß die den Artnamen unter Klammer beigefügten Buchstaben die Namen derjenigen Forscher andeuten, welche die betreffende Art schon früher aus Südamerika aufgeführt hatten, und zwar: C. = A. Certes, D. = E. v. Daday, Sch. = L. Schmarda, W. = A. Wierzejski.

2. Aus Südamerika früher nicht bekannte Arten.

Rotifer macrurus Ehrb.
Rotifer tardus Ehrb.
Rotifer macrocerus Gosse.
Actinurus neptunius Ehrb.
5. Asplanchna Brightwelli Goss.
Melicerta ringens Ehrb.
Limnias annulatus Ehrb.
Cephalosiphon limnias Ehrb.
Megalotrocha spinosa Thasp.
10. Conochilus volvox Ehrb.
Synchaeta pectinata Ehrb.
Synchaeta oblonga Ehrb.
Pleurotracha gibba Ehrb.
Copeus centrurus (Ehrb.)
15. Copens cerberus Gosse.
Proales felis (Ehrb.)
Furcularia aequalis Ehrb.
Furcularia forficula Ehrb.
Furcularia longiseta Ehrb.
20. Furcularia micropus Gosse.
Diglena forcipata Ehrb.
Diglena grandis Ehrb.
Anuraea curvicornis Ehrb.
Mastigocerca carinata Ehrb.
25. Rattulus bicornis Western.
Rattulus tigris (O. F. M.)
Coelopus tenuior Gosse.
Dinocharis subquadratus (Perty).
Dinocharis pocillum Ehrb.

30. Scaridium longicaudum Ehrb.
Scaridium eudactylotum Gosse.
Diaschiza coeca Gosse.
Diaschiza gibba (Ehrb.)
Diaschiza lacinulata (O. F. M.)
35. Diaschiza valga Gosse.
Salpina brevispina Ehrb.
Salpina eustala Gosse.
Salpina macracantha Gosse.
Salpina spinigera Ehrb.
40. Euchlanis triquetra Ehrb.
Distyla Ludwighi Ehrb.
Cathypna leontina Turn.
Cathypna appendiculata Lev.
Monostyla bulla Gosse.
45. Monostyla lunaris Ehrb.
Monostyla quadridentata Ehrb.
Colurus uncinatus Ehrb.
Metopidia acuminata Ehrb.
Metopidia lepadella Ehrb.
50. Metopidia solida Ehrb.
Pterodina mucronata Gosse.
Noteus militaris (Ehrb.)
Brachionus caudatus Bar. Dad.
Brachionus mirabilis Dad.
55. Brachionus angularis Gosse.
Brachionus urceolaris Ehrb.
Diarthra monostyla Dad.

Somit sind von den durch mich aus der Fauna von Paraguay beobachteten Arten nahezu ³/₄ aus der Fauna von Südamerika bisher unbekannt gewesen.

3. Bisher bloß aus Südamerika bekannte Arten.

Cathypna biloba n. sp.   Cathypna incisa n. sp.
Brachionus mirus n. sp.

Diesen drei Arten schließe ich noch folgende vier Varietäten an: *Cathypna leontina v. bisinuata* n. v., *Noteus quadricornis v. brevispinus* n. v., *Noteus militaris v. macracanthus* n. v. und *Brachionus bakeri v. cornutus* n. v.

Die Arten der zwei ersteren Gruppen sind größtenteils entweder echte Kosmopoliten, d. i. aus allen Weltteilen bekannt, oder aber sie kommen in mehr als zwei Weltteilen vor;

es sind jedoch auch einige darunter, die bisher außer Südamerika nur aus einem Weltteil nachgewiesen wurden. Solche sind: *Cathypna appendiculata* Lev. und *Pterodina mucronata* Gosse, die nur noch aus Europa, *Brachionus caudatus* Bar. Dad. nur noch aus Kleinasien, sowie *Brachionus mirabilis* Dad. und *Diarthra monostyla* Dad., die nur noch aus Neu-Guinea bekannt sind. Die beiden letzteren Arten sind schon aus dem Grunde interessant, weil sie gewissermaßen Verbindungsglieder sind zwischen der Rotatorien-Fauna von Südamerika und Neu-Guinea.

Um ein genaues Bild der aus Südamerika bisher bekannten *Rotatoria*-Arten zu bieten, erachte ich es für angezeigt, das Verzeichnis der von früheren Forschern verzeichneten, von mir aber bei dieser Gelegenheit nicht beobachteten Arten hier beizufügen.

Von anderen Forschern verzeichnete Arten.

Callidina Mülleri Zel. (Z.)
Callidina Holzingeri Zel. (Z.)
Callidina lejeuniae Zel. (Z.)
Philodina setifera Sehm. (Sch.)
5. Philodina erythrophthalma Ehrb. (Sch.,
Asplanchna Silvestrii Dad. (D.)
Hydatina chilensis Schm. (Sch.)
Hydatina tetraodon Sehm. (Sch.)
Heterognathus diglenus Sehm. (Sch.)
10. Diglena andesina Sehm. (Sch.)
Salpina mucronata Ehrb. (D.)
Salpina polyodonta Sehm. (Sch.)

Euchlanis cristata Dad. (D.)
Monostyla macracantha Sehm. (Sch.)
15. Monostyla closterocera Sehm. (Sch.)
Stephanops ovalis Sehm. (Sch.)
Squamella quadridentata Sehm. (Sch.)
Lepadella setifera Sehm. (Sch.)
Hexastemma melanoglena Sehm. (Sch.)
20. Anuraea acuminata Ehrb. (D.)
Pompholyx complanata Gosse (D.)
Brachionus patagonicus Dad. (D.)
Brachionus rubens Ehrb. (W.)
24. Pedalion fennicum Lev. (D.)

Zu bemerken ist, daß die den Artnamen beigesetzten Buchstaben diejenigen Forscher bedeuten, welche die betreffende Art aus Südamerika nachgewiesen haben, und zwar: D. = E. v. Daday, Sch. = L. Schmarda, W. = A. Wierzejski, Z. = C. Zelinka.

Rechnet man nun die von mir aus der Mikrofauna Paraguays beobachteten Arten zu den eben verzeichneten, so ergibt es sich, daß derzeit aus Südamerika 101 *Rotatoria*-Arten bekannt sind. Es ist dies zwar eine ansehnliche, allein gewiß nicht die endgültige Anzahl.

VI. Copepoda.

Bezüglich der Süßwasser-Copepoden Südamerikas hat J. A. Dana 1849 (5.) die ersten Daten geboten, insofern er drei neue Arten des Genus *Cyclops* beschrieben hat. Gleichzeitig sind auch die Daten von Nicolet (6.) erschienen, welche die Beschreibung von vier neuen *Cyclops*-Arten enthalten, die indessen, wie J. Richard (16. p. 298) bemerkt, nach der Beschreibung nicht zu erkennen, bezw. von den übrigen Arten nicht zu unterscheiden sind.

Die Beschreibung der ersten, erkennbar charakterisierten südamerikanischen Copepoden-Art verdankt man J. Lubbok 1855 (10. p. 237). Diese Art ist der von einem patagonischen Fundort herstammende *Diaptomus brasiliensis* Lubb., welcher sich jedoch zufolge der Untersuchungen von J. de Guerne und J. Richard (1889) als Repräsentant des Genus *Boeckella* erwiesen hat (7. p. 99).

Die Reihe der Daten neueren Ursprungs eröffnet S. A. Poppe, der 1889 in der Publikation von J. de Guerne und J. Richard (7. p. 43), sowie 1891 die Beschreibung je einer aus Brasilien herstammenden neuen *Diaptomus*-Art geboten hat (13. p. 248). Etwas reicher sind die Daten, welche A. Wierzejski 1892 publiziert hat (22.), denn er verzeichnet von argentinischen Fundorten 5 *Cyclops*-Arten, deren zwei neu sind.

In seiner Publikation von 1894 beschreibt F. Dahl (4.) außer Centropagiden aus dem Brackwasser der Mündung des Amazonas auch eine neue Süßwasser-*Diaptomus*-Art, während H. v. Ihering 1895 (9.) gleichfalls von brasilianischen Fundorten das Genus *Canthocamptus* verzeichnet, ohne aber die betreffenden Arten zu nennen.

Hinsichtlich der Reichhaltigkeit der Daten werden die bisher erwähnten weit überflügelt durch diejenige 1897 erschienene Arbeit von J. Richard, in welcher er außer der Beschreibung der von ihm selbst an argentinischen Fundorten beobachteten Arten auch die Zusammenfassung der früheren literarischen Daten bietet (16.). Die von ihm beobachteten 10 Arten sind größtenteils Cyclopiden und bloß eine derselben gehört in die Familie der *Harpacticidae*. Übrigens hat Richard noch im Laufe desselben Jahres auch eine neue Centropagiden gleichfalls aus Argentinien beschrieben (15.).

In jüngster Zeit haben sich G. O. Sars, E. v. Daday und Al. Mrázek mit der Beschreibung südamerikanischer Copepoden befaßt. In seiner Publikation von 1901 hat G. O. Sars (17.) die Beschreibung von vier Centropagiden geboten. E. v. Daday hat in seiner vorläufigen Mitteilung aus 1901 (1. die lateinische Diagnose von 8 Centropagiden veröffentlicht, in dem diesbezüglichen Aufsatze 2. aber nicht nur die eingehende Beschreibung der vorweg charakterisierten Arten gegeben, sondern von patagonischen Fundorten insgesamt 21 Copepoden-Arten aufgeführt, und noch in demselben Jahre auch aus

Chile 4 hierhergehörige Arten verzeichnet (3.). Die aus 1901 datierte Arbeit von Al. Mrázek (12.) enthält auf 21 Copepoden-Arten bezügliche Angaben, unter welchen indessen nicht nur mehrere neue Arten, sondern auch einige ziemlich überflüssige neue Genera sich befinden, sowie unter den neu beschriebenen Arten auch solche, welche in der vorläufigen Publikation von E. v. Daday bereits enthalten waren.

Bei meinen derzeitigen Untersuchungen habe ich Repräsentanten aller drei, die Süßwässer von Paraguay bevölkernden Familien vorgefunden; allein, wie aus nachfolgendem ersichtlich, ist die Zahl der Arten aus den Familien der *Harpacticidae* und *Centropagidae* verschwindend klein gegen die aus der Familie der *Cyclopidae.*

Fam. Cyclopidae.

Die ersten Repräsentanten dieser Familie aus Südamerika wurden von J. A. Dana und Nicolet beschrieben, allein wie erwähnt, sind die Arten zufolge der mangelhaften Beschreibung weder aufs neue zu erkennen, noch mit anderen, genau beschriebenen zu identifizieren. Die ersten diesbezüglichen genauen Angaben hat 1902 A. Wierzejski geboten, als er die aus Argentinien herstammenden Arten verzeichnete. Fernere diesbezügliche Daten finden sich in den bereits erwähnten Arbeiten von E. v. Daday, J. Richard und Al. Mrázek (2. 3. 12. 16.). Nach den Daten der genannten Forscher waren aus verschiedenen Gebieten von Südamerika bisher 16 Arten bekannt, welche fast alle auch in Paraguay vorkommen.

Gen. Cyclops O. F. Müll.

Das einzige Genus dieser Familie, in welchem die Kosmopoliten sehr stark vertreten sind.

193. Cyclops fimbriatus Fisch.

Cyclops fimbriatus Schmeil, O., 21, p. 161, Taf. VII, Fig. 8—13.

Diese Art hat eine fast allgemeine geographische Verbreitung. Aus Südamerika hat sie bereits J. Richard, und zwar aus Brasilien und Chile verzeichnet (16.), auch Al. Mrázek erwähnt sie aus Chile (12.), während sie E. v. Daday von patagonischen Fundorten aufführt. Bei meinen derzeitigen Untersuchungen fand ich sie in dem Material von folgenden Fundorten: Caearapa, ständiger Tümpel; Gourales, ständiger Tümpel; Sapucay, Arroyo Poná, mit Pflanzen bewachsener Graben am Eisenbahndamm.

194. Cyclops phaleratus C. K.
(Taf. VIII, Fig. 1.)

Cyclops phaleratus Schmeil, O., 21, p. 170, Taf. VIII, Fig. 1—11.

Diese Art war aus Südamerika bisher bloß aus den Aufzeichnungen von J. Richard bekannt, der sie aus Brasilien und Argentinien erwähnt (16.), übrigens gleichfalls eine kosmopolitische Art, die bloß aus Afrika noch nicht nachgewiesen ist. In der Fauna von Paraguay scheint sie gemein zu sein; ich fand sie an folgenden Fundorten: Zwischen Aregua und Lugua, Inundationstümpel des Yguariflusses; Asuncion, Lagune (Pasito), Inundationen des Rio Paraguay; Cerro Leon, Bañado; Curuzu-chica, toter Arm des Paraguayflusses; Sapucay, mit Pflanzen bewachsener Graben an der Eisenbahn; Tebicuay, ständiger Tümpel; Villa Sana, Peguaho-Teich; Inundationen des Yuguariflusses.

Die meisten der mir vorliegenden Exemplare stimmen mit den von O. Schmeil beschriebenen fast vollständig überein und unterscheiden sich von denselben höchstens darin einigermaßen, daß am fünften Fußpaar die zwei inneren Borsten länger und die segmentalen Randzähne kräftiger sind (Taf. VIII, Fig. 1). Ich fand indessen auch solche Exemplare, die in der Struktur des Rückens der Furcal-Lamellen auffallendere Verschiedenheiten aufwiesen, insofern statt der quer und schräg darauf verlaufenden feinen kurzen Härchen bloß eine Reihe kräftigerer Borsten parallel des Innenrandes sich zeigte.

Die Länge der meisten Weibchen betrug ohne die Furcalborsten 0,85—0,95 mm, samt der Furcalborsten 1,25 mm.

195. Cyclops anceps Rich.
(Taf. VIII, Fig. 2—4.)

Cyclops anceps Richard, J., 16, p. 265, Fig. 1—4.

Eine der gemeinsten Arten der Fauna von Paraguay, insofern ich sie in dem Material von folgenden Fundorten antraf: Aregua, Inundationen eines Baches, welcher den Weg zur Lagune Ipacarai kreuzt, und eine Pfütze an der Eisenbahn; Asuncion, mit halbtrockener Camalote bedeckte Sandbänke in den Flußarmen, Tümpel auf einer Insel (Banco) des Paraguayflusses, Gran Chaco, Nebenarm des Paraguayflusses und Lagune (Pasito), Inundationen des Rio Paraguay; Cerro Leon, Bañado; Curuzu-chica, toter Arm des Rio Paraguay; Estia Postillon, Lagune; Curuzu-ñú, Teich beim Hause des Marcos Romeros; Gourales, ständiger Tümpel; Gran Chaco, Lagune; Lugua, Pfütze an der Eisenbahnstation; Paso Barreto, Bañado, sowie Lagune am Ufer des Rio Aquidaban; Pirayu, Straßenpfütze; Sapucay, Regenpfütze und ein mit Limnanthemum bewachsener Tümpel; Villa Sana, Peguaho-Teich und Inundationen des Paso Ita-Baches.

Aus Südamerika wurde diese Art zuerst von J. Richard aus Brasilien, dann von Al. Mrázek aus Patagonien und von E. v. Daday aus Chile erwähnt (3. 12. 16.).

Die mir vorliegenden Exemplare stimmen in den Hauptmerkmalen zwar überein mit dem Richardschen Typus, allein in den Details weisen sie dennoch mehrfache Abweichungen auf.

Der Körper ist im ganzen eiförmig, nach hinten allmählich verengt. Die hinteren Spitzen aller Segmente sind etwas zugespitzt und bloß das letzte ist gerundet. Das erste Rumpfsegment ist so lang, wie die nächstfolgenden vier zusammen, die Stirn ist in der Mitte vorspringend und bildet einen kleinen gerundeten Hügel.

Das Genitalsegment des Abdomens ist etwas länger als die zwei nächstfolgenden, das Receptaculum seminis ist an beiden Seiten etwas vorspringend (Taf. VIII, Fig. 2). Das Receptaculum seminis ist in eine vordere kleinere und eine hintere größere Partie geteilt, welche durch eine scharfe Einschnürung voneinander getrennt sind. Die vordere Partie ist im ganzen elliptisch, der obere Rand bogig; die hintere Partie ist dreilappig; die Kopulationsöffnung liegt an der Grenze der beiden Partien in der Mittellinie (Taf. VIII, Fig. 2. Hinsichtlich der Form des Receptaculum seminis sind meine Exemplare somit ziemlich verschieden von den Richardschen (cfr. 16. p. 266. Fig. 1).

Die Furcalanhänge sind fast so lang, wie die zwei letzten Abdominalsegmente zusammen, und die Länge der Endborsten stimmt mit den Angaben Richards überein.

Das aus 12 Gliedern bestehende erste Antennenpaar ist, zurückgelegt, so lang wie das erste Rumpfsegment. An der äußeren Spitze des dritten Gliedes erhebt sich ein kräftiger, kurzer Dorn.

Am zweiten Antennenpaar sitzen am obern, bezw. äußern Rand des vorletzten Gliedes sechs kleine Borsten in gleicher Entfernung voneinander, wogegen von der äußeren Spitze eine kurze und zwei lange Borsten ausgehen.

Am unteren Maxillarfuß ist die sichelförmige Kralle des vorletzten Gliedes sehr kräftig, nahe zur Basis mit kurzen Zähnchen bewehrt (Taf. VIII, Fig. 4); an der vorderen Spitze des ersten Basalgliedes ragen drei Borsten empor, deren zwei nach außen, eine aber nach innen gerichtet ist.

Die Äste aller Schwimmfüße sind zweigliederig. Am vierten Fußpaar erheben sich am letzten Glied des äußeren Astes außen zwei Dornen, innen vier Borsten, an der Spitze aber ein Dorn und eine Borste. Am letzten Glied des inneren Astes hingegen ragen an der Außenseite eine, an der Innenseite drei Borsten, an der Spitze aber zwei dornartige Borsten empor.

Das fünfte Fußpaar ist eingliederig, cylindrisch, doppelt so lang als breit und trägt an der Spitze eine lange Borste, an der Innenseite hingegen nahe zur Spitze einen kurzen Dorn (Taf. VIII, Fig. 3).

Die Länge des Weibchens beträgt ohne die Furcalborsten 0,85—0,9 mm, mit den Furcalborsten 1,15—1,2 mm.

Hier ist zu bemerken, daß meine Exemplare hinsichtlich der Struktur des Receptaculum seminis einerseits von dem Exemplar J. Richards abweichen, anderseits aber lebhaft an *Cyclops varicans* Sars erinnern (cfr. Schmeil, O., 21. Taf. VI, Fig. 3), was einen starken Beweis für die Verwandtschaft beider Arten bildet.

196. Cyclops prasinus Fisch.
(Taf. VIII, Fig. 5.)

Cylcops prasinus Schmeil, O., 21, p. 116, Taf. V, Fig. 1—5.

Diese Art wurde aus Südamerika bereits von J. Richard, Al. Mrázek und E. v. Daday verzeichnet und danach ist sie sowohl in Argentinien und Brasilien, als auch in Chile und Patagonien heimisch. Ihre allgemeine geographische Verbreitung ist eine relativ beschränkte, insofern sie bisher bloß aus Europa, Afrika, Nord- und Südamerika bekannt ist.

In der Fauna von Paraguay ist sie ziemlich häufig, denn ich habe sie an folgenden Fundorten angetroffen: Aregua, Pfütze an der Eisenbahn; zwischen Aregua und Lugua, Inundationen des Yuguariflusses; zwischen Aregua und Yuguari, Inundationen eines Baches; Cerro Leon, Bañado; Lugua, Pfütze bei der Eisenbahnstation; Villa Sana, Peguaho-Teich.

Die mir vorliegenden Exemplare stimmen hinsichtlich der allgemeinen Körperform mit den von O. Schmeil beschriebenen vollständig überein, bloß in der Struktur des Receptaculum seminis weichen sie auffallend von denselben ab. Das Receptaculum seminis besteht nämlich aus einem zentralen cylindrischen Schlauch, von dessen vorderem Ende je eine nach beiden Seiten verlaufende, W-förmig verschlungene Röhre ausgeht (Taf. VIII, Fig. 5), wogegen an Schmeils Exemplaren die aus dem zentralen Schlauch des Receptaculum seminis entspringenden beiden Seitenröhren bloß V-förmig verschlungen sind, derselbe weist aber auch eine hintere, mit zwei Seitenlappen versehene Partie (cfr. Schmeil, O., 21. Taf. V, Fig. 3).

Am unteren Maxillarfuße ist die obere Spitze des proximalen ersten Gliedes fingerförmig verlängert und trägt eine gefiederte Borste, während sich an der Basis des Fortsatzes zwei spärlich befiederte Borsten erheben. Am Oberrand des proximalen zweiten Gliedes zeigt sich eine kegelförmige Erhöhung, an der distalen Spitze sitzt eine lange, fein gegliederte Borste. Am vorletzten Glied ragt an der Basis der kräftigen, sichelförmigen Kralle eine gleichfalls sichelförmige Nebenkralle empor.

Die Äste der Ruderfüße sind dreigliederig. Am äußeren Aste des ersten Fußes stehen am Außenrand des letzten Gliedes zwei Dornen, am Innenrand drei Borsten; am entsprechenden inneren Gliede außen eine, innen drei Borsten. Der äußere Ast des zweiten und dritten Fußes trägt am letzten Gliede außen drei Dornen, innen vier Borsten; das entsprechende Glied des inneren Astes außen eine, innen aber drei Borsten. Am letzten Glied des vierten Fußes zeigen sich am Außenrand zwei Dornen, am Innenrand vier Borsten, wogegen am letzten Glied des inneren Astes an der Außenseite eine, an der Innenseite zwei Borsten aufragen.

Die Länge des Weibchens beträgt ohne die Furcalanhänge 0,6—0,65 mm, mit den Furcalanhängen 0,75—0,8 mm.

197. Cyclops varicans Sars. var. furcatus n. var.
(Taf. VIII, Fig. 6—11.)

Der Rumpf ist länger als das Abdomen und die Furcalanhänge zusammen, nach hinten allmählich verengt. Das erste Rumpfsegment ist an beiden Seiten der Stirn etwas vertieft, so daß die Stirn selbst einem etwas vorspringenden, stumpf gerundeten, breiten Hügel gleicht (Taf. VIII, Fig. 6); das ganze Segment ist etwas länger als alle nachfolgenden zusammen, die hinteren Enden sind gespitzt. Das zweite und dritte Rumpfsegment sind gleich lang, die hinteren Enden des zweiten gespitzt, etwas gestreckt, während die des dritten gerundet erscheinen. Das vierte Rumpfsegment ähnelt sehr dem dritten, allein die beiden Seiten sind lappenartig, die gerundeten hinteren Spitzen auffälliger. Am letzten Rumpfsegment sind die hinteren Spitzen nach beiden Seiten und nach außen gekehrt und tragen je eine lange, glatte Borste (Taf. VIII, Fig. 6).

Das Genitalsegment des Abdomens ist so lang, wie die nächstfolgenden drei Segmente zusammen, im oberen Drittel beiderseits erweitert und bildet einen einigermaßen gerundeten Hügel, ist demzufolge hier breiter, als anderwärts. Das zweite und dritte Abdominalsegment sind gleich lang und auch fast gleich breit, wogegen das letzte Segment länger ist als das voranstehende, an der Basis der Furcalanhänge mit einem Kranze kleiner Härchen bewehrt.

Die Furcalanhänge sind fast so lang, als die voranstehenden drei Rumpfsegmente zusammen, sechsmal so lang als breit. Die äußere Endborste ist dornartig, kaum halb so lang als die Furcalanhänge, neben ihr erhebt sich eine feine kurze Nebenborste. Die innere Endborste ist so lang wie die äußere, ist aber dünner und erscheint glatt. Von den mittleren Endborsten ist die äußere fast so lang, wie die Furcalanhänge und die zwei letzten Abdominalsegmente zusammen, wogegen die innere so lang ist, wie der Furcalanhang und die drei letzten Abdominalsegmente zusammen.

Das erste Antennenpaar überragt, zurückgelegt, die halbe Länge des ersten Rumpfsegments nur um weniges, am längsten sind das achte und neunte Glied, das sechste Glied trägt keine Borsten, an der äußeren Spitze indessen ragt ein kurzer Dorn empor (Taf. VIII, Fig. 8); am Basalglied ist ein Kranz kleiner Dornen nicht vorhanden und am dritten Glied sitzt eine Aesthetaske; an den letzten drei Gliedern ist kein Kutikularkamm entwickelt.

Das zweite Antennenpaar (Taf. VIII, Fig. 11) trägt an beiden Spitzen des Basalgliedes je eine Borste; am Vorderrand des zweiten Gliedes ragt in der Mitte eine Borste auf; das dritte Glied ist gegen das distale Ende stark verbreitert, am Vorderrand erheben sich sieben Borsten, welche gegen die distale Spitze allmählich länger werden.

Die Äste der Ruderfüße sind alle zweigliederig (Taf. VIII, Fig. 9); am ersten und vierten Fuß trägt das letzte Glied des äußeren Astes außen zwei Dornen, innen drei Borsten, das letzte Glied des inneren Astes außen eine Borste, innen drei Borsten. Am zweiten und dritten Fuß (Taf. VIII, Fig. 9) zeigt das letzte Glied des äußeren Astes außen drei Dornen, innen vier Borsten, — das letzte Glied des inneren Astes außen eine, innen vier Borsten. Das letzte Glied aller Äste sämtlicher Füße ist fast dreimal so lang als das basale Glied.

Das fünfte Fußpaar ist eingliederig, cylindrisch, gegen das distale Ende allmählich verengt, doppelt so lang als an der Basis breit, die distale Spitze mit einer langen Borste bewehrt (Taf. VIII, Fig. 7. 10).

Das Receptaculum seminis gleicht einem schmalen, gestreckten, an beiden Enden abgerundeten Schlauche (Taf. VIII, Fig. 7).

Die Körperlänge des Weibchens beträgt ohne die Endborsten 0,75—0,8 mm, samt den Furcalborsten 1,2—1,25 mm, die größte Breite des Rumpfes 0,25 mm.

Fundorte: Aregua, Pfütze an der Eisenbahn und Inundationen eines Baches, welcher den Weg zu der Lagune Ipacarai kreuzt; Asuncion, Campo Grande, Calle de la Cañada, aus Quellen gespeiste Tümpel und Gräben; zwischen Lugua und Aregua, Tümpel an der Eisenbahn.

Diese Form unterscheidet sich in mancher Hinsicht von der Stammform, die aus Südamerika bereits von E. v. Daday von patagonischen Fundorten verzeichnet worden ist (2. p. 208). Der wichtigste Unterschied zeigt sich in der Struktur der Rumpfsegmente, in der Länge der Furcalanhänge, sowie in der Struktur des Receptaculum seminis. Die Rumpfsegmente der Stammform sind nämlich nicht gelappt, die Furcalanhänge nicht länger als die zwei letzten Abdominalsegmente zusammen, das Receptaculum seminis aber ist in eine vordere und hintere Hälfte geteilt (cfr. Schmeil, O., 21. p. 116. Taf. VI, Fig. 1—5). Diese Verschiedenheiten haben mich bewogen, meine Exemplare wenn auch nicht als Repräsentanten einer selbständigen Art, so doch einer guten Varietät zu betrachten.

198. Cyclops macrurus Sars.

(Taf. VIII, Fig. 12. 21. 28. 29.)

Cyclops macrurus Schmeil, O., 21, p. 146, Taf. V, Fig. 15—17.

Bisher ist diese Art bloß aus Europa, Asien und Südamerika bekannt, von welch letzterem Gebiete sie durch A. Wierzcjski und J. Richard von argentinischen und chilenischen Fundorten nachgewiesen worden ist (16. 22.).

In der Fauna von Paraguay gehört sie zu den seltenen Arten, inwiefern ich sie nur an einem einzigen Fundort antraf, und zwar bei Asuncion, Lagune (Pasito), Inundationen des Rio Paraguay.

Die mir vorliegenden Exemplare stimmen in der allgemeinen Körperform überein mit den von O. Schmeil abgebildeten (21. Taf. V, Fig. 15). An der hinteren Seitenspitze des letzten Rumpfsegments erheben sich mehr Borsten, die annähernd ein Bündel bilden (Taf. VIII, Fig. 12).

Das genitale Abdominalsegment ist etwas länger als die nächstfolgenden zwei Segmente zusammen, das vordere Ende derselben ist beiderseits erweitert. Das zweite und letzte Abdominalsegment sind gleich lang, das dritte hingegen etwas kürzer als die übrigen. Der Hinterrand aller Segmente ist gezähnt und an der Oberfläche der Kutikula erheben sich einige Querreihen kleiner Zähnchen (Taf. VIII, Fig. 12), von deren Vorhandensein an europäischen Exemplaren die Forscher keine Erwähnung machen. Am letzten Abdominalsegment ragen hinter der Analöffnung zwei Längsreihen von Borsten auf, über deren Anwesenheit an europäischen Exemplaren in der Literatur gleichfalls keine Erwähnung gemacht wird (Taf. VIII, Fig. 29).

Die Furcalanhänge sind so lang, wie die drei letzten Abdominalsegmente zusammen, und sechsmal so lang, als an der Basis breit, an der Basis mit einem Borstenkranz versehen; die Seitenborste ist kurz, dornartig, vor ihr erheben sich in einer schief nach innen und vorn laufenden Linie 6—8 kleine Dornen, somit mehr, als G. O. Sars, W. Brady und O. Schmeil an europäischen Stücken zählten (Taf. VIII, Fig. 21). Von den Endborsten sind die äußere und innere gleich lang, die äußere ist indessen dornartig und erhebt sich ihr zur Seite eine Nebenborste. Von den mittleren Borsten ist die äußere zweimal, die innere fast zweieinhalbmal länger als die Furcalanhänge.

An den Greifantennen des Männchens erheben sich eigentümliche Riechstäbchen, deren eines sichelförmig, an der Basis sehr breit und an der Innenseite mit fünf feinen Härchen versehen ist, wogegen die andere dolchförmig, ganz glatt und die Basis zwiebelartig aufgedunsen ist (Taf. VIII, Fig. 21).

Am ersten Fuße stehen am letzten Glied des äußeren Astes außen drei Dornen, innen drei Borsten, — am letzten Glied des inneren Astes hingegen außen ein Dorn, innen drei Borsten. Am zweiten und dritten Fuß zeigen sich am letzten Glied des äußeren Astes außen drei Dornen, innen vier Borsten, — am entsprechenden Gliede des inneren Astes außen ein Dorn. — innen drei Borsten. Am vierten Fuße erheben sich am letzten Gliede des äußeren Astes außen zwei Dornen, innen vier Borsten. — am entsprechenden Gliede des inneren Astes außen ein Dorn, innen vier Borsten.

Das fünfte Fußpaar (Taf. VIII, Fig. 28) ist eingliederig, der Außenrand behaart, in der Mitte des Außenrandes entspringt ein kräftiger, gezähnter Dorn, welcher von der Basis an verjüngt ist und an dessen Spitze außen eine kürzere, innen eine längere Borste aufragt, deren Ausgangspunkt tiefer liegt als der des äußeren.

Das Receptaculum seminis (Taf. VIII, Fig. 12) ist ziemlich verschieden von dem, welches O. Schmeil nach europäischen Exemplaren abgebildet hat (cfr. Schmeil, O., 21. Taf. V, Fig. 17), insofern es annähernd einem gestreckten Viereck gleicht, dessen Spitzen gerundet, die Seiten in der Mitte vertieft sind, die beiden Seitenränder sind indessen tiefer, als der Vorder- und Hinterrand, welch letzterer der längste von allen ist.

Die Länge des Weibchens beträgt ohne die Furcalborsten 1,4 mm, samt den Furcalborsten 1,9 mm.

199. Cyclops mendocinus Wierz.
(Taf. VIII, Fig. 17.)

Cyclops mendocinus Wierzejski, A., 22, p. 238, Taf. VI, Fig. 19—24.

Aus Südamerika ist diese Art durch die Beschreibung von A. Wierzejski bekannt geworden, der sie in Argentinien gefunden hatte (22.); später verzeichnete sie J. Richard aus Chile, Al. Mrázek aber aus Uruguay. Bei meinen Untersuchungen habe ich sie in dem Material von folgenden Fundorten angetroffen: Aregua, Inundationen des Baches, welcher den Weg zur Lagune Ipacarai kreuzt; zwischen Asuncion und Trinidad, Grabenpfützen an der Eisenbahn; Gran Chaco, von den Riachok zurückgebliebene Lagune; Sapucay, mit Limnanthemum bewachsene Regenpfützen.

Außer Südamerika ist diese Art bloß von der Insel Haiti bekannt.

Die mir vorliegenden Männchen und Weibchen stimmten mit den von A. Wierzejski beschriebenen vollständig überein, am fünften weiblichen Fuß aber sind die beiden krallenförmigen Endfortsätze etwas länger und kräftiger (Taf. VIII, Fig. 17).

200. Cyclops serrulatus Fisch.

Cyclops serrulatus Schmeil, O., 21, p. 141, Taf. V, Fig 6—14.

Diesen am längsten bekannten Repräsentanten der mit 12gliederigen Antennen versehenen *Cyclops*-Arten, welcher als Kosmopolit zu betrachten ist, hat aus Südamerika zuerst J. Richard von brasilianischen und chilenischen Fundorten nachgewiesen; später verzeichnete ihn Al. Mrázek auch von südpatagonischen und argentinischen, E. v. Daday aber von patagonischen Fundorten.

In der Fauna von Paraguay scheint diese Art gemein zu sein, denn ich habe sie an folgenden Fundorten angetroffen: Aregua, Inundationen des Baches, welcher den Weg zur Lagune Ipacarai kreuzt, und Pfützen an der Eisenbahn; Asuncion, Tümpel auf der Insel (Banco) des Paraguayflusses, sowie Gran Chaco, Nebenarm des Paraguayflusses; Lugua, Pfütze bei der Eisenbahnstation; Sapucay, Arroyo Poná; Tebicuay, ständiger Tümpel; Inundationen des Yuguariflusses.

Die mir vorliegenden zahlreichen Männchen und Weibchen stimmen mit europäischen Exemplaren vollständig überein.

201. Cyclops albidus (Jur.).

(Taf. VIII, Fig. 13. 14.)

Cyclops albidus Schmeil, O., 21, p. 128, Taf. XVII, Fig. 8 – 19.

Mit Ausnahme von Afrika ist diese Art aus allen Weltteilen bekannt und wurde aus Südamerika durch J. Richard von brasilianischen, von Al. Mrázek hingegen von chilenischen Fundorten nachgewiesen (12. 16.). Bei meinen Untersuchungen fand ich sie in dem Material von folgenden Fundorten: Asuncion, Gran Chaco, Nebenarm des Paraguay-flusses; Corumba, Matto Grosso, Inundationstümpel des Paraguayflusses; Gourales, ständiger Tümpel.

Die mir vorliegenden Exemplare stimmen in den allgemeinen Zügen mit europäischen überein und weisen bloß in der Struktur des Receptaculum seminis einige Verschiedenheit auf.

Das Receptaculum seminis gleicht einem querliegenden Schlauch mit vier Spitzen, die Vorderseite ist schwach bogig, die beiden Seitenränder sind in der Mitte etwas vertieft, der Hinterrand ist zweilappig und die Vertiefung zwischen den beiden Lappen erstreckt sich in der Mittellinie bis zur Öffnung (Taf. VIII, Fig. 17). Das Receptaculum seminis europäischer Exemplare ist an beiden Seiten so stark eingeschnitten, daß dasselbe demzufolge in eine vordere und eine hintere Partie geteilt erscheint (cfr. Schmeil, O., 21. Taf. I, Fig. 13.

Der Bauchrand des letzten Rumpfsegments ist mit einer Reihe kleiner zahnartiger Erhöhungen bewehrt, — was an europäischen Exemplaren zu fehlen scheint.

Das fünfte Fußpaar ist zweigliederig; die äußere Spitze des Basalgliedes fingerförmig verlängert; am Innenrand erhebt sich in der Mitte ein Borstenbündel; am Außen- und Innenrand des Endgliedes sitzt in der Mitte je eine kräftige Fiederborste und eine ebensolche ragt auch an der Gliedspitze empor (Taf. VIII, Fig. 14).

Die Länge des Weibchens beträgt ohne die Endborsten 1,15—1,17 mm, mit den Endborsten 1,5—1,58 mm.

202. Cyclops annulatus Wierz.

(Taf. VIII, Fig. 15. 16.)

Cyclops annulatus Wierzejski, A., 22, p. 237, Taf. VI, Fig. 14—18.

Bisher ist diese Art bloß aus Südamerika bekannt, wobei sie A. Wierzejski zuerst von einem argentinischen Fundort beschrieben hat, später wurde sie von J. Richard und Al. Mrázek gleichfalls von argentinischen Fundorten nachgewiesen. Bei meinen Untersuchungen habe ich sie in dem Material von folgenden Fundorten angetroffen: Zwischen Aregua und Lugua, Inundationen des Yuguariflusses; zwischen Asuncion und Trinidad, Pfützen im Eisenbahngraben; Estia Postillon, Lagune und Paso Barreto, Lagune am Ufer des Aquidaban.

Diese Art steht dem *Cyclops Leuckarti* Cls. sehr nahe und stimmt mit demselben in der Struktur des ersten Antennenpaares, des Ruder- und fünften Fußpaares, sowie in gewissem Grade auch des Receptaculum seminis derart überein, daß man beide Arten füglich identifizieren könnte.

Die Verschiedenheit beider Arten zeigt sich in erster Reihe darin, daß am ersten bis vierten Gliede des ersten Antennenpaares eine oder mehr Querreihen winziger Härchen vorhanden ist; zudem ist der Hinterrand der Abdominalsegmente gezähnt und an der Kutikula derselben erheben sich Querreihen kleiner Zähnchen (Taf. VIII, Fig. 15).

Das Receptaculum seminis unterscheidet sich von dem des *Cyclops Leuckarti* Cls. nur insofern, als sein Vorderrand stumpf gerundet und nicht zweilappig ist, die hintere Partie aber länger und schmäler erscheint (cfr. Taf. VIII, Fig. 15 und O. Schmeil, 21. Taf. V, Fig. 8). In der Struktur des fünften Fußpaares zeigt sich keinerlei Verschiedenheit (cfr. Taf. VIII, Fig. 16, A. Wierzejski, 22. Taf. VI, Fig. 17 und O. Schmeil, 21. Taf. V, Fig. 7).

Die Länge des Weibchens beträgt ohne die Endborsten 1,3—1,35 mm, mit den Endborsten 1,7—1,75 mm.

203. Cyclops Dybowskii Lande.
(Taf. VIII, Fig. 18—22.)

Cyclops Dybowskii Schmeil, O., 21, p. 72, Taf. IV, Fig. 1—5.

Außer Europa war diese Art bisher aus keinem andern Weltteil bekannt. Bei meinen Untersuchungen habe ich sie an folgenden Fundorten angetroffen: Aregua, Inundationen des Baches, welcher den Weg zur Lagune Ipacarai kreuzt; Asuncion, mit halbverdorrter Camalote bewachsener Tümpel auf einer Sandbank; Curuzu-chica, toter Arm des Paraguayflusses; Estia Postillon, Lagune; Gran Chaco, von den Riachok zurückgebliebene Lagune; Paso Barreto, Bañado am Ufer des Rio Aquidaban.

Die mir vorliegenden Exemplare unterscheiden sich von europäischen zwar unwesentlich, aber in mancher Hinsicht.

Das erste Rumpfsegment ist hinter den Augen beiderseits etwas vertieft, demzufolge die Stirn schärfer abgesondert erscheint. An beiden Seiten des letzten Rumpfsegments erheben sich 5—6 feine Härchen (Taf. VIII, Fig. 18. 19).

Das genitale Segment ist im vorderen Drittel aufgetrieben, der Hinterrand, sowie auch der Rand der nächstfolgenden zwei Segmente ist glatt.

Das Receptaculum seminis gleicht im ganzen dem europäischer Exemplare, insofern es einem zweispitzigen Hammer ähnelt, dessen Stiel nach hinten gerichtet ist, die beiden Spitzen dagegen von der Seite nach innen gebogen sind (Taf. VIII, Fig. 18. 19). Unter meinen Exemplaren fand ich welche, deren Receptaculum-Öffnung zwischen dem Berührungspunkte der zwei Hammerspitzen liegt (Taf. VIII, Fig. 18), sowie auch solche, bei welchen die Öffnung des Receptaculums auf den Stiel herabgezogen ist (Taf. VIII, Fig. 19). Erstere erinnern einigermaßen an *Cyclops oithonoides*, allein der Verlauf der Hammerspitzen zeigt entschieden, daß es typische Exemplare der Art sind.

An den zwei letzten Gliedern des ersten Antennenpaares ist der Kutikularkamm gut entwickelt, der des letzten Gliedes ist sogar gezähnt.

Das fünfte Fußpaar ist zweigliederig, die äußere distale Spitze des Basalgliedes stark fingerförmig verlängert und trägt eine lange Borste; am Innenrand des zweiten Gliedes ragt nahe zur Spitze eine kräftige, dicke, einem langen Dorn ähnliche, am Außenrand eine mit kurzen, dünnen Dornen bewehrte Borste empor, wogegen von der distalen Spitze eine sehr lange, feine Fiederborste ausgeht (Taf. VIII, Fig. 20).

Die Länge des Weibchens beträgt ohne die Endborsten 1,45—1,5 mm, mit den Endborsten 2 mm.

204. Cyclops **Leuckarti** Cls.

Cyclops Leuckarti Schmeil, O., 21, p. 57, Taf. III, Fig. 1 - 8.

Diese Art, welche sich einer allgemeinen geographischen Verbreitung erfreut, wurde aus Südamerika bereits von A. Wierzejski und J. Richard nachgewiesen, und zwar von ersterem von argentinischen, von letzterem von brasilianischen Fundorten (16. 22). In der Fauna von Paraguay ist sie ziemlich gemein; ich habe sie in dem Material von folgenden Fundorten angetroffen: Aregua, Pfütze am Eisenbahndamm; Asuncion, Tümpel auf einer Insel (Banco) des Paraguayflusses; Cerro Leon, Bañado; Gourales, ständiger Tümpel; Villa Sana, Peguaho-Teich.

205. Cyclops **spinifer** Dad.

(Taf. VIII, Fig. 22—27; Taf. IX, Fig. 1. 2.)

Cyclops spinifer Daday, E. v., 2, p. 258, Taf. II, Fig. 12—18.

Aus Südamerika wurde diese Art zuerst durch E. v. Daday von patagonischen Fundorten beschrieben. Bei meinen derzeitigen Untersuchungen fand ich sie in dem Material von folgenden Fundorten: Asuncion, Villa Morra, Calle Laureles, Straßengraben; Corumba, Matto Grosso, Inundationstümpel des Paraguayflusses; Curuzu-ñü, Teich beim Hause des Marcos Romeros.

Die mir vorliegenden Exemplare sind hinsichtlich der allgemeinen Körperform den patagonischen ziemlich ähnlich (cfr. E. v. Daday, 2. Taf. II, Fig. 12, und Taf. IX, Fig. 1), allein das erste Rumpfsegment erscheint vor den Augen etwas zugespitzt, das zweite Rumpfsegment aber ist so breit wie das erste und die hinteren Seitenspitzen sind etwas gestreckt (Taf. IX, Fig. 1); ober den zwei Seitenspitzen des letzten Rumpfsegments erheben sich 5—6 Härchen, und dieselben sind nicht so dicht behaart, wie bei patagonischen Exemplaren.

Die Abdominalsegmente sind ebenso wie bei patagonischen Exemplaren, allein am Rücken des Genitalsegments fehlen die Dornen, zudem ist die Kutikula sämtlicher Abdominalsegmente glatt und ihr Hinterrand ungezähnt (Taf. IX, Fig. 1. 2). Hinsichtlich der Struktur des Receptaculum seminis gleicht diese Art dem *Cyclops annulatus* Wierz., das Vorderende ist indessen merklich erhöht (Taf. IX, Fig. 2).

Die Furcalanhänge sind nicht länger, als die zwei letzten Abdominalsegmente, mithin kürzer, als bei patagonischen Exemplaren. Von den Endborsten ist die äußere mittlere so lang, wie der Furcalanhang und die zwei letzten Abdominalsegmente zusammen, wogegen die innere mittlere fast die Länge des ganzen Abdomens erreicht.

Das erste Antennenpaar erreicht oder überragt ein wenig, nach hinten gelegt, die hintere Spitze des zweiten Rumpfsegmentes; am 1.—4. Basalglied stehen keine Querreihen kleiner Härchen, ebenso erhebt sich an den zwei letzten Gliedern kein Kutikularkamm.

Am zweiten Antennenpaar sind die drei proximalen Glieder gegen das distale Ende verbreitet, besonders das erste und dritte, der Hinterrand aller ist fein behaart, am Vorderrand des dritten erheben sich, in gleicher Entfernung voneinander, sechs Borsten, welche allmählich an Länge zunehmen (Taf. VIII, Fig. 22).

An der Kauspitze der Maxille sitzen drei kräftige, sichelförmig gebogene Krallen und an der Basis derselben zwei Borsten, am unteren Rande erheben sich in der Mitte ein kräftiger, nach unten gerichteter Dorn, sowie zwei kurze und zwei längere Borsten, deren letztere gefiedert sind (Taf. VIII, Fig. 27).

Die beiden Maxillarfüße (Taf. VIII, Fig. 24. 25) sind ganz ebenso, wie bei patagonischen Exemplaren.

In der Struktur der Ruderfüße sind meine Exemplare den patagonischen fast ganz gleich, allein der distale Dorn an der Außenseite des letzten Fußgliedes, besonders am ersten Fuße (Taf. VIII, Fig. 26) ist der Spitze derart genähert, daß sie nahezu dahin gehörig erscheint.

Am ersten Fußpaar sitzen am letzten Gliede des äußeren Astes außen zwei Dornen, innen zwei Borsten; am entsprechenden Gliede des inneren Astes außen eine, innen drei Borsten. Am zweiten und dritten Fußpaar erheben sich am letzten Gliede des äußeren Astes außen zwei Dornen, innen drei Borsten, am letzten Gliede des inneren Astes außen eine, innen drei Borsten. Am vierten Fuß ragen am letzten Gliede des äußeren Astes außen zwei Dornen, innen drei Borsten, am entsprechenden Gliede des inneren Astes hingegen außen eine, innen zwei Borsten, somit um eine weniger als bei patagonischen Exemplaren.

Das fünfte Fußpaar (Taf. VIII, Fig. 23) ist fast ganz so, wie bei patagonischen Exemplaren und unterscheidet sich höchstens darin, daß die zwei Borsten am zweiten Gliede meist gleichförmig sind.

Die Länge des Weibchens beträgt ohne die Furcalborsten 1,3—1,35 mm, mit den Furcalborsten 1,75—1,8 mm.

Die hier beschriebenen Exemplare sind in gewissem Grade als Repräsentanten einer Varietät zu betrachten, welche den *Cyclops annulatus* Wierz. mit *Cyclops spinifer* Dad. verbindet. Bezüglich *Cyclops annulatus* Wierz. zeigt sich übrigens hauptsächlich in der Struktur des Receptaculum seminis eine Ähnlichkeit, wogegen die Struktur der ersten vier Glieder des ersten Antennenpaares, die glatte Kutikula der Abdominalsegmente an die patagonischen Exemplare erinnern, indessen zeigt sich eine wesentliche Verschiedenheit auch darin, daß an den zwei letzten Gliedern des ersten Antennenpaares kein Kutikularkamm vorhanden ist, wogegen an patagonischen Exemplaren von *Cyclops annulatus* Wierz. und *Cyclops spinifer* Dad. an den entsprechenden Gliedern, bezw. am letzten, sich ein gezähnter Kamm erhebt.

206. Cyclops oithonoides Sars.

Cyclops oithonoides Schmeil, O., 21, p. 64, Taf. IV, Fig. 6 - 11.

Es ist dies diejenige Art der Gattung, welche die größte geographische Verbreitung besitzt, — ein echter Kosmopolit, welchen aus Südamerika bereits A. Wierzejski von argentinischen Fundorten nachgewiesen hat (22.) Es scheint jedoch, daß die Art in Südamerika nicht zu den häufigen zählt, insofern ich sie bloß in dem Material eines Fundortes vorfand, und zwar aus einer Pfütze bei der Eisenbahnstation Lugua, und auch hier war sie nicht häufig.

207. Cyclops strenuus Fisch.
(Taf. IX, Fig. 3. 4.)

Cyclops strenuus Schmeil, O., 21, p. 39, Taf. II, Fig. 12—15.

Diese Art hat eine beschränkte geographische Verbreitung, insofern sie bisher bloß aus Europa, Asien und Nordamerika bekannt ist; aus Südamerika hat sie noch niemand nachgewiesen und auch ich habe sie nur an einem einzigen Fundort angetroffen, und zwar in einer Pfütze an der Eisenbahn bei A r e g u a.

Die mir vorliegenden Exemplare kommen zwar im allgemeinen den europäischen gleich, in einzelnen Details aber weichen sie in größerem oder geringerem Maße von denselben ab.

Das erste Rumpfsegment ist in der Mitte hügelartig vorspringend und bildet einen ziemlich stumpf gerundeten Rüssel. Das vierte Rumpfsegment verdeckt das letzte und die hinteren, spitzen Enden sind nach hinten gerichtet. Die hinteren Enden des fünften Rumpfsegments sind gerundet, und liegen auf dem genitalen Abdominalsegment.

Das genitale Abdominalsegment ist fast so lang, wie die nächstfolgenden drei Segmente zusammen, die unter sich nahezu gleichlang sind.

Die Furcalanhänge sind nur so lang, als die zwei letzten Abdominalsegmente zusammen; auf ihrem Rücken ist kein Kutikularkamm vorhanden.

An den drei letzten Segmenten des ersten Antennenpaares ist der Kutikularkamm sehr schmal, fast unkenntlich und zeigt sich daran keine Spur kleiner Zähnchen.

Am 1. Ruderfußpaar sitzen am letzten Glied des äußeren Astes außen 2 Dornen, innen 2 Borsten.

„	1.	„	„	„	„	„	„	inneren	„	„	1 Borste,	„	3	„
„	2. u. 3.	„	„	„	„	„	„	äußeren	„	„	2 Dornen,	„	4	„
„	2. u. 3.	„	„	„	„	„	„	inneren	„	„	1 Borste,	„	3	„
„	4.	„	„	„	„	„	„	äußeren	„	„	2 Dornen,	„	3	„
„	4.	„	„	„	„	„	„	inneren	„	„	1 Borste,	„	2	„

Das 5. Fußpaar trägt im letzten Viertel der Innenseite des distalen Gliedes, sowie an der Spitze je eine nahezu gleich lange Borste (Taf. IX, Fig. 4).

Das Receptaculum seminis ist lang elliptisch, die vordere Hälfte indessen etwas kleiner als die hintere (Taf. IX, Fig. 3).

Die Körperlänge des Weibchens beträgt ohne die Furcalborsten 1,1 mm, mit den Furcalborsten 1,46 mm.

Die hier kurz beschriebenen Exemplare sind in der Struktur der Rumpfsegmente, sowie einigermaßen des 5. Fußpaares ähnlich denen von A. W i e r z e j s k i unter dem Namen *Cyclops simplex* v. *setosus* aus Argentinien beschriebenen, die Struktur des Receptaculum seminis aber stimmt vollständig überein mit dem europäischen Exemplare von *Cyclops strenuus* und gerade dieser Umstand hat mich bewogen, die untersuchten Exemplare in den Rahmen dieser Art zu ziehen, und zwar in gewissem Grade als Repräsentant einer Varietät, insofern sie in der Struktur des Rumpfes, des fünften Fußpaares und der Furcalanhänge vom Typus abweichen.

208. Cyclops fuscus (Jur.).

Cyclops fuscus S c h m e i l. O., 21, p. 123, Taf. I, Fig. 1—7.

Bislang war diese Art bloß aus Europa, Asien und Nordamerika bekannt; aus Südamerika hat sie bisher noch niemand nachgewiesen und hier scheint sie zu den selteneren Arten zu zählen. Darauf weist der Umstand hin, daß ich sie bloß an einem einzigen Fundort antraf, und zwar bei S a p u c a y, in den mit Limnanthemum bewachsenen Regenpfützen.

Fam. Harpacticidae.

Den ersten Repräsentanten dieser Familie aus den Süßwässern Südamerikas hat J. Richard 1897 durch die Beschreibung einer neuen Art, *Mesochra Deitersi*, nachgewiesen (15. 16). Sodann hat Al. Mrázek in seiner Publikation vom Jahre 1901 (12.) außer der vorigen Art auch zwei neue Arten der Gattung *Canthocamptus* verzeichnet, während E. v. Daday 1902 bereits fünf hierher gehörige Arten erwähnt, darunter auch Richards *Mesochra Deitersi*, wogegen die übrigen vier Arten bis dahin aus Südamerika unbekannt waren (2.).

Bei meinen derzeitigen Untersuchungen habe ich bloß Repräsentanten der Gattung *Canthocamptus* vorgefunden.

Gen. Canthocamptus Westw.

Diese Gattung besitzt eine allgemeine geographische Verbreitung, insofern aus jedem Weltteil einige Arten derselben bekannt sind. Aus Südamerika sind zufolge der Untersuchungen von Al. Mrázek und E. v. Daday bisher sechs Arten bekannt gewesen. Bei meinen derzeitigen Untersuchungen habe ich in der Fauna von Paraguay folgende drei Arten gefunden.

209. Canthocamptus northumbricus Brady.

Canthocamptus northumbricus Schmeil, O., 21, II, p. 48, Taf. II, Fig. 15–22; Taf. III, Fig. 12–15.

Diese Art wurde aus Südamerika zuerst von E. v. Daday in seiner Publikation vom Jahre 1902 von patagonischen Fundorten nachgewiesen (2.). In der Fauna von Paraguay scheint dieselbe häufig zu sein, denn ich fand sie in dem Material von mehreren Fundorten, und zwar: Gourales, ständiger Tümpel; Sapucay, Arroyo Poná; Tebicuay, ständiger Tümpel; Villa Rica, mit Wasseradern durchsetzte Wiese.

210. Canthocamptus bidens Schmeil.
(Taf. IX, Fig. 5—8.)

Canthocamptus bidens Schmeil, O., 21, II, p. 70, Taf. V, Fig. 21–24; Taf. VII, Fig. 17–21.

Bisher war diese Art bloß aus Europa bekannt. Bei meinen Untersuchungen habe ich sie in dem Material von folgenden Fundorten angetroffen: Aregua, Pfütze bei der Eisenbahnstation; zwischen Aregua und Yuguari, Inundationen eines Baches; Lugua, Pfütze bei der Eisenbahnstation.

Die mir vorliegenden Exemplare unterscheiden sich einigermaßen von den europäischen, so zwar, daß sie in gewissem Grade als Repräsentanten einer selbständigen Varietät zu betrachten sind.

Der Körper ist nach hinten allmählich verjüngt. Das erste Rumpfsegment ist an der Stirn zweimal eingeschnitten, so, daß sich gewissermaßen ein Rüssel gebildet hat. Die hinteren Spitzen aller Rumpfsegmente bilden nahezu rechte Winkel, an der Oberfläche der Kutikula erheben sich in Querreihen, bezw. in bogigen Bündeln sehr kleine Dornen, der Hinterrand ist mit Dornen gezähnt, ober welchen sich eine Querreihe dünner, borstenförmiger Dornen zeigt (Taf. IX, Fig. 7). An beiden Seiten der ersten drei Abdominalsegmente ragt eine Querreihe langer Borsten auf, die sich jedoch weder auf den Rücken, noch den Bauch erstrecken.

Das anale Operculum ist bogig gerundet, am Rande mit Dornen besetzt, es ist im Verhältnis klein, denn es überragt nur um weniges die Mitte des letzten Abdominalsegments.

Die Furcalanhänge gleichen, von oben oder unten gesehen, gestreckt viereckigen Lamellen, sind in der ganzen Länge gleich breit, doppelt so lang als breit; nahe der Basis erhebt sich am Rücken ein kräftiger Dornfortsatz, welcher mit der Spitze nach hinten sieht, und ein eben solcher, aber kürzerer Dornfortsatz ragt auch an der Basis der Endborsten auf. Die Dornfortsätze sind insbesondere bei der Seitenlage der Furcallamellen deutlich erkennbar (Taf. IX, Fig. 5). Hinter dem vorderen Dornfortsatz sitzt auf einer kleinen Erhöhung eine ziemlich lange Borste, während aus der Außenseite der Furcalanhänge im vorderen Drittel eine, nahe der distalen Spitze aber drei Borsten aufragen, deren zwei vorderen viel kleiner sind. Von den mittleren Endborsten ist die äußere so lang, wie die Furca und die letzten drei Abdominalsegmente zusammen, wogegen die innere die Hälfte der ganzen Körperlänge erreicht. Der Dornfortsatz an der Basis der Endborsten ist fein behaart (Taf. IX, Fig. 5).

Das erste Antennenpaar ist achtgliederig und überragt die halbe Länge des ersten Abdominalsegments nur ganz wenig, am ersten Gliede erhebt sich ein Kranz feiner Härchen. Das Taststäbchen am vierten Gliede reicht bis zur Spitze des letzten Gliedes.

Der äußere Ast aller Ruderfüße ist dreigliederig; am ersten Fußpaar der innere Ast drei-, an den übrigen zweigliederig, und der äußere Ast sämtlicher Füße länger als der innere, ausgenommen das erste Fußpaar, an welchem der innere Ast weit länger ist als der äußere. Hinsichtlich der Behaarung aller Fußglieder stimmen meine Exemplare mit den europäischen vollständig überein.

In der Struktur und Behaarung des fünften weiblichen Fußpaares weichen dieselben in keiner Beziehung von europäischen Exemplaren ab. (Cfr. Schmeil, O., 21, II. Taf. VII, Fig. 20; Taf. IX, Fig. 6.)

Das Receptaculum seminis hat eine ziemlich komplizierte Struktur, wie auch auf Taf. IX, Fig. 8 ersichtlich.

Die Körperlänge des Weibchens beträgt ohne die Endborsten 0,5 mm, samt den Endborsten 0,75 mm.

Die hier kurz charakterisierten Exemplare unterscheiden sich von europäischen hauptsächlich darin, daß der innere Ast des ersten Fußpaares dreigliederig, bei europäischen Exemplaren aber bloß zweigliederig ist.

211. Canthocamptus trispinosus Brady.
(Taf. IX, Fig. 9.)

Canthocamptus trispinosus Schmeil, O., 21, II, p. 53, Taf. III, Fig. 1—11.

Aus Südamerika, und zwar von patagonischen Fundorten wurde diese Art bereits 1902 von E. v. Daday nachgewiesen (2.). Bei meinen derzeitigen Untersuchungen habe ich dieselbe in dem Material von zwei Fundorten vorgefunden, und zwar Asuncion, Gran Chaco, Nebenarm des Paraguayflusses; Villa Sana, Inundationen des Baches Paso Ita.

Die mir vorliegenden Exemplare stimmen in der Körperform und Struktur der einzelnen Segmente, sowie der Furcalanhänge mit europäischen überein, mit dem Unterschied indessen, daß ihr Hinterrand nicht gezähnt ist.

Am ersten Fußpaar sind beide Äste dreigliederig und fast gleich lang. Am zweiten Fußpaar erhebt sich an der Innenseite des letzten äußeren Astgliedes eine Borste, wogegen an der des dritten und vierten Fußpaares je zwei lange Borsten ausgehen. Am zweiten und vierten Fußpaar ist der Innenrand des letzten inneren Astgliedes mit je zwei, am dritten Fuße hingegen mit drei langen Borsten bewehrt. Die äußeren Astglieder aller Ruderfüße sind am Außenrand mit kleinen Dornen in verschiedener Anzahl versehen.

Am fünften Fußpaar ist die Spitze des Endgliedes mit zwei, an beiden Seiten, nahe zur Spitze mit je einer, folglich zusammen mit vier Fiederborsten bewehrt, außerdem trägt dasselbe am Außenrand zwei, am Innenrand vier kleine Borsten (Taf. IX, Fig. 9); die innere Spitze des Basalgliedes ist mit vier langen gefiederten und einer kurzen, dornartigen Borste versehen.

Die Körperlänge des Weibchens beträgt ohne die Furcalborsten 0,6 mm, samt den Endborsten 0,9 mm.

Vergleicht man die paraguayischen Exemplare mit europäischen, so zeigt es sich, daß dieselben in der Behaarung des letzten äußeren und inneren Astgliedes der Ruderfüße voneinander einigermaßen verschieden sind. Auffälliger hingegen ist die Verschiedenheit in der Behaarung des fünften Fußpaares, insofern an europäischen Exemplaren das Endglied mit fünf, die innere Spitze des Basalgliedes aber bloß mit drei Borsten bewehrt ist, die nach innen allmählich länger werden. Nimmt man zu all dem noch hinzu, daß der Hinterrand der Körpersegmente ungezähnt ist, so kann man die paraguayischen Exemplare füglich als Repräsentanten einer geographischen Varietät betrachten.

Fam. Centropagidae.

Diese Familie besitzt eine allgemeine geographische Verbreitung. Die erste genau beschriebene südamerikanische Art machte J. Lubbock 1855 bekannt (10.), in den Jahren 1889 und 1891 verzeichnete auch S. A. Poppe je eine fernere Art (13.). In seiner Publikation von 1894 hat F. Dahl außer einer Süßwasserart auch drei Arten aus dem Brackwasser enumeriert (4.), während J. Richard 1897 die Beschreibung einer Süßwasserart bot (15.). Zahlreiche Arten dieser Familie wurden von E. v. Daday, G. O. Sars und Al. Mrázek nachgewiesen. E. v. Daday publizierte nämlich 1901 die lateinische Diagnose von acht neuen Arten (1.), beschrieb aber 1902 zehn neue Arten (2.). G. O. Sars hat 1902 vier neue Arten (17.), wogegen Al. Mrázek in seiner aus 1901 datierten Publikation (12.) acht Arten beschreibt, darunter auch solche, welche E. v. Daday bereits früher charakterisiert hatte.

Von den im Süßwasser, oder auch im Brack- und Seewasser vorkommenden Gattungen dieser Familie habe ich bei meinen derzeitigen Untersuchungen bloß Repräsentanten der nachstehenden Gattung angetroffen.

Gen. Diaptomus Westw.

Diese Gattung wurde aus Südamerika zuerst 1855 von J. Lubbock erwähnt (10.), später aber haben J. de Guerne und J. Richard nachgewiesen, daß die unter dem Namen

Diaptomus brasiliensis Lubb. beschriebene Art der Repräsentant einer anderen, der Gattung *Boeckella* sei (7.). Die erste wirkliche *Diaptomus*-Art wurde 1889 von S. A. Poppe beschrieben (7.). Hierauf die Gattung und die Fauna von Südamerika in kurzen Intervallen durch S. A. Poppe (13.), F. Dahl (4.), J. Richard (15.) und Al. Mrázek 12., mit je einer, durch G. O. Sars dagegen mit drei Arten bereichert (17.).

In dem mir vorliegenden Material habe ich bloß nachstehende drei Arten vorgefunden.

212. Diaptomus conifer Sars.
(Taf. IX, Fig. 10.)

Diaptomus conifer Sars, G. O., 17, p. 13, Taf. III, Fig. 1—8.

Die gemeinste Art des Genus, die ich von folgenden Fundorten verzeichnet habe: Aregua, Inundationen eines Baches, welcher den Weg zur Lagune Ipacarai kreuzt, sowie Pfütze an der Eisenbahn; zwischen Aregua und Yuguari, Inundationen eines Baches; Asuncion, Campo Grande, Calle de la Cañada, durch Quellen gebildete Tümpel; Tümpel auf der Insel (Banco) des Paraguayflusses; Gran Chaco, Nebenarm des Paraguayflusses; Lagune (Pasito), Inundationen des Paraguayflusses; Cerro Leon, Bañado; Corumba, Matto Grosso, Inundationstümpel des Paraguayflusses; Curuzu-ñú, Teich beim Hause des Marcos Romeros; Estia Postillon, Lagune; Gourales, ständiger Tümpel; Gran Chaco, von den Riachok zurückgebliebene Lagune; Lagune Ipacarai, Oberfläche; Lugua, Pfütze bei der Eisenbahnstation; Pirayu, Straßenpfütze und Tümpel bei der Ziegelei; Sapucay, mit Limnanthemum bewachsene Regenpfützen; Tebicuay, ständiger Tümpel; Inundationen des Yuguariflusses.

Außer den mit den von G. O. Sars beschriebenen typischen Exemplaren übereinstimmenden fand ich indessen auch solche, welche sich von denselben unterscheiden und gewissermaßen als Varietäten erscheinen. Von der Stammform unterscheiden sich diese Exemplare hauptsächlich dadurch, daß die Seitenlappen des letzten Rumpfsegments etwas kürzer und mit einem End- und einem Randdorn bewehrt sind, sowie daß in der Rückenmitte des vorletzten Rumpfsegments kein kegelförmiger, sondern ein nach unten gerichteter fingerförmiger Vorsprung vorhanden ist (Taf. IX, Fig. 10).

Das erste Antennenpaar reicht, nach hinten gelegt, fast bis zu der Spitze der Furcalanhänge, ist somit weit länger als bei der Stammform, bei welcher es gewöhnlich das Genitalsegment nur wenig überragt.

Am fünften weiblichen Fuße ist der innere Ast zweigliederig, und überragt die halbe Länge des ersten äußeren Astgliedes nur um weniges, trägt an der Spitze einen kleinen Dorn und ist nahe zur Spitze mit einem Kranze feiner kurzer Härchen versehen. Beim typischen Weibchen trägt der fünfte Fuß an der inneren Astspitze zwei kleine Dornen und keinen Haarkranz.

Der fünfte männliche Fuß ist dem typischen Exemplar fast durchaus gleich und nur darin verschieden, daß das letzte äußere Astglied des rechten Fußes am Innenrande eine kleine kegelförmige Erhöhung zeigt.

Die Körperlänge des Weibchens beträgt ohne die Furcalborsten 1,2—1,3 mm.

Zumeist fand ich derlei Exemplare in Gesellschaft mit der Stammform, an manchen Stellen aber zeigten sie sich ohne derselben.

213. Diaptomus falcifer n. sp.
(Taf. IX, Fig. 11—15.)

Der Rumpf ist nach hinten kaum merklich verengt, die Stirn aber viel schmäler, als der darauffolgende Rumpfteil (Taf. IX, Fig. 15). Die zwei letzten Rumpfsegmente sind voneinander abgesondert und die zwei Seitenspitzen des letzten Segments bilden kleine Lappen, deren rechtsseitige nach hinten, die linksseitige aber nach außen blickt, beide Lappen tragen je zwei Dornen.

Das genitale Abdominalsegment ist so lang, wie die darauffolgenden und die Furcalanhänge zusammen, über der Mitte an beiden Seiten gleichmäßig erweitert und mit je einem kräftigen Dorn versehen. Die Furcalanhänge sind nicht länger als das letzte Abdominalsegment.

Das erste Antennenpaar besteht aus 25 Gliedern und überragt, nach hinten gelegt, das letzte Abdominalsegment nicht (Taf. IX, Fig. 15).

Die männliche Greifantenne trägt an der distalen inneren Spitze des zweitvorletzten Gliedes einen auffällig langen, sichelförmigen Kutikularfortsatz, welcher nur wenig kürzer ist, als das Glied, worauf er sitzt (Taf. IX, Fig. 11).

Am fünften weiblichen Fuß ist der innere Ast zweigliederig, etwas länger als die Hälfte des ersten äußeren Astgliedes, an der Spitze mit einem kräftigen kurzen und einem schwachen kleinen Dorn versehen und zudem mit einem Kranze feiner Härchen umgeben (Taf. IX, Fig. 12).

Das fünfte männliche Fußpaar trägt an der äußeren Spitze des ersten Basalgliedes der rechten Seite einen kräftigen Dorn; nahe der distalen inneren Spitze des ersten äußeren Astgliedes ragt eine fingerförmige Erhöhung auf, nahe des zweiten Gliedendes erhebt sich ein einwärts stehender, kräftiger, einem spitzen Kegel ähnlicher Fortsatz (Taf. IX, Fig. 14); die sichelförmige Endkralle ist gut entwickelt. Der innere Ast ist sehr kurz, nicht ganz so lang, wie das erste Glied des äußeren Astes, das Ende gespitzt, nach innen gebogen, mit einem Kranze feiner Härchen umgeben. Der linke Fuß ist viel kürzer als der rechte, seine Spitze erreicht kaum das distale Ende des ersten äußeren Astgliedes am rechten Fuße (Taf. IX, Fig. 14); am Innenrande des vorletzten äußeren Astgliedes erheben sich drei fein behaarte Hügel, an der Basis des letzten Gliedes zeigt sich innen gleichfalls ein solcher Hügel, das Ende ist zugespitzt und mit einem kräftigen, sichelförmigen Dorn bewehrt; der innere Ast ist eingliederig, so lang, wie das vorletzte Glied des äußeren Astes, nahe der Spitze mit einem Kranze feiner Härchen umgeben (Taf. IX, Fig. 13).

Die Körperlänge des Weibchens beträgt ohne die Furcalborsten 1,8—2 mm, die des Männchens ohne die Furcalborsten 1,6—1,8 mm.

Fundorte: Asuncion, Campo Grande, Calle de la Cañada, von Quellen gespeiste Tümpel und Gräben; Villa Morra, Calle Laureles, Straßengraben; Curuzu-chica, toter Arm des Paraguayflusses; Curuzu-ñú, Teich beim Hause des Marcos Romeros; Paso Barreto, Bañado am Ufer des Rio Aquidaban.

Diese Art steht dem Sarsschen *Diaptomus furcatus* sehr nahe, ist aber von demselben wesentlich verschieden durch den linken Lappen des letzten weiblichen Rumpfsegmentes, insofern derselbe bei *Diaptomus furcatus* in zwei gesonderte Spitzen geteilt ist.

Allein auch am fünften männlichen Fußpaar zeigt sich eine Verschiedenheit, indem bei *Diaptomus furcatus* der einwärts gerichtete, spitz kegelförmige Fortsatz am zweiten äußeren Astglied des rechten Fußes fehlt. Übrigens gleicht diese Art auch dem *Diaptomus Bergi* Rich., von welchem sie indessen auf Grund der Struktur des fünften männlichen Fußpaares leicht zu unterscheiden ist.

214. Diaptomus Anisitsi n. sp.
(Taf. IX, Fig. 16—22.)

Der Rumpf ist an beiden Seiten der Stirn und am letzten Segment vertieft, demzufolge vorn viel schmäler, als anderwärts. Das letzte Rumpfsegment ist von dem voranstehenden abgesondert, beide hintere Spitzen bilden Lappen, allein die zwei Lappen sind wesentlich voneinander verschieden; denn der rechte Lappen ist schmäler, einer bogig nach oben und außen gekrümmten, breiten Sichel gleich, und trägt an der distalen Spitze einen kräftigen Dorn (Taf. IX, Fig. 22); dagegen ist der linke Lappen breiter, annähernd blattförmig, nach innen und hinten gerichtet, an der Spitze mit einem schwächeren Dorn bewehrt (Taf. IX, Fig. 22). Am letzten männlichen Rumpfsegment sind beide Seitenspitzen gleichförmig, nach hinten gerichtet, ungelappt.

Das genitale Abdominalsegment ist im ganzen so lang, wie die nächstfolgenden zwei Segmente und der Furcalanhang zusammen, die Basis viel breiter, vor der Mitte an beiden Seiten gleichmäßig verbreitert und mit gleich kräftigem Dorn bewehrt. Der Hinterrand ist auf dem Rücken lappig verlängert und verdeckt teilweise das nächstfolgende Segment. Nahe zu den zwei hinteren Spitzen erhebt sich auf dem Rücken je ein fingerförmiger Kutikularfortsatz (Taf. IX, Fig. 22), die besonders bei der Seitenlage des Abdomens sich scharf darstellen. Das Genitalsegment ist in der Mitte des Bauches kegelförmig vorspringend (Taf. IX, Fig. 17). Das letzte Abdominalsegment ist etwas länger als das vorletzte.

Die Furcalanhänge sind nicht länger als das letzte Abdominalsegment, im Verhältnis schmäler, ihr Innenrand fein behaart.

Das erste Antennenpaar hat 25 Glieder, überragt, nach hinten gelegt, die Furcalanhänge und Endborsten, ist somit auffallend lang.

Die proximale Hälfte der männlichen Greifantenne ist im Verhältnis schmal, die Dornen an den Gliedern sind ziemlich schwach (Taf. IX, Fig. 21), das zweitvorletzte Glied trägt in der distalen Hälfte weder Stäbchen, noch einen Kamm oder Angel und auch am letzten Gliede zeigt sich kein Kutikularfortsatz (Taf. IX, Fig. 16).

Am fünften weiblichen Fuße ist der innere Ast fingerförmig, zweigliederig, vor der Spitze am Innenrand vertieft, die Spitze gerundet, fein behaart, trägt unter der Vertiefung eine größere Borste und einen Kranz feiner, kleiner Härchen, und ist etwas länger als die Hälfte des ersten äußeren Astgliedes (Taf. IX, Fig. 18).

Am fünften männlichen Fußpaar ist der rechte Fuß weit kräftiger und länger als der linke, welch letzterer das Protopodit des ersteren nur wenig überragt. Das erste Protopoditglied des rechten Fußes weist eine eigentümliche Struktur auf, insofern es in einen Fortsatz mit gewellter Spitze übergeht, an welcher eine kurze Borste sitzt (Taf. IX, Fig. 20). Das zweite Protopoditglied ist im Verhältnis lang und schmal, fast so lang, als das zweite Glied des äußeren Astes, der Innenrand ist einfach. Das zweite Glied des äußeren Astes ist gegen das distale Ende auffällig verbreitert, die Endkralle gut entwickelt, sichelförmig. Der innere Ast ist fingerförmig, viel kürzer als das erste Glied des äußeren Astes, das Ende zugespitzt, mit einer kräftigen Borste und einem Kranz feiner Härchen besetzt (Taf. IX, Fig. 20).

Am ersten äußeren Astgliede des linken Fußes bildet der Innenrand einen bogigen, fein behaarten Vorsprung, ist so lang wie das zweite Protopoditglied, das Endglied geht in einen kurzen kräftigen, spitzen Dornfortsatz aus, bildet am Innenrand einen bogigen, fein behaarten Vorsprung, ober welchem sich ein sehr kurzer, dünner Dorn erhebt (Taf. IX, Fig. 19. 20); der innere Ast ist fingerförmig, zugespitzt, nahe der Spitze mit einem Kranze feiner Härchen versehen, so lang wie das erste Glied des äußeren Astes, im ganzen kräftiger, als der innere Ast des rechten Fußes.

Die Länge des Weibchens beträgt ohne die Furcalborsten 1,8—2 mm, die des Männchens ohne die Furcalborsten 1,3—1,8 mm.

Fundorte: Caearapa, ständiger Tümpel; Villa Rica, von Quellen gespeiste feuchte Wiese.

Diese Art ist von den bisher bekannten der Gattung zufolge der Struktur des letzten weiblichen Rumpf- und Genitalsegments leicht zu unterscheiden. Ich habe sie dem Professor J. D. Anisits zu Ehren benannt.

Um einen gewissen Überblick zu bieten einerseits der aus der Fauna von Südamerika bisher bekannt gewordenen *Copepoda*-Arten, anderseits aber um so leichter hinweisen zu können auf das Verhältnis, welches sich zwischen der *Copepoda*-Fauna von Paraguay und anderen Gebieten Südamerikas, sowie zwischen der von Südamerika und anderen Weltteilen zeigt, halte ich es in erster Reihe für unerläßlich, das Verzeichnis der aus Südamerika bisher nachgewiesenen Arten nachstehend zusammenzustellen.

Die aus Südamerika bisher bekannten Süßwasser-Copepoden-Arten.

Cyclops fimbriatus Fisch. (R. M. Dad.)
Cyclops phaleratus Fisch. (R. Dad.)
Cyclops anceps Rich. (R. M. Dad.)
Cyclops prasinus Fisch. (R. Dad.)
5. Cyclops varicans Sars (Dad.)
Cyclops macrurus Sars (W. R. Dad.)
Cyclops mendocinus Wier. (W. R. M. Dad.)
Cyclops serrulatus C. K. (R. M. Dad.)
Cyclops gracilis Lillj. (M.)
10. Cyclops albidus (Jur.) (R. M. Dad.)
Cyclops annulatus Wierz. (W. R. M. Dad.)
Cyclops Dybowskii Land. (Dad.)
Cyclops Leuckarti Cls. (W. R. Dad.)
Cyclops spinifer Dad. (Dad.)
15. Cyclops oithonoides Sars (W. Dad.)
Cyclops strenuus Fisch. (Dad.)

Cyclops fuscus (Jur.) (Dad.)
Cyclops vernalis Fisch. (M.)
Cyclops Michaelseni Mr. (M.)
20. Cyclops brasiliensis Dan. (Dan)
Cyclops curticaudus Dan. (Dan.)
Cyclops pubescens Dan. (Dan.)
Mesochra Deitersi Rich. (R. M. Dad.)
Canthocamptus crassus Sars (Dad.)
25. Canthocamptus trispinosus Brad. (Dad.)
Canthocamptus northumbricus Brad. (Dad.)
Canthocamptus longisetosus Dad. (Dad.)
Canthocamptus crenulatus Mr. (M.)
Canthocamptus lanatus Mr. (M.)
30. Canthocamptus bidens Sehm. (Dad.)
Diaptomus gibber Pop. (P.)

Diaptomus Deitersi Pop. (P.)
Diaptomus Bergi Rich. (R.)
Diaptomus conifer Sars (S. Dad.)
35. Diaptomus furcatus Sars (S.)
Diaptomus coronatus Sars (S. M.)
Diaptomus falcifer Dad. (Dad.)
Diaptomus Anisitsi Dad. (Dad.)
Diaptomus Michaelseni Mr. (M.)
40. Diaptomus Henseni Dahl (Dah.)
Pseudodiaptomus Richardi Dah. (Dah. M.)
Pseudodiaptomus acutus Dah. (Dah.)
Pseudodiaptomus gracilis Dah. (Dah.)
Pseudoboeckella Bergi (Rich.)
(R. S. M. Dad.)

45. Pseudoboeckella gracilipes (Dad.) (Dad.)
Pseudoboeckella gracilis (Dad.) (Dad.)
Pseudoboeckella pygmaea (Dad.)
(Dad. M.)
Boeckella dubia Dad. (Dad.)
Boeckella Entzii Dad. (Dad.)
50. Boeckella longicauda Dad. (Dad.)
Boeckella brasiliensis (Lubb.) (L. Dad. M.)
Boeckella Silvestrii Dad. (Dad.)
Boeckella brevicauda Brad. (M.)
Boeckella Poppei Dad. Mr. (Mr.)
55. Parabroteas Sarsi (Dad.) (M. Dad.)

Vor allem ist hier zu erwähnen, daß ich bezüglich der in die Familie der *Centropagidae* gehörigen Arten nicht die von Al. Mrázek angewandten Gcnusnamen beibehalten habe, sondern jene, welche E. v. Daday in seiner Arbeit über die Mikrofauna von Patagonien festgestellt hat (2.). So habe ich denn die Al. Mrázekschen Gattungen *Pseudoboeckella* und *Paraboeckella* mit dem E. v. Dadayschen Genus *Boeckella* identifiziert und halte dies für vollständig motiviert, einerseits weil J. de Guerne und J. Richard im Jahre 1889 den *Diaptomus brasiliensis* Lubb. = *Pseudoboeckella brasiliensis* (Lubb. Mráz.) = *Boeckella brasiliensis* (Lubb. Dad.) zu dieser Gattung gezogen hatten, und ihm der erste Gattungsname um so mehr zukommt, weil er der am längsten bekannte Repräsentant dieser Gattung ist; anderseits aber, weil Al. Mrázek die Merkmale des Genus *Paraboeckella* nicht angibt, sondern bloß auf die beschriebene Art hinweist, bei welcher das fünfte männliche Fußpaar sich von dem der *Boeckella brasiliensis* nicht in dem Maße unterscheidet, um hinreichenden Grund zur Aufstellung eines neuen Genus zu bieten.

Die Mrázekschen Gattungen *Boeckellina* und *Boeckellopsis*, — bei deren ersterer *Boeckellina Michaelseni* Mráz. bloß das Synonym der Dadayschen *Pseudoboeckella pygmaea* ist, — habe ich aus dem Grunde nicht vor das Dadaysche Genus *Pseudoboeckella* gestellt, weil Al. Mrázek die Charaktere dieser Gattungen nicht in der Weise zusammengefaßt hat, daß sie auf Grund dessen von den übrigen verwandten Gattungen zu unterscheiden wären.

Schließlich setze ich an Stelle der Mrázekschen *Parabroteas Michaelseni* zufolge des Prioritätsrechtes den Namen *Parabroteas (Limnocalanus) Sarsi* (Dad.), weil E. v. Daday die Diagnosis dieser Art vor dem Erscheinen der Beschreibung von Al. Mrázek (12.) publiziert hat (1.).

Die in Klammern stehenden Buchstaben hinter dem Autornamen jeder Art bedeuten die Namen derjenigen Forscher, welche die betreffende Art aus Südamerika nachgewiesen haben, und zwar: Dad. = E. v. Daday, Dah. = F. Dahl, Dan. = J. Dana, L. = J. Lubbock, M. = Al. Mrázek, R. = J. Richard, P. = S. A. Poppe, S. = G. O. Sars, W. = A. Wierzejski.

Betrachten wir uns nunmehr das Verhältnis, welches die aus Südamerika bekannten 55 *Copepoda*-Arten in allgemein zoogeographischer Hinsicht aufweisen, bezw. das Verhältnis, in welchem die *Copepoda*-Fauna von Südamerika zu dem der übrigen Weltteile steht. Aus diesem Gesichtspunkte zeigte es sich, daß die aus Südamerika bisher bekannten Arten in folgende zwei große Gruppen zerfallen:

1. Außer Südamerika auch aus anderen Weltteilen bekannte Arten.

Cyclops fimbriatus Fisch.
Cyclops phaleratus Fisch.
Cyclops prasinus Fisch.
Cyclops varicans Sars.
5. Cyclops macrurus Ck.
Cyclops albidus (Jur.)
Cyclops Dybowskii Land.
Cyclops Leuckarti Cls.

10. Cyclops oithonoides Sars.
Cyclops strenuus Fisch.
Cyclops fuscus (Jur.)
Cyclops'vernalis Fisch.
Cyclops gracilis Lillj.
15. Canthocamptus crassus Sars.
Canthocamptus northumbricus Brad.
Canthocamptus trispinosus Brad.

Canthocamptus bidens Schmeil.

2. Bloß aus Südamerika bekannte Arten.

Cyclops anceps Rich.
Cyclops mendocinus Wierz.
Cyclops annulatus Wierz.
Cyclops spinifer Dad.
5. Cyclops Michaelseni Mr.
Cyclops brasiliensis Dan.
Cyclops curticaudus Dan.
Cyclops pubescens Dan.
Canthocamptus longisetosus Dad.
10. Canthocamptus crenulatus Mr.
Canthocamptus lanatus Mr.
Mesochra Deitersi Rich.
Diaptomus gibber Pop.
Diaptomus Deitersi Pop.
15. Diaptomus Bergi Rich.
Diaptomus conifer Sars.
Diaptomus furcatus Sars.
Diaptomus coronatus Sars.

Diaptomus falcifer Dad.
20. Diaptomus Anisitsi Dad.
Diaptomus Michaelseni Mr.
Diaptomus Henseni Dahl.
Pseudodiaptomus Richardi Dah.
Pseudodiaptomus acutus Dahl.
25. Pseudodiaptomus gracilis Dahl.
Pseudoboeckella Bergi (Rich.)
Pseudoboeckella gracilipes (Dad.)
Pseudoboeckella gracilis (Dad.)
Pseudoboeckella pygmaea (Dad.)
30. Boeckella dubia (Dad.)
Boeckella Entzii (Dad.)
Boeckella longicauda Dad.
Boeckella brasiliensis (Lubb.)
Boeckella brevicauda (Brad.)
35. Boeckella Poppei (Mr.) (Dad.)
Parabroteas Sarsi (Dad.)

Die Vergleichung der hier zusammengestellten zwei Gruppen führt leicht ersichtlich zu dem Resultat, daß:

1) von den aus Südamerika bisher nachgewiesenen *Copepoda*-Arten bloß ⅓ solche sind, die auch in anderen Weltteilen vorkommen, bezw. mehr oder weniger als Kosmopoliten zu betrachten und ausschließlich Repräsentanten der Familien der *Cyclopidae* und *Harpacticidae* sind, wogegen sich aus der Familie *Centropagidae* keine einzige Art findet, die auch aus anderen Weltteilen bekannt wäre;

2) unter den bisher bloß aus Südamerika bekannten Arten sowohl die Familien der *Cyclopidae* und *Harpacticidae*, als auch die der *Centropagidae* repräsentiert sind, die Anzahl der Arten letzterer Familie indessen auffällig größer ist, als die der beiden anderen zusammen. Von den Gattungen zeichnen sich durch die Anzahl ihrer Arten aus: *Diaptomus*, *Pseudoboeckella* und *Boeckella*, deren zwei letztere für die Fauna von Südamerika zwar charakteristisch sind, demungeachtet aber hat sich die Behauptung Mrázeks nicht bestätigt, daß diese zwei Gattungen, oder wenn man will, die alte Gattung *Boeckella* eine für die südliche Haemisphaere charakteristische *Copepoda*-Gruppe bilden (12. p. 24. 25), denn erst jüngst (1903) hat G. O. Sars eine *Boeckella*-Art aus der Mongolei beschrieben (18. p. 196. Taf. IX), die als Repräsentant der Dadayschen Gattung *Pseudoboeckella* zu betrachten ist.

Was nunmehr das Verhältnis der *Copepoda*-Fauna von Paraguay zu derjenigen der übrigen Territorien von Südamerika betrifft, so läßt sich als Tatsache folgendes feststellen:

1. In der Fauna von Paraguay finden sich außer nachstehenden sieben Arten:

Cyclops varicans Sars.
Cyclops Dybowskii Land.
Cyclops strenuus Fisch.
Cyclops fuscus (Jur.)
Canthocamptus bidens Schmeil.
Diaptomus falcifer n. sp.
Diaptomus Anisitsi n. sp.

keine einzige Art, welche nicht auch aus anderen Gebieten Südamerikas bekannt wäre, es unterliegt jedoch keinem Zweifel, daß dieselben gegenüber den übrigen Territorien von Südamerika für die Fauna von Paraguay nicht charakteristisch sein können, weil vorauszusetzen ist, daß sie zufolge fernerer Untersuchungen auch von anderwärts zum Vorschein kommen werden, insbesondere die *Cyclops*-Arten.

2. Das vollständige Fehlen der Gattungen *Boeckella* und *Pseudoboeckella* in der Fauna von Paraguay ist ganz besonders charakteristisch im Gegensatze zu den übrigen Gebieten Südamerikas, und zwar um so mehr, weil es mit Rücksicht auf das mir vorliegende Material von zahlreichen Fundorten kaum vorauszusetzen ist, daß spätere Forschungen irgend eine Art dieser Gattung werden nachweisen können. Die Erklärung dieser Tatsache aber wird man, mit Vermeidung von verschiedenen Hypothesen und mehr oder weniger wahrscheinlich erscheinenden Voraussetzungen, in den natürlichen Verhältnissen von Paraguay suchen müssen.

VII. Cladocera.

Die ersten Daten über die in den Süßwässern Südamerikas vorkommenden Cladoceren veröffentlichte Nicolet im Jahre 1849 (10.), insofern er insgesamt fünf Arten von chilenischen Fundorten beschrieben hat, von denen jedoch, wie schon J. Richard konstatierte (23. p. 300), bloß eine zu erkennen, bezw. als richtige Art zu betrachten ist, weil die Beschreibung der übrigen so mangelhaft ist, daß sie nicht in Betracht kommen können. In seiner Publikation vom Jahre 1855 hat J. Lubbock (14.) bloß die Beschreibung von *Daphnia brasiliensis* Lubb. geboten, die jedoch vermutlich nichts anderes ist, als die ziemlich kosmopolitische *Daphnia pulex* d. Geer.

Reichlichere Daten bietet R. Moniez in seiner Publikation vom Jahre 1889 (15.), insofern dieselbe die Beschreibung von drei Arten aus zwei Gattungen *(Daphnia, Camptocercus)* enthält. Noch mehr bietet A. Wierzejskis Publikation vom Jahre 1892, in welcher insgesamt 12 Arten beschrieben sind, die von argentinischen Fundorten herstammen (33.). Die Arbeit von H. v. Ihering aus 1895 ist nur insofern zu erwähnen, als sie außer *Iliocryptus immundus* F. Müll. (?) die Namen von 7 Gattungen bezeichnet, ohne aber die betreffenden Arten zu erwähnen (cfr. J. Richard 23.).

Die hier oben erwähnten sehr fragmentarischen Daten werden weit überflügelt von J. Richard, der in zwei Publikationen aus 1897 (22. 23.) insgesamt 19 Arten, darunter 8 neue, von argentinischen, brasilianischen und chilenischen Fundorten beschreibt. Außerdem stellte er die literarischen Daten über die bis dahin aus Südamerika bekannt gewordenen Arten zusammen (23.). Übrigens hatte J. Richard schon im Jahre 1895 mit dem Studium der südamerikanischen Cladoceren begonnen, insofern er in diesem Jahre die aus Argentinien herstammende neue Gattung und Art *Bosminopsis Deitersi* beschrieben hat (18.).

Das Jahr 1900 war für die Bereicherung der auf die Cladoceren von Südamerika bezüglichen Arten sehr ausgiebig, denn im Laufe dieses Jahres sind die Publikationen von W. Vávra und Sven Ekman erschienen. W. Vávra verzeichnet in seiner Arbeit 17 Arten, darunter 4 neue, außerdem gibt er ein Verzeichnis der aus Südamerika bis dahin bekannten Arten und der darauf bezüglichen literarischen Angaben (31.). Dagegen hat Sven Ekman von patagonischen Fundorten 17 Arten, darunter 7 neue, beschrieben (9.).

Hinsichtlich der Reichhaltigkeit der Daten werden alle bisher erwähnten und bis zum heutigen Tage erschienenen Publikationen weit überflügelt durch die im Jahre 1901 erschienene sehr wertvolle Studie von G. O. Sars, der von brasilianischen und patagonischen Fundorten nicht weniger als 45 Arten beschrieben hat, unter welchen sich 22 neue Arten befinden. Indessen hatte G. O. Sars seine diesbezüglichen Studien bereits im Jahre 1900 begonnen, und zwar mit der Veröffentlichung seiner Beschreibung der neuen Gattung und Art

Iheringula paulensis (26., welche selbstverständlich auch in seine neue Publikation aufgenommen wurde.

Ziemlich reichhaltig sind auch diejenigen Daten, welche E. v. Daday 1902 in zwei
Publikationen geboten hat (4. 5.). In der einen derselben (4.) werden von patagonischen
Fundorten 21, in der andern (5.) hingegen aus Chile 3 Arten, darunter 6 neue Arten und
einige Varietäten beschrieben. In einer späteren Arbeit (8.) beschreibt er unter dem Namen
Bosminella Anisitsi eine neue Gattung und Art; diese Publikation ist somit die erste, welche
über die Cladoceren der Fauna von Paraguay Aufschluß gibt.

Die Reihe der bisher über die in der Fauna von Südamerika vorkommenden Cladoceren erschienenen Arbeiten wird abgeschlossen durch die Publikation von Th. Stingelin
1904 (30.), in welcher die Beschreibung von *Holopedium amazonicum* enthalten ist. Diese
Date ist schon aus dem Grunde von Wichtigkeit, weil sie eine in der Fauna von Südamerika bisher noch nicht verzeichnete Gattung aufweist.

Bei der Aufzählung der bei meinen Untersuchungen beobachteten Arten habe ich die
von G. O. Sars festgestellte und auch in dem großen Werke von W. Lilljeborg (13.)
durchgeführte systematische Einteilung beibehalten, natürlich in aufsteigender Reihenfolge.

Schließlich hat Th. Stingelin neuestens, während dem Druck meiner Arbeit, in
seiner Publikation „Entomostraken, gesammelt von Dr. G. Hagmann im Mündungsgebiet des
Amazonas" (Zool. Jahrb. 20. Bd. 6. Heft. 1904. Abt. f. syst. Geogr. und Biol. d. Tiere. p. 575,
sechs Arten, darunter zwei neue, und zwar *Moinodaphnia brasiliensis* St. und *Bosmina hagmanni* St. beschrieben.

1. Trib. **Anomopoda** Sars.

Fam. **Lynceidae** Baird.

Diese Familie hat eine allgemeine geographische Verbreitung, allein unter ihren Gattungen finden sich auch solche, welche bisher bloß aus der südlichen, aber auch solche,
welche sowohl aus der südlichen, als auch aus der nördlichen Hemisphäre nachgewiesen
worden sind. In der Fauna von Südamerika fehlen übrigens einige europäische Gattungen,
und zwar die folgenden: *Anchistropus* Sars, *Monospilus* Sars und *Peratacantha* Baird.

Gen. **Chydorus** Baird.

Eine derjenigen Gattungen der Familie, welche die größte Verbreitung besitzt. Ihren
ersten südamerikanischen Repräsentanten hat R. Moniez 1889 verzeichnet (15.. Von den
späteren Forschern haben J. Richard, W. Vávra, G. O. Sars, S. Ekman und E. v. Daday in Südamerika vorkommende Arten nachgewiesen, so daß deren Anzahl nunmehr auf
sieben gestiegen ist. Bei meinen derzeitigen Untersuchungen habe ich folgende sechs Arten
beobachtet.

215. Chydorus Barroisi (Rich.).

Chydorus Barroisi Sars, G. O., 27. p. 67. Taf. XI, Fig. 1a-b.

Aus Südamerika wurde diese Art bisher bloß von G. O. Sars 1901 von einem brasilianischen Fundort verzeichnet (27. p. 67). Zuerst hatte sie J. Richard in Palästina ge-

funden (16. p. 16). Außerdem ist dieselbe bekannt aus Südafrika, sowie von Ceylon, von wo sie E. v. Daday enumeriert hat (2. p. 24).

Bei meinen derzeitigen Untersuchungen habe ich sie in dem Material von folgenden Fundorten vorgefunden: Aregua, Pfütze an der Eisenbahn; zwischen Aregua und Lugua, Inundationen des Yuguariflusses; Cerro Leon, Bañado; Paso Barreto, Bañado am Ufer des Rio Aquidaban; Villa Rica, wasserreiche Wiese.

216. Chydorus ventricosus Dad.

(Taf. X, Fig. 1. 2.)

Chydorus ventricosus Daday, E. v., 2, p. 28, Fig. 10a—d.

Der Körper ist annähernd kugelrund. Der Kopf ist stark niedergedrückt und geht in ein im Verhältnis langes, dünnes, stark gekrümmtes Rostrum aus. Der Stirnrand ist abschüssig bogig, vor dem Auge nicht aufgetrieben (Taf. X, Fig. 1).

Das Auge ist nahezu doppelt so groß, wie der runde Pigmentfleck, welcher dem Auge fast dreimal näher liegt, als der Rostrumspitze. Die ersten Antennen sind kurz, im Verhältnis dick, spindelförmig, nicht viel länger, oder nur halb so lang, als das Rostrum. Die Ruder-Antennen sind ziemlich schwach und zeigen in ihrer Struktur keinerlei charakteristische Abweichung. Der Lippenanhang ist gegen das untere Ende nur wenig verengt und ziemlich stumpf gerundet (Taf. X, Fig. 1). Der Darmkanal bildet zwei Windungen.

Der Rückenrand der Schale ist stark erhoben, hoch bogig, gegen den Hinterrand steiler abfallend, als gegen den Kopf, und mit dem Hinterrand einen ziemlich stumpfen, aber etwas gerundeten Winkel bildend (Taf. X, Fig. 1). Der Hinterrand ist im Verhältnis sehr kurz, fast gerade, bezw. perpendiculär, kaum merklich bogig; am Berührungswinkel mit dem Unterrand erheben sich 1—2 kräftige kurze Zähnchen, die gerade nach hinten blicken. Der Bauchrand ist in der Mitte höckerförmig erhoben und hier ziemlich spitz gerundet, vor und hinter dem Höcker ist derselbe zuweilen schwach gebuchtet, gerade oder schwach bogig; die vordere Hälfte ist unbehaart, die hintere Hälfte hingegen an der Innenseite, ziemlich weit entfernt vom Rande, mit einer Reihe von Borsten bewehrt (Taf. X, Fig. 1).

Die Oberfläche der Schale ist mit verschwommenen sechseckigen Felderchen geziert und fein granuliert, oder sie erscheint bloß fein granuliert. Ihre Färbung ist licht gelbbraun.

Das Postabdomen ist im Verhältnis sehr lang, gegen das distale Ende etwas verbreitert, an der Basis der Endkralle scharf eingeschnitten; der Analrand ist breit, seicht gebuchtet, die obere Spitze stark vorstehend, der postanale Teil ist etwas kürzer als der anale und von demselben durch eine ziemlich scharfe Spitze getrennt (Taf. X, Fig. 2). Am hinteren bezw. oberen Rande des postanalen Teiles erheben sich 10 Dornen, welche nach oben ganz wenig kürzer werden, an der Seite stehen in Bündel angeordnete feine Härchen, deren Reihe durch drei, nahe zur distalen Spitze aufragende kräftigere Borsten eingeleitet wird. Nahe zum Rande des analen Teiles erheben sich zwei kräftigere und mehrere schwächere Dornen (Taf. X, Fig. 2). Die Endkrallen sind im Verhältnis lang und kräftig, an der Basis mit einer ziemlich langen, dornförmigen Nebenkralle versehen.

Die Länge des Weibchens beträgt 0,5—0,8 mm, die größte Höhe 0,4—0,7 mm.

Fundorte: Cerro Leon, Bañado; Tebicuay, stehender Tümpel.

Diese Art war bisher bloß aus Ceylon bekannt, von wo sie E. v. Daday beschrieben hat. Die mir vorliegenden Exemplare weichen zwar durch die Länge und Form des Rostrums, durch die Struktur des Lippenanhanges, hauptsächlich aber durch den gezähnten hinteren unteren Winkel der Schale von den ceylonischen Exemplaren ab, allein ich halte diese Verschiedenheiten nicht für wesentlich genug, um deshalb die paraguayischen Exemplare als Repräsentanten einer neuen Art anzusprechen; eventuell könnten sie als Varietät gelten und in diesem Falle käme ihnen die Bezeichnung var. *dentifer* mit Recht zu.

217. Chydorus flavescens n. sp.

(Taf. X, Fig. 3. 4.)

Der Körper ist fast kugel-, bezw. kreisrund. Der Kopf ist stark niedergebeugt und geht in ein langes, dünnes, sichelförmig gekrümmtes Rostrum aus, dessen Spitze unter die Mittellinie des Körpers reicht. Der Stirnrand ist ganzrandig, vor dem Auge nicht erhöht (Taf. X, Fig. 3).

Das Auge ist doppelt so groß, wie der Pigmentfleck, welcher kreisrund ist und dem Auge doppelt so nahe liegt, als der Rostrumspitze. Die ersten Antennen sind ziemlich dünn, spindelförmig, halb so lang als das Rostrum. Das zweite Antennenpaar ist schwach und zeigt keinerlei charakteristische Struktur. Der Lippenanhang ist im Verhältnis kurz und breit, die untere Spitze stumpf gerundet, demzufolge hier kaum merklich schmäler als am oberen Ende (Taf. X, Fig. 3).

Der Rückenrand der Schale ist ziemlich hoch, gleichmäßig bogig, gegen den Hinterrand etwas steiler abgeflacht, als gegen den Kopf, und bildet mit dem Hinterrand einen kaum merklichen Winkel. Der Hinterrand ist auffallend kurz, erreicht nicht ganz $1/4$ der größten Schalenhöhe und geht unbemerkt in den Bauchrand über, insofern der hintere untere Schalenwinkel gerundet ist. Der Bauchrand ist schwach bogig, kahl, in einiger Entfernung davon erhebt sich am Innenrand der Schale eine Reihe von Borsten. Der Vorderrand steigt steil nach oben, ist fast gerade, und bildet nahe zum Kopf einen gerundeten Winkel, dem Rand entlang steht eine Reihe von Borsten (Taf. X, Fig. 3).

Die Oberfläche der Schale ist gewöhnlich fein granuliert, bisweilen aber mit kaum bemerkbar sechseckigen Felderchen geziert, die sich hauptsächlich am Kopf zeigen. Die Färbung ist licht gelbbraun und daher erhielt die Art auch den Namen.

Das Postabdomen ist gegen das Ende ziemlich verbreitert, an der Basis der Endkralle schwach vertieft; der postanale Teil annähernd lappenförmig vorspringend, der Hinter- bezw. Oberrand erscheint etwas bogig. Am distalen Ende des postanalen Teiles erheben sich in gleicher Entfernung voneinander drei gleich lange Borsten, über welchen, dem Rand entlang, sechs kräftige Dornen sitzen, die nach oben allmählich kürzer werden, wogegen nahe zum Rand seitlich eine Reihe von Bündeln kleiner Dornen aufragt (Taf. X, Fig. 4). Am analen Teil erheben sich entlang des Randes fünf Dornen und mehrere Bündel kurzer Borsten. Der obere Winkel des analen Teiles ist stark vorspringend. Die Endkrallen sind kräftig, an der Basis mit je einer längeren und je einer kürzeren dornförmigen Nebenkralle versehen; am Innenrand der proximalen Hälfte zeigen sich sehr kleine dornartige Erhöhungen (Taf. X. Fig. 4).

Die Länge des Weibchens beträgt 0,37—0,4 mm, die größte Höhe 0,34 mm.

Fundorte: Curuzu-chica, toter Arm des Paraguayflusses; Estia Postillon, Lagune und deren Ergüsse; Paso Barreto, Bañado am Ufer des Rio Aquidaban.

Von den bisher bekannten Arten der Gattung steht diese Art am nächsten zu *Chydorus eurynotus* Sars, welcher sie durch die Form der Schale und die Struktur des Lippenanhangs gleicht, sich aber von derselben durch die Form des Postabdomens, die Anderartigkeit der Dornen und Endkrallen unterscheidet, inwiefern bei *Chydorus eurynotus* das Postabdomen in seinem ganzen Verlauf fast gleich breit ist, die Randdornen gleich lang sind, an den Seiten keine kleine Dornbündel stehen und die Endkrallen bloß je eine Nebenkralle aufweisen.

218. Chydorus hybridus n. sp.

(Taf. X, Fig. 5—7.)

Der Körper ist, von der Seite gesehen, annähernd kreisförmig. Der Kopf ist in geringem Maße nach vorn gebeugt und geht in ein kurzes, schwach gekrümmtes, nach unten gerichtetes Rostrum aus, welches nicht unter die Mittellinie des Körpers reicht (Taf. X, Fig. 5).

Das Auge ist doppelt so groß als der Pigmentfleck, welcher ebenso weit von der Rostrumspitze liegt, wie von dem Auge. Die ersten Antennen sind im Verhältnis dünn, spindelförmig und reichen fast bis zur Spitze des Rostrums. Der Lippenanhang ist auffallend lang, im ganzen einer breiten Sichel gleich, der Vorderrand bogig, indessen in größerer oder geringerer Entfernung von der unteren Spitze eingeschnitten und erscheint somit als einzähnig; die untere Spitze ist schmal, spitz gerundet (Taf. X, Fig. 6).

Der Schalenrücken ist ziemlich stumpf bogig, biegt sich gegen den Kopf und den Hinterrand in gleicher Abdachung nieder und bildet mit dem Hinterrand einen kaum merklichen Winkel. Der Hinterrand ist schwach bogig, fast gerade, erreicht nicht ⅓ der größten Körperhöhe und bildet mit dem Bauchrand einen scharfen Winkel, an welchem sich ein kurzer spitziger, nach hinten gerichteter Zahn erhebt (Taf. X, Fig. 5). Der Bauchrand ist in der Mitte mehr oder weniger scharf gebuckelt, demzufolge in eine vordere und eine hintere Hälfte geteilt; entlang der hinteren Hälfte ragt nahe zum Rande an der Innenseite der Schale eine Reihe von Borsten auf, wogegen an der vorderen Hälfte der Rand selbst behaart ist. Der vordere Schalenrand bildet mit dem Bauchrand einen gerundeten breiten Hügel (Taf. X, Fig. 5). An der Schalenoberfläche zeigen sich von vorn nach hinten verlaufende Linien, die nach vorn schärfer, nach hinten immer verschwommener sind. Im übrigen erscheint die Schalenwandung fein granuliert. Die Färbung der Schale ist gelblichweiß.

Das Postabdomen ist von der oberen Spitze der Analöffnung an fast gleich breit, oder ganz wenig verengt, an der Basis der Endkrallen schwach vertieft, der distale obere Winkel gerundet. An der distalen Spitze des postanalen Teiles sitzen 6—7, nach oben allmählich kürzer werdende Dornen, und von diesen durch einen kleinen Zwischenraum getrennt, erheben sich entlang des Randes 4—5 längere und 2—3 kürzere Borsten, die gleichsam ein Bündel oder einen Kamm bilden. Die obere Analecke ist spitz und auffällig gestreckt (Taf. X, Fig. 7). Die Endkrallen sind ziemlich kurz und kräftig, an der Basis mit je einer längeren und je einer kürzeren Nebenkralle versehen.

— 159 —

Die Länge des Weibchens beträgt 0,28—0.3 mm, die größte Höhe 0,22—0,23 mm.
Fundorte: Curuzu-chica, toter Arm des Paraguayflusses; Estia Postillon, Lagune; Paso Barreto, Bañado am Ufer des Rio Aquidaban.

Vermöge der Körperform und dem gezähnten hinteren unteren Winkel gleicht diese
Art dem *Chydorus Barroisi* (Rich.), durch die Struktur des Postabdomens aber dem
Chydorus Poppei Rich., und nachdem sie solcherart die Merkmale dieser beiden Arten in
sich vereinigt, so benannte ich sie *hybridus*. Von beiden Arten unterscheidet sie sich durch
die Struktur des Lippenanhangs; erinnert aber auch an den von W. Vávra aus Chile beschriebenen *Chydorus Poppei*.

219. Chydorus Poppei Rich.

Chydorus Poppei Sars, G. O., 27, p. 68, Taf. XI, Fig. 2a—c.

Diese Art ist bisher bloß aus Südamerika bekannt, woher sie zuerst J. Richard 1897
von einem chilenischen Fundort beschrieben hat (23. p. 296. Fig. 44. 45); eben daher hat sie
auch W. Vávra 1900 verzeichnet (31. p. 24. Fig. 7), wogegen G. O. Sars sie 1901 von brasilianischen Fundorten nachgewiesen hat. Bei meinen Untersuchungen habe ich sie an folgenden Fundorten angetroffen: Paso Barreto, Bañado am Ufer des Rio Aquidaban;
Tebicuay, ständiger Tümpel; Villa Sana, Inundationen des Baches Paso Ita und Peguaho-
Teich.

Die mir vorliegenden Exemplare stimmen hinsichtlich der Körperform, sowie der
Struktur der Schale und des Lippenanhanges mit den von G. O. Sars beschriebenen überein; allein ich fand auch einige Exemplare, die in der Behaarung des Hinterrandes des
Postabdomens einige Verschiedenheit aufweisen. Namentlich wird an der distalen Spitze des
postanalen Teiles die Reihe von Dornen durch zwei dünne Borsten eingeleitet, von den
Dornen sind bloß vier kräftig entwickelt und diese werden nach oben allmählich kürzer,
neben der obersten stehen zwei kleine borstenartige, gewissermaßen verkümmerte Dornen;
der in der Nähe der Analöffnung liegende Borstenbündel wird von der Dornenreihe durch
einen breiten Zwischenraum getrennt und besteht aus vier kräftigeren und einer schwächeren
Borste. Hinsichtlich der Struktur des Postabdomens erinnern diese Exemplare somit an
Chydorus hybridus.

220. Chydorus sphaericus (O. F. Müll.).

Chydorus sphaericus Lilljeborg, W., 13, p. 561, Taf. LXXVII, Fig. 8. 25.

Eine echt kosmopolitische Art, die aus allen Weltteilen bekannt ist. Aus Südamerika
hat sie zuerst R. Moniez 1889 verzeichnet (15.), von späteren Forschern haben sie an südamerikanischen Fundorten angetroffen: J. Richard 1897; W. Vávra 1900; G. O. Sars
1901 und E. v. Daday 1902.

In der Fauna von Paraguay ist diese Art gemein; ich fand sie in dem Material von
folgenden Fundorten vor: Aregua, Tümpel an der Eisenbahn und Inundationen des
Baches, welcher den Weg zu der Lagune Ipacarai kreuzt; zwischen Aregua und Lugua,
Inundationstümpel des Yuguariflusses; zwischen Aregua und dem Yuguariflusse, Inundationen eines Baches; Asuncion, Lagune (Pasito), Inundationen des Rio Paraguay;

Campo Grande, Calle de la Cañada, von Quellen gespeiste Tümpel und Gräben; Tümpel auf der Insel (Banco) des Paraguayflusses; Gran Chaco, Nebenarm des Paraguayflusses; Cerro Leon, Bañado; Caearapa, interimistischer Tümpel; Corumba, Matto Grosso, Inundationstümpel des Paraguayflusses; Estia Postillon, Lagune; Gran Chaco, von den Riachok hinterbliebene Lagune; Paso Barreto, Bañado am Ufer des Rio Aquidaban, Lagune am Ufer des Rio Aquidaban; Pirayu, Straßenpfütze und Tümpel bei der Ziegelei; Sapucay, Tümpel am Eisenbahndamm und Arroyo Poná; Tebicuay, ständiger Tümpel; Villa Sana, Inundationen des Baches Paso Ita.

Gen. Pleuroxus Baird.

Dies Genus wurde aus Südamerika zuerst von A. Wierzejski 1892 verzeichnet (33.), und zwar in Verbindung mit *Pleuroxus nanus* Baird., welche Art jedoch nach der Ansicht von W. Lilljeborg nicht hierher, sondern in das Genus *Alonella* zu ziehen ist (13. p. 517). Den ersten südamerikanischen Repräsentanten des eigentlichen Genus *Pleuroxus* hat 1897 J. Richard beschrieben (22.); später wurde von W. Vávra 1900, und G. O. Sars 1901 gleichfalls je eine, bezw. dieselbe Art enumeriert (27. 31.), während Sven Ekman und E. v. Daday zwei weitere Arten nachgewiesen haben (4. 9.), so zwar, daß bisher von verschiedenen Gebieten Südamerikas vier Arten bekannt waren, deren drei als spezifisch südamerikanisch zu betrachten sind. Bei meinen derzeitigen Untersuchungen habe ich nachstehende drei Arten beobachtet.

221. Pleuroxus scopulifer (Ekm.).

Pleuroxus scopuliferus Ekman, Sven, 9, p. 78, Taf. IX, Fig. 25—29.

Bisher ist diese Art bloß aus Südamerika bekannt, woher Sven Ekman und E. v. Daday sie von patagonischen Fundorten beschrieben haben. Bei meinen derzeitigen Untersuchungen habe ich sie an zwei Fundorten angetroffen, und zwar: Corumba, Matto Grosso, Inundationstümpel des Paraguayflusses; Tebicuay, ständiger Tümpel.

Die mir vorliegenden Exemplare stimmen zum großen Teil vollständig überein mit den von Sven Ekman beschriebenen, allein ich fand auch einige, deren Schale spärlichere Linien aufwies, außerdem mit sechseckigen Felderchen geziert und granuliert erschien. Am postanalen Teil des Postabdomens ragen die Randborsten in regelrechter Reihe auf und bloß im unteren Analwinkel zeigen sich Bündel kleiner Dornen. Diese Exemplare sind somit gewissermaßen als Repräsentanten einer Varietät zu betrachten.

222. Pleuroxus similis Vávra.

Pleuroxus similis Sars, G. O., 27, p. 77, Taf. XI, Fig. 7 a. b.

Diese Art hat zuerst W. Vávra 1890 aus Chile beschrieben (31. p. 33), später wurde sie von G. O. Sars aus Argentinien nachgewiesen. Bei meinen Untersuchungen habe ich sie in dem Material von folgenden Fundorten angetroffen: Asuncion, Lagune (Pasito), Inundationen des Rio Paraguay; Sapucay, Arroyo Poná; Villa Rica, wasserreiche Wiese.

Die mir vorliegenden Exemplare gleichen in der Schalenform den Exemplaren von W. Vávra, in der Behaarung des postanalen Teiles des Postabdomens dagegen den von G. O. Sars beschriebenen, d. i. unter den großen Randdornen erhebt sich je ein feines Härchen. Die ganze Länge des Weibchens beträgt 0,48—0,55 mm, sie sind somit etwas größer als die Exemplare von W. Vávra und G. O. Sars. Nach der Ansicht von G. O. Sars ist J. Richards Pleuroxus aduncus (Jur.) als Varietät dieser Art zu betrachten (27.).

223. Pleuroxus ternispinosus Ekm.

Pleuroxus ternispinosus Ekman, Sven, 9, p. 81, Taf. IV, Fig. 30.

Derzeit ist diese Art als spezifisch südamerikanisch zu betrachten; sie wurde von Sven Ekman und E. v. Daday aus Patagonien beschrieben (4. 9.). Dem Anschein nach gehört sie in der Fauna von Paraguay nicht zu den Seltenheiten, denn ich habe sie aus dem Material von folgenden Fundorten verzeichnet: Asuncion (Gran Chaco), Nebenarm des Paraguayflusses; Estia Postillon, Lagune; Inundationstümpel des Yuguariflusses.

Unter den mir vorliegenden Exemplaren fanden sich auch solche, bei welchen am postanalen Teil des Postabdomens sich an beiden Seiten in 8—10 bogigen Gruppen feine Härchen erheben, demzufolge diese Exemplare abweichen von den typischen Exemplaren Sven Ekmans, an deren Postabdomen diese Haargruppen fehlen. Die Randdornen sind ziemlich dünn, borstenförmig, in der distalen Hälfte zu 2—3 gruppiert, gleichförmig, in der proximalen Hälfte stehen neben einem kräftigeren 1—2 dünnere und kürzere Dornen. Die Körperlänge des Weibchens schwankt zwischen 0,55—0,6 mm.

Gen. Alonella G. O. Sars.

Im Hinblick darauf, daß mehr oder weniger Arten dieses Genus mit Ausnahme von Afrika aus allen Weltteilen bekannt sind, ist dasselbe als kosmopolitisch zu betrachten. Aus Südamerika wurde die erste Art von A. Wierzejski 1892 verzeichnet, und zwar unter dem Namen Pleuroxus nanus Baird. (33.). Im Jahre 1901 hat dann G. O. Sars von verschiedenen südamerikanischen Fundorten eine ganze Serie von Arten beschrieben, darunter mehrere, welche bisher bloß aus Südamerika, oder außerdem bloß aus Ceylon und Australien bekannt sind (27.). Bei meinen Untersuchungen habe ich nachstehende Arten vorgefunden.

224. Alonella chlatratula Sars.

Alonella chlatratula Sars, G. O., 27, p. 62, Taf. X, Fig. 5—5 a.

Zuerst wurde diese Art von G. O. Sars 1896 aus Australien beschrieben, er fand sie indessen auch in Südamerika, und zwar an einem brasilianischen Fundorte. Bei meinen Untersuchungen habe ich sie von folgenden Fundorten verzeichnet: Corumba, Matto Grosso, Inundationstümpel des Paraguayflusses; Tebicuay, ständiger Tümpel; Villa Rica, Graben am Eisenbahndamm.

Bei der Beschreibung der südamerikanischen Exemplare bemerkt G. O. Sars, daß diese Art der europäischen Alonella excisa (Fisch.) sehr nahe stehe. Das Studium der mir vor liegenden Exemplare führte mich zu dem Resultate, daß dieselben, sowie überhaupt die Sarssche *Alonella chlatratula* in hohem Maße erinnert an die von W. Lilljeborg beschriebene und abgebildete *Alonella exigua* (Lillj.) (cfr. 13. p. 513. Taf. 72. Fig. 20—26). Die Ähnlichkeit äußert sich hauptsächlich in der Struktur des Postabdomens, wogegen sich eine Verschiedenheit bloß in der Struktur des hinteren unteren Schalenwinkels zeigt, was durchaus nicht für sehr wesentlich zu halten ist. Meinerseits halte ich es für sehr wahrscheinlich, daß *Alonella chlatratula* Sars und *Alonella exigua* (Lillj.) identisch seien. Falls sich meine Voraussetzung bestätigen sollte, so wäre *Alonella exigua* als Kosmopolit zu betrachten.

225. Alonella dentifera Sars.

(Taf. X, Fig. 10. 11.)

Alonella dentifera Sars, G. O., 27, p. 61, Taf. X, Fig. 4—4a.

Bisher ist diese Art bloß aus Südamerika, und zwar von brasilianischen und paraguayischen Fundorten, bekannt, insofern ich sie bei meinen Untersuchungen aus dem Material von folgenden Fundorten verzeichnet habe: Zwischen Aregua und dem Yuguariflusse, Inundationen eines Baches; Asuncion, Lagune (Pasito), Inundationen des Rio Paraguay; Corumba, Matto Grosso, Inundationstümpel des Paraguayflusses; Estia Postillon, Lagune; Gourales, ständiger Tümpel; Sapucay, Arroyo Poná; Tebicuay, ständiger Tümpel; Villa Rica, Graben am Eisenbahndamm; wasserreiche Wiese. Demnach ist diese Art in der Fauna von Paraguay ziemlich häufig.

Die mir vorliegenden Exemplare stimmten mit den von G. O. Sars beschriebenen (cfr. Taf. X, Fig. 10 und 27. Taf. X, Fig. 4) durchaus überein, in den Details aber zeigten sich dennoch einige Verschiedenheiten.

Der Rückenrand der Schale ist gleichmäßig bogig, gegen den Kopf aber abschüssiger, als gegen den Hinterrand, mit welchem derselbe einen stärker oder schwächer gerundeten Winkel bildet. Der Hinterrand ist entweder gerade oder in der oberen Hälfte schwach bogig, in der unteren Hälfte hingegen etwas vertieft und mit dem Bauchrand einen spitzigen, ziemlich vorspringenden Winkel, als Zahnfortsatz bildend (Taf. X, Fig. 10). Der Bauchrand ist vor der Mitte etwas gebuckelt, somit in einen hinteren größeren und einen vorderen kleineren Teil gegliedert, nahe zum hinteren Winkel mit 2—3, nach hinten gerichteten Zähnchen bewehrt, anderwärts behaart. Der Vorder- und Bauchrand bildet einen vorspringenden, gerundeten Winkel.

Die Schalenoberfläche ist mit sechseckigen Felderchen geziert, die fein granuliert sind, außerdem zeigen sich an der Schalenoberfläche auch Linien mehr oder weniger scharf.

Der Lippenanhang ist im Verhältnis breit, der Vorderrand gerundet, glatt; die untere Spitze stumpf gerundet.

Die postanale Hälfte des Postabdomens ist in seiner ganzen Länge gleich breit, die distale obere Spitze stumpf gerundet, die Basis der Endkrallen scharf abgesondert, aber nicht eingeschnitten. Am Rande des postanalen Teiles erheben sich 7—9 kräftigere Dornen, welche nach oben allmählich kürzer und dünner werden, ihnen zur Seite stehen 1—2 feine Nebendornen. Innerhalb und parallel mit den Randdornen reihen sich 8—10, aus 3—4 feinen, kurzen Härchen bestehende Haarbündel. Am Rande der Analöffnung erhebt sich eine Reihe

feiner kurzer Härchen (Taf. X, Fig. 11). Die Endkralle ist auffällig lang, schwach sichelförmig gekrümmt und an der Basis mit einer relativ sehr langen Nebenkralle versehen,
welche die halbe Länge der Endkralle oft überragt und einem kräftigen Dorn gleicht. Der
Innenrand der Endkralle ist fein behaart.

Die Länge des Weibchens beträgt 0,35—0,5 mm, die größte Höhe 0,25—0,35 mm.

Die hier beschriebenen Exemplare weichen in der Struktur des hinteren Schalenrandes und besonders des Postabdomens von den Sarsschen Exemplaren ab. Hinsichtlich
der Größe der Nebenkralle ist diese Art der *Alonella macronyx* (Dad.) sehr ähnlich, mit
welcher sie, wenn auch nicht identisch, sicher aber nahe verwandt ist.

226. **Alonella** punctata (Dad.).

(Taf. X, Fig. 12—17.)

Alona punctata Daday, E. v., 2, p. 39, Fig. 18a—e.

Der Körper des Weibchens ist in der Richtung der Längsachse stärker oder schwächer
gestreckt (Taf. X, Fig. 12. 15). Der Kopf geht in ein kurzes, ziemlich stumpfes, oder gerade
geschnittenes, nach unten gerichtetes Rostrum aus, welches gewöhnlich unter die Mittellinie
des Körpers ragt.

Der Rückenrand der Schale ist stärker oder schwächer bogig, vermutlich je nach-
dem sich in der Bruthöhlung mehr oder weniger Eier, bezw. Embryonen befinden (Taf. X,
Fig. 12. 15); in ersterem Falle geht derselbe fast gleichmäßig abschüssig in den Hinterrand
und in die Stirn über; in letzterem Falle aber gegen die Stirn stärker abschüssig (Taf. X,
Fig. 12). Der Hinterrand ist entweder gerade, fast perpendiculär, bildet mit dem Rücken- und
Bauchrand einen merklichen Winkel (Taf. X, Fig. 12), und ist in der ganzen Länge mit einer
Reihe feiner Härchen versehen, oder aber er erscheint schwach bogig, mit dem Rücken- und
Bauchrand einen gerundeten, kaum merklichen Winkel bildend (Taf. X, Fig. 15). Der Bauchrand ist in der Mitte schwächer oder stärker vorragend, in ersterem Falle die hintere Hälfte
abschüssig, in letzterem Falle schwach bogig, in der ganzen Länge behaart, die Haare nach
hinten allmählich verjüngt. Die Schalenoberfläche ist liniert und granuliert, die Linien sind
indessen zuweilen stark verwaschen.

Das Auge ist doppelt so groß als der Pigmentfleck, welcher stets etwas näher dem
Auge liegt als der Rostrumspitze. Die ersten Antennen reichen gewöhnlich bis zur Spitze
des Rostrums. Der Vorderrand der Lippenanhanges ist glatt, bogig, die untere Spitze ziemlich stumpf gerundet (Taf. X, Fig. 16).

Der postanale Teil des Postabdomens ist gegen das distale Ende allmählich verengt,
die obere distale Spitze stumpf gerundet, an der Basis der Endkralle zeigt sich eine scharfe,
schmale Vertiefung, entlang des Oberrandes erheben sich auf kleinen Höckerchen 10—12,
aus 3—5 kurzen, feinen Härchen bestehende Bündel; innerhalb diesen Rand-Haarbündeln
stehen 8—10 Seiten-Haarbündel, deren jedes aus 4—5 feinen Haaren besteht (Taf. X, Fig. 14.
Entlang des Analrandes steht gleichfalls eine Reihe von Bündeln kurzer Härchen. Die Endkralle ist ziemlich kräftig, schwach sichelförmig gekrümmt, der Innenrand fein behaart, an
der Basis sitzt eine kräftige, dornförmige Nebenkralle (Taf. X, Fig. 14).

Der Rückenrand des Männchens ist nur ganz wenig bogig, gegen den Hinterrand wenig, gegen die Stirn hingegen stark abschüssig. Der Hinterrand ist fast gerade, aber schief verlaufend, und bildet mit dem Bauchrand einen merklichen, stumpf gerundeten Winkel; der Bauchrand gleicht dem des gestreckten Weibchens (Taf. X, Fig. 13). Die Schalenoberfläche ist granuliert und ziemlich dicht, aber verschwommen liniert.

Der postanale Teil des Postabdomens ist gegen das distale Ende stärker verengt, an der Basis der Endkrallen gerade geschnitten, am Rande erheben sich 10—12 Haarbündel, deren jeder aus 4—5 feinen kurzen Haaren zusammengesetzt ist. Die Endkralle ist im Verhältnis schwach, ebenso auch die Nebenkralle (Taf. X, Fig. 17).

Die Länge des Weibchens beträgt 0,55—0,6 mm, die des Männchens 0,45 mm.

Fundorte: Zwischen Aregua und Lugua, Tümpel an der Eisenbahn, sowie Inundationen des Yguariflusses; Asuncion, Campo Grande, Calle de la Cañada, von Quellen gespeiste Tümpel und Gräben; Tümpel auf der Insel (Banco) im Paraguayflusse; Gran Chaco, Nebenarm des Paraguayflusses; Villa Morra, Calle Laureles, Straßenpfütze; Inundationen des Yguariflusses; Caearapa, ständiger Tümpel; Asuncion, Lagune (Pasito), Inundationen des Rio Paraguay.

Bisher war diese Art bloß aus Ceylon bekannt, von wo sie E. v. Daday beschrieben hat. Von den mir vorliegenden Exemplaren erinnern die längeren, vermöge der Schalenform lebhaft an die von G. O. Sars aus Südamerika beschriebenen Exemplare von *Alonella diaphana* (Ring), wogegen die kürzeren mit der ceylonischen *Alona - Alonella punctata* Dad. übereinstimmen. Das Postabdomen des Weibchens und Männchens, besonders aber das des Weibchens stimmt durchaus mit dem der ceylonischen Exemplare überein, weicht hingegen von der Sarsschen *Alonella diaphana* so bedeutend ab, daß sie trotz der großen Ähnlichkeit in der Schalenform leicht zu unterscheiden sind. Zudem ist indessen auch die Verwandtschaft zwischen *Alonella diaphana* (King. Sars) und *Alonella punctata* (Dad.) nicht zu bestreiten, wofür *Alonella diaphana* var. *Iheringi* Rich. spricht, welchen G. O. Sars als Synonym von *Alonella diaphana* betrachtet (27. p. 60).

227. Alonella Karua (King.).

Alonella Karua Sars, G. O., 27, p. 59, Taf. X, Fig. 2 a—d.

Diese Art war zuerst aus Australien bekannt, sodann entdeckte sie E. v. Daday auch auf Ceylon (2. p. 35); Th. Stingelin aber jüngst auf Sumatra, Java und in Hinterindien (Untersuchungen über die Cladoceren-Fauna von Hinterindien, Sumatra und Java. — Zool. Jahrb. Bd. 21. Heft 3. 1904. p. 1). Aus Südamerika wurde sie zuerst von J. Richard unter dem Namen *Alona Mülleri* aus Chile erwähnt (23. p. 292. Fig. 39—41), später traf sie G. O. Sars auch an brasilianischen und argentinischen Fundorten an, zugleich konstatierte er, daß Richards *Alona Mülleri* nichts anderes sei, als das Synonym von *Alonella Karua* (King).

Wie es scheint, erfreut sich diese Art in Südamerika einer großen Verbreitung, darauf weist hin, daß ich sie in der Fauna von Paraguay aus dem Material von folgenden Fundorten verzeichnet habe: Zwischen Aregua und dem Yguariflusse, Inundationen eines Baches; Curuzu-chica, toter Arm des Paraguayflusses; Gourales, ständiger

Tümpel; Paso Barreto, Bañado am Ufer des Rio Aquidaban; Pirayu, Straßenpfütze; Sapucay, Arroyo Poná; Tebicuay, ständiger Tümpel; Villa Encarnacion, Alto Parana, Sumpf; Villa Rica, quellenreiche Wiese.

Unter den mir vorliegenden Exemplaren habe ich bloß Weibchen gefunden, deren Länge zwischen 0.33—0,35 mm schwankt; dieselben stimmten in der Form und Struktur der Schale, sowie in der Behaarung des Postabdomens vollständig überein mit den von G. O. Sars abgebildeten; bei sehr vielen aber erschien der Lippenanhang an der unteren Spitze gerade geschnitten.

228. Alonella nitidula Sars.

Alonella nitidula Sars, G. O., 27, p. 64, Taf. X, Fig. 7. 7a.

Derzeit ist diese Art bloß aus Südamerika bekannt, woher sie G. O. Sars von dem Fundort Itatiba beschrieben hat. Bei meinen Untersuchungen habe ich sie an folgenden Fundorten angetroffen: Aregua, Inundationen des Baches, welcher den Weg zu der Lagune Ipacarai kreuzt; Cerro Leon, Bañado; Curuzu-chica, toter Arm des Paraguayflusses; Estia Postillon, Lagune und deren Ergüsse; Paso Barreto, Bañado am Ufer des Rio Aquidaban; Pirayu, Tümpel bei der Ziegelei. Die Art ist somit in der Fauna von Paraguay als häufig zu bezeichnen.

Unter den mir vorliegenden Exemplaren befanden sich auch mehrere, bei welchen neben der am postanalen Teile des Postabdomens nahe zum Rande sich erhebenden Dornenreihe an beiden Seiten 8—10 Haarbündel stehen, deren jedes aus 3—5 kleinen Härchen besteht.

Die Körperlänge des Weibchens schwankte zwischen 0,25—0,3 mm; Männchen habe ich nicht gefunden.

229. Alonella globulosa (Dad.).

(Taf. X, Fig. 8. 9.)

Alona globulosa Daday, E. v., 2, p. 37, Fig. 16a—c.
Alonella sculpta Sars, G. O., 27, p. 613, Taf. X, Fig. 6. 6a.

Der Körper ist, von der Seite gesehen, annähernd kurz eiförmig, vorn höher, bezw. breiter, als hinten (Taf. X, Fig. 8). Der Kopf ist etwas nach vorn und unten gerichtet und geht in ein im Verhältnis kurzes, dünnes, schwach bogiges Rostrum aus, welches nicht unter die Mittellinie des Körpers ragt. Die Stirn ist glatt, bogig abschüssig.

Das Auge ist ziemlich entfernt vom Stirnrand und über doppelt so groß, als der Pigmentfleck, welcher gewöhnlich vom Auge und der Rostrumspitze gleich weit liegt. Die ersten Antennen sind dünn, spindelförmig und reichen bis zur Spitze des Rostrums. Am Vorderrand des Lippenanhanges stehen 2—3 Zähnchen, die aber bisweilen sehr undeutlich sind, das untere Ende ist spitz gerundet, zuweilen indessen zugespitzt.

Der Rückenrand der Schale ist gleichmäßig bogig, gegen den Hinterrand aber dennnoch etwas stärker abschüssig, als gegen die Stirn, und bildet mit dem Hinterrand eine kleine Spitze. Der Hinterrand ist viel kürzer, als die Hälfte der größten Schalenhöhe, im oberen Drittel schwach vertieft, dann bogig, bildet mit dem Bauchrand einen gerundeten, breiten Winkel und geht demzufolge fast unbemerkt in den Bauchrand über. Der Bauch-rand ist gerade, oder ganz wenig bogig, und geht unmerklich in den relativ auffällig hohen, stumpf gerundeten Vorderrand über. Entlang des Vorder- und Bauchrandes erheben sich Randborsten, die nach hinten allmählich kürzer werden (Taf. X, Fig. 8). An der Schalenoberfläche laufen bogige Linien hin, die besonders am Vorderrand besser sichtbar sind. Der ziemlich breite Raum zwischen den Linien ist fein granuliert. Die Färbung der Schale ist gelblich.

Der postanale Teil des Postabdomens ist nahezu in seinem ganzen Verlaufe gleich breit, die Basis der Endkrallen scharf abgesondert, die distale Spitze gerundet, am Hinter-bezw. Oberrand mit 11—13 kleinen, bogigen Erhöhungen, wogegen an den Seiten, ziemlich entfernt vom Rande, in einer Längsreihe 11—13 spitze Dornen sitzen, unter welchen je ein Härchen aufragt (Taf. X, Fig. 9). Die Endkrallen sind kräftig, sichelförmig, an der Basis mit einer Nebenkralle versehen.

Die Länge des Weibchens beträgt 0,25—0,34 mm, die größte Höhe 0,2—0,28 mm.

Fundorte: Curuzu-chica, toter Arm des Paraguayflusses; Estia Postillon, La-gune; Tebicuay, ständiger Tümpel.

E. v. Daday hat diese Art als Repräsentanten des Genus *Alona* aus Ceylon, G. O. Sars aber unter dem Namen *Alonella sculpta* aus Brasilien beschrieben. Die Vergleichung der untersuchten Exemplare aus Paraguay und Ceylon mit den von G. O. Sars unter dem Namen *Alonella sculpta* beschriebenen ergab, jeden Zweifel ausschließend, daß die E. v. Dadaysche *Alona-Alonella globulosa* und die G. O. Sarssche *Alonella sculpta* voll-ständig identisch sind, bezw. daß letztere bloß Synonym der ersteren sei. Zudem ist zu be-merken, daß sämtliche Exemplare von *Alonella globulosa* vermöge der Struktur des Post-abdomens lebhaft an *Alonella Karua* (King) erinnern, im übrigen aber wesentlich und leicht kenntlich von derselben verschieden sind.

Gen. Dadaya Sars.

Dadaya Sars, G. O., 27, p. 73.

Dies Genus steht den Gattungen *Chydorus* und *Pleuroxus* sehr nahe und bildet ge-wissermaßen einen Übergang zu dem Genus *Alonella*. Bisher ist es bloß von Ceylon, Su-matra, Hinterindien und aus Südamerika bekannt, und zwar in einer einzigen, der nachfolgen-den Art.

230. Dadaya macrops (Dad.).

Alona macrops Daday, E v., 2, p. 38, Fig. 17.a—e.
Dadaya macrops Sars, G. O., 27, p. 74, Taf. XI, Fig. 5 a—b.

Aus Südamerika wurde diese Art zuerst von G. O. Sars von dem Fundort Itatiba verzeichnet. Th. Stingelin fand sie im brackischen Wasser der Furo S. Isabel im Mün-dungsgebiet des Amazonas (loc. cit. p. 587). Bei meinen Untersuchungen habe ich sie in dem Material von folgenden Fundorten angetroffen: Aregua, Pfütze an der Eisenbahn; Estia Postillon, Lagune und deren Ergüsse; Villa Sana, Inundationen des Baches Paso Ita und Peguaho-Teich; allein an keiner Stelle häufig.

Die mir vorliegenden Exemplare weichen nur insofern von den ceylonischen und den von G. O. Sars beschriebenen ab, als der Rückenrand der Schale stärker erhaben, der Hinterrand aber kürzer ist und an dem Winkel, welchen derselbe mit dem Bauchrand bildet, ein nach hinten gerichteter, spitzer Zahnfortsatz entspringt; dieselben repräsentieren somit gewissermaßen eine Varietät.

Ich habe bloß Weibchen gefunden, deren Länge 0,34 mm, ihre größte Höhe aber 0,3 mm betrug, sie sind mithin größer als die von Ceylon und dem Fundort Itatiba.

Gen. Dunhevedia King.

Ein ziemlich kosmopolitisches Genus, insofern eine oder mehrere seiner Arten mit Ausnahme von Afrika aus allen Weltteilen bekannt sind. Ein Teil der Arten findet sich in früheren literarischen Daten in dem A. Birgeschen Genus *Crepidocercus*, von welchem es sich indessen in neuerer Zeit herausstellte, daß es bloß als Synonym des Kingschen Genus *Dunhevedia* gelten kann. Von den übrigen Gattungen der Familie ist diese durch die Form und Struktur des Postabdomens leicht zu unterscheiden, ihre Arten aber weichen fast nur durch die Form des Lippenanhangs voneinander ab. Aus Südamerika ist bisher bloß die nachstehende Art bekannt.

231. Dunhevedia odontoplax Sars.

Dunhevedia odontoplax Sars, O. G., 27, p. 76, Taf. XI, Fig. 6a—b.

Aus Südamerika, und zwar von chilenischen Fundorten, hat J. Richard diese Art unter dem Namen *Dunhevedia setigera* Birge bereits 1897 (23. p. 296), W. Vávra aber 1900 verzeichnet (31. p. 22. Fig. 5). G. O. Sars hat 1901 die Repräsentanten dieser Art an einem brasilianischen Fundort angetroffen und auf Grund der Struktur des Lippenanhanges als neu beschrieben. Daß W. Vávra die Sarsschen Exemplare von *Dunhevedia odontoplax* untersucht hat, wird durch seine Abbildung des Lippenanhanges unzweifelhaft dargetan.

Bei meinen Untersuchungen habe ich die Art aus dem Material von folgenden Fundorten verzeichnet: Zwischen Aregua und Lugua, Inundationstümpel des Yuguariflusses, sowie Tümpel am Eisenbahndamm; zwischen Aregua und dem Yuguariflusse, Inundationen eines Baches; Asuncion, Gran Chaco, Nebenarm des Paraguayflusses; Cerro Leon, Bañado; Tebicuay, ständiger Tümpel. Sonach ist die Art in der Fauna von Paraguay ziemlich häufig, in Menge aber hat sie sich an keinem Fundorte gezeigt.

Unter den mir vorliegenden Exemplaren habe ich bloß Weibchen gefunden, die mit den von G. O. Sars abgebildeten durchaus übereinstimmten und an dem unpaaren Zahnfortsatz am Vorderrand des Lippenanhanges leicht zu erkennen sind. Die Körperlänge beträgt 0,45 mm.

Gen. Leptorhynchus Herr.

Leptorhynchus Lilljeborg, W., 13, p. 487.

Bisher war eine einzige Art dieses Genus aus Europa und Nordamerika bekannt, welche G. O. Sars 1861 unter dem Namen *Harporhynchus falcatus* beschrieben hatte. Im Jahre 1884 stellte C. L. Herrick dieselbe Art als Repräsentanten des von ihm aufgestellten

Genus *Leptorhynchus* hin. Dem Prioritätsrechte zufolge würde dem G. O. S a r s schen Namen *Harporhynchus* das Vorrecht gebühren, wenn, wie schon W. L i l l j e b o r g nachgewiesen, C a b a n i s 1848 denselben nicht für die Bezeichnung einer Vogelgattung der Familie *Turdidae* okkupiert hätte (13. p. 487. Anm. 2). Aus Südamerika war das Genus bisher unbekannt, bei meinen Untersuchungen habe ich indessen nachstehende zwei Arten gefunden.

232. Leptorhynchus dentifer n. sp.
(Taf. X, Fig. 18—23.)

Die allgemeine Körperform ist etwas veränderlich, bald in der Richtung der Längsachse mehr oder weniger gestreckt, bald gegen den Rücken vorspringend und demzufolge verkürzt erscheinend (Taf. X, Fig. 18. 23).

Der Kopf ist mehr oder weniger nach vorn gerichtet und geht in ein auffällig langes, dünnes und sichelförmig nach hinten gekrümmtes Rostrum über. Das Ende des Rostrums ist spitz und erreicht zuweilen fast den Bauchrand der Schale.

Das Auge ist weit größer als der Pigmentfleck und vom Stirnrand ziemlich entfernt, mehr oder weniger eiförmig. Der Pigmentfleck ist sehr klein, fast viereckig, und liegt dem Auge dreimal näher, als der Rostrumspitze. Die ersten Antennen sind spindelförmig, kaum so lang, als ¼ des Rostrums. Das zweite Antennenpaar ist schwach, insgesamt mit sieben Ruderborsten bewehrt. Der Vorderrand des Lippenanhanges ist entweder wellig (Taf. X, Fig. 19), oder in der oberen Hälfte vertieft und dann verengt (Taf. X, Fig. 20); die untere Spitze mehr oder weniger spitz gerundet; der mittlere Raum erscheint granuliert.

Der Rückenrand der Schale ist bald ganz schwach, bald aber stärker bogig, geht indessen in beiden Fällen fast gleich abschüssig in die Stirn und in den Hinterrand über (Taf. X, Fig. 18. 23) und bildet mit letzterem einen kleinen spitzen Höcker. Der Hinterrand ist nicht um vieles höher, als ⅓ der größten Schalenhöhe, in der oberen Hälfte schwach vertieft, in der unteren Hälfte hingegen bogig, und bildet mit dem Bauchrande einen gerundeten Winkel, an welchem sich 2—3 kräftigere, gerade nach hinten gerichtete Kutikularzähne erheben, zwischen und über denen zuweilen noch 3—6 sehr kleine Zähnchen sitzen (Taf. X, Fig. 18. 22. 23). Der Bauchrand ist bisweilen nahe zum vorderen Drittel etwas vortretend, nach hinten aber kaum merklich gebuchtet (Taf. X, Fig. 18), öfters jedoch in der Mitte auffällig vertieft (Taf. X, Fig. 23), in der ganzen Länge behaart, die Haare werden nach hinten allmählich kürzer und ihre Reihe häufig durch Dornzähne beschlossen. Der vordere Schalenrand ist stumpf gerundet, nur etwas vorspringend.

Die Schalenoberfläche ist entlang des Hinterrandes bis zum unteren Winkel mit sechseckigen Felderchen geziert; diese Felderchen sind in 2—3 perpendiculären Reihen angeordnet, ihr Gebiet ist granuliert. Von der inneren Reihe dieser Felderchen gehen in fast gleichmäßiger Entfernung scharfe Linien aus, die fast alle parallel dem Rückenrand verlaufen, gegen den Vorderrand sich aber bogig neigen (Taf. X, Fig. 18. 23). Die Linien werden hier und da durch Ausläufer verbunden, demzufolge sich auch kürzere oder längere rhombische Felderchen zeigen. Der Raum zwischen den Linien erscheint fein liniert, bisweilen auch spärlich granuliert (Taf. X, Fig. 22). Die Linien erstrecken sich auch auf die Schale des Kopfes und sind hier etwas dichter aneinandergereiht.

Die Färbung der Schale ist blaßgelb, selten gelblichbraun.

Der postanale Teil des Postabdomens ist auffallend breit, der Hinter- bezw. Oberrand bogig, so zwar, daß die distale Spitze gar nicht abgesondert, sondern mit dem Rande verschmolzen ist, an welchem sich 6—8 kräftigere und 4—6 schwächere Dornen erheben, die nach oben allmählich kürzer und schwächer werden (Taf. X, Fig. 21). Entlang des Analrandes und über denselben hinaus zeigt sich eine Reihe sehr kleiner Härchen. Die supraanale Spitze ist sehr auffällig. Die Endkralle ist schwach, glatt, nur ganz wenig gekrümmt, an der Basis mit bloß einer Nebenkralle versehen.

Ich habe bloß Weibchen gefunden, deren Länge 0,25—0,45 mm, die größte Breite aber 0,15—0,2 mm betrug.

Fundorte: A r e g u a, Inundationen eines Baches, welcher den Weg zu der Lagune Ipacarai kreuzt; zwischen A r e g u a und dem Y u g u a r i f l u s s e, Inundationen eines Baches; A s u n c i o n, Gran Chaco, Nebenarm des Paraguayflusses; C o r u m b a, Matto Grosso, Inundationstümpel des Paraguayflusses; E s t i a P o s t i l l o n, Lagune; C e r r o L e o n, Bañado; P a s o B a r r e t o, Bañado am Ufer des Rio Aquidaban; S a p u c a y, Arroyo Poná; T e b i c u a y, ständiger Tümpel; V i l l a S a n a, Paso-Ita-Bach und Peguaho-Teich. Diese Art kann somit in der Fauna von Paraguay als gemein bezeichnet werden.

Von den bisher bekannten zwei Arten der Gattung, d. i. *Leptorhynchus falcatus* G. O. Sars und *Leptorhynchus rostratus* C. K., ist diese Art durch die Form und Struktur des hinteren Schalenwinkels, der Schalenwandung und Postabdomens, sowie durch die Form des Lippenanhanges leicht zu unterscheiden. In der Struktur des Postabdomens steht sie näher zu *Leptorhynchus rostratus*.

233. Leptorhynchus rostratus (C. K.).

(Taf. X, Fig. 24. 25.)

Lynceus rostratus L i l l j e b o r g, W., 13, p. 484, Taf. LXIX, Fig. 7—21.

Die weitverbreitetste Art der Gattung, welche bisher aus Europa, Asien und Nordamerika bekannt war. Ein Teil der Forscher hat sie bislang als zu den Gattungen *Lynceus*, *Alona* und *Alonella* gehörig betrachtet, meiner Ansicht nach gehört sie jedoch vermöge der Struktur des Rostrums und des Postabdomens eher in die Gattung *Leptorhynchus* und ist gleichsam eine Übergangsform zu der Gattung *Alona*.

Bei meinen Untersuchungen habe ich dieselbe an folgenden Fundorten angetroffen: Zwischen A r e g u a und L u g u a, Inundationstümpel des Yuguariflusses; C e r r o L e o n, Bañado; P a s o B a r r e t o, Bañado am Ufer des Rio Aquidaban. Es lagen mir zwar mehrere Exemplare vor, darunter aber kein einziges Männchen.

Der Körper ist im ganzen annähernd gestreckt eiförmig, vorn breiter als hinten. Der Kopf blickt nach vorn und unten, die Stirn ist bogig abgeflacht. Das Rostrum ist im Verhältnis sehr lang, weit länger als bei den schwedischen Exemplaren von W. L i l l j e b o r g, auffällig dünn, nach hinten gebogen, das distale Ende gespitzt (Taf. X, Fig. 24).

Das Auge und der Pigmentfleck sind fast gleich groß, mehr oder weniger kugel- oder eiförmig. Der Pigmentfleck liegt dem Auge doppelt so nahe als der Rostrumspitze. Die ersten Antennen sind dünn, spindelförmig, überragen die Mitte der Rostrumspitze nicht und tragen an der Außenseite Tastborsten. Das zweite Antennenpaar ist schwach, seine Äste sind mit zusammen sieben Fiederborsten versehen. Der Lippenanhang ist gegen die distale Spitze allmählich verengt, der Vorderrand bogig, glatt, die untere Spitze ziemlich spitz gerundet (Taf. X, Fig. 24).

Der Schalenrücken ist gleichmäßig stumpf bogig, geht fast gleichmäßig abschüssig in die Stirn und den Hinterrand über und bildet mit letzterem eine kleine Spitze. Der Hinterrand ist sehr kurz, überragt ⅓ der größten Schalenhöhe nicht, ist kaum merklich bogig, fast gerade und bildet mit dem Bauchrand einen stumpf gerundeten einfachen Winkel. Der Bauchrand ist nur ganz wenig bogig, fast gerade, in der ganzen Länge mit Fiederborsten gesäumt, die nach hinten allmählich kürzer und schwächer werden, allein ihre Reihe wird durch keinen Zahnfortsatz abgeschlossen. Der Vorderrand bildet mit dem Bauchrand einen stumpf gerundeten Hügel und ist gleichfalls behaart (Taf. X, Fig. 24).

An der Schalenoberfläche erheben sich parallel dem Rückenrand scharfe Linien, deren Zwischenräume am Hinterrand fein granuliert, sonst fein liniert sind. Felderchen zeigen sich an der Schale nirgends. Die Färbung der Schale ist gelbgrau oder grau.

Der postanale Teil des Postabdomens ist in der Mitte am breitesten, der Hinter- bezw. Oberrand schwach bogig, das distale Ende gerade geschnitten; entlang des Randes erheben sich 9—10 kräftige Dornen, die nach oben allmählich kürzer und schwächer werden. Die Reihe der Randdornen wird durch eine kleine Borste begonnen und am Analrand durch mehrere kleine Borsten abgeschlossen. Zwischen den oberen 4—5 Dornen steht je eine feine, kurze Borste (Taf. X, Fig. 25). Die Basis der Endkralle ist ziemlich scharf abgesondert, die Endkralle selbst relativ dünn, bogig, glatt, nahe der Basis mit einer kräftigen Nebenkralle versehen, über welcher sich zuweilen noch ein kleiner Dorn erhebt. Am Vorder- bezw. Unterrand des Postabdomens stehen drei Borsten in gleicher Entfernung voneinander.

Die Körperlänge beträgt 0,35—0,4 mm, die größte Höhe 0,23 mm.

Von den europäischen und besonders den schwedischen Exemplaren W. Lilljeborgs weichen die paraguayschen ab durch die größere Länge des Rostrums, außerdem ist es eines ihrer Merkmale, daß der hintere untere Schalenwinkel stets einfach gerundet ist und keinen Zahnfortsatz trägt.

Gen. **Alona** Baird.

Diese Gattung hat eine allgemeine geographische Verbreitung. Aus Südamerika hat zuerst A. Wierzejski 1892 Arten derselben verzeichnet (33.), sodann haben J. Richard, W. Vávra, S. Ekman, G. O. Sars und E. v. Daday je einen oder mehrere ihrer Repräsentanten beschrieben. Allem Anschein nach ist die Gattung in Südamerika sehr verbreitet, denn es wurden dort bisher über 10 Arten derselben aufgefunden.

Zu bemerken ist, daß in neuerer Zeit W. Lilljeborg für diese Gattung statt des Namens *Alona* den Namen *Lynceus* O. Fr. M. in Anwendung bringt (13. p. 446), allein ich behalte nach wie vor den W. Bairdschen Namen *Alona* bei.

231. Alona affinis Leyd.

(Taf. X, Fig. 26, 27.)

Alona affinis S a r s, G. O., 27, p. 48, Taf. IX, Fig. 1 a—d.

Eine derjenigen Arten dieser Gattung, welche die größte geographische Verbreitung besitzen, insofern sie bisher bloß aus Australien noch nicht nachgewiesen ist. Aus Südamerika hat sie zuerst G. O. S a r s 1901 von brasilianischen Fundorten beschrieben. Wie es scheint, gehört sie in der Fauna von Südamerika zu den gemeinen Arten, wenigstens läßt der Umstand darauf schließen, daß ich sie an nachstehenden Fundorten angetroffen habe: Zwischen A r e g u a und dem Y u g u a r i f l u s s e, Inundationen eines Baches; C e r r o L e o n, Bañado; C u r u z u - c h i c a, toter Arm des Paraguayflusses; E s t i a P o s t i l l o n, Lagune; L u g u a, Pfütze bei der Eisenbahnstation; P a s o B a r r e t o, Bañado am Ufer des Rio Aquidaban; P i r a y u, Pfütze bei der Ziegelei; S a p u c a y, mit Pflanzen bewachsener Graben an der Eisenbahn; T e b i c u a y, ständiger Tümpel; V i l l a R i c a, Graben am Eisenbahndamm und wasserreiche Wiese; Inundationstümpel des Y u g u a r i f l u s s e s.

In dem mir vorliegenden Material fand ich sowohl Männchen als auch Weibchen, welche im ganzen mit den schwedischen Exemplaren von W. L i l l j e b o r g und den brasilianischen von G. O. S a r s zwar übereinstimmen, in den einzelnen Details aber einige Abweichungen aufweisen.

Beim Weibchen ist der Rückenrand der Schale ziemlich stark bogig, senkt sich aber dennoch abschüssiger in den Stirnrand herab, als gegen den Hinterrand, mit welchem derselbe keinen gespitzten Winkel bildet, wie an den S a r s schen Exemplaren, sondern einen abgerundeten Winkel. Der Hinterrand ist kaum merklich bogig, in der ganzen Länge zieht eine innere Reihe sehr feiner Härchen hin. Der Bauchrand ist im vorderen Drittel sehr häufig höckerig erhaben und somit nach vorn und hinten abschüssig.

Die Schalenoberfläche ist in seltenen Fällen bloß granuliert, sondern bisweilen verschwommen liniert, am häufigsten indessen mit in Längsreihen stehenden regelmäßigen sechseckigen Felderchen geziert, deren Umrisse jedoch ziemlich verwaschen sind, wogegen ihr Area fein granuliert ist.

Die untere Spitze des Lippenanhanges ist zumeist ziemlich zugespitzt, seltener stumpf gerundet, am Hinterrand mit zwei feinen Haarbündeln versehen.

Das Postabdomen ist in seiner ganzen Länge fast gleich breit, die distale hintere, bezw. obere Spitze stumpf gerundet, der distale Rand gerade, am Hinter- bezw. Oberrand erheben sich typisch 14—16 kräftige Dornen, die nach oben allmählich kürzer werden. Dieser Dornenreihe gehen am distalen Rand zwei feine Haarbündel und ein Dorn voran. An beiden Seiten des Postabdomens stehen feine Härchen in 12—14 Bündel angeordnet.

Allein ich fand auch solche Weibchen, deren Postabdomen von dem hier beschriebenen typischen ziemlich bedeutend abweicht und welche einigermaßen die Merkmale von *Alona quadrangularis* O. F. M. und *Alona affinis* Leyd. in sich vereinigen. Das Postabdomen dieser Weibchen ist nämlich gegen das distale Ende etwas verengt, die Spitze stumpf gerundet, am Hinter- bezw. Oberrand ein Enddrittel mit fünf kräftigen, glatten Dornen versehen, von welchen die an der Spitze stehende schwächer als die übrigen und glatt ist, wogegen die übrigen am Oberrand feine Härchen 2—3 tragen. Die Reihe der Dornen wird nach oben zu durch 5—6 breite, schuppenartige und kammförmig gezähnte Dornen ergänzt, die nach oben allmählich kürzer werden; auf diese Weise erheben sich am Rand zusammen 10 Dornen (Taf. X, Fig. 27). Die Endkralle.ist am Hinterrand, sowie an der Basis der großen Nebenkralle und die Nebenkralle selber sehr fein behaart.

Die Körperlänge beträgt 0,65—0,8 mm. Die Färbung der Schale ist blaß gelbbraun.

Beim Männchen ist die Schale vorn und hinten gleich hoch; der Rückenrand kaum bemerkbar bogig, fast gerade, gegen die Stirn bogig abschüssig und bildet mit dem Hinterrand einen deutlichen stumpfen Winkel. Der Hinterrand ist bogig gerundet, der Länge nach erhebt sich eine innere Reihe feiner, kurzer Härchen, mit dem Bauchrand bildet derselbe einen gerundeten Winkel. Der Bauchrand ist fast gerade, in der Mitte schwach und breit vertieft. Der Vorderrand bildet mit dem Bauchrand eine ziemlich stark vorstehende, gerundete Spitze. Die Schalenoberfläche ist verschwommen, dicht liniert und fein granuliert.

Der Lippenanhang ist dem des Weibchens gleich.

Das Postabdomen ist in der ganzen Länge gleich breit, die distale obere Spitze stumpf gerundet, zwischen der Basis der Endkralle und der distalen Spitze erhebt sich eine Reihe längerer, am Rand des postanalen Teiles aber eine Reihe sehr feiner, kurzer Härchen, darüber hinaus, nahe zur unteren Spitze der Analöffnung, drei kräftigere Dornen gleich weit voneinander stehen (Taf. X, Fig. 26). An beiden Seiten des postanalen Teiles des Postabdomens ragen unweit des Randes 10 Borstenbündel, deren Borsten nach oben allmählich kürzer und dünner werden. Außerdem zeigen sich auch entlang des Analrandes einige feine Haarbündel. Die Endkralle ist ebenso wie beim Weibchen, davor das Vas deferens ziemlich dick (Taf. X, Fig. 27). Demnach unterscheidet sich das mir vorliegende Männchen durch die Struktur des Postabdomens sowohl von den Lilljeborgschen schwedischen, als auch den Sarsschen brasilianischen Exemplaren, allein die Verschiedenheit ist nicht so bedeutend, daß deshalb etwa eine Varietät abzusondern wäre.

Die Körperlänge beträgt 0,63 mm. Die Färbung der Schale ist blaßgelb, fast weiß.

235. Alona Cambouei Guern. et Rich.
(Taf. XI, Fig. 1. 2.)

Alona Cambouei Guerne, de et J. Richard, 11, p. 9, Fig. 10—11.

Diese Art wurde 1893 von J. de Guerne und J. Richard von Madagaskar beschrieben (11. p. 9. Fig. 10. 11). J. Richard hat sie dann auch in Kleinasien vorgefunden (16. p. 12. Fig. 5—8) und 1897 auch aus Südamerika, und zwar von argentinischen und chilenischen Fundorten nachgewiesen (23. p. 289. Fig. 35. 36). S. Ekman hat sie 1900 und E. v. Daday 1902 von patagonischen Fundorten verzeichnet, ersterer Forscher jedoch in Repräsentanten der Varietät *patagonica*. Die Exemplare von J. Richard und S. Ekman gehören indessen, wie wir sehen werden, nicht zu dieser Art.

Bei meinen derzeitigen Untersuchungen fand ich diese Art an folgenden Fundorten: Aregua, Pfütze an der Eisenbahn; zwischen Aregua und Lugua, Tümpel an der Eisenbahn; Asuncion, Lagune (Pasito), Inundationen des Rio Paraguay und mit halbtrockenem Camalote bedeckt Sandbank in den Nebenarmen des Paraguay; zwischen Asuncion und Trinidad, Pfützen im Eisenbahngraben; Caearapa, ständiger Tümpel; Gourales, ständiger Tümpel; Estia Postillon, Lagune und deren Ergüsse; Sapucay, Arroyo Poná; Villa Rica, Graben am Eisenbahndamm. In der Fauna von Paraguay ist diese Art mithin als gemein zu bezeichnen.

Unter den mir vorliegenden Exemplaren fand ich bloß Weibchen, die im ganzen mit den madagaskarischen und kleinasiatischen Exemplaren von J. Richard übereinstimmen.

Der Rückenrand der Schale ist gegen die Stirn abschüssiger, als gegen den Hinterrand, mit dem derselbe einen deutlichen Winkel bildet. Der Hinterrand ist stumpf bogig, fast in der ganzen Länge zieht eine innere Reihe feiner, kurzer Härchen hin, mit dem Bauchrand bildet derselbe einen gerundeten, fein behaarten Winkel. Der Bauchrand ist im vorderen Drittel höckerartig erhaben, in der ganzen Länge behaart, die Haare werden nach hinten allmählich kürzer, mit dem Vorderrand bildet derselbe einen etwas spitziger gerundeten Winkel, als bei Exemplaren aus Kleinasien und Madagaskar (Taf. XI, Fig. 1).

Die Schalenoberfläche ist in den meisten Fällen mit regelmäßigen, sechseckigen Felderchen geziert, deren Innenraum fein granuliert ist (Taf. XI, Fig. 1); es fanden sich indessen auch Exemplare, bei denen die Felderchen gänzlich verwaschen sind, so daß die Schale bloß granuliert erscheint.

Das Postabdomen ist gegen das distale Ende etwas verbreitert, die distale hintere bezw. obere Spitze mehr oder weniger gerundet; am Rande des postanalen Teiles erheben sich 7—9 kräftige Dornen, welche nach oben allmählich kürzer werden, an der Basis jedes Dornes ragt ein kleines Zähnchen auf; unter dem an der Spitze sitzenden Dorn steht eine kräftige Borste. Innerhalb der Dornenreihe erheben sich seitlich 8—10 Haarbündel; in jedem Bündel ist die untere, bezw. hintere Borste kräftiger und länger als die übrigen. An den madagaskarischen und kleinasiatischen Exemplaren zeigen sich bloß sechs solcher Haarbündel. Entlang des Analrandes bis zur supraanalen Spitze ragt eine Reihe feiner Dornen auf (Taf. XI, Fig. 2). Die Basis der Endkralle ist gut abgesondert, der Hinterrand gewöhnlich unbehaart, die Nebenkralle kräftig. Ich fand auch ein Exemplar, an dessen Postabdomen sich am Vorder- bezw. Unterrand einige Härchen in drei Querreihen zeigen.

Die Körperlänge beträgt 0,3—0,35 mm. Die Färbung der Schale ist blaß gelblichbraun.

236. **Alona glabra** Sars.
(Taf. XI, Fig. 3. 4.)

Alona glabra Sars, G. O., 27, p. 55, Taf. IX, Fig. 6. 6a.

Bisher ist diese Art bloß aus Südamerika bekannt, von wo sie zuerst J. Richard 1897 von chilenischen und argentinischen Fundorten beschrieben hat, und zwar als unbekannte Varietät von *Alona Cambouei* Gr. Rich. S. Ekman beschrieb sie 1900 unter dem Namen *Alona Cambouei* var. *patagonica* (9. p. 74), wogegen G. O. Sars sie von einem argentinischen Fundort verzeichnete. In der Fauna von Paraguay ist die Art häufig; ich traf sie an folgenden Fundorten an: Asuncion, Gran Chaco, Nebenarm des Paraguayflusses; Cerro Leon, Bañado; Estia Postillon, Lagune und deren Ergüsse; Paso Barreto, Lagune am Ufer des Rio Aquidaban und Bañado am Ufer des Rio Aquidaban; Villa Sana, Paso-Ita-Bach und Peguaho-Teich; Inundationstümpel des Yuguariflusses.

Die mir vorliegenden Exemplare sind insgesamt Weibchen, die hinsichtlich der Schalenform gleichsam die Mitte halten zwischen den Exemplaren von J. Richard und G. O. Sars. Der Rückenrand ist so bogig, wie an Richards Exemplaren, mit dem Hinterrand bildet derselbe jedoch einen deutlichen Winkel, wie an Sars' Exemplaren (cfr. J. Richard, 23. Fig. 35, G. O. Sars 27. Taf. IX, Fig. 6 und Taf. XI, Fig. 3). Entlang des stumpf gerundeten Hinterrandes zieht eine Reihe feiner Haare hin und erstreckt sich auf den hinteren unteren Schalenwinkel. Der Bauchrand tritt in der Mitte etwas vor und erinnert dadurch an Richards Exemplare (Taf. XI, Fig. 3). Der vordere untere Schalenrand springt etwas vor und ist ziemlich spitz gerundet, wie bei den Exemplaren von J. Richard.

Die Oberfläche der mehr oder weniger blaß gelbbraunen Schale ist bloß fein granuliert; Linien oder Felderchen vermochte ich daran nicht wahrzunehmen.

Das Postabdomen ist gegen das distale Ende nur ganz wenig verengt, der Hinterbezw. Oberrand des postanalen Teiles gerade, an der Basis der Endkrallen eingeschnitten, die distale Spitze nahezu rechtwinkelig, zwischen der Spitze und der Basis der Endkralle gerade geschnitten. Am postanalen Teil erheben sich entlang des Hinter- bezw. Oberrandes 8—10 kräftige Dornen, die nach oben allmählich kürzer werden, neben dem an der distalen Spitze sitzenden Dorn ragt eine kräftige Borste auf. Innerhalb der Dornenreihe, an beiden Seiten des Postabdomens, stehen in einer Reihe 8—9 dünne Dornen, neben welchen sich bisweilen auch 1—2 feine Härchen zeigen (Taf. XI, Fig. 7). Die Endkralle ist kaum merklich behaart, an der Basis mit einer Nebenkralle versehen.

Die Körperlänge beträgt 0,36—0,38 mm, die größte Höhe 0,24 mm.

Die hier beschriebenen Exemplare stimmen in der Form des Postabdomens vollständig überein mit den von G. O. Sars beschriebenen, wogegen sie in der Behaarung des postabdominalen Hinterrandes mehr den J. Richardschen Exemplaren gleichen; überhaupt sind es Übergangsformen, welche die Exemplare von J. Richard und G. O. Sars verbinden. Übrigens kann ich die große Ähnlichkeit nicht verschweigen, die zwischen *Alona glabra* Sars und *Alona pulchella* King herrscht, und zwar einerseits in der Körperform, anderseits in der Form und Struktur des Postabdomens (27. p. 37. Taf. VI, Fig. 4). Es ist nicht ausgeschlossen, daß die zwei Arten zusammengehören und nur durch die Struktur der Schale getrennt sind.

237. Alona guttata Sars.

Alona guttata Sars, G. O., 27, p. 51, Taf. IX, Fig. 3. 3a.

Eine kosmopolitische Art, die mit Ausnahme von Australien aus allen Weltteilen bekannt ist. Aus Südamerika hat sie zuerst W. Vávra 1900 verzeichnet, und zwar aus Chile, aus dem Feuerland und von den Falkland-Inseln (31. p. 23), später wurde sie durch G. O. Sars von brasilianischen, durch E. v. Daday aber von patagonischen Fundorten aufgezeichnet (27.). Bei meinen derzeitigen Untersuchungen habe ich sie an folgenden Fundorten angetroffen: Zwischen Asuncion und Trinidad, Pfützen im Eisenbahngraben; Villa Sana, Paso-Ita-Bach; Inundationen des Yuguariflusses.

Die mir vorliegenden wenigen Weibchen sind durchaus jenen gleich, welche G. O. Sars' unter dem Namen var. *parvula* beschrieben hat.

238. Alona anodonta n. sp.
(Taf. XI, Fig. 5. 6.)

Der Rumpf gleicht annähernd einem Viereck mit gerundeten Ecken. Der Kopf ist stark nach unten gekrümmt und geht in ein relativ kurzes Rostrum aus, welches mit dem Bauchrand fast in eine Linie hinabragt. Das Auge ist von der Stirn gerückt; der Pigment-fleck liegt fast in gleicher Entfernung vom Auge und der Rostrumspitze. Der Vorderrand des Lippenanhanges ist einfach gerundet, ungezähnt (daher der Artname), die untere Spitze breit bogig (Taf. XI, Fig. 5).

Der Rückenrand der Schale ist stumpf und gleichmäßig bogig, allein gegen den Kopf viel abschüssiger als gegen den Hinterrand, mit demselben einen kaum merklichen Winkel bil-dend. Der Hinterrand ist schwach bogig und begegnet mit dem Bauchrande in einem stumpf gerundeten Winkel. Der Bauchrand ist schwach bogig, fast gerade, in der ganzen Länge behaart, die Haare werden nach hinten kürzer (Taf. XI, Fig. 5).

An der Schalenoberfläche zeigen sich kleine, saugnapfförmige Warzen, welche mit den Rändern in ganz parallelen Reihen angeordnet sind, wogegen der Raum zwischen ihnen granuliert erscheint (Taf. XI, Fig. 5).

Das Postabdomen ist gegen das distale Ende ganz wenig verbreitert; der Hinter-bezw. Oberrand des postanalen Teiles ist kaum bemerkbar bogig, die distale hintere bezw. obere Spitze dagegen stumpf gerundet und geht fast in gerader Linie in die Basis der End-krallen über. Entlang des Hinter- bezw. Oberrandes des postanalen Teiles erheben sich 9—10 kräftige Dornen, die nach oben allmählich kürzer werden, ihre Reihe leitet ein kräftiger Dorn ein. Innerhalb der Randdornen stehen seitlich 7—8 Haarbündel, die aus sehr feinen kleinen Härchen bestehen, welche in jedem Bündel von unten nach oben allmählich kürzer und schwächer werden (Taf. XI, Fig. 6). Am Analrand erhebt sich eine Reihe kleiner Här-chen. Die untere Analspitze ist undeutlich, die obere dagegen sehr scharf. Die Endkralle ist sehr kräftig, glatt, an der Basis mit einer kleinen Nebenkralle versehen.

Ich habe bloß Weibchen gefunden, deren Körperlänge 0,35—0,38 mm beträgt. Die Farbe der Schale ist blaß gelbbraun.

Fundorte: Estia Postillon, Lagune; Villa Rica, wasserreiche Wiese.

Durch die Form und Struktur der Schale erinnert diese Art lebhaft an die G. O. Sars-sche *Alona verrucosa*, sowie an diejenige Varietät von *Alona guttata*, die W. Kurz unter dem Namen *tuberculata* beschrieben hat. Hinsichtlich der Struktur der Schale indessen gleicht dieselbe dennoch mehr der ersteren als der letzteren, weil die Warzen in einer eben-solchen Reihe angeordnet sind. In der Form des Postabdomens erinnert die Art lebhaft an *Alona verrucosa*, unterscheidet sich aber in der Struktur derselben sehr scharf. Bei *Alona verrucosa* erheben sich nämlich am Hinter- bezw. Oberrand des postanalen Teiles bloß sehr kleine Dornen, an den Seiten aber keine Haarbündel, sondern eine Reihe einfacher Haare. Schließlich unterscheidet sich diese Art von *Alona verrucosa* auch darin, daß ihr Lippen-anhang ungezähnt ist.

239. Alona intermedia Sars.
Alona intermedia Sars, G. O., 27, p. 53, Taf. IX, Fig. 4. 4a.

Aus Südamerika ist diese Art schon seit längerer Zeit bekannt, insofern A. Wierzejski sie 1892 von argentinischen Fundorten verzeichnet hat. Sodann hat sie G. O. Sars 1901 von brasilianischen Fundorten beschrieben. Wie es scheint, gehört diese Art in der Fauna von Südamerika nicht zu den häufigen, denn bei meinen Untersuchungen habe ich sie nur an nachstehenden Fundorten angetroffen: Corumba, Matto Grosso, Inundationstümpel des Paraguayflusses; Inundationstümpel des Yuguariflusses.

Die mir vorliegenden wenigen Weibchen gleichen durchaus den südamerikanischen Exemplaren von G. O. Sars, allein die Skulptur der Schale ist sehr verschwommen.

240. Alona monacantha Sars.

Alona monacantha Sars, G. O., 27, p. 54, Taf. IX, Fig. 5a–b.

Bisher ist diese Art bloß aus Südamerika bekannt und durch G. O. Sars von einem brasilianischen Fundort beschrieben worden. In der Fauna von Paraguay scheint sie häufig zu sein; ich habe sie an folgenden Fundorten angetroffen: Zwischen Aregua und Lugua, Inundationstümpel des Yuguariflusses und Tümpel am Eisenbahndamm; zwischen Aregua und dem Yuguariflusse, Inundationen eines Baches; Cerro Leon, Bañado; Corumba, Matto Grosso, Inundationstümpel des Paraguayflusses; Estia Postillon, Lagune und deren Ergüsse; Pirayu, Straßenpfütze.

Diese Art zeigt in mehrfacher Hinsicht eine große Ähnlichkeit einerseits mit *Alona intermedia* Sars, anderseits mit *Alona rectangula* Sars; unterscheidet sich jedoch von beiden darin, daß der hintere untere Schalenwinkel einen Zahnfortsatz trägt und die Endkralle des Postabdomens auffällig lang ist. Ich habe bloß Weibchen gefunden, deren Körperlänge 0,3 mm betrug.

241. Alona rectangula Sars.
(Taf. XI, Fig. 7. 8.)

Lynceus rectangulus Lilljeborg, W., 13, p. 476, Taf. LXVIII, Fig. 30. 31; Taf. LXIX, Fig. 1–6.

Diese Art ist aus Südamerika bisher bloß von G. O. Sars, und zwar 1901 von einem brasilianischen Fundort nachgewiesen worden (27. p. 52). Bei meinen Untersuchungen habe ich sie an folgenden Fundorten angetroffen: Estia Postillon, Lagune; Villa Encarnacion, Alto Parana, Sumpf; Villa Rica, quellenreiche Wiese.

Die mir vorliegenden Exemplare sind insgesamt Weibchen, die im großen ganzen mit den schwedischen Exemplaren von W. Lilljeborg übereinstimmen, und zwar besonders in der Form und Struktur des Postabdomens.

Der Rumpf gleicht einigermaßen einem Viereck mit gerundeten Ecken. Der Kopf ist nach vorn und unten gerichtet. Das Rostrum überragt stets die Mittellinie des Körpers, sein Ende ist zugespitzt.

Der Pigmentfleck liegt etwas näher zum Auge als zur Rostrumspitze. Der Vorderrand des Lippenanhanges ist einfach gerundet, allein ich fand auch Exemplare, welche am Vorderrand des Lippenanhanges, und zwar am proximalen Ende, einen kleinen dornförmigen, nach unten gekrümmten Zahnfortsatz zeigten (Taf. XI, Fig. 7). Die untere Spitze des Lippenanhanges ist entweder stumpf gerundet, oder abgeschnitten.

Der Rückenrand der Schale ist bei den meisten Exemplaren nur ganz wenig bogig, bisweilen aber mehr erhoben. In ersterem Falle gegen den Kopf abschüssiger als gegen den

Hinterrand, mit demselben einen deutlichen Winkel bildend; in letzterem Falle dagegen fällt er auch gegen den Hinterrand auffallend steil ab und geht fast unbemerkt in denselben über (Taf. XI, Fig. 7). Der Hinterrand ist zumeist stumpf bogig, seltener fast perpendiculär, bildet aber mit dem Bauchrand stets einen stumpf gerundeten Winkel. Der Bauchrand ist gerade oder schwach bogig, oder aber vor der Mitte schwach erhaben, allein bei keinem Exemplar so tief, wie an W. Lilljeborgs schwedischen Exemplaren (Taf. XI, Fig. 7).

Die Schalenoberfläche ist zumeist liniert, in einzelnen Fällen indessen bloß fein punktiert (Taf. XI, Fig. 7). Die Farbe der Schale ist gelblichweiß.

Am Postabdomen ist der postanale Teil breiter als der anale; die distale Spitze auffällig stumpf gerundet und etwas bogig, gleich wie auch der Hinter- bezw. Oberrand, mit welchem parallel eine Reihe von 6—8 kleinen kräftigen Dornen aufragt. Neben den 3—4 hintersten bezw. untersten Dornen steht je ein, neben den übrigen 2—3 kurze feine Härchen. Ober der Dornenreihe, entlang des Analrandes, zeigt sich eine Reihe feiner Härchen, die sich zuweilen auch auf die supraanale Spitze erstrecken (Taf. XI, Fig. 8). Am Postabdomen stehen an beiden Seiten des postanalen Teiles in einer Längsreihe 8—10 kräftige, ziemlich lange Dornen, die nach oben allmählich kürzer und schwächer werden, neben jeder derselben ragt ein feines Härchen auf (Taf. XI, Fig. 8). Die Basis der Endkralle ist scharf gesondert. Die Endkralle ist an der Seite behaart und trägt eine Nebenkralle.

Die Körperlänge beträgt 0,3—0,35 mm.

Exemplare mit gezähntem Lippenanhang erinnern an die G. O. Sarssche *Alona verrucosa*, von welcher sie sich jedoch durch die Struktur der Schale und die Form des Postabdomens wesentlich unterscheiden.

242. Alona fasciculata n. sp.
(Taf. XI, Fig. 9—11.)

Der Rumpf ist, von der Seite gesehen, annähernd einem Viereck mit stumpfen Ecken gleich. Der Kopf ist nach unten gerichtet und geht in ein spitzes Rostrum aus, welches unter die Mittellinie des Körpers ragt, allein den Bauchrand nicht erreicht (Taf. XI, Fig. 9).

Das Auge ist rund; der Pigmentfleck gleicht einem Kegel und erscheint etwas größer als das Auge, von welchem es etwas ferner liegt als von der Rostrumspitze. Die ersten Antennen sind im Verhältnis dünn, spindelförmig, erreichen aber die Rostrumspitze kaum. Das zweite Antennenpaar ist dem der übrigen Arten des Genus gleich. Am Lippenanhang ist der Vorderrand bogig, glatt, das untere Ende gespitzt; der Innenraum granuliert (Taf. XI, Fig. 11).

Der Rückenrand der Schale ist gleichmäßig stumpf bogig und fällt gleich abschüssig gegen die Stirn und den Hinterrand ab, in welch letzteren er unbemerkt übergeht. Der Hinterrand ist stumpf, kaum bemerkbar gerundet, in der unteren Hälfte erhebt sich eine innere Reihe feiner Haare, mit dem Bauchrand bildet derselbe einen gerundeten Winkel. Der Bauchrand ist vor der Mitte plötzlich vorspringend, nach hinten breit buchtig, nach vorn schwach bogig, in der ganzen Länge behaart, die Haare werden nach hinten allmählich kürzer und gehen am hinteren unteren Winkel in eine Reihe sehr kleiner Härchen über. Der Vorder- und Bauchrand treffen sich in einem gerundeten Winkel (Taf. XI, Fig. 9).

Die Schalenoberfläche ist in der Länge liniert, der Raum zwischen den Linien fein granuliert. Die Linien sind besonders in der hinteren Schalenhälfte scharf, in der vorderen Hälfte hingegen vollständig verschwommen. Die Färbung der Schale ist blaßgelblich. Das Postabdomen ist im Verhältnis lang, gegen das distale Ende etwas verengt. Der Hinter- bezw. Oberrand des postanalen Teiles ist vom unteren Analwinkel an schwach abschüssig, gerade, und bildet mit dem Endrand einen gerundeten Höcker, entlang des Randes erhebt sich eine Reihe von acht Dornen, neben den vier hinteren desselben sitzt je eine, neben den vier oberen hingegen ragen je drei feine Härchen auf und bilden gleichsam ein Bündel. Innerhalb dieser Dornenreihe erheben sich in einer Reihe acht Haarbündel, deren jeder aus vier kurzen Haaren besteht. Am Analrand steht eine Reihe feiner, kurzer Härchen, innerhalb derselben aber vier Haarbündel. Die supraanale Ecke ist spitz, vorstehend (Taf. XI, Fig. 10). Die Basis der Endkralle ist scharf abgesondert, die Endkralle selbst schwach gekrümmt, fein behaart, an der Basis mit einer kräftigen Nebenkralle versehen.

Es lagen mir bloß Weibchen vor, deren Körperlänge 0,25 mm betrug.

Fundorte: Aregua, Pfütze an der Eisenbahn; zwischen Aregua und dem Yuguariﬂuß, Inundationen eines Baches.

In der Körperform erinnert diese Art einigermaßen an *Alona intermedia* Sars und *Alona rectangula* Sars, so wie sie durch die Struktur des Postabdomens einigermaßen der *Alona monacantha* Sars gleicht. Außer der Körperform und der Struktur des Postabdomens ist auch der große Pigmentfleck charakteristisch, wodurch diese Art in gewisser Beziehung einen Übergang zu dem Genus *Leydigia* bildet.

Gen. Euryalona Sars.

Euryalona Sars, G. O., 27, p. 80.

Eine neuere Gattung dieser Familie, welche 1901 von G. O. Sars beim Studium von *Euryalona occidentalis* Sars aufgestellt worden ist. Von den Arten derselben waren die früher bekannten teils zum Genus *Alona*, teils zum Genus *Alonopsis* gezogen worden und eine Art kann so ziemlich als Kosmopolit gelten. Aus Südamerika hat G. O. Sars die erwähnte Art, *Euryalona occidentalis* Sars, beschrieben, die indessen meiner Meinung nach mit dem 1895 von G. O. Sars aus Südafrika beschriebenen *Alonopsis Colletti* Sars vollständig identisch ist, so daß *Euryalona Colletti* (Sars) eigentlich als erste südamerikanische Art gelten muß. Bei meinen Untersuchungen habe ich nachstehende drei Arten gefunden.

243. Euryalona tenuicaudis (Sars).

(Taf. XI, Fig. 12. 13.)

Lynceus tenuicaudis Lilljeborg, W., 13, p 461, Taf. LXVIII, Fig. 2—8.

Diese Art ist die verbreitetste der Gattung und bisher bloß aus Australien noch nicht bekannt. Aus Südamerika war sie bisher noch nicht nachgewiesen. In der Fauna von Paraguay ist sie gemein, ich habe sie nämlich an folgenden Fundorten angetroffen: Asuncion, Gran Chaco. Nebenfluß des Rio Paraguay; Cerro Leon, Bañado; Estia Postillon, Lagune und deren Ergüsse; Lugua, Tümpel bei der Eisenbahnstation; Paso Barreto,

Bañado am Ufer des Rio Aquidaban; Pirayu, Tümpel bei der Ziegelei; Tebicuay, ständiger Tümpel; Villa Sana, Inundationen des Baches Paso Ita.

Es lagen mir zahlreiche Weibchen vor, die in einzelnen Merkmalen von W. Lilljeborgs schwedischen Exemplaren einigermaßen abweichen. Männchen habe ich nicht vorgefunden.

Der Rumpf gleicht, von der Seite gesehen, einem Viereck mit abgerundeten Ecken (Taf. XI, Fig. 12). Der Kopf ist nach unten gebogen und geht in ein ziemlich spitziges Rostrum aus, welches bis unter die Mittellinie des Körpers hinabreicht.

Das Auge ist weit größer als der Pigmentfleck, welcher der Rostrumspitze etwas näher gerückt ist, als dem Auge. Die ersten Antennen reichen nicht bis zur Rostrumspitze hinab. Der Lippenanhang ist am Vorderrand selten bogig, meist fast gerade, nahe der Spitze schwach vertieft, die untere Spitze sehr spitz gerundet.

Der Rückenrand der Schale ist gleichmäßig schwach bogig, senkt sich fast gleich abschüssig zur Stirn und zum hinteren Winkel hinab, mit welchem derselbe ganz unmerklich verschmilzt (Taf. XI, Fig. 12). Der Hinterrand ist ziemlich spitz gerundet und verschmilzt mit dem Bauchrand ebenso, wie mit dem Rückenrand. Der Bauchrand ist ganz gerade, bildet mit dem Vorderrand einen stumpf gerundeten Hügel und ist in der ganzen Länge behaart, die Haare aber werden nach hinten allmählich kürzer (Taf. XI, Fig. 12).

An der Schalenoberfläche jüngerer Exemplare zeigen sich verschwommene Linien und zwischen diesen einzelne Ausläufer, demzufolge bisweilen ziegelförmige Felderchen sichtbar werden; der Raum zwischen den Linien ist fein granuliert. An der Schale älterer Exemplare zeigt sich keine Spur von Linien und die ganze Schale erscheint bloß fein granuliert (Taf. XI, Fig. 12). Die Färbung der Schale ist gelbbraun.

Das Postabdomen ist im Verhältnis sehr lang, weit länger als die halbe Körperlänge, gegen das distale Ende verengt und an der Basis der Endkralle eingeschnitten, demzufolge die spitz gerundete, distale hintere bezw. obere Spitze vorragt und gut abgesondert ist (Taf. XI, Fig. 13). Entlang des Hinter- bezw. Oberrandes des postanalen Teiles erheben sich 14—16 einfache Dornen, von welchen die an der distalen Spitze sitzenden sichelförmigen zwei viel länger sind als die übrigen, wogegen die voranstehenden viel kürzer und alle fast gleich lang sind. Innerhalb dieser Reihe von Randdornen erhebt sich an beiden Seiten eine Reihe von 12—14 Bündel sehr feiner, kleiner Härchen (Taf. XI, Fig. 13). Die infraanale Ecke ist stumpf gerundet, wogegen die supraanale zugespitzt ist und nach hinten hervortritt. Die Endkrallen sind auffällig lang und kräftig, länger als ⅓ des Postabdomens, die Nebenkrallen erheben sich fast in der Mitte, der Teil vor den Nebenkrallen ist fein behaart (Taf. XI, Fig. 13).

Die Körperlänge beträgt 0,55—0,64 mm.

Die hier kurz beschriebenen paraguayschen Exemplare weichen zumeist durch den Verlauf des Bauchrandes, die Struktur der Endkrallen und die granulierte Schalenoberfläche von den typischen Exemplaren ab, zudem sind sie im ganzen größer. Hinsichtlich der Körperform und der Struktur der Schale sind die paraguayschen Exemplare übrigens dem *Alonopsis singalensis* Dad. (2. p. 44. Fig. 20a—e) sehr ähnlich, unterscheiden sich aber von dieser Art in der Struktur des distalen Endes des Postabdomens und insbesondere der

Endkrallen, insofern die Weibchen der letzteren an der Endkralle mit drei Nebenkrallen
bewehrt sind.

244 Euryalona orientalis (Dad.).
(Taf. XI, Fig. 14. 15.)

Alonopsis orientalis Daday, E. v., 2, p. 45, Fig. 21 a - d; 22 a — b.

Bisher war diese Art bloß aus Ceylon bekannt, von wo sie E. v. Daday 1898 beschrieben hat. Die mir vorliegenden paraguayischen Exemplare weichen von den ceylonischen einigermaßen, aber nicht in dem Grade, daß ihre Zusammengehörigkeit in Zweifel
gezogen werden könnte.

Der Körper ist, von der Seite gesehen, annähernd eiförmig, vorne höher als hinten.
Der Kopf ist nach vorn und etwas nach unten gerichtet. Das Rostrum ist kurz, etwas abgestumpft.

Das Auge ist größer als der Pigmentfleck, welcher der Rostrumspitze näher gerückt
ist. Die ersten Antennen reichen bis zur Rostrumspitze, die äußere Tastborste sitzt auf
einem kleinen Höcker. An den je zwei Ästen der Ruderantennen sitzen insgesamt sieben
Fiederborsten. Der Vorderrand des Lippenanhanges ist schwach bogig, das Ende mehr
oder weniger gespitzt. Die Endkralle des ersten Fußes ist sichelförmig gekrümmt, in der
Mitte erheben sich drei Zähnchen, nahe zur Spitze ragt ein borstenförmiger Fortsatz auf
(Taf. XI, Fig. 16).

Der Rückenrand der Schale ist gleichmäßig schwach bogig, gegen die Stirn abschüssiger als gegen den Hinterrand, mit welchem derselbe einen deutlichen Winkel bildet.
Der Hinterrand beginnt abschüssig, wird aber dann bogig und bildet mit dem Bauchrand
einen gerundeten Winkel. Der Bauchrand ist vor der Mitte ziemlich scharf gebuchtet, demzufolge sich ein vorderer kleinerer und ein hinterer größerer Hügel gebildet hat; hinter dem
hinteren Hügel steigt derselbe steil zum hinteren unteren Winkel auf, gegen den Vorderrand hingegen steigt er bogig empor (Taf. XI, Fig. 15)·und bildet mit demselben einen etwas
vorstehenden, gerundeten Höcker. Der vom Vorderrand bis zur Bucht des Bauchrandes
reichende Teil ist mit kurzen einfachen Haaren bedeckt, wogegen von der Bucht bis zum
hinteren unteren Winkel längere Fiederborsten aufragen, die indessen nach hinten allmählich kürzer werden, während am hinteren unteren Winkel sich bloß sehr kurze, feine, einfache Härchen zeigen (Taf. XI, Fig. 15).

Die Schalenoberfläche ist granuliert, die Körnchen entlang des Hinter- und Bauchrandes sind jedoch in 2—3 Parallelreihen angeordnet und der Raum zwischen diesen Reihen
ist glatt. Die Färbung der Schale ist blaß gelbbraun, die der Füße bräunlich.

Das Postabdomen ist im Verhältnis lang, von der Basis der Endkrallen bis zu den
Abdominalborsten gemessen, halb so lang, als der ganze Körper, gegen das distale Ende
etwas verengt. Am postanalen Teil ist der Hinter- bezw. Oberrand in der Mitte breit ausgebuchtet. An der Basis der Endkrallen zeigt sich ein scharfer Einschnitt, demzufolge das
spitz gerundete distale hintere bezw. obere Ende stark abgesondert ist, darauf sitzen drei
längere, kräftigere Dornen vor einer kleinen Borste. Am postanalen Teil des Postabdomens
erheben sich entlang des Hinter- bezw. Oberrandes in gleicher Entfernung voneinander

14—16 einfache Dornen, in deren Reihe sich gegen den unteren Analwinkel feine Haare mengen. Die Randdornen werden nach oben allmählich ganz wenig kürzer (Taf. XI, Fig. 14). Innerhalb der Reihe der Randdornen erheben sich an beiden Seiten des postanalen Teiles 10—12 Bündel feiner Haare, deren jedes aus 3—4 Härchen besteht. Der untere Analwinkel ist stumpf gerundet, der obere hingegen etwas gespitzt. Die Endkralle ist etwas länger als ⅓ des ganzen Postabdomens, fast gerade, bloß das distale Ende etwas gekrümmt, an der Basis mit einer Nebenkralle versehen, bis zur Mitte fein behaart, die Reihe der Haare wird durch eine kräftigere Borste abgeschlossen, fernerhin ist dieselbe glatt (Taf. XI, Fig. 14).

Die Körperlänge beträgt 0,5—0,65 mm. Die Färbung der Schale ist blaß gelblich oder weißlich.

Fundort: Zwischen Aregua und dem Yuguariflusse, Inundationen eines Baches. Es lagen mir mehrere Exemplare, jedoch lauter Weibchen, vor.

Die hier beschriebenen Exemplare weichen in der Schalenform und der Struktur des Postabdomens einigermaßen von den ceylonischen ab, insofern bei letzteren an der distalen hinteren bezw. oberen Spitze des Postabdomens die drei terminalen Dornen weit länger, fast borstenförmig sind; das mag übrigens auch vom Zeichnen beim Abbilden herrühren.

245. Euryalona fasciculata n. sp.
(Taf. XII, Fig. 5—10.)

Weibchen.

Der Körper ist, von der Seite gesehen, mehr oder weniger eiförmig, hinten schmäler als vorn. Der Kopf ist nach vorn und unten gewendet, an der Grenze der Stirn und des Rückenrandes befindet sich eine scheibenförmige Drüsenöffnung. Das Rostrum ist spitzig und ragt kaum herab bis zur Mittellinie des Körpers oder darunter (Taf. XII, Fig. 8).

Das Auge ist größer als der Pigmentfleck, welcher der Rostrumspitze näher steht als dem Auge. Die ersten Antennen reichen fast bis zu der Spitze des Rostrums, sind im Verhältnis dünn, die Tastborste am Außenrand sitzt auf einer kleinen fingerförmigen Erhöhung (Taf. XII, Fig. 9). Die Äste des zweiten Antennenpaares tragen paarweis gestellt sieben Fiederborsten, an der Basis jedes Astes zeigt sich ein Kranz feiner Haare. Der Vorderrand des Lippenanhanges ist bogig. Die untere Spitze ziemlich stumpf gerundet.

Der Rückenrand der Schale ist gleichmäßig stumpf gerundet, geht fast gleich abschüssig in die Stirn und den Hinterrand über und bildet mit letzterem einen kaum merklichen, stumpf gerundeten Winkel (Taf. XII, Fig. 8). Der Hinterrand ist bisweilen bloß halb so hoch, als die größte Höhe der Schale, stets stumpf gerundet und bildet mit dem Bauchrand einen gerundeten Winkel, an welchem sich sehr feine und kleine Härchen erheben (Taf. XII, Fig. 8). Der Bauchrand ist entweder bloß vor der Mitte, oder auch im hinteren Drittel vertieft, die vordere Vertiefung aber stets stärker. Zwischen den beiden Vertiefungen ragt ein breit bogiger Hügel auf, vor der vorderen Vertiefung zeigt sich gleichfalls ein Hügel, dieser aber ist gewölbter und ziemlich spitz gerundet. Vom vorderen Hügel an steigt der Bauchrand etwas bogig steil empor zum Vorderrand und bildet mit diesem einen gerundeten Hügel (Taf. 12, Fig. 8). Am Vorderrand, sowie am Bauchrand erheben sich bis zu der vorderen Vertiefung kleine, einfache Haare, vom Vorderrand bis zur vorderen Grenze des hinteren unteren Winkels steht eine Reihe längerer Fiederborsten, die nach hinten all-mählich kürzer werden und schließlich in kleine glatte Härchen übergehen.

Die Schalenoberfläche ist granuliert; entlang des Hinter- und Bauchrandes sind die Körnchen in 2—3 Parallelreihen angeordnet, der Raum zwischen diesen Reihen ist ungranuliert.

Das Postabdomen ist, von der Basis der Endkrallen bis zu den Abdominalborsten ge-messen, etwas kürzer als die halbe Körperlänge, gegen das distale Ende auffällig verengt. An der Basis der Endkrallen ist eine scharfe Vertiefung, demzufolge die distale hintere bezw. obere Spitze stark gestreckt erscheint und spitz gerundet ist, es erheben sich daran nahe zueinander 5—6 kräftige Dornen, die gewissermaßen ein Bündel bilden (Taf. XII, Fig. 5). Am postanalen Teil ist der Hinter- bezw. Oberrand ober der Spitze stärker aus-gebuchtet, trägt in der Länge 14—16 Dornbündel, von welchen die zwei distalen aus einer kräftigeren und einer schwächeren, die übrigen aber aus 2—3 schwächeren Dornen bestehen; die an der unteren Analspitze und in der Nähe derselben befindlichen 2—3 Bündel be-stehen nur mehr aus kleinen Härchen. Innerhalb der Dornenbündelreihe erhebt sich an beiden Seiten je eine Reihe von 14—16 Bündeln feiner Haare (Taf. XII, Fig. 5). Die End-kralle erreicht ungefähr ⅓ der Länge des ganzen Postabdomens, ist im Verhältnis dünn, nur ganz wenig gekrümmt, die Nebenkralle sehr kurz, der Hinterrand in der ganzen Länge fein behaart, in der Mitte jedoch ist eine Borste kräftiger als die übrigen (Taf. XII, Fig. 5).

Die Endkralle der ersten Füße ist kaum merklich gekrümmt, am Hinterrand erheben sich hinter der Mitte 5—6 Zähnchen, deren distaler am längsten ist, wogegen die übrigen allmählich kürzer und schwächer werden. An der Spitze ragt ein dornförmiger Fortsatz auf, an deren einer Seite eine Reihe von Zähnchen steht, so daß dieser Fortsatz einem Kamm gleicht (Taf. XII, Fig. 6).

In der Bruthöhlung befinden sich bloß 1—2 Eier bezw. Embryonen.

Die Körperlänge beträgt 0,8—0,9 mm. Die Färbung der Schale ist blasser oder dunkler gelbbraun.

Männchen.

Der Körper ist, von der Seite gesehen, annähernd eiförmig, vorn höher als hinten. Der Kopf ist nach vorn gerichtet und nur ganz wenig nach unten gebeugt. Das Rostrum ist sehr kurz, spitzig (Taf. XII, Fig. 10).

Das Auge ist weit größer als der Pigmentfleck, welcher viel näher zur Rostrumspitze liegt als zum Auge. Das erste und zweite Antennenpaar, sowie der Lippenanhang sind gleich dem des Weibchens.

Der Rückenrand der Schale ist schwach bogig, steigt aber vom Hinterrand nach vorn dachförmig empor, ist in der Herzgegend am höchsten und bildet mit dem Hinterrand einen deutlichen, jedoch gerundeten Winkel (Taf. XII, Fig. 10). Der Hinterrand ist fast gerade und perpendiculär und bildet mit dem Bauchrand einen deutlichen gerundeten Winkel, welcher mit feinen Härchen bedeckt ist. Der Bauchrand ist im vorderen und hinteren Drittel aus-gebuchtet, in der Mitte vorspringend, stumpf gerundet, die vordere Bucht schmäler, aber viel tiefer als die hintere. Der Vorderrand ist kräftig entwickelt, im oberen Drittel zeigt sich ein großer Hügel, im mittleren Drittel vertieft, und bildet mit dem Bauchrand einen ziemlich auffälligen gerundeten Winkel. Der Vorderrand ist in der ganzen Länge fein behaart; der Bauchrand trägt bis zum Ende der hinteren Bucht Fiederborsten, die nach hinten allmählich kürzer werden, hinter der hinteren Bucht treten nur mehr sehr kurze Härchen auf (Taf. XII, Fig. 10).

Die Schalenoberfläche hat dieselbe Struktur, wie die des Weibchens. Die Färbung der Schale ist leicht gelblichweiß.

Das Postabdomen ist im ganzen dem des Weibchens gleich, allein an der distalen hinteren bezw. oberen Spitze ragen sieben längere Dornen auf und bilden gleichsam ein Bündel (Taf. XII, Fig. 7). Die 14 Bündel der Randdornen bestehen aus einem größeren Dorn und 1—2 feinen kurzen Borsten. Die Endkrallen sind wie beim Weibchen.

Die Körperlänge beträgt 0,6 mm.

Diese Art steht am nächsten zu *Euryalona orientalis* (Dad.), mit welcher sie in der Körperform und Struktur der Schale fast vollständig übereinstimmt, sich indessen durch die Struktur des Postabdomens von derselben unterscheidet, denn bei *Euryalona orientalis* stehen an der distalen oberen bezw. hinteren Spitze des Postabdomens bloß drei lange Dornen, sodann erheben sich entlang des Hinter- bezw. Oberrandes bloß einzelstehende Dornen, nicht aber Gruppen von Dornen.

In der Fauna von Paraguay ist diese Art ziemlich häufig; ich habe sie nämlich an folgenden Fundorten angetroffen: Zwischen Aregua und Lugua, Inundationen des Yuguariflusses und Pfütze an der Eisenbahn; Asuncion, Lagune (Pasito), Inundationen des Rio Paraguay; Curuzu-chica, toter Arm des Paraguayflusses; Gran Chaco, von den Riachok zurückgebliebene Lagune.

Gen. **Pseudalona** Sars.
Pseudalona Sars, G. O., 27, p. 84.

Gleichfalls eine neuere Gattung, welche 1901 von G. O. Sars auf Grund zweier früher bekannter, zum Genus *Alona* gezogener Arten aufgestellt ist. Aus Südamerika hat sie zuerst G. O. Sars mit zwei Arten verzeichnet, die ich bei meinen Untersuchungen ebenfalls vorgefunden habe. Übrigens steht diese Gattung von den übrigen der Familie am nächsten bei *Euryalona* Sars, mit welcher sie eventuell auch vereinigt werden könnte.

246. **Pseudalona latissima** (Kurz).
(Taf. XI, Fig. 16.)
Pseudalona latissima Sars, G. O., 27, p. 85, Taf. XII, Fig. 2a. b.

Aus Europa ist diese Art schon ziemlich lange bekannt, insofern sie W. Kurz 1874 unter dem Namen *Alona latissima* beschrieben hat und sie seitdem an mehreren europäischen Fundorten angetroffen worden ist. Außer Europa war sie bisher bloß nebst einer Varietät aus Nordamerika bekannt. Aus Südamerika hat sie G. O. Sars zuerst 1901 von einem argentinischen Fundort nachgewiesen. Bei meinen Untersuchungen traf ich sie bloß an folgenden Fundorten an: Estia Postillon, Lagune und deren Ergüsse; Gran Chaco, von den Riachok zurückgebliebene Lagune; Tebicuay, ständiger Tümpel.

Sämtliche mir vorliegende Exemplare sind Weibchen, die mit den Sars schen Exemplaren fast vollständig übereinstimmen; die geringen Verschiedenheiten fasse ich nachstehend kurz zusammen.

Der Körper ist nach vorn ziemlich auffällig erhöht, so daß der Kopf höher liegt als bei den Exemplaren von G. O. Sars. Der Grund davon beruht übrigens darin, daß der Rückenrand ober dem Herzen stärker bogig und gegen die Stirn weniger abschüssig ist, als gegen den Hinterrand. Der Bauchrand ist in der Mitte breit, aber seicht ausgebuchtet, vor der Ausbuchtung spitziger gerundet, als hinter derselben. Der Vorderrand bildet einen stark vorstehenden, stumpf gerundeten Hügel.

Die Schalenoberfläche ist scharf liniert, der Raum zwischen den Linien granuliert. Die Färbung der Schale ist blaß gelblichweiß.

Das Postabdomen ist gegen Ende auffällig verengt, das distale Ende eingeschnitten, demzufolge die Basis der Endkralle auffallend und abgesondert erscheint (Taf. XI, Fig. 17), sie ist lang, weit länger als an den Sarsschen Exemplaren. Am Postabdomen ist die distale hintere bezw. obere Spitze gerundet, ziemlich kurz, mit drei kräftigen einfachen Dornen bewehrt. Entlang des postanalen Randes steht eine Reihe von 11—12 Dornen, ziemlich gleich weit voneinander entfernt, nach oben aber allmählich kürzer werdend; neben jedem Dorn sitzen 1—2 feine Härchen, welche an den Sarsschen zu fehlen scheinen. Innerhalb der Reihe von Randdornen erhebt sich an beiden Seiten des postanalen Teiles des Postabdomens eine Reihe von 5—10 Haarbündeln, deren jedes aus 3—5 kleinen Härchen besteht. Die anale untere Spitze ist stumpf gerundet, die obere zugespitzt, am Rande der unteren Spitze steht eine Reihe feiner Härchen (Taf. XI, Fig. 17). Die Endkralle ist nur schwach gekrümmt, an der Basis mit einer kräftigen Nebenkralle versehen, neben welcher 2—3 kurze Härchen sitzen; der Hinterrand der Endkralle ist bis zur Mitte fein behaart, die Reihe der Härchen wird durch eine kräftige Borste abgeschlossen.

Die Körperlänge beträgt 0,45 mm, die größte Höhe 0,33 mm.

247. Pseudalona longirostris (Dad.)
(Taf. XI, Fig. 18.)

Pseudalona longirostris Sars, G. O., 27, p. 87, Taf. XII, Fig. 3 a—b.

Diese Art wurde zuerst von E. v. Daday 1898 aus Ceylon unter dem Namen *Alona longirostris* (2. p. 34. Fig. 14 a—c), sodann 1901 aus Neuguinea unter dem Namen *Alona macrorhyncha* beschrieben (3. p. 39. Fig. 17 a—b). Aus Südamerika hat sie zuerst G. O. Sars 1901 von einem brasilianischen Fundort nachgewiesen. Bei meinen derzeitigen Untersuchungen habe ich sie in dem Material von folgenden Fundorten vorgefunden: Asuncion, Gran Chaco, Nebenarm des Paraguayflusses; Gran Chaco, von den Riachok hinterbliebene Lagune.

Ich bin bloß auf Weibchen gestoßen, die in der allgemeinen Körperform bezw. in der Struktur der Schale mit den Dadayschen ceylonischen und noch mehr mit den neuguineanischen, sowie mit den Sarsschen brasilianischen Exemplaren übereinstimmen, allein der hintere obere Schalenwinkel ist nicht so scharf und auf der Schalenoberfläche zeigen sich sechseckige Felderchen, deren Innenraum fein granuliert ist.

Das Postabdomen ist gegen das distale Ende stark verengt, an der Basis der End-kralle scharf eingeschnitten, die distale hintere bezw. obere Spitze auffällig verlängert, ab-gerundet und mit vier einfachen Dornen bewehrt. Am postanalen Teil sitzen entlang des Randes fast gleich weit voneinander entfernt 8—10 kleine Dornen, neben welchen sich 1—2 feine Härchen erheben. Innerhalb der Randdornen zeigen sich 10—12 Bündel feiner Här-chen. In dieser Hinsicht stimmen die paraguayischen Exemplare somit überein mit den neu-guineanischen und weichen zugleich ab von den ceylonischen und brasilianischen, unter-scheiden sich indessen von den beiden letzterwähnten auch durch die Nebenborsten der Randdornen. Entlang des Analrandes, von diesem aber etwas entfernt, zieht an der Seite eine Reihe sehr kleiner Härchen hin. Die Endkralle ist schwach gekrümmt, glatt, an der Basis sitzt eine Nebenkralle und über dieser zeigen sich 2—3 feine Härchen.

Die Körperlänge beträgt 0,6 mm, die größte Höhe 0,45 mm. Die Schale ist entweder farblos oder blaß gelblichweiß.

Gen. Leydigia W. Kurz.

Diese Gattung besitzt eine sehr große geographische Verbreitung, insofern manche ihrer Arten als Kosmopoliten zu betrachten sind. Aus Südamerika ist sie bereits seit den Aufzeichnungen von A. Wierzejski bekannt, der 1892 eine Art als zum Genus *Alona* ge-hörig erwähnt hat (33.). Die Gattung *Leydigia* selbst wurde aus Südamerika zuerst von J. Richard und E. v. Daday aufgeführt; bisher sind aus diesem Weltteil zwei Arten be-kannt. Bei meinen derzeitigen Untersuchungen habe ich gleichfalls zwei Arten angetroffen.

248. Leydigia acanthocercoides (Fisch).
(Taf. XI, Fig. 19.)
Leydigia acanthocercoides Lilljeborg, W., 13, p. 499, Taf. LXXI, Fig. 4—8.

Eine ziemlich kosmopolitische Art, welche aus Südamerika zuerst von A. Wierzejski 1892 von argentinischen Fundorten verzeichnet worden ist (33.), hierauf enumerierte sie 1897 auch J. Richard von einem argentinischen Fundort. In der Fauna von Paraguay ist die Art ziemlich häufig; ich habe sie an folgenden Fundorten angetroffen: Asuncion, Campo Grande, Calle de la Cañada, von Quellen gespeiste Tümpel und Gräben; Villa Morra, Calle Laureles, Straßengraben; Cacarapa, ständiger Tümpel; Inundationstümpel des Yuguari-flusses.

Ich fand bloß Weibchen. Die Körperform gleicht im ganzen der der europäischen und von G. O. Sars beschriebenen afrikanischen Exemplare. Ich fand indessen auch Exemplare, an welchen der Rückenrand bogiger ist als der Bauchrand, mit dem Hinterrand keinen merklichen Winkel bildet und der Hinterrand unbemerkt in den Rücken- und Bauch-rand übergeht, überhaupt erscheinen sie kurz und stark gerundet.

Die Schalenoberfläche ist entweder bloß granuliert oder liniert und der Raum zwischen den Linien granuliert, die Körnchen sind entlang des Bauch- und Hinterrandes gewöhnlich in 2—3 Parallelreihen angeordnet, ebenso wie bei den *Euryalona*-Arten.

Das Postabdomen (Taf. XI, Fig. 19) ist durchaus gleich dem europäischer und afri-kanischer Exemplare, allein auch entlang des Analrandes erheben sich kleine Härchen.

Die Körperlänge beträgt 0,8—0,9 mm, die größte Höhe 0.5—0,6 mm.

249. **Leydigia parva** n. sp.

(Taf. XI, Fig. 20. 21.)

Der Körper ist, von der Seite gesehen, annähernd eiförmig, vorn und hinten fast gleich hoch. Der Kopf ist ziemlich tief gebeugt, das Rostrum kurz und spitz, kaum bis unter die Mittellinie des Körpers hinabreichend. Das Auge ist nicht viel größer als der Pigmentfleck, welcher fast in der Mitte zwischen dem Auge und der Rostrumspitze liegt. Die ersten Antennen sind dünn und reichen bis zur Rostrumspitze. Der Lippenanhang ist im ganzen kegelförmig, der Vorderrand bogig, das untere Ende gespitzt.

Der Schalenrücken ist ziemlich stark bogig, senkt sich gleich abschüssig gegen die Stirn und den Hinterrand hinab, bildet mit dem letzteren keinen merklichen Winkel, sondern geht unmerklich in denselben über. Der Hinterrand ist im Verhältnis kurz, ziemlich spitz gerundet, geht unmerklich in den Bauchrand über, bezw. bildet einen gerundeten Winkel, ebenso wie mit dem Rückenrand, ist in der unteren Hälfte mit einer inneren Reihe sehr feiner Härchen bedeckt und ebensolche erheben sich auch am hinteren unteren Winkel (Taf. XI, Fig. 11). Der Bauchrand ist schwach bogig, fast gerade, bildet mit dem Vorderrand einen gerundeten Hügel, ist in der ganzen Länge behaart, die Haare werden nach hinten allmählich kürzer. Der Vorderrand ist ziemlich bogig.

An der Schalenoberfläche laufen zumeist scharfe Linien hin, die ziemlich weit voneinander liegen und der Raum zwischen denselben erscheint granuliert; bisweilen ist die Schalenoberfläche bloß granuliert. Entlang des Hinter- und Bauchrandes der Schale zeigt sich bisweilen ein ungranuliertes Band (Taf. XI, Fig. 21). Die Färbung der Schale ist sehr blaß gelblichweiß, oft farblos.

Das Postabdomen ist gegen das distale Ende in einer für das Genus charakteristischen Weise verbreitert, an der Basis der Endkrallen schwach vertieft. Der Vorder- bezw. Unterrand des postanalen Teiles ist kaum bemerkbar bogig, fast gerade, mit 2—3 Querreihen von Borsten versehen, die gleich weit voneinander liegen (Taf. XI, Fig. 20). Der Hinter- bezw. Oberrand ist im ganzen Verlauf bogig, die distale obere bezw. hintere Spitze stark gerundet und mit einfach aneinandergereihten Borsten bedeckt, von welchen die hintersten am kürzesten sind. Der Hinter- bezw. Oberrand des postanalen Teiles selbst ist mit 10—12 Haarbündeln bewehrt, deren jedes aus 4—6 Härchen besteht, welche bündelweise nach oben allmählich kürzer und dünner werden; ihre Reihe aber erstreckt sich auch auf den Analrand (Taf. XI, Fig. 20). Innerhalb der Haarbündel zieht auch an beiden Seiten des postanalen Teiles eine Reihe von Haarbündeln, welche, mit 3—4 kleinen Härchen beginnend, aus 10—12 Bündeln besteht, jedes derselben ist aus 3—5 Haaren zusammengesetzt, die bündelweise nach oben kürzer und schwächer werden. Die Analöffnung ist ziemlich stark vertieft, die untere Ecke abgestumpft, die obere hingegen ziemlich stark vorstehend und gespitzt. Die Endkralle ist schwach gekrümmt, der Hinterrand bisweilen bis zur Mitte behaart; die Nebenkralle ist gut entwickelt (Taf. XI, Fig. 20).

Die Körperlänge beträgt 0,45—0,6 mm.

Fundorte: Curuzu-chica, toter Arm des Paraguayflusses; Estia Postillon, Lagune und deren Ergüsse.

Von den bisher bekannten Arten der Gattung weicht diese Art durch die Körper-form, hauptsächlich aber durch die Struktur des Postabdomens ab. Durch die Nebenkralle der Endkralle erinnert sie an *Leydigia quadrangularis* (Leyd.).

Gen. Leydigiopsis Sars.

Leydigiopsis Sars, G. O., 27, p. 43.

Diese Gattung, welche der vorherigen sehr nahe steht, ist bisher ausschließlich aus Südamerika bekannt, von wo sie G. O. Sars 1901 für zwei Arten brasilianischer Herkunft aufgestellt hat. Bei meinen Untersuchungen habe ich die nachstehende einzige Art gefunden.

250. Leydigiopsis ornata n. sp.

(Taf. XII, Fig. 1—3.)

Der Rumpf gleicht einem Viereck mit mehr oder weniger abgerundeten Ecken. Der Kopf ist nach unten gerichtet und geht in ein ziemlich langes, spitzes, sichelförmig ge-krümmtes Rostrum aus, welches sich jedoch nur wenig unter die Mittellinie des Körpers neigt und den Bauchrand der Schale nie erreicht (Taf. XII, Fig. 1).

Das Auge ist größer als der Pigmentfleck, welcher rund ist und dem Auge näher liegt als der Rostrumspitze. Die ersten Antennen sind im Verhältnis kurz, erreichen nicht die halbe Länge des Rostrums, die seitliche Tastborste ist lang, die Riechstäbchen sind ver-schieden lang (Taf. XII, Fig. 2). Der Lippenanhang ist kegelförmig, der Vorderrand schwach gerundet, glatt, das untere Ende spitzig (Taf. XII, Fig. 2).

Der Rückenrand der Schale ist nur ganz wenig stumpf bogig und geht gleich ab-schüssig in die Stirn und den Hinterrand über, mit dem er ohne jegliche Abgrenzung ver-schmilzt und keinen bemerkbaren Winkel bildet. Der Hinterrand ist etwas abschüssig ge-rundet, bildet mit dem Bauchrand einen gerundeten Winkel, in der unteren Hälfte erhebt sich eine innere Reihe feiner Härchen. Der hintere untere Winkel ist mit kurzen Haaren bedeckt. Der Bauchrand ist hinter der Mitte schwach und breit ausgebuchtet, vor der Aus-buchtung mehr oder weniger vorspringend, vor dem Vorsprung kaum merklich ausgebuchtet und steigt fast gerade und steil gegen den Vorderrand, mit welchem er einen gerundeten Hügel bildet (Taf. XII, Fig. 1). Der Bauchrand ist in der ganzen Länge behaart, die Haare sind gefiedert und werden nach hinten allmählich kürzer.

Die Schalenoberfläche ist mit sechseckigen Felderchen geziert, die bald scharf, bald verschwommen sind, ihr Innenraum ist granuliert. Entlang des Hinter- und Bauchrandes sind die Körnchen in drei Parallelreihen angeordnet, der Raum zwischen denselben ist glatt, und die sechseckigen Felderchen fehlen hier (Taf. XII, Fig. 1). Die Färbung der Schale ist gelbbraun.

Das Postabdomen ist gegen das distale Ende verbreitert, an der Basis der Endkralle etwas vertieft, die distale obere bezw. hintere Spitze stark und breit gerundet. Der post-anale Teil und die Spitze entlang des Randes ist mit 14—15 relativ dünnen, langen Dornen bewehrt, die nach oben allmählich kürzer werden. Am distalen Ende dieser Dornenreihe sitzen 3—4 kurze, dornförmige Borsten (Taf. XII, Fig. 3). Nahe der Dornenreihe steht an jeder Seite des postanalen Teiles eine Reihe von 10—12 Bündeln kurzer, feiner Haare. Die anale untere Ecke ist undeutlich, die obere hingegen vorstehend, gespitzt. Die End-kralle ist sichelförmig schwach gekrümmt, in der proximalen Hälfte zeigt sich, ein aus kleinen Dornen bestehender Kamm, weiterhin erheben sich entlang des Hinterrandes sehr feine Härchen. Die Nebenkralle ist kurz, am Hinterrand sitzen 2—3 kleine Härchen (Taf. XII, Fig. 3).

Die Körperlänge beträgt 0,57—0,63 mm.

Fundorte: Curuzu-chica, toter Arm des Paraguayflusses; Estia Postillon, La-gune und deren Ergüsse; Paso Barreto, Bañado am Ufer des Rio Aquidaban. Ich fand bloß einige Weibchen.

Von den bisher bekannten Arten der Gattung gleicht, die neue Art vermöge ihrer Körperform und der Größe des Rostrums zumeist dem *Leydigiopsis megalops* Sars, unter-scheidet sich jedoch von demselben hauptsächlich durch die Form des Postabdomens, so-dann durch die Größe des Pigmentfleckes und die Struktur des Lippenanhanges, insofern bei *Leydigiopsis megalops* Sars das Postabdomen in der ganzen Länge fast gleich breit, der Pigmentfleck aber größer ist als das Auge und am Vorderrand des Lippenanhanges ein Zahn aufragt. In der Form des Postabdomens erinnert *Leydigiopsis ornata* an *Leydigiopsis curvirostris* Sars, unterscheidet sich indessen von dieser Art durch die Größe des Rostrums, welches bei letzterer Art sehr lang, dünn, sichelförmig ist und fast bis zum Bauchrand hinab-ragt. Von beiden Sarsschen Arten unterscheidet sich *Leydigiopsis ornata* durch die Struktur der Schale.

Gen. **Acroperus** Baird.

Acroperus Lilljeborg, W., 13, p. 416.

Diese Gattung hat eine ziemlich große geographische Verbreitung, insofern Arten der-selben aus Europa, Asien und Nordamerika bekannt sind. Aus Südamerika wurde sie bis-her noch von niemand nachgewiesen und auch ich habe bloß nachstehende Art gefunden.

251. **Acroperus harpae** Baird.

Acroperus harpae Lilljeborg, W., 13, p. 418, Taf. LXIII, Fig. 14—24, Taf. LXIV, Fig. 1—10.

Eine der gemeinsten und verbreitetsten Arten der Gattung, die in Europa häufig ist, aber auch in Asien und Nordamerika vorkommt. Bei meinen Untersuchungen habe ich sie bloß an einem Fundort angetroffen, und zwar: Sapucay, Arroyo-Poná, und auch hier sah ich bloß einige Exemplare.

Gen. **Camptocercus**. Baird.

Camptocercus Lilljeborg, W., 13, p. 399.

Diese Gattung ist so ziemlich als kosmopolitisch zu betrachten, insofern sie mit Aus-nahme von Afrika aus allen Weltteilen bekannt ist. Aus Südamerika wurde sie zuerst von Sven Ekman 1900 mit einer Art erwähnt (9. p. 75); aber auch von G. O. Sars 1901 und von E. v. Daday 1902 aufgeführt (27. p. 89 und 4. p. 266). Bei meinen derzeitigen Unter-suchungen habe ich gleichfalls bloß die eine nachstehende Art vorgefunden.

252. Camptocercus australis Sars.

(Taf. XII, Fig. 4.)

Camptocercus australis Sars, G. O., 25, p. 45, Taf. VI, Fig. 9, 10.
„   *aloniceps* Ekman, S., 9, p. 75, Taf. IV, Fig. 21—24.
„   *similis* Sars, G. O. 27, p. 89, Taf. XII, Fig. 4, 4a.
„   *australis* Daday, E. v., 4, p. 266, Taf. X, Fig. 2—5.

Aus Südamerika ist diese Art zuerst durch die Studien von S. Ekman bekannt geworden, der sie 1900 unter dem Namen *Camptocercus alonipes* n. sp. von patagonischen
Fundorten beschrieben hat. Später hat sie 1901 G. O. Sars unter dem Namen *Camptocercus similis* von argentinischen Fundorten beschrieben, wogegen E. v. Daday 1902 beide
Arten auf Grund patagonischer Exemplare mit den australischen vereinigt bezw. identifiziert
hat. Bei meinen derzeitigen Untersuchungen habe ich sie von folgenden Fundorten verzeichnet: Asuncion, Gran Chaco, Nebenarm des Paraguayflusses; Lagune (Pasito), Inundationen des Paraguayflusses; Estia Postillon, Lagune; Tebicuay, ständiger Tümpel.

Die mir vorliegenden Exemplare verschafften mir die Überzeugung, daß *Camptocercus
australis* Sars, *Camptocercus aloniceps* Ekm. und *Camptocercus similis* Sars in der Tat
zusammengehören. Dafür spricht insbesondere die Form der Schale, wogegen in der Struktur
des Postabdomens sich einige Verschiedenheit zeigt einerseits zwischen dem typischen *Camptocercus australis* Sars und *Campt. similis* Sars, anderseits zwischen *Campt. aloniceps* Ekm.
und den E. v. Dadayschen patagonischen und paraguayischen Exemplaren.

Bei *Camptocercus australis* Sars und *Campt. similis* Sars erheben sich am Hinter-
bezw. Oberrand des Postabdomens bloß einfache Dornen, an den Seiten aber zeigen sich
keine Haarbündel (25. Taf. VI, Fig. 22 und 27. Taf. XII, Fig. 4a), wogegen bei *Camptocercus aloniceps* Ekm., bei E. v. Dadays patagonischen Exemplaren (9. Taf. IV, Fig. 22
und 4. Taf. X, Fig. 4), sowie auch bei den paraguayischen Exemplaren die Randdornen nahe
der Spitze mit Nebenzähnchen versehen sind, oder an ihrer Basis sich feine Härchen erheben, sodann beiderseits eine Reihe von 14—16 Bündeln feiner Härchen sich zeigt
(Taf. XII, Fig. 4), die so zart sind, daß sie der Beachtung leicht entgehen können.

Fam. **Lyncodaphnidae.**

Eine Familie von allgemeiner geographischer Verbreitung, deren ersten südamerikanischen Repräsentanten A. Wierzejski 1892 verzeichnet hat. Fast sämtliche spätere Forscher
haben eine oder die andere ihrer Gattungen gefunden, von welchen die Gattung *Iheringia*
auf Grund der Beschreibung von G. O. Sars derzeit als speziell südamerikanisch zu betrachten ist. Außer den in Nachstehendem zur Sprache kommenden Gattungen erwähnt
H. v. Ihering die Gattung *Lathonura* ohne Bezeichnung der betreffenden Art (12.). G. O.
Sars aber die Gattung *Streblocerus* mit der neuen Art *pygmaeus* (27.) so daß derzeit sechs
Gattungen dieser Familie aus Südamerika bekannt sind.

Gen. **Iliocryptus Sars.**

Die in Südamerika vorkommende erste Art dieser kosmopolitischen Gattung hat
H. v. Ihering 1895 unter dem Namen *Iliocryptus immundus* F. Müll. aufgeführt. Von

späteren Forschern haben bloß W. Vávra und G. O. Sars eine bezw. zwei Arten gefunden, wogegen ich bei meinen Untersuchungen folgende drei Arten angetroffen habe.

253. Iliocryptus Halyi Brady.

Iliocryptus Halyi Daday, E. v., 2, p. 48, Fig. 23 a. d.
   „ *longiremis* Sars, G. O., 27, p. 40, Taf. VII, Fig. 1—10.

Mit Ausnahme von Europa aus allen Weltteilen bekannte Art, die aus Südamerika zuerst von W. Vávra 1900 von chilenischen Fundorten erwähnt worden ist (31. p. 15), sodann hat sie G. O. Sars 1901 auch aus Brasilien nachgewiesen. In der Fauna von Paraguay ist diese Art als gemein zu bezeichnen, ich habe sie nämlich an folgenden zahlreichen Fundorten angetroffen: Aregua, Pfütze an der Eisenbahn; Inundationen eines Baches, welcher den Weg zu der Lagune Ipacarai kreuzt; zwischen Aregua und Lugua, Inundationen des Yuguariflusses und Pfütze an der Eisenbahn; zwischen Aregua und dem Yuguarifluß, Inundationen eines Baches; Asuncion, Campo Grande, Calle de la Cañada, von Quellen gespeiste Tümpel und Gräben; Gran Chaco, toter Arm des Paraguayflusses; Lagune (Pasito), Inundationen des Paraguayflusses; Caearapa, ständiger Tümpel; Cerro Leon, Bañado; zwischen Asuncion und Trinidad, Pfützen im Eisenbahngraben; Curuzu-chica, toter Arm des Paraguayflusses; Curuzu-nú, Teich beim Hause des Marcos Romeros; Estia Postillon, Lagune; Lugua, Tümpel bei der Eisenbahnstation; Paso Barreto, Bañado und Lagune am Ufer des Rio Aquidaban; Tebicuay, ständiger Tümpel; Villa Encarnacion, Alto Parana, Sumpf; Villa Rica, Graben am Eisenbahndamm; Villa Sana, Inundationen des Baches Paso Ita; Inundationen des Yuguariflusses.

Die mir vorliegenden Exemplare stimmen ziemlich vollständig überein mit den von G. O. Sars beschriebenen und weisen bloß hier und da unwesentliche Abweichungen auf.

Die am Hinterrand der Schale sich erhebenden zweispitzigen Borsten sind im Verhältnis sehr lang, werden aber am Bauch nach vorn allmählich kürzer.

Am Vorderrand der ersten Antennen sitzt gleich weit entfernt voneinander auf vier Höckerchen je eine kleine Borste; an der Basis der Riechstäbchen stehen kleine Härchen.

Der Stamm des zweiten Antennenpaares ist auffällig lang, am Oberrand stehen zuweilen einige Dornen. An den Astgliedern zeigen sich, wie es schon G. O. Sars bemerkte, 1—2 Kränze feiner Dornen. Neben dem Endborsten sitzt je ein Dorn.

Am Vorder- bezw. Unterrand des Postabdomens erheben sich im distalen Drittel gleich weit entfernt voneinander 3—4 kleine Borsten. Innerhalb der Randdornen der supraanalen Erhöhung steht oft eine Reihe Bündel kleiner Härchen, die G. O. Sars nicht erwähnt.

Schon W. Vávra stellte Vergleichungen an zwischen *Iliocryptus Halyi* Brad. und *Iliocryptus longiremis* Sars und erklärte auf Grund dessen, daß bei ersterer die Ruderborsten viel kürzer und gefiedert sind, sodann die Astglieder des zweiten Antennenpaares mit Dornkränzen versehen sind, die beiden für selbständige Arten. Nun aber kann der Dornenkranz der Äste des zweiten Antennenpaares, wie dies G. O. Sars und meine eigenen Untersuchungen dartun, nicht als Artverschiedenheit gelten, so daß also die Verschiedenheit zwischen den beiden Arten sich auf die Länge und Struktur der Ruderborsten beschränkt, diese aber halte ich für so unwesentlich, daß ich mit Rücksicht auf die

Übereinstimmung wichtiger Organe nicht zaudere, *Iliocryptus Halyi* Brad. und *Iliocryptus longiremis* Sars für identisch zu erklären und dem Prioritätsrechte gemäß ersteren Namen als den eigentlichen Artnamen zu betrachten. Dem füge ich noch hinzu, daß ich mich bei der Vergleichung der ceylonischen und paraguayischen Exemplare davon überzeugte, daß auch die Ruderborsten der ersteren glatt sind und die Befiederung derselben an der Abbildung von E. v. Daday irrig ist. Übrigens halte ich es auch nicht für ausgeschlossen, daß *Iliocryptus Halyi* Brad., *Iliocr. longiremis* Sars und *Iliocr. agilis* Kurz identisch sein können.

254. Iliocryptus sordidus Liev.

Iliocryptus sordidus Sars, G. O., 27, p. 42, Taf. VII, Fig. 11—13.

Eine echt kosmopolitische Art, die aus Südamerika bisher bloß durch die Daten von G. O. Sars bekannt geworden ist, der sie von dem Fundort Iparanga verzeichnet hat. Bei meinen Untersuchungen habe ich sie an folgenden Fundorten angetroffen: Zwischen Aregua und dem Yuguariflusse, Inundationen eines Baches; Lugua, Pfütze bei der Eisenbahnstation; Sapucay, mit Limnanthemum bewachsene Pfützen.

Es lagen mir bloß einige Weibchen vor, die den Sars'schen Exemplaren aus Iparanga durchaus gleich sind.

255. Iliocryptus verrucosus n. sp.

(Taf. XII, Fig. 11—14.)

Der Körper ist, von der Seite gesehen, im ganzen annähernd eiförmig, vorn spitz, hinten stumpf gerundet. Der Kopf ist nach vorn und unten gerichtet, zwischen demselben und dem Rumpf zeigt sich eine deutliche Vertiefung. Das untere Ende der Stirn, bezw. des Kopfes ist gespitzt, die ersten Antennen sitzen auf Erhöhungen, hinter ihnen erhebt sich an der Basis des Lippenanhanges ein spitziger Vorsprung. Der Fornix läuft vor dem Auge hin, ist S-förmig gekrümmt und zieht zu der Vertiefung zwischen dem Kopf und Rumpf (Taf. XII, Fig. 11). Von oben gesehen erscheint der Körper hinten zugespitzt (Taf. XII, Fig. 12).

Das Auge liegt ziemlich weit entfernt vom Stirnrand; der Pigmentfleck sitzt nahe der Basis der ersten Antennen, ist viereckig, klein. Die ersten Antennen sind zweigliederig, das basale Glied ist sehr kurz, das distale viermal so lang als jenes, am Außenrande stehen in 4—5 gleich weit voneinander liegenden Querreihen kleine Haare, die halbe Ringe bilden. Die Riechstäbchen sind verschieden lang (Taf. XII, Fig. 13). Am Stamm des zweiten Antennenpaares erheben sich in mehreren Querreihen feine Zähnchen, nahe des distalen Endes sitzt am Vorder- und Hinterrand je eine kräftige Borste. Der dreigliederige Ast ist mit fünf Ruderborsten bewehrt, allein das letzte Glied trägt außerdem auch einen langen Dorn. Am viergliederigen Ast ist das proximale zweite Glied mit einem Dorn bewehrt, das letzte Glied mit drei Ruderborsten und einem Dorn versehen. An allen Astgliedern erheben sich kleine Zähnchen in 1—2 Kränzen angeordnet.

Der Rückenrand der Schale ist gerade, senkt sich jedoch gegen den Kopf etwas bogig hinab und bildet mit dem Hinterrand einen deutlichen Vorsprung mit stumpfer Spitze. Der Hinterrand ist fast gerade, erscheint bloß in der unteren Hälfte etwas gerundet, bildet mit dem Bauchrande einen stumpf gerundeten Winkel und ist in der ganzen Länge mit in zwei ungleiche Äste geteilten Fiederborsten bedeckt. Der Bauchrand ist nach unten abschüssig, ziemlich scharf gerundet und trägt der Länge nach ungeästete Fiederborsten, die nach hinten allmählich länger werden. Der Vorderrand ist schwach bogig (Taf. XII, Fig. 11).

An der Schalenoberfläche sind Wachstumsringe sichtbar, die indessen zackig verlaufen und durch Ausläufer miteinander verbunden sind, demzufolge die Schalenoberfläche in sechseckige Felderchen geteilt erscheint (Taf. XII, Fig: 11). An der Stelle, wo die Ausläufer von den Wachstumslinien ausgehen, zeigen sich warzenförmige Kutikularerhebungen, die jedoch nur dann gut ins Auge fallen, wenn man das Tier von oben oder unten untersucht (Taf. XII, Fig. 12). An der Kopfschale fehlen diese Erhöhungen. Der Innenraum der sechseckigen Felderchen ist feiner oder derber granuliert. An den Wachstumsgürteln habe ich keine Randborsten wahrgenommen.

Das Postabdomen ist in einen infra- und einen supraanalen Lappen geteilt, die beide mehr oder weniger scharf bogig sind. Am Rande des supraanalen Lappens erheben sich gleich weit voneinander 8—10 kräftige Dornen, innerhalb welcher sich eine Reihe von Bündeln kurzer Härchen zeigen (Taf. XII, Fig. 14). Der infraanale Lappen ist größer als der vorige, an der Basis der Endkralle schwach vertieft, am Hinterrand erhebt sich eine Reihe zahlreicher kleiner, indessen gleich langer Dornen, die an der Basis der Endkralle beginnt. In der Dornenreihe sitzen auch sechs lange Borsten, deren oberste am kürzesten ist. Die Abdominalborsten sitzen auf kleinen Höckerchen. Die Endkralle ist kaum merklich gekrümmt und trägt eine kräftigere längere und eine schwächere kürzere Nebenkralle, die jedoch mehr Borsten ähnlich sind (Taf. XII, Fig. 14). Der Vorder- bezw. Unterrand des Postabdomens ist gerade, glatt.

Die ganze Körperlänge beträgt 0,58—0,6 mm, die größte Höhe 0,45 mm. Die Färbung der Schale ist gelbbraun.

Fundort: Asuncion, Campo Grande, Calle de la Cañada, von Quellen gebildete Tümpel und Gräben.

Von den bisher bekannten Arten der Gattung steht die neue Art am nächsten zu *Iliocryptus Halyi* Brad., dem sie durch die Struktur des Postabdomens, sowie des ersten und zweiten Antennenpaares gleicht; sich aber durch die Struktur der Schale nicht nur von dieser, sondern auch von allen übrigen Arten der Gattung wesentlich unterscheidet.

Gen. Grimaldina Richard.

Eine neuere Gattung der Familie, welche 1892 von J. Richard aufgestellt worden ist, und zwar bei der Beschreibung einer vom französischen Kongo herstammenden Art. Dem Anscheine nach ist sie eine charakteristische Gattung der südlichen Weltteile, insofern sie bisher bloß aus Afrika, Neu-Guinea und Südamerika bekannt ist, und zwar aus allen drei Weltteilen in ein und derselben Art.

256. Grimaldina Brazzai Rich.

Grimaldina brazzai Sars, G. O., 27, p. 78, Taf. V, Fig. 1—14.

Aus Südamerika wurde diese Art zuerst von G. O. Sars in seiner eben zitierten Arbeit 1901 von einem brasilianischen Fundort erwähnt. Bei meinen Untersuchungen habe ich sie in dem Material von dem Fundort Estia Postillon, Lagune und deren Ergüsse, vorgefunden.

Die mir vorliegenden Exemplare stimmen zwar im Wesen mit den von G. O. Sars beschriebenen brasilianischen überein, in einzelnen Details aber weisen sie dennoch einige Abweichungen auf.

An den Astgliedern des zweiten Antennenpaares zeigen sich in 1—2 Kränze angeordnete kleine Zähnchen, die an den Exemplaren von G. O. Sars zu fehlen scheinen. Am Lippenanhang erheben sich kleine Härchen in zwei Querreihen.

Der Rückenrand der Schale ist hinter dem Herzen vertieft, demzufolge der Kopf vom Rumpf abgesondert erscheint. Der Hinterrand ist deutlich bogig, in der unteren Hälfte mit kurzen, kräftigen Borsten bedeckt, in der oberen Hälfte hingegen erhebt sich eine innere Reihe sehr kleiner Härchen. Der Bauchrand ist im vorderen und hinteren Drittel sägeförmig, im mittleren Drittel glatt, in der ganzen Länge behaart, die Haare werden bis zum unteren hinteren Winkel allmählich länger. Der Vorderrand bildet einen ziemlich stark vorstehenden gerundeten Hügel, entlang welchem sich Sägezähne zeigen.

An der Schalenoberfläche erheben sich in perpendiculärer Richtung Kämmchen, die in ihrem Verlaufe durch Ausläufer miteinander verbunden sind und solcherart schmale rhombische Felderchen bilden, die fein granuliert sind, und in dieser Hinsicht stimmen die paraguayischen Exemplare mit den neuguineaischen überein. Durch die vorstehenden Kämmchen wird der Rückenrand der Schale rauh, annähernd sägeartig.

Das Postabdomen ist in drei Lappen geteilt, in einen distalen bezw. analen kleineren, in einen medialen größeren und in einen proximalen mittelgroßen Teil, von welchen sich bloß letzterer etwas von den Sarsschen Exemplaren unterscheidet, insofern der Rand nicht glatt, sondern mit kurzen, feinen Härchen bedeckt ist.

Ich habe bloß Weibchen gefunden, deren ganze Körperlänge 0,7 mm beträgt, die somit etwas kleiner sind als die Exemplare von G. O. Sars.

Diese kurz geschilderten Verschiedenheiten halte ich meinerseits nicht für hinlänglich, um diese Exemplare als Repräsentanten einer Varietät zu betrachten.

Gen. Macrothrix Baird.

Macrothrix Lilljeborg, W., 18, p. 336.

Eine echt kosmopolitische Gattung, die aus Südamerika seit den Aufzeichnungen von A. Wierzejski 1892 bekannt ist. In Südamerika scheint sie sich einer großen Verbreitung zu erfreuen, denn es sind bisher bereits 12 Arten von verschiedenen Fundorten bekannt geworden. Ein verschwindend kleiner Teil der Arten kommt auch in anderen Weltgegenden vor, der größte Teil derselben aber ist bisher als charakteristisch für Südamerika · zu betrachten; es sind dies folgende: *Macrothrix Goeldii* Rich., *Macr. ciliata* Vávr., *Macr. cactus* Vávr., *Macr. elegans* Sars, *Macr. squamosa* Sars, *Macr. oviformis* Ekm., *Macr. inflata* Dad. und *Macr. odontocephala* Dad. Bei meinen derzeitigen Untersuchungen habe ich nachstehende gefunden.

257. Macrothrix elegans Sars.

Macrothrix elegans S a r s, G. O., 27, p. 33, Taf. VI, Fig. 1—9.

Bisher ist diese Art bloß aus Südamerika bekannt, G. O. S a r s hat sie 1901 von den Fundorten Sao Paolo, Itatiba, Ipiranga und Argentina beschrieben. In der Fauna von Paraguay ist sie sehr gemein, ich habe sie nämlich an folgenden Fundorten angetroffen: A r e g u a, Pfütze an der Eisenbahn; zwischen A r e g u a und L u g u a, Pfütze an der Eisenbahn und Inundationstümpel des Y u g u a r i f l u s s e s; zwischen A r e g u a und dem Y u g u a r i f l u s s e, Inundationen eines Baches; A s u n c i o n, mit halbverdorrten Camalote bedeckte Sandbank in den Nebenarmen des Paraguayflusses, Tümpel auf der Insel (Banco) im Paraguayflusse und Lagune (Pasito), Inundationen des Paraguayflusses; C a e a r a p a, ständiger Tümpel; C e r r o L e o n. Bañado; C o r u m b a, Matto Grosso, Inundationstümpel des Paraguayflusses; C u r u z u - c h i c a, toter Arm des Paraguayflusses; C u r u z u - n ú, Teich beim Hause des Marcos Romeros; E s t i a P o s t i l l o n, Lagune und deren Ergüsse; G o u r a l e s, ständiger Tümpel; G r a n C h a c o, von den Riachok zurückgebliebene Lagune; L u g u a, Tümpel bei der Eisenbahnstation; P a s o B a r r e t o, Bañado und Lagune am Ufer des Rio Aquidaban; P i r a y u, Straßenpfütze; S a p u c a y, mit Pflanzen bewachsener Graben an der Eisenbahn; T e b i c u a y, ständiger Tümpel; V i l l a E n c a r n a c i o n, Alto Parana, Sumpf; V i l l a S a n a, Peguaho-Teich.

Die mir vorliegenden Exemplare stimmen durchaus mit den von G. O. S a r s beschriebenen überein.

258. Macrothrix laticornis (O. F. M.)

Macrothrix laticornis L i l l j e b o r g, W., 13, p. 338, Taf. LIV, Fig. 6—13.

Mit Ausnahme von Afrika und Australien ist diese Art aus allen Weltteilen bekannt. Aus Südamerika wurde sie zuerst 1892 von A. W i e r z e j s k i aus Argentinien verzeichnet (33.); dann von J. R i c h a r d 1897 aus Argentinien und Brasilien erwähnt (23.), sowie von W. V á v r a 1900 aus Uruguay. In der Fauna von Paraguay scheint diese Art gemein zu sein, ich habe sie nämlich an folgenden Fundorten angetroffen: Zwischen A r e g u a und dem Y u g u a r i f l u ß, Inundationen eines Baches; A s u n c i o n, Campo Grande, Calle de la Cañada, von Quellen gebildete Tümpel und Gräben; Gran Chaco, Nebenarm des Paraguayflusses; C a e a r a p a, ständiger Tümpel; C o r u m b a, Matto Grosso, Inundationstümpel des Paraguayflusses; C u r u z u - c h i c a, toter Arm des Paraguayflusses; E s t i a P o s t i l l o n, Lagune; G o u r a l e s, ständiger Tümpel; L u g u a, Tümpel bei der Eisenbahnstation; P a s o B a r r e t o, Lagune und Bañado am Ufer des Rio Aquidaban; V i l l a R i c a, Graben am Eisenbahndamm; V i l l a S a n a, Inundationen des Baches Paso Ita und Peguaho-Teich.

Die mir vorliegenden Exemplare weichen nur in der Form und Struktur des Postabdomens von L i l l j e b o r g s schwedischen Exemplaren ab.

Der Hinter- und Rückenrand der Schale bilden eine kleine, spitze Ecke, die ungefähr in der Mittellinie des Körpers liegt. Die Schalenoberfläche ist mit deutlichen regelmäßigen oder unregelmäßigen sechseckigen Felderchen geziert, deren Innenraum fein granuliert erscheint.

Am Postabdomen ist das distale hintere bezw. obere Ende stumpf gerundet und daran erheben sich ebensolche Borstenreihen, wie entlang des Postabdominalrandes. An beiden

Seiten des Postabdomens erheben sich zerstreute zahlreiche kleine Haarbündel und am Vorder- bezw. Unterrand ragen in drei Querreihen Borsten auf. Der Vorder- bezw. Unterrand der Endkralle ist glatt, wogegen am anderen bisweilen 2—3 Borsten stehen.

259. Macrothrix gibbera n. sp.

(Taf. XII, Fig. 15—17.)

Der Körper ist, von der Seite gesehen, annähernd eiförmig. Der Kopf ist nach vorn und unten gerichtet, am Berührungspunkte mit dem Rückenrand des Rumpfes zeigt sich eine kleine höckerförmige Erhöhung. Die Stirn bildet vor dem Auge einen ziemlich auffällig stumpfgerundeten Hügel (Taf. XII, Fig. 15). Der Bauchrand des Kopfes ist gerade. Der Fornix entspringt an der Spitze des Rostrums und läuft vor dem Auge hin.

Das Auge ist ziemlich groß, aus vielen Linsen zusammengesetzt, liegt in der Erhöhung der Stirn, ziemlich entfernt vom Stirnrand. Der Pigmentfleck ist sehr klein, annähernd viereckig. Der Lippenanhang bildet einen bogigen Lappen, dessen Oberfläche behaart ist, das hintere Ende aber geht in einen spitzen Vorsprung aus (Taf. XII, Fig. 15).

Die ersten Antennen sind im Verhältnis lang, gegen das distale Ende nur sehr wenig verdickt, am Vorderrand erheben sich sieben kleine Haarbündel, gleich weit voneinander entfernt, neben dem fünften Bündel sitzt die Riechborste, am Hinterrand nahe zur distalen Spitze ragen zwei Borsten auf; an der Basis der Riechstäbchen erhebt sich ein Dornenkranz; die Riechstäbchen sind verschieden lang (Taf. XII, Fig. 17). Am zweiten Antennenpaar sind die Astglieder mit 2—3 feinen Dornenkränzen bewehrt.

Das Postabdomen ist in einen analen und einen supraanalen Lappen geteilt, von welchen der anale kürzer, aber bogiger, der supraanale länger und schwächer gerundet ist. Am analen Lappen erheben sich entlang des Randes in Querreihen kleine Borsten, entlang des Randes der supraanalen Lappen dagegen steht eine Reihe zahnartiger, kurzer kräftiger Dornen (Taf. XII, Fig. 16). Die Abdominalborsten sitzen auf einer sehr kleinen Erhöhung, ihr distales Glied ist kurz, quastenförmig. Die Endkralle ist kräftig, glatt.

Die Körperlänge beträgt 0,35 mm, die größte Höhe 0,24 mm.

Fundort: Estia Postillon, Lagune. Ich fand bloß Weibchen.

Von den bisher bekannten Arten der Gattung unterscheidet sich diese neue Art durch die Form des Rumpfes, den Stirnwulst, sowie durch die Struktur der ersten Antennen und teilweise auch des Postabdomens.

Fam. Bosminidae.

Die Arten dieser Familie sind mit Ausnahme von Australien aus allen Weltteilen bekannt, es scheint indessen, daß die Anzahl der Arten auf den Gebieten südlich des Äquators eine weit beschränktere ist; im Gegensatze davon kommen nördlich des Äquators bloß die Arten zweier Gattungen vor, südlich dagegen sind drei bekannt, und zwar *Bosmina* Baird., *Bosminopsis* Rich. und *Bosminella* Dad. Bei meinen Untersuchungen habe ich bloß Repräsentanten der ersteren und letzteren Gattung angetroffen.

Gen. Bosmina Baird.

Dasjenige Genus der Familie, welches die größte geographische Verbreitung besitzt. Die erste in Südamerika vorkommende Art, *Bosmina corunta*, wurde von A. Wierzejski 1892 von einem argentinischen Fundort aufgezeichnet (33.). Die zweite hierhergehörige Art (*Bosmina obtusirostris* Sars) hat W. Vávra vom Feuerland und den Falkland-Inseln beschrieben (31.). Schließlich wurde von S. Ekman 1900 und von E. v. Daday 1902 auch eine in Patagonien vorkommende dritte Art, *Bosmina Coregoni* Baird., während 1904 von Th. Stingelin aus Brasilien eine vierte Art, *Bosmina Hagmanni* St., beschrieben. Bei meinen derzeitigen Untersuchungen habe ich drei Arten gefunden; dies widerspricht der Annahme von G. O. Sars, welche besagt: „Das Genus *Bosmina* ist, wie bekannt, hauptsächlich in nördlichen und mittleren Ländern Europas repräsentiert, scheint aber in den wärmeren Gegenden der Erde ganz und gar zu fehlen" (29. p. 632). Allein die aus Südamerika bekannten Arten widerstreiten auch der folgenden These von G. O. Sars: „ Es ist die einzige bis jetzt bekannte Art (*Bosmina meridionalis* Sars) aus der südlichen Hemisphäre (29. p. 632).

260. Bosmina logirostris (O. F. M.)

Bosmina longirostris Lilljeborg, W., 13, p. 224. Taf. XXX, Fig. 13—16; Taf. XXXI, Fig. 1—18; Taf. XXXII. Fig. 1—3.

Diese Art und ihre Varietäten waren bisher bloß aus Europa, Asien und Afrika (Ägypten) bekannt. Bei meinen Untersuchungen habe ich bloß in dem Material von der Oberfläche der Lagune Ipacarai einige Exemplare vorgefunden.

Die mir vorliegenden Exemplare stimmen von den durch W. Lilljeborg beschriebenen Varietäten am besten zu *Bosmina longirostris* var. *similis*. In Gesellschaft derselben habe ich übrigens auch Schalenfragmente einer anderen Art gefunden, die ich jedoch, eben weil ich bloß Fragmente vor mir hatte, nicht zu determinieren vermochte.

261. Bosmina tenuirostris n. sp.
(Taf. XII, Fig. 18—20.)

Der Körper ist, von der Seite gesehen, annähernd eiförmig; der Kopf stark nach unten geneigt; die Stirn gleichmäßig gerundet; das Rostrum ziemlich stark abgesetzt (Taf. XII, Fig. 18).

Das große Auge liegt sehr nahe bei der Rostrumspitze und dem Stirnrand. Die Stirnborste sitzt unter dem Auge, bezw. an der Basis des ersten Antennenpaares. Das erste Antennenpaar ist im Verhältnis kurz, nur so lang, als das Postabdomen und die Endkrallen zusammen und nach hinten kaum merklich bogig. Die Basis der einzelnen Antennen ist bis zu den Riechstäbchen breit, dann plötzlich verengt, am Vorderrand mit feinen Haaren in acht Querreihen versehen, erscheint demzufolge als aus neun gleichlangen Gliedern zusammengesetzt, ungerechnet des Basalteiles vor den Riechstäbchen (Taf. XII, Fig. 19). Das zweite Antennenpaar ist schwach und stimmt mit dem der übrigen Arten der Gattung überein.

Der Rückenrand der Schale ist je nach der Größe und Anzahl der in der Bruthöhle ruhenden Eier oder Embryonen stärker oder schwächer bogig, in der Mitte aber in allen

— 197

Fällen am höchsten, gegen die Stirn und den Hinterrand gleich abschüssig und bildet mit dem Hinterrand einen abgestumpften scharfen Winkel. Der Hinterrand ist gerade und perpendiculär, nicht höher als ⅓ der größten Schalenhöhe und bildet mit dem Bauchrand einen fast rechten Winkel, von welchem ein nach hinten und etwas nach unten gerichteter Dornfortsatz ausgeht. Dieser Dornfortsatz ist nur wenig kürzer als der Hinterrand, bisweilen ganz glatt, öfters aber trägt derselbe am Oberrand auf 3—4 kleinen Erhöhungen je eine kurze, dornförmige Borste (Taf. XII, Fig. 18). Der Bauchrand ist vorn auffällig gerundet und steigt nach hinten sanft empor, ist an der Basis des Dornfortsatzes schwach ausgebuchtet und trägt keine Borste (Taf. XII, Fig. 18).

Die Schalenoberfläche ist mit Linien geziert, die mit dem Rückenrand parallel laufen, der Raum zwischen denselben erscheint fein granuliert; Felderchen sind nicht wahrzunehmen.

Das Postabdomen gleicht in der Form dem der übrigen Arten der Gattung, an der distalen hinteren bezw. oberen Spitze sitzt eine Borste. Die Basis der Endkralle ist der Länge nach mit 6—8 Borsten bewehrt, und ebensoviel erheben sich auch an der Endkralle selbst (Taf. XII, Fig. 20).

Die Länge des Rumpfes beträgt ohne den Dornfortsatz der Schale 0,37—0,4 mm, samt dem Dornfortsatz 0,4—0,44 mm; die Länge der ersten Antennen 0,12—0,15 mm.

Fundort: Corumba, Matto Grosso, Inundationstümpel des Paraguayflusses. Ich habe bloß Weibchen gefunden.

Von den bisher bekannten Arten der Gattung steht diese Art am nächsten zu *Bosmina meridionalis* Sars, von welcher sie jedoch durch die Körperform, sowie durch die Struktur der Schale und des Postabdomens leicht zu unterscheiden ist; charakteristisch ist übrigens auch der Dornfortsatz der Schale.

262. Bosmina macrostyla n. sp.
(Taf. XII, Fig. 21—24.)

Der Körper ist, von der Seite gesehen, annähernd eiförmig, vorn viel breiter als hinten, zwischen dem Kopf und dem Rumpf zeigt sich keine Vertiefung, am höchsten ist derselbe im vorderen Drittel. Der Kopf ist etwas nach vorn und unten gerichtet. Die Stirn ist einfach, glatt. Das Rostrum ist ziemlich stumpf gerundet, aber deutlich abgesetzt (Taf. XII, Fig. 23).

Das Auge liegt ziemlich weit von der Rostrumspitze, sowie auch vom Stirnrand. Die Stirnborste sitzt etwas über der Rostrumspitze und ziemlich weit vom Auge entfernt. Das erste Antennenpaar ist im Verhältnis lang, dünn, nach hinten schwach sichelförmig gekrümmt. Die einzelnen Antennen sind fast doppelt so lang, als das Postabdomen samt den Endkrallen, gegen Ende allmählich verengt, am Vorderrand erheben sich in neun Querreihen sehr kurze und feine Härchen, demzufolge sie aus zehn Gliedern zu bestehen scheinen; von den Gliedern sind die fünf proximalen gleich lang, kürzer als die nachfolgenden (Taf. XII, Fig. 22). Das zweite Antennenpaar ist schwach, von dem der übrigen Arten der Gattung nicht verschieden. Der Fornix ist gut entwickelt, der hintere Winkel zugespitzt.

Der Rückenrand der Schale ist ober dem Herzen stärker bogig, läßt sich gegen die Stirn steil, gegen den Hinterrand sanft abgeflacht hinab und bildet mit letzterem fast einen rechten Winkel. Der Hinterrand ist gerade, perpendiculär, nur wenig länger als ¹/₃ der größten Rumpfhöhe, und bildet mit dem Bauchrand fast einen rechten Winkel, von welchem ein auffällig langer Dornfortsatz ausgeht. Der Dornfortsatz ist länger als der Hinterrand, ziemlich dünn, nach hinten und auffällig nach unten gerichtet, etwas sichelförmig gekrümmt, am Oberrand sitzt auf 4—5 kleinen Erhöhungen je ein kleiner Dorn (Taf. XII, Fig. 23. 24). Der Bauchrand ist in der vorderen Hälfte stumpf gerundet und etwas vortretend, steigt dagegen nach hinten steil empor und ist an der Basis des Dornfortsatzes ausgebuchtet. Der Vorderrand ist stumpf gerundet (Taf. XII, Fig. 23).

An der Schalenoberfläche ziehen parallel dem Rückenrand, ziemlich wenig entfernt voneinander, scharfe Linien hin, der Raum zwischen denselben ist fein granuliert. Felderchen zeigen sich an der Schale nicht (Taf. XII, Fig. 23).

Am Postabdomen ist das distale hintere bezw. obere Ende etwas verlängert, spitz gerundet und trägt 1—2 kleine Dornbündel. An der Basis der Endkrallen und an den Endkrallen selbst erheben sich 5—6 kleine Borsten (Taf. XII, Fig. 21).

Die Körperlänge beträgt ohne den Dornfortsatz der Schale 0,23—0,25 mm, samt dem Dornfortsatz 0,28—0,32 mm; die Länge der ersten Antennen 0,12 mm, die größte Schalenhöhe 0,18 mm; die Länge der Dornfortsätze 0,09—0,1 mm.

Fundort: Corumba, Matto Grosso, Inundationstümpel des Paraguayflusses. Ich habe bloß Weibchen gefunden.

Von den bisher bekannten Arten der Gattung steht diese neue Art am nächsten zu *Bosmina tenuirostris* Dad., mit welcher sie besonders in der Struktur der Schale übereinstimmt, sich aber durch die Körperform, sowie durch die Länge der Antennen und den Dornfortsatz der Schale von derselben unterscheidet.

Gen. Bosminella Dad.

Bosminella Daday, E. v., 8, p. 594.

Aus Südamerika bezw. aus der Fauna von Paraguay habe ich dies Genus 1903 aufgestellt und fasse seine Merkmale in folgendem zusammen: Zwischen dem Kopf und dem Rumpf zeigt sich keine Vertiefung. Das Rostrum ist auffällig gestreckt, sieht gerade nach unten und ist mit den ersten Antennen vollständig verwachsen. Die ersten Antennen sind sichelförmig, ungegliedert, mit der Spitze seitlich gewendet. Die Äste des zweiten Antennenpaares sind dreigliederig. Das Postabdomen besteht aus drei Lappen, an der Basis der Endkrallen sitzt am Postabdomen je eine kräftige Nebenkralle.

Diese neue Gattung, wie ich das schon früher bemerkt habe, ist im äußeren Habitus der Gattung *Bosmina* sehr ähnlich, um so mehr, als bei den Arten dieses Genus sich zwischen Kopf und Rumpf keine Einbuchtung befindet. Aus demselben Grunde aber unterscheidet es sich von dem Genus *Bosminopsis*, bei dessen Art der Kopf durch eine kleinere oder größere Vertiefung vom Rumpf abgesetzt ist.

Hinsichtlich der Lage des ersten Antennenpaares stimmt *Bosminella* Dad. mit dem Genus *Bosminopsis* Rich. überein, insofern bei beiden das erste Antennenpaar an der Spitze des stark verlängerten Rostrums sitzt; allein während bei *Bosminopsis* die ersten Antennen vom Rostrum abgegliedert sind, sind sie bei *Bosminella* vollständig mit demselben verschmolzen. Hinsichtlich der Struktur des zweiten Antennenpaares und des Abdomens stimmt *Bosminella* mit der Gattung *Bosminopsis* Rich. überein (18. p. 596 597). Th. Stinge lin ist in seiner jüngst erschienenen Publikation Entomostraken, gesammelt von Dr. G. Hag mann im Mündungsgebiet des Amazonas, Loc. cit. p. 586) geneigt, die *Bosminella*-Gattung mit dem Genus *Bosminopsis* Rich. für identisch zu halten. Ich meinerseits halte auch jetzt noch an meiner früheren Ansicht fest.

Zur Zeit ist dies Genus als speziell südamerikanisch zu betrachten und bisher ist bloß die nachstehende einzige Art desselben bekannt.

263. Bosminella Anisitsi Dad.
(Taf. XIII, Fig. 1—5.)

Bosminella Anisitsi Daday, E. v., 8, p. 954, Fig. 1—3.

Der Körper ist, von der Seite gesehen, mehr oder weniger eiförmig, dem der *Bos mina*-Arten einigermaßen ähnlich. Zwischen Kopf und Rumpf zeigt sich keine Vertiefung und der Rückenrand geht unbemerkt in den Kopf über. Der Kopf ist nach vorn gerichtet und die Stirn unter und ober dem Auge auffällig vertieft, vor dem Auge hingegen vor stehend, bogig gerandet (Taf. XIII, Fig. 1). Das Rostrum ist auffällig gestreckt, gerade nach unten gerichtet und mit den ersten Antennen verschmolzen; am Vorderrand, nahe der Basis erheben sich zwei feine Tastborsten, an der Oberfläche befinden sich sechseckige Felderchen (Taf. XIII, Fig. 2).

Das große, mehr oder weniger elliptische Auge besteht aus vielen Linsen, liegt dem Stirnrand ziemlich nahe, unter demselben, nahe der Basis des Rostrums, ragen zwei Stirnborsten auf, die ihrer Lage und Struktur nach mit den Stirnborsten von *Bosmina* voll ständig homolog sind. Der Fornix beschreibt einen einfachen Bogen.

Die ersten Antennen sind sichelförmig, ungegliedert und blicken mit der Spitze nach außen bezw. seitwärts, was indessen nur bei dem am Bauch oder Rücken liegenden Tier sichtbar ist (Taf. XIII, Fig. 2), denn bei der Seitenlage des Tieres werden die Antennen unter dem Druck der Deckgläschen aus ihrer ursprünglichen Lage gerückt und sind dann gewöhnlich nach unten gerichtet (Taf. XIII, Fig. 1). Am Vorderrand der Antennen erhebt sich eine Reihe von 5—6 kurzen, kräftigen Dornen, allein auch an der Außenseite zeigen sich zerstreut einige ähnliche Dornen (Taf. XIII, Fig. 2). Die Riechstäbchen erheben sich nahe dem distalen Ende der Antennen, mehr als sechs vermochte ich jedoch nicht wahr zunehmen.

Das zweite Antennenpaar ist ziemlich schwach, an der Basis des Rumpfes sitzt auf einem breiten, fingerförmigen Fortsatz eine Tastborste, am distalen Ende hingegen erhebt sich ein Kranz kleiner Härchen; die Äste sind dreigliederig, an der distalen Spitze des einen ragen am letzten Gliede drei Ruderborsten auf, wogegen das andere fünf Ruderborsten trägt, und zwar an den zwei proximalen Gliedern je eine, am distalen aber drei.

Der Rückenrand der Schale ist je nach dem Inhalt der Bruthöhle stärker oder schwächer, aber stets gleichmäßig bogig, senkt sich aber gegen den Hinterrand etwas steiler hinab als gegen den Kopf und bildet mit dem Hinterrand einen spitzigen oder stumpfen Winkel (Taf. XIII, Fig. 1). Der Hinterrand ist in der Regel gerade und perpendiculär, selten kaum merklich bogig, nicht länger als ⅓ der größten Schalenhöhe und bildet mit dem Bauchrand einen fast rechten Winkel, von welchem ein, seltener zwei, mehr oder weniger gerade, nach hinten gerichtete dünne, spitze Dornfortsätze ausgehen (Taf. XIII, Fig. 1). Der Bauchrand ist mehr oder weniger stumpf bogig, der Länge nach erheben sich gleichweit voneinander 5—6 kurze, kräftige Dornen mit gerundeter Spitze, sowie nahe zur Basis des Dornfortsatzes eine lange Borste. Der Vorder- und Bauchrand bilden zusammen einen nach vorn gerichteten gerundeten Winkel, wogegen der gegen den Rückenrand sich erhebende Teil des Vorderrandes fast gerade und abschüssig ist.

Die Schalenoberfläche ist am Rumpf und Kopf mit sechseckigen Felderchen geziert, am Rostrum erheben sich außerdem auch kleine Dornen.

Am Abdomen befinden sich drei Fortsätze, deren mittlerer am größten ist, der letzte erhebt sich an der Basis der Endborsten. Das Postabdomen ist annähernd kegelförmig, das distale Ende ziemlich gespitzt; der anale Teil ist dreilappig, der letzte Lappen trägt die End-krallen, ober welchen seitlich je eine kräftige, selbständige Nebenkralle steht, nahe bei den-selben erheben sich Bündel von 4—5 Borsten (Taf. XIII, Fig. 3); am mittleren und oberen Lappen zeigen sich zwei Reihen feiner Haare. Die Endkrallen sind glatt, sichelförmig, kräftig.

Am Darmkanal befindet sich kein Blinddarm und in seinem Verlauf bildet derselbe keine Schlingen.

Von den Füßen vermochte ich bloß fünf Paare sicher zu unterscheiden, wogegen ich über das sechste Paar, sowie über die Struktur der einzelnen Füße keine sicheren Daten erlangen konnte.

Die Körperlänge beträgt ohne den Dornfortsatz 0,28—0,33 mm, die größte Schalen-höhe 0,2—0,23 mm, die Länge des Dornfortsatzes 0,04 mm.

Unter den mir vorliegenden Exemplaren fand ich keine Männchen, dagegen einige junge Exemplare, die in mancher Hinsicht von den entwickelten Weibchen abweichen.

Der Stirnrand ist nämlich nur unter dem Auge vertieft. Der Rückenrand ist ober dem Herzen gebrochen, bildet hier einen Hügel, läuft sodann in abschüssiger gerader Linie bis zum Hinterrand und bildet mit demselben einen gerade nach hinten gerichteten kurzen, spitzen kräftigen Dornfortsatz. Der Hinterrand ist perpendiculär und am Berührungswinkel mit dem Bauchrand geht ein, für die Schale der entwickelten Weibchen charakteristischer dünner, nach hinten und unten gerichteter langer Dornfortsatz aus. Der Bauch- und Vorderrand hat einen ebensolchen Verlauf und dieselbe Struktur, wie bei den geschlechtsreifen Exemplaren (Taf. XIII, Fig. 4). Die Schalenoberfläche ist blaß gefeldert.

Im übrigen stimmen die jungen Exemplare mit den geschlechtsreifen vollständig über-ein. Ihre Körperlänge beträgt ohne die Dornfortsätze 0,21 mm.

Fundort: C o r u m b a, Matto Grosso, Inundationstümpel des Paraguayflusses, von wo mir mehrere geschlechtsreife Weibchen und einige junge Exemplare vorlagen.

Fam. Daphnidae.

Eine Familie von allgemeiner geographischer Verbreitung, insofern sich unter ihren Gattungen keine einzige findet, aus welcher nicht eine oder mehrere Arten auf irgend einem, eventuell mehreren Gebieten der bisher durchforschten Erde aufgefunden worden wären. Die ersten Repräsentanten aus Südamerika hat Nicolet 1849 von chilenischen Fund-orten verzeichnet (10.). Sämtliche Forscher, die sich mit der Cladoceren-Fauna Süd-amerikas befaßten, erwähnen hierhergehörige Gattungen und Arten.

Gen. Moina Baird.

Eine kosmopolitische Gattung, deren eine oder mehrere Arten aus allen Weltteilen be-kannt sind. Aus Südamerika hat sie zuerst A. Wierzejski 1892 mit einer Art verzeichnet (33.), sodann erwähnt sie H. v. Ihering 1895 von brasilianischen Fundorten, ohne aber die betreffenden Arten namhaft zu machen (12.). A. Wierzejski hat seine Exemplare als Va-rietät von *Moina brachiata* Jur. beschrieben, wogegen J. Richard dieselben mit dem Art-namen *Moina Wierzejskii* belegte (23. p. 299). Wie es scheint, ist die Gattung in der Fauna von Südamerika nur durch sehr wenige Arten vertreten und auch ich habe bloß eine, die nachstehende Art vorgefunden.

264. Moina ciliata n. sp.
(Taf. XIII, Fig. 9—13.)

Der Rumpf junger Exemplare ist, von der Seite gesehen, eiförmig (Taf. XIII, Fig. 13), wogegen der von älteren, deren Bruthöhle viele Eier oder Embryonen enthält, mehr oder weniger rund erscheint (Taf. XIII, Fig. 12). Der Rumpf ist vom Kopf durch eine scharfe Vertiefung abgesondert. Der Kopf ist nach vorn und unten gerichtet, ober dem Auge stark vertieft, aber auch in der Mitte der hinteren Kopfhälfte zeigt sich eine Vertiefung. Die Stirn ist ziemlich spitzig, gerundet (Taf. XIII, Fig. 12. 13). Der Bauchrand des Kopfes ist an der Basis der ersten Antennen etwas vorstehend.

Das Auge besteht aus vielen Linsen, der Pigmentfleck ist rund, liegt in der Stirn-höhle, unweit des Stirnrandes.

Die ersten Antennen sind ziemlich kurz, spindelförmig, sie überragen kaum die halbe Kopflänge, ihre Oberfläche ist ganz glatt (Taf. XIII, Fig. 11).

Der Stamm des zweiten Antennenpaares ist mit bogigen Bündeln kleiner Dornen be-deckt; die Astglieder sind fein behaart, an der distalen Spitze mit einem Kranz kleiner Dornen bewehrt.

Der Rückenrand der Schale ist bei jungen Exemplaren schwach bogig, nach hinten stark abschüssig und bildet mit dem Hinterrand eine scharfe, vorstehende Spitze Taf. XIII, Fig. 13); bei älteren Weibchen hingegen ist derselbe hoch bogig und senkt sich fast per-pendiculär herab zu der mit dem Hinterrand gebildeten Spitze (Taf. XIII, Fig. 12). Der Hinter-rand ist eigentlich bloß die Fortsetzung des Bauchrandes und ist von demselben nicht be-merkbar abgesetzt. Der Bauchrand junger Exemplare ist in der hinteren Hälfte erhöht, stark gerundet, und erhebt sich in der vorderen Hälfte steil, doch etwas bogig (Taf. XIII, Fig. 13); bei älteren Exemplaren ist derselbe fast ebenso bogig, wie der Rücken (Taf. XIII, Fig. 12). Am Bauchrand erheben sich in der vorderen Hälfte einfache, im Verhältnis kurze Borsten, die nach hinten allmählich kürzer werden (Taf. XIII, Fig. 12. 13), hierauf folgt dann fast bis zur hinteren Spitze eine Reihe sehr kleiner und feiner Härchen. In diese Reihe von Haaren ist in fast gleicher Entfernung je eine kräftigere, dornartige Borste eingefügt, demzufolge die Haarreihe gewissermaßen in Bündel geteilt erscheint (Taf. XIII, Fig. 10). Die Schalenoberfläche ist am Rumpf wie am Kopf bloß granuliert.

Das Postabdomen ist im ganzen kegelförmig und gleicht im ganzen dem der übrigen Arten der Gattung (Taf. XIII, Fig. 9); der supraanale Teil ist über doppelt so groß als der anale, der Hinter- bezw. Oberrand bildet ober der Analöffnung einen stumpfgerundeten auffälligen Höcker, ist hinter der Mitte schwach ausgebuchtet, von der Bucht an nach oben mit 8—10 ziemlich langen Borstenbündeln bewehrt, wogegen unter der Bucht sich keine Borstenbündel zeigen. An beiden Seiten des supraanalen Teiles des Postabdomens erheben sich Querreihen kleiner Härchen (Taf. XIII, Fig. 9). An beiden Seiten des analen Teiles steht ober dem charakteristischen Furcaldorn eine Reihe von 6—7 geraden Fiederborsten. Der obere Ast des Furcaldornes ist viel kürzer als der untere. Die Endkralle ist sichelförmig, entlang der Außenseite fein behaart, aber nicht gekämmt, an der Basis bezw. im proximalen Viertel des Vorder- bezw. Unterrandes mit 4—5 Borsten versehen.

Die Körperlänge beträgt 0,78—0,8 mm, die größte Höhe 0,64 mm.

Fundorte: Zwischen Aregua und dem Yuguariflusse, Inundationen eines Baches; Asuncion, Villa Morra, Calle Laureles, Straßengraben; Lagune (Pasito), Inundationen des Paraguayflusses; zwischen Asuncion und Trinidad, Pfützen im Eisenbahngraben; Corumba, Matto Grosso, Inundationstümpel des Paraguayflusses; Estia Postillon, Lagune; Lagune Ipacarai, Oberfläche; Lugua, Pfütze bei der Eisenbahnstation; Sapucay, mit Limnanthemum bewachsene Regenpfützen. Demnach ist diese Art in der Fauna von Paraguay als häufig zu bezeichnen, ich fand jedoch nur Weibchen mit Sommereiern.

Durch die Struktur des Kopfes und der Schale erinnert diese Art an *Moina brachiata* (Jur.) (siehe: Leydig, F., Die Daphniden), unterscheidet sich jedoch von derselben durch die Struktur des Postabdomens und dadurch, daß die Endkralle ungekämmt ist. In der Behaarung des Postabdomens gleicht sie der *Moina Wierzejskii* Rich., unterscheidet sich indessen von derselben durch die Form des Kopfes und dadurch, daß die Endkralle ungekämmt ist, sowie daß der Vorder- bezw. Unterrand des Postabdomens unbehaart ist. Diese Art erinnert aber auch an *Moina micrura* Kurz, von welcher sie sich jedoch dadurch unterscheidet, daß die ersten Antennen unbehaart und die Endkralle ungekämmt ist (cfr. Daday, E. v., 6. Taf. V, Fig. 21. 22).

Gen. Moinodaphnia Herrick.

Ein mit Ausnahme von Europa aus allen Weltteilen bekanntes Genus, dessen ersten südamerikanischen Repräsentanten G. O. Sars 1901 von brasilianischen Fundorten beschrieben hat (27. p. 16). Eine neue Art, *Moinodaphnia brasiliensis*, hat Th. Stingelin neuestens aus dem Süßwasser-Plankton von dem Mündungsgebiet des Amazonas beschrieben (loc. cit. p. 580. Taf. XX, Fig. 3. 4). Bei meinen Untersuchungen habe ich nachstehende zwei Arten gefunden.

265. Moinodaphnia reticulata n. sp.
(Taf. XIII, Fig. 6—8.)

Der Körper ist im ganzen annähernd eiförmig, hinten etwas breiter; zwischen Kopf und Rumpf scharf eingeschnitten. Der Kopf ist nach vorn und etwas nach unten gerichtet, ober dem Auge zeigt sich eine schwache Vertiefung, demzufolge die eigentliche, das Auge in sich schließende Stirn ziemlich abgesondert ist; ober der Vertiefung ist der Kopfrand schwach bogig. Die Stirn ist nach vorn gerichtet und ziemlich spitz gerundet. Der Bauchrand des Kopfes ist am Ausgangspunkt der ersten Antennen etwas ausgebuckelt. Der Fornix entspringt ober dem Auge, zieht anfänglich parallel des Kopfrandes hin und bildet dann unter der Vertiefung einen Lappen (Taf. XIII, Fig. 6).

Das Auge besteht aus vielen Linsen, ist groß und füllt die Stirnhöhle fast ganz aus. Der Pigmentfleck ist sehr klein, fast viereckig und liegt nahe der Basis der ersten Antennen. Die ersten Antennen sind im Verhältnis kurz, überragen die halbe Länge des Bauchrandes des Kopfes nicht, sind annähernd spindelförmig mit glatter Oberfläche, an der Basis der Riechstäbchen erhebt sich ein Kranz kleiner Dornen (Taf. XIII, Fig. 8). An den Astgliedern des zweiten Antennenpaares zeigen sich 2—3 kleine Dornkränze.

Der Rückenrand der Schale ist schwach bogig, gegen den Hinterrand abschüssig und mit demselben eine kleine Spitze bildend. Der Hinterrand ist sehr kurz und übergeht unbemerkt in den schwach gerundeten Bauchrand, welcher vom hinteren Drittel an nach vorn schwach abschüssig und in der ganzen Länge mit spärlich stehenden kleinen Haaren besetzt ist (Taf. XIII, Fig. 6).

Die Schalenoberfläche ist am Rumpf mit regelmäßigen sechseckigen Felderchen geziert, deren Innenraum fein granuliert erscheint.

Der Abdominalfortsatz ist dick, fingerförmig. Das Postabdomen ist kegelförmig und in eine breite supraanale und eine schmale anale Partie geteilt; am Hinter- bezw. Oberrand des supraanalen Teiles zeigen sich gleich weit voneinander stehende punktförmige Kutikularverdickungen und bildet an der Grenze des analen Teiles einen stumpf gerundeten Winkel. An beiden Seiten des analen Teiles stehen ober dem distalen Gabeldorn sechs einfache, borstenartige Dornen (Taf. XIII, Fig. 7). Die Endkralle ist sichelförmig, die Außenseite trägt in der proximalen Hälfte einen Kamm von kräftigeren Borsten und ist fernerhin fein behaart. An der Basis der Endkralle erhebt sich vorn ein Dorn.

Die Körperlänge beträgt 0,65—0,7 mm, die größte Höhe 0,42 mm.

Fundorte: Asuncion, Campo Grande, Calle de la Cañada, von Quellen gebildete Tümpel und Gräben; Curuzu-chica, toter Arm des Paraguayflusses; Curuzu-nú, Teich beim Hause des Marcos Romeros; Lugua, Pfütze bei der Eisenbahnstation; Paso Barreto, Bañado und Lagune am Ufer des Rio Aquidaban; Villa Sana, Inundationen des Baches Paso Ita und Peguaho-Teich. Ich fand bloß Weibchen vor.

Diese Art steht sehr nahe zu *Moinodaphnia Macleayi* ,King'. ist aber von derselben außer in der Körperform, durch die Kürze und den Dornenkranz der ersten Antennen. durch die Struktur der Schale und die gekrümmte Endkralle leicht zu unterscheiden.

266. Moinodaphnia Macleayi (King).

Moinodaphnia Macleayi Sars, G. O., 27, p. 16, Taf. III, Fig. 1—10.

Eine ziemlich kosmopolitische Art, die mit Ausnahme von Europa aus allen Weltteilen bekannt ist. Aus Südamerika wurde sie bisher bloß von G. O. Sars 1901 von den Fundorten Itatiba und Ipiranga verzeichnet. Bei meinen Untersuchungen habe ich sie in dem

Material von folgenden Fundorten angetroffen: Asuncion, mit halbvertrockneter Camalote bedeckte Sandbänke in den Flußarmen; Corumba, Matto Grosso, Inundationstümpel des Paraguayflusses; Estia Postillon, Lagune und deren Ergüsse; Gourales, ständiger Tümpel; Sapucay, Regenpfütze und Pfütze am Eisenbahndamm, sowie mit Limnanthemum bewachsene Regenpfützen; Villa Encarnacion, Alto Parana, Sumpf. Ich habe bloß Weibchen gefunden.

Die mir vorliegenden Exemplare weichen nur darin ab von den G. O. Sarsschen Exemplaren, daß die Kopfbasis etwas schmäler und ober dem Auge vertieft ist; der Pigmentfleck gleicht einer kurzen Spindel und an den Astgliedern des zweiten Antennenpaares erheben sich 2—3 kleine Dornenkränze. Die ganze Körperlänge beträgt 0,85—0,9 mm.

Gen. Scapholeberis Schoedl.

Eine nahezu kosmopolitische Gattung, insofern sie mit Ausnahme von Afrika aus allen Weltteilen bekannt ist. Aus Südamerika hat zuerst Nicolet 1849 eine ihrer Arten von chilenischen Fundorten verzeichnet; eine Varietät derselben hat J. Richard 1897 von brasilianischen und argentinischen Fundorten beschrieben, welche S. Ekman 1900 auch in Patagonien antraf. W. Vávra (1900) und E. v. Daday (1904) haben von patagonischen Fundorten gleichfalls je eine Art verzeichnet (4. 31.). Bei meinen derzeitigen Untersuchungen habe ich nachstehende drei Arten vorgefunden.

267. Scapholeberis aurita (Fisch.).

Scapholeberis aurita Sars, G. O., 28, p. 175, Taf. VII, Fig. 1.

Bisher ist diese Art bloß aus Europa, Asien, Nordamerika und Südamerika bekannt; aus der Fauna des letzteren Weltteiles hat sie 1900 W. Vávra von einem chilenischen Fundort verzeichnet. Wie es scheint, gehört sie in der Fauna von Südamerika zu den selteneren Arten, denn ich habe sie nur an einem, dem folgenden Fundort angetroffen: Asuncion, Campo Grande, Calle de la Cañada, von Quellen gebildete Tümpel und Gräben.

Die mir vorliegenden Exemplare weichen nur insofern von den durch G. O. Sars abgebildeten zentralasiatischen ab, daß der Kopfrand ober dem Auge ganz wenig vertieft, der anale Teil des Postabdomens lappenförmig und vom supraanalen Teile etwas abgesondert ist und sich an der Spitze 6—8 Randdornen erheben.

268. Scapholeberis erinaceus Dad.

Scapholeberis erinaceus Daday, E. v., 6, p. 76, Taf. VI, Fig. 21-23.
„   echinulata Sars, G. O, 28, p. 176, Taf. VII, Fig. 2.

Hinsichtlich der geographischen Verbreitung ist diese neuere Art sehr interessant. Die ersten Exemplare hat E. v. Daday 1903 aus Ungarn, von der Gegend des Balaton beschrieben und noch in demselben Jahre, einige Monate später, G. O. Sars aus Zentralasien. Aus Südamerika war sie bisher unbekannt und ich habe sie auch nur an dem folgenden Fundort angetroffen: Gourales, ständiger Tümpel und Pfütze bei der Eisenbahnstation.

Eine sehr gut charakterisierte Art, welche durch die Schalenform an *Scapholeberis mucronata* (O. F. M.), durch die Bedorntheit aber an *Scapholeberis spinifera* Nicolet erinnert. Die paraguayischen Exemplare gleichen in jeder Hinsicht den ungarischen und den von G. O. Sars beschriebenen zentralasiatischen Exemplaren.

269. Scapholeberis mucronata (O. F. M.)

Scapholeberis mucronata Lilljeborg, W., 13, p. 151, Taf. XXII, Fig. 15—19; Taf. XXIII, Fig. 1—7.

Die verbreitetste Art der Gattung und nachdem sie mit Ausnahme von Australien aus allen Weltteilen bekannt ist, füglich als kosmopolitisch zu bezeichnen. Aus Südamerika hat sie E. v. Daday 1902 in der aus Ceylon beschriebenen var. *meridionalis* nachgewiesen (4.). In der Fauna von Paraguay ist sie ziemlich gemein, ich habe sie nämlich an nachstehenden Fundorten angetroffen: Asuncion, mit halbverdorrter Camalote bewachsene Sandbänke in den Flußarmen; Pfütze auf der Insel (Banco) des Paraguayflusses; Gran Chaco, Nebenarm des Paraguayflusses; Estia Postillon, Lagune und deren Ergüsse; Corumba, Matto Grosso, Inundationstümpel des Paraguayflusses; Tebicuay, ständiger Tümpel; Villa Sana, Inundationen des Baches Paso Ita und Peguaho-Teich.

Unter den mir vorliegenden Exemplaren fand ich sowohl die typische *Scapholeberis mucronata*, als auch die de Geersche Varietät *bispinosa* bezw. *cornuta;* erstere sind indessen weit häufiger, wogegen ich letztere bloß an einigen Fundorten sah; alle aber stimmen mit den europäischen vollständig überein.

Gen. Ceriodaphnia Schoedl.

Eine an Arten ziemlich reiche Gattung von allgemeiner geographischer Verbreitung. Die erste genau bekannte südamerikanische Art derselben *Ceriodaphnia solis*, wurde 1889 von R. Moniez aus Peru beschrieben (15.). A. Wierzejski hat 1892 von einem argentinischen Fundort zwei Arten verzeichnet, wogegen H. v. Ihering 1895 bloß den Gattungsnamen, bezw. drei nicht benannte Arten erwähnt (12.). Alle späteren Forscher, und zwar J. Richard, W. Vávra, S. Ekman, G. O. Sars, E. v. Daday und Th. Stingelin, haben 1—2 in Südamerika vorkommende Arten aufgeführt, so daß die Anzahl derselben bereits ca. 8 beträgt. Bei meinen derzeitigen Untersuchungen habe ich nachstehende vier Arten gefunden.

270. Ceriodaphnia cornuta Sars.
(Taf. XIII, Fig. 16. 17.)

Ceriodaphnia cornuta Sars, G. O., 24, p. 26, Taf. V, Fig. 1—3.

Eine hinsichtlich der geographischen Verbreitung interessante Art, insofern dieselbe bisher bloß aus Ceylon, aus Australien und aus Afrika bekannt und somit gewissermaßen als südliche Art zu betrachten ist. Aus Südamerika ist sie bisher noch von niemand nachgewiesen worden, wogegen ich sie an folgenden Fundorten angetroffen habe: Curuzu-chica, toter Arm des Paraguayflusses; Estia Postillon, Lagune; Lagune Ipacarai, Oberfläche; zwischen Lugua und Aregua, Tümpel an der Eisenbahn; Villa Sana, Inundationen des Baches Paso Ita.

Das wichtigste Merkmal typischer Exemplare ist es, daß auf der Stirn vor dem Auge sich ein längerer oder kürzerer, etwas nach vorn und unten gerichteter, bisweilen aber etwas nach oben gekrümmter Dornfortsatz erhebt (Taf. XIII, Fig. 16). Am unteren Hinterrand der Stirn, vor dem Ausgangspunkte der ersten Antennen, ragt ein etwas nach hinten gerichteter kräftiger, spitzer, durchsichtiger, dolchförmiger Dornfortsatz auf. Demselben ähnliche findet man bloß bei *Ceriodaphnia aspera* Mon. und *Ceriodaphnia Rigaudi* Rich. (Taf. XIII, Fig. 16).

Die Oberfläche der Rumpfschale ist mit sechseckigen Felderchen geziert; der Rücken- und Bauchrand sind fast gleichmäßig und vereinigen sich hinten zu zwei in der Mittellinie des Körpers stehenden, gerade nach hinten gerichteten spitzen Dornfortsätzen (Taf. XIII, Fig. 16).

Das Postabdomen ist gegen das distale Ende nur ganz wenig verengt, am Analrand mit 5—6 Dornen bewehrt, die schwach gekrümmt sind und nach oben allmählich kürzer werden. Die Endkralle ist ganz glatt (Taf. XIII, Fig. 17).

Die ganze Körperlänge des Weibchens beträgt 0,35—0,55 mm.

Außer den hier kurz charakterisierten typischen Exemplaren fand ich jedoch einerseits solche, bei welchen der Stirndorn fehlt, die hinteren zwei Schalenfortsätze aber vorhanden sind, — anderseits auch solche, bei welchen der Stirndorn zugegen ist, dagegen die hinteren zwei Schalenfortsätze fehlen. Diese Exemplare bilden somit, worauf schon E. v. Daday hingewiesen (2. p. 60), einen Übergang zu der R. Moniezschen *Ceriodaphnia aspera* und der J. Richardschen *Ceriodaphnia Rigaudi*. Übrigens möchte ich bemerken, daß, obgleich die Forscher, darunter auch G. O. Sars und Th. Stingelin (Zool. Jahrb. 21. Bd. 3. Heft. 1904. p. 13), *Ceriodaphnia cornuta* und *Ceriodaphnia Rigaudi* für selbständige Arten halten, wie ich es bei dieser Gelegenheit selber tue, so halte ich es dennoch nicht für ausgeschlossen, daß beide Arten zusammengehören und zwischen denselben dasselbe Verhältnis herrscht, wie zwischen *Scapholeberis cornuta* und *mucronata*.

271. Ceriodaphnia Rigaudi Richard.
(Taf. XIII Fig. 14. 15.)

Ceriodaphnia Rigaudi Sars, G. O., 24a, p. 12, Taf. II, Fig. 9—15.

Diese Art wurde 1894 durch J. Richard von Tonkin beschrieben, und wie es scheint, ist sie in Asien ziemlich häufig, denn man verzeichnete sie auch aus Palästina, Ceylon, Sumatra etc., sie ist indessen außerdem auch aus Australien, Neu-Guinea und Afrika bekannt. Aus Südamerika hat sie bisher bloß G. O. Sars 1901 von brasilianischen Fundorten und Th. Stingelin 1904 aus Brackwasser vom Mündungsgebiet des Amazonas (loc. cit. p. 578) enumeriert. In der Fauna von Paraguay ist sie ziemlich häufig, ich habe sie nämlich in dem Material von folgenden Fundorten angetroffen: Aregua, Inundationen des Baches, welcher den Weg zu der Lagune Ipacarai kreuzt; Asuncion, Tümpel auf der Insel (Banco) im Paraguayflusses; Villa Morra, Calle Laureles, Straßengraben; zwischen Asuncion und Trinidad, Pfützen im Eisenbahngraben; Curuzu-nú, Teich beim Hause des Marcos Romeros; Corumba, Matto Grosso, Inundationstümpel des Paraguayflusses; Paso Barreto, Lagune am Ufer des Rio Aquidaban; Villa Sana, Peguaho-Teich.

Das Merkmal typischer Exemplare dieser Art ist es, daß der Kopfrand im oberen Drittel nur ganz wenig erhoben, ober dem Auge nicht vertieft, und die Stirn vor dem Auge stumpf gerundet ist (Taf. XIII, Fig. 15). Ein sehr wichtiges Merkmal dieser Art bildet jedoch auch der von der Basis des ersten Antennenpaares ausgehende, kräftige, einem spitzen Dorn gleiche Kutikularfortsatz, der ganz durchsichtig, glatt und fast gerade nach unten gerichtet ist (Taf. XIII, Fig. 15).

Der Rückenrand der Schale ist ziemlich gleichmäßig bogig, gegen den Hinterrand aber abschüssiger und mit demselben eine bald spitzigere, bald stumpfere Ecke bildend. Der Bauchrand ist nach hinten abschüssig und im hinteren unteren Winkel etwas aufgetrieben abgerundet. An der Schalenoberfläche zeigen sich sechseckige Felderchen mit in der Regel scharfen Konturen, deren Innenraum fein granuliert ist (Taf. XIII, Fig. 15).

Das Postabdomen ist gegen das distale Ende schwach verengt; entlang des Analrandes erheben sich 6—8 Dornen, die nach oben allmählich kürzer werden und etwas sichelförmig gekrümmt sind (Taf. XIII, Fig. 14). Die Endkralle erscheint glatt.

Hier muß ich bemerken, daß ich zwischen *Ceriodaphnia Rigaudi* Rich. und *Ceriodaphnia asperata* Moniez eine sehr große Ähnlichkeit finde, besonders zwischen den von A. Wierzejski aus Argentinien abgebildeten Exemplaren und den G. O. Sarsschen südafrikanischen, sowie meinen eigenen paraguayischen Exemplaren. Mir deucht, daß *Ceriodaphnia Rigaudi* Rich. und *Ceriodaphnia asperata* Mon. sich bloß darin unterscheiden, daß an der Schale der letzteren die Konturen der sechseckigen Felderchen viel schärfer, höher und demzufolge an den Rändern mehr vorspringend sind, sowie daß am Analrand des Postabdomens etwas mehr Dornen stehen. Auf Grund all dessen bin ich sehr geneigt, die beiden Arten zu vereinigen, und falls dies in der Tat erfolgen sollte, so wäre *Ceriodaphnia asperata* Mon. (15.) zufolge des Prioritätsrechtes berufen, die Exemplare von *Ceriodaphnia Rigaudi* in sich aufzunehmen, wodurch sich dann die geographische Verbreitung auch auf Europa erstrecken würde.

Über das Verhältnis von *Ceriodaphnia Rigaudi* Rich., eventuell *Ceriodaphnia asperata* Mon. zu *Ceriodaphnia cornuta* Sars habe ich mich bereits oben ausgesprochen.

272. Ceriodaphnia Silvestrii Dad.
(Taf. XIII, Fig. 18—20.)

Ceriodaphnia Silvestrii Daday, E. v., 4, p. 276, Taf. XI, Fig. 6—10.

Zur Zeit ist diese Art noch als spezifisch südamerikanische zu betrachten und hat sie E. v. Daday 1902 von patagonischen Fundorten beschrieben. Bei meinen derzeitigen Untersuchungen habe ich sie bloß in dem Material aus einem ständigen Tümpel bei Gourales gefunden.

Die mir vorliegenden Exemplare stimmen sowohl in der allgemeinen Körperform, als auch in der Struktur des Kopfes, des Postabdomens und der Endkrallen vollständig mit den patagonischen überein, am Rand der Fornix aber erhebt sich in der Mitte nach außen bezw. nach oben stehende spitzige Ecken (Taf. XIII, Fig. 19). Der Unterrand der Stirn ist vor dem Ausgangspunkt der ersten Antennen einfach gerundet und bildet keinen Hügel. Der Rückenrand der Schale ist viel schwächer bogig als der Bauchrand. An der Schalenoberfläche zeigen sich sechseckige Felderchen.

Das Postabdomen ist gegen das distale Ende etwas verengt, am Hinter- bezw. Oberrand erheben sich acht Dornen, die sichelförmig gekrümmt sind und nach oben allmählich
kürzer werden. An beiden Seiten des Postabdomens stehen zerstreute, bogige Bündel feiner
Haare, die sich aber nach oben nicht weit über den Analrand erstrecken, so daß die obere
Hälfte des Postabdomens ganz kahl ist (Taf. XIII, Fig. 20).

Die Endkralle ist im Verhältnis lang, sichelförmig, in der proximalen Hälfte mit zwei
Kämmen versehen, deren oberer aus kürzeren, schwächeren, der untere aber aus kräftigeren,
längeren Borsten besteht, worauf dann eine Reihe kleiner Borsten folgt (Taf. XIII, Fig. 18).

Hier habe ich zu bemerken, daß diese Art lebhaft erinnert an J. Richards tonki-
nische *Ceriodaphnia dubia*, sich aber von derselben durch den Stirnteil vor den ersten
Antennen, durch die Struktur des Fornix, sowie durch die Form und Größe des Abdominal-
fortsatzes unterscheidet. Übrigens halte ich es auch nicht für ausgeschlossen, daß *Ceriodaphnia Silvestrii* Dad., *Ceriod. dubia* Rich. und die von W. Lilljeborg beschriebene
Ceriod. affinis zusammengehören. Falls sich dies nachweisen läßt, so käme die Priorität
der *Ceriod. dubia* zu, deren geographische Verbreitung sich dann auch auf Europa erstrecken
würde.

273. Ceriodaphnia reticulata (Jur.)
(Taf. XIII, Fig. 21. 22.)

Ceriodaphnia reticulata Lilljeborg, W., 13, p. 184, Taf. XXVII, Fig. 1—10.

Diese Art, welche bisher auch aus Europa, Asien, Afrika und Nordamerika bekannt
war, wurde aus Südamerika zuerst von J. Richard 1897 mit einer nicht benannten Varietät
verzeichnet (23.), die indessen von G. O. Sars unter dem Namen *Ceriodaphnia Richardi*
als neue Art beschrieben worden ist (27. p. 21. Taf. III, Fig. 11—15).

Die mir vorliegenden Exemplare stimmen hinsichtlich der allgemeinen Körperform überein mit den von Lilljeborg beschriebenen schwedischen, sowie mit den Sarsschen Exem-
plaren von *Ceriodaphnia Richardi*, von welchen sie bloß in der Form und Struktur des
Kopfes etwas abweichen. Der Kopf ist nach vorn und unten gerichtet, am Rand ober dem
Auge nur ganz wenig vertieft, weiter nach unten aber wenig vertieft noch erhöht; der
Stirnteil an sich ist im Verhältnis lang, ziemlich spitz gerundet; das Auge liegt vom Stirn-
rand entfernt. Vor den ersten Antennen zeigt sich keine hügelartige Erhöhung (Taf. XIII,
Fig. 22). Das Auge ist groß, annähernd eiförmig und besteht aus vielen Linsen.

Der Rückenrand der Schale ist nur ganz wenig bogig, der Bauchrand hingegen ziemlich stark gerundet. Die Schalenoberfläche ist mit sechseckigen Felderchen geziert (Taf. XIII,
Fig. 22). Der Fornix bildet nahe zum hinteren Ende einen gerundeten Lappen.

Das Postabdomen ist gegen das distale Ende schwach verengt; am Analrand erheben
sich acht bogige Dornen, die nach oben etwas kürzer werden. Die beiden Seiten des Postabdomens sind kahl. An den Endkrallen befindet sich nahe dem proximalen Ende ein aus
sechs kleinen Zähnchen bestehender Kamm, sodann sind die Endkrallen glatt (Taf. XIII,
Fig. 22).

Ich habe bloß Weibchen gefunden, deren ganze Körperlänge 0,65 mm, die größte
aber 0,45 mm beträgt.

Fundorte: Aregua, Inundationen eines Baches, welcher den Weg zu der Lagune

Ipacarai kreuzt; zwischen Aregua und Lugua, Inundationen des Yuguariflusses und Pfütze an der Eisenbahn; Asuncion, Campo Grande, Calle de la Cañada, von Quellen gebildete Tümpel und Gräben; Tümpel auf der Insel (Banco) im Paraguayflusse; Gran Chaco, von den Riachok zurückgebliebene Lagune; Lugua, Pfütze bei der Eisenbahnstation; Sapucay, Pfütze am Eisenbahndamm.

Die hier kurz beschriebenen paraguayischen Exemplare tragen die Merkmale der typischen europäischen Exemplare und der G. O. Sarsschen *Ceriodaphnia Richardi* so sehr an sich, daß es unmöglich ist, sie von denselben abzusondern, und ich betrachte mit Rücksicht auf die Struktur des Postabdomens, besonders aber auf den Kamm der Endkrallen, sowohl die paraguayischen Exemplare, als auch *Ceriodaphnia Richardi* Sars einfach für Repräsentanten von *Ceriodaphnia reticulata* (Jur.).

Gen. Simocephalus Schoedl.

Eine kosmopolitische Gattung, deren ersten südamerikanischen Repräsentanten, *Simocephalus cacicus*, R. Moniez 1889 aus dem Titicaca-See in Peru beschrieben hat (15.. Alle späteren Forscher haben ein oder mehrere Arten dieser Gattung erwähnt, so daß zur Zeit ca. 6 Arten bekannt sind, die auch in Südamerika vorkommen, allein es befinden sich darunter auch spezifisch südamerikanische. Bei meinen Untersuchungen habe ich nachstehende drei Arten gefunden.

274. Simocephalus Iheringi Rich.

Simocephalus Iheringi Sars, G. O., 27, p. 25, Taf. IV, Fig. 10–13.

Neben *Simocephalus cacicus* Mon. die zweite Art der Gattung, die bisher bloß aus Südamerika bekannt ist. Zuerst hat sie J. Richard 1897 aus Brasilien beschrieben (23. p. 297), sodann fand sie auch G. O. Sars 1901 an einem argentinischen Fundort. Bei meinen Untersuchungen habe ich sie aus dem Material von folgenden Fundorten verzeichnet: Aregua, Inundationen eines Baches, welcher den Weg zu der Lagune Ipacarai kreuzt; Asuncion, mit halbtrockener Camalote bedeckte Sandbänke in den Flußarmen und Lagune (Pasito), Inundationen des Paraguayflusses; Gran Chaco, von den Riachok zurückgebliebene Lagune; Inundationen des Yuguariflusses.

Die Länge der mir vorliegenden Exemplare beträgt 1,8—2,2 mm, die größte Höhe 1,2 mm. Sämtliche Exemplare stimmen mit den von G. O. Sars beschriebenen argentinischen Exemplaren vollständig überein, nur der supraanale Teil des Postabdomens ist mit sehr feinen, unregelmäßig zerstreut stehenden Dornen bedeckt, ebenso wie an den brasilianischen Exemplaren J. Richards, allein auf einem größeren Raum.

275. Simocephalus capensis Sars.
(Taf. XIII, Fig. 23. 24.)

Simocephalus capensis Sars, G. O., 24a, p. 15, Taf. III, Fig. 1—7.
,,   *influtus* Vávra, W., 31, p. 12, Fig. 1a–c.
,,   *semiserratus* Sars, G. O., 27, p. 23, Taf. IV, Fig. 1—9.

Wie aus den Synonymen hervorgeht, hat diese Art bisher unter drei Namen figuriert; nachdem ich jedoch zwischen den afrikanischen und südamerikanischen Exemplaren von

G. O. Sars, den chilenischen von W. Vávra und meinen paraguayischen Exemplaren keinerlei solche Verschiedenheit zu entdecken vermochte, welche zwischen den bisher gesondert gehaltenen drei Arten eine scharfe Grenze zöge, so halte ich es für motiviert, dieselben zu vereinigen. Die gemeinschaftlichen Merkmale der drei synonymen Arten sind folgende: Der gerade Verlauf des Bauchrandes des Kopfes und damit im Anschluß die fast rechtwinkelig endigende Stirn, die an der Stirn stehenden 3—5 kleinen Dornen, der lanzettförmige, ziemlich kurze Pigmentfleck (Taf. XIII, Fig. 23) und die im Verhältnis lange, dünne, fast gerade, an der Außenseite fein behaarte Endkralle (Taf. XIII, Fig. 24).

Die mir vorliegenden Exemplare sind insgesamt Weibchen, deren Körperlänge zwischen 1,8—2 mm schwankte. Hinsichtlich der allgemeinen Körperform stimmen übrigens die paraguayischen Exemplare am besten zu W. Vávras Exemplaren, bilden aber zugleich auch einen Übergang von diesen zu den afrikanischen und südamerikanischen Exemplaren von G. O. Sars (Taf. XIII, Fig. 29).

Bezüglich des Postabdomens bemerke ich nur, daß dasselbe bei den paraguayischen Exemplaren an beiden Seiten und vom distalen Ende des analen Teiles bis zur Basis der Abdominalborsten mit sehr kleinen Borsten bedeckt ist, die entweder unregelmäßig zerstreut, oder aber hier und da je drei zu Bündeln vereinigt sind.

Fundorte: Aregua, Inundationen eines Baches, welcher den Weg zu der Lagune Ipacarai kreuzt; zwischen Aregua und Lugua, Inundationen des Yuguariflusses und Tümpel an der Eisenbahn; Asuncion, mit halbtrockener Camalote bedeckte Sandbänke in den Flußarmen; Insel (Baño) im Paraguayflusse; Caearapa, ständiger Tümpel; Sapucay, Arroyo Poná und mit Pflanzen bewachsener Graben an der Eisenbahn.

276. Simocephalus vetulus (O. F. M.)

Simocephalus vetulus Lilljeborg. W. 13, p. 166, Taf. XXIV, Fig. 8—18; Taf. XXV, Fig. 1—7.

Diejenige Art der Gattung, welche die größte geographische Verbreitung hat und mit Ausnahme von Australien aus allen Weltteilen bekannt ist. Aus Südamerika wurde sie zuerst von S. Ekman 1900 von patagonischen Fundorten verzeichnet (9. p. 68. Taf. III, Fig. 12. 13), sodann von E. v. Daday 1902 gleichfalls aus Patagonien enumeriert (4. p. 279). Bei meinen derzeitigen Untersuchungen habe ich sie in dem Material von folgenden Fundorten angetroffen: Zwischen Aregua und dem Yuguariflusse, Inundationen eines Baches; Estia Postillon, Lagune. Ich habe bloß einige Weibchen gefunden.

Die mir vorliegenden Exemplare sind den europäischen bezw. den von W. Lilljeborg beschriebenen durchaus gleich und sind an dem langgestreckten spindelförmigen Pigmentfleck auf den ersten Blick zu erkennen.

Gen. Daphnia O. F. M.

Den ersten Repräsentanten dieser echt kosmopolitischen Gattung hat J. Lubbock 1858 unter dem Namen *Daphnia brasiliensis* beschrieben (14.). Alle späteren Forscher haben eine oder mehrere Arten derselben verzeichnet, so daß zur Zeit ca. 8 südamerikanische *Daphnia*-Arten bekannt sind, deren Mehrzahl auch in anderen Weltteilen vorkommt. Bei meinen Untersuchungen habe ich nachstehende drei Arten bezw. Varietäten gefunden.

277. Daphnia pulex (de Geer).

Daphnia pulex Richard, J., 21, p. 232, Taf. XXI, Fig. 6, 10; Taf. XXII, Fig. 11, 13.

Diese Art ist so ziemlich aus allen Weltteilen bekannt. Nach der Ansicht von E. v. Daday ist J. Lubbocks *Daphnia brasiliensis* bloß ein Synonym von *Daphnia pulex*, somit ist diese Art seit 1855 aus Südamerika bekannt (4.). Von den späteren Forschern hat sie A. Wierzejski 1892 aus Argentinien und E. v. Daday 1902 aus Patagonien nachgewiesen (4. 33.). Bei meinen derzeitigen Untersuchungen habe ich diese Art bloß an folgenden Fundorten angetroffen: Gourales, ständiger Tümpel; Sapucay, Regenpfütze und mit Limnanthemum bewachsene Pfützen; Asuncion, Calle San Miguel, Tümpel.

278. **Daphnia obtusa** Kurz.

(Taf. XIII, Fig. 25. 26.)

Daphnia obtusa Richard, J., 21, p. 257, Taf. XXI, Fig. 12; Taf. XXV, Fig. 9, 11 et Fig. 1, 2.

Die typische Art selbst hat aus Südamerika bisher bloß W. Vávra 1900 aus Chile, Süd-Patagonien, Süd-Feuerland, Argentinien und Uruguay verzeichnet (31.). Die Varietät *latipalpa* Mon. dagegen hat J. Richard 1897 von argentinischen und chilenischen Fundorten nachgewiesen (23.).

Bei meinen Untersuchungen habe ich die Art an folgenden Fundorten angetroffen: Asuncion, Campo Grande, Calle de la Cañada, von Quellen gebildete Tümpel und Gräben; zwischen Asuncion und Trinidad, Pfützen im Eisenbahngraben. Die mir vorliegenden Exemplare gehören zu derjenigen Varietät, die G. O. Sars aus Südafrika unter dem Namen *Daphnia propinqua* als selbständige Art beschrieben hat (24 a. p. 9. Taf. II, Fig. 1—8). Die paraguayischen Exemplare weichen ein wenig ab von den südafrikanischen, insofern die Ausbuchtung an der Grenze des Kopfes und Rumpfes etwas stärker, das Rostrum etwas länger, der Fornixlappen zweigespitzt und der hintere Dornfortsatz der Schale viel kürzer und an der Basis dicker ist (Taf. XIII, Fig. 25). Ich halte diese Verschiedenheit jedoch nicht für wichtig genug, um die Sonderstellung der paraguayischen Exemplare für notwendig zu erachten.

Unter den vollständig entwickelten Weibchen fand ich auch Junge, bei welchen zwischen dem Kopf und Rumpf sich eine kleine höckerartige Erhöhung zeigt. Der Fornixlappen ist einfach gerundet und mit feinen Borsten bedeckt. Der hintere Dornfortsatz der Schale geht ober der Mittellinie des Körpers aus, ist im Verhältnis lang, nach hinten gerichtet (Taf. XIII, Fig. 26).

279. **Daphnia curvirostris** Eyl.

(Taf. XIII, Fig. 27—29.)

Daphnia curvirostris Richard, J., 21, p. 264, Taf. XXV, Fig. 7. 15—17.

Die Stammform dieser Art, sowie die Varietät *insulana* Mon. ist bisher bloß aus Europa und Kleinasien, die Varietät *Whitmani* Ishikawa aber aus Japan bekannt. Bei meinen Untersuchungen habe ich in dem Material aus einer Pfütze an der Eisenbahn bei Aregua Repräsentanten der var. *insulana* Mon. vorgefunden.

Die mir vorliegenden Exemplare stimmen hinsichtlich des Habitus, sowie der Situierung und Länge des Dornfortsatzes der Schale vollständig überein mit dem Exemplar, welches J. Richard p. 268, Fig. 3 abgebildet hat; einiger Unterschied zeigt sich bloß darin, daß zwischen Kopf und Rumpf keine Vertiefung vorhanden und die Stirn etwas breiter gerundet ist (Taf. XIII, Fig. 29).

Das Postabdomen ist keilförmig, gegen das distale Ende stark verengt, am Analrand mit 8—9 sichelförmigen Dornen versehen, die nach oben allmählich kürzer werden, der Oberrand ist fein behaart; am Rand und an beiden Seiten des supraanalen Teiles sitzen in Querreihen und in zerstreuten Bündeln kleine Borsten (Taf. XIII, Fig. 28). Die Endkralle trägt zwei Kämme, deren proximaler aus feineren und kürzeren Borsten besteht (Taf. XIII, Fig. 27).

Die vier Abdominalfortsätze sind gut entwickelt, die beiden vorderen an der Basis verwachsen, fingerförmig, das Ende gespitzt; der zweite ist an der Oberfläche behaart; der dritte Fortsatz bildet einen ziemlich hohen Hügel mit gerundeter Spitze und ist an der ganzen Oberfläche behaart; der vierte Fortsatz hat die Form eines breiten, niedrigen, gerundeten Höckers, an welchem zwei Querreihen kleiner Borsten aufragen (Taf. XIII, Fig. 28).

Trib. **Ctenopoda.**

Fam. **Sididae.**

Eine kosmopolitische Familie, deren erster, in Südamerika vorkommender Süßwasser-Repräsentant, *Latonopsis australis* Sars, 1897 von J. Richard aus Brasilien nachgewiesen wurde (23. p. 277). Ein Genus, und zwar *Sida*, hatte übrigens bereits H. v. Ihering 1895 von einem brasilianischen Fundort erwähnt, ohne aber die betreffende Art zu bezeichnen (12.). Derzeit sind aus Südamerika nebst der neu aufgestellten, bloß drei Gattungen bekannt, ungerechnet der zweifelhaften Gattung *Sida*.

Gen. **Diaphanosoma** Fisch.

Von den Gattungen der Familie ist derzeit bloß diese als kosmopolitisch zu betrachten, aus Südamerika aber wurden Arten derselben erst 1901 von G. O. Sars beschrieben (27. p. 10), sodann brachte E. v. Daday 1902 die Beschreibung einer neuen Art, *Diaphanosoma chilense* (5. p. 446). Bei meinen derzeitigen Untersuchungen habe ich nachstehende drei Arten gefunden, so daß die Anzahl der aus Südamerika bisher bekannten Arten bereits auf vier gestiegen ist.

280. **Diaphanosoma brachyurum** (Liév.).

Diaphanosoma brachyurum Richard, J., 20, p. 354, Taf. XVI, Fig. 3, 6, 14, 18, 19.

Diese Art hat eine sehr große geographische Verbreitung, sie ist nämlich sowohl aus Europa, als auch aus Asien, Afrika und Nordamerika bekannt. Aus Südamerika hatte sie bisher noch niemand nachgewiesen und auch ich fand bloß einige Exemplare an einem einzigen Fundort, und zwar Lagune Ipacarai, Oberfläche.

281. Diaphanosoma brevireme Sars.

Diaphanosoma brevireme Sars, G. O., 27, p. 13, Taf. II, Fig. 11—16.

Bisher ist diese Art bloß aus Südamerika bekannt, G. O. Sars hat sie nämlich 1901 aus Brasilien beschrieben. Bei meinen Untersuchungen habe ich sie in dem Material von folgenden Fundorten angetroffen: Corumba, Matto Grosso, Inundationstümpel des Paraguayflusses; Sapucay, mit Limnanthemum bewachsene Pfützen.

282. Diaphanosoma Sarsi Rich.

Diaphanosoma Sarsi Sars, G. O., 27, p. 10, Taf. II, Fig. 1—10.

J. Richard hat diese Art 1894 von der Insel Sumatra beschrieben (17. p. 4. Fig. 4. 5), sodann verzeichnete sie E. v. Daday aus Neu-Guinea (3.), G. O. Sars 1901 aber von brasilianischen Fundorten. Auf Grund der bisherigen Daten über ihre geographische Verbreitung ist diese Art als Bewohner der südlichen Kontinente zu betrachten.

In der Fauna von Paraguay ist sie als gemein zu bezeichnen; ich fand sie nämlich in dem Material von folgenden Fundorten: Aregua, Pfütze an der Eisenbahn; zwischen Aregua und Lugua, Inundationen des Yuguariflusses und Tümpel an der Eisenbahn; Asuncion, Campo Grande, Calle de la Cañada, von Quellen gebildete Tümpel und Gräben; Tümpel auf der Insel (Bañco) im Paraguayflusse; Villa Morra, Calle Laureles, Straßengraben; Lagune (Pasito), Inundationen des Paraguayflusses; Cacarapa, ständiger Tümpel; Curuzunú, Teich beim Hause des Marcos Romeros; Estia Postillon, Lagune und deren Ergüsse; Gourales, ständiger Tümpel; Lugua, Pfütze bei der Eisenbahnstation; Paso Barreto, Lagune am Ufer des Rio Aquidaban; Villa Encarnacion, Alto Parana, Sumpf; Villa Rica, Graben am Eisenbahndamm; Villa Sana, Inundationen des Baches Paso Ita.

Die mir vorliegenden Exemplare stimmen größtenteils vollständig überein mit den von G. O. Sars beschriebenen, bei einzelnen aber ist der Bauchrand des Kopfes vor der Basis der ersten Antennen stärker vertieft, was ich übrigens geneigt bin, einfach der Konservierung zuzuschreiben.

Gen. Latonopsis Sars.

Ein dem aus Europa längst bekannten Genus *Latona* O. F. M. nahestehende Gattung, die G. O. Sars 1888 beim Studium der australischen Art *Latonopsis australis* aufgestellt hat (24.). Später, 1892, hat A. Birge aus Südamerika die zweite hierhergehörige Art, *Latonopsis occidentalis*, beschrieben (1 a). Aus Südamerika wurde die Gattung zuerst von J. Richard 1897 mit der Art *Latonopsis australis* Sars verzeichnet (23. p. 277), welche G. O. Sars mit der durch ihn 1901 beschriebenen *Latonopsis serricauda* für identisch hält (27. p. 8). Somit war aus Südamerika bisher bloß eine Art bekannt, mir ist es indessen gelungen, noch nachstehende zwei Arten zu entdecken.

283. Latonopsis breviremis n. sp.
(Taf. XIV, Fig. 1—3.)

Der Rumpf gleicht, von der Seite gesehen, annähernd einem Viereck, dessen Ecken, mit Ausnahme des einen, abgerundet sind; zwischen dem Kopf und Rumpf ist eine scharfe Grenze, weil der Rückenrand der Schale höher liegt als der des Kopfes (Taf. XIV, Fig. 2). Der Kopf macht fast ein Drittel des ganzen Körpers aus, ist gerade nach vorn gerichtet, von der Seite gesehen beiläufig einem breiten Kegel mit stumpf gerundeter Spitze gleich, der Rückenrand am hinteren Ende etwas höckerartig erhaben, an der Stirn breit gerundet, am Bauch zwischen der Basis der zwei ersten Antennen befindet sich ein Rostrum, welches einem gespitzten Hügel gleicht. Der Fornix ist vorhanden, aber schwach (Taf. XIV, Fig. 2).

Das Auge ist im Verhältnis groß, rund, aus vielen Linsen bestehend, liegt in der Mittellinie des Kopfes, sehr nahe zum Stirnrand. Der Pigmentfleck ist sehr klein, viereckig und liegt der Basis des ersten Antennenpaares näher als dem Auge. Der Lippenanhang ist gerade nach hinten gerichtet, das hintere Ende spitz gerundet.

Die ersten Antennen bestehen aus dem Basalteil und der Geißel. Der Basalteil ist so lang, wie der hinter dem Rostrum liegende Teil des Bauchrandes des Kopfes, cylindrisch, in der ganzen Länge gleich dick, an der hinteren, schief geschnittenen Spitze des distalen Endes sitzen die Riechstäbchen (Taf. XIV, Fig. 3). Die Geißel ist zumeist etwas bogig, fast dreimal so lang als der Basalteil, der Länge nach spärlich mit einigermaßen gegenübergestellten feinen Haaren bewehrt (Taf. XIV, Fig. 3).

Das zweite Antennenpaar erreicht, nach hinten gelegt, kaum die Grenze des letzten Rumpfdrittels. Das Protopodit ist kräftig, dick, in der proximalen Hälfte mehrfach geringelt; an der oberen bezw. hinteren Spitze des distalen Endes sitzt ein kräftiger Dorn, an der Seite eine lange Borste, wogegen zwischen dem Ausgangspunkt der beiden Äste sich ein langer, kräftiger Dorn erhebt (Taf. XIV, Fig. 2). Der äußere bezw. obere Ast ist dreigliederig, das proximale Glied unbeborstet, kaum so lang als ein Drittel des nächstfolgenden, bezw. so lang wie das letzte Glied, übrigens ist der ganze Ast an sich nur wenig länger als das erste Glied des inneren bezw. oberen Astes. An der distalen Spitze des zweiten Gliedes ragt ein kräftiger Dorn und eine zweigliederige Fiederborste auf. An der Innenseite des letzten Gliedes erheben sich in der Mitte eine, an der Spitze drei zweigliederige Fiederborsten, neben der äußeren aber zeigt sich auch ein Dorn. Von den Fiederborsten sind die des zweiten Gliedes und die äußere Borste des letzten Gliedes kräftiger und länger als die übrigen (Taf. XIV, Fig. 2). Der innere bezw. obere Ast ist zweigliederig, die Glieder sind fast gleich lang, die distale innere Spitze beider mit einem Dorn bewehrt, allein der Dorn des ersten Gliedes ist weit länger. Am Außenrand der zwei Glieder und an der Spitze des letzten stehen zusammen elf zweigliederige Fiederborsten, und zwar am ersten Gliede vier, am Rande des zweiten fünf und an der Spitze zwei. Die Endborsten sind kräftiger als die Seitenborsten.

Die sechs Fußpaare sind einander gleich, erinnern in der Struktur an die *Sida*-Arten, allein das Exopodit ist gegen das distale Ende verbreitert, zweigespitzt und die zwei proximalen Dornen sind weit stärker als die übrigen, sie sind sichelförmig gekrümmt, der eine nach außen, der andere nach innen gerichtet.

Die Schalendrüsen sind zweiarmig, der eine Arm gerade nach unten gerichtet und kürzer, der andere hingegen länger und etwas nach hinten und unten gerichtet.

Die Rumpfschale ist am Rücken schwach bogig, gegen den Hinterrand stark abschüssig und bildet mit demselben eine scharfe, fast rechtwinkelige Ecke (Taf. XIV, Fig. 2). Der Hinterrand ist kaum merklich bogig, fast gerade und senkrecht, und bildet mit dem Bauchrand einen gerundeten Winkel, ist fast in der ganzen Länge mit glatten langen Borsten bewehrt, von welchen die in der Mitte des hinteren unteren Winkels länger ist als alle übrigen, nur wenig kürzer als der ganze Körper, die übrigen Borsten werden von unten nach oben allmählich kürzer; die längste derselben überragt ⅓ der Rumpflänge nicht um vieles. Jede Borste sitzt auf einem besonders vorstehenden Hügel des Randes und steht mit demselben in artikulierter Verbindung. Innerhalb der Reihe der langen Randborsten erhebt sich eine innere Reihe sehr kleiner Börstchen (Taf. XIV, Fig. 2). Der Bauchrand erscheint fast gerade, allein der eigentliche Bauchrand ist von außen gar nicht sichtbar, denn er ist gleich dem der *Diaphanosoma*-Arten eingeschnürt und in der ganzen Länge mit ähnlichen Borsten wie der Hinterrand bedeckt, die teils nach oben, teils nach vorn und hinten gerichtet sind. Der Vorderrand der Schale ist fast senkrecht, bildet mit dem Bauchrand einen scharfen, spitz gerundeten Winkel und ist der Länge nach mit Borsten bedeckt, die jenen des Hinterrandes gleich sind und den Kopf nahezu überragen (Taf. XIV, Fig. 2).

Die ganze Oberfläche der Schale ist granuliert; die Farbe weiß oder weißlichgelb.

Die Abdominalfortsätze sind kräftig, die Endborsten weit länger als das Abdomen, zweigliederig. Das Postabdomen ist gegen das distale Ende allmählich verengt, parallel des Hinter- bezw. Oberrandes steht eine Reihe von acht einfachen, kurzen, aber kräftigen Dornen (Taf. XIV, Fig. 1). Die Endkralle ist im Verhältnis kräftig, schwach sichelförmig gekrümmt, glatt; am Basalteil ragen zwei gleich lange, dornförmige Nebenkrallen auf.

Die ganze Körperlänge beträgt 0,65—0,9 mm, die Höhe des Hinterrandes der Schale 0,2—0,3 mm.

Fundorte: Asuncion, Lagune (Pasito), Inundationen des Rio Aquidaban; Cerro Leon, Bañado; Curuzu-chica, toter Arm des Paraguayflusses; Estia Postillon, Lagune; Tebicuay, ständiger Tümpel. Ich habe bloß Weibchen gefunden.

Von den bisher bekannten Arten der Gattung ist diese Art durch die Körperform, die Struktur der Schale und die Zahl der Fiederborsten am oberen Aste der Ruderantennen leicht zu unterscheiden. In der Struktur des Postabdomens bezw. der Endkrallen erinnert die neue Art an *Latonopsis australis* Sars und *Laton. occidentalis* Birge.

284. Latonopsis fasciculata n. sp.
(Taf. XIV, Fig. 13—17.)

Der ganze Körper ist, von der Seite gesehen, annähernd gestreckt eiförmig. Zwischen dem Kopf und Rumpf ist eine scharfe Grenze und der Rücken des Rumpfes liegt etwas höher als der Kopf (Taf. XIV, Fig. 14).

Der Kopf ist sehr kurz, insofern er kaum ⅓ der ganzen Körperlänge erreicht, von der Seite gesehen gleich einem breiten Kegel mit gerundeter Spitze, der Rückenrand bildet nahe der Grenze des Rumpfes einen gerundeten Hügel. Die Stirn blickt gerade nach vorn und ist ziemlich spitz gerundet. Der Bauchrand des Kopfes bildet zwischen den ersten Antennen bezw. vor der Basis derselben einen vorstehenden, kegelförmigen, spitz gerundeten Hügel. Der Fornix ist schwach, aber deutlich (Taf. XIV, Fig. 14).

Das Auge liegt in der Mittellinie des Kopfes, ziemlich fern vom Stirnrand und besteht aus vielen Linsen. Der Pigmentfleck ist ziemlich groß, rund, und liegt nahe zur Basis der ersten Antennen. Der Lippenanhang ist schwach bogig und gerade nach hinten gerichtet.

Die ersten Antennen gehen jede von einem kleinen Höcker aus, der Basalteil überragt die halbe Länge des Kopfes nicht; er ist cylindrisch, in der ganzen Länge gleich breit und überragt die halbe Geißellänge nicht um vieles (Taf. XIV, Fig. 17). Die Riechstäbchen sitzen an der schief geschnittenen hinteren Spitze des Basalteiles. Die Geißel ist kräftig, gerade, fast doppelt so lang als der Basalteil, ziemlich dicht behaart.

Das zweite Antennenpaar ist kräftig und kommt, nach hinten gelegt, dem Hinterrand des Schalenrumpfs nahe, ohne ihn aber zu erreichen. Das Protopodit ist auffallend dick, die proximale Hälfte mehrfach geringelt, am Ober- bezw. Hinterrand erhebt sich ein fingerförmiger Fortsatz, an der oberen bezw. hinteren Spitze der distalen Hälfte ragt ein kräftiger Dorn, an der vorderen Spitze ein schwächerer Dorn auf, nahe des Endrandes aber steht eine Borste und eine fingerförmige Kutikularerhöhung (Taf. XIV, Fig. 14). Von den Antennenästen ist der vordere bezw. untere dreigliederig, im ganzen nur wenig länger als das proximale Glied des oberen Astes, das proximale und distale Glied gleich lang, jedes derselben erreicht kaum $\frac{1}{3}$ der Länge des mittleren Gliedes. Das zweite Glied trägt an der unteren bezw. vorderen Spitze einen langen Dorn und eine zweigliederige Fiederborste; am letzten Glied sitzen ein Enddorn, drei Endborsten und eine seitliche Borste, die alle gefiedert und zweigliederig sind (Taf. XIV, Fig. 14). Am hinteren bezw. oberen Ast ist das proximale Glied fast nur halb so lang, als das distale, aber dicker; an der distalen hinteren Spitze sitzt ein kürzerer, kräftigerer und ein längerer, dünnerer Dorn; am Vorder- bezw. Unterrand erheben sich zweigliederige Fiederborsten in verschiedener Anzahl, und zwar 6—7—8. Am Ober- bezw. Hinterrand des distalen Gliedes zeigt sich nahe der Basis eine kegelförmige Kutikularverdickung, an der distalen Spitze aber stehen zwei Dornen und zwei kräftige, zweigliederige Fiederborsten; am Unter- bezw. Vorderrand hingegen 8—10 gleichfalls zweigliederige Fiederborsten. Die Anzahl der Fiederborsten des ganzen Astes schwankt somit zwischen 16—20 (Taf. XIV, Fig. 14).

Der Rückenrand der Rumpfschale ist nur ganz wenig bogig, nach hinten abschüssig, bildet mit dem Hinterrand einen schärferen oder mehr oder weniger stumpfen Winkel und ist nahe der Kopfgrenze bisweilen etwas vertieft. Der Hinterrand senkt sich anfangs abschüssig nach unten und hinten und läuft dann bogig zum Bauchrand, mit welchem er einen gerundeten Winkel bildet; in der unteren Hälfte erheben sich auf kleinen, fingerförmigen Vorsprüngen sechs lange, glatte Borsten, die mit ihrer Basis in artikulierter Verbindung stehen, die zwei oberen derselben sind weit länger als die übrigen, überragen aber dennoch nicht die halbe Rumpflänge (Taf. XIV, Fig. 14). Ober diesen Borsten stehen in vier Bündeln eigentümlich angeordnete Dornen, deren zwei in jedem Bündel weit länger und kräftiger sind als die übrigen (Taf. XIV, Fig. 16). Ober diesen Dornenbündeln schließlich erhebt sich bis zum oberen Winkel eine innere Reihe kleiner Borsten (Taf. XIV, Fig. 14).

Der Bauchrand erscheint sehr schwach bogig und kahl, in der Tat aber ist derselbe stärker
bogig und mit Borsten besetzt, die den langen Borsten am Hinterrand gleich sind, ist aber
stets einwärts gestülpt und die Borsten nach oben, nach vorn und nach hinten gerichtet
(Taf. XIV, Fig. 14). Der Vorderrand ist fast gerade, bildet mit dem Bauchrand einen spitzen,
etwas vorstehenden Höcker, und ist in der ganzen Länge mit langen, gegliederten Borsten bedeckt, die indessen die Kopflänge nicht überragen.

Die Schalenoberfläche ist granuliert, die Färbung blaß gelblichweiß.

Die Abdominal-Endborsten sind zweigliedrig, weit länger als die halbe Rumpflänge.
Das Postabdomen ist gegen das distale Ende verengt, am Ober- bezw. Hinterrand zeigen sich
in der proximalen Hälfte 4—6 Vorsprünge, deren drei obere weit länger, fast fingerförmig
oder starken Dornen gleich und etwas nach unten gekrümmt sind, wogegen die drei anderen
bloß gerundeten Höckern gleichen (Taf. XIV, Fig. 13). An der distalen hinteren bezw. oberen
Spitze ragt ein fingerförmiger Fortsatz auf, wogegen an der Basis der Endkrallen und an
der vorderen Spitze Bündel kleiner Dornen sitzen. An beiden Seiten des Postabdomens
stehen in einer Längsreihe 12—13 Bündel spitzer, lanzettförmiger Dornen; das hinterste
Bündel besteht aus drei, die nach oben folgenden typisch aus zwei Dornen (Taf. XIV,
Fig. 15). Innerhalb dieser Reihe von Dornenbündeln folgt eine Längsreihe kleiner Borsten,
die zuweilen in bogige Bündel geteilt sind; innerhalb derselben kann noch eine weitere Reihe
feiner Borsten auftreten (Taf. XIV, Fig. 13). Die Endkralle ist sichelförmig gekrümmt, der
Hinterrand fein behaart und mit drei Nebenkrallen versehen, die von unten nach oben allmählich kürzer werden.

Die ganze Körperlänge beträgt 1,9—2,5 mm, die größte Höhe 0,8—1 mm.

Fundorte: Curuzu-chica, toter Arm des Paraguayflusses; Estia Postillon, Lagune; Paso Barreto, Bañado am Ufer des Rio Aquidaban; Villa Rica, wasserreiche
Wiese. Von jedem dieser Fundorte liegen mir bloß 1—2 Weibchen vor.

Diese Art steht der *Latonopsis serricauda* Sars sehr nahe und gleicht ihr in vieler
Hinsicht derart, daß ich sie anfänglich für ganz identisch mit derselben hielt, um so mehr,
als G. O. Sars letztere Art aus Südamerika beschrieben hat. Die Verschiedenheit zwischen
beiden Arten erblicke ich in erster Reihe in der Körperform, insofern bei *Latonopsis serricauda* Sars sich keine scharfe Grenze zwischen dem Kopf und Rumpf zeigt. Aber auch
wenn man voraussetzt, daß bei *Latonopsis fasciculata* n. sp. die Vertiefung zwischen dem
Kopf und Rumpf bloß das Resultat der Konservierung sei, wogegen es einigermaßen spricht,
daß dieselbe an sämtlichen Exemplaren vorhanden ist, — auch dann noch finden sich in
der Struktur der Schale mehrere wesentliche Verschiedenheiten. So stehen bei *Latonopsis
serricauda* Sars am Hinterrand der Schale mehr lange Borsten, wogegen die Dornenbündel
und die innere Borstenreihe fehlen; der Bauchrand aber nicht eingestülpt und kahl ist (cfr.
G. O. Sars 27. Taf. I, Fig. 1. 2). An der zweiten Antenne von *Latonopsis serricauda* Sars
stehen am zweiästigen Gliede zusammen 21 zweigliedrige Borsten, was allerdings kein großer
Unterschied gegen die 16—20 Borsten von *Latonopsis fasciculata* ist. Ein um so wichtigerer
Unterschied zeigt sich in der Struktur des Postabdomens beider Arten, trotzdem sie bezüg-
lich des mit Sägezähnen versehenen Hinterrandes vollständig übereinstimmen: denn bei
Latonopsis serricauda Sars stehen an beiden Seiten des Postabdomens bloß neun einfache
Dornen, wogegen die Reihe feiner Dornen oder Dornenbündel fehlt: bei *Latonopsis fasci-*

culata hingegen erheben sich am Postabdomen 12—14 Bündel doppelter Dornen und außerdem innen eine Reihe feiner Borsten oder Borstenbündel.

Auf Grund der hier erwähnten Verschiedenheiten halte ich die Trennung der beiden Arten für hinreichend motiviert, obgleich ich die zwischen denselben herrschende große Verwandtschaft bereitwillig anerkenne.

Gen. Parasida Dad.

Parasida Daday, E. v., 8a, p. 11 (111).

Der Körper ist gestreckt eiförmig. Der Kopf bildet, von oben gesehen, einen ziemlich breiten, hinten beiderseits vorspringenden, gerundeten Hügel, ist durch eine scharfe Vertiefung vom Rumpf abgesondert und bildet am Bauch ein mehr oder weniger gerundetes scharfes Rostrum. Der hintere obere Winkel der Schale ist ziemlich spitz, die übrigen gerundet; der Bauchrand ist einwärts gestülpt, fast gerade. Das erste Antennenpaar ist sehr lang, die Riechstäbchen sitzen in der Mitte der Antennen auf einem bisweilen abgesonderten Fortsatz; die Antennengeißel geht vom Ende der distalen Hälfte der Antennen aus und ist sehr lang. Am zweiten Antennenpaar ist der eine Ast dreigliederig, mit vier Fiederborsten bewehrt, der andere zweigliederig, mit 14—19 zweigliederigen Fiederborsten, und ist länger als der dreigliederige. Das Postabdomen ist kegelförmig, mit 9—14, aus 2—4 kräftigeren Dornen bestehenden Dornenbündeln und Bündeln feiner Borsten geziert. Die Endkrallen sind lang, im Verhältnis dünn, bogig, an der Basis mit zwei großen und einer sehr kleinen Nebenkralle bewehrt. Die Abdominalborsten sind im Verhältnis lang.

Dies Genus steht dem A. Herrickschen Genus *Pseudosida* sehr nahe, ist aber durch das erste Antennenpaar leicht von demselben zu unterscheiden, insofern bei dem eben genannten Genus die Geißel der ersten Antennen mit den Riechstäbchen in gleicher Höhe steht und die Geißel keinen besonderen Basalteil besitzt; die Antennen an sich sind nicht so lang und nicht in einen Basal- und Apicalteil gegliedert; sodann sitzen bei *Pseudosida* am dreigliederigen Aste des zweiten Antennenpaares fünf Fiederborsten.

Die erste Art dieser Gattung hat E. v. Daday unter dem Namen *Pseudosida Szalayi* 1898 aus Ceylon beschrieben (2. p. 64. Fig. 33a—d). Sowohl die Beschreibung und die Abbildungen, als auch die Vergleichung mit ceylonischen typischen Exemplaren überzeugte mich jedoch von der generischen Zusammengehörigkeit der ceylonischen und der nachstehenden zwei Arten, so daß zur Zeit drei Arten dieser Gattung bekannt sind.

285. Parasida ramosa Dad.

(Taf. XIV, Fig. 4—7.)

Parasida ramosa Daday, E. v., 8a, p. 12.

Der ganze Körper ist, von der Seite gesehen, annähernd gestreckt eiförmig; zwischen dem Kopf und Rumpf zeigt sich eine scharfe Vertiefung (Taf. XIV, Fig. 7).

Der Kopf gleicht, von der Seite gesehen, annähernd einem stumpf gerundeten, kurzen Kegel mit breiter Basis; die Stirn liegt ober der Mittellinie des Körpers, blickt nach vorn und ist ziemlich spitz gerundet. Der Rückenrand des Kopfes ist schwach abschüssig, nahe der Grenze des Rumpfes etwas gebuckelt, der Bauchrand bis zum Rostrum steil abschüssig, nahe zur Basis des Rostrums etwas vertieft (Taf. XIV, Fig. 7). Das Rostrum ähnelt einem gerundeten Hügel, an dessen beiden Seiten die ersten Antennen von je einem Höcker ausgehen. Hinter dem Rostrum bildet der Bauchrand des Kopfes in der Mitte einen seichten Hügel und übergeht sodann in den Lippenanhang, dessen hintere Spitze stumpf gerundet ist. Der Fornix ist gut entwickelt, entspringt vor dem Auge und ist zweilappig (Taf. XIV, Fig. 7). Von oben gesehen zeigen sich in der hinteren Kopfhälfte an beiden Seiten nebeneinander ein kleinerer vorderer und ein größerer hinterer Lappen, die sicherlich die Umrisse der beiden Fornixlappen sind. Die Kopflänge beträgt kaum ¼ der ganzen Körperlänge.

Das Auge ist elliptisch, aus vielen Linsen zusammengesetzt und liegt nahe dem Bauchrand des Kopfes bezw. der Stirn, so ziemlich in der Mittellinie des Körpers. Der Pigmentfleck ist sehr klein, annähernd eiförmig und liegt nahe zur Basis der ersten Antennen, also entfernt vom Auge (Taf. XIV, Fig. 17).

Die ersten Antennen gehen an beiden Seiten des Rostrums von je einem Hügel aus. Jede Antenne ist im ganzen cylindrisch, gegen das distale Ende etwas verengt und zweiästig, insofern fast in der Mitte ein fingerförmiger Fortsatz entspringt, an dessen Spitze die Riechstäbchen sitzen. Die Zahl der geknöpften Riechstäbchen beträgt, wenn ich nicht irre, acht. Das distale Ende der Antennen ist gerade geschnitten und hier entspringt die mächtige Geißel, die so lang wie die ganze Antenne und dicht behaart ist (Taf. XIV, Fig. 6. 7). Die ersten Antennen sind ohne die Geißel fast so lang wie der Kopf, mit der Geißel aber weit länger als der Kopf.

Das zweite Antennenpaar ist sehr kräftig und reicht, nach hinten gelegt, fast bis an den Hinterrand der Schale. Der Stamm der Antennen ist länger als der obere, zweigliederige Ast, die basale Hälfte stark geringelt, an der oberen Spitze der apicalen Hälfte sitzt ein gekrümmter kräftiger und ein gerader längerer Dorn, an der unteren Spitze hingegen ein kräftiger, ziemlich langer Dorn (Taf. XIV, Fig. 7). Der untere Ast ist dreigliederig, das basale Glied unbeborstet, so lang wie das apicale Glied, bezw. sie sind jedes nicht länger als ⅓ des medialen Gliedes. Das mediale Glied trägt an der unteren Spitze einen langen, kräftigen Dorn und eine zweigliederige Fiederborste. Am apicalen Glied sitzen zwei gefiederte, zweiästige Endborsten und eine Seitenborste. Von den vier Fiederborsten ist die des medialen Gliedes, sowie die Seitenborste des apicalen Gliedes kräftiger und länger als die übrigen (Taf. XIV, Fig. 7). Am oberen oder zweigliederigen Ast ist das proximale Glied so lang, wie die zwei ersten Glieder des unteren Astes zusammen; im proximalen Drittel des Oberrandes zeigt sich eine Kutikularerhöhung, an der distalen Spitze ein längerer und ein kürzerer Dorn, wogegen am Bauchrand fünf zweigliederige Fiederborsten stehen. Das distale Glied ist so lang wie der untere Ast, an der apicalen oberen Spitze sitzt ein kräftiger Dorn und am Ende erheben sich zwei Fiederborsten, am Bauchrand hingegen sieben Fiederborsten. Am zweigliederigen Aste ragen somit im ganzen 14 zweigliederige Fiederborsten auf (Taf. XIV, Fig. 7). Die Oberfläche der Kutikula sämtlicher Antennenglieder erscheint gefeldert.

Die sechs Ruderfußpaare sind hinsichtlich der Struktur denen der *Latonopsis*-Arten sehr ähnlich.

Der Rückenrand der Rumpfschale ist ziemlich bogig, gegen den Kopf aber weit schwächer, als gegen den Hinterrand, zu dem er sich abschüssig niederläßt und mit dem er eine vorstehende, nahezu rechtwinkelige Ecke bildet; an dem Teil gegen den Kopf zeigen sich bisweilen 1—2 Höcker mit stumpfer Spitze (Taf. XIV, Fig. 7). Der Hinterrand verläuft abschüssig nach hinten und unten, ist nahe zum oberen Winkel etwas vertieft, sodann spitz gerundet, geht unbemerkt in den Bauchrand über, ist in der ganzen Länge mit je einer inneren Reihe sehr feiner Borsten geziert, die bisweilen in Bündeln stehen, am unteren Winkel ragen von erhöhter Basis 5—6 längere glatte Borsten auf. Der Bauchrand ist schwach bogig, aber eingestülpt, glatt. Der Vorderrand ist fast gerade und perpendiculär, in der ganzen Länge, sowie auch am vorderen unteren Winkel entspringen auf gesonderter Basis nach vorn gerichtete lange, glatte Borsten, ebenso wie bei den *Latonopsis*-Arten.

Die ganze Schalenoberfläche ist granuliert; die Färbung gelbbraun. Die Schalendrüsen sind zweiarmig und erinnern in ihrem Verlaufe an die der *Latonopsis*-Arten.

Die Endborsten des Abdomens sind zweigliederig, gefiedert, sehr lang, sie erreichen nämlich fast die Länge des Rumpfes. Das Postabdomen ist gegen das distale Ende nur ganz wenig verengt, in der Mitte des Hinter- bezw. Oberrandes breit ausgebuchtet, die distale obere Spitze gerundet, an beiden Seiten mit einer Längsreihe von je neun Dornenbündeln versehen, deren jedes aus 4—5, verschieden langen, lanzettförmigen Dornen besteht (Taf. XIV, Fig. 4. 5). Innerhalb dieser Dornenbündel stehen zwei Reihen bogiger Bündel von feinen Borsten (Taf. XIV, Fig. 4). An der Basis der Endkrallen sitzen bündelweise verschieden lange Borsten. Die Endkrallen sind kräftig, lang und sichelförmig gekrümmt, am Hinterrand erheben sich 8—10 kleine Dornen, deren Reihe durch feine Borsten abgeschlossen wird; der Vorderrand ist fein beborstet (Taf. XIV, Fig. 4). Nahe der Basis ragen zwei lange, gerade, kräftigen Borsten gleiche Nebenkrallen und neben der oberen derselben zeigt sich, gewissermaßen als dritte Nebenkralle, ein sehr kleiner Dorn.

Die ganze Körperlänge beträgt 1,15—1,3 mm, die größte Höhe 0,5—0,65 mm.

Fundorte: Zwischen Aregua und dem Yuguarifluß, Inundationen eines Baches; Estia Postillon, Lagune und deren Ergüsse; Paso Barreto, Bañado am Ufer des Rio Aquidaban. Ich habe bloß Weibchen gefunden.

Diese Art unterscheidet sich von der bisher bekannten Art dieser Gattung, von *Parasida Szalayi* (Dad.), zunächst durch die Struktur der ersten Antennen, sodann aber auch durch die Struktur des Postabdomens und der Endkrallen, insofern *Parasida Szalayi* an der distalen unteren bezw. hinteren Spitze des Postabdomens einen krallenförmigen Fortsatz trägt und am Hinterrande der Endkrallen sich bloß feine Borsten zeigen. Als untergeordnete Verschiedenheit ist noch zu erwähnen, daß bei *Parasida Szalayi* am zweiästigen Gliede der zweiten Antenne 15 gefiederte, zweiästige Borsten aufragen. Übrigens unterscheidet sich diese neue Art in der Struktur der ersten Antennen, des Postabdomens, der Endkrallen und des zweiten Antennenpaares auch von der nachstehenden *Parasida variabilis* Dad.

286. Parasida variabilis Dad.
(Taf. XIV, Fig. 8—12.)

Parasida variabilis Daday, E. v., 8a, p. 11 (111. Fig. 1).

· Weibchen.

Der Körper ist, von der Seite gesehen, im ganzen annähernd ciförmig; zwischen dem Kopf und Rumpf zeigt sich eine scharfe Vertiefung.

Der Kopf gleicht, von der Seite gesehen, einem kurzen Kegel mit breiter Basis und stumpf gerundeter Spitze; der Rückenrand ist schwach abschüssig und zeigt ein größeres und zwei kleinere Höckerchen; der Bauchrand ist hinter dem Auge schwach vertieft und bildet hinter dem Ausgangspunkt der ersten Antennen ein kräftiges, ziemlich stark zugespitztes Rostrum. Die Stirn blickt nach vorn und etwas nach unten und fällt ungefähr in die Mittellinie des Körpers. Der bogige Fornix ist sehr schwach entwickelt (Taf. XIV, Fig. 9.

Die ersten Antennen entspringen vor dem Rostrum und zu beiden Seiten desselben an je einem Höckerchen. Jede Antenne ist gegen das Ende verengt, allein in eine basale und eine Endpartie geteilt. Der Basalteil ist dicker, kürzer als die halbe Länge der ganzen Antenne, der Hinterrand am Ende etwas eckig, und von hier gehen die Riechstäbchen aus, deren Anzahl sicherlich nicht höher als 8 ist. Am distalen Teile sind die zwei Ecken stark gespitzt, und hier entspringt die mächtige Geißel, die zweizeilig spärlich beborstet ist (Taf. XIV, Fig. 9. 10). Die Antenne an und für sich ist etwas kürzer als der Kopf, samt der Geißel aber länger als der Kopf.

Das zweite Antennenpaar ist kräftig, erreicht indessen, nach hinten gelegt, den Hinterrand der Rumpfschale nicht. Der Stamm ist in der proximalen Hälfte stark geringelt und am Oberrand mit einem kräftigen, dolchförmigen Kutikularfortsatz versehen; in der distalen Hälfte sitzen an der oberen Spitze ein kräftigerer und ein schwächerer Dorn, zwischen den zwei Ästen ein borstenförmiger, und an der unteren Spitze ein angelförmiger Dornfortsatz. Am unteren bezw. dreigliederigen Aste ist das proximale und distale Glied gleich lang, sie überragen 1/3 des medialen Gliedes nicht; an der unteren Spitze des medialen Gliedes sitzen ein langer Dorn und eine gefiederte, zweigliederige Borste, am distalen Gliede dagegen zwei kleine Dornen und drei gefiederte, zweigliederige Borsten. Der obere Ast ist zweigliederig. das erste Glied so lang, wie die zwei proximalen Glieder des unteren Astes zusammen; an der distalen oberen Spitze sitzen ein kräftiger und ein schwacher krallenförmiger Dornfortsatz, am Unterrand stehen 6—7—8 zweigliederige Fiederborsten; das zweite Glied ist so lang als der untere Ast, am Unterrand mit 7—8—9—10, an der Spitze aber zwischen zwei Dornen mit zwei Fiederborsten besetzt. Demgemäß schwankt die Anzahl der Fiederborsten am oberen, zweigliederigen Aste der zweiten Antenne zwischen 16—20 und eben deshalb hat diese Art den Namen *variabilis* erhalten. Hinsichtlich der Verteilung der Borsten habe ich übrigens folgende Variationen gefunden: I. 6. II. 10; I. 7. II. 12; I. 8. II. 11; I. 8. II. 12; am häufigsten aber waren Exemplare, deren zweigliederiger Ast 19 Fiederborsten trug.

Das Auge ist mehr oder weniger rund, aus vielen Linsen zusammengesetzt und liegt nahe dem Bauchrande der Stirn. Der Pigmentfleck ist rund und liegt der Basis der ersten Antennen etwas näher als dem Auge.

Der Rücken der Schale ist in der vorderen Hälfte etwas bogig erhaben, in der hinteren Hälfte hingegen abschüssig und bildet mit dem Hinterrand einen stumpfen, kaum vorstehenden Winkel. Der Hinterrand ist in den oberen zwei Dritteln gerade, nach unten und hinten abschüssig, im unteren Drittel spitz gerundet, geht dann unbemerkt in den Bauchrand über und ist gewöhnlich in der ganzen Länge mit einer Reihe sehr kleiner Haare besetzt, vom unteren Winkel gehen 4—5 glatte lange Borsten aus. Der Bauchrand ist fast gerade, aber einwärts gestülpt. Der Vorderrand ist in der oberen Hälfte gerade, in der unteren bogig, in der ganzen Länge mit langen Borsten bewehrt, welche auf einer gesonderten Basis stehen.

Die Schalenoberfläche ist granuliert; die Färbung gelbbraun. Die Schalendrüsen sind zweiarmig.

Die sechs Paar Ruderfüße haben dieselbe Struktur, wie bei der vorigen Art.

Das Postabdomen ist gegen das distale Ende etwas verschmälert, der Hinter- bezw. Oberrand am hinteren Viertel schwach ausgebuchtet; die obere und untere Endspitze gerundet; an beiden Seiten erheben sich 13—14 Dornenbündel, entlang des Hinterrandes aber kräftigere Dornen; jedes Dornbündel besteht aus zwei, selten drei lanzettförmigen Dornen. Außerdem zeigen sich an beiden Seiten des Postabdomens auch mehrere kleine Haare in zerstreuten Bündeln (Taf. XIV, Fig. 8). An der Basis der Endkrallen erheben sich Haarbündel. Die Endkrallen sind kräftig, lang, sichelförmig, alle Ränder fein behaart, und tragen zwei große, gerade borstenförmige und eine kleine, dornartige Nebenkralle (Taf. XIV, Fig. 8).

Die ganze Länge des Körpers beträgt 1,6—2 mm, die größte Höhe 0,7—0,9 mm.

Männchen.

Die allgemeine Form des Körpers gleicht, von der Seite gesehen, der des Weibchens; allein die Vertiefung zwischen dem Kopf und Rumpf ist nicht so scharf. Der Kopf blickt gerade nach vorn und stimmt in der Struktur mit dem des Weibchens überein (Taf. XIV, Fig. 9). Von oben gesehen zeigt sich in der Richtung der Basis der ersten Antennen an beiden Seiten ein gerundeter Höcker (Taf. XIV, Fig. 11).

Das Auge ist elliptisch und von dem Bauchrand der Stirn etwas entfernt. Der Pigmentfleck liegt fast in der Mitte zwischen dem Auge und der Basis der ersten Antennen. Am Lippenanhang ist der Unterrand gewellt, vor dem hinteren Ende stark eingeschnitten.

Die ersten Antennen sind kräftig, sehr lang, fast halb so lang wie der ganze Körper. Die einzelnen Antennen sind sichelförmig, die Geißel ist mit der Antenne verwachsen und die Grenze beider wird bloß durch Kutikularerhöhungen angedeutet. Nahe der Basis der Antennen erhebt sich je ein nach vorn stehender Dornfortsatz. Die Riechstäbchen sitzen auf kleinen Erhöhungen. An dem der Antennengeißel entsprechenden Teil ragen an der Innenseite sich gegenüberstehende kleine Haare auf (Taf. XIV, Fig. 11).

Das zweite Antennenpaar gleicht hinsichtlich der Struktur dem des Weibchens, der zweigliederige Ast trägt aber bloß 16 Fiederborsten, von welchen auf den ersten Ast 5, auf den zweiten 11 entfallen.

Am ersten Fuß gleicht das Exopodit dem des Weibchens, allein das distale Ende ist schmäler. Der Kiemenanhang hat die Form eines kleinen Schlauches. Der Maxillaranhang ist mit einer langen kräftigen, gefiederten und mehreren kürzeren glatten Borsten bewehrt. Das Endopodit ist nicht in Lappen geteilt; in der Mitte sitzen auf einem kleinen fingerförmigen Fortsatze zwei verschieden lange Borsten. Am distalen Ende des Endopodits befindet sich der kräftig und charakteristisch entwickelte Greifapparat, welcher aus einem basalen und apicalen Teil besteht. Der basale Teil ist keulenförmig aufgetrieben und mit feinen Härchen dicht besetzt (Taf. XIV, Fig. 12); von der gerundeten Spitze geht der apicale Teil aus. Der apicale Teil besteht aus einem kräftigen Dorn und zwei mächtigen Krallen;

die eine Kralle sitzt gerade an der Spitze des basalen Teiles und zeigt einen Basal- und Endteil; der Basalteil ist annähernd kegelförmig, der Endteil hingegen ist eine sichelförmige Kralle, die beweglich artikuliert und an der Seite behaart ist. An der hinteren Seite des Basalteiles schließlich entspringt eine mächtige sichelförmige Kralle, die in der ganzen Länge glatt ist (Taf. XIV, Fig. 12), bloß an der Basis erheben sich einige lange Borsten.

An der Rumpfschale ist der Rückenrand gerade, horizontal und bildet mit dem Hinterrand einen fast rechten Winkel. Der Hinterrand ist nahe zum oberen Winkel vertieft, sodann stark gerundet, in der Länge mit einer inneren Reihe feiner Borsten geziert; in der unteren Hälfte, bezw. am hinteren unteren Winkel entspringen vier lange glatte Borsten. Der Bauch- und Vorderrand ist ebenso wie beim Weibchen. Die Oberfläche ist granuliert, die Färbung gelblichweiß.

Das Postabdomen und die Endkrallen stimmen in Form und Struktur mit den weiblichen überein, die Bündel der Randdornen aber bestehen vorwiegend aus je zwei Dornen, und nur in 2—3 Fällen aus drei Dornen, sodann erhebt sich innerhalb der Dornenreihe bloß eine Reihe feiner Borsten und auch diese sind in Bündel angeordnet.

Die ganze Länge des Körpers beträgt 1,5—1,8 mm.

Fundorte: A r e g u a, Pfütze an der Eisenbahn; zwischen A r e g u a und L u g u a, Inundationen des Yuguariflusses und Tümpel an der Eisenbahn; A s u n c i o n, Tümpel auf der Insel (Banco) im Paraguayflusse; Campo Grande, Calle de la Cañada, von Quellen gebildete Tümpel und Gräben; Lagune (Pasito), Inundationen des Paraguayflusses; G r a n C h a c o, von den Riachok zurückgebliebene Lagune; Inundationen des Yuguariflusses.

In der Körperform erinnert diese Art lebhaft an zwei andere Arten der Gattung, und zwar an *Parasida Szalayi* (Dad.) und *Parasida ramosa* Dad. Mit *Parasida Szalayi* (Dad.) stimmt dieselbe außerdem auch in der Struktur der ersten Antennen und des Postabdomens, sowie der Endkrallen überein; unterscheidet sich indessen von derselben dadurch, daß die distale obere bezw. hintere Spitze des Postabdomens gerundet und nicht mit einem Angelfortsatz versehen ist, wie bei *Parasida Szalayi*, sodann zeigen sich am zweigliederigen Aste der zweiten Antennen weit mehr Ruderborsten. Von *Parasida ramosa* Dad. unterscheidet sich diese Art in der Struktur der ersten Antennen, des Postabdomens und der Endkrallen, denn bei der genannten Art sind die ersten Antennen geästet, am Postabdomen ragen bloß 9 kräftige Dornenbündel auf, die aus 4—5 Dornen bestehen; die Endkrallen aber sind am Hinterrand gezähnt. Hiezu kommt der Unterschied in der Zahl der Fiederborsten am zweigliederigen Aste der Ruder-Antennen.

Betrachtet man die oben beschriebenen *Cladocera*-Arten nach ihrem Vorkommen in Südamerika, so zeigt es sich vor allem, daß dieselben in zwei Gruppen zerfallen, und zwar in solche, 1) welche aus Südamerika bereits früher bekannt waren; 2 welche aus Südamerika bisher unbekannt waren. Gruppiert man die aufgeführten Arten aus diesem Gesichtspunkte, so verteilen sich dieselben in folgender Weise:

1. Aus Südamerika schon früher bekannte Arten.

Chydorus sphaericus (O. F. M.)
(M. R. V. S. D.)
Chydorus Poppei Rich. (R. V. S.)
Barroisi (Rich.) (S.)
Pleuroxus scopulifer (Ekm.) (E. D.)
5. Pleuroxus similis Vávr. (V. S.)
Pleuroxus ternispinosus Ekm. (E. D.)
Alonella chlatratula Sars (S.)
Alonella dentifera Sars (S.)
Alonella Karua (King.) (R. S.)
10. Alonella nitidula Sars (S.)
Alonella globulosa (Dad.) (S.)
Dadaya macrops (Dad.) (S. St.)
Dunhevedia odontoplax Sars (S. V. R.)
Alona affinis Leyd. (S.)
15. Alona Cambouei Gr. Rich. (D.)
Alona glabra Sars (R. S. E.)
Alona guttata Sars (V. S. D.)
Alona intermedia Sars (S.)
Alona monacantha Sars (S.)
20. Alona rectangula Sars (S.)
Pseudalona latissima (Kurz) (S.)

Pseudalona longirostris (Dad.) (S.)
Leydigia acanthocercoides (Fisch.) (W. R.)
Camptocercus australis Sars (E. S. D.)
25. Iliocryptus Halyi Brad. (W. S.)
Iliocryptus sordidus Liév. (S.)
Grimaldina Brazzai Rich. (S.)
Macrothrix elegans Sars (S.)
Macrothrix laticornis (O. F. M.) (V. R.)
30. Bosminella Anisitsi Dad. (D.)
Moinodaphnia Macleayii (King) (S.)
Scapholeberis aurita (Fisch.) (V.)
Scapholeberis mucronata (O. F. M.) (D.)
Ceriodaphnia Rigaudi Rich. (S. St.)
35. Ceriodaphnia Silvestrii Dad. (D.)
Ceriodaphnia reticulata (Jur.) (R. S.)
Simocephalus Iheringi Rich. (R. S.)
Simocephalus capensis Sars (V. S.)
Simocephalus vetulus (O. F. M.) (E. D.)
40. Daphnia pulex de Geer (L. W. D.)
Daphnia obtuṣa Kurz (R.)
Diaphanosoma brevireme Sars (S.)
43. Diaphanosoma Sarsi Rich. (S.)

Stellt man die Anzahl der hier aufgeführten Arten der Anzahl der von mir aus Paraguay verzeichneten Arten (72) gegenüber, so zeigt es sich, daß nahezu zwei Drittel derselben aus solchen Arten besteht, welche von früheren Forschern bereits aus anderen Teilen Südamerikas nachgewiesen worden sind. Zu bemerken ist, daß die hinter den Art- und Autornamen in Klammern stehenden Buchstaben die Namen derjenigen Forscher andeuten, welche das Vorkommen der betreffenden Art in Südamerika konstatiert haben, und zwar: D. = E. v. Daday, E. = S. Ekman, L. = J. Lubbock, R. = J. Richard, S. = G. O. Sars, St. = Th. Stingelin, V. = W. Vávra, W. = A. Wierzejski.

2. Aus Südamerika früher nicht bekannte Arten.

Chydorus flavescens n. sp.
Chydorus hybridus n. sp.
Chydorus ventricosus Dad.
Alonella punctata (Dad.)
5. Leptorhynchus dentifer n. sp.
Leptorhynchus rostratus (C. K.)
Alona anodonta n. sp.
Alona fasciculata n. sp.

Euryalona tenuicaudis (Sars).
10. Euryalona fasciculata n. sp.
Euryalona orientalis (Dad.)
Leydigia parva n. sp.
Leydigiopsis ornata n. sp.
Acroperus harpae Baird.
15. Iliocryptus verrucosus n. sp.
Macrothrix gibbosa n. sp.

Bosmina longirostris (O. F. M.
Bosmina macrostyla n. sp.
Bosmina tenuirostris n. sp.
20. Moina ciliata n. sp.
Moinodaphnia reticulata n. sp.
Scapholeberis erinaceus Dad.

Ceriodaphnia cornuta Sars.
Daphnia curvirostris Eylm.
25. Diaphanosoma brachyurum (Liév.)
Latonopsis breviremis n. sp.
Latonopsis fasciculata n. sp.
Parasida ramosa Dad.
29. Parasida variabilis Dad.

Hiernach ist etwas mehr als ein Drittel der Gesamtzahl der von mir aus der Fauna von Paraguay beobachteten Arten bisher aus Südamerika unbekannt gewesen.

Will man nunmehr die von mir beobachteten Arten von allgemein zoogeographischem Gesichtspunkte aus in Betracht ziehen, so ergiebt es sich, daß ein Teil derselben außer Südamerika auch aus einem oder mehreren anderen Weltteilen, ein anderer Teil aber bisher bloß aus Südamerika bekannt ist. In dieser Hinsicht verteilen sich die Arten in folgender Weise:

1. Aus Südamerika und auch aus anderen Weltteilen bekannte Arten.

Chydorus Barroisi Rich.
Chydorus ventricosus Dad.
Chydorus sphaericus (O. F. M.)
Pleuroxus scopulifer (Ekm.)
5. Alonella chlatratula Sars.
Alonella punctata (Dad.)
Alonella Karua (King).
Alonella globulosa (Dad.)
Dadaya macrops (Dad.)
10. Dunhevedia odontoplax Sars.
Leptorhynchus rostratus (C. K.)
Alona affinis Leyd.
Alona Cambouei Gr. Rich.
Alona guttata Sars.
15. Alona intermedia Sars.
Alona rectangula Sars.
Euryalona tenuicaudis (Sars).
Euryalona orientalis (Dad.)
Pseudalona latissima (Kurz).
20. Pseudalona longirostris (Dad.)
Leydigia acanthocercoides (Fisch.)

Acroperus harpae Baird.
Camptocercus australis Sars.
Iliocryptus Halyi Brad.
25. Iliocryptus sordidus Liév.
Grimaldina Brazzai Rich.
Macrothrix laticornis (O. F. M.)
Bosmina longirostris (O. F. M.)
Moinodaphnia Macleayi (King).
30. Scapholeberis aurita (Fisch.)
Scapholeberis erinaceus Dad.
Scapholeberis mucronata (O. F. M.)
Ceriodaphnia cornuta Sars.
Ceriodaphnia Rigaudi Rich.
35. Ceriodaphnia reticulata (Jur.)
Simocephalus capensis Sars.
Simocephalus vetulus (O. F. M.)
Daphnia pulex de Geer.
Daphnia obtusa Kurz.
40. Daphnia curvirostris Eyl.
Diaphanosoma brachyurum (Liév.)
Diaphanosoma Sarsi Rich.

Hiernach sind nicht ganz ⅔, bezw. ⁴⁄₇ der von mir aus der Fauna von Paraguay nachgewiesenen Arten außer Südamerika auch aus anderen Weltteilen bekannt. Der größte Teil derselben ist kosmopolitisch oder außer Südamerika nur aus einem anderen Weltteil verzeichnet worden. Zu letzterer Gruppe zählen die folgenden Arten:

Chydorus ventricosus Dad., Asien (Ceylon), Südamerika.
Pleuroxus scopulifer (Ekm.), Europa (Ungarn), Südamerika.
Alonella punctata (Dad.), Asien (Ceylon), Südamerika.
Alonella globulosa (Dad.), Asien (Ceylon), Südamerika.
5. Dadaya macrops (Dad.). Asien (Ceylon, Sumatra, Singapore, Bangkok), Südamerika.
Alona Cambouei Gr. Rich., Afrika, Südamerika.
Euryalona orientalis (Dad.), Asien (Ceylon, Java, Siam), Südamerika.
Pseudalona longirostris (Dad.), Asien (Ceylon), Neu-Guinea, Südamerika.
Camptocercus australis Sars, Australien, Südamerika.
10. Simocephalus capensis Sars, Afrika, Südamerika.

Diese 10 Arten sind derzeit als spezifische Bewohner der südlichen Hemisphäre, bezw. der wärmeren Himmelsstriche zu betrachten, es ist aber natürlich nicht ausgeschlossen, daß dieselben auch in nördlichen Weltteilen aufzufinden sein werden.

2. Bisher bloß aus Südamerika bekannte Arten.

Chydorus flavescens n. sp.	Iliocryptus verrucosus n. sp.
Chydorus hybridus n. sp.	Macrothrix elegans Sars.
Chydorus Poppei Rich.	Macrothrix gibbera n. sp.
Pleuroxus similis Váv.	Bosmina tenuirostris n. sp.
5. Pleuroxus ternispinosus Ekm.	20. Bosmina macrostyla n. sp.
Alonella dentifera Sars.	Bosminella Anisitsi Dad.
Alonella nitidula Sars.	Moina ciliata n. sp.
Leptorhynchus dentifer n. sp.	Moinodaphnia reticulata n. sp.
Alona glabra Sars.	Ceriodaphnia Silvestrii Dad.
10. Alona anodonta n. sp.	25. Simocephalus Iheringi Rich.
Alona monacantha Sars.	Diaphanosoma brevireme Sars.
Alona fasciculata n. sp.	Latonopsis breviremis n. sp.
Euryalona fasciculata n. sp.	Latonopsis fasciculata n. sp.
Leydigia parva n. sp.	Parasida ramosa Dad.
15. Leydigiopsis ornata n. sp.	30. Parasida variabilis Dad.

Hiernach sind von den aus Paraguay nachgewiesenen *Cladocera*-Arten über 1/3 bezw. 1/2 bisher bloß aus Südamerika, und zwar teils aus Paraguay, teils aber aus anderen Ländern bekannt; in erstere Gruppe gehören die neuen, in letztere die bereits früher beschriebenen Arten.

Um nunmehr, nach alledem, eine möglichst vollständige Übersicht zu bieten einerseits über die bisher aus der Fauna von Südamerika bekannten *Cladocera*-Arten und deren Verbreitung in Südamerika, anderseits aber das Verhältnis zur Anschauung zu bringen, welches hinsichtlich der *Cladocera*-Arten Paraguays und der übrigen durchforschten Gebiete von Südamerika obwaltet, erachtete ich es für angezeigt, auf nachstehender Tabelle die bisher beobachteten Arten nebst dem betreffenden Territorium namhaft zu machen. Zu bemerken ist, daß die den Art- und Autornamen in Klammer beigefügten Buchstaben die Namen derjenigen Forscher andeuten, von denen die betreffende Art beobachtet worden ist, und zwar bedeutet: D. = E. v. Daday, E. = S. Ekmann, M. = R. Moniez, R. = J. Richard, N. = Nicolet, S. = G. O. Sars, St. = K. Stingelin, V. = W. Vávra, W. = A. Wierzejski.

Die bei meinen derzeitigen Untersuchungen beobachteten und in meinen früheren Publikationen (45. 8. 8a.) aufgeführten Arten sind in der betreffenden Kolumne der Fundorte mit einem +, die von anderen Forschern verzeichneten aber mit einem * bezeichnet. Ferner ist zu bemerken, daß ich in nachstehende Tabelle nur die Süßwasser- eventuell auch die Kochsalzwasser-Arten aufgenommen, die Seewasser-Arten hingegen gänzlich außer acht gelassen habe. Hinsichtlich der letzteren verweise ich auf die Arbeiten von J. Richard 23. und W. Vávra (31.), die ich übrigens bei der Zusammenstellung der Süßwasser-Arten gebührend berücksichtigt habe.

Übersicht der bis jetzt bekannten Cladoceren Südamerikas.

Arten	Argentinien	Brasilien	Chile	Falkland-Inseln	Paraguay	Patagonien	Peru	Uruguay
Chydorus Barroisi Rich. (S. D.)		*			+			
„ eurynotus Sars. (S.)		*						
„ flavescens n. sp. (D.)					+			
„ hybridus n. sp. (D.)						*		
„ Leonardi (King). (R. V.)		*	*					
„ patagonicus Ekm. (E. D.)						+		
„ Poppei Rich. (S. V. D.)		*	*		+			
„ pubescens Sars. (S.)	*							
„ sphaericus (O. F. M.), (R. V. S. M. D.)		*		*	+	?	*	
„ ventricosus Dad. (D.)						?		
Pleuroxus aduncus (Jur.). (R.)			*		.			
„ scopulifer (Ekm.). (E. D.)						+		
„ similis Vávr. (V. S. D.)	*		*	*	+	+		
„ ternispinosus Ekm. (E. D.)					+			
Alonella chlatratula Sars. (S. D.)		*			+			
„ dentifera Sars. (S. D.)		*			+			
„ diaphana (King). (R. S.)	*	*						
„ globulosa (Dad.). (D. R. S.)	*					?		
„ karua (King). (R. S. D.)	*	*	*		+			
„ lineolata Sars. (S.)		*						
„ nana (Baird). (W.)	*							
„ nitidula Sars. (S. D.)	*				+			
„ punctata (Dad.). (D.)					?			
Leptorhynchus dentifer n. sp. (D.)					+			
„ rostratus (C. K.). (D.)						+		
Dunhevedia odontoplax Sars. (R. V. S. D.)		*	*			?		
Dadaya macrops (Dad.). (S. D. St.)	*	*			+			

Arten	Argentinien	Brasilien	Chile	Falkland-Inseln	Paraguay	Patagonien	Peru	Uruguay
Graptoleberis testudinaria (Fish.). (S.)	.	*	.	.	.	.	.	.
Alona affinis Leyd. (D. S.).	.	*	.	.	+	.	.	.
30. „ anodonta n. sp. (D.).	.	.	.	.	+	.	.	.
„ Cambouei Gr. Rich. (D.)	.	.	.	.	+	+	.	.
„ costata Sars. (W.)	*	.	.	.	.	.	.	.
„ fasciculata n. sp. (D.)	.	.	.	.	+	.	.	.
„ glabra Sars. (R. S. E. D.)	*	.	*	.	+	.	.	.
35. „ guttata Sars. (V. S. D.)	.	*	*	*	+	+	.	.
„ Iheringi Sars. (S.)	.	*	.	.	.	.	.	.
„ intermedia Sars. (S. D.)	.	*	.	.	+	.	.	.
„ monacantha Sars. (S. D.)	.	*	.	.	+	.	.	.
„ Poppei Rich. (R. D.)	.	.	*	.	.	+	.	.
40. „ rectangula Sars. (S. D.)	.	*	.	.	+	.	.	.
„ verrucosa Sars. (S.)	.	*	.	.	.	.	.	.
Euryalona Colletti Sars. (S.)	.	*	.	.	.	.	.	.
„ fasciculata n. sp. (D.).	.	.	.	.	+	.	.	.
„ orientalis (Dad.). (D.)	.	.	.	.	+	.	.	.
45. „ tenuicaudis (Sars). (D.)	.	.	.	.	+	.	.	.
Pseudalona latissima (Kurz). (S. D.)	*	*	.	.	+	.	.	.
„ longirostris (Dad.). (S. D.)	.	*	.	.	+	.	.	.
Leydigia acanthocercoides (Fish.). (W. D. R.) .	*	.	.	.	+	.	.	.
„ Leydigi (Schoedl.). (D.).	.	.	.	.	.	+	.	.
50. „ parva n. sp. (D.)	.	.	.	.	+	.	.	.
Leydigiopsis curvirostris Sars. (S.)	.	*	.	.	.	.	.	.
„ megalops Sars. (S.)	.	*	.	.	.	.	.	.
„ ornata n. sp. (D.)	.	.	.	.	+	.	.	.
Acroperus harpae (Baird). (D.)	.	.	.	.	+	.	.	.
55. Camptocercus australis Sars. (S. E. D.) . . .	*	.	.	.	+	+	.	.
Streblocerus pygmaeus Sars. (S.).	.	*	.	.	.	.	.	.
Iliocryptus Halyi Brad. (V. S. D.)	*	*	*	.	+	.	.	.
„ sordidus Liev. (S. D.)	.	*	.	.	+	.	.	.
„ verrucosus n. sp. (D.).	.	.	.	.	+	.	.	.
60. Grimaldina Brazzai Rich. (S. D.)	.	*	.	.	+	.	.	.
Macrothrix cactus Vávr. (V.)	.	.	.	.	.	*	.	.
„ Chevreuxi Rich. (V.)	.	.	*	.	.	.	.	.
„ ciliata (Vávr.) (V.)	.	.	.	*	.	.	.	.
„ elegans Sars. (S. D.)	*	*	.	.	+	.	.	.
65. „ gibbera n. sp. (D.)	.	.	.	.	+	.	.	.
„ Goeldii Rich. (R.)	.	.	*	.	.	.	.	.
„ hirsuticornis Br. Nr. (V.)	*	.	.	.	.	.	.	.
„ inflata Dad. (D.)	.	.	.	.	.	+	.	.
„ laticornis (O. F. M.). (D. W.) . . .	*	.	.	.	+	.	.	.
70. „ magna Dad. (D.)	.	.	.	.	.	+	.	.
„ odontocephala Dad. (D.).	.	.	.	.	.	+	.	.

Arten	Argentinien	Brasilien	Chile	Falkland-Inseln	Paraguay	Patagonien	Peru	Uruguay
Macrothrix oviformis Ekm. (E.)						✻		
,, squamosa Sars. (S.)	✻							
Iheringula paulensis Sars. (S.)		✻						
75. Bosminopsis Deitersi Rich. (R. St.)	✻	✻						
Bosmina coregoni Baird. (E.)								
,, ,, var. chilensis Dad.								
,, cornuta (Jur.). (W.)	✻							
,, longirostris (O. F. M.). (D.)					...			
80. ,, macrostyla n. sp. (D.)					+			
,, obtusirostris Sars. (V.)				✻		✻		
,, tenuirostris n. sp. (D.)					+.			
,, Hagmanni St. (St.)		✻						
Bosminella Anisitsi Dad. (D.)					+.			
85. Moina ciliata n. sp. (D.)					...			
,, Wierzejskii Rich. (W.)	✻							
Moinodaphnia Macleayii (King). (S. D.)	✻	✻			+			
,, reticulata n. sp. (D.)					+			
,, brasiliensis St. (St.)		✻						
90. Scapholeberis aurita (Fisch.). (V. D.)			✻		+			
,, erinaceus Dad. (E.)					+			
,, mucronata (O. F. M.). (D.)					+			
,, spinifera Nicol. (N.)			✻					
,, ,, var. brevispina Rich. (R. E.)	✻	✻				✻		
95. Ceriodaphnia asperata Mon. (W.)	✻							
,, cornuta Sars. (D.)					+			
,, dubia Rich. (E. D.)								
,, pulchella Sars. (W.)	✻							
,, quadrangula P. E. M. (V.)	✻							
100. ,, reticulata (Jur.). (D.)	✻							
,, Rigaudi Rich. (S. D. St.)	✻	✻			...			
,, Silvestrii Dad. (D.)						.|		
,, solis Mon. (M.)							✻	
Simocephalus cacicus Mon. (M.)								
105. ,, capensis Sars. (V. S. D.)	✻	✻	✻		+			
,, congruens Ck. (V.)			✻			✻		
,, exspinosus Ck. (W.)	✻							
,, Iheringi Rich. (R. S. D.)	✻	✻						
,, vetulus (O. F. M.). (E. D.)								
110. Daphnia curvirostris v. insulana Mon. (D.)								
,, galeata v. microcephala Sars. (W.).	✻							
,, cavicervix Ekm. (E.)							+.	
,, commutata Ekm. (E.)								
,, hastata Sars. (D.)							+.	
115. ,, obtusa Kurz. (V.)	✻		✻				✻	✻

	Arten	Argentinien	Brasilien	Chile	Falkland-Inseln	Paraguay	Patagonien	Peru	Uruguay
	Daphnia obtusa var. propinqua Sars. (D.) . .			·	·		+	·	·
	„ „ var. latipalpa Mon. (R.) . . .	*	·	*	·		·	·	·
	„ Sarsi Dad. (D.)	·	·	·	·		+	·	·
	„ Silvestrii Dad. (D.)	·	·	·	·		+	·	·
120.	„ pulex De Geer. (W..D. L.)	*	*	·	·	+	+	·	·
	Diaphanosoma brachyurum (Lièv.). (D.) . . .	·	·	·	·	+	·	·	·
	„ brevireme Sars. (S. D.)	·	·	*	·	+	·	·	·
	„ chilense Dad. (D.)	·	·	·	+	·	·	·	·
	„ Sarsi Rich. (S. D.)	·	*	·	·	+	·	·	·
125.	Latonopsis breviremis n. sp. (D.)	·	·	·	·	+	·	·	·
	„ fasciculata n. sp. (D.)	·	·	·	·	+	·	·	·
	„ serricauda Sars. (R. S.)	·	·	*	·	·	·	·	·
	Parasida ramosa n. sp. (D.)	·	·	·	·	+	·	·	·
	„ variabilis n. sp. (D.)	·	·	·	·	+	·	·	·
130.	Holopedium amazonicum Sting. (St.)	·	*	·	·	·	·	·	·
		35	44	20	5	72	29	3	1

Diese Tabelle liefert zunächst den Nachweis, daß aus Südamerika derzeit die meisten *Cladocera*-Arten aus Paraguay bekannt sind, d. i. 72 Arten; hierauf folgen: Brasilien mit 44, Argentinien mit 35 und Patagonien mit 29 Arten. Der hier sich zeigende große Unterschied wird jedoch durch künftige Forschungen sicherlich vermindert, wenn nicht gar gänzlich ausgeglichen werden.

Die Daten dieser Tabelle liefern sodann den lebhaften Beweis dafür, daß das Gebiet von Südamerika den *Cladocera*-Arten ganz besonders günstig ist. Sodann wird durch diese Daten dargetan, daß seit dem Jahre 1900, als W. Vávra die tabellarische Zusammenstellung der bis dahin aus Südamerika bekannten 46 Arten veröffentlichte, die Anzahl der Arten durch die neueren Forschungen nahezu verdreifacht worden ist.

Nicht uninteressant wäre die Vergleichung der *Cladocera*-Fauna Südamerikas mit der Fauna der übrigen Weltteile, allein mit Rücksicht darauf, daß die Gebiete von Asien, Afrika und Australien in dieser Hinsicht nur sehr wenig bekannt sind und auch Nord- und Südamerika nicht als vollständig untersucht zu betrachten sind, muß ich es unterlassen, weil ich keine Endschlüsse ziehen will, die eventuell durch neuere Forschungen über den Haufen geworfen werden. Als positive Tatsache kann ich hier nur konstatieren, daß von den sämtlichen in Südamerika vorkommenden 188 *Cladocera*-Arten 65 auch aus anderen Weltteilen, 63 aber derzeit ausschließlich von südamerikanischen Fundorten bekannt sind. Südamerika ist somit hinsichtlich der charakteristischen *Cladocera*-Arten als sehr reich zu bezeichnen. Als eine für die Cladoceren-Fauna von Südamerika derzeit höchst charakteristische Tatsache aber ist zu konstatieren, daß es keinem der bisherigen Forscher gelungen ist, Repräsentanten

der beiden Familien *Leptodoridae* und *Polyphemidae* an südamerikanischen Fundorten aufzufinden. Ich halte es auch nicht für völlig ausgeschlossen, daß in der Tat kein einziger
Repräsentant dieser beiden Familien in Südamerika vorkommt, um so mehr, als auch von
tropischen Gebieten bisher keine Repräsentanten derselben verzeichnet worden sind.

Subord. **Branchiopoda.**

Die ersten Daten über die in Südamerika vorkommenden Branchiopoden bot W. Baird
1849 gelegentlich der Beschreibung von *Estheria brasiliensis* (I. p. 89. Taf. 11. Fig. 4 a—c.
Im Jahre 1889 hat W. Lilljeborg zwei fernere Arten beschrieben, und zwar *Branchinecta
Iheringi* und *Limnadia antillarum* Baird, beide von einem brasilianischen Fundorte (7.).
Ebenso hat W. Weltner 1890 die neue Art *Branchipus (Chirocephalus) cervicornis* von
einem brasilianischen Fundorte beschrieben (9.). Auch H. v. Iherings Publikation aus 1895
enthält einige Daten (6.). G. O. Sars hat 1902 aus Brasilien *Eulimnadia brasiliensis* (8.).
E. v. Daday aber aus Patagonien *Limnetis rotundirostris* und *Branchinecta granulosa*
beschrieben (5.).

Laut der hier erwähnten Daten muß die Fauna von Südamerika hinsichtlich des Subordo *Branchiopoda* als derzeit recht arm bezeichnet werden. Auch bei meinen jüngsten
Untersuchungen habe ich trotz des vorgelegenen sehr reichen Planktonmaterials bloß eine
und zwar die nachstehende Art aufgefunden.

Fam. **Limnadidae.**

Von dieser kosmopolitischen Familie sind aus Südamerika bisher die Repräsentanten
von vier Gattungen bekannt, darunter die Gattung *Estheria* mit zwei Arten, deren eine ich
bei meinen Untersuchungen vorgefunden habe.

Gen. **Estheria** Rüppel.

287. **Estheria Hislopi** Baird.

(Taf. XV, Fig. 1—10.)

Estheria Hislopi Baird, W., 3, p. 232, Taf. LXIII, Fig. 1 a—b.
Limnadia Hislopi Brady, St., 4, p. 29. Taf. XXXVII, Fig. 1—3.

Die Schale (Taf. XV, Fig. 1) ist, von der Seite gesehen, kurz, breit eiförmig, vorn
breiter gerundet als hinten; der Vorderrand ist nahe zum Rückenrand vertieft und bildet
mit dem Rückenrand einen gerundeten, ziemlich auffallenden Höcker. Der Rückenrand ist
gerade, senkt sich indessen hinten abschüssig gegen den Hinterrand, in welchen er unmerklich übergeht. Der Hinterrand ist ober der Mittellinie des Körpers ziemlich scharf gerundet
und geht bogig abschüssig, ohne Abgrenzung in den Bauchrand über. Der Bauchrand ist
stumpf und breit gerundet (Taf. XV, Fig. 1).

Von oben gesehen gleicht die Schale einem Kahn, ist in der Mitte am breitesten,
das vordere Ende ist spitziger als das hintere; die linke Schale erscheint kürzer als die
rechte und ist gerundet (Taf. XV, Fig. 2).

An der Oberfläche der Schalen zeigen sich 2—3 Zuwachslinien, im übrigen ist die Schale fein granuliert (Taf. XV, Fig. 1).

Der Stirnrand des Kopfes ist nahezu gleichmäßig stumpf bogig, unter dem Auge indessen etwas ausgebuchtet, die obere Ecke gespitzt. Die untere Ecke von der Seite gesehen breit gerundet, sägeartig (Taf. XV, Fig. 4). Der am Kopf zur Seite hinziehende Fornix ist ober dem Auge wellenrandig, verläuft vor dem Auge bogig bis zum unteren Kopfende, bildet unmittelbar ober dem Auge eine Bucht und geht in eine etwas gerundete Spitze aus. Von vorn gesehen gleicht der Kopf einigermaßen einer Lanzette, das obere und untere Ende sind gleich gespitzt, beim Auge am breitesten, unter dem Auge viel schmäler als ober demselben (Taf. XV, Fig. 3). Der Teil ober dem Auge ist viel länger als der unter demselben.

Die ersten Antennen sind ungegliedert, keulenförmig, was darauf hinweist, daß meine Exemplare insgesamt jung waren (Taf. XV, Fig. 10). Dafür spricht der Umstand, daß G. O. Sars bei jungen Exemplaren von *Estheria Packardi* die ersten Antennen gleichfalls ungegliedert und keulenförmig gefunden hat.

Der Stamm des zweiten Antennenpaares ist mehrfach geringelt; in der Mitte des Vorderrandes sitzen auf einer höckerartigen Erhöhung eine kräftigere und eine schwächere Borste und in derén Nähe noch eine alleinstehende kleine Borste. Nahe der distalen vorderen Spitze erhebt sich ein viereckiger, säulenförmiger Fortsatz, an dessen Spitze und Seiten mehrere Borsten aufragen (Taf. XV, Fig. 8), die distale vordere Spitze selbst ist höckerartig vorstehend und mit fünf Borsten bewehrt. Der vordere oder untere Ast ist aus 7 Gliedern zusammengesetzt, an den drei proximalen Gliedern ist die vordere Ecke höckerartig erhöht und mit 3—5 Borsten besetzt; die folgenden vier Glieder sind cylindrisch, fast gleich lang, an den distalen Ecken mit Borsten besetzt; am Ende des letzten Gliedes sitzen zwei lange und eine kurze Borste und auch an der Vorderseite zeigt sich eine Borste (Taf. XV, Fig. 8).

Der hintere bezw. obere Ast ist gleichfalls aus 7 Gliedern zusammengesetzt; die Glieder sind cylindrisch, fast gleich lang und tragen mit Ausnahme des ersten, an der vorderen Ecke je eine Borste, ebenso auch an der hinteren Ecke, diese Borsten sind indessen weit länger; am Ende des letzten Gliedes sitzen drei lange und eine kurze Borste (Taf. XV, Fig. 8).

Das Auge ist groß und besteht aus zahlreichen Linsen. Der Pigmentfleck liegt nahe am Auge und ist rund. Das Stirnorgan ist schlauchförmig (Taf. XV, Fig. 4).

Die Anzahl der Füße ist veränderlich, ich fand nämlich Exemplare mit 11—15 Fußpaaren.

Am ersten Fußpaar gleicht die distale Hälfte des Exopodits einem schmalen Bande, die Spitze ist gerundet, beide Ränder sind beborstet; die Spitze der proximalen Hälfte ist spärlich beborstet und annähernd viereckartig verbreitert (Taf. XV, Fig. 6). Von den Lappen des Endopodits gleicht das distale einem breiten Blatt, während die übrigen kaum vorragen; am Maxillarfortsatz ragt ein kräftiger Dorn und eine mächtige, sichelförmige Borste aus den kürzeren Randborsten hervor (Taf. XV, Fig. 6). An den nachfolgenden Füßen werden die distálen Lappen des Endopodits allmählich kleiner, während die übrigen stets schärfer eingeschnürt sind (Taf. XV, Fig. 7). An den hintersten Füßen ist das Exopodit sehr verkürzt, die distale Partie ist auffällig verbreitert, die proximale dagegen stark verschmälert; die Lappen des Endopodits sind insgesamt kleiner geworden (Taf. XV, Fig. 5).

Am Rücken der hinteren Rumpfsegmente entspringen fingerförmige Fortsätze, an deren Spitze 2—4 Borsten sitzen (Taf. XV, Fig. 9). Die Borsten des Abdomens sind länger als die des Postabdomens.

Das Postabdomen ist annähernd keilförmig, gegen das distale Ende verschmälert; an der vorderen bezw. unteren Endspitze sitzt ein kräftiger Dorn, am hinteren bezw. oberen Rand erheben sich in verschieden großer Entfernung voneinander sechs lange, krallenförmige Kutikularfortsätze, die nach oben allmählich kürzer werden; an der Basis des untersten, längsten Krallenfortsatzes sitzen fünf gefiederte Dornen in einer Reihe. Der Oberrand der Krallenfortsätze ist mit kleinen Dornen bewehrt (Taf. XV, Fig. 9). An beiden Seiten des Postabdomens erheben sich zerstreute Bündel kleiner Borsten. Die Endkrallen sind nur ganz wenig gekrümmt, ihre Basis spärlich beborstet, der Hinter- bezw. Oberrand mit kräftigen kurzen Borsten besetzt (Taf. XV, Fig. 9).

Die Länge der Schale beträgt 1,2—2,5 mm, die größte Höhe 0,9—1,6 mm.

Fundorte: Zwischen A r e g u a und L u g u a, Inundationstümpel des Yuguariflusses; A s u n c i o n, Lagune (Pasito) und Inundationen des Paraguayflusses.

Diese Art war bisher bloß aus Südasien bekannt; W. B a i r d hat sie nämlich aus der Umgebung von Nagpur beschrieben und wie es scheint, waren seine Exemplare geschlechts-reife Weibchen. S t. B r a d y beschrieb sie von Ceylon, allein seine Exemplare waren noch ziemlich jung und mochten ungefähr in demselben Entwickelungsstadium gestanden sein wie die meinigen, was aus einer Vergleichung meiner Abbildungen mit den B r a d y schen leicht ersichtlich wird. Dem Altersunterschied ist die Abweichung zuzuschreiben, welche sich zwischen den Exemplaren von W. B a i r d, sowie von S t. B r a d y und mir hinsichtlich der Schalenform zeigt; zudem setzt die Struktur des Postabdomens die Zusammengehörigkeit der von den dreierlei Fundorten herstammenden Exemplare außer allen Zweifel. Die Bündel feiner Borsten, welche sich am Postabdomen der paraguayischen zeigen, sind nicht als unter-scheidende Merkmale aufzufassen, denn es ist sehr wahrscheinlich, daß dieselben der Be-achtung von W. B a i r d und S t. B r a d y entgangen sind.

IV. Ostracoda.

Ord. Ostracoda.

Die ersten Aufzeichnungen über die in der Fauna von Südamerika vorkommenden Ostrakoden fanden sich in einer Publikation von H. Nicolet aus dem Jahre 1849, welche die Beschreibung dreier Arten *(Cypris violacea, Cyp. bimaculata* und *Cyp. ochracea)* enthält (21.). In der Arbeit von W. Baird aus 1850 sind nebst der Beschreibung von *Cypris Donnettii* die nächstfolgenden Daten publiziert (1. p. 254. Taf. XVIII); und zwar derselbe Forscher hat 1862 eine fernere Art, *Cypris Wereauxi*, aus Chile beschrieben (3. p. 1. Taf. I).

In dem 1852 erschienenen großen Werke von J. D. Dana finden sich gleichfalls südamerikanische Arten, und zwar folgende drei: *Cypris speciosa, Cypr. chilensis* und *Candona albida* (10.). J. Lubbock hat 1854 von südamerikanischen Fundorten zwei Arten beschrieben, und zwar *Cypris australis* und *Cypris brasiliensis* (15.). Die Arbeiten von W. Taxon und R. Moniez aus den Jahren 1876 und 1889 schildern je eine Art aus Titicaca (11.). Die gleichzeitig, 1892, erschienenen Publikationen von C. Claus und A. Wierzejski enthalten sehr wertvolle Daten. C. Claus bietet nämlich aus Argentinien und Venezuela die Beschreibung von *Acanthocypris bicuspis* und *Pachycypris incisa* (7.), während A. Wierzejski von argentinischen Fundorten sieben Arten schildert, wovon die neue *Cypris limbata* identisch ist mit der C. Clausschen *Pachycypris incisa* (32.).

W. Vávra bringt 1898 die Beschreibung von acht neuen Arten aus Chile und Magelhaensland, sowie außerdem das Verzeichnis der von verschiedenen Territorien Südamerikas bis dahin bekannt gewordenen Arten (31.).

Allein all diese Forscher wurden durch G. O. Sars weit überflügelt, insofern derselbe in seiner Publikation aus 1901 die Beschreibung von 21 Arten bringt (25.). Die Arten sind größtenteils nicht neu, denn nachgerade stellte es sich heraus, daß die als neu beschriebenen Arten bereits von einem oder dem andern der früheren Forscher bekannt gemacht worden sind. So findet man unter den G. O. Sarsschen neuen Arten welche, die bereits von C. Claus und A. Wierzejski beschrieben worden waren.

Die neuesten diesbezüglichen Angaben findet man in der Arbeit von E. v. Daday aus 1902, in welcher die Beschreibung von sieben Arten patagonischer Herkunft enthalten ist (9.). Von den beschriebenen Arten verdient besonders *Darwinula setosa* Dad. größere Beachtung, insofern sie die erste aus Südamerika verzeichnete Art der Familie *Darwinulidae* ist.

Bei meinen derzeitigen Untersuchungen habe ich aus den Familien *Cypridae* und *Cytheridae* die nachstehenden Arten vorgefunden.

Fam. **Cypridae.**

Die hierher gehörigen Arten wurden von den früheren Forschern zusammengefaßt und erst G. W. Müller war es, der 1894 dieselben auf Grund anatomischer Verhältnisse in die zwei Subfamilien *Cyprinae* und *Pontocyprinae* abteilte, deren erstere unter anderen auch die Süßwasser-Gattungen und Arten in sich faßt (18.).

In seinem 1901 erschienenen Werke „Ostracoda Hungariae" hat E. v. Daday '8., bei der Gruppierung der sämtlichen bis dahin bekannten Gattungen und Arten der Familie *Cypridae* in Subfamilien, die Struktur der zwei letzten Glieder des zweiten Fußpaares zur Richtschnur genommen und auf Grund dessen folgende drei Subfamilien aufgestellt:

1. *Cyprinae.* Am zweiten Fußpaar trägt das vorletzte Glied einen fingerförmigen, kissenartigen Fortsatz und in der Regel auch ein kammartiges Gebilde; das letzte Glied ist mit einem schnabelförmigen Fortsatz, einer nach vorn und unten gerichteten Borste und mit zwei verschieden starken, nach hinten gekrümmten Krallen bewehrt.

2. *Candoninae.* Am zweiten Fußpaar trägt das vorletzte Glied keinen kissenartigen Fortsatz und kein kammartiges Gebilde. An der Spitze des letzten Gliedes desselben Fußpaares erheben sich eine lange, nach vorn und unten gerichtete, sowie zwei verschieden lange, nach hinten ragende Borsten.

3. *Pontocyprinae.* Am zweiten Fußpaar trägt das vorletzte Glied keinen fingerförmigen, kissenartigen Fortsatz und kein kammartiges Gebilde. An der Spitze des letzten Gliedes desselben Fußpaares erheben sich drei, gerade nach oben gerichtete Borsten, deren eine kräftiger und gekrümmt ist.

A. Kaufmann hat in seiner 1900 erschienenen kleinen Arbeit (12.), sowie in seinem großen Werke über die Cypriden und Darwinuliden der Schweiz die Familie *Cypridae* bereits in folgende acht Subfamilien eingeteilt: 1. *Notodromadinae,* 2. *Herpetocypridinae,* 3. *Cypridinae,* 4. *Cypridopsinae,* 5. *Cyclocypridinae,* 6. *Iliocypridinae,* 7. *Candoninae,* 8. *Pontocyprinae.* Von diesen Subfamilien bilden die *Herpetocyprinae, Cyprinae* und *Cypridopsinae* zusammen die E. v. Dadaysche Subfamilie *Cyprinae,* wogegen die *Notodromadinae, Cyclopridinae, Iliocypridinae* und *Candoninae* zusammen der Dadayschen Subfamilie *Candoninae* entsprechen.

Ich halte die in meinem Werke aus dem Jahre 1900 entwickelte Auffassung auch heute aufrecht, denn ich halte die von A. Kaufmann geschilderten Subfamilien-Merkmale nicht für wesentlich genug zu einer so kleinlichen Zersplitterung der Subfamilien, die weniger zu einer leichteren Unterscheidung der Arten, als vielmehr zu einer Überbürdung des Systems und der Nomenklatur führt.

Subfam. **Cyprinae.**

Wie ich in meiner Monographie der Ostrakoden Ungarns (8. p. 124` nachgewiesen habe, läßt sich diese Subfamilie auf Grund der Struktur des zweiten Fußpaares und der allgemeinen Organisationsverhältnisse in zwei große Gruppen abteilen, und zwar in die der *Ctenocyprina* und der *Cypridiformia.* In die *Ctenocyprina*-Gruppe gehören all jene *Cypridae*-Arten, an welchen das letzte Glied des zweiten Fußpaares ein gut entwickeltes kamm-artiges Gebilde trägt, die Hepatopankreas- und Genitaldrüsen aber tief in den Bestand der

Schalenwandung eindringen. Die *Cypridiformia*-Gruppe hingegen umfaßt all jene *Cypridae*-Arten, an welchen das letzte Glied des zweiten Fußpaares kein kammartiges Gebilde trägt und die Hepatopankreasdrüsen nur ganz wenig in den Bestand der Schalenwandung eindringen.

Trib. **Ctenocyprina.**

Eine an Gattungen und Arten sehr reiche Gruppe, allein betreffs der Gattungen läßt sich meiner Meinung nach eine bedeutende Reduktion durchführen, ja dieselbe ist sogar notwendig. Seit der Zeit, als W. Baird 1850 von dem O. F. Müllerschen Genus *Cypris* das Genus *Candona* absonderte, wurde das erste hierhergehörige neue Genus von H. v. Saussure 1858 unter dem Namen *Chlamydotheca* aufgestellt (27.), dessen genauere Charakteristik W. Vávra 1891 geboten hat (31. p. 16), und darnach werden die Merkmale desselben durch die drei kräftigen Krallen des zweiten Maxillarfortsatzes und die an der Spitze des zweiten Gliedes des ersten Fußpaares sich erhebenden zwei kräftigen Borsten gebildet.

St. G. Brady hat 1885 unter dem Namen *Cyprinotus* ein neues Genus aufgestellt und als wichtigste Merkmale desselben den wulstigen Kutikularsaum und den Rückenlappen der linken Schale, sowie den Zackenrand der rechten Schale bezeichnet.

Im Jahre 1889 stellte F. Stuhlmann das Genus *Strandesia* auf (28. p. 1255—1269), dessen Charaktere in dem Kämmchen am Rückenrand der rechten Schale, sowie in dem breiten Kutikularsaum und der Wulstreihe der linken Schale bestehen. In demselben Jahre hat auch G. O. Sars ein neues Genus beschrieben, und zwar *Stenocypris*, dessen Arten durch die langen, niedrigen Schalen, die Verschiedenheit der Furcalanhänge und den Mangel an Randborsten charakterisiert sind (22. p. 27). Allein auch in seinen späteren Arbeiten stellte G. O. Sars eine oder die andere neue Gattung auf; so 1894 die Gattungen *Candonocypris* und *Iliodromus*, die hinsichtlich ihrer Organisationsverhältnisse übereinstimmen mit dem von Brady-Norman 1889 aufgestellten Genus *Herpetocypris*, bloß in der Struktur der Schale und des letzten Gliedes des Palpus maxillaris zeigt sich einige Verschiedenheit (23. p. 34. 38). 1895 hat Sars von einem afrikanischen Fundort das Genus *Cypricercus* beschrieben, welches sich von dem Genus *Cypris = Eucypris* nur hinsichtlich der Anordnung des männlichen Genitalorgans bezw. der Hoden unterscheidet. In seiner Arbeit aus 1901 charakterisiert er die Gattungen *Neocypris* und *Amphicypris*, welche letztere, wie der Autor selber bemerkt, der Gattung *Stenocypris* durchaus gleicht, allein die Furcalanhänge sind gleich, die Vermehrung aber erfolgt durch Befruchtung und eigentlich bildet dies den wichtigsten Gattungscharakter; wogegen die Merkmale der Gattung *Neocypris* in der größeren linken Schale, den langen, fingerförmigen Maxillarfortsätzen, den gleichförmig entwickelten Furcalanhängen und hauptsächlich in der parthenogenetischen Vermehrung beruhen. Unter den Arten dieser Gattung befinden sich übrigens auch solche, welche die Merkmale der F. Stuhlmannschen Gattung *Strandesia* und der C. Claussschen, unten zu schildernden Gattung *Acanthocypris* aufweisen (26. p. 16. 29). Schließlich hat er 1903 die neue Gattung *Hemicypris* aufgestellt, welche hinsichtlich der Organisationsverhältnisse mit der Gattung *Cyprinotus* Brady übereinstimmt und nur in der Struktur der Schalen einige Abweichung aufweist; ihr wichtigstes Gattungsmerkmal ist übrigens, laut G. O. Sars, die parthenogenetische Fortpflanzung (26. p. 24).

In ihrem großen Werk haben St. G. Brady und A. Norman 1889 die hierher gehörigen Arten in die Gattungen *Cypris, Scottia, Herpetocypris* und *Prionocypris* zusammengefaßt und in ersterer diejenigen vereinigt, bei welchen die Ruderborstenbündel bis zur Spitze der Endkrallen des zweiten Antennenpaares oder noch darüber hinausreichen, in die drei letzteren aber diejenigen Arten untergebracht, bei welchen das Ruderborstenbündel nicht bis zur Spitze der Endkrallen des zweiten Antennenpaares reicht, also im Verhältnis verkümmert ist; die einzelnen Gattungen unterscheiden sich übrigens nur in der Form und Struktur der Schalen voneinander.

W. Vávra befaßte sich in mehreren seiner Publikationen mit der Würdigung der zu dieser Gruppe gehörigen Gattungen, hat aber seine Ansicht von Zeit zu Zeit ziemlich stark geändert; so z. B. akzeptiert er in seinem monographischen Werk aus dem Jahre 1891 in großen Zügen die Brady-Normansche Gattungs-Einteilung aus 1889, arbeitete sie sogar noch bestimmter aus, insofern er die Gattungen *Herpetocypris* und *Eucypris* scharf charakterisiert und letztere an Stelle der Brady-Normanschen Gattung *Cyris* stellt (29.), die Gattungen *Scottia* und *Prionocypris* aber mit Stillschweigen übergeht. In einer späteren Arbeit, in welcher er die Ostrakoden von Zanzibar beschreibt (1895), läßt er nur das O. F. Müllersche Genus *Cypris* als Gattung gelten, in deren Rahmen er indessen vier Subgenera aufstellt, und zwar die folgenden: 1. *Stenocypris* Sars, 2. *Centrocypris* Vávr., 3. *Strandesia* Stahlm., 4. *Cypris* s. str. Unter den Genuscharakteren finden wir das gut entwickelte Bündel langer Ruderborsten des zweiten Antennenpaares, die mit sechs Borsten versehene Kiemenlamelle des Maxillarfußes und die zweikrallige Furca. Das Subgenus *Stenocypris* wird dadurch charakterisiert, daß die hintere Borste der Furcalanhänge fehlt und die beiden Furcalanhänge nicht gleicher Struktur sind, und ebendasselbe charakterisiert die *Stenocypris*-Gruppe gegenüber der *Acocypris*-Gruppe, deren beide Furcalanhänge von gleicher Struktur sind (29a). Das wichtigste Merkmal des Subgenus *Centrocypris* sind die entfernt voneinanderstehenden Augen. Die Merkmale des Subgenus *Strandesia* sind mit demjenigen des Stuhlmannschen Genus *Strandesia* identisch; die Merkmale des Subgenus *Cypris* faßt W. Vávra nicht zusammmen (29a). Bei der Beschreibung der deutsch-ostafrikanischen Ostrakoden (1896) behält er das Genus *Cypris* bei, innerhalb desselben aber akzeptiert er außer den bereits skizzierten Untergattungen *Stenocypris* und *Cypris* auch noch das Subgenus *Cyprinotus* Brady mit den Gruppen *Cyprinotus* s. str. und *Heterocypris* Cls.; letztes Subgenus, samt seinen beiden Gruppen, stimmt hinsichtlich der Organisationsverhältnisse mit dem Subgenus *Cypris* s. str. überein und weicht bloß in der Struktur der Schalen davon ab. In dem Subgenus *Cypris* s. str. unterscheidet er gleichfalls zwei Gruppen, die deren einer das 3. und 4. Glied der ersten Füße verwachsen, bei der anderen hingegen getrennt sind. Schließlich hat er 1898 bei der Besprechung südamerikanischer Ostrakoden von dem Genus *Cypris* noch die Subgenera *Herpetocypris* und *Chlamydotheca* abgesondert, bezw. ersteres von seinem früheren Range als Genus degradiert, letzteres aber mit dem noch zu schildernden C. Clausschen Genus *Pachycypris* vereinigt (30. p. 16).

In einer Publikation aus dem Jahre 1892 hat C. Claus (7.) aus dieser Gruppe auf einmal drei neue Gattungen aufgestellt, und zwar *Acanthocypris, Pachycypris* und *Heterocypris*. Der Charakter der ersteren Gattung, *Acanthocypris*, beruht eigentlich bloß in dem Kämmchen, welches sich am Rückenrand der rechten Schale erhebt, ebenso wie bei der

Stuhlmannschen Gattung *Strandesia*, die somit Synonyma sind. Die Merkmale der Gattung *Pachycypris* sind folgende: Der Vorderrand der Schalen hat einen Lippenanhang, allein der linke ist kürzer und am ersten Kaufortsatz der Maxillen erheben sich drei kräftige Krallen, deren eine Sägezähne aufweist. Übrigens wurde diese Gattung, wie bereits erwähnt, schon von W. Vávra mit der Gattung *Chlamydotheca* Sauss. identifiziert, nachdem am proximalen zweiten Gliede des ersten Fußpaares die zwei Endborsten vorhanden sind. Die Merkmale der Gattung *Heterocypris* beruhen darin, daß der Kutikularsaum der rechten Schale vorn gezackt und schmal ist, die linke Schale aber Porenkanäle zeigt, sowie daß zweierlei Geschlechtsindividuen vorkommen; welche Merkmale übrigens vollständig auf die St. G. Bradysche Gattung *Cyprinotus* passen, mithin die beiden synonym sind, worauf schon W. Vávra, E. v. Daday und A. Kaufmann hingewiesen haben (13.).

In seiner Arbeit über die Ostrakoden von Madagaskar und Ostafrika behandelt G. W. Müller 1898 folgende Gattungen als selbständige: *Cypris* (O. F. M.), *Stenocypris* Sars, *Cyprinotus* Brady, *Centrocypris* Vávr., *Acocypris* Vávr. und *Eurycypris* G.W. Müll.; das wichtigste Merkmal der letzteren erblickt er darin, daß am ersten Fußpaar das dritte und vierte Glied verwachsen sind, und weist zugleich nach, daß *Cypris pubera* (O.F.M.) und *Cypris puberoides* Vávr. in diese Gattung gehören.

A. Kaufmann bespricht 1900 in seinem großen monographischen Werk als hierhergehörige Gattungen die folgenden: *Cypris* O. F. Müll., *Dolerocypris* Kauf., *Herpetocypris* Brd. No., *Prionocypris* Br. No., *Iliodromus* Sars und *Microcypris* Kauf., von welchen die beiden ersten Gattungen wegen des Bündels langer Ruderborsten am zweiten Antennenpaar die Subfamilie *Cypridinae*, die übrigen hingegen wegen des kurzen Borstenbündels die Subfamilie *Herpetocypridinae* bilden. Zwischen den Gattungen *Cypris* und *Dolerocypris* besteht der Hauptunterschied darin, daß bei letzterer das proximale zweite Glied des ersten Fußpaares mit zwei Borsten bewehrt ist, ebenso wie bei den *Chlamydotheca*-Arten, und die Randborste der Furcalanhänge neben die hintere Kralle gerückt ist. Die Charaktere sämtlicher in die Subfamilie *Herpetocypridinae* gestellter Gattungen sind so verschwommen, daß sich ein generischer Unterschied nicht machen läßt; so z. B. unterscheidet sich die Gattung *Iliodromus* von *Herpetocypris* und *Microcypris* nur dadurch, daß an den Furcalanhängen die Randborste zu einer Kralle erstarkt ist, die Gattung *Microcypris* aber weicht von den übrigen Gattungen darin ab, daß am proximalen zweiten Gliede des ersten Fußpaares sich nur eine Endborste befindet (13.).

In seiner 1900 erschienenen Monographie der Ostrakoden Ungarns befaßt E. v. Daday sich eingehend mit den Gattungen dieser Gruppe, und seiner Ansicht nach sind folgende als gut charakterisiert zu betrachten: *Cypris* (O. F. M.), *Eucypris* (Vávr.), *Herpetocypris* (Br. No.), *Centrocypris* Vávr., *Cypricercus* Sars und *Cyprois* (Zenk); wogegen die übrigen Gattungen bezw. Untergattungen bloß als Synonyme zu gelten haben (8.).

Bei der Unterscheidung und Charakterisierung der aufgeführten Arten zieht er in erster Reihe die Struktur der Augen, in zweiter Reihe aber die Entwickelung des Ruderborstenbündels des zweiten Antennenpaares in Betracht. Bei der ferneren Unterscheidung betrachtet er die Struktur des ersten und zweiten Fußpaares, sowie des männlichen Genitalorgans für maßgebend, und auf Grund all dessen stellt er folgenden Schlüssel zur Unterscheidung der Gattungen zusammen:

1. Die Augen sind voneinander entfernt, der Kiemenanhang der Maxillarfüße trägt sechs Borsten; der innere Ast des ersten Fußpaares ist viergliederig, der des zweiten dreigliederig; die Furcalanhänge sind gut entwickelt *Centrocypris* Vávr. Die Augen sind miteinander verwachsen 2

2. Das Ruderborstenbündel des zweiten Antennenpaares überragt die Länge des vorletzten Gliedes bedeutend 3
   Das Ruderborstenbündel des zweiten Antennenpaares überragt die Länge des vorletzten Gliedes nicht; der innere Ast des ersten Fußpaares ist vier-, der des zweiten dreigliederig . . . . *Herpetocypris* (Br. No.).

3. Die Genitalorgane sind auf die hintere Schalenhälfte beschränkt 4
   Das männliche Genitalorgan erstreckt sich in der ganzen Schalenlänge und ist vorn gewunden . . . . *Cypricercus* Sars.

4. Am ersten Fußpaar ist das dritte und vierte Glied gesondert 5
   Am ersten Fußpaar ist das dritte und vierte Glied verwachsen *Cypris* (O. F. M.).

5. Am zweiten Fußpaar besteht der Apicalteil aus drei Gliedern *Eucypris* (Vávr.).
   Am zweiten Fußpaar besteht der Apicalteil aus vier Gliedern *Cyprois* (Zenk).

Wie aus dieser kurzen Darstellung hervorgeht, hat der größte Teil der Forscher bei der Aufstellung von Gattungen entweder nur die Struktur der Schalen, oder aber untergeordnete Charaktere, die fast nur den Wert von Speciesmerkmalen besitzen (Beschaffenheit, Situierung, Mangel der Furcal-Randborsten; Verschiedenheit der Furcalanhänge; Zahl und Struktur gewisser Dornen und Borsten an den verschiedenen Anhängen der Gliedmaßen; das Auftreten von Individuen zweierlei Geschlechts) in Betracht gezogen. Ich meinerseits halte meine frühere (1900) Auffassung aufrecht und behalte in der *Ctenocyprina*-Gruppe auch jetzt bloß die Gattungen *Centrocypris* Vávr., *Cypris* (O. F. M.), *Eucypris* (Vávr.), *Herpetocypris* (Br. No.), *Cypricercus* Sars und *Cyprois* (Zenk) bei, bezw. erhebe die von W. Vávra bloß als Subgenus betrachtete *Centrocypris*-Gruppe zum Range eines Genus, lasse das Sarssche Genus *Cypricercus* unangetastet, wogegen ich die Gattungen *Cypris* (O. F. M.), *Eucypris* (Vávr.) und *Herpetocypris* (Br. No.) in Nachstehendem von Grund auf rekonstruiert habe.

Das Genus *Cypris* umfaßt all jene Arten, bei welchen das dritte und vierte Glied des ersten Fußpaares miteinander verwachsen sind, das zweite Antennenpaar ein Bündel langer Ruderborsten trägt und die Furcalanhänge gut entwickelt sind. Dies Genus umfaßt somit auch die Arten des G. W. Müllerschen Genus *Eurycypris*. Den O. F. Müllerschen Genusnamen aber ziehe ich aus dem Grunde dem G. W. Müllerschen *Eurycypris* vor, weil die Brady-Normansche Bezeichnung *Herpetocypris* und die W. Vávrasche *Eucypris* früheren Datums ist, an deren Stelle daher der Name *Cypris* zu Gunsten der *Eurycypris* nicht gesetzt werden kann, der Name *Cypris* aber durchaus nicht aus der Nomenklatur gestrichen werden darf. Zudem ist von den durch O. F. Müller aus dem Genus *Cypris* beschriebenen Arten *Cypris pubera* viel häufiger und auffallender als die übrigen.

In den Bereich des Genus *Herpetocypris* gehören all jene Arten, an deren erstem Fußpaar das dritte und vierte Glied gesondert sind, das zweite Antennenpaar ein kurzes

Ruderborstenbündel trägt und die Furcalanhänge gut entwickelt sind. Dies Genus umfaßt außer den schon früher in dem Genus *Herpetocypris* vereinigten Arten alle jene, welche in dem Rahmen der Gattungen *Scottia* Br. No., *Candonocypris* Sars, *Iliodromus* Sars, *Prionòcypris* Br. No. und *Microcypris* Kauf. beschrieben worden sind. Die Arten der eigentlichen Gattung *Herpetocypris* und der Gattung *Prionocypris* unterscheiden sich nämlich nach den Diagnosen von A. Kaufmann außer der Struktur der Schale nur darin, daß bei ersterer die kräftigen Dornen der Maxillen gezähnt, bei letzterer hingegen glatt sind. Die Arten der Gattungen *Candonocypris* und *Iliodromus* weichen von jenen der übrigen Gattungen rein nur durch die Form und Behaarung des letzten Gliedes des Maxillartasters ab, außerdem ist bei den *Iliodromus*-Arten die Randborste der Furcalanhänge zu einer Kralle erstarkt. Schließlich herrscht zwischen der Gattung *Microcypris* Kauf. und der eigentlichen Gattung *Herpetocypris* nach der Diagnose von A. Kaufmann nur der Unterschied, daß bei ersterer das Stammglied des ersten Fußpaares bloß eine Borste trägt.

Zu dem Genus *Eucypris* ziehe ich all jene Arten, an deren erstem Fußpaar das dritte und vierte Glied voneinander gesondert sind, das zweite Antennenpaar ein langes Ruderborstenbündel trägt und die Furcalanhänge gut entwickelt sind. Über die hierhergehörigen Arten bietet nachstehendes Synonymen-Verzeichnis Aufschluß; ich hielt die Zusammenstellung desselben für angezeigt teils wegen der Mannigfaltigkeit desselben, teils aber, weil die von mir beobachteten Arten insgesamt Repräsentanten dieser Gattung sind.

Gen. Eucypris (Vávra) Dad.

Cypris Auct. pro parte.
Chlamydotheca Saussure, H. v., 27.
Cyprinotus Brady, St. G., 11a, p. 301.
Strandesia Stuhlmann, F., 28, p. 1255—1269.
Stenocypris Sars, G. O., 22, p. 27.
Heterocypris Claus, C., 7, p. 198.
Pachycypris Claus, C., 7, p. 201.
Acanthocypris Claus, C., 7, p. 196.
Acocypris Vávra, W., 30, p. 17.
Eucypris Daday, E. v., 8, p. 132.
Cypris Kaufmann, A., p. 264.
Dolerocypris Kaufmann, A., 13, p. 277.
Amphicypris Sars, G. O., 25, p. 16.
Neocypris Sars, G. O., 25, p. 19.
Cypris Sars, G. O., 25, p. 20 pro parte.
Hemicypris Sars, G. O., 26, p. 24.
Leptocypris Sars, G. O., 26, p. 28.

Aus der Fauna von Südamerika ist dies Genus schon sehr lange bekannt, weil es anzunehmen ist, daß die von H. Nicolet, W. Baird, J. D. Dana und J. Lubbock in der ersten Hälfte des vorigen Jahrhunderts unter dem Gattungsnamen *Cypris* beschriebenen Arten hierher gehören. Auch R. Moniez und A. Wierzejski haben die von ihnen gefundenen Arten als Repräsentanten der Gattung *Cypris* beschrieben. C. Claus führt 1892 die hierhergehörigen Arten schon als Repräsentanten der Gattungen *Acanthocypris* und

Pachycypris vor. W. Vávra beschreibt 1898 eine von ihm gefundene Art im Bereich des Subgenus *Chlamydotheca* im Genus *Cypris*, wogegen G. O. Sars die hierher gehörigen Arten in die Gattungen *Amphicypris* Sars, *Cypris* O.F.M. und *Neocypris* Sars gruppierte.

Um das in Obigem zusammengestellte Synonymen-Verzeichnis entsprechend zu motivieren, möchte ich kurz nur folgendes bemerken:

1. Die Überflüssigkeit der Gattungen bezw. Untergattungen *Cyprinotus* Brady, *Heterocypris* Cls., *Amphicypris* Sars und *Hemicypris* Sars wird meiner Ansicht nach genügend dargetan dadurch, daß die Arten derselben sich nur in der Struktur der Schale, bezw. in der zweigeschlechtlichen Fortpflanzung von einem großen Teil der Arten des Genus *Eucypris* zu unterscheiden scheinen. Daß dieser Unterschied jedoch durchaus nicht hinreichend ist zur Unterscheidung der Gattungen, das wird erwiesen einerseits dadurch, daß sich auch andere Arten, bezw., wenn es so beliebt, Gattungen finden, bei welchen die rechte Schale einen Rückenkamm trägt; anderseits dadurch, daß bereits mehrere tropische Arten bekannt sind, die sich zweigeschlechtlich vermehren, ja sogar, daß, wie R. Moniez und E. v. Daday nachgewiesen haben, auch bei den parthenogenetisch sich vermehrenden Arten der gemäßigten Zone die Zweigeschlechtlichkeit auftreten kann (8. 17). Die Zusammengehörigkeit der Gattungen *Cyprinotus* Brady und *Heterocypris* Cls. hat übrigens schon W. Vávra erkannt, als er 1896 die beiden in dem Subgenus *Cyprinotus* vereinigte. In demselben Sinne äußerte sich auch A. Kaufmann, als er das Genus *Cyprinotus* für ungenügend charakterisiert erklärt und die von manchen unter dem Namen *Cyprinotus incongruens* erwähnte Art zu seinem Genus *Cypris* zieht (13. p. 265). Die vollständige Übereinstimmung der G. O. Sarsschen Gattung *Hemicypris* mit den Gattungen *Cyprinotus* und *Heterocypris* eingehend zu motivieren, halte ich für ganz überflüssig. Allein ebenso erheischt es keine weitläufige Erörterung, daß die Gattung *Amphicypris* mit der vorherigen vollständig übereinstimme, denn abgesehen von der Form und Struktur der Schalen herrscht bei denselben keinerlei generische Verschiedenheit.

2. Die Identität der Gattungen *Strandesia* Stuhl., *Acanthocypris* Cls. und *Neocypris* Sars kann, mit Rücksicht auf den Rückenkamm der rechten Schale (*Neocypris gladiator* Sars) und den Lippenanhang der linken Schale, wohl kaum in Zweifel gezogen werden und der eingehenden Motivierung entbehren, gleichwie in dieser Hinsicht die innige Verwandtschaft derselben mit der Gattung *Cyprinotus* nicht in Abrede gestellt werden kann.

3. Die Gattungen bezw. Untergattungen *Stenocypris* Sars, *Acocypris* Vávr., *Dolerocypris* Kaufm. und *Leptocypris* Sars könnten vermöge der auffallenden Länge ihrer Schalen und im Gegensatz dazu deren Riesigkeit, eine einigermaßen gut umgrenzte Gruppe bilden, wenn man bei den Arten der übrigen Gattungen und Untergattungen keine Übergänge fände. Allein die Forscher legten außerdem großes Gewicht auf die Entwickelung, die Lage und den Mangel der Randborste der Furcalanhänge, denn z. B. sind bei *Stenocypris* die Furcalanhänge verschieden, die Randborste fehlt; bei *Acocypris* sind die Furcalanhänge gleich, ohne Randborste, bei *Dolerocypris* und *Leptocypris* sind die Furcalanhänge gleich und die Randborste ist gut entwickelt, in die Nähe der hinteren Kralle gerückt, — sie bilden somit in dieser Hinsicht eine Serie, können indessen nicht nur zusammengefaßt, sondern auch der Reihe von Arten, oder wenn es beliebt, der Reihe von Gattungen und Untergattungen einverleibt werden. So kann ich, um nur ein Beispiel zu erwähnen, zwischen *Amphicypris* Sars

und *Dolerocypris* Kaufm. keinerlei generische Verschiedenheit entdecken und von diesen weicht *Leptocypris* Sars nur darin ab, daß die Furcalanhänge mit Sägezähnen versehen sind.

4. Die Zusammengehörigkeit der beiden Gattungen *Chlamydotheca* Sauss. und *Pachycypris* Cls. hat schon W. V á v r a 1898 erkannt und zugleich konstatiert, daß dieselben sich von den übrigen Untergattungen nur durch die zwei Endborsten am zweiten Glied des ersten Fußpaares unterscheiden. Daß aber dieser Unterschied kein fundamentaler ist, geht daraus hervor, daß G. O. S a r s südamerikanische Arten mit solchen Füßen teils bei dem Genus *Cypris* O. F. M., teils aber bei *Neocypris* Sars eingestellt hat.

Übrigens gebe ich bereitwillig zu, daß die von mir im Genus *Eucypris* vereinigten Arten auf Grund untergeordneter Merkmale, in kleinere oder größere Gruppen, oder so es beliebt, in Subgenera eingeteilt werden können; die Zahl derselben halte ich indessen für weit geringer, als die von W. V á v r a aufgestellten Subgenera, insofern ich bloß *Eucypris* s. str., *Chlamydotheca* (Sauss.) und *Stenocypris* (G. O. Sars) acceptieren kann, und die Merkmale derselben nachstehend zusammenfasse.

1. Subgen. *Eucypris* s. str. Die Schalen sind von verschiedener Struktur, bisweilen am Rücken mit Kämmen und vorn mit Lippenanhängen versehen, zuweilen doppelt so lang als hoch; am zweiten Glied des ersten Fußpaares ragt bloß eine Endborste auf; die Furcalanhänge sind gleichförmig, die Randborste fehlt bisweilen, gewöhnlich aber ist sie zugegen und liegt an verschiedenen Punkten des Hinterrandes.

2. Subgen. *Chlamydotheca* (Sauss.). Die Schalen sind von verschiedener Struktur, ihre Länge erreicht nicht das Doppelte der Höhe; das zweite Glied des ersten Fußpaares trägt zwei Endborsten; die Furcalanhänge sind gleichförmig, die Randborste fehlt nicht und sitzt gewöhnlich nahe am hinteren Drittel.

3. Subgen. *Stenocypris* (G. O. Sars). Die Schalen sind über doppelt so lang als hoch; das zweite Glied des ersten Fußpaares trägt bloß eine Endborste; die Furcalanhänge sind verschieden, die Randborste fehlt.

Subgen. Eucypris s. str.

Cypris Auct. pro parte.
Cyprinotus B r a d y , St. G., 4 a, p. 301.
Strandesia S t u h l m a n n , F., 28, p. 1255—1269.
Eucypris V á v r a , W., 24 pro parte.
Heterocypris C l a u s , C., 7, p. 198.
Acanthocypris C l a u s , C., 7, p. 196.
Acocypris V á v r a , W., 30, p. 17.
Eucypris D a d a y , E. v., 8.
Cypris K a u f m a n n , A., 13, p. 264.
Dolerocypris K a u f m a n n , A., 13, p. 277.
Cypris S a r s , G. O., 25, p. 20 pro parte.
Amphicypris S a r s , G. O., 25, p. 16.
Neocypris S a r s , G. O., 25, p. 29.
Hemicypris S a r s , G. O., 26, p. 24.
Leptocypris S a r s , G. O., 26, p. 28.

Das gemeinschaftliche Merkmal der hierhergehörigen Arten bildet die am proximalen zweiten Glied des ersten Fußpaares sich erhebende Endborste und die gleich konstruierten

Furcalanhänge, deren Randborste entweder vorhanden ist oder fehlt; allein mit Rücksicht auf die Struktur des unteren Maxillar-Dornfortsatzes und die Situierung der Furcalrandborste, sowie eventuell die Struktur der Schalen lassen sich unter denselben kleinere oder größere Serien feststellen, die indessen bloß den Wert von Fingerzeigen bei der Artbestimmung besitzen.

288. Eucypris bicuspis (Cls.).

Acanthocypris bicuspis Claus, C., 1, p. 53, Taf. VII, Fig. 1—12; Taf. VIII, Fig. 1—6; Taf. XI.
Neocypris gladiator Sars, G. O., 25, p. 29, Taf. VI, Fig. 13. 14; Taf. VII, Fig. 1—7.

Diese Art ist derzeit noch als spezifisch südamerikanisch zu betrachten. C. Claus hat sie aus Argentinien, Brasilien und Venezuela, G. O. Sars aber aus Argentinien beschrieben. Bei meinen Untersuchungen habe ich sie an folgenden Fundorten angetroffen: Zwischen Aregua und Lugua, Pfütze an der Eisenbahn; Sapucay, mit Pflanzen bewachsener Straßengraben; Tebicuay, ständiger Tümpel.

Es liegen mir mehrere Exemplare vor, darunter aber kein Männchen. Bei einem Teil der Exemplare der hintere Dornfortsatz am Rücken der rechten Schale vorhanden, bei dem größten Teil derselben aber fehlte er. Im übrigen stimmen die paraguayischen Exemplare durchaus überein mit den von C. Claus und G. O. Sars beschriebenen. Die Länge der Schale schwankt zwischen 1,8—2 mm.

289. Eucypris mutica (G. O. Sars).

Neocypris mutica Sars, G. O., 25, p. 32, Taf. VI, Fig. 8—13.

Diese Art hat G. O. Sars von einem brasilianischen Fundort beschrieben. Bei meinen Untersuchungen habe ich sie in dem Material von folgenden Fundorten vorgefunden: Aregua, Inundationen eines Baches, der den Weg zu der Lagune Ipacarai kreuzt; Churuzu-chica, toter Arm des Paraguayflusses.

Es liegen mir bloß einige Weibchen vor, die in jeder Hinsicht mit den Exemplaren von G. O. Sars übereinstimmen, aber etwas größer sind, d. i. die Länge der Schale beträgt 1,8 mm, die größte Höhe 1 mm.

290. Eucypris nobilis (Sars).

Amphicypris nobilis Sars, G. O., 25, p. 18, Taf. VI.

Bisher war diese Art bloß aus Argentinien bekannt. Ich habe sie an folgenden Fundorten angetroffen: Aregua, Inundationen eines Baches, der den Weg zu der Lagune Ipacarai kreuzt; zwischen Aregua und Lugua, Pfütze an der Eisenbahn. Die mir vorliegenden Exemplare sind insgesamt Weibchen und größtenteils noch junge Exemplare.

291. Eucypris areguensis n. sp.
(Taf. XV, Fig. 11—13.)

Die Schalen sind, von der Seite gesehen, gestreckt nierenförmig, über doppelt so lang als hoch, an beiden Seiten gleich. Der Vorderrand der Schalen ist etwas höher als der

Hinterrand, gleichmäßig stumpf gerundet und geht merklicher in den Bauchrand als in den Rückenrand über (Taf. XV, Fig. 11). Der Rückenrand ist breit und stumpf bogig und sinkt abschüssig zum Hinterrand hinab. Der Hinterrand ist kaum bemerkbar gerundet, fast gerade und geht unmerklich in den Rücken- und Bauchrand über. Der Bauchrand ist in der Mitte breit, aber seicht vertieft (Taf. XV, Fig. 11). Ein durchsichtiger Kutikularsaum oder ein Porenkanalgürtel ist an keinem der Schalenränder vorhanden, dagegen erheben sich am Vorder-, Hinter- und Bauchrand ziemlich lange Borsten.

Von oben oder unten gesehen sind die Schalen schmal kahnförmig, am vorderen und hinteren Ende fast gleich spitz, in der Mitte am breitesten (Taf. XV, Fig. 12).

Die Schalenwandung erscheint strukturlos, ist aber ziemlich dicht beborstet. Muskeleindrücke sind sechs vorhanden, deren Anordnung keinerlei auffälligere Abweichung aufweist.

Das Ruderborstenbündel des zweiten Antennenpaares überragt die Endkrallen. Die einzelnen Antennen sind ziemlich dünn.

An der Spitze des ersten Maxillar-Kaufortsatzes erheben sich zwischen den Borsten auch zwei glatte Krallen; der Tastfortsatz, sowie auch die Kaufortsätze sind ziemlich lang und dünn.

Die Kiemenlamelle des Maxillarfußes ist mit sechs Fiederborsten bewehrt, der Tastfortsatz trägt an der Spitze drei Borsten.

Am ersten Fußpaar ist der apicale Teil aus vier Gliedern zusammengesetzt, an der hinteren Ecke der Glieder ragt je eine Borste auf. Die Endkralle ist sichelförmig, etwas länger als die voranstehenden drei Glieder zusammen.

Das zweite Fußpaar ist dem der übrigen Arten der Gattung durchaus gleich.

Der Furcalanhang ist fast in der ganzen Länge gleich breit, die Ränder sind nicht ganz gerade (Taf. XV, Fig. 13). Der Hinter- bezw. Oberrand ist in der ganzen Länge glatt, die hintere Randborste der hinteren Kralle nahegerückt, im Verhältnis kurz und kräftig. Die hintere Kralle ist sichelförmig, viel kürzer als die Endkralle. Die Endkralle ist kaum bemerkbar gebogen, halb so lang als die Furcalanhänge. Die Endborste ist sehr kurz, nur wenig länger als ¼ der Endkralle.

Die Länge der Schalen beträgt 1,2 mm, die größte Höhe 0,5 mm. Die Färbung der in Formol konservierten Exemplare ist unbestimmt.

Fundort: Zwischen A r e g u a und dem Y u g u a r i f l u ß, Inundationen eines Baches. Es liegen mir bloß einige Weibchen vor.

Die Art, welche ich nach dem Fundort Aregua benannt habe, würde vermöge der Größenverhältnisse in die S a r s sche *Stenocypris*- oder die K a u f m a n n sche *Dolerocypris*-Gruppe gehören, wogegen die Struktur der Furcalanhänge sie mehr mit anderen Gruppen der Gattung in verwandtschaftliche Beziehung stellt. In der Form der Schalen und der Struktur der Furcalanhänge gleicht diese Art übrigens der nachfolgenden *Eucypris Anisitsi.*

292. Eucypris Anisitsi n. sp.

(Taf. XV, Fig. 14—22.)

Die Schalen sind über doppelt so lang als hoch, die rechte und linke aber etwas verschieden. Die rechte Schale ist, von der Seite gesehen, einigermaßen nierenförmig, der

Vorderrand stark gerundet, ohne Porenkanalgürtel; der Rückenrand ist gleichmäßig stumpf-bogig und senkt sich gegen den Vorder- und Hinterrand gleich abschüssig hinab; der Hinter-rand ist etwas gespitzter als der Vorderrand; der Bauchrand in der Mitte etwas erhaben (Taf. XV, Fig. 14). Der Vorderrand ist dicht, der Hinterrand spärlich behaart.

Die linke Schale (Taf. XV, Fig. 15) erinnert im ganzen an die rechte, der Vorderrand trägt aber einen breiten Porenkanalgürtel und ist demzufolge länger, der Bauchrand hin-gegen erscheint in der Mitte schwach ausgebuchtet.

Die Schalen haben, von oben gesehen, die Form eines schmalen Eies (Taf. XV, Fig. 16), sind vorn spitz, hinten ziemlich stumpf gerundet. Die Schalenoberfläche ist ziemlich dicht behaart.

Von den sechs Muskeleindrücken sind die zwei oberen einander so sehr genähert, daß sie nahezu verschmelzen; die übrigen vier erscheinen rings um ein Zentrum gruppiert, die zwei unteren sind annähernd birnförmig (Taf. XV, Fig. 21).

Das Ruderborstenbündel des zweiten Antennenpaares überragt die Endkrallen; die einzelnen Antennen sind ziemlich dünn.

Das vorletzte Glied des Palpus mandibularis trägt an der distalen vorderen bezw. unteren Spitze ein aus fünf Borsten bestehendes Bündel, außerdem erheben sich an der Seite in einer bogigen Linie feine Borsten; das letzte Glied ist dünn, im Verhältnis lang, an der Spitze mit fünf verschieden langen krallenförmigen Borsten bewehrt (Taf. XV, Fig. 17).

Der Maxillar-Tastfortsatz ist am distalen Glied mit drei kräftigen, krallenförmigen und zwischen denselben sitzenden dünneren Borsten bewehrt (Taf. XV, Fig. 19). An der Spitze des ersten Kaufortsatzes erheben sich zwei kräftige, glatte Krallen.

Der Kiemenanhang der Maxillarfüße trägt sechs Fiederborsten; an der Spitze des Tastfortsatzes sind die zwei äußeren Borsten viel kürzer als die inneren (Taf. XV, Fig. 18).

Am ersten Fußpaar trägt das erste Glied des apicalen Teiles an der Oberfläche ein Borstenbündel und an der Spitze eine kräftige Endborste; am Vorderrand des zweiten Gliedes sitzen drei Borstenbündel; die sichelförmige Endkralle ist so lang, wie die vorhergehenden drei Glieder zusammen (Taf. XV, Fig. 22).

Das zweite Fußpaar ist in jeder Hinsicht dem anderer Arten der Gattung gleich.

Die Furcalanhänge sind fast im ganzen Verlauf gleich breit, der Hinter- bezw. Ober-rand ist glatt; die hintere Randborste ist der hinteren Kralle nahe gerückt und zu einer kurzen, kräftigen, sichelförmigen Kralle gewandelt (Taf. XV, Fig. 20); die hintere und die Endkralle sind kräftig, sichelförmig, letzte nicht ganz halb so lang wie die Furcalanhänge; die Endborste ist sehr kurz, nicht viel länger als 1/6 der Endkralle.

Die Länge der Schalen beträgt 1—1,2 mm, die Höhe 0,5—0,6 mm, die Dicke 0,4 bis 0,5 mm. Die Färbung ist braungelb.

Fundorte: Caearapa, ständiger Tümpel; Villa Encarnacion, Alto Parana. Sumpf. Es lagen mir mehrere Weibchen vor.

Diese Art, die ich zu Ehren des Prof. J. D. Anisits benenne, steht der *Eucypris areguensis* n. sp. sehr nahe, unterscheidet sich jedoch von derselben hauptsächlich durch die Struktur der linken Schale, bezw. durch den breiten Porenkanalgürtel.

293. Eucypris tenuis n. sp.
(Taf. XVI, Fig. 1—4.)

Die Schalen sind, von der Seite gesehen, gestreckt nierenförmig, beide von gleicher Struktur. Der Vorderrand ist weit höher als der Hinterrand, gleichmäßig gerundet, hat einen deutlichen Kutikularsaum und trägt lange Borsten. Der Rückenrand der Schale ist breit bogig, nach hinten aber etwas erhaben, senkt sich demzufolge gegen den Hinterrand weit steiler als gegen den Vorderrand hinab (Taf. XVI, Fig. 1). Der Hinterrand erscheint kaum halb so hoch, als der Vorderrand, ist spitz gerundet und trägt einen breiten Kutikular-saum und lange Borsten. Der Bauchrand ist in der Mitte schwach und breit ausgebuchtet, ohne Kutikularsaum. Die größte Höhe der Schalen liegt im hinteren Drittel, ist aber etwas kürzer als die halbe Länge.

Die Schalen sind, von oben oder unten gesehen, kahnförmig, die beiden Enden fast gleich spitzig, in der Mitte am breitesten (Taf. XVI, Fig. 2).

Die Schalenwandung zeigt keine Struktur, ihre Oberfläche ist spärlich behaart. Die sechs Muskeleindrücke sind nahe zueinander gruppiert.

Das zweite Antennenpaar ist ziemlich kräftig, das Ruderborstenbündel reicht bis zur distalen Spitze der Endkrallen. Die Endkrallen des vorletzten Gliedes sind länger als die des letzten Gliedes.

Der Palpus mandibularis zeigt keinerlei auffällige Struktur. Der Maxillartaster und die Kaufortsätze sind auffallend lang und dünn. An der Spitze des ersten Kaufortsatzes erheben sich unter den Borsten auch zwei kräftige, glatte Krallen (Taf. XVI, Fig. 3).

Das erste Fußpaar ist typisch entwickelt, insofern der apicale Teil aus vier Gliedern besteht und jedes derselben nur eine Endborste trägt. Die Endkralle ist schwach sichel-förmig gekrümmt und so lang, wie die voranstehenden drei Glieder zusammen.

Am zweiten Fußpaar ist die Borste des letzten Gliedes im Verhältnis kurz, d. i. nicht länger als das vorletzte Glied.

Die Furcalanhänge sind von gleicher Struktur, in der ganzen Länge gleich breit, ge-rade, nur am Ende erscheinen sie etwas gekrümmt; ihr Hinter- bezw. Oberrand ist gleich-mäßig fein behaart (Taf. XVI, Fig. 4). Die hintere Randborste ist ganz in die Nähe der hinteren Kralle gerückt, ziemlich kurz und dünn. Die hintere Kralle ist um 1/3 kürzer als die Endkralle, im Verhältnis dünn, aber stark gezähnt, oft S-förmig gekrümmt. Die End-kralle ist kräftig, schwach bogig, fast halb so lang als die Furcalanhänge und scharf ge-zähnt. Die Endborste ist sehr kräftig, auffallend lang, etwas länger als die hintere Kralle (Taf. XVI, Fig. 4). Die Muskulatur der Furca ist auffallend stark entwickelt.

Die Ovarien sind angelförmig stark nach unten und vorn gekrümmt.

Die Länge der Schalen beträgt 1,2—1,25 mm, die größte Höhe 0,5—0,55 mm, die größte Dicke 0,4—0,42 mm.

Fundorte: Asuncion, Gran Chaco, Nebenarm des Paraguayflusses und Lagune (Pa-sito), Inundationen des Paraguayflusses; Curuzu-chica, toter Arm des Paraguayflusses; Paso Barreto, Bañado am Ufer des Rio Aquidaban. Es lagen mir nur Weibchen vor.

Diese Art gehört zu jener Gruppe der Gattung, deren Arten unter den Namen *Steno-cypris* Sars und *Dolerocypris* Kaufm. zusammengefaßt worden sind; übrigens erinnert diese Art durch die Form der Schalen einigermaßen an W. Bairds *Cypris Verreauxi*.

294. **Eucypris variegata** (Sars).

Neocypris variegata Sars, G. O., 25, p. 33, Taf. VII, Fig. 14. 15.

Zur Zeit ist diese Art als spezifisch südamerikanisch zu betrachten. G. O. Sars hat sie aus Brasilien beschrieben, wogegen ich sie in dem Material von folgenden Fundorten angetroffen habe: Paso Barreto, Bañado am Ufer des Rio Aquidaban; Tebicuay, ständiger Tümpel; Villa Rica, Graben an der Eisenbahn.

Die mir vorliegenden Exemplare sind insgesamt Weibchen, deren Schalen 0,6—0,65 mm lang, 0,37—0,4 mm hoch und 0,4 mm breit sind.

Subgen. **Chlamydotheca** (Sauss.).

295. **Eucypris bennelong** (King).

Cypris bennelong King, 14, p. 63, Taf. XA (Sec. G. O. Sars).
  „ *texasiensis* Baird, W, 3, p. 5, Taf. I, Fig. 5.
Chlamydotheca australis Brady, St. G., 4a, p. 91, Taf. IX, Fig. 4—8.
Pachycypris Leuckarti Claus, C., 7, p. 57, Taf. II, Fig. 5—9; Taf. IX. X.
Cypris arcuata Sars, G. O., 25, p. 20, Fig. 10—12.

Wie schon aus dieser Synonymenliste hervorgeht, wurde diese Art von mehreren Forschern von verschiedenen Gebieten der Erde unter anderen Namen beschrieben. Aus Südamerika hat sie zuerst C. Claus 1892 von argentinischen Fundorten verzeichnet und ebendaher 1901 auch G. O. Sars beschrieben.

In der Fauna von Paraguay ist die Art ziemlich häufig, ich fand sie nämlich in dem Material von folgenden Fundorten: Zwischen Aregua und Lugua, Tümpel an der Eisenbahn; Asuncion, Tümpel auf der Insel (Banco) im Paraguayfluß; Gran Chaco, von den Riachok zurückgebliebene Lagune; Lugua, Pfütze bei der Eisenbahnstation; Inundationen des Yuguariflusses.

Hinsichtlich der Struktur der Schalen stimmen die mir vorliegenden Exemplare nicht nur mit den südamerikanischen Exemplaren von C. Claus und G. O. Sars, sondern auch mit den australischen von King, St. G. Brady und G. O. Sars, sowie mit texanischen von W. Baird überein, und gerade dies veranlaßt mich, sie zu identifizieren.

Das Ruderborstenbündel des zweiten Antennenpaares überragt die Endkrallen. Am ersten Maxillar-Kaufortsatz ragen zwei kräftige glatte Krallen auf. Am ersten Fußpaar trägt das proximale Glied des apicalen Teiles zwei Endborsten und ebenso auch das vorletzte Glied. Die Endkralle ist nur ganz wenig gekrümmt, länger als die voranstehenden drei Glieder zusammen. Die Furcalanhänge sind gerade, ziemlich schmal, am Hinterrand zieht eine Reihe von in Bündel gruppierten Borsten hin. Die hintere Randborste ist in die Nähe der hinteren Kralle gerückt. Die hintere Kralle ist nur wenig länger als die Hälfte der Endkralle, fast gerade, dünn, gezähnt. Die Endkralle ist fast so lang, als die halbe Länge der Furcalanhänge, gerade, gezähnt, im Verhältnis dünn. Die Endborste ist sehr kurz, um ein Drittel kürzer als die Endkralle.

Die Länge der Schalen beträgt 3—3,5 mm, die Höhe 1,6—2 mm, die größte Breite 2 mm. Meine Exemplare sind im ganzen etwas größer, als die argentinischen von G. O. Sars. Unter zahlreichen Exemplaren vermochte ich kein einziges Männchen zu finden.

296. Eucypris Iheringi (Sars).

Cypris Iheringi Sars, G. O., 25, p. 25, Taf. VI, Fig. 1—4.

Bisher war diese Art nur aus Brasilien bekannt, von wo sie G. O. Sars 1901 beschrieben hat. Bei meinen Untersuchungen habe ich sie in dem Material von folgenden Fundorten angetroffen: Zwischen Aregua und Lugua, Tümpel an der Eisenbahn; Asuncion, Lagune (Pasito), Inundationen des Paraguayflusses. Ich untersuchte bloß Weibchen.

Die Merkmale dieser Art sind: Die im Verhältnis kurzen und hohen Schalen, an deren Vorderrand sich nur ein sehr schmaler, einfacher Kutikularsaum befindet; an der rechten Schale geht vom hinteren unteren Winkel ein nach unten und hinten gerichteter spitzer Dornfortsatz aus. Das erste Fußpaar trägt am proximalen und vorletzten Gliede des Apicalteiles je zwei Endborsten, ebenso wie bei der vorherigen Art. Die Länge der Schalen beträgt 3 mm, die Höhe 2 mm.

297. Eucypris limbata (Wierz.).

Cypris limbata Wierzejski, A., 32, p. 62, Taf. VII, Fig. 30—34.
Pachycypris incisa Claus, C., 7, p. 59, Taf. VIII, Fig. 7—15.
Cypris labiata Sars, G. O., 25, p. 20, Taf. V, Fig. 1—9

Diese Art ist an dem nach unten allmählich verbreiterten, am Bauch mit gerundeter Spitze versehenen und lippenartig eingeschnittenen Kutikularsaum leicht zu erkennen. Aus Südamerika war sie bisher bloß von argentinischen Fundorten bekannt. Ich habe sie nur an folgenden zwei Fundorten angetroffen: Zwischen Aregua und Lugua, Tümpel an der Eisenbahn; Lugua, Tümpel bei der Eisenbahnstation.

Ich habe bloß Weibchen gefunden, die hinsichtlich der Struktur des ersten Fußpaares und der Furcalanhänge mit den vorhergehenden zwei Arten übereinstimmen. Die Länge der Schalen beträgt 2,5—2,7 mm, die Höhe 1,5—1,7 mm.

298. Eucypris mucronata (Sars).

Neocypris mucronata Sars, G. O., 25, p. 36, Taf. VIII, Fig. 5. 6.

Bisher war diese Art bloß aus Brasilien (Itatiba) bekannt, von wo sie G. O. Sars 1901 beschrieben hat. Von den übrigen Arten der Gattung ist sie an dem Dornfortsatz, welcher sich am hinteren unteren Winkel der rechten Schale erhebt und gerade nach hinten gerichtet ist, leicht zu erkennen. Am Vorderrand der rechten Schale ist kein breiter Kutikularsaum vorhanden.

Wie es scheint, gehört diese Art in der Fauna von Paraguay zu den selteneren Arten, denn ich habe sie nur an einem einzigen Fundort angetroffen, und zwar bei Sapucay, Arroyo Ponà.

Trib. Cypridiformia.

Die Arten dieser Gruppe wurden von den früheren Forschern in das Genus *Cypris* gestellt, und erst St. G. Brady sonderte sie 1868 von demselben ab, als er für sie, mit Rücksicht auf die verkümmerten Furcalanhänge, das neue Genus *Cypridopsis* aufstellte. Nicht lange darnach (1870) aber stellte St. G. Brady das neue Genus *Potamocypris* auf, welches vermöge der Struktur der Furcalanhänge einerseits von dem größten Teil der übrigen *Cypridae*-Arten abweicht, anderseits aber mit dem Genus *Cypridopsis* vollständig überein-stimmt, und er behielt beide als selbständige Gattungen auch in seinem mit A. M. Norman herausgegebenen Werke bei (5.).

W. Vávra hat jedoch 1891 unter den bis dahin zum Genus *Cypridopsis* Brady ge-zogenen Arten auf Grund der Kiemenanhänge der Maxillarfüße bereits eine gewisse Unter-scheidung getroffen (29, 70), hat aber trotzdem weder auf das Genus *Potamocypris* Brady reflektiert, noch die Arten mit gut entwickelten Kiemenanhängen von denjenigen mit ver-kümmerten Kiemenanhängen abgesondert.

In seiner anatomischen Arbeit trifft C. Claus 1892 (7. p. 53) schon einen tiefer ein-schneidenden Unterschied zwischen den Arten des Bradyschen Genus *Cypridopsis* und be-läßt die Arten mit gut entwickelten Kiemenanhängen in dem ursprünglichen Genus, wo-gegen er für die mit verkümmerten Kiemenanhängen das neue Genus *Candonella* aufstellt und zugleich das Genus *Potamocypris* Brady für ungenügend charakterisiert erklärt.

S. G. Brady und A. Norman befaßten sich 1896 abermals mit dem Genus *Cypri-dopsis* (6. p. 725), anstatt aber die Frage ins klare zu setzen, verursachten sie nur noch größere Unklarheit. Sie teilten nämlich das ursprüngliche Genus *Cypridopsis* in zwei, be-hielten für das eine die Bezeichnung *Cypridopsis* bei und stellten behufs Aufnahme der 1867 zur Charakterisierung des Genus *Cypridopsis* verwendeten Art *Cypridopsis vidua* (O. F. M.) das neue Genus *Pionocypris* auf.

In zwei Publikationen aus 1896 und 1898 befaßte sich W. Vávra (30. 31.) wiederholt mit der Umgrenzung des Genus. In der ersteren Arbeit unterscheidet er auf Grund der Struktur der Kiemenanhänge der Maxillarfüße die Subgenera *Cypridopsis* (Brady s. str.), *Candonella* (Cls.) und *Cypretta* Vávr. In ersteres Subgenus stellt er die Arten mit ver-kümmerten Furcal-, aber gut entwickelten Kiemenanhängen; in die zweite die mit verküm-merten Furcal- und Kiemenanhängen, in die dritte schließlich die mit gut entwickelten Kiemenanhängen und nur ganz wenig verkümmerten Furcalanhängen. In der zweiten Publi-kation hingegen teilt er das Genus *Cypridopsis* Brady bereits in sechs Subgenera, und zwar in folgende: *Potamocypris* Brady, *Cypridopsis* Brady, *Candonella* Cls., *Cypretta* Vávra, *Cypridella* Vávra und *Pionocypris* Br. Nor.

Bei der Beschreibung der Ostrakoden von Madagaskar und Ostafrika behält G. W. Müller 1898 einerseits die Genera *Cypridopsis* und *Cypretta* in der Umgrenzung von W. Vávra bei, stellt aber anderseits die zwei neuen Genera *Zonocypris* und *Oncocypris* auf. Die Merkmale des Genus *Zonocypris* erblickt G. W. Müller in der Struktur der Schalen, in der Zahl der Glieder des zweiten Fußpaares, sowie in der Struktur der Furcal-anhänge, wogegen er bei der Charakterisierung von *Oncocypris* die Zahl der Endkrallen des zweiten Antennenpaares, den Mangel der Kiemenanhänge und die Struktur des letzten Gliedes am zweiten Fußpaar zur Richtschnur nimmt (19. p. 287).

In seiner Monographie der Ostrakoden Ungarns erhebt E. v. Daday 1900 (8. p. 187) von den durch die früheren Forscher, hauptsächlich aber durch W. Vávra, abgesonderten Untergattungen, außer dem Subgenus *Cypridopsis* auch die Subgenera *Potamocypris* Brady, *Cypretta* Vávra, *Cypridella* Vávra und *Pionocypris* Vávra nec Brady-Norm.) zum Range von Gattungen, wogegen er das Subgenus *Candonella* Cls. für ein Synonym von *Potamo-cypris* Brady betrachtet.

Schließlich nimmt A. Kaufmann in seinem monographischen Werke über die schweizer *Cypridae-* und *Darwinulidae*-Arten 1900 (17.) das Genus *Cypridopsis* Brady an, behält aber zugleich das Subgenus *Candonella* Vávra bei, nur daß er mit Außerachtlassung des Prioritäts-rechtes und des Bradyschen Genus *Potamocypris* die Bezeichnung *Cypridopsella* zur Zu-sammenfassung der hierher gehörigen Arten anwendet (13. p. 311); außerdem stellt er das neue Genus *Paracypridopsis* für diejenigen Arten auf, bei welchen die Ruderborsten des zweiten Antennenpaares, sowie die Furcalanhänge verkümmert sind, die Kiemenanhänge der Maxillarfüße aber durch zwei Borsten substituiert werden.

Wie aus dieser gedrängten Darstellung hervorgeht, ist die Auffassung der Forscher über die zu der Gruppe *Cypridiformia* gehörigen Gattungen sehr mannigfach und ziemlich abweichend voneinander, wodurch die Revision der Gattungen gleichsam notwendig erscheint. Vor allem muß ich betonen, daß ich, wie bereits in meinem Werke aus 1900 auseinander-gesetzt (8.), auch bei der Unterscheidung der Gattungen dieser Gruppe nicht auf die Struktur der Schalen, sondern auf die des zweiten Antennenpaares, der Kiemenanhänge des Maxillar-fußes und der Furcal-, eventuell auch anderer Extremitäten-Anhänge Gewicht lege.

Hinsichtlich des zweiten Antennenpaares lassen sich die bisher aufgestellten Gattungen in zwei Gruppen teilen, und zwar in solche, bei welchen die Ruderborstenbündel gut ent-wickelt, und in solche, bei welchen dieselben verkümmert sind. In letztere Gruppe gehört bisher bloß eine einzige Gattung, *Paracypridopsis* Kauf., welche in allen anderen Merk-malen mit der Gattung *Potamocypris* (Brady) übereinstimmt; wogegen die erstere Gruppe alle übrigen Gattungen umfaßt.

Die Gattungen mit gut entwickelten Ruderborsten lassen sich mit Rücksicht auf die Entwickelung des Kiemenanhanges der Maxillarfüße in drei Gruppen teilen, wir finden näm-lich deren mit gut entwickeltem Kiemenanhang, solche, bei welchen der Kiemenanhang durch zwei Borsten substituiert ist, und solche, bei welchen auch die zwei Borsten fehlen.

Zu den Gattungen mit gut entwickelten, aus 5—6 Borsten bestehenden Kiemenanhängen des Maxillarfußes gehören folgende: *Cypridopsis* Brady, *Cypretta* Vávr., *Cypridella* Vávr., *Zonocypris* G. W. M. und *Leptocypris* Sars, von welchen indessen, meiner Ansicht nach, *Zonocypris* G. W. M. und *Leptocypris* Sars mit dem Genus *Cypridopsis* Brady vollständig identisch sind, was mit Rücksicht auf die Struktur der Kiemenanhänge, der Furcalanhänge und überhaupt der strukturellen Verhältnisse motiviert erscheint.

Zu den Gattungen mit verkümmerten, bezw. durch zwei Borsten substituierten Kiemen-anhängen gehören: *Potamocypris* Brady, *Candonella* (Cls.) Vávr. und *Cypridopsella* Kaufm., die jedoch nicht selbständig, sondern bloß Synonyme sind, nachdem S. G. Brady das Genus *Potamocypris* 1870, C. Claus das Genus *Candonella* 1892, also 22 Jahre später, A. Kauf-mann aber das Genus *Cypridopsella* 1900, also 30 Jahre später aufgestellt hat, so muß, dem Prioritätsrechte nach, die Bradysche Bezeichnung *Potamocypris* zur Geltung gelangen, wie ich dies bereits 1900 in meinem monographischen Werk konstatiert habe (8. p. 192 bis 193).

Die Gattungen ohne Kiemenanhänge bezw. ohne Borsten werden durch *Pionocypris* Vávr. und *Oncocypris* G. W. M. repräsentiert, die sich hauptsächlich in der Struktur der

Furcalanhänge unterscheiden, insofern bei *Pionocypris* die Furcalanhänge aus geraden Lamellen mit einer Endborste, mit Endkrallen und Seitenborsten bestehen, wogegen sie bei *Oncocypris* aus kurzen Lamellen mit einer Borste bestehen (19. p. 287).

Hinsichtlich des Genusnamens *Pionocypris* muß ich betonen, daß derselbe zuerst von Brady und Norman angewandt wurde (6. p. 725) behufs Aufnahme von *Cypridopsis vidua* (O. F. M.) und einiger anderer Arten. Auch W. Vávra wendete 1898 (31. 13) den Genusnamen an, allein zur Aufnahme einer Art ganz anderer Struktur, welche durch den Mangel der Kiemenanhänge, sowie der diese substituierenden zwei Borsten sich von dem Brady-Normanschen Genus *Pionocypris* wesentlich unterscheidet. Demnach gelangt der Brady-Normansche Genusname *Pionocypris* zu den Synonymen des Genus *Cypridopsis* und hat als Auktor von *Pionocypris* W. Vávra zu gelten.

Indem ich das hier kurz Dargestellte resümiere, kann ich konstatieren, daß in der *Cypridiformia*-Gruppe derzeit folgende Gattungen zu bestehen haben: *Cypridopsis* Brady, *Cypridella* Vávr., *Cypretta* Vávr., *Potamocypris* (Brady), *Pionocypris* Vávr., *Oncocypris* G. W. M. und *Paracypridopsis* Kaufm. Bei meinen Untersuchungen habe ich indessen nur Repräsentanten der Gattung *Cypridopsis* angetroffen.

Gen. **Cypridopsis** (Brady).

Cypridopsis Autorum.
Pionocypris Brady-Norman, 6, p. 725.
Zonocypris Müller, G. W., 19, p. 284.

Ein kosmopolitisches Genus, dessen Charakter ich nachstehend kurz zusammenfasse: Am zweiten Antennenpaar ist der innere Ast dreigliederig, das proximale Glied mit einem mächtigen Ruderborstenbündel bewehrt, das distale Glied in das voranstehende vertieft. An der Spitze des ersten, neben dem Taster stehenden Kaufortsatzes des Maxillarpaares erheben sich zweigliederige glatte Krallen. Der Kiemenanhang der Maxillarfüße ist gut entwickelt, aus 5—6 Borsten bestehend. Die Furcalanhänge sind verkümmert, geißelförmig, ihre Basis ist breit, die geißelförmige Endborste an der Basis mit einem kurzen Dorn bewehrt.

Die erste, in Südamerika vorkommende Art wurde 1892 von A. Wierzejski, dann 1898 durch W. Vávra verzeichnet; die meisten Arten aber hat G. O. Sars 1901 beschrieben (31. 32.).

299. **Cypridopsis flavescens** Sars.

Cypridopsis flavescens Sars, G. O., 25, p. 40, Taf. VIII, Fig. 11. 12.

Diese Art hat G. O. Sars 1901 von dem brasilianischen Fundort Itatiba beschrieben. Ich habe sie nur an einem Fundorte angetroffen, und zwar bei Aregua, Pfütze bei der Eisenbahn. Es lagen mir bloß Weibchen vor, die auch hinsichtlich der Färbung mit den Exemplaren von G. O. Sars übereinstimmen.

300. **Cypridopsis obscura** Sars.

Cypridopsis obscura Sars, G. O., 25, p. 39, Taf. VIII, Fig. 9. 10.

Bisher war diese Art bloß aus Argentinien bekannt, von wo sie G. O. Sars 1901 auf Grund zweier Exemplare beschrieben hat. Wie es scheint, ist sie auch in der Fauna von

Paraguay nicht häufig; ich habe sie nämlich nur an einem Fundort angetroffen, und zwar bei Caearapa, ständiger Tümpel.

Von der vorigen unterscheidet sich diese Art durch die Form und Färbung der Schalen, besonders aber dadurch, daß die Schalen, von oben gesehen, am vorderen Ende gespitzt sind.

301. Cypridopsis yallahensis (Baird).

Cypris yallahensis Baird, W., 3, p. 5, Taf. I, Fig. 6. 6 a.
Cypridopsis pinguis Sars, G. O., 25, p. 41, Taf. VIII, Fig. 13. 14.

Diese Art ist bereits seit 1862 bekannt, zu welcher Zeit sie W. Baird aus Jamaica beschrieben hat, wogegen sie G. O. Sars 1901 von einem argentinischen Fundort beschrieb. Ich verzeichnete sie bloß von einem einzigen Fundort, und zwar Villa Encarnacion, Alto Parana, Sumpf. Erinnert in Form und Farbe der Schalen an vorherige Art, ist jedoch größer, von oben gesehen sind die Seitenränder bogiger.

302. Cypridopsis vidua (O. F. M.).

Cypridopsis vidua Daday, E. v., 8, p. 188, Fig. 29 a—d.

Diese Art ist so ziemlich als kosmopolitisch zu betrachten, insofern sie sowohl aus Europa, als auch aus Asien, Afrika und Nordamerika bekannt ist. Aus Südamerika wurde sie zuerst durch A. Wierzejski 1892 von einem argentinischen Fundort (32. p. 240), später durch W. Vávra aus Chile und Uruguay (31. p. 13) verzeichnet. Ich habe sie derzeit nur an einem Fundort angetroffen, und zwar: Zwischen Aregua und Lugua, Inundationstümpel des Yuguariflusses.

Subfam. Candonina.

Das erste Genus dieser Subfamilie wurde von W. Baird unter dem Namen *Candona* 1850 aufgestellt; sodann stellte W. Lilljeborg 1853 das Genus *Notodromas*, W. Zenker aber 1854 die Genera *Cyprois* und *Cypria* auf, welch letzteres indessen von Brady-Norman 1889 in das eigentliche Genus *Cypria* und in das Genus *Cyclocypris* geteilt und von Brady-Norman 1889 auch das Genus *Iliocypris* aufgestellt wurde. Inzwischen, und zwar 1880, sonderte Vejdovsky das Genus *Typhlocypris* ab, dessen wichtigstes Merkmal der vollständige Mangel der Augen ist. 1891 scheidet W. Vávra in seiner Monographie von dem Genus *Candona* das nahe verwandte Genus *Candonopsis* ab, dessen hauptsächlichste Merkmale der aus drei Borsten bestehende Kiemenanhang und die fehlende Randborste der Furcalanhänge bilden; außerdem stellte er 1896 auch das Subgenus *Physocypria* auf, welches ich jedoch, nachdem es vom Genus *Cypria* nur in der Struktur der Schalen abweicht, nicht einmal für ein Subgenus halte. 1899 sonderte W. Hartwig von dem Genus *Candona* das nah verwandte Genus *Paracandona* ab, welches so ziemlich nur in der Struktur des letzten Gliedes des Palpus mandibularis wesentlicher von den *Candona*-Arten abweicht. In seiner Monographie stellte E. v. Daday 1900 in dieser Gruppe zwei neue Genera auf, und zwar *Iliocyprella* und *Eucandona*, deren ersteres er auf Grund des verkümmerten Ruderborstenbündels am zweiten Antennenpaar vom Genus *Iliocypris*, letzteres

aber auf Grund des getrennten dritten und vierten Gliedes am zweiten Fußpaar vom ursprünglichen Genus *Candona* absondert, bei welchen das dritte und vierte Glied des zweiten
Fußpaares verwachsen sind (8. p. 208). Ebenso stellte 1900 A. Kaufmann das Genus
Cryptocandona auf, welches durch das letzte Glied des Palpus mandibularis und die Furcalanhänge mit dem früheren Genus *Candona*, durch die drei Borsten des Kiemenanhanges
mit dem Genus *Candonopsis* Vávr. übereinstimmt.

Hinsichtlich des größten Teiles der aufgeführten Genera herrscht unter den Forschern,
die sich mit dem Studium der Ostrakoden befassen, bisher eine vollständige Übereinstimmung, und bloß das W. Bairdsche Genus *Candona* ist es, welches — wie kurz erwähnt —
mit der Zeit eine ziemlich große Umgestaltung erfahren hat; trotzdem aber kann der Umkreis derselben auch heute noch nicht als endgültig festgestellt betrachtet werden. Dies be-
zeugt z. B. das 1900 erschienene große Werk von G. W. Müller (20.), in welchem er das
ursprüngliche Genus *Candona* beibehält und die Genera *Candonopsis* Vávr. und *Paracandona* Hartw. bloß als Subgenera betrachtet. Ich meinerseits halte den in meiner Monographie 1900 eingenommenen Standpunkt aufrecht (8. p. 208) und teile das W. Bairdsche
Genus *Candona* in mehrere Genera, und zwar in folgende: *Candona* (Baird, *Candonopsis*
Vávr., *Paracandona* Hartw., *Eucandona* Dad. und *Cryptocandona* Kaufm. Bei der Umgrenzung dieser Genera leitet mich hauptsächlich der Kiemenanhang der Maxillarfüße, bezw.
die Anzahl der denselben substituierenden Borsten, auf Grund dessen sich die erwähnten
Genera in zwei Gruppen teilen lassen, nämlich in solche, deren Kiemenanhang verkümmert
ist und aus drei Borsten besteht, diese sind: *Candonopsis* Vávr. und *Cryptocandona* Kaufm.;
sodann in solche, bei welchen sich an Stelle des Kiemenanhanges bloß zwei Borsten erheben, diese sind: *Candona* (Baird), *Paracandona* Hartw. und *Eucandona* Dad. Die zur
letzten Gruppe gehörigen Genera lassen sich hinsichtlich der Struktur des zweiten Fußpaares
abermals in zwei Teile scheiden; bei einem Teile ist das dritte und vierte Glied des zweiten
Fußes gut getrennt, wie bei *Candona* (Baird), bei dem anderen Teile ist das dritte und
vierte Glied des zweiten Fußes verwachsen, wie bei *Paracandona* Hartw. und *Eucandona*
Dad. Um jedoch eine leichte Übersicht über die erwähnten fünf Genera zu bieten, fasse
ich die hauptsächlichsten Merkmale derselben hier kurz zusammen.

1. Gen. *Candonopsis* Vávr. Am Palpus mandibularis ist das letzte Glied gestreckt.
dünn; der Kiemenanhang der Maxillarfüße verkümmert, aus drei Borsten bestehend; das
dritte und vierte Glied des zweiten Fußpaares getrennt; die Randborste der Furcalanhänge
fehlt.

2. Gen. *Cryptocandona* Kaufm. Am Palpus mandibularis ist das letzte Glied kurz
und dick; der Kiemenanhang der Maxillarfüße aus drei Borsten bestehend; das dritte und
vierte Glied des zweiten Fußpaares verwachsen; die Randborste der Furcalanhänge vorhanden.

3. Gen. *Candona* (Baird). Beim Weibchen ist das zweite Antennenpaar fünfgliederig,
beim Männchen sechsgliederig; am Palpus mandibularis das letzte Glied kurz und dick, mit
getrennten Endkrallen; der Kiemenanhang der Maxillarfüße besteht bloß aus zwei Borsten;
das dritte und vierte Glied des zweiten Fußpaares ist verwachsen; die Randborste der Furcalanhänge vorhanden.

4. Gen. *Paracandona* Hartw. Das zweite Antennenpaar des Männchens und Weibchens ist fünfgliederig; am Palpus mandibularis das letzte Glied kurz und dünn, von den

zwei Endkrallen die eine mit dem Glied verwachsen; der Kiemenanhang der Maxillarfüße aus zwei Borsten bestehend; das dritte und vierte Glied des zweiten Fußpaares getrennt; die Randborste der Furcalanhänge vorhanden.

5. Gen. *Eucandona* Dad. Beim Weibchen ist das zweite Antennenpaar fünf-, beim Männchen sechsgliederig; am Palpus mandibularis das letzte Glied kurz und dick, die Endkrallen getrennt; die Kiemenanhänge der Maxillarfüße aus zwei Borsten bestehend; das dritte und vierte Glied des zweiten Fußpaares getrennt; die Randborste der Furcalanhänge vorhanden.

Von den hier kurz charakterisierten fünf Genera sind es bloß *Paracandona* Hartw. und *Cryptocandona* Kaufm., von welchen ich keinen einzigen Repräsentanten vorfand.

Gen. Cypria Zenker.

Eine Gattung von allgemeiner geographischer Verbreitung, unter deren Arten sich auch kosmopolitische befinden. Ihren ersten südamerikanischen Repräsentanten hat A. W i e r z e j s k i verzeichnet, sodann G. O. S a r s 1901 eine spezifisch südamerikanische Art beschrieben. Bei meinen Untersuchungen habe ich folgende Arten gefunden.

303. Cypria denticulata n. sp.
(Taf. XVI, Fig. 5—9.)

Die Schalen sind, von der Seite gesehen, kurz, hoch nierenförmig, die rechte aber ist einigermaßen verschieden von der linken. An der rechten Schale ist der Vorderrand nicht so hoch, wie der Hinterrand, aber etwas spitziger gerundet und mit einem ziemlich breiten Kutikularsaum versehen, auch in der ganzen Länge mit kleinen Zähnchen bewehrt (Taf. XVI, Fig. 6). Der Rückenrand ist ziemlich stark bogig, hinten indessen höher als vorn, und senkt sich zum Hinterrand steiler herab als zum Vorderrand. Der Hinterrand ist breit gerundet und geht unmerklich in den Rücken- und Bauchrand über; am untersten Teil zeigen sich einige Zähnchen. Der Bauchrand ist in der Mitte schwach vertieft, in der ganzen Länge mit einem Kutikularsaum versehen und mit Zähnchen bewehrt (Taf. XVI, Fig. 6).

An der linken Schale ist der Vorder- und Hinterrand fast gleich hoch, der Vorderrand mit einem ziemlich breiten, der Hinterrand mit einem schmalen Kutikularsaum versehen; außerdem trägt der Vorderrand auch einen Porenkanal-Gürtel. Der Rückenrand ist stumpfer bogig, als an der rechten Schale (Taf. XVI, Fig. 7). Der Bauchrand ist in der Mitte etwas erhaben.

Von oben oder unten gesehen sind die Schalen eiförmig, das vordere Ende spitzig, das hintere ziemlich breit gerundet, die Seiten stumpf bogig (Taf. XVI, Fig. 8).

Die Wandung der Schalen erscheint glatt und ist ziemlich dicht beborstet. Die Gruppe der Muskeleindrücke ist jener der übrigen Arten dieser Gattung gleich.

Am zweiten Antennenpaar überragt das Ruderborstenbündel die Endkrallen. Die Mandibeln und Maxillen, sowie das Maxillarfußpaar sind ebenso wie bei den übrigen Arten der Gattung.

An den ersten Füßen ist das erste Glied des apicalen Teiles mit Borstenbündeln besetzt, an den zwei folgenden Gliedern steht je ein Borstenbündel. Die Endkralle ist auffallend lang und stark sichelförmig gekrümmt, länger als die voranstehenden drei Fußglieder zusammen, auch die an der Basis aufragenden zwei Borsten sind ziemlich lang.

Am zweiten Fußpaar ist das vorletzte Glied in zwei halben Ringen mit kleinen Borsten bewehrt; von der Spitze des letzten Gliedes gehen eine kürzere und eine längere Kralle, sowie eine sehr lange Borste aus; die eine dieser Krallen ist nur ganz wenig, die andere hingegen bedeutend länger als das letzte Glied (Taf. XVI, Fig. 9).

Die Furcalanhänge sind säbelförmig gekrümmt, gegen das distale Ende verschmälert. Die hintere Randborste sitzt fast in der Mitte des Randes und ist sehr kurz. Die hintere Kralle ist auffallend lang, sichelförmig, gezähnt, nur wenig kürzer als die Endkralle (Taf. XVI, Fig. 5). Die Endkralle ist weit länger als die halbe Länge der Furcalanhänge, kräftig, sichelförmig, gezähnt. Die Endborste erreicht nicht ganz ⅓ der Länge der Endkralle und ist doppelt so lang als die Randborste.

Die Länge der Schalen beträgt 0,6—0,63 mm, die größte Höhe 0,43—0,45 mm, die Breite 0,4 mm.

Fundorte: Zwischen Aregua und Lugua, Pfütze an der Eisenbahn; Cerro Leon, Bañado; Pirayu, Straßenpfütze. Ich fand bloß Weibchen.

Durch die Form der Schalen erinnert diese Art an *Cypria pellucida* Sars, von welcher sie sich jedoch, gleichwie von den übrigen Arten der Gattung, durch den gezähnten Vorder- und Bauchrand der rechten Schale unterscheidet.

304. Cypria ophthalmica (Jur.).

Cypria ophthalmica Daday, E. v., 8, p. 225, Fig. 41 a - k.

Eine Art von allgemeiner geographischer Verbreitung, welche aus Südamerika bereits durch A. Wierzejski 1892 von einem argentinischen Fundort verzeichnet worden ist (32.). Bei meinen Untersuchungen habe ich sie ebenfalls gefunden, aber nur an einem einzigen Fundort, und zwar zwischen Aregua und dem Yuguariflusse, Inundationen eines Baches.

305. Cypria pellucida Sars.
(Taf. XVI, Fig. 10—15.)

Cyprida pellucida Sars, G. O., 25, p. 37, Taf. VIII, Fig. 7. 8.

Zur Zeit ist diese Art als spezifisch südamerikanisch zu betrachten, und zwar hat sie G. O. Sars 1901 von einem brasilianischen Fundort (Itatiba) beschrieben. Wie es scheint, ist sie in der Fauna von Paraguay gemein, denn ich habe sie an folgenden Fundorten angetroffen: Asuncion, Campo Grande, Calle de la Cañada, von Quellen gespeiste Tümpel und Gräben; Lagune (Pasito), Inundationen des Paraguayflusses; Villa Morra, Calle Laureles. Straßengraben; Cacarapa, ständiger Tümpel; Curuzu-nú, Teich beim Hause des Marcos Romeros; Gourales, ständiger Tümpel; Sapucay, Arroyo Ponà; Villa Sana, Peguaho-Teich.

In dem mir vorliegenden Material fand ich sowohl Weibchen, als auch Männchen, und nachdem G. O. Sars nicht in der Lage war, letztere zu studieren, so fasse ich die Beschreibung derselben nachstehend zusammen.

Die Schalen gleichen, von der Seite gesehen, im ganzen denen der Weibchen, allein der Vorder- und Hinterrand sind gleich hoch. Am Vorderrand der linken Schale zeigt sich ein ziemlich breiter Kutikularsaum und ein Gürtel von Porenkanälen (Taf. XVI, Fig. 15), demzufolge die linke Schale etwas länger erscheint als die rechte.

Von oben oder unten gesehen sind die Schalen schmal eiförmig, das vordere Ende gespitzt, das hintere stumpf gerundet (Taf. XVI, Fig. 10).

Die Schalenoberfläche ist glatt, spärlich beborstet.

Das erste und zweite Antennenpaar, sowie die Mandibeln und Maxillen sind denen des Weibchens gleich. Der Taster des rechten Maxillarfußes ist annähernd hammerförmig, zweigliederig, der Stiel bezw. das Basalglied gegen das distale Ende verbreitert, der Rand wellig, die innere Spitze geht in einen krallenförmigen Fortsatz aus; das apicale Glied oder der obere Teil des Hammers ist am Oberrand geeckt und im ganzen annähernd einer breiten Sichel gleich (Taf. XVI, Fig. 14). Der Taster des linken Maxillarfußes ist gleichfalls zweigliederig, das basale Glied säulenförmig, die eine Ecke vorspringend, mit einer Riechborste versehen; das apicale Glied ist angelförmig gekrümmt (Taf. XVI, Fig. 13).

Der Ductus ejaculatorius hat dieselbe Struktur wie bei *Cypria ophthalmica*.

Das Kopulationsorgan besteht aus einem breiten Basalteil und einem zweiästigen apicalen Teil, es gleicht ungefähr einer Schere; das Vas deferens ist mehrfach verschlungen (Taf. XVI, Fig. 11).

Die Länge der Schalen beträgt 0,55 mm, die größte Höhe 0,35 mm, die größte Breite 0,27 mm.

Außer den hier namentlich erwähnten drei Arten dieser Gattung habe ich in einer mit Limnanthemum bewachsenen Pfütze bei Sapucay noch eine Art gefunden, deren in Formol konservierten wenigen Exemplare indessen nicht sicher zu bestimmen waren.

Gen. Candonopsis Vávra.

Dies Genus könnte füglich zu den kosmopolitischen gezählt werden, insofern es sowohl aus Europa und Asien, als auch aus Afrika und Australien in je einer Art bekannt ist. Aus Südamerika wurde die erste Art von W. Vávra 1898 unter dem Namen *Candonopsis falklandica* beschrieben (31. p. 9), die zweite Art aber von G. O. Sars 1901 unter dem Namen *Candonopsis brasiliensis* (25. p. 45). Bei meinen Untersuchungen habe ich bloß die nachstehende Art vorgefunden.

306. Candonopsis Anisitsi n. sp.
(Taf. XVI, Fig. 16—26.)

Weibchen.

Die beiden Schalen sind ganz gleich, von der Seite gesehen, gestreckt nierenförmig (Taf. XVI, Fig. 16). Der Vorderrand der Schalen ist ziemlich spitz und gleichmäßig gerundet, gegen den Rücken aber abschüssiger und mit dem Bauchrand einen deutlichen Winkel bildend. Der Rückenrand ist gerade und trifft sich mit dem Hinterrand in einem breiten, stumpf gerundeten Winkel. Der Hinterrand ist in den oberen zwei Dritteln stumpf bogig bezw. abschüssig, im unteren Drittel bezw. an dem mit dem Bauchrand gebildeten

Winkel spitz gerundet. Der Bauchrand ist in der vorderen Hälfte gerade, in der hinteren Hälfte hingegen bogig abschüssig (Taf. XVI, Fig. 16).

Von oben gesehen gleichen die Schalen einem sehr schmalen Ei, welches an beiden Enden gleichmäßig gerundet ist (Taf. XVI, Fig. 17).

. Die Wandung der Schalen erscheint ziemlich grobgranuliert und ist zudem spärlich beborstet.

Die Gliedmaßen erinnern an die der übrigen Arten dieser Gattung, d. i. das zweite Fußpaar ist ebenso wie beim Männchen (siehe Taf. XVI, Fig. 24).

Die Anzahl der Muskeleindrücke beträgt 6, davon sind der obere und untere unpaar, wogegen die vier mittleren paarweise gruppiert sind, von allen ist das obere unpaare am größten (Taf. XVI, Fig. 26).

Der Furcalanhang ist eine fast gerade, gegen das distale Ende verschmälerte Lamelle, die hintere Randborste fehlt; die hintere Kralle ist fast ebenso kräftig, wie die Endkralle, beide in der distalen Hälfte sichelförmig gekrümmt; die Endborste ist sehr klein (Taf. XVI, Fig. 25).

Die Länge der Schalen beträgt 0,9—1,5 mm, die größte Höhe 0,65—0,7 mm.

Männchen.

Die beiden Schalen sind, von der Seite gesehen, ganz gleich und im ganzen denen des Weibchens gleich, der Hinterrand erscheint jedoch höher, ist gleichmäßig gerundet und geht gleichförmig in den Rücken- und Bauchrand über, welch letzterer in der Mitte ausgebuchtet ist (Taf. XVI, Fig. 19).

Von oben oder unten gesehen gleichen die Schalen einem gestreckten, schmalen Ei, dessen vorderes Ende schmäler und spitzer, das hintere Ende aber breiter und stumpf gerundet ist; die Seitenlinien sind kaum bemerkbar bogig (Taf. XVI, Fig. 18).

Die Struktur der Schalenwandung und die Anordnung der Muskeleindrücke ist ebenso wie beim Weibchen.

Am ersten Fußpaar sind die ersten drei Glieder des apicalen Teiles mit Borstenbündeln bedeckt. Am zweiten Fußpaar ist das letzte Glied fast so lang, wie die halbe Länge des vorletzten, die beiden Endkrallen sind kräftig, fast gleich lang, die Endborste ist so lang, wie die distalen drei Fußglieder zusammen, das vorletzte Glied trägt in zwei Halbringen kleine Borsten (Taf. XVI, Fig. 24).

Der Taster des rechten Maxillarfußes ist etwas dicker und länger als der des linken (Taf. XVI, Fig. 21), eingliederig, der distale Teil dünn, sichelförmig gekrümmt, an der Basis der Sichel mit zwei kräftigen Borsten bewehrt.

Der Taster des linken Maxillarfußes (Taf. XVI, Fig. 22), gleichfalls eingliederig, an der Basis stark verdickt und dann plötzlich verengt, die distale Hälfte stärker gekrümmt als am rechten Fuß und trägt gleichfalls zwei Borsten.

Die Furcalanhänge sind denen des Weibchens sehr ähnlich (Taf. XVI, Fig. 20).

Der Ductus ejaculatorius ist ebenso, wie bei den übrigen Arten dieser Gattung. Der Kopulationsapparat ist annähernd keilförmig; das Vas deferens nur sehr wenig gewunden (Taf. XVI, Fig. 23).

Die Länge der Schalen beträgt 1—1,2 mm, die größte Höhe 0,5—0,6 mm.

Fundorte: Aregua, Inundationen eines Baches, welcher den Weg zu der Lagune Ipacarai kreuzt; zwischen Aregua und dem Yuguariflusse, Inundationen eines Baches; Asuncion, Lagune (Pasito), Inundationen des Paraguayflusses; Villa Rica, wasserreiche Wiese.

Diese Art, welche ich zu Ehren des Prof. J. D. Anisits benannte, unterscheidet sich von bisher bekannten Arten der Gattung durch die Form der Schalen, sowie durch die Form und Struktur der Maxillarfüße und des Kopulationsapparates.

Gen. Candona (Baird).

Aus Südamerika wurde dies Genus bisher bloß von J. D. Dana 1852 bei der Beschreibung von *Candona albida* verzeichnet (10.); ob aber die beschriebene Art wirklich zu dem eigentlichen Genus *Candona* gehört, ist fraglich, wie es schon W. Vávra andeutete (30. p. 21). Wie es scheint, ist diese Gattung in der Fauna von Südamerika nicht häufig, denn bei meinen Untersuchungen habe ich gleichfalls bloß eine, die nachstehende Art gefunden

307. Candona parva n. sp.

(Taf. XVI, Fig. 27—29; Taf. XVII, Fig. 1—7.)

Weibchen.

Die beiden Schalen sind ganz gleich, von der Seite gesehen, annähernd einer Niere gleich. Der Vorderrand ist niedriger als der Hinterrand, regelmäßig und ziemlich spitz gerundet, und geht gleichförmig in den Rücken- und Bauchrand über (Taf. XVI, Fig. 27). Der Rückenrand ist in der vorderen Hälfte abschüssig, in der hinteren Hälfte hingegen ziemlich hoch bogig, demzufolge die Schalen hier am höchsten sind; zu dem Hinterrand senkt sich derselbe bogig abschüssig herab und geht allmählich in denselben über. Der Hinterrand ist höher als der Vorderrand, stumpf gerundet und geht allmählich in den Bauchrand über. Der Bauchrand ist in der Mitte schwach vertieft, im übrigen fast gerade. Ein Kutikularsaum ist an keinem der Ränder vorhanden (Taf. XVI, Fig. 27).

Von oben gesehen gleichen die Schalen einem gestreckten, schmalen Ei, dessen vorderes Ende spitz, das hintere gerundet, die Seiten aber schwach bogig sind.

Die Schalenwandung erscheint granuliert und spärlich beborstet. Von den sechs Muskeleindrücken ist der obere und untere unpaar, die übrigen vier hingegen sind paarweise gruppiert.

Das erste und zweite Antennenpaar, die Mandibeln und Maxillen, sowie die Maxillarfüße und das erste Fußpaar sind ebenso, wie bei den übrigen Arten der Gattung. Am zweiten Fußpaar besteht der apicale Teil bloß aus drei Gliedern; die zwei proximalen Glieder sind fast gleich lang und kräftig; von den an der Spitze des letzten Gliedes aufragenden Krallen ist die eine sehr lang und kräftig, nur wenig kürzer, als die letzten drei Fußglieder zusammen, oder wie die Endborste; die zweite Endkralle ist kurz, borstenförmig, und erreicht bloß ⅓ der längeren; die Endborste ist nicht ganz so lang, wie die letzten drei Fußglieder zusammen (Taf. XVII, Fig. 7).

Die Furcalanhänge sind schwach gekrümmt, gegen das distale Ende verschmälert. Die hintere Randborste sitzt im distalen Drittel der Furcalanhänge. Die beiden Krallen entspringen nahe beieinander und sind fast gleich lang. Die Endborste ist sehr kurz (Taf. XVII, Fig. 6).

Die Länge der Schalen beträgt 0,8—1,1 mm, die Höhe 0,7 mm; die Färbung ist gelbbraun.

Männchen.

Die beiden Schalen sind ganz gleich, von der Seite gesehen beide einer ziemlich regelmäßigen Niere gleich (Taf. XVII, Fig. 1). Der vordere Schalenrand ist niedriger und spitzer gerundet als der hintere. Der Rückenrand ist ziemlich gleichmäßig gerundet, in der hinteren Hälfte aber dennoch etwas mehr vortretend, gegen den Vorderrand flacher, gegen den Hinterrand steiler abschüssig. Der Hinterrand ist in der oberen Hälfte stumpfer, in der unteren stärker bogig. Der Bauchrand ist in der Mitte breit und seicht vertieft (Taf. XVII, Fig. 1).

Von oben oder unten gesehen gleichen die Schalen einem gestreckten, schmalen Ei, dessen vorderes Ende spitzig, das hintere hingegen gerundet ist (Taf. XVI, Fig. 28).

Die Struktur der Schalenwandung, sowie die Anzahl und Anordnung der Muskeleindrücke ist ebenso, wie beim Weibchen.

Die Riechstäbchen des zweiten Antennenpaares sind zweigliederig, das distale Glied einer Dolchklinge gleich, viel kürzer als das basale Glied (Taf. XVI, Fig. 29).

Der Taster des rechten Maxillarfußes gleicht einer breiten Sichel (Taf. XVII, Fig. 3), wogegen der des linken Maxillarfußes viel schmäler ist (Taf. XVII, Fig. 2), beide sind mit je einer Borste bewehrt.

Die Füße sind ebenso, wie die des Weibchens.

Die Furcalanhänge sind gegen das distale Ende verschmälerte gerade Lamellen; die hintere Randborste sitzt im distalen Drittel der Lamelle; die Krallen sind fast gleich lang und kräftig (Taf. XVII, Fig. 5). Der Ductus ejaculatorius stimmt mit dem der übrigen Arten der Gattung überein.

Der Kopulationsapparat ist schlauchförmig mit drei Nebenlamellen; das Vas deferens bildet nur wenig Windungen (Taf. XVII, Fig. 4).

Die Länge der Schalen beträgt 0,8—1 mm, die größte Höhe 0,7 mm.

Fundort: Aregua, Inundationen eines Baches, welcher den Weg zu der Lagune Ipacarai kreuzt.

Von den bisher bekannten Arten dieser Gattung unterscheidet sich die neue Art außer in der Form der männlichen und weiblichen Schalen hauptsächlich durch die Struktur des Kopulationsapparates.

Gen. **Eucandona** Dad.

Wahrscheinlich ein kosmopolitisches Genus, dessen Arten unter denen des früheren Genus *Candona* zu suchen sind. Aus Südamerika aber ist zur Zeit noch keine sichere Art nachzuweisen.

308. Eucandona cyproides n. sp.

(Taf. XVII, Fig. 8—14.)

Die beiden Schalen sind von gleicher Struktur, von der Seite gesehen gewissermaßen nierenförmig (Taf. XVII, Fig. 8). Der vordere Schalenrand ist wenig niedriger als der hintere, zugleich spitziger gerundet und gegen den Rückenrand abschüssig. Der Rückenrand ist kaum bemerkbar bogig, nach hinten etwas ansteigend und geht unmerklich in den Hinter-rand über. Der Hinterrand ist höher als der Vorderrand, gleichmäßig bogig, und geht gleich abschüssig in den Rücken- und Bauchrand über. Der Bauchrand ist kaum bemerkbar bogig, im vorderen Drittel etwas vertieft, vor der Vertiefung erhebt sich ein schwacher Hügel (Taf. XVII, Fig. 8). An keinem der Ränder ist ein Kutikularsaum zu sehen.

Von oben oder unten gesehen gleichen die Schalen einem gestreckten, schmalen Ei, dessen vorderes Ende spitziger, das hintere stumpfer, die Seiten aber kaum bemerkbar bogig sind.

Die Schalenwandung erscheint durch unregelmäßige polygonale Felderchen gegittert und spärlich beborstet. Entlang des hinteren Schalenrandes ragen spärliche, sehr lange Borsten auf.

Am zweiten Antennenpaar bildet das Exopodit einen kleinen Höcker, an dessen Spitze verschieden lange Borsten bestehen. Das Endopodit ist dreigliederig, am distalen Rande des proximalen Gliedes stehen keine Ruderborsten, bloß an der unteren Spitze zeigt sich eine längere Borste. Das zweite Glied ist länger als das erste, aber dünner, am Oberrand mit Borstenbündeln versehen (Taf. XVII, Fig. 11). Das letzte Glied ist kurz, nur halb so dick als das zweite. Die Endkrallen sind im Verhältnis lang und dünn.

Das letzte Glied des Palpus mandibularis ist nur wenig kürzer als das voranstehende, aber nur halb so dick, und trägt an der Spitze drei lange Borsten.

Am Palpus maxillaris trägt das basale Glied des Tasters an der vorderen Spitze ein Bündel von fünf Borsten; das apicale Glied ist gegen das distale Ende etwas verbreitert, am Endrand in gleicher Entfernung voneinander mit drei kräftigen Krallen bewehrt, deren je eine an den beiden Enden, eine aber in der Mitte aufragt; zwischen der mittleren und den beiden Seitenkrallen sitzt je eine Borste (Taf. XVII, Fig. 10). An der Spitze des ersten Kaufortsatzes erheben sich unter den Borsten zwei kräftige, glatte Krallen.

Am Maxillarfußpaar wird, so weit es mir gelungen festzustellen, der Kiemenfortsatz durch zwei Borsten repräsentiert; der Tasterfortsatz ist eingliederig.

Am ersten Fußpaar besteht der apicale Teil aus vier Gliedern; das proximale Glied ist am Vorder- und Hinterrand beborstet, die nachfolgenden zwei nur am Vorderrand. Die Endkralle ist dünn, sichelförmig, so lang, wie die voranstehenden drei Glieder zusammen (Taf. XVII, Fig. 14).

Am zweiten Fußpaar ist der apicale Teil viergliederig, das proximale Glied mit Borsten-bündeln besetzt; das distale Glied trägt zwei gleich lange, dünne Krallen und eine End-borste, die etwas länger ist, als die letzten drei Fußglieder zusammen (Taf. XVII, Fig. 12).

Die Furcalanhänge sind etwas sichelförmig, gegen das distale Ende schwach ver-schmälert. Die hintere Randborste ist der hinteren Kralle nahe gerückt und mehr dorn-artig. Die hintere Kralle sitzt zwischen der Endkralle und der hinteren Randborste in der Mitte, ist fast ⅔ so lang, wie die Endkralle und am Hinterrand fein beborstet. Die Endkralle ist kräftig, sichelförmig, fein beborstet, fast halb so lang als die Furcalanhänge. Die Endborste ist kurz und fein (Taf. XVII, Fig. 13).

Das Ovarium ist in der Mitte stark aufgedunsen, im ganzen gleich dem der übrigen Arten dieser Gattung.

Die Länge der Schalen beträgt 1,3 mm, die größte Höhe 0,8 mm.

Fundort: Zwischen Lugua und Aregua, Tümpel an der Eisenbahn. Es lagen mir bloß einige Weibchen vor.

Von den übrigen Arten der Gattung unterscheidet sich diese neue Art durch die Struktur des zweiten Antennenpaares, der Mandibeln und der Furcalanhänge, und zwar derart, daß man sie füglich für den Repräsentanten einer neuen Gattung halten könnte. Anfänglich hielt ich sie selber für die Art einer selbständigen Gattung, die ich *Pseudocandona* benannt hatte, allein später habe ich sie, um die Anzahl der Gattungen nicht zu vermehren, einfach zum Genus *Eucandona* gezogen.

Fam. Cytheridae.

Aus den Gebieten südlich des Äquators war bisher kein einziger Süßwasser-Repräsentant dieser Familie bekannt, wogegen in den Weltteilen nördlich des Äquators, namentlich in Europa, die Arten mehrerer Gattungen vorkommen. Bei meinen Untersuchungen habe ich südamerikanische Repräsentanten der nachstehenden zwei Gattungen gefunden.

Gen. Limnicythere Brady.

Vermutlich ein kosmopolitisches Genus, dessen Arten indessen bisher bloß aus Europa, Asien und Nordamerika bekannt sind. Bei meinen Untersuchungen habe ich bloß bei einer Gelegenheit Exemplare desselben gesehen.

309. Limnicythere sp. ?

Fundort: Villa Rica, Eisenbahngraben. Es lagen mir bloß einige Exemplare vor, allein auch diese waren in Formol nicht in dem Zustande konserviert, um die Art sicher bestimmen zu können. Das größte Hindernis war es übrigens, daß die Schalen im Formol ihre äußere Form verloren hatten.

Cytheridella n. gen.

Die Schalen sind unbedornt, im ersten Drittel an beiden Seiten eingeschnürt, am Vorderrande mit einem breiten Gürtel von Porenkanälen versehen, die Oberfläche ist rauh, ziemlich dicht beborstet. Muskeleindrücke sind bloß vier vorhanden, die in einer perpendiculären Reihe angeordnet sind.

Die Stirn ist in einen oberen größeren und einen unteren kleineren Lappen geteilt und in der ganzen Länge an beiden Seiten mit einer Reihe feiner langer Borsten besetzt.

Beide Antennenpaare bestehen aus je fünf Gliedern; das Exopodit des zweiten Antennenpaares ist in eine mächtige Spinnborste umgewandelt, die Ruderborsten fehlen, an der Spitze des letzten Gliedes sitzen krallenartige Borsten.

Der Palpus mandibularis besteht bloß aus drei Gliedern, das letzte Glied ist auffällig dünn und trägt zwei kräftige kurze Borsten; der Kiemenanhang ist gut entwickelt, an der Spitze mit drei Fiederborsten, an der oberen Seite mit einem gefiederten, angelförmigen Fortsatz bewehrt.

Der Palpus maxillaris und die Kaufortsätze sind lang gestreckt, dünn; der Kiemenfortsatz blattförmig, die distale Spitze breit gerundet, die Randborsten alle nach hinten gerichtet.

Von den drei Fußpaaren sind die ersten zwei Paare gleicher Struktur, endigen in einer kräftigen, sichelförmigen Kralle, und sind nach unten und hinten gerichtet; am dritten Fußpaar ist das zweite Glied nach vorn, die übrigen gerade nach hinten und etwas nach oben; an der Spitze des letzten Gliedes entspringt ein krallenförmiger Fortsatz, welcher mit dem zweitvorletzten das Schloß bildet.

Die Furcalanhänge sind schmale, ziemlich lange Lamellen, die am distalen Ende zwei kräftige Borsten tragen. Ober der Analöffnung zeigt sich ein kräftiger, spitzer Dornfortsatz.

An der Basis des zweiten Antennenpaares befindet sich eine ziemlich große Spinndrüse. Die Augen sind einander genähert. Die Hepatopankreasdrüse und die Genitalorgane liegen in der Körperhöhlung; die Eier gelangen in eine Bruthöhle. Am männlichen Genitalorgan fehlt der Ductus ejaculatorius.

Auf Grund der allgemeinen Organisationsverhältnisse ist dies Genus als zu der Familie *Cytheridae* gehörig zu betrachten und steht am nächsten zu der Gattung *Cytheridea* Bosq., ist indessen von dieser, sowie von den übrigen Gattungen der Familie durch den Borstenkranz der Stirn und der eigentümlichen Gestaltung des dritten Fußpaares leicht zu unterscheiden.

Bisher ist bloß eine einzige Art dieser Gattung bekannt.

310. Cytheridella Ilosvayi n. sp.
(Taf. XVII, Fig. 15—18; Taf. XVIII, Fig. 1—11.)

Die Schalen sind, von der Seite gesehen, bei beiden Geschlechtern annähernd nierenförmig, die rechte Schale weicht jedoch ganz wenig von der linken ab. An der rechten Schale ist der Vorderrand gleichmäßig und ziemlich spitz gerundet, und geht gleichförmig in den Rücken- und Bauchrand über (Taf. XVII, Fig. 15). Der Rückenrand ist fast ganz gerade, bloß ober dem Auge kaum merklich vorstehend. Der Hinterrand ist höher als der Vorderrand, stumpf gerundet und geht unmerklich in den Rückenrand über, wogegen er sich mit dem Bauchrand in einem stumpf gerundeten Winkel trifft. Der Bauchrand ist gerade, gegen den Vorderrand abschüssig (Taf. XVII, Fig. 15). An der linken Schale ist der Vorderrand spitz gerundet, steigt gegen den Rückenrand schräg auf und vereinigt sich mit demselben in einem ober dem Auge liegenden Hügel, geht hingegen ohne bemerkbare Grenze in den Bauchrand über (Taf. XVII, Fig. 16). Der Rückenrand ist im ganzen zwar gerade, in der Mitte aber etwas vertieft und bildet ober dem Auge und am Berührungspunkte mit dem Hinterrande einen breit gerundeten, nur wenig vorragenden Hügel. Der Hinterrand ist stumpf gerundet und geht fast unmerklich in den Bauchrand über. Der Bauchrand ist gerade (Taf. XVII, Fig. 16). An den weiblichen Schalen fällt der Hinterrand nicht mit der

Endgrenze der Schalenwandung zusammen, weil ihr hinteres Ende stark aufgetrieben ist, demzufolge der eigentliche Hinterrand mehr nach vorn gelangt (Taf. XVII, Fig. 18). An der männlichen Schale ist der Bauchrand mehr nach einwärts gezogen, wogegen der Hinterrand fast auf die Schalengrenze fällt (Taf. XVII, Fig. 21). Am Rückenrand geht in der Mitte der Innenseite bei beiden Geschlechtern ein Stück eines nach vorn und unten gerichteten Bogens aus, der ober den Muskeleindrücken zu endigen scheint (Taf. XVII, Fig. 18, 21). Am vorderen Schalenrand zeigen sich im ganzen Verlaufe dünne Porenkanäle, welche mehr oder weniger eiförmige, kleinere oder größere Räume fensterartig umgrenzen. An jedem Porenkanal entspringt je eine lange, feine Borste. Die von den Porenkanälen umschlossenen Fenster sind ungranuliert, wogegen der innerhalb und außerhalb derselben liegende Raum fein granuliert erscheint (Taf. XVII, Fig. 18, 21). Am Hinterrand zeigen sich keine eigentlichen Porenkanäle, sondern die langen Borsten scheinen von je einer kleinen Erhöhung auszugehen (Taf. XVII, Fig. 18); am Hinterrand der männlichen Schale indessen fehlen auch diese Erhöhungen (Taf. XVII, Fig. 21).

Die weiblichen Schalen gleichen, von oben oder unten gesehen, einem gestürzten und ziemlich schmalen Herzen mit gespitztem Ende (Taf. XVII, Fig. 17); im vorderen Drittel sind sie an beiden Seiten etwas vertieft, so daß sie einen vorderen kleineren und einen hinteren viel größeren, stumpf gerundeten Hügel bilden; das hintere Ende ist breit und stumpf gerundet, in der Mitte aber, in der Berührungslinie der beiden Schalen, etwas vertieft.

Die männlichen Schalen zeigen, von oben oder unten gesehen, annähernd die Form einer Birne (Taf. XVII, Fig. 19), ihr vorderes Ende ist gespitzt, die Seiten hinter dem vorderen Drittel ebenso vertieft, wie beim Weibchen, in der hinteren Hälfte indessen nicht so breit, bezw. erhaben bogig; das hintere Ende ziemlich spitz gerundet (Taf. XVII, Fig. 19). Die männlichen Schalen sind viel schmäler als die weiblichen, welche in der hinteren Hälfte zu einer Bruthöhle erweitert sind.

Die Schalenwandung ist mit kleineren oder größeren Höckern bedeckt, wodurch dieselbe ganz rauh wird. Von den einzelnen Höckerchen gehen kleine Strahlen aus, welche die benachbarten Höckerchen miteinander verbinden. Zwischen den Höckerchen erheben sich spärlich zerstreute kurze Borsten (Taf. XVII, Fig. 20). Die Grundfarbe der Schalen ist gelbbraun, der Matrixbestand enthält auch in größerer Menge schwarze Farbe, deren Situierung aus Fig. 15, 16, 17, 19 ersichtlich ist; im ganzen ist vor den Seiteneinschnürungen weniger Farbstoff vorhanden und beschränkt sich mehr auf den Rücken, hinter den Seiteneinschnürungen dagegen zeigt sich eine größere Menge derselben, die sich auch auf die Seiten erstreckt.

Die Anzahl der Muskeleindrücke beträgt vier, die in einer perpendiculären Reihe angeordnet sind, der oberste und unterste kleiner als die übrigen, der zweitoberste am größten, alle mehr oder weniger eiförmig (Taf. XVII, Fig. 25).

Das erste Antennenpaar (Taf. XVII, Fig. 22, 24) besteht aus fünf Gliedern, von den Gliedern sind die dem Protopodit entsprechenden zwei proximalen am längsten und dicksten; das zweite trägt im proximalen Drittel der Unter- bezw. Innenseite eine lange Borste, am distalen Ende aber einen Kranz kurzer Borsten. Von den dem Endopodit entsprechenden drei Gliedern ist das zweite am längsten, das letzte am dünnsten; das erste Glied trägt an der distalen äußeren Spitze eine kräftige kurze Borste; das zweite Glied außen in der Mitte eine kräftigere längere und eine kürzere dünnere, innen aber eine kurze Borste; die distale äußere Spitze eine lange dünne, eine kurze dickere einfache Borste und ein Riechgebilde, welches einer Gabel mit drei Zinken gleicht (Taf. XVII, Fig. 26); an der distalen inneren Spitze schließlich sitzen zwei lange einfache Borsten, an der Spitze des letzten Gliedes aber drei lange feine und eine krallenförmige Borste.

Das zweite Antennenpaar (Taf. XVII, Fig. 22. 23) ist gleichfalls aus fünf Gliedern zusammengesetzt; das proximale Glied des Protopodits. ist viel kürzer als das distale, welches so lang ist, wie das zweite Glied des Endopodits. Das Exopodit ist mächtig, zweigliederig, zu einer Spinnborste gestaltet, welche bis zu der Spitze des letzten Endopoditgliedes reicht. Von den Endopoditgliedern ist das zweite weit länger als die beiden anderen und überragt sogar deren Gesamtlänge; das proximale Glied trägt an der distalen inneren Spitze eine kräftige Borste; das zweite Glied an der Innenseite unweit der Mitte zwei Borsten, deren eine einfach, die andere dagegen ein Riechgebilde ist, das einer langen Lanzette gleicht (Taf. XVII, Fig. 23); an der Außenseite steht hinter der Mitte, sowie an der distalen inneren Spitze je eine einfache, ziemlich dicke Borste, an der Spitze des letzten Gliedes aber ragen drei krallenförmige kräftige Borsten auf (Taf. XVII, Fig. 22. 23).

Am zweiten Antennenpaar befindet sich im ersten und zweiten Protopoditgliede ein fast ebenso situiertes und verlaufendes Leistengerüst, wie bei den *Cypris*-Arten, das im proximalen Gliede aber erscheint immerhin etwas verwickelter (Taf. XVIII, Fig. 10).

An der Kaufläche der Mandibel erheben sich sechs kräftige Zähne, deren oberer etwas kräftiger ist als die übrigen, mit einer Spitze, wogegen die übrigen doppelt gespitzt erscheinen; im Innern des Stammes zeigt sich ein gut entwickeltes Leistengerüst, welches an der Basis des Palpus von einem gemeinsamen Mittelpunkt ausgeht (Taf. XVIII, Fig. 1).

Der Palpus mandibularis erscheint aus drei Gliedern zusammengesetzt; das proximale Glied ist länger und dicker als die beiden anderen, und an der distalen inneren Spitze steht eine kräftige Fiederborste; der von demselben ausgehende Kiemenanhang gleicht einer gestreckten Lamelle, an deren Ende drei zweigliederige, dicke Fiederborsten entspringen, am Oberrande aber sitzt ein gefiederter Krallenfortsatz (Taf. XVIII, Fig. 2). Das zweite Glied ist nicht ganz halb so lang als das erste; an der distalen inneren Spitze ragen drei kräftige, krallenförmige, an der äußeren Spitze aber drei längere feinere und eine kürzere, krallenförmige Borste auf; das letzte Glied ist so lang wie das voranstehende, aber viel dünner, am Ende mit einem kräftigen und einem schwächeren Borstenfortsatz, der einem geraden Dorn gleicht (Taf. XVIII, Fig. 1).

Der allgemeine Charakter der Maxillen ist, daß der Stamm im Verhältnis schmal ist, der Palpus, sowie die Kaufortsätze dünn und gestreckt sind (Taf. XVIII, Fig. 2). Am Palpus ist das proximale Glied weit länger als das distale und überragt die vorderen zwei Drittel des ersten Kaufortsatzes, trägt an der äußeren Spitze eine lange einfache und eine zweiästige, krallenförmige Fiederborste; an der inneren Spitze erhebt sich das zweite Glied, welches mit einer langen glatten Borste und einem geraden, kräftigen glatten Dorn bewehrt ist (Taf. XVIII, Fig. 2). An der Endspitze des ersten Kaufortsatzes stehen vier, an dem des zweiten drei dornenförmige, gerade, kurze, kräftige Borsten; der dritte Fortsatz ist viel dünner als die beiden anderen und trägt am ziemlich gespitzten Ende eine feine dünne und eine kräftige dicke glatte Borste. Der Kiemenanhang ist blattförmig, am distalen Ende aber gerundet; die gefiederten Randborsten sind alle nach hinten gerichtet; am Unterrand wird die Reihe der Borsten durch einen gerundeten Höcker abgeschlossen, an dessen Spitze sich feine Borsten erheben (Taf. XVIII, Fig. 3).

Das erste und zweite Fußpaar (Taf. XVII, Fig. 22; Taf. XVIII, Fig. 4. 5) sind einander in jeder Hinsicht gleich; beide echte Scharrfüße, das proximale Glied ist nach unten, das zweite nach vorn, die übrigen aber nach hinten gerichtet, die Endkrallen sind nach vorn gekrümmt, das proximale Glied trägt eine Endborste, das zweite Glied am Vorderrand und an der distalen vorderen Spitze je zwei Fiederborsten; das dritte Glied an der distalen vorderen Spitze eine Fiederborste; am ersten Fußpaar ist der distale Endrand einfach, der des zweiten hingegen mit einem Dornenkranz versehen; das erste Fußpaar ist übrigens im ganzen etwas kürzer als das zweite, die Endkralle kleiner, glatt, die des zweiten dagegen größer, am Vorder- und Hinterrand mit je einer kleinen Borste besetzt (Taf. XVIII, Fig. 4. 5). An beiden Füßen befindet sich in den zwei proximalen Gliedern ein inneres Leistengerüst, und zwar im ersten ein verästeltes Stäbchen, an der Basis des zweiten eine geästete Leiste (Taf. XVIII, Fig. 11).

Das dritte Fußpaar gleicht im ganzen den zwei ersten, allein die Form und besonders die Lage des Gliedes ist eine ganz andere, so zwar, daß man diese Füße nicht einmal für Scharrfüße betrachten kann, sondern sie in die Kategorie der Putzfüße gehörig halten muß (Taf. XVIII, Fig. 16). Das proximale Protopoditglied ist nach unten, das distale Glied gerade nach vorn gerichtet und ebenso beborstet, wie die ersten zwei Fußpaare. Das erste Endopoditglied ist mit dem voranstehenden derart artikuliert, daß das distale Ende in der Ruhe nach hinten gerichtet ist, in Tätigkeit aber sich von unten nach oben, bezw. von hinten nach vorn bewegt; die nahe der distalen Spitze befindliche Fiederborste sitzt am Oberrand. Das nächstfolgende Glied ist an der Basis dünner, gleichfalls nach hinten gerichtet, das distale obere Ende aufgetrieben, höckerartig erhöht und mit einer dicken Kutikula bedeckt (Taf. XVIII, Fig. 6). Die zwei letzten Glieder hingegen sind nach vorn und oben gerichtet, und die beiden stehen miteinander in sehr beweglicher Artikulation; an der distalen oberen Spitze des letzten Gliedes ragt ein krallenförmiger kräftiger Kutikularfortsatz auf, welcher bei der Bewegung des Gliedes sich der vorstehenden harten Kutikularspitze des zweitvorletzten Gliedes nähert und sich wieder von ihm entfernt, also einen echten Greifapparat bildet. Allein an der Spitze des letzten Gliedes ist auch die sichelförmige Kralle vorhanden, die indessen etwas länger, aber dünner ist, als die des zweiten Paares, und an beiden Rändern je eine kleine Borste trägt (Taf. XVIII, Fig. 6).

Bezüglich der Struktur des Rumpfes und der inneren Organe bin ich zu folgendem Resultat gelangt.

Die Stirn bildet in der Ursprungslinie des zweiten Antennenpaares einen stark vorspringenden, großen gerundeten Hügel, von wo an sich in einer gerade aufsteigenden Linie gegen das Auge erhebt (Taf. XVII, Fig. 22. 23). Der Stirnbügel biegt sich gegen die Mundhöhle herab, ist aber nahe derselben etwas vertieft, so daß dieser Teil der Stirn in einen oberen größeren und einen unteren kleineren Lappen geteilt ist, welch letzterer an der Oberfläche mit kleinen Borsten bedeckt ist. An den beiden Stirnlappen erhebt sich an beiden Seiten eine Reihe sehr feiner und langer Borsten. Am Gaumen der Mundhöhle sitzen abwärts gerichtete kleine Dornen, die nach unten allmählich kürzer werden. In der Stirnhöhle zeigt sich ein Leistengerüst von sehr verwickeltem Verlauf (Taf. XVIII, Fig. 8), welches einerseits die Stirnlappen, anderseits den Gaumen der Mundhöhle und die Basis der Antennen stützt. Nahe der Basis der ersten Antennen sitzt an beiden Seiten die große Spinndrüse. Die runden Zellen der Spinndrüsen sind zwar im Verhältnis groß, die innere Höhle indessen dennoch auffallend groß.

Die Struktur der Augen, die Situation und Gliederung des Darmkanals zeigt keinerlei auffälligeren Veränderungen oder Eigentümlichkeiten. Die Hepatopankreas-Drüse und die Genitalorgane liegen in der Körperhöhle.

Im Innern des Körpers befindet sich außer dem bei der Schilderung der Extremitäten und der Stirnhöhle bereits erwähnten Leistengerüst, auch an der Bauchseite des Rumpfes ein Leistengerüst. Sehr eigentümlich ist das Gerüst der unteren Lippe, welches aus quer- und längsstehenden Stäbchen und aus den diesen verbindenden Ausläufern besteht (Taf. XVIII, Fig. 9). Am Anfang des unteren Mundbodens erheben sich in einem Bogen kleine Zähne und fast in der ganzen Länge ragen von zwei Kämmchen feine, steife Borsten auf. Mit dem inneren Gerüst der unteren Lippe steht durch die Vermittelung eines Stäbchen in unmittelbarer Verbindung das eigentliche Rumpfgerüst, dessen Zentralteil durch eine lange, dolchförmige Leiste gebildet wird. Vom vorderen Ende dieser großen Leiste gehen aus einem Mittelpunkte feine Fäden aus und umschließen, nach vorn und seitwärts verlaufend, ein elliptisches Gebiet. Ebenda aber entspringt auch je ein nach der Seite und nach hinten verlaufendes Stäbchen, welches sodann mit dem Seitenteil des Rumpfgerüstes in Verbindung tritt. Der Seiten- bezw. Quertel des Rumpfgerüstes besteht aus zwei Hälften, die sich in der Mittellinie mit den inneren Enden berühren. Beide Querteile haben eine ziemlich verwickelte Struktur, wie aus Taf. XVIII, Fig. 9 ersichtlich ist.

Die Furcalanhänge sitzen auf großen Hügeln, die sich unter der Analöffnung an beiden Körperseiten erheben (Taf. XVII, Fig. 22). Beide Furcalanhänge sind säbelförmig gekrümmte Lamellen, an deren Spitze eine größere und eine kleinere krallenartige Borste aufragt.

Ober der Analöffnung entspringt ein relativ langer, spitzer Fortsatz, vor dessen Basis am Rücken mehrere Querreihen feiner kurzer Borsten stehen.

An beiden Seiten des weiblichen Körpers ragt ober und unter der Vulva je ein fingerförmiger Fortsatz auf, deren unterer der längere ist (Taf. XVII, Fig. 22).

Die Eier gelangen, wie erwähnt, in die Bruthöhle. Die Vulva zeigt sich in Form einer bogigen Erhöhung und schließt drei strahlenartige Kutikularleisten in sich (Taf. XVII, Fig. 22).

Am männlichen Genitalorgan fehlt der Ductus ejaculatorius, das Kopulationsorgan aber ist sehr gut entwickelt und von verwickelter Struktur. Im ganzen ist es schinkenförmig, aber in eine obere größere und eine untere kleinere Partie geteilt, welch letzteres kahnförmig mit ersterem zusammenhängt. In der größeren Partie befinden sich Kutikularleisten zum Anheften der Muskeln und außerdem hängen vom unteren Teile zwei geißelförmige Anhänge herab (Taf. XVIII, Fig. 7).

Die Körperlänge des Weibchens beträgt 1,3—1,6 mm, die größte Breite 1 mm, die Höhe 0,7—0,8 mm; die Körperlänge des Männchens 1,2—1,5 mm, die größte Breite 0,85 mm, die Höhe 0,55 mm.

Fundorte: Villa Sana, Inundationen des Baches Paso Ita; Curuzu-chica, toter Arm des Paraguayflusses; Estia Postillon, Lagune und deren Ergüsse; Aregua, Inundationen des Baches, welcher den Weg zu der Lagune Ipacarai kreuzt; Asuncion, Lagune (Pasito), Inundationen des Paraguayflusses; Tebicuay, ständiger Tümpel. Es lagen mir zahlreiche Männchen und Weibchen, namentlich von den ersteren zwei Fundorten vor.

Ich habe diese Art zu Ehren meines lieben Freundes, Hofrat Dr. Ludwig v. Ilosvay, Professor am Polytechnikum zu Budapest, benannt.

Betrachtet man nunmehr die oben beschriebenen *Ostracoda*-Arten hinsichtlich ihrer geographischen Verbreitung und ihres Vorkommens in Südamerika, so zeigt es sich, daß dieselben in drei Gruppen zerfallen, und zwar in solche: 1) welche außer Südamerika auch aus anderen Weltteilen bekannt sind; 2) welche aus Südamerika schon früher nachgewiesen waren; 3) welche aus Südamerika bisher unbekannt waren. Gruppiert man die Arten in dieser Weise, so erhält man nachstehendes Bild:

1. Außer Südamerika auch aus anderen Weltteilen bekannte Arten.

Eucypris bennelong (King).　　　　Cypridopsis vidua (O. F. M.).
Cypridopsis yallahensis (Baird).　　Cypria ophthalmica (Jur.).

Hiernach ist somit der verschwindend kleinere Teil der in Südamerika vorkommenden Arten auch aus anderen Weltteilen bekannt.

2. Aus Südamerika früher bekannte Arten.

Eucypris bicuspis (Claus).　　　　　Eucypris limbata (Wierz).
Eucypris mutica (Sars)　　　　　　Eucypris mucronata (Sars)
Eucypris nobilis (Sars).　　　　　　Cypridopsis flavescens Sars.
Eucypris variegata (Sars).　　　　　Cypridopsis obscura Sars.
5 Eucypris Iheringi (Sars).　　　　10. Cypria pellucida Sars.

Somit war fast die Hälfte der in Paraguay beobachteten Arten schon früher von anderen südamerikanischen Fundorten bekannt.

3. Bisher bloß aus Paraguay bekannte Arten.

Eucypris areguensis n. sp.　　　　5. Candonopsis Anisitsi n. sp.
Eucypris Anisitsi n. sp.　　　　　　Candona parva n. sp.
Eucypris tenuis n. sp.　　　　　　　Eucandona cyproides n. sp.
Cypria denticulata n. sp.　　　　　8. Cytheridella Ilosvayi n. sp.

Laut diesem Verzeichnis ist nahezu die Hälfte der durch mich aus der Fauna von Paraguay nachgewiesenen Arten bisher aus anderen Gebieten Südamerikas nicht bekannt. Um eine vollständige Übersicht zu bieten einerseits über die aus Südamerika bisher bekannten Arten, anderseits über das Verhältnis, welches zwischen der *Ostracoda*-Fauna Paraguays und denjenigen der übrigen südamerikanischen Territorien besteht, habe ich es für zweckmäßig erachtet, nachstehende Tabelle zusammenzustellen. Hierzu ist nur zu bemerken, daß die hinter dem Autornamen in Klammern stehenden Buchstaben die Namen derjenigen Forscher andeuten, welche die betreffende Art beobachtet haben, und zwar B. = W. Baird, C. = C. Claus, D. = J. D. Dana, Da. = E. v. Daday, F. = Faxon, L. = J. Lubbock, M. = R. Moniez, N. = Nicolet, S. = G. O. Sars, V. = W. Vávra, W. = A. Wierzejski.

	Die Art	Argentinien	Brasilien	Chile	Falkland-Inseln	Paraguay	Patagonien	Peru	Uruguay	Venezuela
	Eucypris bennelong (King) (C. Da. S.)	+	+	.	.	+	.	.	.	.
	„ areguensis Dad. (Da.)	.	.	.	.	+	.	.	.	.
	„ australis (Lubb.) (L.)	.	+	.	.	.	.	.	.	.
	„ Anisitsi Dad. (Da.)	.	.	.	.	+	.	.	.	.
5.	„ brasiliensis (Lubb.) (L.)	.	+	.	.	.	.	.	.	.
	„ conchacea (Jur.) (Da.)	.	.	.	.	.	+	.	.	.
	„ bicuspis (Cls.) (C. Da. S.)	+	+	.	.	+	.	.	.	+
	„ Iheringi (Sars) (Da. S.)	.	+	.	.	+	.	.	.	.
	„ incongruens (Ramd) (W.)	+	.	.	.	.	.	.	.	.
10.	„ limbata (Wierz.) (C. Da. S. W.)	+	.	.	.	+	.	.	.	.
	„ bimaculata (Nic.) (N.)	.	.	+	.	.	.	.	.	.
	„ ochracea (Nic.) (N.)	.	.	+	.	.	.	.	.	.
	„ mucronata (Sars) (Da. S.)	.	+	.	.	+	.	.	.	.
	„ mutica (Sars) (Da. S.)	.	+	.	.	+	.	.	.	.
15.	„ Donnetii (Baird) (B. F.)	.	.	+	.	.	.	+	.	.
	„ nobilis (Sars) (Da. S.)	+	.	.	.	+	.	.	.	.
	„ tenuis Dad. (Da.)	.	.	.	.	+	.	.	.	.
	„ variegata (Sars) (Da. S.)	.	+	.	.	+	.	.	.	.
	„ violacea (Nic.) (N.)	.	.	+	.	.	.	.	.	.
20.	„ Sarsi Dad. (Da.)	.	.	.	.	.	+	.	.	.
	„ psittacea (Sars) (S.)	.	+	.	.	.	.	.	.	.
	„ Verreauxi (Baird) = C. spectabilis Sars (B. S.)	.	+	+	.	.	.	.	.	.
	„ inornata (Sars) (S.)	.	+	.	.	.	.	.	.	.
	„ obtusata (Sars) (S.)	.	+	.	.	.	.	.	.	.
25.	„ elliptica (Sars) (S.)	.	+	.	.	.	.	.	.	.
	„ chilensis (Dan.) (D.)	.	.	+	.	.	.	.	.	.
	„ similis (Wierz.) (W.)	+	.	.	.	.	.	.	.	.
	„ speciosa (Dan.) (D.)	.	+	.	.	.	.	.	.	.
	„ symmetrica (Vávr.) (V)	.	.	.	+	.	+	.	.	.
30.	Herpetocypris obliqua (Dad.) (Da.)	.	.	.	.	.	+	.	.	.
	„ reptans (Baird) (V. W.)	+	.	+	.	.	.	.	.	.
	Cypridopsis flavescens Sars (Da. S.)	.	+	.	.	+	.	.	.	.
	„ obscura Sars (Da. S.)	+	.	.	.	+	.	.	.	.
	„ yallahensis (Baird) (Da. S.)	+	.	.	.	+	.	.	.	.
35.	„ vidua (O. F. M.) (Da. V. W.)	+	.	+	.	+	.	+	.	.

Die Art	Argentinien	Brasilien	Chile	Falkland-Inseln	Paraguay	Patagonien	Peru	Uruguay	Venezuela
Potamocypris dentatomarginata Dad. (Da.)						+			
„ granulosa Dad. (Da.)									
„ Silvestrii Dad. (Da.)					+				
„ hispida (Sars) (S)		+							
40. „ nana (Sars) (S.)	+	+							
„ montevidea (Vávr.) (V.)								+	
„ villosa (Jur.) (V.)			+		+				
„ paradisea (Vávr.) (V.)			+						
Paracypridopsis albida Sars (S.)		+							
45. Cypria ophthalmica (Jur.) (Da. W.)						+			
„ denticulata Dad. (Da.)						+			
„ pellucida Sars (Da. S.)		+			+				
Candonopsis Anisitsi Dad. (Da.)						+			
„ brasiliensis Sars (S.)		+			+				
50. „ falklandica Vávr. (V.)	+								
Candona incarum (Mon.) (M.)							+		
„ albida Dan. (D.)		+							
„ parva Dad. (Da.)					+				
Eucandona cyproides Dad. (Da.)					+				
55. Iliocypris Bradyi Sars (W.)									
Notodromas patagonica Vávra (W.)						+			
Darwinula setosa Dad. (Da.)						+			
Limnicythere sp.? (Da.)						+			
59. Cytheridella Ilosvayi n. g. n. sp. (Da.)						+			
Zusammen	12	20	11	2	23	10	2	2	1

Die Summierung der in dieser Tabelle enthaltenen Arten ergibt in erster Reihe das Resultat, daß aus der Fauna von Südamerika derzeit 59 *Ostracoda*-Arten bekannt sind; in zweiter Reihe aber, daß die meisten Arten bisher aus Paraguay verzeichnet worden sind (23), sodann folgen Brasilien mit 20, Argentinien mit 12, Chile mit 11 und Patagonien mit 10 Arten. Diese Ziffern werden sich jedoch, natürlich, durch neuere Forschungen sehr bedeutend erhöhen.

Hinsichtlich der geographischen Verbreitung der in dieser Tabelle aufgeführten Arten läßt sich die Tatsache konstatieren, daß der größte Teil der Arten zur Zeit bloß aus Südamerika bekannt und die Anzahl derjenigen verschwindend klein ist, welche auch in einem oder mehreren anderen Weltteilen vorkommen. Zu letzterer Gruppe zählen die nachstehenden Arten:

Eucypris bennelong (King).
Eucypris conchacea (Jur.).
Eucypris incongruens (Ramdh.).
Herpetocypris reptans (Baird).

5. Cypridopsis yallahensis (Baird.
Potamocypris villosa (Jur.).
Cypria ophthalmica (Jur.).
Iliocypris Bradyi Sars.

Ob die bisher bloß aus Südamerika bekannten Arten in der Tat charakteristisch für die Fauna von Südamerika seien, das läßt sich derzeit noch nicht endgültig entscheiden, denn es ist durchaus nicht ausgeschlossen, daß durch spätere Forschungen eine oder die andere, oder etwa mehrere Arten auch aus anderen Weltteilen nachgewiesen werden. Als positive Tatsache läßt sich nur das eine konstatieren, daß der größte Teil der zur Zeit aus Südamerika bekannten Arten der Subfamilie *Cyprinae* angehört und demgegenüber die Anzahl der Arten der Subfamilie *Candoninae* eine verschwindend kleine ist.

X. Tardigrada.

Ord. Tardigrada.

Fam. Arctiscoideae.

Gen. Macrobiotus S. Schultze.

Sicherlich eine Gattung von allgemeiner geographischer Verbreitung, jedoch war aus Südamerika bisher kein Repräsentant derselben bekannt. Bei meinen Untersuchungen habe ich nachstehende Art gefunden.

311. Macrobiotus macronyx Duj.

Fundort: Curuzu-chica, toter Arm des Paraguayflusses. Es lag mir ein einziges Exemplar vor, welches mit den von Schultze beschriebenen europäischen Exemplaren vollständig übereinstimmte.

XI. Hydrachnidae.

Die erste Date über die Hydrachniden Südamerikas verdankt man A. Berlese, der 1888 die Beschreibung von *Eulais protendens* publizierte (1.). Zahlreiche Angaben finden sich in den 1890—1894 erschienenen Arbeiten von F. Koenike (4. 5. 7.), in welchen sieben neue Arten brasilianischer Herkunft beschrieben sind. In seiner Publikation aus dem Jahre 1897 hat Sig. Thor (14.) aus Venezuela unter dem Namen *Geaya venezuelae* eine neue Gattung und Art beschrieben, von welcher es sich jedoch später herausstellte, daß sie dem früher aufgestellten Genus *Krendowskia* angehöre. 1902 hat E. v. Daday aus Chile eine Art, *Atax figuralis* C. K. nachgewiesen (3 a). Die meisten Daten aber veröffentlichte bisher C. Ribaga in zwei Arbeiten aus 1902—1903 (12. 13.), insofern er von verschiedenen Territorien (Argentinien, Brasilien, Chile) 14 Arten und einige Varietäten beschrieben hat, deren größter Teil neu und bisher als spezifisch südamerikanisch zu betrachten ist.

Gen. Eulais Latr.

Eulais Piersig, R., 11, p. 14, Fig. 2—4.

Von diesem Genus, welches in der Fauna von Europa durch zahlreiche Arten repräsentiert ist, vermochte ich trotz der Reichhaltigkeit des mir vorgelegenen Untersuchungs-Materials bloß zwei Arten aufzufinden. Dieser Umstand ist um so auffallender, als C. Ribaga auf Grund der Sammlungen von F. Silvestri aus Südamerika bereits sieben Arten und zwei Varietäten beschrieben hat, was gewissermaßen dafür zeugt, daß in der Fauna Südamerikas mehr *Eulais*-Arten vorkommen mögen. Es ist folglich anzunehmen, daß auch die Fauna von Paraguay nicht arm ist an *Eulais*-Arten, die indessen erst durch fernere Sammlungen und Studien bekannt gemacht werden dürften.

312. Eulais Anisitsi n. sp.
(Taf. XIX, Fig. 1—5.)

Körper eiförmig, vorn spitz, hinten stumpf gerundet, am breitesten in der Mitte. Die Haut sehr fein und dicht gekerbt.

Die Epimeren zeigen keinerlei auffallendere Eigentümlichkeiten, sondern gleichen denjenigen der übrigen Arten des Genus.

Die einzelnen Augenbrillen sind annähernd nierenförmig, die Vertiefung liegt aber nahe zum vorderen Ende (Taf. XIX, Fig. 5), das Vorderende ist spitziger abgerundet, als das Hinterende, und letzteres fast doppelt so breit wie ersteres. Das Vorderende ist nach außen, das Hinterende gerade nach hinten gerichtet, in der Mitte ihres Innenrandes berühren sie sich innig miteinander und bilden demzufolge zwei Winkel, deren vorderer umfangreicher ist und die Verbindungsbrücke in sich schließt. Nahe zum Vorderende der Augenbrille erheben sich die Augenborsten auf abgesondertem Gebiet. Die Brücke zwischen den Augenbrillen ist zwischen den Vorderenden derselben am längsten und ragt hier in der Mitte in Form eines abgerundeten Hügelchens vor, die Länge beträgt 0,06 mm; der Hinterrand, zwischen die beiden Augenbrillen eingekeilt, ist sehr spitz; die größte Breite in der Mitte ist 0,11 mm. In der Mitte der Brücke befindet sich eine, zur Muskelanheftung dienende eiförmige Kutikularverdickung. Die vorderen Augenlinsen gleichen einer Ellipse mit breitem Ende, wogegen die hinteren kahnförmig, aber an beiden Enden ziemlich gerundet sind (Taf. XIX, Fig. 5).

Das Capitulum ist annähernd schildförmig, in der Mitte des Hinterrandes vorspringend, um die Mundöffnung rauh, sodann fein granuliert bezw. genetzt, der größte Durchmesser ist 0,31 mm, die Länge 0,5 mm. Die Mundkrause ist kreisförmig, 0,2 mm im Durchmesser. Der Schlund ist am hinteren Ende abgerundet und hier hat sich ein Kutikularring abgesondert. Die Luftsäcke, nach hinten gerichtet, überragen den Schlund beträchtlich, sie sind 0,46 mm lang (Taf. XIX, Fig. 1. 2). Unter der Mundkrause ist das Capitulum kaum merklich vertieft.

Am Maxillartaster ist das erste Glied wenig kürzer als das zweite, gegen das distale Ende verbreitert, und trägt am Außenrand, sowie an der Spitze je eine kurze, glatte Borste; das zweite Glied ist nahezu nur halb so lang als das dritte, gegen das distale Ende ziemlich stark verbreitert, die distale innere Spitze abgerundet und mit einer relativ langen, glatten Borste versehen, am Außenrand und an der Spitze sitzen insgesamt drei kurze, glatte Borsten (Taf. XIX, Fig. 3. 4). Das dritte Glied ist zwei Drittel so lang wie das vierte, gegen das distale Ende auffallend verbreitert, die distale innere Spitze abgerundet; an der distalen inneren Spitze bezw. ober derselben an der Außenseite sitzen drei kurze, dornförmige, feingefiederte Borsten, unter derselben aber, am Unterrand erheben sich zwei glatte Borsten (Taf. XIX, Fig. 3); an der Innenseite der Spitze und entlang des Unterrandes befinden sich drei dornförmige, gefiederte und zwei längere glatte Borsten, die vor der Spitze am distalen Rande sichtbaren drei kurzen Fiederborsten gehören jedoch nicht hierher, sondern zur Außenseite (Taf. XIX, Fig. 4). Das vierte Glied ist länger als alle übrigen, und zwar so lang, wie die voranstehenden zwei Glieder zusammen, die Basis ist schmal, im proximalen Viertel indessen verbreitert, sodann gegen die distale Spitze abermals allmählich verjüngt, es ist fast viermal länger als die größte Breite; der Unterrand trägt in der Mitte eine und unter der distalen inneren bezw. unteren Spitze, nahe bei einander zwei glatte Borsten, an der Außenseite erheben sich drei lange, glatte, kräftige Borsten, und zwar eine in der Mitte, eine im proximalen und eine im distalen Drittel, in der Mitte des Ober- bezw. Außenrandes und an der distalen äußeren Spitze sitzt je eine kurze, glatte Borste (Taf. XIX, Fig. 3), längs der Innenseite, nahe zum Unter- oder Innenrand und parallel mit demselben stehen 13 Borsten, deren drei lang, kräftig und glatt, die übrigen aber kurz, dornförmig und fein befiedert sind, zwischen den proximalen zwei großen Borsten ragt eine, zwischen der zweiten und dritten aber sitzen zwei befiederte kurze Borsten, während von der dritten bis zum distalen Rand fünf kurze, befiederte Borsten aufragen und am distalen Rand drei kurze, dornförmige, gefiederte Borsten stehen, aber auch nahe zum Ober-, bezw. Außenrand ist eine lange glatte Borste vorhanden (Taf. XIX, Fig. 4). Das letzte Glied ist etwas mehr als halb so lang wie das vorherige, gegen Ende allmählich verschmälert, an der Außenseite sitzen zwei kräftige, nahe zur distalen Spitze nebeneinander zwei kleine Borsten, die drei Endzähne sind gerade, dornförmig (Taf. XIX, Fig. 3), an der Innenseite erheben sich drei lange, kräftige Borsten (Taf. XIX, Fig. 4). Die Länge der einzelnen Glieder ist folgende: das erste 0,09 mm, das zweite 0,15 mm, das dritte 0,18 mm, das vierte 0,32 mm; Länge des ganzen Tasters 0,9 mm.

Die Füße werden gegen hinten allmählich länger, von den Gliedern ist das vierte und fünfte am längsten, das letzte am dünnsten. An den Gliedern der vorderen zwei Fußpaare befinden sich bloß einfache und eventuell (am vierten und fünften Gliede) Schwimmborsten, während an den hinteren zwei Fußpaaren am Innenrand des fünften Gliedes auch gefiederte Dornen auftreten, ebenso zeigen sich auch am Innenrand des vierten Gliedes des dritten Fußpaares, und des sechsten Gliedes des vierten Fußpaares gefiederte Dornen. Am ersten und zweiten Fußpaar sind am Innenrand des letzten Gliedes wenig, am dritten dagegen zahlreiche kurze, glatte Borsten vorhanden. Die Länge der einzelnen Füße ist folgende: der erste Fuß 1,33 mm, der zweite 1,41 mm, der dritte 1,6 mm, der vierte 2 mm.

Körperlänge 2,7 mm, größter Durchmesser 2 mm; Farbe unbekannt.

Fundort: Curuzu-ñú; es lag mir bloß ein einziges Weibchen vor.

Diese Art, welche ich zu Ehren des Sammlers, Prof. J. D: Anisits, benenne, ähnelt durch die allgemeine Struktur der Augenbrille der *Eulais hungarica* Dad. und *Eulais protendens* Berl., insbesondere der durch C. Ribaga von letzterer Art abgesonderten var. *distendens*, unterscheidet sich indessen von derselben durch die Beborstung der Glieder des Maxillartasters und erinnert in dieser Hinsicht zumeist an *Eulais Dadayi* Piers.

313. Eulais propinqua n. sp.
(Taf. XIX, Fig. 6—10.)

Körper breit eiförmig, vorn weit spitzer gerundet als hinten, aber nicht in dem hohen Grade, wie bei *Eulais Anisitsi*, am breitesten im hinteren Drittel. Die Haut fein gekerbt und spärlich granuliert.

Die einzelnen Augenbrillen sind nierenförmig, in der Mitte des Außenrandes vertieft, das Vorderende nur wenig schmäler als das Hinterende, ziemlich weit voneinander liegend, ihre Länge beträgt 0,15 mm, ihr größter Durchmesser 0,09 mm. Die vorderen Augenlinsen gleichen einer Ellipse mit breit abgerundeter Spitze, wogegen die hinteren mehr kahnförmig sind, mit spitz gerundeter Spitze und ziemlich schiefer Lage (Taf. XIX, Fig. 6).

An der Verbindungsbrücke der beiden Augenbrillen ist der Vorderrand 0,06 mm, der Hinterrand aber 0,04 mm lang; der Vorderrand ist in der Mitte ziemlich tief eingeschnitten, wogegen der Hinterrand in Form eines kleinen Hügelchens hervorragt; die größte Breite ist 0,06 mm, die geringste Breite 0,04 mm. Nahe zum Hinterrand der Brücke befindet sich eine runde, zur Muskelanheftung dienende Kutikularverdickung. Die Augenborsten erheben sich an beiden Seiten der Brückenvertiefung aus runden Höfen (Taf. XIX, Fig. 6).

Das Capitulum ist schildförmig, die größte Breite 0,28 mm, die größte Länge 0,33 mm, an beiden Seiten stark gebuchtet, in der Mitte des Hinterrandes zeigt sich ein nur wenig vorragendes, stumpf abgerundetes Hügelchen, die ganze Oberfläche rauh granuliert Taf. XIX, Fig. 7), bezw. genetzt. Die Mundkrause ist kreisförmig, ihr Durchmesser 0,16 mm, unter derselben die ganze Platte sattelartig schwach vertieft (Taf. XIX, Fig. 9). Das Hinterende des Oesophagus ist abgerundet, daran ein Kutikularring vorhanden, Länge 0,32 mm, größter Durchmesser 0,13 mm. Die Luftsäcke sind säbelförmig, 0,23 mm lang, nach hinten gebogen und den Oesophagus nicht um vieles überragend.

Am Maxillartaster ist das erste Glied, am Außen- bezw. Oberrand bis zur distalen Spitze gemessen, so lang wie das zweite Glied, am Unter- bezw. Innenrand gemessen, aber nur halb so lang, der Grund hievon ist, daß die äußere distale Spitze stark gestreckt ist; der Apicalteil ist nur wenig dicker als die Basis (Taf. XIX, Fig. 8. 10). Das zweite Glied ist wenig kürzer als das dritte, gegen das distale Ende verbreitert, es trägt an der inneren, stumpf abgerundeten Spitze in der Mitte zwei nach vorn gerichtete kurze, dornförmige, fein gefiederte Borsten, während die äußere Spitze und die Seite borstenlos ist (Taf. XIX, Fig. 8. 10 . Das dritte Glied ist zwei Drittel so lang wie das vierte, gegen das distale Ende stark verbreitert; es trägt an der inneren bezw. unteren, stumpf abgerundeten Spitze drei glatte kurze, dornförmige Borsten, die so liegen, daß sie an der äußeren und inneren Seite des Gliedes gleich sichtbar sind, trotzdem gehören sie mehr der Außenseite an (Taf. XIX, Fig. 8. 10). An der Außenseite des Gliedes sind weder Borsten, noch Dornen vorhanden, bloß am Oberrand und an der Spitze sitzt je eine glatte kurze Borste (Taf. XIX, Fig. 8), dagegen erheben sich an der Innenseite, nahe zum Unterrand drei dornförmige, fein gefiederte kurze Borsten (Taf. XIX, Fig. 10). Das vierte Glied ist doppelt so lang wie das letzte, das basale Viertel schmal, bald verbreitert, dann aber gegen das distale Ende allmählich verschmälert, es ist mehr als dreimal so lang wie breit, im distalen Viertel des Innen- bezw. Unterrandes stehen zwei kleine glatte Borsten in der Nähe voneinander, in der Mittellinie der Außenseite erheben sich drei lange glatte, an der distalen äußeren Spitze eine kleine glatte Borste, eine der großen Borsten steht in der Mitte des Gliedes, die beiden anderen aber sitzen im proximalen und distalen Drittel (Taf. XIX, Fig. 8). In der Mittellinie der Innenseite des Gliedes ragen in einer Längsreihe zwei kräftige, lange, glatte, und fünf kurze, dornartige, feinbefiederte Borsten empor; eine der langen, glatten Borsten sitzt im proximalen Viertel des Gliedes, es steht ihr jedoch eine dornartige, gefiederte Borste voran, die zweite entspringt am distalen Drittel des Gliedes und zwischen den beiden langen, glatten Borsten befinden sich drei dornartige, gefiederte Borsten, schließlich zeigen sich am distalen Rande des Gliedes zwei kurze dornförmige, gefiederte Borsten nahe beieinander (Taf. XIX, Fig. 10). Das letzte Glied ist gegen das distale Ende etwas verjüngt, an der Mitte der Außen- und Innenseite, sowie des Ober- und Unterrandes sitzt je eine glatte Borste, wogegen nahe der Spitze, an der Außenseite, zwei dornartige glatte Borsten entspringen; die drei Endzähne sind glatten Dornen gleich (Taf. XIX, Fig. 8. 10). Die Länge der einzelnen Glieder ist folgende: das erste Glied 0,18 mm, das zweite 0,16 mm, das dritte 0,24 mm, das vierte 0,35 mm, das fünfte 0,18 mm; die Länge des ganzen Tasters 1,11 mm.

Die innere Spitze der ersten zwei Epimerenpaare ist von einem durchsichtigen Kutikularsaum umgeben, welcher den beiden Epimeren entsprechend in zwei Lappen geteilt ist; die innere Spitze des dritten Epimerenpaares trägt einen breiten, trapezförmigen Saum, wogegen das vierte Epimerenpaar keinen Saum hat.

Die Füße werden nach hinten allmählich länger. Am ersten und zweiten Fußpaar sind außer den Schwimmborsten bloß einfache Dornen und Börsten vorhanden, während sich am dritten, vierten und fünften Gliede des dritten Fußpaares und am vierten und fünften Gliede des vierten Fußpaares auch gefiederte Dornen vorfinden, deren Zahl jedoch geringer ist, als an der vorherigen Art. An den vorderen drei Fußpaaren erheben sich am Innenrand des letzten Gliedes 1—4, an dem des vierten Fußpaares dagegen zahlreiche kurze, einfache Borsten. Die Länge der einzelnen Füße ist folgende: der erste Fuß ist 1,16 mm lang, der zweite 1,32 mm, der dritte 1,43 mm, der vierte 1,67 mm.

Körperlänge 2,5 mm, größter Durchmesser 1,8 mm; Farbe unbekannt.

Fundort: Zwischen Asuncion und Trinidad in Pfützen des Eisenbahngrabens. Es lag mir ein einziges Weibchen vor.

Durch die Struktur der Augenbrillen, besonders aber durch die der Verbindungsbrücke, erinnert diese Art an *Eulais Soari* Piers., allein der Hügel vor der Basis der Augenborsten steht nicht so auffallend hervor wie bei jener, ferner ist er hinten breiter und die Mitte des Hinterrandes vorspringender; außerdem aber unterscheiden sich die beiden Arten voneinander durch die Behaarung des Maxillartasters, was gerade wesentlich ist. Hinsichtlich der Behaarung des Maxillartasters gleicht diese Art zumeist der *Eulais Anisitsi* Dad., von der sie indessen durch die Struktur des Capitulum, hauptsächlich aber derjenigen der Augenbrillen wesentlich abweicht.

Gen. Hydrachna O. F. M.

Hydrachna Piersig, R., 11, p. 35.

Es ist dies eines jener *Hydrachnidae*-Genera, von welchen aus Südamerika bisher noch sehr wenige Arten bekannt sind. C. Ribaga war der erste, der die ersten zwei Arten, *Hydrachna miliaria* Berl. und *Hydrachna Silvestri* Rib. beschrieben hat. Daß in Südamerika überhaupt nicht viele Arten vorkommen, schließe ich aus dem Umstande, daß ich in dem reichen Untersuchungsmaterial nur die nachstehende Art vorfand.

314. **Hydrachna pusilla** n. sp.
(Taf. XIX, Fig. 11—14.)

Körper elliptisch, die beiden Enden aber ziemlich breit gerundet (Taf. XIX, Fig. 13), auf der Körperoberfläche erheben sich kleine kegelförmige Hügel bezw. Warzen mit abgerundeter Kuppe (Taf. XIX, Fig. 12); zwischen und hinter den Augen ist keine Verdickung vorhanden und demzufolge ist die Haut überall gleich dünn und von gleicher Struktur, was einen Charakterzug dieser Art bildet.

Die einzelnen Epimeren berühren einander auf größerem oder kleinerem Gebiete. .

Die beiden Hälften des ersten Epimerenpaares sind keilförmig, schief von vorn nach hinten und etwas nach unten gerichtet, ihr äußeres Ende ist sehr breit, in der Mitte etwas vertieft, das innere Ende sehr spitz abgerundet (Taf. XIX, Fig. 11).

Die beiden Hälften des zweiten Epimerenpaares erinnern annähernd an ein gestrecktes Viereck, sie sind breiter als die ersten, ihr inneres Ende ist abgerundet, in der Mitte sind sie etwas eingeschnürt, zwischen ihnen und dem dritten Epimerenpaar ist nur eine kleine Lücke (Taf. XIX, Fig. 11).

Die beiden Hälften des dritten Epimerenpaares sind weit breiter als die des zweiten, fast gerade nach innen gerichtet, das innere Ende etwas zugespitzt und geht in einen größeren und einen kleineren keulenförmigen Fortsatz aus, von denen der untere, größere das obere Ende der äußeren Genitallamelle bedeckt (Taf. XIX, Fig. 11).

Das vierte Epimerenpaar ist breiter als alle übrigen, die beiden Hälften erinnern an ein Viereck, ihr äußeres Ende ist gebuckelt, das innere gerade geschnitten, am unteren Ende entspringt ein nach ein- und rückwärts gerichteter Fortsatz, welcher die äußere Genitallamelle von unten begrenzt (Taf. XIX, Fig. 11).

Von den Gliedern des Maxillartasters ist das zweite am dicksten, aber kaum halb so lang, wie das dritte, welches das längste aller Glieder ist, der Unterrand trägt nahe der distalen Spitze eine kurze, an der Spitze selbst aber eine lange Borste; das vierte Glied ist nicht viel länger als ein Drittel des dritten, seine obere bezw. äußere Spitze geht in einen dicken, krallenförmigen Fortsatz aus, welcher fast bis zur Spitze des letzten Gliedes reicht; das letzte Glied ist etwas kürzer als das voranstehende, annähernd kegelförmig, mit einigen kurzen Borsten an der Spitze (Taf. XIX, Fig. 14). Die ganze Länge des Tasters beträgt 0,32 mm.

Die Fußpaare werden nach hinten allmählich länger, ihre Glieder sind mit ziemlich vielen Borsten besetzt, besonders die des dritten und vierten Fußpaares; am ersten Fußpaare sind keine Schwimmborsten vorhanden. Die Länge der einzelnen Füße ist folgende: der erste Fuß 0,46 mm, der zweite 0,64 mm, der dritte 0,82 mm, der vierte 1,04 mm.

Die äußeren Genitalklappen haben die Form einer breiten Ellipse, die Anzahl der darauf befindlichen Näpfe ist sehr groß, entlang des Innenrandes erheben sich einige Borsten, zwischen denen ein beträchtlicher Zwischenraum ist (Taf. XIX, Fig. 11).

Körperlänge 1,6 mm; größter Durchmesser 1,2 mm; Farbe unbekannt.

Fundort: Eine Pfütze an der Eisenbahn zwischen Lugua und Aregua; Fundzeit 27. Juli 1902. Es lag mir ein einziges Weibchen vor.

Diese Art unterscheidet sich von den bisher bekannten außer durch ihre Größe, auch durch den Mangel des Halsschildes und die Struktur der letzten zwei Epimerenpaare. Übrigens steht sie am nächsten zu *Hydrachna perniformis* Koen., bei welcher das Halsschild gleichfalls fehlt und außerdem auch die Genitalplatten getrennt stehen.

Gen. Diplodontus Dug.

Diplodontus Piersig, R., 11, p 49.

Bisher ist bloß eine einzige, genau charakterisierte Art dieser Gattung, *Diplodontus despiciens* (O. F. M.) bekannt, die laut den literarischen Angaben in Europa, Asien und Afrika heimisch ist, aus Amerika und speziell aus Südamerika noch nicht nachgewiesen wurde.

315. Diplodontus despiciens (O. O. M.)
(Taf. XVIII, Fig. 24. 25; Taf. XIX, Fig. 15. 16.)

Diplodontus despiciens Piersig, R., 11, p. 50.

Bei meinen Untersuchungen bin ich in den Besitz einiger vollständig entwickelten Exemplare gelangt, die mit europäischen fast durchaus übereinstimmten.

Der Körper ist eiförmig, vorn und hinten fast gleichmäßig gerundet. An der Ober-fläche der Haut erheben sich spitz gerundete kleine Warzen. An den paarweise stehenden Seitenaugen sind die einzelnen Augen ziemlich entfernt voneinander gerückt.

Die Epimeren sind in vier Gruppen angeordnet; die ersten zwei Paare sind denen europäischer Exemplare ganz gleich. Am vierten Epimerenpaar reicht das innere Ende nicht so tief nach innen, wie bei europäischen Exemplaren, weil das Ende des dritten Epimeren-paares vor demselben liegt und weit länger ist als das vierte.

Am Maxillartaster (Taf. XVIII, Fig. 25) trägt die untere Spitze des zweiten Gliedes zwei kurze, kräftige Borsten, die Länge beträgt 0,08 mm; das dritte Glied ist an der oberen Spitze mit einer langen Borste bewehrt und 0,07 mm lang; das vierte Glied ist das längste von allen, mißt mit dem sehr langen oberen Endfortsatz 0,27 mm; das fünfte Glied gleicht einer sichelförmigen Kralle, das Ende gespitzt, 0,15 mm lang.

Die Füße werden nach hinten allmählich länger und gleichen durchaus jenen euro-päischer Exemplare. Ruderborsten befinden sich bloß an 3—4 Fußpaaren.

Die Genitallamellen sind hinsichtlich der Form und Struktur von denen europäischer Exemplare nicht verschieden (Taf. XVIII, Fig. 24).

Die Länge des Körpers beträgt 1 mm, der größte Durchmesser 0,8 mm; die Färbung der in Formol konservierten Exemplare ließ sich nicht feststellen.

Fundorte: Asuncion, Lagune (Pasito), Inundationen des Rio Paraguay; Sapucay, mit Pflanzen bewachsener Graben an der Eisenbahn.

Außer den hier kurz beschriebenen entwickelten Exemplaren gelangte ich auch in den Besitz eines Exemplares, welches in der Struktur der Epimeren und Füße mit den ent-wickelten vollständig übereinstimmt, sich. aber durch die Form und relative Größe der Maxillar-Vorrichtung dennoch ziemlich bedeutend von denselben unterscheidet (Taf. XIX, Fig. 15).

Die Form des Körpers gleicht einer breiten Ellipse, deren beide Enden gleichmäßig stumpf gerundet sind, die Länge aber den Querdurchmesser nicht sonderlich überragt. Das Capitulum ist durch einen Quereinschnitt in einen vorderen kleineren und einen hinteren größeren Teil gesondert, deren vorderer annähernd herz-, der andere schildförmig ist.

Am Maxillartaster (Taf. XIX, Fig. 16) ist das zweite und dritte Glied gleich lang, ersteres gegen das distale Ende verbreitert, letzteres verengt; das vierte Glied ist länger als das voranstehende, an der distalen äußeren Spitze mit einem kräftigen Krallenfortsatz versehen, während an der inneren Spitze zwei feine Härchen aufragen; das fünfte Glied ist kegelförmig und kaum merklich gekrümmt, mit zwei Härchen versehen. Die ganze Länge des Tasters beträgt 0,19 mm.

Die äußere Genitalvorrichtung besteht aus zwei Paar Poren, an denen die einzelnen Poren am oberen Paar kleiner, einander näher stehen, wogegen sie am unteren Paar weiter voneinandergerückt sind. Zwischen den zwei Porenpaaren erhebt sich je ein nach hinten gerichtetes Hügelchen, während in der Mittellinie die Spuren einer genitalöffnungartigen Spalte sich zeigen (Taf. XIX, Fig. 15).

Die Haut ist mit kleinen, dornartigen Erhöhungen bedeckt.

Die Länge des Körpers beträgt 1 mm, der größte Durchmesser 0,8 mm; die Färbung ist ungewiß.

Fundort: Inundationen des Yuguariflusses zwischen Aregua und Lugua.

Das eben beschriebene Exemplar ist sicherlich noch ganz jung mit nicht vollständig entwickelter äußerer Genitalvorrichtung. Ein diesem ähnliches Exemplar habe ich aus dem Balaton beschrieben.

Gen. Hydryphantes C. L. K.

Hydryphantes Piersig, R., 11, p. 61.

Ein relativ artenreiches Genus, dessen Repräsentanten indessen bisher bloß aus Europa, Afrika, Asien und von Madagaskar bekannt waren. Wahrscheinlich erfreut sich dasselbe auch in Südamerika einer größeren Verbreitung, allein ich habe bloß nachstehende Art gefunden.

316. Hydryphantes ramosus n. sp.

(Taf. XVIII, Fig. 12—16.)

Der Körper ist breit eiförmig, vorn weniger spitz gerundet als hinten. An der Oberfläche der Haut erheben sich überall Warzen mit gerundeter Spitze, die besonders an den Rändern des Körpers deutlich sichtbar sind (Taf. XVIII, Fig. 16).

Die Seitenaugen sitzen neben- und ein wenig übereinander, eingesenkt in eine schlauchförmige Kutikulahülle (Taf. XVIII, Fig. 13).

Die Augenplatte ist in der Mitte des Vorderrandes bezw. vor dem Medianauge höckerartig erhöht, die beiden Seitenspitzen sind verlängert und gerundet. Von der Basis der Seitenspitzen geht an jeder Seite ein nach hinten und etwas nach außen gerichteter Fortsatz aus, welcher am hinteren Ende gabelig geteilt ist (Taf. XVIII, Fig. 12). Einer der Äste ragt seitwärts, der andere nach hinten und etwas nach innen, die Spitze beider ist gerundet und die seitlich verlaufenden auf je einem Höcker mit je einer Borste versehen. Zwischen den zwei Hauptfortsätzen zeigt sich eine tiefe, dreiteilige Bucht, an der Basis aber tragen sie auf einer Erhöhung eine kurze Borste. Die ganze Oberfläche der Augenplatte erscheint fein granuliert (Taf. XVIII, Fig. 12).

Die Epimeren bilden vier Gruppen. Vom inneren Ende des zweiten Epimerenpaares geht ein schmaler Kutikularfortsatz aus, welcher, beiderseits nach unten verlaufend, das hintere Ende des Capitulums fast ganz einschließt. Das innere Ende des vierten Epimerenpaares ist nach außen und hinten schief geschnitten, so daß die zwei Epimeren zusammen gleichsam eine Bucht zur Aufnahme der Genitallamelle bildet. Die Oberfläche aller Epimeren ist mit Warzen besetzt, die indessen kleiner sind, als an den übrigen Teilen des Körpers.

Der Maxillartaster ist dicker als die Füße, von den Gliedern sind das basale und apicale am kürzesten. An der distalen oberen Spitze des zweiten Gliedes sitzt eine kurze, kräftige, gezähnte Borste, die Länge beträgt, am Oberrand gemessen, 0,18 mm. Das dritte Glied ist gegen das distale Ende etwas verengt, 0,17 mm lang, an der Spitze mit einer glatten Borste bewehrt. Das vierte Glied ist dünner als die vorigen, etwas sichelförmig gekrümmt, die distale obere Spitze fingerförmig verlängert; die untere Spitze trägt eine feine Borste, die ganze Länge beträgt 0,3 mm. Das apicale Glied gleicht einem Kegel, in der Mitte des Oberrandes erhebt sich ein feines Härchen, die Länge beträgt 0,09 mm (Taf. XVIII, Fig. 15).

Die Füße werden nach hinten allmählich länger, der erste Fuß ist 1,13 mm lang, der zweite 1,53 mm, der dritte 1,55 mm, der vierte 1,87 mm. Jeder Fuß trägt an der unteren Spitze des proximalen zweiten, dritten und vierten Gliedes kurze, kräftige, gezähnte Borsten. Die Endkrallen sind einfach.

An den Genitallamellen befinden sich sechs Poren, und zwar sind die Poren paarweise verschieden groß, alle aber gerundet. Die an der unteren Spitze der Genitallamellen sitzenden Poren sind die größten, die an der oberen Spitze stehenden schon kleiner, die am Innenrand der Genitallamellen gelegenen sind die kleinsten (Taf. XVIII, Fig. 14). Die Oberfläche der Genitallamellen ist granuliert. Am Rande der Genitalöffnung erheben sich kleine Haare.

Die Länge des Körpers beträgt 1 mm, der größte Durchmesser 0,8 mm.

Fundort: Tebicuay, ständiger Tümpel. Es lag mir bloß ein einziges Exemplar vor.

Von den bisher bekannten Arten der Gattung gleicht diese neue Art durch die Struktur der Genitallamellen und die Anzahl der Poren dem *Hydryphantes ruber*, vermöge der Struktur der Augenplatte aber erinnert sie an *Hydryphantes helveticus* und *flexuosus*. Von sämtlichen bisher bekannten *Hydryphantes*-Arten aber unterscheidet sich dieselbe durch die gabelige Verzweigung der zwei Hauptäste der Augenplatte und daher erhielt sie auch den Namen.

Gen. Arrhenurella Ribaga.

Arrhenurella Ribaga, C., 13, p. 7.

Dies Genus ist derzeit als ausschließlich südamerikanisch zu betrachten, insofern C. Ribaga die erste Art, *Arrhenurella connexa*, aus der Umgebung von Valparaiso beschrieben hat. Bei meinen Untersuchungen gelang es mir, nachstehende zwei Arten aufzufinden, welche in einigen Details von der Ribagaschen Art einigermaßen abweichen, so daß es demzufolge sich als notwendig herausgestellt hat, die Merkmale des Genus nachstehend aufs neue zu präzisieren.

Die Haut besteht aus einem harten Panzer mit poröser Oberfläche; Rücken- und Bauchpanzer durch eine Rückenfurche voneinander gesondert. Das Capitulum ist schildförmig, gleich dem des Genus *Arrhenurus*. Der Maxillartaster ist kurz, relativ dick; das fünfte Glied krallenförmig, allein in der Länge entzwei gespalten und bildet mit der distalen unteren bezw. inneren vorstehenden Spitze eine Art Zange, wie bei den Gattungen *Arrhenurus* und *Krendowskija*. Die Epimeren sind in zwei Gruppen vereinigt und einander derart genähert, daß die Grenze zwischen ihnen fast nur durch die Nahten gebildet wird; das vierte Paar ist weit größer als die übrigen, in der Regel keilförmig. Die Füße sind mit Schwimmborsten versehen; die Endkrallen sind einfach, sichelförmig. Der Genitalhof ist groß, kreisförmig oder elliptisch, die Genitalöffnung ist von zwei, annähernd halbmondförmigen Genitalklappen begrenzt; die Genitalnäpfe liegen nicht auf besonderen seitlichen Genitalklappen, sondern in dem Bauchpanzer selbst. Die Afteröffnung liegt nahe zum Hinterrand des Körpers.

Wie schon aus der vorhergehenden Charakteristik hervorgeht, so stimmt die Struktur der Haut, des Maxillartasters und der Füße dieser Gattung mit denjenigen der Gattungen *Arrhenurus*, *Krendowskija* und *Koenikea* überein. Durch die Struktur des Genitalhofes erinnert sie lebhaft an die Gattungen *Koenikea* und *Arrhenurus*, mit welch letzterer sie, wie es auch C. Ribaga konstatiert hat, übrigens in allernächster Verwandtschaft steht, unterscheidet sich indessen von derselben darin, daß ihre Genitalnäpfe nicht auf besonderen Klappen liegen, sondern in dem Bauchpanzer eingebettet sind, gleich wie beim Genus *Koenikea*, ferner daß ihre Epimeren einander eng genähert sind und die Endkralle des Maxillartasters entzwei gespalten ist.

317. Arrhenurella minima n. sp.
(Taf. XIX, Fig. 17—19.)

Körper elliptisch, der Stirnrand indessen abgeschnitten und in der Mitte schwach vertieft, während der Hinterrand regelmäßig abgerundet ist und die Seitenränder gleichförmig stumpfbogig sind (Taf. XIX, Fig. 19). Der Rückenpanzer ist eiförmig, geschlossen, das Vorderende spitziger als das hintere. Auf dem Rücken erheben sich in der Rückenfurche vier kleine, borstentragende Hügelchen, deren eines Paar nahe zur vorderen Spitze des Rückenpanzers, das andere Paar aber im vorderen Drittel desselben beiderseits liegt. Auf dem Rückenpanzer selbst zeigen sich vier Paare borstentragende Hügelchen, deren je ein Paar am vorderen und hinteren Ende, ein Paar im vorderen und ein Paar im hinteren Drittel desselben liegt (Taf. XIX, Fig. 19).

Die beiden Hälften des ersten Epimerenpaares sind vollständig unabhängig voneinander, in geringem Maße sichelförmig auswärts gekrümmt, von vorn nach hinten allmählich verschmälert, das vordere Ende in der Mitte eingeschnitten, demzufolge die beiden Spitzen ziemlich stark vortreten, das hintere Ende ist spitz abgerundet, die Oberfläche fein granuliert, doch zeigen sich daran auch vier schuppenartige Gebilde (Taf. XIX, Fig. 18).

Die beiden Hälften des zweiten Epimerenpaares liegen in ihrer ganzen Länge auf denen des ersten Epimerenpaares und sind gerade deshalb gleichfalls in geringem Maße bogig, allein breiter als jene, von der Seite ein- und rückwärts gebogen, gegen das innere Ende allmählich verschmälert, das äußere Ende schwach eingeschnitten, das innere bezw. hintere Ende dagegen spitz abgerundet, die Oberfläche fein granuliert, mit einigen schuppenartigen Gebilden (Taf. XIX, Fig. 18). Die Poren zwischen dem zweiten und dritten Epimerenpaar liegen unmittelbar neben den zweiten Epimeren, bezw. in einer Vertiefung derselben.

Die beiden Hälften des dritten Epimerenpaares sind schief, nach unten und einwärts gerichtet, in der ganzen Länge gleich breit, ihr äußeres Ende schwach eingeschnitten, das innere abgerundet, sie liegen sehr nahe zu den Hälften des zweiten Paares und berühren diejenigen des vierten Paares unmittelbar nicht, ihre Oberfläche ist fein granuliert und zeigt je fünf schuppenartige Gebilde (Taf. XIX, Fig. 18).

Die beiden Hälften des vierten Epimerenpaares sind triangelförmig, das äußere Ende weit breiter als das innere, nach außen bogig, das innere Ende spitz gerundet, der Unter- und Hinterrand gerade geschnitten, mit schiefem Verlauf. Die Oberfläche ist fein granuliert und zeigt mehrere schuppenartige Gebilde (Taf. XIX, Fig. 18).

Der Maxillartaster zeigt keine auffallende Struktur (Taf. XIX, Fig. 17), seine ganze Länge beträgt 0,18 mm, das zweite, dritte und vierte Glied ist fast gleich lang; die distale innere Spitze des vierten Gliedes ist einwärts gerichtet und stumpf abgerundet; die Endkralle ist sichelförmig.

Von den Füßen sind die ersten zwei Paare fast gleich lang, das vierte Paar länger als alle übrigen. Die Länge der einzelnen Füße ist folgende: der erste Fuß 0,37 mm, der zweite 0,38 mm, der dritte 0,44 mm, der vierte 0,46 mm. Die Behaarung der Fußglieder zeigt keine auffallendere Abweichung, allein die Anzahl der Schwimmborsten an den einzelnen Gliedern ist eine sehr beschränkte.

Die äußere Genitalöffnung ist fast kreisförmig, die Berührungsgipfel der beiden halbmondförmigen Klappen ein wenig nach innen gebogen. Die Umrisse der Seitenklappen sind ganz verschwommen und bloß die Näpfe sind sichtbar, die zusammen ein auf beiden Seiten nach außen gerichtetes Band bilden. Charakteristisch sind die um die Genitalöffnung liegenden vier größeren Hügelchen mit je einer Borste auf der Kuppe, wovon zwei ober den Napfbändern, zwei aber unter denselben, in der Nähe der Genitalklappen sich erheben (Taf. XIX, Fig: 18).

Körperlänge 0,8 mm; Durchmesser 0,6 mm; Farbe lebhaft grün.

Fundort: Pfützen an der Eisenbahn bei Aregua. Es lag mir nur ein einziges Weibchen vor, mit einem großen Ei im Innern.

Von den bisher bekannten Arten unterscheidet sich diese außer durch ihre Körperform hauptsächlich durch die Struktur der äußeren Genitalvorrichtung, erinnert aber in dieser Hinsicht einigermaßen an *Arrhenurella rotunda* Dad.

318. Arrhenurella rotunda n. sp.
(Taf. XIX, Fig. 20—24.)

Körper fast kreisförmig, die Längsachse indessen etwas länger als der Querdurchschnitt (Taf. XIX, Fig. 20), vorn und hinten gleichförmig abgerundet. Rücken und Bauch, gleichwie bei den *Arrhenurus*-Arten, mit einem harten Panzer bedeckt und denselben auch darin ähnlich, daß sich auf dem Rücken ein elliptischer, an beiden Enden gleichmäßig abgerundeter, selbständiger Rückenpanzer befindet, nahe zu dessen beiden Enden je ein Paar mit Borsten versehene kleine Hügelchen vorhanden sind. Der Rücken- und Bauchpanzer ist übrigens ziemlich grob granuliert.

Das Capitulum steht mit dem ersten Epimerenpaar nicht in unmittelbarer Berührung, es ist zweiarmig, und zwischen den beiden Armen liegen die sichelförmigen Mandibeln (Taf. XIX, Fig. 24).

Die beiden Hälften des ersten Epimerenpaares sind keilförmig, hinten gespitzt, sie reichen nicht bis zum Hinterende der zweiten Epimeren herab, die obere Spitze des Vorderendes ist etwas vorspringend, gespitzt (Taf. XIX, Fig. 24); in ihrem Verlaufe berühren sie einander nirgends, allein der Raum zwischen ihnen ist am Hinterende am schmälsten; ihre Oberfläche ist fein granuliert.

Die beiden Hälften des zweiten Epimerenpaares sind annähernd einem gestreckten Viereck gleich, allein das hintere bezw. innere Ende ist etwas schmäler und stumpf abgerundet, das äußere Ende ein wenig breiter, abgeschnitten; der Oberrand schwach bogig, im hinteren inneren Drittel etwas ausgebuchtet; die Oberfläche fein granuliert (Taf. XIX, Fig. 24).

Das dritte Epimerenpaar liegt sehr nahe dem zweiten und sind beide nur durch einen sehr schmalen Zwischenraum getrennt; die beiden Hälften gleichen annähernd einem gestreckten Viereck, sind schief nach innen gerichtet, ihr inneres Ende ist nur wenig schmäler als das äußere, etwas abgerundet; die Oberfläche fein granuliert mit je zwei schuppenartigen Erhöhungen (Taf. XIX, Fig. 24).

Das vierte Epimerenpaar ist breiter als alle übrigen, keilförmig, es ist von dem dritten Paar nur durch einen sehr schmalen Zwischenraum getrennt, das innere Ende ist gespitzt, das äußere stumpf abgerundet, in der Mitte aber, zur Aufnahme des Fußgliedes, etwas erhöht; die Oberfläche ist fein granuliert mit je drei schuppenartigen Erhöhungen (Taf. XIX, Fig. 24).

Am Maxillartaster ist das erste Glied sehr kurz, das zweite fast doppelt so lang wie das dritte, es trägt am Innen- bezw. Unterrand, nahe zur distalen Spitze, drei ziemlich lange Borsten, an der äußeren Spitze dagegen nur eine lange Borste; das dritte Glied ist nur so lang als breit; das vierte Glied so lang wie das zweite, die distale innere Spitze ragt nach vorn vor und ist ziemlich spitz gerundet, an der Basis mit einer langen, nach unten gerichteten Borste bewehrt; die Endkralle ist auffallend kräftig, sichelförmig, nahe zur Basis in eine kräftigere innere und eine schmälere äußere Partie gegliedert (Taf. XIX, Fig. 21. 22). Die ganze Länge des Palpus beträgt 0,15 mm.

Die ersten beiden Fußpaare unterscheiden sich hinsichtlich der Länge kaum voneinander, das dritte aber ist weit länger als jene und das vierte am längsten. An den Gliedern der ersten zwei Fußpaare sind nur kürzere oder längere glatte Borsten vorhanden, wogegen am dritten und vierten Paar, und zwar am vierten am fünften Gliede, sich auch Schwimmborsten entwickelt haben. Die Endkrallen sind doppelt und haben auch einen Kutikularkamm. Die Länge der einzelnen Füße ist folgende: Der erste Fuß 0,31 mm, der zweite 0,37 mm, der dritte 0,39 mm, der vierte 0,42 mm.

Die äußere Genitalöffnung ist im ganzen kreisförmig, in der Mittellinie eine kahnförmige Öffnung, an beiden Spitzen durchsichtige Accidentalklappen sind vorhanden (Taf. XIX, Fig. 24). Zu beiden Seiten der Genitalöffnung steht eine Gruppe von 8—10 Genitalnäpfen, deren äußerster größer ist als die übrigen. Seitenklappen fehlen. Zwischen den Napfgruppen und dem vierten Epimerenpaar sitzt je eine Borste auf einem kleinen Hügel. Zu beiden Seiten der Afteröffnung, aber ziemlich entfernt davon erhebt sich von je einem Hügel je eine Borste (Taf. XIX, Fig. 24). Länge der Genitalöffnung 0,12 mm, Durchmesser 0,08 mm. Im Körper fand ich zwei große Eier.

Körperlänge 1 mm; größter Durchmesser 0,9 mm; Farbe dunkelgrün.

Fundort: Bach bei Aregua, der den Weg nach Laguna Ipacarai durchkreuzt. Ich fand bloß ein einziges Weibchen.

Diese Art erinnert lebhaft an *Arrhenurella minima*, von welcher sie sich aber außer durch die Körperform hauptsächlich durch die Struktur des Capitulums und der äußeren Genitalvorrichtung unterscheidet.

Gen. Arrhenurus Dug.

Arrhenurus Piersig, R., 11, p. 73.

Von diesem Genus, welches eine allgemeine geographische Verbreitung hat, sind aus Südamerika bisher bloß zwei Arten bekannt, und zwar *Arrhenurus corniger* Koen. und *A. oxyurus* Rib.; es scheint indessen, daß auch in Südamerika zahlreiche Arten von sehr mannigfacher Struktur vorkommen mögen. Ich halte dies für einigermaßen dargetan aus dem Umstande, daß es mir bei meinen Untersuchungen gelungen ist, sieben Arten dieser Gattung zu beobachten, welche sich insgesamt von den bisher bekannten unterscheiden, folglich neu sind. Von diesen nachstehend beschriebenen Arten habe ich von fünf derselben bloß das Weibchen, von einer bloß das Männchen und nur von einer Männchen sowohl wie Weibchen vorgefunden.

319. Arrhenurus Anisitsi n. sp.
(Taf. XX, Fig. 1—3.)

Der Körper erscheint im ganzen eiförmig, vorne weit breiter als hinten (Taf. XX, Fig. 1. 2). Der Stirnrand ist gerade geschnitten und bildet vor den Augen bezw. an beiden Seiten ein Hügelchen mit abgerundeter Kuppe. Beide Seiten des Körpers sind ziemlich stumpf bogig, neben den Augen aber schwach vertieft. Der Hinterrand ist auffallend zugespitzt, am Berührungspunkte mit beiden Seitenrändern entspringt je eine lange, feine Schwimmborste, die beiden Seiten sind ziemlich tief gebuchtet, die Spitze verhältnismäßig spitz gerundet und beiderseits mit je einer langen, feinen Borste versehen (Taf. XX, Fig. 1.2). Auf dem Rücken erhebt sich zu beiden Seiten vor der Körpermitte und nahe zum Seitenrand je ein kleines rundes Hügelchen, das auf der Kuppe eine ziemlich lange Borste trägt (Taf. XX, Fig. 1).

Der eigentliche Rückenpanzer ist verkehrt eiförmig, insofern er mit dem spitz gerundeten Ende nach hinten gerichtet ist, er ist vollständig geschlossen und liegt nahe zur Grenze der hinteren Spitze des Rückens (Taf. XX, Fig. 1).

Das erste Epimerenpaar ist vollständig verwachsen, das gemeinsame hintere Ende spitzig. An der äußeren oberen Spitze jeder Epimere entspringt ein langer Dornfortsatz (Taf. XX, Fig. 2), wogegen die untere Spitze stumpf abgerundet, aber etwas vorspringend ist.

Das zweite Epimerenpaar ist weit kürzer als das erste, welches die einzelnen Epimeren vollständig voneinander trennt. Die äußere obere Spitze der einzelnen Epimeren geht in einen Dornfortsatz aus, welcher jedoch kürzer ist als der des ersten Paares, die untere Spitze ist etwas erhaben und abgerundet, der obere Winkel des inneren Endes ist gerundet, der untere hingegen sehr spitzig (Taf. XX, Fig. 2).

Das dritte Epimerenpaar gleicht hinsichtlich der Form dem zweiten, ist aber länger und breiter. Die äußeren Spitzen der einzelnen Epimeren sind spitzig, die obere derselben ist nach außen und ein wenig nach oben gerichtet, wogegen die untere nach unten blickt und weit kleiner ist als die obere. Der Oberrand der Epimeren ist schwach bogig, der Unterrand hingegen schwach gebuchtet; der obere Winkel des inneren Endes ist abgerundet, der untere spitzig (Taf. XX, Fig. 2).

Das vierte Epimerenpaar ist um weniges breiter als das dritte, der Außenrand in der Mitte zugespitzt, der Oberrand schwach bogig, der Unterrand hingegen stark vertieft; der Innenrand ist gerade geschnitten, der obere Winkel fast rechtwinkelig, der untere dagegen vorspringend und ziemlich spitz gerundet (Taf. XX, Fig. 2) .

Die Oberfläche aller Epimeren ist ziemlich fein granuliert, während der Rückenpanzer selbst mit großen Körnern bedeckt ist. Zwischen dem zweiten und dritten Epimerenpaar, sowie zwischen dem vierten Epimerenpaar und der äußeren Genitalvorrichtung stehen je ein

Paar größere Näpfe, von welchen das hintere Paar in geringem Maße in die Vertiefung des vierten Epimerenpaares gerückt ist.

Der Maxillartaster (Taf. XX, Fig. 3) zeigt keinerlei auffallendere Eigentümlichkeiten; das erste Glied ist nicht ganz halb so lang wie das zweite, d. i. 0,02 mm, das zweite Glied 0,05 mm lang, nahe zum Hinterrande erheben sich auf dem Rücken zwei lange, glatte Borsten; das dritte Glied ist 0,05 mm lang, in der Mitte des distalen Randes sitzt auf dem Rücken eine lange Borste; das vierte Glied ist 0,08 mm lang, die distale innere Spitze ziemlich vorspringend und stumpf gerundet. Die Endkralle ist im Verhältnis kräftig, wenig sichelförmig gekrümmt, 0,35 mm lang; die Spitze erscheint entzwei gespalten, nahe der Basis sitzt außen eine lange Borste.

Von den Füßen ist das erste Paar das kürzeste, das vierte das längste, das zweite und dritte Glied fast gleich lang. Die Länge der einzelnen Füße ist übrigens folgende: der erste Fuß 0,45 mm, der zweite 0,5 mm, der dritte 0,52 mm, der vierte 0,57 mm. Am ersten Fußpaar sind keine Schwimmborsten vorhanden, am vierten und fünften Gliede des zweiten Fußpaares nur einige, während am dritten und vierten Fußpaare das dritte, vierte und fünfte Glied mit Schwimmborsten versehen sind. An den vorderen drei Fußpaaren ist der Innenrand des letzten Gliedes unbehaart, wogegen am vierten Fußpaar drei kurze Borsten stehen (Taf. XX, Fig. 1).

Die beiden Klappen der Genitalöffnung sind zusammen kreisförmig, während die seitlichen Genitalklappen Schläuchen ähnlich, nach außen und hinten gerichtet sind, das innere Ende ist weit schmäler als das äußere, stumpf abgerundete; die Näpfe sind darauf spärlich zerstreut und ziemlich groß. Der Durchmesser der Genitalöffnung beträgt 0,09 mm, die Länge der Seitenklappen 0,11 mm, die größte Breite 0,08 mm.

Die Länge des Rumpfes beträgt vom Stirnrand bis zur Endspitze des Hinterrandes 1,1 mm, die größte Breite 0,9 mm. Die Farbe ist grün.

Fundort: ein toter Arm des Paraguayflusses bei Curuzu-chica. Es lag mir ein einziges Weibchen vor.

Diese Art, welche sich von den bisher bekannten Arten durch ihre Körperform und die Struktur ihrer Epimeren unterscheidet, habe ich zu Ehren des Prof. J. D. Anisits benannt.

320. Arrhenurus apertus n. sp.
(Taf. XIX, Fig. 4—6.)

Körper breit eiförmig; der Stirnrand gerade geschnitten, viel schmäler als der Hinterrand, und geht vor den Augen in stumpf gerundetem Winkel in die Seitenränder über (Taf. XX, Fig. 4. 5); die Seitenränder sind ziemlich stark bogig, bei den Augen aber erscheinen sie ausgebuchtet und gehen unmerklich in den stumpf gerundeten Hinterrand über. Auf dem Rücken, an der inneren Seite der Augen, an der vorderen Spitze und in der Mitte des eigentlichen Rückenpanzers, aber auch außerhalb desselben, sowie in der Nähe des hinteren Endes und auf dem Rückenpanzer selbst stehen Hügelpaare, auf welchen sich je eine Borste erhebt. Der eigentliche Rückenpanzer ist eiförmig, das Vorderende spitz gerundet, das hintere, breitere Ende offen, bezw. die hintere Grenze wird durch den Hinterrand des Körpers gebildet; daher rührt der Artname.

Die beiden Hälften des ersten Epimerenpaares sind unabhängig voneinander, bezw. die Epimeren sind in der Mittellinie nicht verwachsen. An jeder Epimere ist das äußere Ende in zwei Spitzen gegliedert, die zwar spitz, aber nicht dornfortsatzartig sind, das innere bezw. hintere Ende ist abgerundet. Das zweite Epimerenpaar schmiegt sich in seinem ganzen Verlauf mit dem Innenrand an das erste Paar, die einzelnen Epimeren sind pfeifenförmig, insofern sie erst schief nach innen, dann aber unter einem stumpfen Winkel gebrochen nach hinten verlaufen und mit dem Ende bis an das Ende der ersten Epimeren herab- reichen; ihr äußeres Ende hat zwei Spitzen, das innere Ende läuft spitz aus. Das dritte Epimerenpaar ist länger und breiter als das zweite, die obere Spitze des äußeren Endes auffällig vorspringend, einem Dornfortsatz gleich; der Oberrand in der Mitte gebuckelt, der Unterrand in der Mitte schwach gebuchtet; das innere Ende spitz gerundet und nach innen und hinten gekehrt. Das vierte Epimerenpaar ist länger und breiter als alle übrigen; an den einzelnen Epimeren ist die obere Spitze des äußeren Endes zugespitzt, der Oberrand in der Mitte schwach erhaben, der Unterrand aber bildet in der Mitte einen auffälligeren, abgerundeten Hügel, das innere Ende ist fast gerade geschnitten, der obere Winkel nahezu rechtwinkelig, der untere dagegen gerundet. Alle Epimeren sind fein granuliert und tragen je eine Borste (Taf. XX, Fig. 6).

Der Bauchpanzer ist grob und spärlich granuliert. Die zwischen dem zweiten und dritten Epimerenpaar befindlichen zwei Näpfe liegen neben dem zweiten Epimerenpaar. Die zwei Näpfe zwischen der äußeren Genitalvorrichtung und dem vierten Epimerenpaar liegen nahe zum hinteren Ende der Epimeren; allein auf dem Raum zwischen der äußeren Genital- vorrichtung und dem vierten Epimerenpaar erheben sich auch in horizontaler Linie vier Hügelchen, welche auf der Kuppe je eine Borste tragen, deren äußere auf beiden Seiten weit länger ist als die innere. Außerdem zeigt sich auch nahe zum äußeren Ende der seit- lichen Genitalklappen und zu beiden Seiten der Afteröffnung je ein bedorntes Hügelchen.

Am Maxillartaster ist das proximale Glied bloß 0,04 mm lang, die Länge des zweiten Gliedes ist 0,15 mm, gegen Ende auffällig verbreitert, der distale Rand in der Mitte mit einer langen Borste bewehrt; das dritte Glied ist 0,08 mm lang, während die Länge des vierten Gliedes 0,18 mm beträgt, ihre innere distale Spitze nach vorn vortretend und am Ende spitz gerundet ist. Die Endkralle ist sichelförmig (Taf. XX, Fig. 4).

Von den Füßen ist das vierte Paar am längsten. Die Länge der einzelnen Füße ist folgende: der erste Fuß 1,8 mm, der zweite 2 mm, der dritte 2,5 mm, der vierte 3 mm. An den vorderen zwei Fußpaaren trägt bloß das vierte und fünfte Glied Schwimmborsten, während am dritten und vierten Fußpaar das dritte, vierte und fünfte Glied mit Schwimm- borsten versehen ist. Der Innenrand des letzten Fußgliedes ist an den Vorderfüßen unbe- borstet, wogegen am zweiten, dritten und vierten Fuße sich 2—4 kleine Dornen erheben.

Die zwei Klappen der weiblichen Genitalöffnung sind fast kreisförmig, der Längs- durchmesser aber etwas kürzer als der Querdurchmesser, und an beiden Enden des Längs- durchmessers sind die Klappen eingefügt. Vor und nahe der Genitalöffnung liegt ein Napf. Die seitlichen Genitalklappen sind im ganzen nierenförmig, inwiefern ihr Oberrand gebuchtet, der Unterrand hingegen bogig ist, sie sind gerade nach außen gerichtet, ihre Endspitze aber nach vorn gerichtet; auf dem Ober- und Unterrand erheben sich nahe zur Genitalöffnung je drei kleine Borsten; die Näpfe sind ziemlich groß, jedoch spärlich zerstreut. Länge der

Genitalöffnung 0,04 mm, ihr größter Durchmesser 0,05 mm; Länge der Seitenklappen 0,1 mm, ihre größte Breite 0,05 mm.

Körperlänge 2,2 mm; größter Durchmesser 1,8 mm; Farbe dunkelgrün.

Fundort: Asuncion, Pfütze auf der Insel (Banco) im Paraguayfluß. Es lag mir ein einziges Weibchen vor.

Diese Art unterscheidet sich von den bisher bekannten Arten durch die Körperform, durch die Gestaltung des Rückenpanzers, sowie durch die Struktur der Epimeren und seitlichen Genitalklappen. Übrigens erinnert sie durch die Struktur der Genitalklappen einigermaßen an *Arrhenurus globator* (O. F. M.).

321. Arrhenurus meridionalis n. sp.
(Taf. XX, Fig. 7. 8.)

Körper im ganzen eiförmig (Taf. XX, Fig. 7), erscheint jedoch vorn schmäler als hinten; der Vorderrand ist ziemlich spitz gerundet und geht unmerklich in beide Seitenränder über, welche fast in ihrem ganzen Verlaufe bogig sind, indessen an der Grenze des Hinterrandes einen breiten Hügel bilden und oberhalb desselben etwas ausgebuchtet sind. Die Grenzhügel tragen je eine lange feine Borste und unter derselben zeigt sich eine tiefe Bucht, jenseits welcher der eigentliche Hinterrand folgt. Der Hinterrand ist stumpf gerundet. Der Rückenpanzer ist eiförmig, ganz geschlossen, das obere bezw. vordere Ende spitziger gerundet als das hintere. Auf dem Rückenpanzer sind keine Hügelchen vorhanden.

Die beiden Hälften des ersten Epimerenpaares sind bloß ganz vorn miteinander verwachsen, zum größten Teil sind sie unabhängig voneinander und liegt zwischen ihnen ein ungranulierter Raum, dessen hinteres Ende zugespitzt ist. Die einzelnen Epimeren selbst ziehen nahezu in der Richtung der Längsachse von vorn nach hinten, ihr vorderes Ende aber ist weit breiter als das hintere, die obere Spitze gestreckt, fortsatzartig. Die beiden Hälften des zweiten Epimerenpaares sind keilförmig, mit zwei Hügeln am äußeren Ende, der obere Hügel gleicht einem Dornfortsatz, der untere ist ziemlich stumpf gerundet, ihr inneres Ende spitz und bis zum Ende der ersten Epimeren hinabreichend (Taf. XX, Fig. 8). Die beiden Hälften des dritten Epimerenpaares sind nahezu in ihrer ganzen Länge gleich breit und nur gegen das innere Ende etwas verschmälert, ihr Ober- und Unterrand ist gerade, die obere Spitze des äußeren Endes etwas zugespitzt, das innere Ende kaum merklich gerundet. Das vierte Epimerenpaar ist das größte von allen, das äußere Ende verbreitert, der Unterrand in der Mitte gebuckelt, das innere Ende schief gerade geschnitten, die Winkel aber etwas gerundet. Die Oberfläche aller Epimeren fein granuliert; der Napf zwischen dem zweiten und dritten Paar näher zum zweiten als zum dritten Paar gelegen; die zwei Näpfe hinter dem vierten Epimerenpaar liegen nahe zur äußeren Genitalvorrichtung (Taf. XX, Fig. 8).

Der Maxillartaster zeigt nichts auffallenderes; die innere Spitze des letzten Gliedes ist stumpf gerundet, die Endkralle schwach sichelförmig gekrümmt. Von den Füßen sind die ersten am kürzesten, die vierten am längsten; das zweite und dritte Fußpaar sind fast gleich lang. Die Länge der einzelnen Füße ist folgende: der erste Fuß 0,54 mm, der zweite 0,64 mm, der dritte 0,67 mm, der vierte 0,8 mm. An den vorderen zwei Fußpaaren vermochte ich keine Schwimmborsten wahrzunehmen, dagegen trägt das dritte bis fünfte Glied der hinteren zwei Fußpaare viele Borsten, der vierte Fuß aber am Innenrand des letzten Gliedes 4—5 kurze Borsten, wogegen dasselbe an den zwei vorderen Fußpaaren unbeborstet ist und das des dritten Fußpaares nur 1—2 Borsten trägt.

Die Genitalöffnung ist einer breiten Ellipse gleich, deren Länge 0,2 mm, die größte Breite 0,21 mm beträgt, das obere spitzigere Ende ist in der Mitte etwas vertieft, an den Rändern mit einigen Borsten versehen. Die Umrisse der Seitenklappen sind so verschwommen, daß sie kaum wahrzunehmen sind. Auffallend ist es übrigens, daß die Seitenklappen sehr kurz sind, in der Mitte der zentralen Genitalklappen entspringen, demzufolge diese größtenteils frei sind, ihre Spitze gerundet und nach hinten gerichtet ist, ihre Länge beträgt 0,12 mm, ihre Breite 0,09 mm; die Genitalnäpfe sind im Verhältnis groß und gering an Zahl.

Körperlänge 0,84 mm; größte Breite 0,7 mm; Farbe dunkelgrün.

Fundort: Zwischen Lugua und Aregua, Pfütze an der Eisenbahn. Ich fand bloß ein Weibchen.

Diese Art erinnert durch die allgemeine Körperform an *Arrhenurus compactus* Piers., *A. sinuator* (O. F. M.) und *A. cylindratus* Piers., unterscheidet sich jedoch von denselben durch die Struktur der Epimeren und der äußeren Genitalvorrichtung. Ein Hauptmerkmal bildet die hochgradige Kürze der Genitalklappen, bezw. Undeutlichkeit der Umrisse derselben.

322. Arrhenurus multangulus n. sp.
(Taf. XX, Fig. 9—11.)

Die äußere Körperform erhält ein eigentümliches und zugleich charakteristisches Gepräge durch den Umstand, daß auf seinem Umkreise sich zehn voneinander verschiedene, allein paarweise einander ähnliche Ecken oder Erhöhungen zeigen. Der Stirnrand ist nahezu gerade geschnitten, in der Mitte aber schwach gebuchtet, an beiden Rändern, vor den Augen, erhebt sich je ein dem andern ähnlicher Hügel mit abgerundeter Kuppe, welche zusammen die zwei vorderen Ecken des Körpers bilden (Taf. XX, Fig. 10). Von den beiden Stirnbügeln verläuft der Seitenrand des Körpers schief nach außen und hinten, ist jedoch kurz vor der Körpermitte in stumpfem Winkel gebrochen und hier liegt je ein ziemlich großer, elliptischer Hügel mit je einer Borste auf der Kuppe. Von diesem stumpfen Winkel an sind die beiden Seitenränder des Körpers nach hinten gerichtet und bilden an der Körpermitte je einen Winkel, in dessen Nähe je ein runder Hügel steht mit je einer Borste auf der Kuppe. Hier erreicht der Körper seinen größten Durchmesser, denn nun beginnt er sich wieder zu verschmälern und die Seitenränder verlaufen zwar gerade, aber etwas näher zueinander nach hinten; sie bilden mit der Endgrenze des Hinterrandes zusammen einen ziemlich auffälligen spitzen Winkel, über dem je eine Borste sitzt (Taf. XX, Fig. 10). Der Hinterrand verläuft, von den eben erwähnten zwei Winkeln ausgehend, schief nach hinten, bildet aber in einer Linie mit den beiden Stirnhügeln einen ziemlich spitzen Winkel mit je einer Borste, und ist fernerhin bogig geschwungen (Taf. XX, Fig. 10). Außer den erwähnten zwei Höckern an beiden Seiten des Rückenpanzers erheben sich auch auf dem eiförmigen, vorn spitzer, hinten stumpfer gerundeten und vollständig geschlossenen Rückenpanzer selbst mehrere, und zwar acht Höcker, deren zwei Paare nahe zueinander im ersten Drittel, das dritte Paar im hinteren

Drittel, das vierte Paar aber nahe zum Hinterrand desselben liegen; auf der Kuppe eines jeden sitzt eine Borste (Taf. XX, Fig. 10).

Die beiden Hälften des ersten Epimerenpaares berühren sich bloß am Vorderrand, während ihr größter Teil unabhängig voneinander ist, so daß zwischen dem Hinterende ein ziemlich großer freier Raum bleibt. Das Vorderende beider Epimeren ist eingeschnitten, die obere Spitze geht in einen Fortsatz aus, das Hinterende ist gerundet und weit enger als das äußere (Taf. XX, Fig. 9).

Das zweite Epimerenpaar ist mehr oder weniger keilförmig und vom äußeren Viertel des Oberrandes an bis zur inneren Spitze den ersten Epimeren angeschmiegt, die obere Spitze des äußeren Endes etwas erhaben, der Hinterrand vor dem interepimeren Napf schwach vertieft, das innere Ende, mit dem der ersten Epimeren in gleiche Linie fallend, ist spitz gerundet (Taf. XX, Fig. 9).

Die beiden Hälften des dritten Epimerenpaares sind etwas breiter und länger als die des zweiten Paares, aber schmäler als die des vierten Paares, gegen das innere Ende verschmälert, die obere Spitze des äußeren Endes vorspringend, das innere Ende schief gewunden; der Oberrand etwas abschüssig, der Unterrand gerade, zwischen ihnen und dem vierten Epimerenpaar ist eine ziemlich breite Grenzlinie (Taf. XX, Fig. 9).

Die beiden Hälften des vierten Epimerenpaares sind länger und breiter als die der übrigen, vom äußeren Ende an aber nach innen ziemlich beträchtlich verschmälert; der Oberrand gerade, abschüssig, der Unter- oder Hinterrand bis zum äußeren Drittel stumpf gebogen und bildet im äußeren Drittel einen ziemlich spitzen Winkel (Taf. XX, Fig. 9).

Die Oberfläche aller Epimeren ist fein granuliert. Zwischen dem vierten Epimerenpaar und den Seitenklappen der äußeren Genitalvorrichtung, aber näher zu letzteren steht je ein Höckerchen mit einer Borste auf der Kuppe.

An dem Bauchpanzer erheben sich hinter der äußeren Genitalvorrichtung vier größere Hügel, und zwar die zwei vorderen entfernter voneinander in der Nähe der beiden Körperseiten und der seitlichen Genitalklappen, zwei aber an beiden Seiten der Afteröffnung, nahe zum Hinterrand des Körpers (Taf. XX, Fig. 9).

Der Maxillarpalpus (Taf. XX, Fig. 11) hat eine charakteristische Struktur, insofern das zweite Glied viel dicker ist als die übrigen, an der distalen inneren Spitze stark erweitert, vorspringend und auf einem eiförmigen Raum mit feinen, kleinen Haaren bedeckt, außerdem mit einer langen Borste bewehrt. Am vierten Gliede ist die vordere Hälfte der inneren distalen Spitze auffällig gestreckt und ziemlich spitz gerundet. Die Endkralle ist sichelförmig. Die Länge des ganzen Palpus beträgt 0,18 mm.

Von den Füßen ist das erste Paar zwar am kürzesten, allein dennoch nur wenig kürzer als das zweite und dritte, während das vierte weit länger ist als alle übrigen. Das zweite und dritte Glied des vierten Fußes ist mit einigen kräftigen Borsten versehen, am vierten und fünften Gliede sitzen 7—8 kurze Borsten nahe zum Innenrand, am Innenrand des letzten Gliedes aber stehen vier kleine Borsten. Die Länge der einzelnen Füße ist folgende: der erste Fuß 0,35 mm, der zweite 0,43 mm, der dritte 0,44 mm, der vierte 0,6 mm.

Die äußere Genitalöffnung ist fast kreisrund, am vorderen und hinteren Ende der beiden Klappen steht je ein runder Napf. Die seitlichen Genitalklappen sind annähernd nierenförmig, ihr Vorderrand ist in der Mitte schwach vertieft, das distale Ende fast gerade nach außen gerichtet, abgerundet; die Näpfe sind ziemlich groß und spärlich zerstreut. Die Länge der Genitalöffnung beträgt 0,08 mm, der Durchmesser 0,07 mm, die Länge der Seitenklappen 0,1 mm, ihre Breite 0,05 mm.

Körperlänge 1,1 mm, der größte Durchmesser 1 mm; Farbe grünlich.

Fundort: Curuzu-chica, toter Arm des Paraguayflusses. Es lag mir ein einziges Weibchen vor.

Diese Art unterscheidet sich durch ihre Körperform von sämtlichen bisher bekannten Arten, stimmt aber durch das zweite Glied des Maxillarpalpus, bezw. durch die borstige Hervorragung desselben mit *Arrhenurus pectinatus* Koen. und *A. ceylonicus* Dad. überein.

323. Arrhenurus propinquus n. sp.
(Taf. XX, Fig. 12. 13. 16.)

Körper im ganzen zwar eiförmig, allein die Konturen sind nicht vollständig bogig, sondern bilden stellenweise verschieden stumpfe Winkel, demzufolge sie eher polygon erscheinen (Taf. XX, Fig. 13). Der Stirnrand ist bogig, schmäler als der Hinterrand. An beiden Körperseiten hinter den Augen ist der Rand schwach vertieft, dann schief nach außen und hinten verlaufend, um in der Körpermitte in einen stumpfen Winkel zu brechen und dann schief nach innen und hinten zu verlaufen, allein er gelangt noch nicht zum Hinterrand, denn nochmals bricht er in einem Winkel, um sodann schief nach innen und hinten zu verlaufen, bis er den Hinterrand erreicht, mit welchem er gleichfalls in einem stumpfen Winkel zusammentrifft. Demnach sind im Körperumriß sechs stumpfe Winkel vorhanden, die insgesamt durch die Berührung gerader Linien entstanden sind, und auf deren jedem Berührungspunkt je eine lange Borste entspringt. Der Hinterrand ist gerade und nicht länger als der Stirnrand (Taf. XX, Fig. 13). Der eigentliche Rückenpanzer ist eiförmig, das hintere Ende aber gerade geschnitten. Auf dem Rückenpanzer stehen nur Borstenpaare auf kleinen Erhöhungen.

Die beiden Hälften des ersten Epimerenpaares sind in der Mittellinie des Körpers vollständig miteinander verwachsen und bilden zusammen eine gerundete Spitze in der Mittellinie des Körpers; ihr äußeres Ende ist in der Mitte eingeschnitten und beide Spitzen hier fast gleich spitzig; die Oberfläche fein granuliert und außerdem mit je vier schuppenartigen Gebilden versehen (Taf. XX, Fig. 16).

Die beiden Hälften des zweiten Epimerenpaares sind keilförmig, nach innen allmählich verschmälert, das äußere Ende eingeschnitten, das innere Ende spitz und die hintere Spitze des ersten Epimerenpaares nicht erreichend; der Hinterrand ober dem zwischen den Epimeren stehenden Napf vertieft; die Oberfläche fein granuliert mit zwei schuppenartigen Gebilden (Taf. XX, Fig. 16).

Die beiden Hälften des dritten Epimerenpaares sind gleich denen des zweiten Paares keilförmig, ihr inneres Ende aber nicht spitz, sondern gerundet, die obere Spitze des äußeren Endes vorstehend, gespitzt, der Oberrand schwach, abschüssig gebogen; die Oberfläche bloß fein granuliert ohne schuppenartige Gebilde (Taf. XX, Fig. 16).

Die beiden Hälften des vierten Epimerenpaares länger und breiter als die der übrigen Paare, das äußere Ende breiter als das innere, die obere Spitze verlängert, spitz, das innere

Ende gerade geschnitten, der Hinterrand bis in die Mitte schwach gewunden, dann einen Höcker bildend, von da an schief zu der unteren Ecke des äußeren Endes verlaufend; die Oberfläche fein granuliert und sechs schuppenartige Gebilde zeigend, die alle nach innen gerichtet sind (Taf. XX, Fig. 16).

Am Maxillarpalpus ist das zweite Glied kelchförmig, am distalen Ende weit breiter als am proximalen, fast so lang wie das vierte Glied, an der äußeren Seite mit zwei kleinen Höckern, an der Innenseite eine kurze und eine lange Borste unfern der Spitze; das dritte Glied ist wenig kürzer als die Hälfte des vierten; am vierten Glied ist die distale innere Spitze auffällig nach vorn und außen vorspringend; die Endkralle ist kräftig, einfach (Taf. XX, Fig. 12). Die Länge des ganzen Palpus beträgt 0,23 mm.

Die Fußpaare werden nach hinten allmählich länger, das vierte Paar aber dennoch weit länger als das dritte, wie letzteres im Verhältnis zum ersten und zweiten Paar. An den vorderen drei Fußpaaren ist der Innenrand unbeborstet, am vierten dagegen mit 5—6 kurzen Borsten bewehrt.

Die äußere Genitalöffnung ist elliptisch, der Längsdurchmesser liegt in der Mittellinie des Körpers und beträgt 0,17 mm, der Durchmesser aber nur 0,14 mm. Die Konturen der seitlichen Genitalklappen sind undeutlich, die ziemlich großen, spärlich zerstreuten Näpfe bilden ein schief nach außen und hinten ziehendes kurzes Band, dessen distales Ende spitz gerundet erscheint (Taf. XX, Fig. 16).

An dem Bauchpanzer zeigen sich keine Höckerchen, ausgenommen die zwei, welche charakteristisch für die Gattung, zwischen dem vierten Epimerenpaar und den seitlichen Genitalklappen ungefähr in der Mitte liegen.

Körperlänge 0,86 mm; größter Durchmesser 0,76 mm; Farbe dunkelgrün.

Fundort: Aregua, Pfütze an der Eisenbahn. Es lag mir ein einziges Weibchen vor.

Die hauptsächlichsten Charakterzüge dieser Art sind der Umriß der Körperform, sowie die Struktur der Epimeren und der äußeren Genitalvorrichtung. Hinsichtlich der schwachen Ausprägung der seitlichen Genitalklappen erinnert diese Art an *Arrhenurus meridionalis* Dad. und bildet annähernd einen Übergang zu *Arrhenurella convexa* Rib.; in der Gestalt dagegen kommt dieselbe dem *Arrhenurus fimbriatus* Koen. nahe.

324. Arrhenurus trichophorus n. sp.
(Taf. XX, Fig. 14. 15. 17—21; Taf. XXI, Fig. 1—5.)

Weibchen. (Taf. XX, Fig. 15. 17. 18. 21.)

Körper annähernd eiförmig, vorn viel schmäler als hinten (Taf. XX, Fig. 17), der Stirnrand in der Mitte auffällig vertieft, demzufolge vor den Augen ein relativ großer, abgerundeter Höcker nach vorne ragt; die Seitenränder sind hinter den Augen etwas gebuchtet, beschreiben sodann einen stumpfen Bogen und bilden mit dem Hinterrand einen stumpfen Winkel, an welchem je eine ziemlich lange Borste entspringt; der Hinterrand ist glatt, stumpf gerundet. Der eigentliche Rückenpanzer ist eiförmig, das Vorderende spitz gerundet, die Grenzlinie des Hinterendes fällt mit dem hinteren Körperrand zusammen und erscheint demzufolge offen. Auf dem Rücken erheben sich neben den Augen zwei kleinere und an der vorderen Spitze des eigentlichen Rückenpanzers zu beiden Seiten je ein größerer Höcker,

die auf der Kuppe eine kurze Borste tragen (Taf. XX, Fig. 17). Auf dem Raum des Rückenpanzers selbst stehen zwei Paar kleinere Höcker, deren eines Paar nahe zur vorderen Spitze,
das andere aber in der Mitte des Raumes sich erhebt.

Die beiden Hälften des ersten Epimerenpaares berühren sich bloß nahe dem vorderen
Ende, im größten Teile sind sie unabhängig voneinander, zwischen ihnen liegt ein ziemlich
breiter ungranulierter Zwischenraum, welcher über die hintere Spitze der Epimeren hinaus-
ragt und dann stumpf gerundet ist (Taf. XX, Fig. 18). Die einzelnen Epimeren sind annähernd pfeifenförmig, ihr äußeres Ende vertieft, breiter als das hintere Ende, die obere
Spitze geht in einen Dornfortsatz aus, das hintere Ende bogig geschwungen, der Vorderrand im oberen Drittel stark bogig, fernerhin gerade, der Hinterrand geschwungen, derselbe
dient zur Aufnahme der beiden Hälften des zweiten Epimerenpaares.

Die beiden Hälften des zweiten Epimerenpaares sind im ganzen keilförmig, etwas
breiter, aber kürzer als die des ersten Paares, ihr äußeres Ende ist weit breiter als das
innere, die obere Spitze geht in einen ziemlich großen Dornfortsatz aus, das hintere Ende
ist spitz, der Oberrand bogig, der Unterrand fast gerade und bloß ober dem zwischen den
Epimeren befindlichen Napf vertieft (Taf. XX, Fig. 18).

Die beiden Hälften des dritten Epimerenpaares sind weit breiter als die des zweiten
Paares, im ganzen keilförmig, das äußere Ende breiter als das innere, die obere Spitze vorspringend, das hintere Ende bogig geschwungen, der Oberrand nahe zur Spitze vertieft, sodann bogig, der Unterrand gerade (Taf. XX, Fig. 18).

Die beiden Hälften des vierten Epimerenpaares sind breiter und länger als die der
übrigen, das äußere Ende etwas breiter als das innere, oberhalb der Artikulierung der Füße
geht ein Dornfortsatz aus, das vordere Ende ist schief, etwas gerundet geschnitten, der Oberrand gerade, der Unterrand im äußeren Drittel gebuckelt, die inneren zwei Drittel abschüssig
und etwas gebuchtet (Taf. XX, Fig. 18).

Die Oberfläche aller Epimeren ist fein granuliert und die vorderen drei Paare mit je
einer, das vierte Paar aber mit je zwei Borsten bewehrt. Die zwischen dem vierten Epimerenpaar und der äußeren Genitalvorrichtung befindlichen Näpfe sitzen auf ziemlich großen
Höckerchen (Taf. XX, Fig. 18). An beiden Seiten der Afteröffnung liegt je ein äußerer
Höcker, auf dessen Kuppe sich eine Borste erhebt.

Der Maxillarpalpus ist im ganzen 0,2 mm lang, von den Gliedern ist das vierte am
längsten, das zweite ist nur wenig länger als das dritte; an der distalen inneren Spitze des
zweiten Gliedes ragen drei lange Borsten empor; die distale innere Spitze des vierten Gliedes
ist stumpf gerundet; die Endkralle ziemlich kräftig (Taf. XX, Fig. 15).

Die Füße werden nach hinten allmählich länger; an den vorderen zwei Füßen stehen
am Innenrand des letzten Gliedes zwei Längsreihen feiner Borsten. Die Länge der einzelnen
Füße ist folgende: der erste Fuß 0,55 mm, der zweite 0,58 mm, der dritte 0,64 mm, der
vierte 0,8 mm.

Die weibliche Genitalöffnung ist herzförmig, insofern das obere Ende beider Klappen
abgerundet geschnitten und außerdem auch auf ihrem Raum eine herzförmige Partie sich
zeigt (Taf. XX, Fig. 18); die Länge der ganzen Genitalöffnung beträgt 0,1 mm, der größte
Durchmesser 0,09 mm. Die seitlichen Genitalklappen bilden gegen das distale Ende etwas
verschmälerte Bänder, die mit dem abgerundeten äußeren Ende fast gerade nach außen ge-

richtet sind und mit dem breiteren inneren Ende die Genitalöffnung vollständig umschließen, ihre Poren sind ziemlich klein und gedrängt zerstreut; ihre Länge beträgt 0,18 mm, ihre Breite 0,08 mm (Taf. XX, Fig. 21).

Körperlänge 2 mm; größter Durchmesser 1,6 mm; Farbe dunkelgrün.

Männchen. (Taf. XX, Fig. 14. 19. 20; Taf. XXI, Fig. 1—5.)

Der Rumpf ohne den Rumpfanhang ist annähernd einem Viereck gleich, das obere Ende aber auffällig verschmälert (Taf. XXI, Fig. 1. 2); der Stirnrand ist in der Mitte stark vertieft, demzufolge die beiden Seitenenden vor den Augen gleich abgerundeten Höckern nach vorne ragen; die Seitenränder sind neben den Augen stärker vertieft, sodann schief nach außen und hinten, dann aber, nach Beschreibung eines stumpf gerundeten Winkels, gerade nach hinten gerichtet und gehen hierauf, nach Formierung eines gleichfalls abgerundeten Winkels, in den vom Rumpfe durch einen ziemlich tiefen Einschnitt getrennten Schwanz über (Taf. XXI, Fig. 1. 2).

Der Schwanz ist schmäler als der Rumpf und bildet einen ziemlich breiten Fortsatz beiderseits mit abgerundeter Spitze, welche je eine lange Borste trägt; am Hinterrande zeigen sich drei Erhöhungen, deren mittlere gerade ober dem Petiolus liegt, die beiden anderen aber schräg zu beiden Seiten der mittleren sich erheben und je eine lange Borste tragen. Der Petiolus ist schippenförmig, in der ganzen Länge gleich breit, die Spitze einfach abgerundet (Taf. XXI, Fig. 1. 2). Der Rückenpanzer ist annähernd kegelförmig, am hinteren Ende offen, das Vorderende gerundet, die Seitenränder vorn vertieft, sodann stumpf bogig und an der Schwanzbasis endigend (Taf. XXI, Fig. 1). Auf dem Rücken erhebt sich hinter den Augen, sowie nahe zur beiderseitigen Vertiefung des eigentlichen Rückenpanzers je ein mit einer Borste versehener Höcker, wovon die letzteren indessen weit höher und kegelförmig sind. Am hinteren Ende des eigentlichen Rückenpanzers ragt ein mächtiger kegelförmiger Höcker mit zwei Spitzen hervor, welcher einerseits gegen den Stirnrand, anderseits gegen den Schwanz abfällt und hier in die am Schwanz befindlichen zwei kleineren Höcker übergeht, welche gleichwie die beiden Spitzen des großen Höckers je eine Borste tragen. Die beste Orientierung über die Größe und Lage dieser Höcker bietet übrigens die Seitenansicht des Tieres.(Taf. XX, Fig. 20). Auf dem Raume des eigentlichen Rückenpanzers stehen zwei Paar kleiner Höcker, deren jedes eine Borste trägt; das eine Höckerpaar liegt an der vorderen Einbuchtung der Seitenränder, das zweite hingegen in der Mitte derselben zu beiden Seiten (Taf. XXI, Fig. 1).

Die beiden Hälften des ersten Epimerenpaares sind in ihrem ganzen Verlaufe unabhängig voneinander, beide annähernd pfeifenförmig, die vordere Hälfte weit breiter als die hintere, das äußere Ende eingeschnitten, die obere Spitze verlängert, fortsatzförmig, das hintere Ende abgerundet, das obere bezw. innere Ende unter der oberen Spitze zur Aufnahme des Mundschildes vertieft, sodann gerade, der Außen- bezw. Hinterrand auffällig gebuchtet; die Oberfläche fein granuliert und mit je drei Borsten bewehrt (Taf. XXI, Fig. 2.

Die beiden Hälften des zweiten Epimerenpaares sind in geringem Maße keilförmig, breiter aber kürzer als die des ersten Paares, gegen das innere Ende verschmälert, die obere Spitze des äußeren Endes fortsatzartig vorspringend, spitzig, das innere Ende schief abgerundet, der Hinterrand fast gerade und bloß vor den zwischen den Epimeren befindlichen

Näpfen etwas vertieft; ihre Oberfläche fein granuliert, mit je zwei Borsten und je drei schuppenartigen Gebilden versehen (Taf. XX, Fig. 2).

Die beiden Hälften des dritten Epimerenpaares sind keilförmig, nach unten allmählich verschmälert, die obere Spitze des äußeren Endes ist fortsatzartig verlängert, abgerundet, das innere Ende schief abgerundet, der Vorderrand abschüssig, der Hinterrand gerade; die Oberfläche fein granuliert, sie trägt eine Borste und fünf schuppenartige Gebilde (Taf. XXI, Fig. 2).

Die beiden Hälften des vierten Epimerenpaares sind weit breiter als die übrigen, ihr äußeres Ende an der Artikulierung des Fußes zugespitzt, das innere Ende schwach gerundet, der Vorderrand gerade, der Hinterrand in der Mitte spitz vorspringend; die Oberfläche fein granuliert, je zwei lange Borsten und mehrere schuppenartige Gebilde tragend (Taf. XXI, Fig. 2). Die zwischen den Epimeren und der äußeren Genitalvorrichtung liegenden napfartigen zwei Höckerchen erheben sich von beiden gleich weit entfernt.

Der Maxillarpalpus ist im ganzen dem des Weibchens gleich, das zweite Glied ist fast doppelt so lang als das dritte, die distale innere Spitze trägt fünf lange Borsten; das vierte Glied ist so lang oder nur wenig länger als das zweite, die distale innere Spitze ziemlich stark hervorragend, stumpf gerundet; die Endkralle ziemlich kräftig (Taf. XX, Fig. 14). Die Länge des ganzen Palpus beträgt 0,37 mm.

Die Füße werden nach hinten allmählich länger. Die Länge der einzelnen Füße ist folgende: der erste Fuß 0,54 mm, der zweite 0,56 mm, der dritte 0,62 mm, der vierte 0,78 mm. Das allgemeine Merkmal der Füße ist, daß ihre Glieder auffallend lange Borsten tragen. Das letzte Glied des ersten und zweiten Fußes ist im letzten Drittel verschmälert, am Außen- und Innenrand erheben sich gedrängt stehend feine Borsten, deren Reihe am Innenrand durch kurze Borsten abgeschlossen wird, außerdem aber trägt auch die obere und untere Seite der Glieder feine Borsten (Taf. XX, Fig. 19; Taf. XXI, Fig. 3). Das erste Fußpaar hat keine Schwimmborsten, dagegen sind am dritten, vierten und fünften Glied des zweiten Fußpaares auch Schwimmborsten vorhanden, ebenso wie am dritten und vierten Fußpaar. Das letzte Glied des dritten Fußpaares trägt bloß am Vorderrand längere feine Borsten, dieselben stehen jedoch nicht so gedrängt, sind auch nicht so lang, wie am ersten und zweiten Fußpaar, dagegen zeigt sich am Hinterrand eine Reihe kurzer kleiner Borsten (Taf. XXI, Fig. 4). Am vierten Fußpaar erhebt sich an der distalen inneren Spitze des vierten Gliedes ein ziemlich langer, spitzer, mit Borsten versehener Kutikularfortsatz, das letzte Glied trägt bloß am Innenrand eine kurze, kräftige Borste (Taf. XXI, Fig. 5).

Die äußere Genitalöffnung ist eine längsgerichtete, kahnförmige, schmale Öffnung, welche von den Seitenklappen vollständig umgeben ist (Taf. XXI, Fig. 2). Die seitlichen Genitalklappen sind gerade nach außen gerichtet, bandförmig, gegen das äußere Ende verschmälert, der obere Rand ist abschüssig, der untere gerade, das äußere Ende spitz gerundet, die ganze Oberfläche mit kleinen Näpfen dicht bedeckt (Taf. XXI, Fig. 2). An beiden Seiten der Genitalöffnung erheben sich ziemlich große Höcker (Taf. XXI, Fig. 2). Die Länge der Genitalöffnung beträgt 0,08 mm, die der Seitenklappen 0,17 mm.

Körperlänge 1,5 mm; der größte Durchmesser 1,1 mm; Farbe dunkelgrün.

Fundort: Asunzion, Pfützen auf der Insel (Banco) im Paraguayflusse, und Aregua in dem Bach. welcher den Weg nach der Lagune Ipacarai durchkreuzt. Es lagen mir ein Weibchen und zwei Männchen vor.

Das wichtigste Merkmal dieser Art bildet die eigentümliche Behaarung am letzten Gliede des ersten und zweiten Fußpaares; hierzu kommt noch die Struktur der Epimeren und der äußeren Genitalvorrichtung. Das Weibchen erinnert in der Körperform an *Arrhenurus crassipetiolatus* Piers., während das Männchen hinsichtlich der Körperform und der Rückenhöcker dem *Arrhenurus tricuspidator* (O.F.M.) und *A. maximus* Piers. ähnlich ist.

325. Arrhenurus uncatus n. sp.

(Taf. XXI, Fig. 6—9.)

Der Körper ist in den Rumpf und den langen Schwanz gegliedert (Taf. XXI, Fig. 6. 7. 9). Der Rumpf erinnert einigermaßen an ein Viereck, ist vorn schmäler als hinten, der Stirnrand gebuchtet, vor den Augen höckerförmig vortretend und die beiden Seitenwinkel stumpf gerundet (Taf. XXI, Fig. 6). Die Seitenränder sind neben den Augen etwas vertieft, verlaufen dann nach außen und hinten stumpf bogig, biegen sodann an der Schwanzbasis in gerundetem Winkel um und kehren nach innen. Der eigentliche Rückenpanzer gleicht einem spitzen Bogen, ist hinten offen, die Seitenränder endigen in den beiden Körperwinkeln. Auf dem Rücken erheben sich bloß zwei größere Höckerchen in der Mitte, zu beiden Seiten der vorderen Spitze, welche besonders bei der Seitenlage des Tieres scharf hervortreten (Taf. XXI, Fig. 9).

Der Schwanz ist kürzer und schmäler als der Rumpf und erinnert an eine schmale Schippe, ist gerade nach hinten gerichtet, in der Mitte an beiden Seiten etwas vertieft, nahe zur Basis bilden die beiden Seiten einen stumpfen, breiten Höcker, die distale Spitze ist stumpf gerundet, trägt an beiden Seiten je vier Borsten, von denen die in der Mittellinie entspringenden am kürzesten sind. Auf der Mitte des Schwanzes, gerade in der Mittellinie, erhebt sich ein mächtiger, etwas nach hinten gerichteter, spitziger, krallenförmiger Höcker, welcher von dem eigentlichen Rückenpanzer ausgeht und bei der Seitenansicht des Tieres in seinem ganzen Umfange sichtbar wird (Taf. XXI, Fig. 9).

Die beiden Hälften des ersten Epimerenpaares sind in der vorderen Hälfte miteinander verwachsen, in der hinteren Hälfte dagegen unabhängig voneinander; ihr äußeres bezw. vorderes Ende ist breiter als das hintere, stark eingeschnitten, beide Spitzen sind verlängert, fortsatzartig, besonders die obere; das untere Ende ist gerundet (Taf. XXI, Fig. 7).

Die beiden Hälften des zweiten Epimerenpaares sind in geringem Maße keilförmig, sehr weit voneinander liegend, weil die Enden der ersten Epimeren in ihrem ganzen Umfange dazwischengekeilt sind; ihr äußeres Ende ist breiter als das innere, die obere Spitze auffällig verlängert und einen mächtigen Dornfortsatz bildend, die untere Spitze ist viel kürzer, gerundet, das innere Ende spitz, der Unterrand ober den zwischen den Epimeren stehenden Näpfen vertieft (Taf. XXI, Fig. 7).

Die beiden Hälften des dritten Epimerenpaares sind gleichfalls keilförmig, ihr äußeres Ende breiter als das innere, die obere Spitze auffällig verlängert und in einen ziemlich dicken Fortsatz ausgehend, das innere Ende spitz; der Oberrand abschüssig, in der Mitte aber schwach vertieft; der Unterrand gerade (Taf. XXI, Fig. 7).

Das vierte Epimerenpaar ist größer als die übrigen, an seinen beiden Hälften das äußere Ende breiter als das innere, in der Mitte zugespitzt; das innere Ende schief geschnitten; der Oberrand gerade, der Unter- bezw. Hinterrand in den inneren zwei Dritteln eingeschnitten, bildet dann einen ziemlich spitzigen Winkel und verläuft sodann nach oben, zu der unteren Spitze des äußeren Endes (Taf. XXI, Fig. 7). Die Oberfläche aller Epimeren ist fein granuliert. Die zwei großen Näpfe zwischen dem vierten Epimerenpaar und der äußeren Genitalvorrichtung liegen in der Mitte.

Am Maxillarpalpus ist das zweite Glied länger als das dritte, das vierte aber nicht viel kürzer, als die ihm voranstehenden zwei Glieder zusammen. An dem dritten Gliede erheben sich außer den kleinen Borsten auch zwei große, feine. Das distale innere Ende des vierten Gliedes steht nach innen; es ist stumpf gerundet; die Endkralle relativ kräftig, sichelförmig (Taf. XXI, Fig. 8). Die Länge des ganzen Palpus beträgt 0,15 mm.

Die Länge der Füße nimmt nach hinten allmählich zu, der vierte Fuß ist indessen weit länger als der dritte im Verhältnis zu den zwei ersten. Die Länge der einzelnen Füße ist folgende: der erste Fuß 0,45 mm, der zweite 0,58 mm, der dritte 0,6 mm, der vierte 0,65 mm. Das fünfte Glied des ersten Fußes trägt einige Schwimmborsten. Alle Füße tragen am Außen- und Innenrande des letzten Gliedes 3—5 kurze Borsten.

Die äußere Genitalöffnung ist schmal kahnförmig; die seitlichen Genitalklappen bandförmig, sie umgeben die Genitalöffnung vollständig, sind nach außen und etwas nach hinten gerichtet, schwach gebogen; die Genitalnäpfe ziemlich groß und dicht gedrängt (Taf. XXI, Fig. 7). Die Länge der Genitalöffnung beträgt 0,05 mm, die der seitlichen Genitalklappen 0,14 mm; größter Durchmesser 0,06 mm.

Die ganze Länge ist 1 mm; die Rumpflänge 0,6 mm, die Schwanzlänge 0,4 mm, der größte Durchmesser 0,65 mm, seine Breite 0,2 mm, die Höhe 0,23 mm; die Farbe dunkelgrün.

Fundort: Villa Sana, der Teich Peguaho; Tebicuay, ständiger Tümpel. Es lagen mir drei Männchen vor.

Hinsichtlich des allgemeinen Habitus erinnert diese Art an *Arrhenurus globator* (O. F. M.), unterscheidet sich jedoch von demselben durch die Struktur der Epimeren, insbesondere aber durch den nach hinten gekrümmten auffälligen Vorsprung des Schwanzes, was auch Anlaß zur Benennung bot. Außerdem ist diese Art dem brasilianischen *Arrhenurus corniger* Koen. sehr ähnlich, besonders darin, daß die äußeren und inneren Spitzen der vorderen zwei Epimerenpaare stark verlängert sind; unterscheidet sich indessen leicht kenntlich von demselben durch die allgemeine Körperform, sowie durch die Struktur des Rumpfanhanges und der äußeren Genitalvorrichtung.

Gen. **Anisitsiella** n. gen.

Der Körper ist mit einem Panzer bedeckt, allein zwischen dem Rücken- und Bauchpanzer befindet sich eine elastische Kutikula. Die Augen liegen an beiden Seiten der Stirn, entfernt voneinander. Der Maxillarpalpus trägt an der Spitze des letzten Gliedes drei Zähnchen und eine Borste. Die Epimeren liegen etwas vor der Körpermitte, hängen ziemlich fest miteinander zusammen und werden ihre Konturen nur durch die Nähte angedeutet, allein das dritte und vierte Epimerenpaar ist im inneren Drittel verwachsen und das vierte Paar von dem Bauchpanzer gänzlich abgesondert. An den Fußgliedern sitzen nur wenig (2—3) Schwimmborsten; am vierten Fußpaar ist die Spitze des letzten Gliedes gespitzt, trägt keine Krallen, sondern endigt in zwei sehr kurzen Dornen; die übrigen Fußpaare haben am letzten Gliede einfache Krallen. Der Genitalhof ist breit eiförmig; die Genitalöffnung an beiden Seiten durch halbmondförmige Genitalklappen begrenzt, am Innenrande derselben stehen je drei Genitalnäpfe übereinander, neben ihnen an beiden Seiten aber liegt je ein großer Genitalporus.

Diese Gattung, welche ich dem Sammler, Professor J. D. Anisits, zu Ehren benannt habe, steht der Wolcottschen Gattung *Xystonotus* sehr nahe, insofern sie derselben besonders durch die Struktur des Panzers und des Genitalhofes ähnlich ist; unterscheidet sich indessen von derselben durch die Struktur des Maxillarpalpus, der Epimeren und der Füße, weil bloß die vorderen drei Fußpaare Krallen tragen und auch diese einfach sind, wogegen am vierten Fußpaar die Krallen durch zwei kleine Dornen substituiert sind. Durch die Struktur des vierten Fußes erinnert diese Gattung an die Gattungen *Limnesia*, *Limnesiopsis* und *Teutonia*.

326. Anisitsiella aculeata n. sp.
(Taf. XXI, Fig. 10—15.)

Der Körper in geringem Maße eiförmig, das vordere Ende aber weit stumpfer gerundet als das hintere, fast gerade geschnitten, die an beiden Seiten hervorragenden Augen bilden gewissermaßen Spitzen. Die antennenförmigen Borsten sitzen unfern vor bezw. ober den Augen. Die Augenpaare liegen 0,25 mm voneinander entfernt; die einzelnen Augen der Augenpaare liegen ziemlich fern voneinander, und zwar das eine am Rande des Bauchpanzers, das andere aber auf der Kante des auf den Rücken ragenden Bauchpanzers (Taf. XXI, Fig. 11).

Die Seitenränder des Körpers sind stumpf bogig und gehen unmerklich in den Hinterrand über. Der Rücken ist bogig. Der Körper ist im hinteren Drittel am breitesten, vor den Augen am schmälsten (Taf. XXI, Fig. 11).

Die den Rücken- und Bauchpanzer verbindende elastische Kutikula ist an beiden Körperseiten breiter, als längs des Stirn- und Hinterrandes. Der Rückenpanzer behält die Form des Körpers, es erheben sich darauf acht Paare borstentragender Höcker. Diese Höckerpaare sind folgendermaßen situiert: das erste Paar sitzt nahe den Augen; das zweite Paar in einer Querlinie im vorderen Körperdrittel; ein Paar in der Körpermitte an beiden Seiten des Rückenpanzers; zwei Paare im hinteren Körperdrittel in einer Querlinie; ein Paar unfern dieser, etwas weiter unten, zwei Paare an der Grenze des Bauchpanzers und der elastischen Kutikula, schließlich ein Paar nahe zum Hinterrand des Bauchpanzers (Taf. XXI, Fig. 11).

Auf der ganzen Oberfläche des Rücken- und Bauchpanzers sind sehr kleine Dornen dicht zerstreut, so zwar, daß auf den ersten Blick beide fein granuliert oder von Porenkanälen durchzogen erscheinen. Auf dem Bauchpanzer steht an beiden Seiten des Genitalhofes und der Afteröffnung je eine kurze Borste auf einer kleinen Erhöhung (Taf. XXI, Fig. 15).

Das Capitulum ist breit schildförmig, fast so breit wie lang, die Oberfläche erscheint granuliert, am Hinterende ist kein Fortsatz sichtbar.

Die Mandibel gleicht einer langen, kurzen Sichel mit gekrümmtem Stiel, der Innenrand erscheint unregelmäßig sägeartig (Taf. XXI, Fig. 12).

Am Maxillarpalpus ist das zweite Glied etwas dicker als die übrigen, so lang wie das vierte Glied, es erheben sich daran nur zerstreute kurze Borsten; das dritte Glied ist nur wenig kürzer als das zweite, am Unter- bezw. Innenrand sitzt in der Mitte eine lange, feine Borste, zwischen dieser und der distalen Spitze, sowie an der inneren und äußeren Spitze erhebt sich je eine kürzere Borste; das letzte Glied ist sehr kurz, etwas länger als ein Drittel des voranstehenden, an der Spitze mit drei kräftigen Zähnen und einer kleinen Borste bewehrt (Taf. XXI, Fig. 13). Die ganze Länge des Palpus ist 0,23 mm.

Die Epimeren liegen vor der Körpermitte, sind einander sehr genähert und nur durch die Nähte getrennt, zwischen den beiden Hälften der Epimeren aber liegt in der Mittellinie ein ziemlich großer freier Raum (Taf. XXI, Fig. 15).

Die beiden Hälften des ersten Epimerenpaares sind schief nach innen und hinten gerichtet, annähernd einem gestreckten Viereck gleich, das äußere Ende schwach eingeschnitten, das innere bezw. hintere Ende gerundet, der Innenrand zur Aufnahme des Capitulum ausgebuchtet, der Außenrand dagegen gerade, die inneren Enden berühren sich nicht; die Oberfläche ist fein granuliert und zeigt außerdem je zwei schuppenartige Erhöhungen (Taf. XXI, Fig. 15).

Die beiden Hälften des zweiten Epimerenpaares sind keilförmig, nach innen und etwas nach hinten gerichtet; das äußere Ende breiter, die hintere Spitze zugespitzt, das innere Ende spitz, von demselben reicht ein dornartiger Fortsatz unter die dritten Epimeren; der Innen- bezw. Oberrand ist gerade; der Unterrand zur Aufnahme des zwischen den Epimeren befindlichen Napfes etwas vertieft, die Oberfläche fein granuliert (Taf. XXI, Fig. 15).

Das dritte Epimerenpaar ist nur in der äußeren Hälfte von dem vierten abgesondert, fast gerade nach innen gerichtet, annähernd einem Viereck gleich, das äußere Ende in der Mitte zugespitzt, das innere stumpf gerundet, die Oberfläche fein granuliert und zeigt vier schuppenartige Erhöhungen (Taf. XXI, Fig. 15).

Die beiden Hälften des vierten Epimerenpaares sind annähernd keilförmig, nicht viel breiter als die des dritten, das innere Ende stumpf und schief gerundet, und geht ohne Grenzlinie in die Kontur des inneren Endes des dritten Epimerenpaares über; die Oberfläche fein granuliert, mit 3—4 schuppenartigen Erhöhungen (Taf. XXI, Fig. 15).

Die Fußpaare werden nach hinten allmählich länger; am letzten Gliede der vorderen drei Paare zeigen sich einfache Endkrallen (Taf. XXI, Fig. 10), das vierte und fünfte Glied trägt wenig Schwimmborsten. Am vierten Fußpaar sitzen an der inneren Spitze des zweiten und dritten Gliedes je zwei Schwimmborsten, außerdem zeigen sich am Innenrand des dritten Gliedes auch drei kurze Borsten; an der Innenseite des vierten und fünften Gliedes erheben sich mehrere kurze Borsten, und zwar am vierten Gliede 4, am fünften acht, außerdem an der distalen inneren Spitze beider je drei Schwimmborsten. Das letzte Glied ist gegen das Ende allmählich verengt, spitzig endigend, an der Spitze mit zwei kleinen Dornen statt der Krallen; am Innenrande sitzen fast in gleicher Entfernung voneinander drei kleine Borsten, eine ebensolche erhebt sich nahe zur Spitze, gegenüber der distalen inneren, am

Außenrand (Taf. XXI, Fig. 14). Die Länge der einzelnen Füße ist folgende: der erste Fuß 0,4 mm, der zweite 0,45 mm, der dritte 0,48 mm, der vierte 0,5 mm.

Der Genitalhof ist breit eiförmig, beide Enden indessen fast gleichmäßig gerundet, um denselben liegt ein schmaler unbedornter Gürtel, in welchem an beiden Seiten je ein eiförmiger Porus sich zeigt. Die Genitalöffnung ist an beiden Seiten von halbmondförmigen Genitalklappen umgeben, an deren innerer Grenze je drei Näpfe übereinanderstehen; der obere und untere dieser Näpfe ist viel kleiner als der mittlere, annähernd eiförmig, während der mittlere einer gestreckten, schmalen Ellipse gleicht (Taf. XXI, Fig. 15). Die Länge der Genitalklappen beträgt 0,12 mm; der Durchmesser beider 0,1 mm.

Körperlänge 1 mm; größter Durchmesser 0,7 mm; die Farbe dunkelgrün, der Rücken bogig, der Bauch dagegen etwas abgeflacht.

Fundort: Aregua, Pfütze an der Eisenbahn. Es lag mir ein einziges Exemplar vor, welches den Artnamen *aculeata* wegen der Bedornung der Rücken- und Bauchschale erhielt.

Gen. Limnesia C. L. Koch.

Limnesia Piersig, R., 11, p. 170.

Trotzdem von dieser Gattung aus verschiedenen Teilen der Erde 12 gut charakterisierte und 14 zweifelhafte Arten bekannt sind, wie dies auch durch Piersigs zusammenfassende Daten dargetan wird, figurieren aus Südamerika bisher dennoch bloß jene zwei Arten, die C. Ribaga unter dem Namen *Limnesia minuscula* und *L. pauciseta* beschrieben hat. Daß aber diese Gattung in Südamerika nicht zu den selteneren gehören kann, geht meiner Ansicht nach daraus hervor, daß ich im Verlaufe meiner Untersuchungen nicht weniger als vier Arten fand, die sich indessen alle von den bisher bekannten unterscheiden.

327. Limnesia dubiosa n. sp.
(Taf. XXI, Fig. 18. 19.)

Der Körper gleicht einer, an beiden Enden breit gerundeten Ellipse (Taf. XXI, Fig. 19), ist aber kaum um ein Achtel länger als breit. Die Haut ist fein gekerbt.

Die beiden Hälften des ersten Epimerenpaares sind annähernd bisquitförmig, schief nach innen und hinten gerichtet, das äußere Ende abgeschnitten, das innere Ende in einen nach hinten und außen gerichteten krallenförmigen Fortsatz ausgehend, der unter der Haut unter das dritte Epimerenpaar dringt. Der Stiel des Capitulums reicht bis zur hinteren Ecke der beiden Epimeren herab (Taf. XXI, Fig. 19).

Die beiden Hälften des zweiten Epimerenpaares sind annähernd keilförmig, gleichfalls nach innen und hinten stehend, das äußere Ende breiter, gerade geschnitten, das innere spitz, der Hinterrand über dem zwischen den Epimeren befindlichen Napf etwas gebuckelt, zwischen ihnen und dem dritten Epimerenpaar liegt ein relativ schmaler Raum (Taf. XXI, Fig. 19).

Die beiden Hälften des dritten Epimerenpaares sind gerade nach innen gerichtet, ein wenig in das vierte Epimerenpaar dringend, der Oberrand ist gerade, der Unterrand nahe zur äußeren unteren Ecke gerundet, dann ein Stück gerade, biegt aber bei der unteren Ecke

nach unten und bildet hier einen spitzen Winkel, in welchem der zwischen dem vierten Epimerenpaar befindliche Porus steht, der innere obere Winkel gerundet und geht davon eine
bisquitförmige Kutikularlamelle aus (Taf. XXI, Fig. 19).

Die beiden Hälften des vierten Epimerenpaares sind auffallend groß und eigentümlich
geformt, ihr Oberrand ragt bis zur unteren Ecke des äußeren Endes des dritten Epimerenpaares hinan, ist auswärts davon gerade geschnitten, folgt aber nach innen dem Hinterrande
des dritten Epimerenpaares, d. i. derselbe ist erst gebuchtet, dann gerade, schließlich gerundet; der Außenrand verläuft fast senkrecht nach hinten und biegt bloß bei dem Fuß-
gelenk etwas nach innen, der Innenrand ist gerade oder kaum merklich bogig, läuft nach
außen und hinten und bildet mit dem Außenrand vereint eine Vertiefung zur Aufnahme des
ersten Fußgliedes (Taf. XXI, Fig. 19).

Am Maxillarpalpus ist das zweite Glied dicker als alle übrigen, gegen das distale Ende
auffällig verbreitert, fast doppelt so lang als das dritte Glied, am Unter- bezw. Innenrand
erhebt sich unfern der Spitze ein kräftiger, durchsichtiger, kurzer, dornförmiger Kutikularfortsatz; das vierte Glied ist länger als das zweite, fast dreimal so lang als das letzte, der
Innen- bezw. Unterrand nahe zur distalen Ecke vertieft und trägt hier zwei Borsten; das
letzte Glied gleicht einem gestreckten Kegel mit 4—5 kleinen Zähnen an dem distalen Ende
(Taf. XXI, Fig. 18). Die Länge des ganzen Palpus beträgt 0,37 mm.

Die Füße werden nach hinten allmählich länger; beim vierten Fußpaar trägt der
Innenrand des letzten Gliedes zwei, am Außenrand nahe zur Endspitze eine kleine Borste
(Taf. XXI, Fig. 19). Die Länge der einzelnen Füße ist folgende: der erste Fuß 0,43 mm,
der zweite 0,53 mm, der dritte 0,6 mm, der vierte 0,65 mm.

Die Genitalklappen haben zusammen die Form eines breiten Eies, an dessen Mittellinie an beiden Enden sich ein Einschnitt zeigt. Zwischen den beiden Genitalklappen liegt
ein kahnförmiger Raum. An den einzelnen Genitalklappen befinden sich je drei große, eiförmige Näpfe, deren einer an der vorderen Ecke, einer in der Mitte, einer aber an der
hinteren Ecke sitzt, die beiden letzteren sind einander so nahe gerückt, daß sie sich berühren. Außer den großen Genitalnäpfen sind aber an den Klappen auch neun zerstreut
liegende, borstentragende Näpfe vorhanden, welche, je einen ausgenommen, im inneren Raum
der Klappen stehen (Taf. XXI, Fig. 19). An beiden Seiten der Genitalklappen erhebt sich
aus einem runden Hofe je eine Borste, gerade so wie auch neben der Afteröffnung. Die
Länge der Genitalklappen ist 0,15 mm; ihr Gesamtdurchmesser vorn 0,09 mm, hinten
0,14 mm.

Körperlänge 1 mm, der größte Durchmesser 0,75 mm; Farbe unbekannt.

Fundort: Zwischen Asuncion und Trinidad, Gräben und Pfützen an der Eisenbahn. Es lag mir bloß ein Weibchen vor.

Diese Art erinnert durch die Struktur des Maxillarpalpus an *Limnesia scutellata*
Koen., *L. lucifera* Koen. und *L. cordifera* Dad., insofern am Innenrand des zweiten Gliedes
sich ein einfacher, kräftiger Dornfortsatz befindet. In der Struktur der Genitalklappen gleicht
sie dem Männchen von *Limnesia histrionica* Herm. und dem Weibchen von *Limnesia
pauciseta* Rib., unterscheidet sich aber von diesen durch die Struktur des Maxillarpalpus.
Von sämtlichen erwähnten Arten aber unterscheidet sie sich durch die Körperform und die
Struktur der Epimeren. Die eingehende Vergleichung mit Ribagas *Limnesia pauciseta*

wird dadurch erschwert, daß der genannte Forscher keinerlei Angaben über die Struktur der Epimeren bietet.

228. Limnesia cordifera n. sp.
(Taf. XXI, Fig. 16. 17.)

Der Körper ist gestreckt elliptisch, an beiden Enden gleich gerundet, fast um ein Viertel länger als breit; die Haut fein gekerbt (Taf. XXI, Fig. 17).

Das Capitulum ist breit, einem Schilde gleich, der Stiel reicht bis zum hinteren Ende der vorderen zwei Epimeren.

Die beiden Hälften des ersten Epimerenpaares sind nach hinten und etwas nach innen gerichtet, gegen das innere Ende etwas gebogen, fast überall gleich breit, das äußere Ende aber etwas breiter als das innere; das innere Ende gerundet und erhebt sich daran ein Kutikularfortsatz, welcher die innere bezw. untere Ecke des zweiten Epimerenpaares umfaßt und dann zugespitzt fast bis zum dritten Paare reicht (Taf. XXI, Fig. 17).

Das zweite Epimerenpaar gleicht dem ersten, auch seine Verhältnisse sind dieselben, es ist nur etwas kürzer und schmäler, der Hinterrand zur Aufnahme der zwischen den Epimeren befindlichen Poren etwas vertieft (Taf. XXI, Fig. 17).

Die beiden Hälften des dritten Epimerenpaares gleichen im ganzen einem gestreckten Viereck, sind schief nach innen gerichtet, das äußere Ende ist etwas eingeschnitten, das innere gerade, aber schief gestutzt; der Oberrand in der Mitte schwach vortretend, der Unterrand größtenteils gerade, nahe der inneren unteren Ecke ausgeschweift und bildet mit den vierten Epimeren eine Bucht zur Aufnahme des Porus; die obere Ecke des inneren Endes ist etwas vorspringend und schief nach vorn gerichtet (Taf. XXI, Fig. 17).

Das vierte Epimerenpaar ist schinkenförmig, der Außenrand in der oberen Hälfte nach außen gebogen, in der unteren Hälfte ausgebuchtet; der Vorderrand gerade; der Innenrand nach innen bogig und derart nach außen gebogen, daß er mit dem Außenrand eine Gelenksvertiefung bildet, die zur Aufnahme des ersten Fußgliedes dient (Taf. XXI, Fig. 17).

Am Maxillarpalpus ist das zweite Glied etwas kürzer als das dritte und fast zwei Drittel so lang wie das vierte Glied, am Unter- bezw. Innenrand erhebt sich in der Mitte ein kurzer, kräftiger, dornartiger Kutikularfortsatz; das vierte Glied ist gegen Ende verschmälert, an der distalen inneren Ecke erhebt sich ein dornartiger, kurzer Kutikularfortsatz und in der Nähe desselben eine feine Borste; das letzte Glied ist nur ein Viertel so lang wie das dritte, kegelförmig, an der Spitze mit drei Zähnen (Taf. XXI, Fig. 16). Die Länge des ganzen Palpus beträgt 0,28 mm.

Die Füße werden nach hinten allmählich länger, allein der vierte ist weit länger als der dritte, im Verhältnis dieses zu den übrigen; am vierten Fußpaar trägt der Innenrand des Endgliedes drei kurze Borsten. Die Länge der einzelnen Füße ist folgende: der erste Fuß 0,52 mm, der zweite 0,57 mm, der dritte 0,6 mm, der vierte 0,77 mm.

Die Genitalklappen haben zusammen die Form eines umgekehrten Herzens und liegen ziemlich tief in dem Raum zwischen den Epimeren. Zwischen den beiden Genitalklappen zeigt sich eine kahnförmige Öffnung, die von der oberen Spitze ausgeht und bis zur Mitte herabreicht. An jeder Genitalklappe befinden sich drei Genitalnäpfe, deren hinterster rund und größer ist als die anderen, die zwei anderen dagegen sind mehr oder weniger eiförmig.

Außer diesen Näpfen sind auch kleine runde Poren vorhanden, und zwar je sieben, deren vier oberhalb des oberen großen Napfes, einer darunter, einer neben dem mittleren, einer aber unter dem hinteren liegt und auf jedem steht eine Borste (Taf. XXI, Fig. 17). Rechts und links von den zwei Klappen erhebt sich je eine kleine Borste, während zwischen ihnen und der Afteröffnung auf je einem Höckerchen eine kräftige Borste aufragt. Die Länge der Genitalklappen beträgt, in der Mittellinie gemessen, 0,2 mm, ihr gemeinsamer größter Durchmesser 0,16 mm.

Körperlänge 1,2 mm; Durchmesser 0,8 mm.

Fundort: Zwischen Lugua und Aregua, Pfütze an der Eisenbahn. Es lag mir bloß ein Exemplar vor.

Diese Art erinnert durch die Struktur des Maxillarpalpus an *Limnesia dubiosa* Dad., *L. connata* Koen., *L. lucifera* Koen. etc., unterscheidet sich aber von denselben, sowie von den übrigen Arten durch die Form und Struktur der Genitalklappen, die so charakteristisch sind, daß sie auch zur Benennung Anlaß boten.

329. Limnesia parva n. sp.
(Taf. XXII, Fig. 1—3.)

Der Körper ist annähernd eiförmig, d. i. etwas länger als breit, das vordere Ende etwas spitzer gerundet als das hintere, die Seiten sind stumpf bogig (Taf. XXII, Fig. 1). Die Haut ist auf dem Rücken gekerbt, am Bauch kaum merklich granuliert.

Das Capitulum ist schildförmig, vorn etwas breiter als lang, der Stiel im Verhältnis dick, am Ende gerundet (Taf. XXII, Fig. 2).

Die beiden Hälften des ersten Epimerenpaares sind einem gestreckten Viereck gleich, nach innen und hinten gerichtet, das äußere Ende eingeschnitten, das innere bezw. hintere Ende gerundet, die untere Ecke aber geht in einen nach außen gerichteten spitzigen Fortsatz aus, welcher die innere Ecke des zweiten Epimerenpaares begrenzt und etwas unter das dritte gerückt ist (Taf. XXII, Fig. 2).

Die beiden Hälften des zweiten Epimerenpaares sind keilförmig, schief nach innen und hinten gerichtet; das äußere Ende breiter, gerade geschnitten, das innere spitzig; der Hinterrand ist in der Mitte, ober dem zwischen den Epimeren befindlichen Porus schwach gebuchtet (Taf. XXII, Fig. 2).

Die beiden Hälften des dritten Epimerenpaares gleichen einem schief nach innen gerichteten gestreckten Viereck mit gerundeten Ecken, der Vorder- und Hinterrand ist gerade, nahe zum inneren Ende stehen je zwei kleine Poren, die wahrscheinlich Höfe feiner Borsten bilden (Taf. XXII, Fig. 2). Die vor den Genitalklappen befindlichen Poren stehen außerhalb des dritten und vierten Epimerenpaares frei und nicht in durch diese gebildeten Vertiefungen.

Die beiden Hälften des vierten Epimerenpaares sind schinkenförmig, der Außenrand nur ganz wenig bogig, nach unten verlaufend, um mit dem gleichfalls bogigen und nach unten und außen ziehenden Innenrand zusammen eine Gelenksvertiefung zu bilden zur Aufnahme des Fußgliedes; der Oberrand ist schief; die äußere obere Ecke nach vorn erhöht, gerundet, an der inneren oberen Ecke erhebt sich ein dünner, spitzer Kutikularfortsatz gegen das dritte Epimerenpaar (Taf. XXII, Fig. 2).

Am Maxillarpalpus ist das zweite Glied nicht viel länger und dicker als das dritte, es ist nur mit feinen Borsten versehen; an der inneren Ecke des dritten Gliedes sitzt eine kürzere, an der äußeren eine lange, feine Borste; das vierte Glied ist nahezu dreimal so lang als das letzte, trägt in der Mitte, neben einer kleinen Erhöhung eine längere, an der distalen inneren Ecke eine kürzere Borste; an der Spitze des letzten Gliedes stehen drei Zähne (Taf. XXII, Fig. 3). Die ganze Länge des Palpus beträgt 0,16 mm.

Von den Füßen ist das zweite und dritte Paar fast gleich lang, das erste Paar das kürzeste von allen; dagegen das vierte Paar länger als alle und trägt am Innenrand des letzten Gliedes vier kurze Borsten. Die Länge der einzelnen Füße ist folgende: der erste Fuß 0.3 mm, der zweite 0,38 mm, der dritte 0,4 mm, der vierte 0,47 mm.

Die Genitalklappen sind zusammen annähernd einem verkehrten Herzen mit gerundeter Spitze gleich, das hintere Ende innen etwas vertieft; ihr gemeinsamer Raum weit breiter als lang. An den einzelnen Genitalklappen zeigen sich je drei große, eiförmige Genitalnäpfe, deren je einer an der vorderen und hinteren Ecke, je einer aber neben dem Seitenrand der Klappen unfern des Hinterrandes sitzt. Außer den großen Genitalnäpfen sind auch kleine, runde Poren vorhanden, und zwar je drei vor dem vorderen großen Napf, je zwei vor dem seitlichen Napf, je vier aber paarweise hinter dem hinteren Napf, auf jedem derselben entspringt eine Borste.

Die Genitalöffnung ist im Verhältnis groß, kahnförmig (Taf. XXII, Fig. 2). Die Länge der Genitalklappen bezw. der Genitalöffnung beträgt 0,08 mm, ihre gemeinsame größte Breite 0,11 mm. Unter den Genitalklappen rechts und links erhebt sich aus je einem kleinen runden Hofe je eine Borste, ebenso wie zu beiden Seiten der Afteröffnung.

Körperlänge 0,8 mm; Durchmesser 0,5 mm; Farbe unbekannt.

Fundort: Estia Postillon, Lagune und deren Ergießungen. Es lag mir ein einziges Männchen vor.

Diese Art erinnert durch die Struktur des Maxillarpalpus, bezw. das Fehlen des Dornfortsatzes am zweiten Gliede, an *Limnesia laeta* Stoll., unterscheidet sich aber von derselben durch die Form des Genitalhofes und die Anordnung der Näpfe der Genitalklappen.

330. Limnesia intermedia n. sp.
(Taf. XXII, Fig. 7—10.)

Der Körper ist eiförmig, vorn spitziger gerundet als hinten, die größte Breite im hinteren Drittel (Taf. XXII, Fig. 7). Die Haut ist fein gekerbt.

Das Capitulum ist schildförmig, der Stiel desselben trennt die beiden ersten Epimeren voneinander, die hintere Ecke gerundet.

Die beiden Hälften des ersten Epimerenpaares berühren einander nicht, sie sind etwas schief nach innen und hinten gerichtet, am vorderen Ende breiter, abgeschnitten, am hinteren Ende schmäler, gerundet (Taf. XXII, Fig. 7).

Die beiden Hälften des zweiten Epimerenpaares sind annähernd bisquitförmig, fast so lang wie die des ersten Paares, in der Mitte schwach eingeschnürt, etwas nach innen und hinten gerichtet, das äußere Ende breiter, abgeschnitten, das innere schmäler, gerundet, es entspringt daran ein gegen die Mittellinie ziehender Kutikularfortsatz, welcher die Ecken der ersten Epimeren umfaßt (Taf. XXII, Fig. 7).

Die beiden Hälften des dritten Epimerenpaares sind breiter als die des zweiten, schief nach innen und hinten gerichtet, sie erinnern einigermaßen an ein gestrecktes Viereck, allein bloß ihr Ober- bezw. Vorderrand ist gerade, der Hinterrand dagegen im äußeren Drittel abschüssig gerundet, in der Mitte fast gerade, nahe zum inneren Ende zur Aufnahme der Drüsenöffnung ausgebuchtet; an der oberen Ecke des gerundeten inneren Endes erhebt sich ein krallenförmiger Kutikularfortsatz, der nach oben gerichtet ist (Taf. XXII, Fig. 7).

Am vierten Epimerenpaar ist der Außenrand der schinkenförmigen beiden Hälften bogig, nach hinten verlaufend, der Vorderrand im äußeren Drittel nach oben gerichtet und bildet mit dem Außenrand einen gerundeten Winkel, ist nach innen gerade, abschüssig, der Innenrand fast gerade, nach außen und hinten ziehend (Taf. XXII, Fig. 7).

Am Maxillarpalpus ist das zweite Glied dicker, aber nicht viel länger als das dritte, in der Mitte des Unter- bezw. Innenrandes erhebt sich ein ziemlich großer Höcker, auf dessen Spitze ein kurzer, durchsichtiger Kutikularfortsatz sitzt, welcher gerade nach innen gerichtet ist; das dritte Glied überragt etwa die halbe Länge des vierten; das vierte Glied ist gegen das distale Ende etwas verschmälert, dreimal so lang wie das letzte, im distalen Drittel des Unter- bezw. Innenrandes erhebt sich neben einem kleinen Höcker eine feine Borste, eine ebensolche sitzt auch an der Außenseite und an der distalen inneren Spitze, letztere ist jedoch viel kürzer als die übrigen; das letzte Glied ist gestreckt kegelförmig, mit drei Zähnchen an der distalen Spitze (Taf. XXII, Fig. 9). Die Länge des ganzen Palpus beträgt 0,38 mm, und erreicht nicht die Hälfte der ganzen Körperlänge.

Die Füße werden nach hinten allmählich länger; am vierten Fußpaar trägt der Innenrand des letzten Gliedes sechs kleine Borsten, von welchen die distale am längsten ist, auch am Außenrand sind zwei kleine Borsten vorhanden. Die Länge der einzelnen Füße ist folgende: der erste Fuß 0,61 mm, der zweite 0,66 mm, der dritte 0,68 mm, der vierte 1 mm.

Der Genitalhof hat die Form einer Ellipse, an beiden Enden gleichmäßig gerundet, in der Mitte schwach vertieft. Die einzelnen Genitalklappen sind halbmondförmig, unabhängig voneinander, und berühren sich nur im hinteren inneren Winkel, ohne aber verwachsen zu sein (Taf. XXII, Fig. 7. 8). Jede Genitalklappe hat je drei große Genitalnäpfe, je zwei eiförmige und je einen fast kreisrunden, letztere kleiner als erstere; von den eiförmigen Näpfen liegt einer nahe zur vorderen Spitze, einer aber in der hinteren Spitze, der kleinere, fast kreisrunde dagegen nahe zum Außenrande, in der Mitte desselben, aber etwas näher dem hinteren großen Napf (Taf. XXII, Fig. 8). An der inneren Seite des vorderen großen Napfes erheben sich aus je fünf kleinen Poren ebensoviel feine Börstchen, während die Genitalklappen sonst keine Borsten tragen (Taf. XXII, Fig. 8). Die Länge der Genitalklappen beträgt 0,2 mm, ihre gemeinsame Breite 0,16 mm. Die Genitalöffnung ist schmal, wie überhaupt bei allen Weibchen der *Limnesia*-Arten. Am vorderen und hinteren Ende des Genitalhofes zeigt sich eine kelchförmige Kutikularverdickung, an beiden Seiten des unteren Endes erhebt sich an einem runden Hofe je eine Borste, ebensolche sitzen auch an beiden Seiten der Afteröffnung, in einer Linie mit derselben (Taf. XXII, Fig. 7).

Körperlänge 1,5—1,7 mm; Durchmesser 1—1,2 mm; Farbe unbekannt.

Fundort: Paso Barreto, Bañado am Ufer des Rio Aquidaban. Es lagen mir drei Weibchen vor.

Diese Art gehört zu jenen Repräsentanten der Gattung, bei welchen das zweite Glied des Maxillarpalpus an der Innenseite oder am Innenrande auf einem kleinen Höcker einen Kutikulardorn trägt, aber auch von diesen steht sie am nächsten zu *Limnesia histrionica* (Herm.), *L. undulata* (O. F. M.) und *L. pauciseta* Rib. Durch die Struktur des Genitalhofes und die Stellung des Fortsatzes am zweiten Gliede des Maxillarpalpus erinnert diese Art an *Limnesia pauciseta* Rib., insofern an den Genitalklappen nur sehr wenig (fünf), bei jener aber viel weniger Borsten stehen und der Dornfortsatz am zweiten Gliede des Maxillarpalpus gerade nach innen gerichtet ist; unterscheidet sich indessen von derselben durch die Form des Genitalhofes, durch die Zahl der Borsten an den Genitalklappen, ferner dadurch, daß das vierte Glied des Maxillarpalpus unbeborstet ist. Ob in der Struktur der Epimeren ein Unterschied vorhanden ist zwischen der neuen Art und *Limnesia pauciseta* Rib., das vermochte ich wegen Mangel an Daten bezüglich der letzteren nicht festzustellen, ich halte indessen schon die oben erwähnten Abweichungen für genügend zur Charakterisierung der neuen Art und deren Absonderung von *Limnesia pauciseta* Rib.

331. Limnesia sp. ?
(Taf. XVIII, Fig. 21. 22.)

Der Körper ist eiförmig, das vordere Ende nur wenig spitziger als das hintere. Die Haut ist fein granuliert.

Die Epimeren erinnern durchaus an die der übrigen Arten dieser Gattung, besonders von *Limnesia maculata*.

Von den Gliedern des Palpus maxillaris ist das zweite am dicksten, fast so lang wie das vierte, am Oberrand gemessen 0,2 mm lang, mit zwei Borsten bewehrt. Das dritte Glied ist 0,11 mm lang und trägt eine lange Borste. Das vierte Glied ist 0,21 mm lang, gegen das distale Ende etwas verengt, schwach gekrümmt, am Unterrand erhebt sich auf zwei höckerartigen Erhöhungen je eine feine Tastborste (Taf. XVIII, Fig. 21). Das letzte Glied ist fingerförmig, 0,07 mm lang, und geht in drei spitze Zähnchen aus.

Die Füße werden nach hinten allmählich länger. Das erste Fußpaar ist 0,33 mm lang, das zweite 0,45 mm, das dritte 0,5 mm, das vierte 0,55 mm. Am letzten Gliede des vierten Fußes erhebt sich nahe zur distalen Spitze eine lange Borste.

Die Genitallamellen sind oval, an beiden Enden gleichförmig gerundet, in der vorderen Hälfte aneinandergeschmiegt, wogegen das hintere Ende divergiert (Taf. XVIII, Fig. 22). An jeder Genitallamelle sind je zwei große, scheibenförmige Poren, deren eine an der vorderen, die andere an der hinteren Spitze sitzt. An der Innenseite jeder Genitallamelle zeigen sich in der hinteren Hälfte nebeneinander je zwei Poren, außerdem ragen an jeder Lamelle drei Borsten auf (Taf. XVIII, Fig. 22).

Die Länge des Körpers beträgt 0,8 mm, der größte Durchmesser 0,6 mm.

Fundort: Lagune Ipacarai, Oberfläche. Im ganzen lagen mir fünf Exemplare vor, die insgesamt noch jung waren und die ich demzufolge auch nicht benannt habe; übrigens erinnern dieselben lebhaft an die Jungen von *Limnesia maculata*.

Gen. Limnesiella n. gen.

Die Haut ist auf dem Rücken gekerbt, am Bauch fein granuliert. Die Augenpaare liegen an beiden Seiten des Körpers und die beiden Hälften der einzelnen Paare sind einander genähert. Das distale Ende der Mandibeln ist sichelförmig, schwach sägeartig. Am Maxillarpalpus erhebt sich nahe zur distalen inneren Spitze des zweiten Gliedes aus der Haut ein kleiner Dorn. Die Anordnung der Epimeren erinnert an die Gattungen *Limnesia* und *Limnesiopsis;* die Drüsenöffnung liegt in der zwischen dem inneren Ende der dritten und vierten Epimere befindlichen Bucht. An den vorderen drei Fußpaaren sind keine Schwimmborsten vorhanden, am vierten und fünften Gliede des vierten Fußpaares nur sehr wenige (2—3); die vorderen drei Fußpaare tragen einfache, sichelförmige Endkrallen, das vierte Fußpaar dagegen keine. Im Genitalhofe steht eine größere Zahl (9—15) gleich großer oder verschieden großer Genitalnäpfe längs des Außenrandes der beiden Genitalklappen.

Diese Gattung bildet bis zu einem gewissen Grade einen Übergang zwischen den Gattungen *Limnesia* und *Limnesiopsis*, besonders durch die Struktur des Genitalhofes. Während sie sich nämlich mit ihren zahlreichen Genitalnäpfen der Gattung *Limnesiopsis* nähert, weicht sie von derselben darin ab, daß die Näpfe groß oder verschieden groß und nur längs des Außenrandes der Genitalklappen situiert sind, ebenso wie die wenigen großen Näpfe der Gattung *Limnesia*. Von beiden Gattungen unterscheidet sich die neue Gattung darin, daß an den Füßen (1.—3. Paar) entweder keine Schwimmborsten, oder (am 4. Fußpaar) nur sehr wenige vorhanden sind, ferner daß die Endkrallen der Füße einfach sichelförmig sind, bei der Gattung *Limnesia* aber auch innere, eventuell äußere Zähnchen tragen, bei *Limnesiopsis* dagegen an der Innenseite kammförmig gezähnt sind.

332. Limnesiella pusilla n. sp.
(Taf. XXII, Fig. 11—13.)

Der Körper ist fast kugelrund und die Länge übertrifft den Durchmesser nur um ein Geringes (Taf. XXII, Fig. 11). Die Haut ist auf dem Rücken gekerbt, am Bauche dagegen granuliert.

Das Capitulum scheidet die ersten zwei Epimeren vollständig voneinander und sein Stiel ragt bis zum Hinterende derselben herab.

Die beiden Hälften des ersten Epimerenpaares sind etwas nach innen und dann nach hinten gerichtet, annähernd keilförmig, das äußere Ende breiter, abgeschnitten, das innere Ende ziemlich spitz gerundet, der Innenrand in der Mitte gebuchtet, der Außenrand etwas bogig (Taf. XXII, Fig. 11).

Die beiden Hälften des zweiten Epimerenpaares sind gleichfalls keilförmig, nach innen und hinten gerichtet, das äußere breitere Ende abgeschnitten, das innere schmälere dagegen zugespitzt und trägt keinen Kutikularfortsatz (Taf. XXII, Fig. 11).

Die beiden Hälften des dritten Epimerenpaares sind annähernd nierenförmig, das äußere Ende abgeschnitten, das innere dagegen stumpf gerundet, der Oberrand buchtig, der Unterrand bogig und nur mit der äußeren Hälfte auf dem vierten Epimerenpaar liegend, während die innere Hälfte frei ist und mit dem vierten Epimerenpaar je eine ziemlich tiefe Bucht bildet, an deren Eingang der Porus liegt (Taf. XXII, Fig. 11).

Die beiden Hälften des vierten Epimerenpaares sind einigermaßen einem unregelmäßigen Vieleck gleich, der Außenrand bogig, nach hinten ziehend, der Unterrand etwas gerundet, der Innenrand in der Mitte ausgebuchtet und kommt mit dem Ober- und Unterrand in einem höckerartigen, gerundeten Winkel zusammen; die äußere Hälfte des Oberrandes ist ausgebuchtet, die innere Hälfte nach unten abschüssig (Taf. XXII, Fig. 11).

Am Maxillarpalpus ist das zweite Glied fast dreimal so lang als das dritte, nahezu so lang wie das vierte, aber dicker als alle, trägt nahe zur distalen inneren bezw. unteren Spitze einen kurzen Dorn, anderwärts einige kurze Borsten; das vierte Glied ist gegen das distale Ende verjüngt, fast viermal so lang wie das letzte Glied, der Innenrand in der Mitte als breit gerundeter Höcker vorspringend, auf dem eine lange, feine Borste entspringt; das letzte Glied ist annähernd kegelförmig und trägt an der Innenseite zwei Borsten, an der Spitze aber drei Zähne (Taf. XXII, Fig. 13). Die ganze Länge des Palpus beträgt 0,2 mm und überragt ein Drittel der Körperlänge nicht.

Die Füße werden nach hinten allmählich länger; am vierten Fuße ist der Innenrand des letzten Gliedes mit einer kleinen und einer längeren Borste versehen. Die Länge der einzelnen Füße ist folgende: der erste Fuß 0,33 mm, der zweite 0,35 mm, der dritte 0,37 mm, der vierte 0,55 mm.

Die Genitalklappen sind jede für sich eiförmig, an beiden Enden gleichmäßig gerundet, erscheinen ziemlich unabhängig voneinander, zwischen ihnen zeigt sich ein im Verhältnis ausgedehnter Raum von der Form einer gestreckten Ellipse. Entlang des Außenrandes der einzelnen Genitalklappen stehen von der vorderen bis zur hinteren Ecke je 9—16 größere, mehr oder weniger eiförmige Näpfe, deren zwei vordere und zwei mittlere paarweise angeordnet sind, während die übrigen fünf sich am hinteren Ende nahe zueinander gruppieren oder sie sind vorn, in der Mitte und hinten in Vierergruppe gesondert. Außer den großen Näpfen stehen jedoch gerade entlang des Randes der Genitalklappen 6—13 kleine Poren, auf denen sich je eine Borste erhebt (Taf. XXII, Fig. 11. 12). Die Länge der Genitalklappen ist 0,12 mm, ihre Breite 0,05 mm; die ganze Breite beider Genitalklappen samt der Genitalöffnung 0,11 mm.

Körperlänge 1 mm; Durchmesser 0,9 mm; Farbe unbekannt.

Fundort: Bach neben der Eisenbahn zwischen Aregua und dem Yuguariflusse; Sapucay, Pfütze bei der Eisenbahn.

Diese Art steht der *Limnesiella globulosa* Dad. sehr nahe, und weicht von derselben nur in der Struktur der Genitalklappen ab, insofern die Zahl der Genitalnäpfe weit geringer ist, sämtliche fast gleich groß und gleichförmig, ferner auch die kleinen Borsten nicht gleich situiert sind.

333. Limnesiella globulosa n. sp.
(Taf. XXII, Fig. 4—6.)

Der Körper ist breit eiförmig, vorn etwas spitzer gerundet als hinten. Die Haut am Bauche fein granuliert, auf dem Rücken gekerbt und spärlich granuliert und hier erheben sich aus runden Höfen sechs Paar kleine Borsten, deren ein Paar am vorderen Körperende, hinter den Augen, ein Paar am hinteren Körperende, mit vorigen fast in einer Linie, die übrigen vier Paare aber an beiden Seiten des Körpers in gleicher Entfernung voneinander gegenübergestellt sind.

Das Capitulum ist sehr breit, demzufolge die beiden Hälften des ersten Epimerenpaares ziemlich entfernt voneinander stehen, das hintere Ende des Stiels ist in der Mitte zugespitzt (Taf. XXII, Fig. 4).

Die beiden Hälften des ersten Epimerenpaares sind dicker und länger als die des zweiten Paares, sie sind nach innen und hinten gerichtet, annähernd keilförmig, das schmälere hintere Ende aber ist gerundet (Taf. XXII, Fig. 4).

Die beiden Hälften des zweiten Epimerenpaares sind nach innen und hinten gerichtet, keilförmig, das innere bezw. hintere Ende schmal, spitzig, und reicht nicht ganz bis zur Spitze der ersten Epimeren, der Hinterrand zur Aufnahme des zwischen den Epimeren befindlichen Porus ist schwach vertieft (Taf. XXII, Fig. 4).

Die beiden Hälften des dritten Epimerenpaares sind einer gestreckten Niere gleich, schief nach innen gerichtet, das äußere Ende abgeschnitten, das innere gerundet, der Oberrand gebuchtet, der Unterrand schwach gerundet, demzufolge schmiegt sich das innere Ende nicht an das vierte Epimerenpaar, sondern biegt davon nach oben ab; in dem derart zwischen denselben entstandenen Winkel erhebt sich der Porus (Taf. XXII, Fig. 4).

Die beiden Hälften des vierten Epimerenpaares sind annähernd schinkenförmig, der Außenrand ist in der oberen Hälfte bogig, in der unteren ausgebuchtet und legt sich oben ein wenig über das dritte Epimerenpaar, der Innenrand ist stark bogig und geht unmerklich in den etwas vertieften Oberrand über, das untere Ende ist etwas nach außen gebogen und bildet so mit dem Außenrand eine Gelenksvertiefung zur Aufnahme des Fußgliedes (Taf. XXII, Fig. 4).

Am Maxillarpalpus ist das zweite Glied nicht viel länger als das dritte, aber dicker als alle übrigen, das proximale Ende weit schmäler als das distale, an der distalen inneren bezw. unteren Ecke erhebt sich, gerade aus der Haut hervorstehend, ein kurzer kleiner Dorn; das vierte Glied ist dreimal so lang als das letzte, im hinteren Drittel ragt am Unterrande neben einer kleinen Erhöhung eine lange, feine Borste empor und eine ebensolche sitzt auch an der distalen unteren bezw. inneren Spitze; an der Spitze des letzten Gliedes stehen drei kräftige Zähne (Taf. XII, Fig. 6). Die Länge des ganzen Palpus beträgt 0,28 mm und ist kürzer als die halbe Körperlänge.

Die Füße werden nach hinten allmählich länger; am vierten Fußpaar trägt der Innenrand des letzten Gliedes vier kleine und eine lange Borste, am Außenrand sitzen zwei kleine Borsten, ebenso wie auch an der distalen Spitze. Eigentliche Schwimmborsten befinden sich bloß am vierten und fünften Gliede des vierten Fußpaares, während an den übrigen Füßen die Schwimmborsten durch die am distalen Ende des vierten und fünften Gliedes aufragenden je zwei kräftigeren und längeren Borsten substituiert werden. Die Länge der einzelnen Füße ist folgende: der erste Fuß 0,4 mm, der zweite 0,46 mm, der dritte 0,48 mm, der vierte 0,6 mm. Die Endkrallen der vorderen drei Fußpaare sind einfach sichelförmig.

Die Genitalklappen bilden vereint einen eiförmigen Genitalhof, dessen vorderes Ende etwas spitzer ist als das hintere, die beiden Seiten sehr stumpf bogig, fast gerade, an beiden Spitzen wenig vertieft, vorn indessen etwas stärker als hinten. Die beiden Enden der zwei

Klappen sind mit einer kompakten Kutikularkuppe bedeckt. Längs des Außenrandes beider Genitalklappen stehen 13—15 große Genitalnäpfe, wovon ein Paar, größer als die übrigen, eiförmig ist und an der vorderen Spitze der Klappe sitzt, ein Paar aber, nur wenig kleiner als voriges, in der Mitte der Klappe, während 9—11 unter demselben, an der hinteren Spitze der Klappe unregelmäßig gruppiert sind. Die beiden Hälften des zweiten Napfpaares liegen eng aufeinander, die obere ist annähernd eiförmig, die untere Spitze indessen gerade, die untere dagegen viereckig. Die in einer Gruppe liegenden Näpfe sind viel kleiner als die früher erwähnten und unregelmäßig geformt (Taf. XXII, Fig. 5). Längs des Außenrandes der Genitalklappen und zwischen dem ersten und zweiten Napfpaar, etwas mehr nach innen, erheben sich aus kleinen runden Höfen feine Borsten, deren Zahl ca. 19—20 beträgt (Taf. XXII, Fig. 5). Die Länge des Genitalhofes ist 0,18 mm; sein größter Durchmesser 0,14 mm. Rechts und links von den Genitalklappen entspringen aus einem runden Hofe je eine Borste, ebenso auch neben der Afteröffnung, aber etwas mehr nach hinten (Taf. XXII, Fig. 5).

Körperlänge 1,4 mm, größter Durchmesser 1,2 mm; Farbe unbekannt.

Fundort: Aregua, Pfütze an der Eisenbahn. Es lag mir bloß ein Weibchen vor.

Diese Art erinnert lebhaft an *Limnesiella pusilla* Dad., unterscheidet sich indessen von derselben durch die Form der Genitalklappen und die größere Anzahl der Genitalnäpfe, sowie auch durch die Körperform und Größe.

Gen. Koenikea Wolcott.

Koenikea Piersig, R., 11, p. 180.

Bisher war bloß eine nordamerikanische Art dieser Gattung, *Koenikea concava* Wol., bekannt, und diese diente auch R. Piersig zur Basis bei Feststellung der Gattungsmerkmale. Nachdem ich bei meinen Untersuchungen drei Arten fand, die zwar vermöge ihrer allgemeinen Merkmale unstreitig als dieser Gattung angehörig zu betrachten sind, in den Details aber verschiedene Abweichungen aufweisen, so erachte ich es für notwendig, die Gattungsdiagnose Piersigs in Nachstehendem zu modifizieren.

Der Körper ist bald nahezu kugelrund, bald breit eiförmig, in der Bauch- und Rückenrichtung verflacht, oder am Rücken und Bauch gleich stark bogig. Die Haut ist panzerartig verhärtet, mit zahlreichen kleineren und größeren Poren daran, deren Hof oftmals dornartig aufragt; der Rückenpanzer ist von dem auf dem Rücken sich erhebenden Bauchpanzer durch einen schmäleren oder breiteren elastischen Kutikulargürtel getrennt, zuweilen aber ist in der Mitte des Rückenpanzers ein von einem lichten Gürtel umgebener innerer Panzerraum abgesondert. Die Epimeren berühren sich entweder an beiden Seiten und die Abgrenzung wird nur durch die Nähte angedeutet, ihr Gebiet aber ist miteinander und mit dem Bauchpanzer verwachsen, — oder aber sind sie in vier Gruppen gegliedert und ist das zweite und dritte Paar durch den Bauchpanzer getrennt, ihr Gebiet indessen vollständig geschlossen. Die Genitalöffnung liegt hinter den Epimeren, und gleich der von *Arrhenurus* von zwei Genitalklappen begrenzt; die Genitalnäpfe sind verschieden groß, liegen in Gruppen an beiden Seiten der Genitalklappen an dem Bauchpanzer und haben keine seitlichen Genital-klappen. Am Maxillarpalpus sitzen an der Spitze des letzten Gliedes 3—4 kleine, spitze Zähnchen.

Durch die Struktur des Panzers erinnert diese Gattung an die Gattungen *Arrhenurus* und *Arrhenurella*, noch mehr aber an die Gattung *Anisitsia;* die äußeren Genitalien gleichen denen von *Arrhenurella*, das letzte Glied des Maxillarpalpus aber gleicht dem von *Eulais, Limnesia, Piona* etc.

334. Koenikea spinosa n. sp.

(Taf. XXII, Fig. 22. 23; Taf. XXIII, Fig. 1—9.)

Weibchen: Taf. XXII, Fig. 22. 23; Taf. XXIII, Fig. 1—3. 5. 6.

Der Körper ist kurz und einem sehr breiten Ei gleich, das vordere Ende gerade geschnitten, bildet indessen an beiden Seiten, vor den Augen, einen gerundeten Höcker; an der Innenseite des Höckers sitzen auf fingerförmigen Vorsprüngen die antennenförmigen Borsten, eine ähnliche Borste sitzt auch an der Außenseite bezw. am äußeren Umkreis der Höcker (Taf. XXIII, Fig. 1). Die Seitenränder des Körpers sind unter den Augen etwas vertieft, ziehen dann ziemlich breit bogig nach hinten und gehen unmerklich in den fast geraden Hinterrand über. Der Rücken ist flach, der Bauch etwas gewölbt.

Der Rückenpanzer gleicht einigermaßen einer breiten Ellipse, deren vordere Spitze abgeschnitten, die hintere aber gerundet ist; zwischen dem Rückenpanzer und dem an beiden Körperseiten hinziehenden Bauchpanzer, die sich indessen nicht zum Rücken erhebt, liegt eine elastische Kutikula, die an beiden Körperseiten viel breiter ist als längs des Vorder- und Hinterrandes (Taf. XXIII, Fig. 1). An der Oberfläche des Rückenpanzers erheben sich zerstreut kleine Dornen, welche demselben ein granuliertes Aussehen verleihen, außerdem aber zeigen sich auch drei Paar borstentragende Drüsenöffnungen, wovon je ein Paar nahe dem Vorder- und Hinterrand und ein Paar an beiden Seiten in der Mitte liegt (Taf. XXIII, Fig. 1). Der Bauchpanzer ist fein bedornt, hat aber nur ein Paar Drüsenöffnungen, die zwischen dem vierten Epimerenpaar und den äußeren Genitalien liegen (Taf. XXIII, Fig. 2).

Das Capitulum ist kürzer als breit, schildförmig, liegt in der vom ersten Epimerenpaar gebildeten Bucht, der Fortsatz am vorderen Bauchrand gleicht einer kegelförmigen Platte mit gerundeter Spitze.

Am Maxillarpalpus ist das zweite Glied länger als alle übrigen, gegen das distale Ende allmählich verdickt, mit nur wenig kleinen Borsten daran; das dritte Glied überragt wenig die halbe Länge des zweiten, während das vierte nicht viel kürzer ist als das zweite, an der distalen inneren Spitze trägt es zwei kleine Dornen; das letzte Glied ist wenig kürzer als das voranstehende, gegen Ende verschmälert, an der distalen Spitze sitzen 4—5 Zähnchen (Taf. XXIII, Fig. 3). Die ganze Länge des Palpus beträgt 0,16 mm.

Die beiden Hälften des ersten Epimerenpaares sind voneinander gesondert, insofern zwischen ihnen in der Mittellinie des Körpers sich eine schmale Lücke zeigt, sie sind schief nach innen und hinten gerichtet, das äußere bezw. vordere Ende eingeschnitten, demzufolge beide Ecken vorspringend, spitz, das hintere Ende ist gerade geschnitten, derart, daß der obere Winkel stumpf, der untere sehr spitz ist und damit bis zum dritten Epimerenpaar herabreicht; von ihnen geht ein mit der Spitze nach außen gekrümmter Kutikularfortsatz aus, der bis zum vierten Epimerenpaar hinabreicht (Taf. XXIII, Fig. 2).

Die beiden Hälften des zweiten Epimerenpaares sind breit keilförmig, das äußere Ende auffällig breit, in drei Erhöhungen geteilt, das innere Ende spitz, aber nicht vollständig geschlossen, weil der Hinterrand sich nicht so weit erstreckt, um das Gebiet der Epimerenhälften von dem dritten Epimerenpaar vollständig abzusondern; der Ober- bezw. Vorderrand ist indessen schon vollständig, er geht sogar in den Rand des inneren Endes der folgenden Epimeren über, so zwar, daß er mit diesen eine ununterbrochene Linie bildet (Taf. XXIII, Fig. 2).

Die beiden Hälften des dritten Epimerenpaares sind gerade nach innen gerichtet, einigermaßen einem Viereck gleich, das äußere Ende etwas schmäler, am inneren Ende offen, insofern der Vorder- und Hinterrand nicht bis zum Innenrand reicht (Taf. XXIII, Fig. 2) und ihr Gebiet sonach an das des zweiten und dritten Paares grenzt, die äußere obere Ecke ist vorspringend.

Die beiden Hälften des vierten Epimerenpaares sind gleichfalls gerade nach innen gerichtet und gleichen einem gestreckten Fünfeck, da das äußere Ende in der Mitte zugespitzt ist; das innere Ende gerade geschnitten; der Vorder- und Hinterrand im inneren Drittel geschwunden, demzufolge das Gebiet desselben hier mit dem dritten Epimerenpaar und dem Bauchpanzer verschmilzt; vom äußeren Ende des Hinterrandes läuft eine kleine, scharfe, bogige Linie nach hinten (Taf. XXIII Fig. 2). Die Oberfläche aller Epimeren ist ziemlich dicht bedornt.

Die Füße sind fast gleich lang, von den Gliedern die drei distalen am längsten, das letzte Glied ist sichelförmig schwach nach innen gekrümmt, am Ende etwas breiter als anderwärts; die Endkrallen sind einfach, sichelförmig gekrümmt.

Die ersten Füße tragen am zweiten Gliede eine, am dritten Gliede zwei längere, nach innen gerichtete Borsten; vom Innenrand des vierten Gliedes gehen in der Mitte bei einem höckerartigen Vorsprung zwei lange Borsten aus; am Innenrand des fünften Gliedes entspringen von zwei Vorsprüngen je eine längere, kräftigere, an der distalen inneren Ecke und nahe derselben zusammen vier lange, dünne Borsten, darunter eine feine Schwimmborste (Taf. XXII, Fig. 23). Die Länge des Fußes beträgt 0,58 mm.

Am zweiten Fußpaar entspringen nahe zum Innenrande des vierten Gliedes zwei dickere, einfache Borsten, nahe der distalen inneren Ecke aber zwei Schwimmborsten; die Behaarung des fünften Gliedes ist wie die des ersten Fußpaares, die Zahl der Schwimmborsten aber beträgt drei (Taf. XXII, Fig. 22); die ganze Länge der Füße 0,6 mm.

Am dritten Fußpaar trägt die distale innere Ecke des zweiten Gliedes drei kurze, die des dritten zwei längere einfache und eine Schwimmborste; an der oberen Seite und neben dem Innenrand des vierten Gliedes ragen vier kräftige, einfache Borsten, an der distalen inneren Ecke aber zwei Schwimmborsten empor; am fünften Gliede stehen zusammen sechs kurze, kräftige Borsten und vier Schwimmborsten, die an der distalen inneren Ecke sitzende Borste ist an der Außenseite gefiedert, die Fahne aber kurz, zahnartig (Taf. XXIII, Fig. 5). Die ganze Länge der Füße beträgt 0,56 mm.

Am vierten Fußpaar trägt das zweite und dritte Glied bloß je zwei größere Borsten, das vierte und fünfte Glied am Innenrand vier bezw. fünf dickere, kurze und 3—4 Schwimmborsten; am Innenrand des letzten Gliedes stehen gleichfalls zwei kurze Borsten (Taf. XXIII, Fig. 6). Die ganze Länge der Füße beträgt 0,58 mm.

Der Genitalhof gleicht einem verkehrten Herzen mit gerundeter Spitze, die schmal kahnförmige Genitalöffnung wird von zwei Genitalklappen umgeben, welche die Form eines halben Herzens oder eines Halbkreises haben und an den Enden einander berühren, aber nicht verwachsen sind. Die Länge des Genitalhofes beträgt 0,13 mm, der größte Durchmesser 0,12 mm. An beiden Seiten des Genitalhofes liegt, in den Bauchpanzer eingebettet, eine Gruppe von runden Genitalnäpfen, von welchen der hinterste weit größer ist als die übrigen (Taf. XXIII, Fig. 2).

Körperlänge 1 mm; größter Durchmesser 1,2 mm; Farbe dunkelgrün.

Männchen: Taf. XXIII, Fig. 4. 7—9.

Der äußere Habitus des Körpers ist völlig gleich dem des Weibchens (Taf. XXIII, Fig. 8), allein die elastische Kutikula, welche den Rückenpanzer umsäumt, ist überall gleich breit. Der Rückenpanzer vorn ziemlich spitz, hinten dagegen sehr breit gerundet, nahe zum Vorderrand erhebt sich ein größerer Höcker, etwas hinter ihm an beiden Seiten und in einer Querlinie je drei kleinere Höcker, deren jeder eine Drüsenöffnung ist und je eine kleine Borste trägt. An dem Rückenpanzer befindet sich in der Mitte, nahe den beiden Seiten, je ein größerer — und gerade am Rande, aber etwas höher, je ein kleinerer Vorsprung, der als Drüsenöffnung dient und eine Borste trägt. Im hinteren Drittel des Rückenpanzers stehen an beiden Seiten in einer Querlinie je drei Hügelchen mit je einer Borste an der Spitze und hinter diesen neben dem Hinterrand weitere zwei größere Hügel, die gleich den vorigen Drüsenöffnungen sind und je eine Borste tragen (Taf. XXIII, Fig. 8). An der Oberfläche des Rückenpanzers liegen, wie auf dem Bauchpanzer, kleine Dornen dicht zerstreut, welche wahrscheinlich die Erhöhungen der kleinen Poren sind.

Der Maxillarpalpus ist gleich dem des Weibchens (Taf. XXIII, Fig. 4), die ganze Länge 0,17 mm.

Die Epimeren liegen ziemlich fest aneinander, und sogar zwischen der inneren Ecke der beiden Hälften des dritten und vierten Epimerenpaares zeigt sich bloß eine sehr schmale Lücke (Taf. XXIII, Fig. 9).

Die beiden Hälften des ersten Epimerenpaares sind hinten mit dem Capitulum vollständig verschmolzen und endigen in einer gemeinsamen Spitze, das äußere Ende ist abgeschnitten (Taf. XXIII, Fig. 9).

Die beiden Hälften des zweiten Epimerenpaares sind keilförmig, nach innen und hinten gerichtet, das äußere Ende ober der Mitte etwas zugespitzt, das innere Ende spitz, mit dem dritten Paare berühren sie sich unmittelbar (Taf. XXIII, Fig. 9).

Die beiden Hälften des dritten Epimerenpaares erinnern in gewissem Grade an ein Viereck, die äußere Ecke des äußeren Endes ragt vor und trägt das Fußglied; das innere Ende ist gerade geschnitten, der Vorderrand nach unten abschüssig, der Hinterrand fast horizontal, ihr Gebiet vollständig geschlossen (Taf. XXIII, Fig. 9).

Am vierten Epimerenpaar ist das Gebiet der beiden Hälften nahezu nur an drei Seiten geschlossen, und zwar vorn, am inneren Ende und in geringem Maße hinten, während am äußeren Ende bloß oben an einem kleinen Stück sich die Umrisse an der Basis des Fußgliedes zeigen, es erscheint jedoch zweiarmig (Taf. XXIII, Fig. 9). Die Oberfläche aller Epimeren erscheint granuliert.

Die Füße sind besonders dadurch charakterisiert, daß das letzte Glied gegen das distale Ende auffällig verbreitert ist (Taf. XXIII, Fig. 7). Auch die Behaarung des dritten Fußpaares ist sehr charakteristisch; am zweiten Glied sind innen drei Borsten; das dritte Glied ist in der Mitte und an der distalen inneren Ecke mit einem kräftigen Dorn bewehrt; am Innenrand des vierten Gliedes, ungefähr von der Mitte bis zur distalen inneren Spitze, stehen in einer Reihe und in gleicher Entfernung voneinander sechs, annähernd lanzettförmige, durchsichtige Dorngebilde, innerhalb deren Reihe zwei lange einfache Borsten, ferner nahe zum Rand der distalen Spitze zwei Schwimmborsten aufragen; das fünfte Glied trägt am Innenrand bloß drei lanzettförmige Dornfortsätze und zwei Borsten, die distale innere Spitze aber eine kräftige, an einer Seite gefiederte bezw. bedornte Borste und drei Schwimmborsten (Taf. XXIII, Fig. 7). Die Länge der einzelnen Füße ist folgende: der erste Fuß 0,4 mm, der zweite 0,5 mm, der dritte 0,55 mm, der vierte 0,6 mm.

Die Genitalöffnung ist kahnförmig, 0,07 mm lang; die Umrisse der Genitalklappen fehlen, ein eigentlicher Genitalhof ist daher gar nicht ausgebildet. Die kleinen Genitalnäpfe liegen an beiden Seiten der Genitalöffnung auf einem bandförmigen Raum unregelmäßig in den Bauchpanzer eingebettet. Die Genitalöffnung liegt übrigens in einer Bucht, welche durch den Hinterrand des vierten Epimerenpaares gebildet wird und an deren beiden Seiten je eine eiförmige Drüsenöffnung sich zeigt. Ober dem Band der Genitalnäpfe erhebt sich beiderseits je eine Drüsenöffnung, aus der eine kurze Borste aufragt. An beiden Seiten der Afteröffnung befindet sich je eine borstentragende Erhöhung, die gleichfalls als Drüsenöffnung fungiert.

Körperlänge 1 mm; größter Durchmesser 1,1 mm; Farbe dunkelgrün.

Fundort: Aregua, in dem Bach, welcher den Weg zur Laguna Ipacarai kreuzt. Es lag mir ein Männchen und ein Weibchen vor.

Durch ihre äußere Körperform erinnert diese Art an *Koenikea convexa* Dad., jedoch ist der Rücken nicht erhöht, sondern abgeflacht, sowie bei *Koenikea concava* Wolcott, von welcher sie sich jedoch, sowie von der früher erwähnten und von *Koenikea biscutata* Dad. durch die Struktur der Epimeren und äußeren Genitalien unterscheidet. Ein auffälliges Merkmal dieser Art ist u. a. die Anwesenheit der lanzettenförmigen Dornfortsätze am vierten und fünften Glied des dritten männlichen Fußes, deren gleiche an keiner der bisher bekannten Arten gefunden worden sind.

335. Koenikea biscutata n. sp.
(Taf. XXIII, Fig. 10—16.)

Der Körper ist eiförmig, das vordere Ende breiter als das hintere, der Stirnrand kaum merklich bogig, fast gerade, an beiden Seiten entspringen von kurzen fingerförmigen Vorsprüngen die antennenförmigen Borsten mit ihren Begleitborsten. An der Grenze des Stirnrandes und der beiden Körperseiten sitzen die großen Augen (Taf. XXIII, Fig. 11). Die Körperseiten sind stumpf bogig und gehen ohne jegliche Abgrenzung in den gerundeten Hinterrand. Der Rücken und Bauch ist schwach bogig.

Der Rückenpanzer ist von dem zum Rückenrand aufragenden Bauchpanzer im ganzen Umkreis durch einen dünnen, elastischen und gekerbten Kutikulargürtel getrennt, welcher an der Stirn am schmalsten ist. Der Rückenpanzer selbst ist eiförmig, bezw. er behält die äußere Körperform bei, auf ihrem inneren Gebiet aber ist eine durch eine scharfe Linie umgrenzte eiförmige Partie abgesondert, welche von der vorderen Spitze bis ungefähr zum hinteren Drittel hinabreicht. Diese innere Panzerplatte ist nicht nur zufolge der sie umgrenzenden lichten Linie leicht kenntlich, sondern auch durch ihre Struktur, insofern auf ihrer ganzen Oberfläche sehr kleine und gedrängt stehende Poren zerstreut sind, wogegen auf der übrigen, außerhalb dieser Panzerpartie gelegenen Oberfläche des Rückenpanzers die Poren weit größer und spärlicher zerstreut sind (Taf. XXIII, Fig. 11).

Auf dem Außenraum des Rückenpanzers, nahe zum Hinterrand, erheben sich zwei Höckerchen, die nichts anderes als Drüsenöffnungen sind (Taf. XXIII, Fig. 11).

In dem den Rücken- und Bauchpanzer verbindenden dünnen Kutikulargürtel sind mehrere Drüsenöffnungen, d. i. drei Paare, wovon je ein Paar hinter den Augen, an beiden Seiten liegt, das dritte Paar aber nahe zum hinteren Körperviertel, und zwar eines auf der rechten, das andere auf der linken Seite (Taf. XXIII, Fig. 11). Aber auch der auf den Rückenpanzer hinaufgebogene Bauchpanzer trägt zwei Drüsenöffnungen, und zwar am hinteren Körperrand, der Hof derselben ist kegelförmig vorstehend, nach hinten gerichtet und so lang, daß er über die Grenze des Randes hervortritt, es entspringt aus demselben je eine lange, feine Borste (Taf. XXIII, Fig. 11).

Der Bauchpanzer hat auf dem durch die Epimeren und den Genitalhof nicht occupierten Raum ganz dieselbe Struktur, wie der äußere Hof des Rückenpanzers, und sind darauf drei Paar Drüsenöffnungen vorhanden. Das eine Paar dieser Drüsenöffnungen liegt zwischen dem zweiten und dritten Epimerenpaar, ganz an ersteres angeschmiegt; der Hof der einzelnen Drüsenöffnungen ist eiförmig, die Öffnung selbst rund (Taf. XXIII, Fig. 12). Das zweite Paar Drüsenöffnungen befindet sich zwischen dem Genitalhof und dem vierten Epimerenpaar, neben ihm erhebt sich je eine lange Borste (Taf. XXIII, Fig. 12). Das dritte Paar Drüsenöffnungen liegt an beiden Seiten der Afteröffnung.

Die ganze Oberfläche des Rücken- und Bauchpanzers erscheint rauh, insofern der Hof der Poren kegelförmig aufragt, so daß die ganze Schale eigentlich so aussieht, als wäre sie mit kleinen, kegelförmigen Papillen bedeckt (Taf. XXIII, Fig. 11), was besonders an den Körperrändern leicht sichtbar ist.

Das Capitulum gleicht einem breiten Schild, das vordere Ende ist etwas breiter als die ganze Länge, an der Mitte des Vorderrandes erhebt sich ein breiter Fortsatz mit gerundeter Spitze, am Hinterrand zeigt sich ein ziemlich auffälliger Stiel (Taf. XXIII, Fig. 12).

Die Epimeren sind eigentlich in vier Gruppen geteilt, und zwar bilden die beiden Hälften des ersten und zweiten Paares zwei Gruppen, die des dritten und vierten Paares aber andere zwei Gruppen, so daß die beiden Hälften des zweiten und dritten Epimerenpaares einander nicht unmittelbar berühren, sondern zwischen sie der Bauchpanzer in Form eines schmalen Bandes eintritt. An der Oberfläche aller Epimeren sind die Poren klein und dicht aneinandergereiht und zeigen dasselbe Bild, wie das innere Feld des Rückenpanzers (Taf. XXIII, Fig. 12).

Am ersten Epimerenpaar sind die beiden Hälften keilförmig, nach innen und hinten gerichtet, das äußere Ende breiter, in drei Höcker geteilt, das innere bezw. hintere Ende spitz gerundet mit einem sichelförmigen Kutikularfortsatz, welcher unter der Haut unter das dritte Epimerenpaar hinabreicht und mit der Spitze nach außen gekehrt ist; zwischen das hintere Viertel ist das schmale Band des Bauchpanzers eingefügt, auf welchem wenig, aber große Poren stehen (Taf. XXIII, Fig. 12).

Am zweiten Epimerenpaar sind beide Hälften gleichfalls keilförmig, nach innen und hinten gerichtet, kürzer als das erste Paar, am äußeren Ende die hintere Ecke vorspringend, einem gerundeten Höcker gleich, das innere Ende spitz, der Hinterrand zur Aufnahme des Hofes der großen Drüsenöffnung ausgebuchtet (Taf. XXIII, Fig. 12).

Am dritten Epimerenpaar sind beide Hälften einem gestreckten Viereck gleich, schief nach innen gerichtet, am äußeren Ende die obere Ecke einem abgerundeten Höcker gleich, das innere Ende gerade geschnitten, die obere Ecke aber etwas gerundet (Taf. XXIII, Fig. 12).

Die beiden Hälften des vierten Epimerenpaares sind größer als alle übrigen, erinnern einigermaßen an ein Fünfeck, sind schief nach innen gerichtet, am äußeren Ende steht die untere Ecke vor, das innere Ende ist gerade geschnitten, der Hinterrand in der Mitte zugespitzt. Zwischen das Ende der beiden Hälften des dritten und vierten Epimerenpaares ist eine, einem ziemlich breiten Bande gleiche Partie der Bauchschale eingeklemmt (Taf. XXIII, Fig. 12).

Am Maxillarpalpus ist das zweite Glied nur wenig länger als das vierte, aber das dickste von allen, gegen das distale Ende verbreitert, an der distalen inneren Ecke ist ein kleiner kegelförmiger Vorsprung, auf dessen Spitze eine feine Borste sitzt, unfern dieses Vorsprungs erhebt sich eine ziemlich kräftige, lange Borste, die relativ stumpf gespitzt ist, der Außenrand aber ist ober der Mitte mit einem kurzen, kräftigen Dorn bewehrt. Das dritte Glied ist nicht viel länger als die Hälfte des zweiten, an der distalen inneren Ecke ist ein fingerförmiger Vorsprung, welcher eine kurze, feine Borste trägt. Das vierte Glied ist das längste von allen, allein schmäler als die ihm voranstehenden, dreimal so lang als dick, in der Mitte des Innenrandes und an der distalen inneren Ecke entspringen von einem fingerförmigen Vorsprung lange feine Borsten, am Außenrand aber sitzen zwei kurze Borsten. Das letzte Glied ist nicht ganz halb so lang wie das voranstehende, der Innenrand trägt über der Mitte einen kleinen fingerförmigen Vorsprung und an der distalen Spitze drei Zähnchen, sowie eine kleine Borste (Taf. XXIII, Fig. 10). Die Länge des ganzen Palpus beträgt 0,2 mm.

Von den Fußpaaren ist das erste am kürzesten, das vierte am längsten, das zweite aber wenig länger als das dritte. Ein allgemeines Merkmal der Füße ist es, daß sie sehr wenig Schwimmborsten tragen, insbesondere das erste und zweite Fußpaar, die bloß am fünften Gliede je eine Schwimmborste haben. Das dritte, vierte und fünfte Glied dieser beiden Füße sind, gewissermaßen zur Entschädigung, außer den kurzen dornartigen Borsten, mit einer verschiedenen Anzahl langer und ziemlich dicker Borsten versehen (Taf. XXIII, Fig. 14. 15). Am dritten und vierten Fußpaar trägt auch das dritte Glied eine Schwimmborste, wogegen ich am vierten und fünften Gliede 2—3 Borsten wahrnahm. Am vierten Fußpaar trägt der Innenrand des fünften Gliedes fünf kurze, dornartige Borsten, deren Reihe durch eine, an der distalen inneren Ecke sitzende kräftigere Borste abgeschlossen wird; am Innenrand des letzten Gliedes schließlich zeigen sich zwei kurze, dornartige Borsten (Taf. XXIII, Fig. 16). Die an den Füßen sichtbaren Borsten lassen sich, abgesehen von den Schwimmborsten, hinsichtlich der Struktur in drei Typen einteilen, es zeigen sich nämlich glatte, kräftige Borsten mit stumpfer Spitze, glatte, stark zugespitzte Borsten und schließlich in der Mitte breite, an beiden Enden dünne bezw. lanzettförmige, gerade und bogige Dornborsten (Taf. XXIII, Fig. 13). An allen Füßen ist das distale Ende des letzten Gliedes etwas aufgetrieben. Die Endkrallen sind an allen Füßen einfach, sichelförmig. Die Länge der einzelnen Füße ist folgende: der erste Fuß 0,45 mm, der zweite 0,48 mm, der dritte 0,4 mm, der vierte 0,53 mm.

Der Genitalhof ist eiförmig, das vordere Ende indessen gerade geschnitten, das hintere dagegen in der Mitte etwas vertieft. Die schmale Genitalöffnung zieht durch die ganze Länge des Genitalhofes hin. Die Genitalklappen haben annähernd die Form von Halbmonden, sind unabhängig voneinander, an der Oberfläche laufen sehr feine, nur bei stärkerer Vergrößerung bemerkbare Längskerben hin. Die Länge des Genitalhofes ist 0,11 mm, sein größter Durchmesser 0,1 mm, an beiden Seiten liegen, in den Bauchpanzer eingebettet, in je eine Gruppe zerstreut 18—20 Genitalnäpfe, von welchen der in der Mitte jeder Gruppe sitzende größer ist als die übrigen.

Körperlänge 0,8 mm; größter Durchmesser 0,73 mm; Farbe dunkelgrün.

Fundort: Corumba in Matto Grosso, eine nach der Überschwemmung des Paraguayflusses zurückgebliebene Pfütze. Es lag mir bloß ein Weibchen vor.

Durch den bogigen Rücken- und Bauchpanzer, sowie durch die Struktur der Epimeren und des Maxillarpalpus erinnert diese Art an *Koenikea convexa* Dad., durch die Körperform aber an *Koenikea concava* Wollc., unterscheidet sich jedoch durch die Struktur des Rückenpanzers und die Behaarung der Füße auffällig von allen bisher bekannten Arten dieser Gattung, so zwar, daß ich auch bei der Benennung von der Struktur des Rückenpanzers ausging.

336. Koenikea convexa n. sp.
(Taf. XXII, Fig. 14—21.)

Der Körper ist breit, kurz eiförmig, so daß der größte Durchmesser die Länge überragt (Taf. XXII, Fig. 16); das vordere Ende ist viel schmäler als das hintere, nahezu gerade geschnitten und bildet mit den Seitenrändern vor den Augen einen gerundeten Höcker, vor der Innenseite der Augen erheben sich an beiden Seiten zwei, an der Außenseite ein fingerförmiger Fortsatz, an dessen Spitze eine kurze Borste sitzt. Von den vor den Augen bezw. am Vorderrand selbst stehenden Härchen entspricht je eines der antennenförmigen Borste, aber auch die beiden anderen sind Sinnesorgane (Taf. XXIII, Fig. 16). Die beiden Seiten des Körpers sind unter den Augen nach hinten und außen abschüssig, in der Mitte aber stumpf bogig und ohne Begrenzung in den außerordentlich stumpf gerundeten, in der Mitte fast geraden Hinterrand übergehend (Taf. XXIII, Fig. 16). Der Rücken und Bauch, insbesondere letzterer, stark bogig, so daß der Körper des Tierchens eigentlich kugelrund ist.

Der Rückenpanzer wird von dem an den Körperseiten nach oben ragenden Bauchpanzer durch einen schmalen elastischen Kutikulargürtel getrennt, der am vorderen und hinteren Körperende am schmalsten ist. Der Rückenpanzer selbst behält fast vollständig die Körperform bei, die Seiten aber sind dennoch nicht in so hohem Grade vorspringend, wie die des Körpers, das vordere Ende ist schmäler als das hintere, beide gerundet, die Oberfläche mit ziemlich dicht zerstreuten kleinen Poren bedeckt, deren Höfe derart hervorragen, daß die Oberfläche des Rückenpanzers fein bedornt erscheint. Die Anzahl der Drüsenöffnungen auf dem Rückenpanzer ist eine ziemlich große, insofern ich sieben Paare derselben wahrzunehmen vermochte, und zwar je ein Paar nahe des Vorder- und Hinterrandes, fünf Paare aber längs der Seitenränder, von letzteren liegt im vorderen Körperdrittel an beiden Seiten je ein Paar, deren Hälften in Querrichtung nebeneinander situiert sind, und ebensolche zwei Paare befinden sich im hinteren Körperdrittel, während in der Körpermitte rechts und links je eine Drüsenöffnung sichtbar ist. Aus allen Drüsenöffnungen erhebt sich je eine kleine Borste (Taf. XXIII, Fig. 16).

Die Struktur des Bauchpanzers ist ganz ebenso, wie die des Rückenpanzers, es zeigen sich daran, nahe zum vierten Epimerenpaar, zwei Paar größere Drüsenöffnungen, wovon an der Außenseite des inneren Paares aus einem kleinen runden Hofe je eine Borste aufragt; auch zu beiden Seiten der Afteröffnung liegt je eine Drüsenöffnung. Der Bauchpanzer bedeckt nicht nur den hinter den Epimeren befindlichen Teil des Bauches, sondern, außerdem daß er auf den Rücken hinaufragt, dringt er auch zwischen die Epimeren, und zwar trennt er nicht nur die rechte und linke Hälfte des ersten, dritten und vierten Epimerenpaares, sondern keilt sich auch zwischen das zweite und dritte Epimerenpaar ein, so daß er die Epimeren in vier Gruppen teilt (Taf. XXII, Fig. 17).

Das Capitulum ist schildförmig, so lang, wie der Vorderrand breit ist, an dessen abgerundeter Spitze sich ein höckerartiger Fortsatz erhebt; vom hinteren Ende geht ein ziemlich langer Stiel aus, welcher sich gewissermaßen zwischen die ersten zwei Epimeren einkeilt (Taf. XXII, Fig. 17).

Die beiden Hälften des ersten Epimerenpaares sind annähernd keilförmig, nach innen und hinten gerichtet, das äußere Ende breiter, in zwei Spitzen ausgehend; das innere Ende zugespitzt, es entspringt daran ein sichelförmig nach außen gekrümmter Kutikularfortsatz, der unter den Bauchpanzer, am inneren Ende des zweiten Epimerenpaares vorbei, unter das dritte Epimerenpaar dringt; der Innenrand ist zur Aufnahme des Capitulums vertieft; nahe zum inneren Ende tragen sie auch je eine Drüsenöffnung (Taf. XXII, Fig. 17).

Die beiden Hälften des zweiten Epimerenpaares sind breiten Keilen gleich, nach innen und hinten gerichtet, das äußere Ende ist breit, daran liegt ein eigentümlicher, mehrfach gewundener Kutikularsaum, welcher in Verbindung zu stehen scheint mit dem gleichen Kutikularsaum, der die Ecken der übrigen Epimeren bedeckt; das innere Ende ist spitz, zwischen ihn und das innere Ende des ersten Epimerenpaares ist ein Stückchen des Bauchpanzers eingekeilt (Taf. XXII, Fig. 17).

Das dritte Epimerenpaar ist einem gestreckten Viereck gleich, schief nach innen gerichtet, der Vorderrand gerade, der Hinterrand etwas bogig, das innere Ende gerade geschnitten, der obere Winkel aber gerundet; nahe zum Vorderrand zeigt sich je eine Drüsenöffnung, welche gleichsam die zwischen den Epimeren stehende Drüsenöffnung substituiert. Der Kutikularsaum des äußeren Endes ist in zwei Erhöhungen geteilt (Taf. XXII, Fig. 17).

Die beiden Hälften des vierten Epimerenpaares gleichen einigermaßen einem gestreckten, aber nicht hohen Fünfeck, sind gerade nach innen gerichtet, der Oberrand schwach vertieft, der Unter- bezw. Hinterrand in der Mitte gebuckelt, das innere Ende zwar gerade geschnitten, der untere Winkel aber stark gerundet, so daß das innere Ende fast seiner ganzen Form nach als Bogensegment erscheint; am äußeren Ende hat der Kutikularsaum zwei Ecken (Taf. XXII, Fig. 17). Die Oberfläche aller Epimeren ist mit etwas kleineren Poren bedeckt als der Bauchpanzer, und erscheint wegen der hervorragenden Porenhöfe dicht und fein bedornt.

Am Maxillarpalpus ist das zweite Glied so lang wie das vierte, etwas dicker als die übrigen, gegen das distale Ende nur in sehr geringem Maße verdickt, die distale innere Spitze etwas vorspringend, mit einer längeren, ziemlich dicken, und einer kürzeren, dornartigen Borste daran. Das dritte Glied erreicht nicht ganz die halbe Länge des vierten, die distale innere Spitze ist etwas hervorragend, an der Oberfläche mit zwei kurzen, kräftigen Borsten. Das vierte Glied ist fast viermal so lang als dick, am Innenrand sitzt in der Mitte eine lange, feine Borste, die distale innere Spitze ist fingerförmig vorspringend. Das letzte Glied ist halb so lang als das voranstehende, am Außen- und Innenrand mit je einer kleinen Borste, am distalen Ende mit drei Zähnen bewehrt (Taf. XXII, Fig. 15). Die ganze Länge des Palpus beträgt 0,27 mm.

Von den Füßen ist das erste Paar länger als das zweite und dritte, allein kürzer als das vierte, das zweite Paar aber etwas länger als das dritte, welches somit das kürzeste von allen ist. Charakteristisch für die Füße im allgemeinen ist es, daß sie außer den Schwimmborsten auch kleine dornartige und kräftige lange, dicke Borsten tragen; insbesondere die zwei vorderen Fußpaare (Taf. XXII, Fig. 18—21).

Das erste und zweite Fußpaar sind einander ziemlich gleich (Taf. XXII, Fig. 18. 19); das zweite und dritte Glied sind gleich lang, das dritte trägt zwei kräftige, dicke Borsten, deren eine vom dritten Glied des ersten Fußes von einer Erhöhung des Innenrandes ausgeht (Taf. XXII, Fig. 19). Am vierten Gliede des ersten Fußes zeigen sich zwei Borsten, an dem des zweiten Fußes deren drei, wovon je eine im proximalen Drittel der distalen inneren Spitze auf einer Erhöhung sitzt, an der distalen inneren Spitze ist auch je eine Schwimmborste vorhanden (Taf. XXII, Fig. 18. 19). Auch die fünften Glieder der zwei vorderen Fußpaare sind einander in der Anordnung der großen Borsten gleich, allein am zweiten ist eine Borste mehr vorhanden und am ersten Fußpaar trägt die distale innere Spitze dieses Gliedes bloß eine Schwimmborste, am zweiten dagegen zwei (Taf. XXII, Fig. 18. 19). Am ersten Fußpaar ist das letzte Glied länger als am zweiten, der Außen- und Innenrand unbehaart, der des zweiten hingegen mit 2—3 Borsten versehen.

Am dritten Fußpaar unterscheidet sich das zweite, dritte und vierte Glied von denen der voranstehenden dadurch, daß ihre Borsten viel kürzer sind und außerdem das dritte Glied an der distalen inneren Spitze eine, das vierte aber drei Schwimmborsten trägt. Das fünfte Glied gleicht in der Anordnung der Borsten dem des vorherigen Paares, allein die Borsten sind kürzer, dünner und an der distalen inneren Spitze erheben sich drei Schwimmborsten. Das sechste Glied ist ganz dem des zweiten Fußpaares gleich (Taf. XXII, Fig. 20).

Am vierten Fußpaar sind die kräftigen Borsten des zweiten und dritten Gliedes spitzig, nicht stumpf, wie an den vorhergehenden Füßen, auch sitzt an der distalen inneren Spitze eine Schwimmborste. Am Innenrand des vierten Gliedes stehen in einer Längsreihe vier, an dem des fünften Gliedes aber fünf dornartige kurze Borsten und außerdem an der distalen inneren Spitze beider Glieder je drei Schwimmborsten. Das sechste Glied ist etwas gekrümmt und am Innenrand mit vier kräftigen, kurzen Borsten bewehrt (Taf. XXII, Fig. 21).

Die Endkrallen aller Füße sind einfach, sichelförmig gekrümmt.

Das Männchen stimmt sowohl in der Körperform, als auch hinsichtlich der Struktur der Epimeren, des Maxillarpalpus und der Füße mit dem Weibchen überein und unterscheidet sich von demselben, abgesehen von der geringen Verschiedenheit in der Größe, nur durch die Struktur der äußeren Genitalien.

Beim Weibchen zeigt der Genitalhof eine Eiform (Taf. XXII, Fig. 17). Die Genitalöffnung ist wegen der schwachen Ausbuchtung des Innenrandes der Genitalklappen kahnförmig. Die Genitalklappen haben annähernd die Form von Halbmonden, sind unabhängig voneinander und berühren sich nur an den beiden Enden; das obere Ende ist spitziger als das hintere, an der Oberfläche ziehen in der Längsrichtung feine Kerben hin. Die Genitalnäpfe sind an beiden Seiten des Genitalhofes, in den Bauchpanzer eingebettet, zu je einer Gruppe vereint um einen mittleren größeren geschaart, es sind ihrer mehr als zwanzig vorhanden. Die Länge des Genitalhofes beträgt 0,15 mm, der größte Durchmesser 0,13 mm.

Am Männchen ist der Genitalhof birnförmig. Die Genitalöffnung ragt mit dem vorderen Ende zwischen den Genitalklappen hervor, unter der Mitte zeigen sich an beiden Seiten eigentümliche, stäbchenförmige Fortsätze (Taf. XXII, Fig. 14). Das vordere Ende der Genitalklappen ist abgeschnitten, in der Mitte schwach buchtig, das hintere Ende schwach gerundet und von einem Kutikularsaum umgeben; die Oberfläche in der Längsrichtung fein gekerbt. Die Genitalnäpfe sind ebenso angeordnet wie beim Weibchen, aber kleiner Die Länge der Genitalöffnung beträgt 0,14 mm, die der Genitalklappen 0,11 mm, der größte Durchmesser des Genitalhofes 0,12 mm.

Körperlänge des Weibchens 1,2 mm; der größte Durchmesser 1,3 mm; die Körperlänge des Männchens 1 mm; der größte Durchmesser 1,2 mm; Farbe dunkelgrün.

Fundort: Corumba, Matto Grosso, eine nach der Überschwemmung des Paraguayflusses zurückgebliebene Pfütze. Es lag mir ein Männchen und ein Weibchen vor.

Diese Art erinnert durch die Körperform und Struktur des Panzers an *Koenikea spinosa* Dad., durch die Struktur der Épimeren aber an *Koenikea biscutata* Dad. Sehr charakteristisch ist die Rundung des Körpers und die Struktur der Füße; den Namen erhielt sie eben wegen der runden Körperform.

Gen. Hygrobates C. L. Koch.

Hygrobates Piersig, R., 11, p. 186.

Arten dieser Gattung waren bisher bloß aus Europa, Asien und Nordamerika bekanut, am häufigsten scheint sie in Europa zu sein. Es mag sein, daß auch in Südamerika mehrere Arten vorkommen, allein ich habe bloß nachstehende eine Art gefunden.

337. Hygrobates verrucifer n. sp.
(Taf. XVIII, Fig. 17—20. 23.)

Der Körper ist, von oben oder unten gesehen, verkehrt eiförmig, vorn breit, hinten schmal gerundet (Taf. XVIII, Fig. 17). Die Oberfläche der Haut erscheint durchaus glatt.

An den ersten Epimeren ist bloß die äußere Hälfte von dem Capitulum abgesondert,

im weiteren Verlaufe indessen mit demselben verschmolzen und die hintere Grenze des derart entstandenen Raumes gerade geschnitten (Taf. XVIII, Fig. 17).

Die zweite und dritte Epimera ist an beiden Seiten in der distalen Hälfte gesondert
voneinander, in der proximalen dagegen verschmolzen und bilden zusammen einen keil-
förmigen Raum, die dritte Epimera ist jedoch breiter.

An der vierten Epimera ist bloß der Ober- und Außenrand scharf gerundet, an der
hinteren ist bloß ein kleiner Teil ausgebildet, der innere hingegen vollständig undeutlich.
Der obere und äußere Epimerenrand ist gerade und beide bilden einen rechten Winkel
(Taf. XVIII, Fig. 17).

Der Maxillartaster ist bloß so dick wie das erste Fußpaar; das zweite Glied ist
0,15 mm lang, am Unterrand, unweit der Spitze, mit einem ziemlich langen, fingerförmigen,
spitzen Fortsatz bewehrt; gegen das distale Ende auffällig verdickt (Taf. XVIII, Fig. 19).
Das dritte Glied ist bloß 0,1 mm lang, in der ganzen Länge gleich dick, am Unterrand
sitzen in der Mitte auf höckerartigen Erhöhungen acht kleine Warzen, welche gut sichtbar
werden, wenn man das Glied von der Unterseite betrachtet (Taf. XVIII, Fig. 20). Das vierte
Glied ist von allen das längste, gegen das distale Ende verengt, 0,16 mm lang. Das letzte
Glied ist nur 0,06 mm lang, gegen das distale Ende verengt, an der Spitze mit drei zahn-
artigen Fortsätzen versehen (Taf. XVIII, Fig. 19).

Von den Füßen sind die ersten zwei Paare fast gleich lang, wogegen der dritte, besonders aber der vierte Fuß außerordentlich lang ist. Der erste Fuß ist 0,88 mm lang, der
zweite 0,89 mm, der dritte 1,08 mm, der vierte 1,45 mm. Die vorletzten vier Glieder aller Füße
tragen am Rande 2—3 kräftige Borsten. Ruderborsten befinden sich nur am dritten und
vierten Fuße. Am dritten und vierten Fuß bildet das letzte Glied ober der Krallenbasis
einen kleinen Höcker, auf welchem eine Borste sitzt. Die Endkrallen aller Füße sind am
Unterrand mit zwei Sägezähnen bewehrt (Taf. XVIII, Fig. 18).

Der äußere Genitalapparat besteht aus vier, nahe zum hinteren Körperende liegenden
Poren, die annähernd eiförmig und paarweise übereinandergereiht sind (Taf. XVIII, Fig. 17).

Die Länge des Körpers beträgt 0,65 mm, der größte Durchmesser 0,46 mm.

Fundort: Sapucay, Arroyo Poná. Es lag mir nur ein einziges Exemplar vor.

Diese Art unterscheidet sich von den übrigen der Gattung durch das dritte Glied des
Maxillartasters und die Fußkrallen. Dem äußeren Genitalapparat nach zu schließen, ist das
mir vorliegende wahrscheinlich ein junges Exemplar.

Gen. Piona C. L. Koch.

Piona Piersig, R., 11, p. 243.

Es ist charakteristisch für diese Gattung, daß, trotzdem aus verschiedenen Erdteilen,
wie dies aus Piersigs Daten hervorgeht, 34 gut charakterisierte und 37 zweifelhafte Arten
bekannt sind, aus Südamerika bisher bloß eine einzige Art verzeichnet worden ist, nämlich
Piona rotunda Kram. var. *paucipora*, die C. Ribaga nach Exemplaren von Buenos-Ayres
beschrieben hat. Und daß diese Gattung in Südamerika keiner so großen Anzahl von Repräsentanten sich erfreut, als z. B. in Europa, das wird meiner Ansicht nach auch dadurch
dargetan, daß, obgleich mir bei meinen Untersuchungen über 30 Exemplare vorgekommen

sind, diese insgesamt Repräsentanten einer Art gewesen sind, und bloß eine Larve fand ich, die eventuell einer anderen Art angehören mag.

338. Piona Anisitsi n. sp.
(Taf. XXIII, Fig. 17—19.)

Der Körper ist ziemlich breit, aber kurz ciförmig, das vordere Ende spitziger gerundet als das hintere, am breitesten im hinteren Körperdrittel. Die Haut ist fein gekerbt, mit Ausnahme der Epimeren, deren Oberfläche fein granuliert erscheint.

Das Capitulum ist etwas kürzer, als seine größte Breite beträgt, in der Mitte des vorderen Bauchrandes zeigt sich eine gerundete Erhöhung, am hinteren Ende tragen die beiden Seitenwinkel einen nach außen gerichteten, spitzigen, kurzen Dornfortsatz, er scheint im ganzen bogig, ist aber in der Mitte ein kleines Stück gerade geschnitten. Das Capitulum füllt übrigens die Lücke zwischen den zwei vorderen Epimeren nicht vollständig aus (Taf. XXIII, Fig. 18) und gleicht im ganzen einem Fünfeck.

Die beiden Hälften des ersten Epimerenpaares sind annähernd lang keilförmig, nach innen und hinten gerichtet, das äußere Ende breiter, abgeschnitten, das innere etwas gerundet, schmäler und mit einer Borste bewehrt (Taf. XXIII, Fig. 18).

Die beiden Hälften des zweiten Epimerenpaares gleichen einem gestreckten Viereck, das äußere Ende ist indessen etwas breiter als das innere, abgeschnitten, während am inneren die obere Ecke gerundet erscheint, die untere Ecke geht in einen nach unten gerichteten, spitzigen kleinen Fortsatz aus, der Oberrand ist schwach bogig, der Unterrand zur Aufnahme der zwischen den Epimeren befindlichen Drüsenöffnung etwas eingeschnitten (Taf. XXIII, Fig. 18).

Die beiden Hälften des dritten Epimerenpaares sind keilförmig, länger und breiter als die des zweiten Paares, gerade nach innen gerichtet, das äußere Ende ist breiter, mit einer Erhöhung in der Mitte, der Vorderrand einigermaßen bogig, der Unterrand gerade; das innere Ende von einer verdickten Kutikula begrenzt, welche sich auch auf das innere Ende des vierten Epimerenpaares erstreckt, dies sogar überragt und in Form eines nach hinten gerichteten Dornfortsatzes endigt (Taf. XXIII, Fig. 18). Nahe zum inneren Ende steht eine kleine Borste.

Die beiden Hälften des vierten Epimerenpaares sind breiter als alle übrigen, der Außenrand ist bis zur Vertiefung des Fußgelenkes nach unten und außen gebogen, der Innenrand viel kürzer als der Außenrand, gerade, ebenso auch der Vorderrand; der Hinterrand zieht anfänglich in schiefem Bogen nach außen und hinten, läuft dann, in spitzer Ecke gebrochen, bogig nach außen; nahe des inneren Endes erheben sich je zwei Borsten (Taf. XXIII, Fig. 18).

Am Maxillarpalpus ist das zweite Glied dicker als alle übrigen, so lang wie das vierte, gegen das distale Ende verbreitert, und trägt am Außenrand drei kürzere, an der Innenseite aber, nahe zur distalen Ecke, eine längere Borste; das dritte Glied ist nicht um vieles länger, als die halbe Länge des zweiten, am Außenrand stehen zwei kleine Borsten, gegen das distale Ende etwas verjüngt; das vierte Glied gegen das distale Ende verschmälert, nicht ganz dreimal so lang als an der Basis breit, am Innenrand erhebt sich im ersten und letzten Drittel je ein kleines Höckerchen mit je einer feinen, kurzen Borste an der Kuppe, an der Innenseite sitzt in der Mitte ein längerer, fingerförmiger Kutikularzapfen, an dessen Spitze eine lange Borste entspringt, an der distalen inneren Spitze schließlich ragt eine feine, kurze Borste auf; das letzte Glied ist nicht viel länger, als ein Drittel des vorangehenden, trägt an der Spitze vier kräftige Zähne und nahe derselben zwei kleine Borsten (Taf. XXIII, Fig. 17). Die Länge des ganzen Palpus beträgt 0,63 mm; derselbe erreicht die halbe Rumpflänge.

Die Füße werden nach hinten allmählich länger, allein das vierte Fußpaar ist dennnoch weit länger als das dritte im Verhältnis zu den zwei vorderen Paaren. An den drei vorderen Fußpaaren ist das letzte Glied nicht schmäler als die übrigen, am vierten Fußpaar dagegen ist es viel schmäler, gegen Ende stark verschmälert und die Endkrallen fast ganz verkümmert. Am dritten Fußpaar trägt der Innenrand des vierten Gliedes zwei, der des fünften Gliedes vier, und der des letzten Gliedes zwei kurze Borsten; am Innenrand des entsprechenden Gliedes des vierten Fußpaares erheben sich sechs Dornen und fünf kleine Borsten, an der distalen inneren Spitze des fünften Gliedes sind noch drei kurze Borsten. Schwimmborsten trägt am zweiten Fußpaar das vierte und fünfte, am dritten und vierten Fußpaar das dritte, vierte und fünfte Glied. Die Endkrallen der drei vorderen Fußpaare sind einfach, sichelförmig gekrümmt. Die Länge der einzelnen Füße ist folgende: der erste Fuß 0,9 mm, der zweite 1 mm, der dritte 1,2 mm, der vierte 1,5 mm.

Der Genitalhof gleicht annähernd einer verkehrten, gestreckten, schmalen Birne, ist im hinteren Drittel stark verschmälert und endigt ziemlich spitz, das vordere Ende wird von einer querliegenden Kutikularverdickung begrenzt; die Länge beträgt 0,25 mm, der größte Durchmesser 0,1 mm. Die Genitalöffnung ist spindelförmig, die Ränder erscheinen gezackt (Taf. XXIII, Fig. 19). Zu beiden Seiten des Genitalhofes vorn stehen zerstreut 8—12 kleine Borsten, an seinem Hinterende liegen zu beiden Seiten, in einer annähernd kreisförmigen Gruppe, 18—20 Genitalnäpfe, aber nicht auf eigenen Genitalklappen, sondern in der Haut eingebettet. Die Genitalnäpfe sind insgesamt kreisförmig, aber verschieden groß, am häufigsten sind 2—3 sehr groß, 3—4 mittelgroß, 10—12 hingegen klein. Zwischen den Näpfen hinten und ober dem Genitalhofe erheben sich auch feine Borsten, deren Anzahl veränderlich ist (Taf. XXIII, Fig. 19).

Körperlänge 3—3,5 mm; Durchmesser 1,8—2,2 mm; Farbe unbekannt.

Fundort: Paso Barreto, Bañado am Ufer des Rio Aquidaban; Asuncion, Pfützen auf der Insel (Banco) im Paraguayflusse; Curuzu-chica, toter Arm des Paraguayflusses; Estia Postillon, Lagune und deren Ergüsse. Es lagen mir über 30 Weibchen vor.

Diese Art, welche ich zu Ehren des Sammlers, Prof. J. D. Anisits, benannt habe, steht am nächsten zu *Piona Horváthi* (Dad.) von Ceylon, der sie außer in der Struktur der Endkrallen auch darin ähnlich ist, daß die Genitalnäpfe nicht auf Genitalklappen, sondern in der Haut sitzen; unterscheidet sich aber von dieser Art durch die Struktur des Maxillarpalpus und der Epimeren, sowie durch die weit größere Anzahl der Genitalnäpfe. Durch die Struktur des vierten Epimerenpaares erinnert diese Art übrigens auch an die Gattung *Tiphys* C. L. Koch. Mit Rücksicht auf die große Anzahl der Fundorte und Exemplare kann diese Art als in der Fauna von Paraguay gemein bezeichnet werden.

339. Piona sp.?
(Taf. XXIII, Fig. 20. 21.)

Der Körper ist fast kugelrund, vorn und hinten gleich gerundet; die Haut fein gekerbt (Taf. XXIII, Fig. 21).

Das Capitulum ist schildförmig, der vordere Bauchrand bildet einen stark vorspringenden Höcker mit gerundeter Spitze, der Hinterrand ist bogig, sein Stiel keilt sich nicht nur zwischen die beiden Hälften des ersten Epimerenpaares, sondern umfaßt auch die hintere Ecke derselben (Taf. XXIII, Fig. 21).

Die beiden Hälften des ersten Epimerenpaares sind nach innen und hinten gerichtet, annähernd einem gestreckten Viereck gleich, das innere Ende aber um ein geringes schmäler, abgerundet; das äußere Ende ist abgeschnitten; der Oberrand zur Aufnahme des Capitulums ausgebuchtet (Taf. XXIII, Fig. 21).

Die beiden Hälften des zweiten Epimerenpaares sind keilförmig, nach außen und etwas nach hinten gerichtet, das innere Ende ist spitzig, es erhebt sich daran ein nach außen und hinten gerichteter Kutikularfortsatz, welcher unter das dritte Epimerenpaar dringt (Taf. XXIII, Fig. 21).

Die beiden Hälften des dritten Epimerenpaares sind gleichfalls nach innen und hinten gerichtet, in gewissem Grade keilförmig, das innere Ende aber ist abgeschnitten, die untere Ecke des äußeren Endes dringt, nach unten verlängert, in Form eines gerundeten Hügels unter das vierte Epimerenpaar (Taf. XXIII, Fig. 21).

Die beiden Hälften des vierten Epimerenpaares sind nach innen gerichtet, annähernd einem Fünfeck gleich, das innere Ende gerade geschnitten, das äußere durch eine, von der Artikulierung des Fußes schief nach außen und hinten ziehenden Linie begrenzt, der Unterrand in der Mitte höckerartig zugespitzt (Taf. XXIII, Fig. 21).

Am Maxillarpalpus ist das zweite Glied fast so lang, wie die darauffolgenden zwei zusammen, es trägt an der Innenseite vier Borsten, von welchen die am Rande der distalen Spitze sitzende weit länger ist als die übrigen, auch an der distalen äußeren Spitze ragt eine Borste; das dritte und vierte Glied erscheinen gleich lang; am Rande der distalen Ecke des dritten Gliedes erheben sich zwei kurze Borsten; am vierten Gliede sind keine Erhöhungen, dagegen sitzt an der distalen inneren Ecke eine kräftige kurze Borste; das letzte Glied ist nahezu halb so lang als das voranstehende, am Ende mit vier kräftigen Zähnen und an der Innenseite mit einer Borste bewehrt (Taf. XXIII, Fig. 20). Die Länge des ganzen Palpus beträgt 0,17 mm.

Die Füße werden nach hinten allmählich länger. An den drei vorderen Fußpaaren ist das letzte Glied gegen das Ende verbreitert, das des vierten Paares dagegen ist in der ganzen Länge gleich breit; am Vorderfuß trägt das fünfte Glied, am zweiten Fuß das vierte und fünfte, am dritten und vierten Fuß aber das dritte, vierte und fünfte Glied Schwimmborsten; an den einzelnen Gliedern sind übrigens auch längere und kürzere einfache Borsten vorhanden. Die Endkrallen sind einfach, sichelförmig, die des vierten Fußpaares sind schwach. Die Länge der einzelnen Füße ist folgende: der erste Fuß 0,33 mm, der zweite 0,35 mm, der dritte 0,42 mm, der vierte 0,45 mm.

Die äußeren Genitalien sind durch zwei Paare von Genitalnäpfen repräsentiert; die beiden Hälften des vorderen Paares liegen näher als die des unteren Paares und diese erscheinen auch etwas kleiner, vor ihnen liegt in der Mittellinie ein kleiner Porus, gleichwie auch rechts und links derselben, nahe zum vierten Epimerenpaar. Beide Napfpaare liegen nicht auf Genitalklappen, sondern in die Haut eingebettet.

Körperlänge 0,5 mm; Durchmesser 0,45 mm; Farbe unbekannt.

Fundort: Zwischen den Dörfern A r e g u a und L u g u a, Inundationen des Yuguari-flusses. Es lag mir bloß eine Larve vor.

Diese Larve erinnert durch die Anzahl und Anordnung der Genitalnäpfe einigermaßen an *Piona rotundata* Kr. und *Piona carnea* C. K., bei denen aber die Näpfe auf Genital-klappen sitzen; durch die Struktur des Maxillarpalpus gleicht sie dem *Pionacercus Leuckarti* Piers.; es ist jedoch auch nicht ausgeschlossen, daß sie in den Entwickelungskreis von *Piona Anisitsi* Dad. gehört, wofür der Mangel der Genitalklappen spräche, allein die Struktur des Maxillarpalpus läßt diese Voraussetzung nicht zu. Diese Ungewißheit war der Grund, weshalb ich das beschriebene Exemplar nicht mit einem Artnamen bezeichnete.

Hinsichtlich der geographischen Verbreitung der oben beschriebenen 28 H y d r a c h - n i d e n - Arten habe ich bloß zu bemerken, daß mit Ausnahme des auch aus anderen Welt-teilen bekannten *Diplonotus despiciens* (O. F. M.), die übrigen 27 Arten bisher bloß aus Südamerika, bezw. nur aus der Fauna von Paraguay bekannt sind.

Um ein genaues Bild über die bisher aus Südamerika nachgewiesenen H y d r a c h n i d e n - Arten zu bieten, fand ich es für angezeigt, nachstehende Tabelle mit den Fundorten zu-sammenzustellen. Die dem Artnamen in Klammer beigefügten Buchstaben bedeuten die Namen der betreffenden Forscher, welche die Art beobachteten, und zwar wie folgt: B. = A. B e r l e s e, D. = E. v. D a d a y, K. = F. K o e n i k e, R. = C. R i b a g a, T. = S. T h o r.

	Die Arten	Argentinien	Brasilien	Chile	Paraguay	Venezuela
	Eulais Anisitsi Dad. (D.)	.	.	.	+	.
	„ propinqua Dad. (D.)	.	.	.	+	.
	„ protendens Berl. (B. R.)	+	.	.	.	.
	„ armata Rib. (R.)	.	+	.	.	.
5.	„ montana Rib. (R.)	+	.	.	.	.
	„ multispina Rib. (R.)	.	+	.	.	.
	„ orthophthalma Rib. (R.)	+	.	.	.	.
	„ perincisa Rib. (R.)	.	.	+	.	.
	„ colpophthalma Rib. (R.)	+	.	.	.	.
10.	Hydrachna pusilla Dad. (D.)	.	.	.	+	.
	„ miliaria Berl. (B. R.)	.	+	+	.	.
	„ Silvestrii Rib. (R.)	+	.	.	.	.
	Diplodontus descipiens (O. F. M.) (D.)	.	.	.	+	.
	Hydriphantes ramosus Dad. (D.)	.	.	.	+	.
15.	Krendowskija venezuelae (Thor) (T.)	.	.	.	.	+

	Die Arten	Argentinien	Brasilien	Chile	Paraguay	Venezuela
	Arrhenurus Anisitsi Dad. (D.)	·	·	·	-|-	·
	„ apertus Dad. (D.)	·	·	·	+	·
	„ corniger Koen. (K.)	·	+	·	·	·
	„ meridionalis Dad. (D.)	·	·	·	+	·
20.	„ multangulus Dad. (D.)	·	·	·	+	·
	„ propinquus Dad. (D.)	·	·	·	+	·
	„ oxyurus Rib. (R.)	+	·	·	·	·
	„ trichophorus Dad. (D.)	·	·	·	+	·
	„ uncatus Dad. (D.)	·	·	·	+	·
25.	Arrhenurella convexa Rib. (R.)	·	·	+	·	·
	„ minima Dad. (D.)	·	·	·	+	·
	„ rotunda Dad. (D.)	·	·	·	+	·
	Anisitsiella aculeata Dad. (D.)	·	·	·	+	·
	Limnesia dubiosa Dad. (D.)	·	·	·	+	·
30.	„ cordifera Dad. (D.)	·	·	·	+	·
	„ minuscula Rib. (R.)	·	+	·	·	·
	„ parva Dad. (D.)	·	·	·	+	·
	„ pauciseta Rib. (R.)	+	·	·	·	·
	„ intermedia Dad. (D.)	·	·	·	+	·
35.	„ sp. ? (D.)	·	·	·	+	·
	Limnesiella pusilla Dad. (D.)	·	·	·	+	·
	„ globulosa Dad. (D.)	·	·	·	+	·
	Koenikea spinosa Dad. (D.)	·	·	·	+	·
	„ biscutata Dad. (D.)	·	·	·	+	·
40.	„ convexa Dad. (D.)	·	·	·	+	·
	Hygrobates verrucifer Dad. (D.)	·	·	·	+	·
	Atax ampullariae Koen. (K.)	·	+	·	·	·
	„ figuralis C. K. (D.)	·	·	+	·	·
	„ fissipes Koen. (K.)	·	+	·	·	·
45.	„ Iheringi Koen. (K.)	·	+	·	·	·
	„ perforatus Koen. (K.)	·	+	·	·	·
	„ procurvipes Koen. (K.)	·	+	·	·	·
	„ rugosus Koen. (K.)	·	+	·	·	·
	Piona Anisitsi Dad. (D.)	·	·	·	+	·
50.	„ sp. ? (D.)	·	·	·	+	·
	„ rotunda (Kr.) v. pauciporus Rib. (R.) . .	·	+	·	·	·
	Zusammen	7	12	4	28	1

Aus dieser Zusammenstellung geht hervor, daß aus der Fauna von Südamerika derzeit insgesamt 51 Hydrachniden-Arten bekannt sind, ungerechnet einiger von C. Ribaga beschriebener Varietäten. Hinsichtlich der Verteilung dieser Arten steht derzeit Paraguay mit 28 Arten an erster Stelle, dann folgt Brasilien mit 12 und Argentinien mit 7 Arten.

Von den aus Südamerika bisher nachgewiesenen Arten sind bloß drei, d. i. *Diplo-dontus despiciens* (O. F. M.), *Piona rotunda* (Kr.) und *Atax figuralis* C. K. solche, die außer Südamerika auch aus anderen Weltteilen bekannt sind, wogegen man die übrigen 48 Arten als speziell südamerikanische zu betrachten hat. Von den bisher vorgefundenen Gattungen sind *Eulais, Arrhenurus, Limnesia* und *Atax* am reichsten an Arten, wogegen aus den in Europa durch zahlreiche Arten repräsentierten Gattungen *Piona* (Curvipes) und *Hydriphantes* bloß 1—2 Arten nachgewiesen werden konnten. Unter den übrigen Gattungen, abgesehen von den neueren und der C. Ribagaschén *Arrhenurella*, ist es bloß *Koenikea* Wollc., welche Beachtung erheischt, inwiefern die Arten derselben bisher bloß aus Nord- und Südamerika bekannt sind.

Welcher Verbreitung sich die derzeit aus Südamerika nachgewiesenen Hydrachniden-Arten auf den einzelnen Territorien erfreuen, darüber läßt sich, wegen der beschränkten Anzahl von Untersuchungen, noch kein endgültiges, sicheres Bild entwerfen, auch können die für die einzelnen Gebiete charakterisierten Arten noch nicht bezeichnet werden.

Systematische Übersicht

der Arten der paraguayischen Süßwasser-Mikrofauna.

I. Protozoa.

1. Klasse **Sarcodina.**

  1. Subklasse **Rhizopoda.**

    1. Ord. **Lobosa.**

      1. Subord. **Amoebaea.**

Fam. **Amoebidae.**
  Gen. Amoeba Bory de St. Vinc.
Amoeba verrucosa Ehrb.
  Gen. Pelomyxa Greef.
Pelomyxa villosa Leidy.

      2. Subord. **Testacea.**

Fam. **Arcellidae.**
  Gen. Arcella Ehrb.
Arcella vulgaris Ehrb.
   ,, discoides Ehrb.
5. ,, mitrata Ehrb.
   ,, dentata Ehrb.
      rota n. sp.
   ,, marginata n. sp.
  Gen. Centropyxis Stein.
Centropyxis aculeata (Ehrb.)
  Gen. Lequereusia Schlumb.
10. Lequereusia spiralis (Ehrb.)
  Gen. Difflugia Leclerc.
Difflugia acuminata Ehrb.
   ,, constricta Ehrb.
   ,, corona Ehrb.
   ,, globulosa Ehrb.
15. ,, lobostoma Leidy.
   ,, pyriformis Perty.
   ,, urceolata Ehrb.
   ,, vas Leidy.

    2. Ord. **Filosa.**

Fam. **Euglyphidae.**
  Gen. Euglypha Duj.
Euglypha alveolata Ehrb.
20. ,, ciliata Ehrb.
Euglypha brachiata Leidy.
  ,, mucronata Leidy.
  Gen. Trinema Duj.
Trinema enchelys (Ehrb.).
  Gen. Cyphoderia Schlumb.
Cyphoderia ampulla (Ehrb.).

  2. Subcl. **Heliozoa.**

Fam. **Chalarothoraca.**
  Gen. Rhaphidiophrys Arch.
25. Rhaphidiophrys elegans H. et Less.
  Gen. Acanthocystis Carter.
Acanthocystis chaetophora Schrank.

Fam. **Desmothoraca.**
  Gen. Clathrulina Cienk.
Clathrulina elegans Cienk.
  ,,   Cienkowskii Mer.

2. Klasse **Mastigophora.**

  1. Ord. **Dinoflagellata.**

Fam. **Peridinidae.**
  Gen. Glenodinium Ehrb.
Glenodinium polylophum n. sp.
30. ,, cinctum Ehrb.
  Gen. Peridinium Ehrb.
Peridinium umbonatum Stein.
  ,,   quadridens Stein.
  ,,   tabulatum Ehrb.

2. Ord. **Chrysomonadina.**

Fam. **Chrysomonadidae.**
Gen. Stylochrysalis Stein.
Stylochrysalis parasita Stein.
Gen. Uroglena Ehrb.
35. Uroglena volvox Ehrb.

3. Ord. **Chloromonadina.**

Fam. **Volvocidae.**
Gen. Volvox L.
Volvox aureus Ehrb.
„ globator L.
Gen. Eudorina Ehrb.
Eudorina elegans Ehrb.

Fam. **Euglenidae.**
Gen. Trachelomonas Ehrb.
Trachelomonas volvocina Ehrb.
40. „ hispida (Perty).
„ armata (Ehrb.).
„ annulata n. sp.
„ ensifera n. sp.
Gen. Phacus Nitsch.
Phacus longicaudus (Ehrb.).
45. „ pleuronectes (O. F. M.).
Gen. Lepocinclis Perty.
Lepocinclis hispidula (Eichw.).
Gen. Colacium Ehrb.
Colacium vesiculosum Ehrb.
„ arbuscula Stein.
Gen. Euglena Ehrb.
Euglena acus Ehrb.
50. „ deses Ehrb.
„ oxyuris Ehrb.
„ spirogyra Ehrb.
„ viridis Ehrb.
Gen. Eutreptia Perty.
Eutreptia viridis Perty.

4. Ord. **Zoomonadina.**

Fam. **Craspedomonadidae.**
Gen. Codonosiga J.-Clark.
55. Codonosiga botrytis (Ehrb.).

Fam. **Spongomonadidae.**
Gen. Rhipidodendron Stein.
Rhipidodendron splendidum Stein.

Fam. **Dendromonadidae.**
Gen. Cephalothamnium Stein.
Cephalothamnium caespitosum (S. Kent).

Fam. **Scytomonadidae.**
Gen. Colponema Stein.
Colponema loxodes Stein.

3. Klasse **Infusoria.**

1. Ord. **Gymnostomata.**
Fam. **Enchelyidae.**
Gen. Enchelyodon Cl. et Lachm.
Enchelyodon farctus Cl. et Lachm.
Gen. Lacrymaria Ehrb.
60. Lacrymaria olor (O. F. M.).
Gen. Prorodon Blochm.
Prorodon ovum (Ehrb.).
„ teres Ehrb.
Gen. Coleps Nitzsch.
Coleps hirtus Ehrb.

2. Ord. **Trichostomata.**
Fam. **Oxytrichidae.**
Gen. Stichotricha Perty.
Stichotricha secunda Perty.
Gen. Stylonychia Ehrb.
65. Stylonychia mytilus (O. F. M.)
Fam. **Vorticellidae.**
Gen. Cothurniopsis Entz.
Cothurniopsis imberbis (Ehrb.).
Gen. Cothurnia Ehrb.
Cothurnia crystallina (Ehrb.).
Gen. Epistylis Ehrb.
Epistylis anastatica Ehrb.
„ articulata From.
70. „ brevipes Cl. et Lachm.
„ umbellaria (O. F. M,).
Gen. Zoothamnium Ehrb.
Zoothamnium parasita Stein.
Gen. Carchesium Ehrb.
Carchesium polypinum (L.)
„ brevistylum (D'Ud.).
Gen. Vorticella Ehrb.
75. Vorticella lunaris O. F. M.
„ nebulifera O. F. M.
„ microstoma Ehrb.
„ moniliata Tatem.

II. **Coelenterata.**

Klasse **Hydromedusae.**
Ord. **Hydroidea.**
Fam. **Hydridae.**
Gen. Hydra L.
Hydra fusca Aut.
80. „ viridis Aut.

III. Vermes.

1. Klasse **Nemathelminthes.**

Ord. Nematoda.

Fam. **Anguillulidae.**

Gen. Aphanolaimus de Man.
Aphanolaimus Anisitsi n. sp.
    ,,   multipapillatus n. sp.
Gen. Monhystera Bast.
Monhystera paludicola de Man.
    ,,   propinqua n. sp.
85.   ,,   annulifera n. sp.
   Gen. Trilobus Bast.
Trilobus diversipapillatus n. sp.
   ,,   gracilis Bast.
Gen. Prismatolaimus de Man.
Prismatolaimus microstomus n. sp.
Gen. Cylindrolaimus de Man.
Cylindrolaimus politus n. sp.
Gen. Bathylaimus n. gen.
90. Bathylaimus maculatus n. sp.
Gen. Cephalobus Bast.
Cephalobus aculeatus n. sp.
Gen. Hoplolaimus n. gen.
Hoplolaimus tylenchiformis n. sp.
Gen. Dorylaimus Duj.
Dorylaimus filicaudatus n. sp.
   ,,   annulatus n. sp.
95.   ,,   cyatholaimus n. sp.
   ,,   tripapillatus n. sp.
   ,,   micrurus n. sp.
   ,,   pusillus n. sp.
   ,,   unipapillatus n. sp.
100.   ,,   stagnalis Bast.

2. Klasse **Nematorhyncha.**

Ord. Ichthydina.
1. Subord. Euichthydina.
Fam. **Ichthydinidae.**
Gen. Ichthydium (Ehrb.)
Ichthydium crassum n. sp.
Gen. Lepidoderma Zel.
Lepidoderma elongatum n. sp.
Fam. **Chaetonotidae.**
Gen. Chaetonotus (Ehrb.)
Chaetonotus pusillus n. sp.
   ,,   similis Zel.
105.   ,,   hystrix Metschn.
   ,.   erinaceus n. sp.

Chaetonotus heterochaetus n. sp.
   ,,   dubius n. sp.
2. Subord. Apodina.
Fam. **Gosseidae.**
Gen. Gossea Zel.
Gossea fasciculata n. sp.
110.   ,,   pauciseta n. sp.

3. Klasse **Rotatoria.**

1. Ordn. Digononta.
Fam. **Philodinidae.**
Gen. Philodina Ehrb.
Philodina roseola Ehrb.
Gen. Rotifer Schrank.
Rotifer macrurus Ehrb.
   ,,   tardus Ehrb.
   ,,   vulgaris Ehrb.
115.   ,,   macroceros Gosse.
Gen. Actinurus Ehrb.
Actinurus neptunius Ehrb.

2. Ord. Monogononta.
Fam. **Asplanchnidae.**
Gen. Asplanchna Gosse.
Asplanchna Brightwelli Gosse.
Gen. Asplanchnopus Guerne.
Asplanchnopus myrmeleo (Ehrb.).
Fam. **Floscularidae.**
Gen. Floscularia.
Fam. **Melicertidae.**
Gen. Melicerta Ehrb.
Melicerta ringens Ehrb.
Gen. Limnias Sahrank.
120. Limnias annulatus Bailey.
Gen. Cephalosiphon Ehrb.
Cephalosiphon limnias Ehrb.
Gen. Megalotrocha Ehrb.
Megalotrocha spinosa Thorpe.
Gen. Conochilus Ehrb.
Conochilus volvox Ehrb.
Fam. **Synchaetidae.**
Gen. Synchaeta Ehrb.
Synchaeta oblonga Ehrb.
125.   ,,   pectinata Ehrb.
Fam. **Notommatidae.**
Gen. Pleurotrocha Ehrb.
Pleurotrocha gibba Ehrb.

Gen. Copeus Gosse.
Copeus centrurus (Ehrb.).
   „   cerberus Gosse.
Gen. Proales Gosse.
Proales felis (Ehrb.)
Gen. Furcularia Ehrb.
130. Furcularia aequalis Ehrb.
   „   forficula Ehrb.
   „   longiseta Ehrb.
   „   micropus Gosse.
Gen. Diglena Ehrb.
Diglena forcipata Ehrb.
135.   „   grandis Ehrb.
   „   catellina Ehrb.

Fam. **Anuraeidae.**
Gen. Anuraea Ehrb.
Anuraea aculeata Ehrb.
   „   cochlearis Gosse.
   „   curvicornis Ehrb.

Fam. **Rattulidae.**
Gen. Mastigocerca Ehrb.
140. Mastigocerca bicornis Ehrb.
   „   carinata Ehrb.
   „   cornuta Eyf.
   „   elongata Gosse.
   „   scipio Gosse.
Gen. Rattulus Ehrb.
145. Rattulus bicornis West.
   „   tigris (Müll.).
Gen. Coelopus Gosse.
Coelopus tenuior Gosse.

Fam. **Dinocharidae.**
Cen. Dinocharis Ehrb.
Dinocharis subquadratus (Perty).
   „   pocillum Ehrb.
Gen. Scaridium Ehrb.
150. Scaridium longicaudum Ehrb.
   „   eudactylotum Gosse.
Fam. **Salpinidae.**
Gen. Diaschiza (Gosse).
Diaschiza coeca Gosse.
   „   gibba (Ehrb.).
   „   lacinulata (O. F. M.).
155.   „   valga Gosse.
Gen. Salpina Ehrb.
Salpina brevispina Ehrb.
   „   eustala Gosse.
   „   macracantha Gosse.
   „   spinigera Ehrb.

Fam. **Euchlanidae.**
Gen. Euchlanis Ehrb.
160. Euchlanis dilatata Ehrb.
   „   deflexa Gosse.
   „   triquetra Ehrb.

Fam. **Cathypnidae.**
Gen. Distyla Eckst.
Distyla Ludwigi Eckst.
Gen. Cathypna Gosse.
Cathypna leontina Tur.
165.   „   luna (Ehrb.).
   „   biloba n. sp.
   „   appendiculata Lev.
   „   incisa n. sp.
   „   ungulata Gosse.
Gen. Monostyla Ehrb.
170. Monostyla bulla Gosse.
   „   lunaris Ehrb.
   „   quadridentata Ehrb.
   „   pyriformis n. sp.

Fam. **Coluridae.**
Gen. Colurus Ehrb.
Colurus deflexus Ehrb.
175.   „   uncinatus Ehrb.
Fam. **Lepadellidae.**
Gen. Metopidia Ehrb.
Metopidia acuminata Ehrb.
   „   Lepadella Ehrb.
   „   solida Gosse.
Gen. Lepadella Ehrb.
Lepadella ovalis Ehrb.

Fam. **Pterodinidae.**
Gen. Pterodina Ehrb.
180. Pterodina mucronata Gosse.
   „   patina Ehrb.
Fam. **Brachionidae.**
Gen. Noteus (Ehrb.)
Noteus quadricornis (Ehrb.)
   „   militaris (Ehrb.).
Gen. Brachionus Ehrb.
Brachionus Bakeri Ehrb.
185.   „   caudatus Barr. Dad.
   „   mirabilis Dad.
   „   mirus n. sp.
   „   angularis Gosse.
   „   urceolaris Ehrb.

Fam. **Triarthridae.**
Gen. Triarthra Ehrb.
190. Triarthra longiseta Ehrb.
Gen. Polyarthra Ehrb.
Polyarthra platyptera Ehrb.
Gen. Diarthra Dad.
Diarthra monostyla Dad.

IV. Arthropoda.

1. Klasse **Crustacea.**

1. Ord. Copepoda.

Fam. **Cyclopidae.**
Gen. Cyclops (O. F. M.).
Cyclops fimbriatus Fisch.
   „   phaleratus C. K.
195. „   anceps Rich.
   „   prasinus Fisch.
   „   varicans Sars v. furcatus n. v.
   „   macrurus Sars.
   „   mendocinus Wierz.
200. „   serrulatus Fisch.
   „   albidus (Jur.).
   „   annulatus Wierz.
   „   Dybowskii Lande.
   „   Leuckarti Cls.
205. „   spinifer Dad.
   „   oithonoides Sars.
   „   strenuus Fisch.
   „   fuscus (Jur.).

Fam. **Harpacticidae.**
Gen. Canthocamptus Westw.
Canthocamptus northumbricus Brady.
210.   „   bidens Schmeil.
    „   trispinosus Brady.

Fam. **Centropagidae.**
Gen. Diaptomus Westw.
Diaptomus conifer Sars.
   „   falcifer n. sp.
   „   Anisitsi n. sp.

2. Ord. Phyllopoda.

a) Subord. Cladocera.

Fam. **Lynceidae.**
Gen. Chydorus Baird.
215. Chydorus Barroisi (Rich.).
   „   ventricosus Dad.

Chydorus flavescens n. sp.
  „   hybridus n. sp.
  „   Poppei Rich.
220. „   sphaericus (O. F. M.).
Gen. Pleuroxus Baird.
Pleuroxus scopulifer (Ekm.).
  „   similis Vávr.
  „   ternispinosus Ekm.
Gen. Alonella Sars, G. O.
Alonella chlatratula Sars.
225. „   dentifera Sars.
  „   punctata (Dad.).
  „   karua (King).
  „   nitidula Sars.
  „   globulosa (Dad.).
Gen. Dadaya Sars, G. O.
230. Dadaya macrops (Dad.).
Gen. Dunhevedia King.
Dunhevedia odontoplax Sars.
Gen. Leptorhynchus Herr.
Leptorhynchus dentifer n. sp.
  „   rostratus (C. K.).
Gen. Alona Baird.
Alona affinis Leyd.
235. „   Cambouei Gr. Rich.
  „   glabra Sars, G. O.
  „   guttata Sars, G. O.
  „   anodonta n. sp.
  „   intermedia Sars, G. O.
240. „   monacantha Sars, G. O.
  „   rectangula Sars, G. O.
  „   fasciculata n. sp.
Gen. Euryalona Sars, G. O.
Euryalona tenuicaudis (Sars, G. O.)
  „   orientalis (Dad.)
245. „   fasciculata n. sp.
Gen. Pseudalona Sars, G. O.
Pseudalona latissima (Kurz.)
  „   longirostris (Dad.)
Gen. Leydigia Kurz, W.
Leydigia acanthocercoides (Fisch.)
  „   parva n. sp.
Gen. Leydigiopsis Sars, G. O.
250. Leydigiopsis ornata n. sp.
Gen. Acroperus Baird.
Acroperus harpae Baird.
Gen. Camptocercus Baird.
Camptocercus australis Sars, G. O.

Fam. **Lyncodaphnidae.**
Gen. Iliocryptus Sars, G. O.
Iliocryptus Halyi Brady.
„   sordidus Liev.
255.   „   verrucosus n. sp.
Gen. Grimaldina Rich.
Grimaldina Brazzai Rich.
Gen. Macrothrix Baird.
Macrothrix elegans Sars, G. O.
„   laticornis (O. F. M.).
„   gibbera n. sp.

Fam. **Bosminidae.**
Gen. Bosmina Baird.
260. Bosmina longirostris (O. F. M.).
„   tenuirostris n. sp.
„   macrostyla n. sp.
Gen. Bosminella Dad.
Bosminella Anisitsi Dad.

Fam. **Daphnidae.**
Gen. Moina Baird.
Moina ciliata n. sp.
Gen. Moinodaphnia Herr.
265. Moinodaphnia reticulata n. sp.
„   Macleayii (King).
Gen. Scapholeberis Schoed.
Scapholeberis aurita (Fisch.).
„   erinaceus Dad.
„   mucronata (O. F. M.)
Gen. Ceriodaphnia Schoedl.
270. Ceriodaphnia cornuta Sars.
„   Rigaudi Rich.
„   Silvestrii Dad.
„   reticulata (Jur.).
Gen. Simocephalus Schoedl.
Simocephalus Iheringi Rich.
275.   „   capensis Sars, G. O.
„   vetulus (O. F. M.).
Gen. Daphnia O. F. M.
Daphnia pulex (de Geer).
„   obtusa Kurz.
„   curvirostris Eyl.

Fam. **Sididae.**
Gen. Diaphanosoma Fisch.
280. Diaphanosoma brachyurum (Liév.).
„   brevireme Sars, G. O.
„   Sarsi Rich.

Gen. Latonopsis Sars, G. O.
Latonopsis breviremis n. sp.
„   fasciculata n. sp.
Gen. Parasida Dad.
285. Parasida ramosa Dad.
„   variabilis Dad.

b. Subord. **Branchiopoda.**
Fam. **Limnadidae.**
Gen. Estheria Rüp.
Estheria Hislopi Baird.

3. Ord. **Ostracoda.**
Fam. **Cypridae.**
Gen. Eucypris Dad.
Eucypris bicuspis (Cls.).
„   mutica (Sars, G. O.)
290.   „   nobilis (Sars, G. O.)
„   areguensis n. sp.
„   Anisitsi n. sp.
„   tenuis n. sp.
Eucypris variegata (Sars, G. O.)
295.   „   bennelong (King).
„   Iheringi (Sars, G. O.)
„   limbata (Wierz.).
„   mucronata (Sars, G. O.)
Gen. Cypridopsis (Brad.).
Cypridopsis flavescens Sars, G. O.
300.   „   obscura Sars, G. O.
„   yallahensis (Baird).
„   vidua (O. F. M.).
Gen. Cypria Zenk.
Cypria denticulata n. sp.
„   ophthalmica (Jur.).
305.   „   pellucida Sars, G. O.
Gen. Candonopsis Vávr.
Candonopsis Anisitsi n. sp.
Gen. Candona (Baird).
Candona parva n. sp.
Gen. Eucandona Dad.
Eucandona cyproides n. sp.

Fam. **Cytheridae.**
Gen. Limnicythere Brady.
Limnicythere sp.?
Gen. Cytheridella n. gen.
310. Cytheridella Ilosvayi n. sp.

Klasse **Arachnoidea.**

Ord. **Tardigrada.**

Fam. **Arctiscoideae.**

Gen. Macrobiotus.
Macrobiotus macronyx Duj.

Ord. **Acarina.**

Fam. **Hydrachnidae.**

Gen. Eulais Latr.
Eulais Anisitsi n. sp.
 „ propinqua n. sp.

Gen. Hydrachna O. F. M.
Hydrachna pusilla n. sp.

Gen. Diplodontus Dug.
315. Diplodontus despiciens (O. F. M.)

Gen. Hydryphantes C. L. K.
Hydryphantes ramosus n. sp.

Gen. Arrhenurella (Rib.).
Arrhenurella minima n. sp.
 „ rotunda n. sp.

Gen. Arrhenurus Dug.
Arrhenurus Anisitsi n. sp.
320. „ apertus n. sp.

Arrhenurus meridionalis n. sp.
 „ multangulus n. sp.
 „ propinquus n. sp.
 „ trichophorus n. sp.
325. „ uncatus n. sp.
Gen. Anisitsiella n. gen.
Anisitsiella aculeata n. sp.

Gen. Limnesia C. L. K.
Limnesia dubiosa n. sp.
 „ cordifera n. sp.
 „ parva n. sp.
330. „ intermedia n. sp.
 „ sp. ?
Gen. Limnesiella n. gen.
Limnesiella pusilla n. sp.
 „ globulosa n. sp.
Gen. Koenikea Wolc.
Koenikea spinosa n. sp.
335. „ biscutata n. sp.
 „ convexa n. sp.
Gen. Hygrobates C. L. K.
Hygrobates verrucifer n. sp.
Gen. Piona C. L. K.
Piona Anisitsi n. sp.
 „ sp. ?

Register.

Die mit einem * bezeichneten Arten und Gattungen sind nur als Synonyma oder in anderem Zusammenhang genannt, nicht hier beschrieben.

Literatur-Verzeichnis.

I. Protozoa.

1. Blochman, Fr., Die mikroskopische Tierwelt des Süßwassers. Hamburg. 1895.
2. Bruner, J., Ein mikroskopischer Proteus. — Verhandl. d. deutsch. wiss. Vereins zu Santjago, 1886. H. 3. p. 89. Sec. Schewiakoff, Wl.
3. Bütschli, O., Protozoa. Bronns Klassen und Ordnungen des Tierreiches 1.—3. Band. 1887—1889.
4. Certes, A., Protozoaires. — Mission scientif. du Cap Horn. 1882—83. Tom. 6. Zoologie. 1889.
5. Daday, E. v., Adatok Magyar-és Erdélyország nehány édesvizü medenezéjének nyilttükri faunájához. — Orv. termtud. Ért. 1885. Bd. 6.
6. — Beiträge zur Kenntnis der Süßwasser-Fauna von Chile. — Term. rajzi füz. 1902. Bd. 25. p. 436. Fig. 1—4.
7. — Mikroskopische Süßwassertiere aus Kleinasien. — Sitzungsber. d. k. Akad. d. Wiss. in Wien. Math. Naturw. Cl. Bd. 112. Abt. 1. 1903. p. 1—29. Taf. 1—2.
8. Ehrenberg, C. G., Verbreitung und Einfluß des mikroskopischen Lebens in Süd- und Nordamerika. — Abhandl. d. Berlin. Akad. Physik. Cl. 1841. p. 291. et Monatsber. d. k. Preuß. Akad. d. Wiss. zu Berlin. 1841. p. 139. 202. Sec. Schewiakoff, Wl.
9. — Über eigentümliche, auf den Bäumen des Urwaldes in Südamerika zahlreich lebende mikroskopische, oft kieselschalige Organismen. — Monatsber. d. k. Preuß. Akad. d. Wiss. zu Berlin. 1848. p. 213. Sec. Schewiakoff, Wl.
10. — Über das mikroskopische Leben auf der Insel St. Paul im Süd-Ozean. — Ibidem. 1861. p. 1085. Sec. Schewiakoff, Wl.
11. Entz, G., Zur näheren Kenntnis der Tintinnodeen. — Mitteil. d. zool. Station zu Neapel. Bd. 6. 1884. p. 185. Taf. 13. 14.
12. — Fauna Regni Hungariae. VI. Protozoa. Budapest. 1896.
13. — Nehány patagoniai Véglényröl. — Math. termtud. Ért. 20. köt. 4. füz. 1902. p. 442. Taf. 5. 6. et Fig. 1—7.
14. Francé, R., Der Organismus der Craspedomonadinen. Budapest. 1897. Mit 78 orig. Zeichnungen.
15. Frenzel, J., Untersuchungen über die mikroskopische Fauna Argentiniens. — Arch. f. mikr. Anat. Bd. 38. 1891. p. 1—23. Taf. 1.
16. — Untersuchungen über die mikroskopische Fauna Argentiniens. 1. Protozoa. — Bibliotheca Zoologica. Heft 12. 1892—97. Taf. 1—10.
17. Kent, Saville, Manual of the Infusoria. Bd. 1—2. 1880—82.
17a. Lang, A., Lehrbuch d. vergl. Anatomie d. wirbellosen Tiere. — Protozoa. 1901.
18. Leidy, J., Freshwater Rhizopods of North-America. 1879. Taf. 1—48.
19. Mereschkowsky, C. v., Studien über Protozoen des nördlichen Rußland. — Arch. f. m. Anat. Bd. 16. 1879. p. 153. Taf. 10. 11.
20. Schewiakoff, W., Über die geographische Verbreitung der Süßwasser-Protozoen. — Mém. de l'Acad. imp. d. scienc. de St. Petersbourg. 7. Sér. T. 41. Nr. 8. 1893.

21. Stein, F. v., Der Organismus der Flagellaten. Leipzig. 1878. Taf. 1—24.
22. — Der Organismus der Arthrodelen-Flagellaten. Leipzig. 1883. Taf. 1—25.
23. Stockes, C. A., A preliminary contribution toward a history of the fresch-water Infusoria of the United states. Journ. of the Trenton Natural hist. Society. Nr. 3. 1888. p. 71. Taf. 1 13.

II. Nematoda.

1. Bastian, H. Ch., Monograph on the Anguillulidae, or Free Nematoids, Marine, Land- and Freshwater etc. — Trans. of the Linnean Soc. of London. 1866. Vol. 25, p. 73. Taf. 9—13.
2. Bütschli, O., Beiträge zur Kenntnis der freilebenden Nematoden. — Nova Acta d. Kgl. Leop.-Carolin. deutschen Akad. d. Naturf. Bd. 36. No. 5. 1873. Taf. 17—27.
2a. Certes, A., Protozoaires. — Mission scientif. du Cap Horn. 1882—83. Tom. 6. Zoologie. 1889.
3. Daday, E. v., Die freilebenden Süßwasser-Nematoden Ungarns. — Zool. Jahrb. Bd. 10. 1896. Abt. f. Syst. p. 91. Taf. 11—14.
4. — Mikroskopische Süßwassertiere aus Deutsch-Neu-Guinea. — Term. rajzi füz. Bd. 24. 1901. p. 1. Taf. 1—3.
5. Man, J. G. de, Die frei in der reinen Erde und im Süßwasser lebenden Nematoden der niederländischen Fauna. Leiden. 1884. Taf. 1—34.

III. Nematorhyncha.

1. Bütschli, O., Untersuchungen über freilebende Nematoden und die Gattung Chaetonotus. — Zeitsch. f. wiss. Zool. Bd. 26. 1875. p. 385. Taf. 26.
2. Collin, A., Rotatorien, Gastrotrichen und Entozoen Ostafrikas. 14. Abbild. p. 1—13.
3. Daday, E. v., Mikroskopische Süßwassertiere aus Deutsch-Neu-Guinea. — Term. rajzi füz. Bd. 24. 1901. p. 1. Taf. 1—3. Fig. 1—26.
4. Ludwig, H., Über die Ordnung Gastrotricha. — Zeitsch. f. wiss. Zool. Bd. 26. 1875. p. 193. Taf. 14.
5. Metschnikoff, E., Über einige wenig bekannte niedere Tierformen. — Zeitsch. f. wiss. Zool. Bd. 15. 1865. p. 450. Taf. 15.
6. Schmarda, L., Neue wirbellose Tiere. Leipzig. 1859. Taf. 1—15.
7. Voigt, M., Über einige bisher unbekannte Süßwasserorganismen. — Zool. Anz. Bd. 24. 1901. Nr. 640. p. 191.
8. — Diagnosen bisher unbeschriebener Organismen aus Plöner-Gewässern. — Ibid. Bd. 25. 1901. Nr. 660. p. 35.
9. — Drei neue Chaetonotus-Arten aus Plöner Gewässern. Ibid. Bd. 26. 1902. Nr. 662. p. 116.
10. — Die Rotatorien und Gastrotrichen der Umgebung von Plön. Ibid. Bd. 26. Nr. 682. 1902. p. 673.
11. — Die Rotatorien und Gastrotrichen der Umgebung von Plön. — Forschungsber. aus d. biol. Station zu Plön. T. 11. 1904. p. 1—180. Taf. 7. Fig. 4.
12. Zelinka, C., Die Gastrotrichen etc. — Zeitsch. f. wiss. Zool. Bd. 49. 1890. p. 209—384. Taf. 11—15. Fig. 10.

IV. Rotatoria.

1. Anderson, H. H., Notes on indian Rotifers. — Journ. Asiat. Soc. Bengal. 58. T. part. 2. Nr. 4. 1889. p. 345. Taf. 19—21. (Sec. Collin, A.)
2. Anderson, H. H. et Shepard, J., Notes on Victorian Rotifers. — Proc. R. Soc. Victoria. N. S. 4. 1902. p. 69. Taf. 12. 13. (Sec. Collin, A.)
3. Barrois, Th. et Daday, E. v., Resultats scientifiques d'un voyage entrepris en Palestine et en Syrie. Contribution á l'étude des Rotiféra de Syrie. — Revue Biologique du Nord de la France. 1894. Taf. 1. Fig. 3.
4. Certes, A., Infusoires et Rotiféres. — Act. Soc. Scient. Chili. IV. 3. livr. 1894. (Sec. Collin, A.)

5. Certes, A., Organismes divers appartenant á la fauna microscopique de la Terre du feu. — Mission scientif. du Cap Horn. p. 45—50. 1889.

6. Collin, A., Rotatorien, Gastrotrichen und Entozoen Ostafrikas. 14. Abbild. p. 1—13.

7. — Bericht über die Rotatorien-Literatur im Jahre 1889—1894. — Arch. f. Naturgesch. Jahrg. 1890 bis 1895. Bd. 2. H. 3.

8. Daday, E. v., Cypridicola parasitica n. gen. n. sp. Ein neues Rädertier. Termrajz. füz. Bd. 16. 1893. p. 54—83. Taf. 1.

9. — Az Anuraeidae Rotatoria-család revisioja. — Math. termtud. Értesitö. Bd. 12. p. 304. Taf. 12.

10. — Mikroskopische Süßwassertiere aus Deutsch-Neu-Guinea. — Termrajzi füz. Bd. 24. 1901. p. 1—56. Taf. 1—3. Fig. 26.

11. — Mikroskopische Süßwassertiere aus Ceylon. Budapest. 1898. Fig. 1—55.

12. — Mikroskopische Süßwassertiere. Dritte asiatische Forschungsreise des Grafen Eugen Zichy. Bd. 2. p. 375. Taf. 14—28.

13. — Mikroskopische Süßwassertiere aus Patagonien. — Term. rajzi füz. Bd. 25. 1902. p. 201. Taf. 2—15.

14. — Beiträge zur Kenntnis der Süßwasser-Mikrofauna von Chile. — Ibid. Bd. 25. 1902. p. 436.

15. Dixon-Nutall, F. R. et Freeman, M. A., The Rotatorian-Genus Diaschiza. — Journ. R. Maier. Soc. 1903. p. 1—14, 129—141. Taf. 1—4.

16. Ehrenberg, C. G., Die Infusionstierchen als vollkommene Organismen. Leipzig. 1838.

17. Frenzel, J., Untersuchungen über die mikroskopische Fauna Argentiniens. — Arch. f. mikr. Anat. Bd. 38. p. 1—24.

18. Guerne, J. de, Excursions zoologiques dans les îles de Fayal et de San-Miguel (Açores). — Campagnes scientifiques du Yacht monegasque l'Hirondelle. 1887. Paris. p. 111. Taf. 1. Fig. 9. 1888.

19. Hudson et Gosse, The Rotifera or Wheel-Animalcules. Tom. 1. 2. Suppl. 1886—1889. Taf. 36.

20. Jennings, H. S., Rotatoria of the United States. — U. S. Commission of Fish and Fischeries. Bull. for 1899. p. 67. Taf. 14—22.

21. Kertész, K., Budapest ès környékének Rotatoria-faunája. Budapest. 1894. p. 1—55. Taf. 1.

22. Kirkman, Th., List of some of the Rotifera of Natal. — Journ. R. Micr. Soc. 1901. p. 229—241. Taf. 6. Fig. 1. 2.

23. Lagerheim, G. de, Die Schneeflora des Pichincha. Ein Beitrag zur Kenntnis der nivalen Algen und Pilze. — Ber. Deutsch. Botan. Ges. X. p. 517—534. Taf. 28. 1892. (Sec. Collin, A.).

24. Levander, K. M., Materialien zur Kenntnis der Wasserfauna etc. II. Rotatoria. — Acta Soc. pro Fauna et Flora Fennica. 1894. 12. Nr. 3. p. 1—72. Taf. 3.

25. Leydig, Fr., Über den Bau und die systematische Stellung der Rädertiere. — Z. f. wiss. Zool. 1854. p. 1. Taf. 1—4.

26. Plate, L., Zur Naturgeschichte der Rotatorien. — Jenaische Zeitschr. f. Naturw. Bd. 19. 1885. p. 1. Taf. 3.

27. Rousselet, Ch. F., Second list of new Rotifers since 1889. — Journ. R. Micr. Soc. 1897. p. 10—15.

28. — Brachionus Bakeri and its varieties. — Journ. of the Quekett micr. Club. Ser. 2. Vol. 6. Nr. 40. p. 328. Taf. 16. 1897.

29. — Third list of New Rotifers since 1889. — Journ. R. Micr. Soc. 1902. p. 148—154.

30. — The Genus Synchaeta. A monogr. study, with Descr. of five new species. — Ibid. 1902. p. 269 bis 290. Taf. 3—8.

31. Schmarda, L., Neue Wirbellose-Tiere. Leipzig. 1859. Taf. 1—15.

32. Stockes, A. C., Some new forms of American Rotifers. — Ann. and Mag. of nat. hist. London. 1897. Vol. 19. p. 628. Taf. 14.

33. Thorpe, W. G., The Rotifera of China. — Journ. R. Micr. Soc. 1893. p. 145. Taf. 2—3.

34. — Note on the Recorded Localities for Rotifera. — Journ. Quekett Micr. Club. 5. Nr. 33. p. 312. (Sec. Collin, A.)

35. Weber, F. E., Faune rotatorienne du bassin du Léman. 1. part. — Revue Suisse de Zool. etc. Tom. 5. Fasc. 3. 1888. p. 263. Taf. 10—15.

36. Weber, Faune rotatorienne du bassin du Léman. 2ᵐᵉ part. Ibid. 1898. T. 5. Fasc. 4. Taf. 16—25.
36a. Western, G., Notes on Rotifers, with Description of Four new Species etc. — Journ. Quekett Micr. Club. V. Nr. 32. p. 155. Taf. 9. 1893.
37. Whitelegge, Th., List of the Marine and Fresh-water Invertebrata Fauna of port Jackson etc. — Journ. et Proc. R. Soc. N. S. Wales. T. 23. 1889. p. 163. 308. (Sec. Collin, A.)
38. Wierzejski, A., Skorupiaki i wrotki (Rotatoria) stodkowodne zebrane W. Argentinie. Bull. Acad. Cracovie. 1902. p. 158.
39. Zelinka, C., Studien über Rädertiere. III. — Z. f. wiss. Zool. Bd. 53. s. 1—159. Taf. 1—6. Fig. 6. 1891.

V. Copepoda.

1. Daday, E. v., Diagnoses praecursoriae Copepodorum novorum e Patagonia. — Termrajz. füz. Tom. 24. 1901. p. 345.
2. — Mikroskopische Süßwassertiere aus Patagonien etc. — Termrajz. füz. Tom. 25. 1902. p. 201. Taf. 2—15.
3. — Beiträge zur Kenntnis der Süßwasser-Mikrofauna von Chile. Ibid. Tom. 25. 1902. p. 136. fig. 1—4.
4. Dahl, Fr., Die Copepodenfauna des Unteren Amazones. — Ber. d. naturf. Gesellsch. zu Freiburg. V. 8. 1894. p. 10—14. Taf. 1.
5. Dana, J. D., United States exploring expedition during the years 1838—1842 under the command of Charles Wilkes. Vol. 14. 1849.
6. Gay, Historia fisica e politica de Chile. Zoologia. Vol. 3. 1849. (Sec. J. Richard.)
7. Guerne, J. de et Richard, J., Revision des Calanides d'eau douce. — Mém. Soc. Zool. France. V. 2. 1889. p. 95. Taf. 1—4.
8. Herrick, C. L. et Turner, C. H., Synopsis of the Entomostraca of Minesota. 1895. Taf. 1—81.
9. Ihering, H. v., Os Crustaceos phyllopodos do Brazil. — Revista do Museu Paulista. V. 1. 1895. (Sec. J. Richard.)
10. Lubbock, I., On the freshwater Entomostraca of South America. Trans. Entom. Soc. N. S. Vol. 3. 1855.
11. Mrázek, A., Die Copepoden Ostafrikas, in Deutsch-Ostafrika. Bd. 4. 1898. Taf. 1—3.
12. — Süßwasser-Copepoden. — Hamburger Magalhaenische Sammelreise. 1901. (Separ.) Taf. 1—4.
13. Poppe, S. A., Ein neuer Diaptomus aus Brasilien. — Zool. Anz. 1891. V. 14. Nr. 368. p. 248. Fig. 1—3.
14. Richard, J., Sur quelques Entomostracés d'eau douce d'Haiti. — Mém. Soc. Zool. de France. Tom. 8. 1895. p. 1. Fig. 1—13.
15. — Sur quelques Entomostracés d'eau douce des environs de Buenos Aires. — An. del Mus. Nation de Buenos Aires. V. 5. 1897. p. 321. Fig. 1—6.
16. — Entomostracés de l'Amerique du Sud. etc. — Mém. Soc. Zool. de France. Tom. 10. 1897. p. 263.
17. Sars, G. O., Contributions to the knowledge of the Fresh-water Entomostraca of South Amerika. Part. 2. Copepoda-Ostracoda. — Arch. for. Math. og. Naturwidens. Bd. 24. Nr. 1. 1901. Taf. 8.
18. — On the Crustacean fauna of Central Asien. Part. 3. Copepoda and Ostracoda. — Annuaire du Mus. Zool. de l'Acad. imp. d. scienc. de St. Petersbourg. T. 8. 1903. p. 195. Taf. 9—16.
19. — Pacifische Plankton-Crustaceen. — Zool. Jahrb. 19. Bd. H. 5. 1903. p. 629. Taf. 33—38.
20. Schacht, F. W., The North American Species of Diaptomus. — Bull. of the Illinois State Laboratory of nat. hist. Urbana. Ill. Vol. 5. 1897. p. 97. Taf. 21—35.
21. Schmeil, O., Deutschlands freilebende Süßwasser-Copepoden. H. 1—3 et Suppl. 1892—98 in Bibliotheca zoologica.
22. Wierzejski, A., Skorupiaki i wrotki (Rotatoria) stodkowodne zebrane W. Argentyne etc. 1902.

VI. Cladocera.

1. Brady, G., Notes on Entomostraca collected by Mr. A. Haly in Ceylon. — Journ. of the Linn. Soc. of London. 1886. V. 18. p. 293. Taf. 37—40.

1a. Birge, A., Notes on Cladocera III., Transact. of the Acad. of Scienc. Arts. and Lett. Wisconsin.
V. 9. 1892. p. 275. Taf. 10—13.

2. Daday, E. v., Mikroskopische Süßwassertiere aus Ceylon. 1898. Fig. 1—55.

3. — Mikroskopische Süßwassertiere aus Deutsch-Neu-Guinea. — Termrajz. füz. V. 24. 1901. p. 1.
Taf. 1—3. Fig. 1—26.

4. — Mikroskopische Süßwassertiere aus Patagonien. — Ibid. V. 25. 1902. p. 201. Taf. 2—15. Fig. 1—3.

5. — Beiträge zur Kenntnis der Süßwasser-Mikrofauna von Chile. — Ibid. V. 25. 1902. p. 436. Fig. 1—4.

6. — Mikroskopische Süßwassertiere der Umgebung von Balaton. — Zool. Jahrb. Bd. 19. Abt. f. Syst.
1902. p. 27. Taf. 5, 6. Fig. 1—3.

7. — Mikroskopische Süßwassertiere aus Turkestan. — Ibid. p. 469. Taf. 27—30. Fig. 1—5.

8. — Eine neue Cladoceren-Gattung aus der Familie der Bosminiden. — Zool. Anz. Bd. 26. Nr. 704.
p. 594. Fig. 1—3.

8a. — Ein neues Cladocera-Genus der Familie Sididae. — Rovartani lopok. 11. Bd. 6. H. 1904. juni.
p. 11 (111). Fig. 1. 2.

9. — Ekman, Swen., Cladoceren aus Patagonien etc. — Zool. Jahrb. Bd. 14 Abt. f. Syst. Heft 1.
1900. p. 62. Taf. 3. 4.

10. Gay-Nicolet, Historia fisica e politica de Chile. Zoologica. Vol. 3. p. 288. 1849. (Sec. Richard, J.)

11. Guerne, J. de et Richard, J., Canthocamptus Grandidieri, Alona Cambouei, nouveaux Entomostracés
d'eau douce de Madagascar. — Mém. Soc. zool. de France. V. 6. 1893. p. 214. Fig. 1—11.

12. Ihering, H. v., Os Crustaceos phyllopodos do Brazil. — Revista do Museu Paulista. V. 1. 1895.
p. 165. (Sec. Richard, J.)

13. Lilljeborg, W., Cladocera Sueciae. 1900. Taf. 1—87.

14. Lubbock, J., On the Fresh-water Entomostraca of South-America. — Trans. Entom. Soc. of London.
N. S. V. 3. 1855. p. 232. Taf. 15.

15. Moniez, R., Sur quelqes Cladocéres et sur un Ostracode nouveau du lac Titicaca. — Rev. biol. du
Nord de la France. 1889.

16. Richard, J., Cladocéres recueillis par le Dr. Th. Barrois en Palestine, en Syrie et en Egypte. —
Rev. biol. du Nord de la France. T. 6. 1894.

17. — Entomostraces recueillis par M. E. Modigliani dans le lac Toba (Sumatra). Annali del Museo Civico
di storia natur. di Genova. Ser. 2. V. 14. 1894. p. 565. Fig. 1—14.

18. — Description d'un nouveau Cladocére, Bosminopsis Deitersi n. gn. n. sp. — Bull. Soc. zool. de France.
1895. V. 20. p. 96. Fig. 1—4.

19. — Sur quelques Entomostracés d'eau douce d'Haiti. — Mém. Soc. zool. de France. Vol. 8. 1895.

20. — Revision des Cladocéres. Part. 1. — Ann. d. sc. natur. Zool. Ser. 7. T. 18. p. 270. Taf. 15—16. 1895.

21. — Revision des Cladocéres. Part. 2. — Ibid. Ser. 8. V. 2. 1896. p. 187. Taf. 21—25.

22. — Sur quelques Entomostracés d'eau douce des environs de Buenos Aires. — Anales del Museo National
de Buenos Aires. T. 5. 1897. p. 321. Fig. 1—6.

23. — Entomostracés de l'Amerique du sud etc. —Mém. soc. zool. de France. An. 1887. T. 10. p. 263. Fig. 1—45.

24. Sars, G. O., On some australian Cladocera etc. Christiania. — Vidensk. Selskab. Forhandlinger. 1885.
Nr. 8.

24a. — On some South-African Entomostraca. — Vidensk. Selsk. Skrifter. 1. Math. naturw. Kl. 1895.
Nr. 8. Taf. 1—8.

25. — On fresh-water Entomostraca of Sydney. Kristiania. 1896. p. 1—81. Taf. 8.

26. — Description of Iheringula paulensis G. O. Sars. a new generie type of Macrothricidae from Brazil. —
Arch. for Math. og Naturw. Bd. 22. Nr. 6. 1900. Taf. 2.

27. — Contributions to the knowledge of the Fresh-water Entomostraca of South America. Part. 1. Cladocera. — Arch. for Math. og Naturw. 1901. Taf. 1—12.

28. — On the Crustacean fauna of Central Asia. Part. 2. Cladocera. — Annuaire du Mus. zool. de l'Acad.
imp. d. sc. de St. Petersbourg. T. 8. 1903. p. 157. Taf. 1—3.

29. — Pacifische Plankton-Crustaceen. — Zool. Jahrb. Bd. 19. H. 5. Abt. f. Syst. 1903. p. 629. Taf. 33—38.

30. Stingelin, Th., Die Familie der Holopedidae. — Rev. suisse de Zoologie etc. T. 12. Fasc. 1. 1904. p. 53. Taf. 1.
31. Vávra, W., Süßwasser-Cladoceren. — Hamburger Magalhaensische Sammelreise. 1900. Fig. 1—7.
32. Weltner; W., Ostafrikanische Cladoceren etc. — Mitteil. aus d. Naturh. Museum Hamburg. Bd. 15. 1898. p. 1—12. Fig. 1. 2.
33. Wierzejski, A., Skorupiaki i wrotki (Rotatoria) stodkowodne zebrane w Argentynie. — Rozpraw Wydz. mat. przyrod. Akad. Umiéj w Krakowie. T. 24. 1892.

VII. Branchiopoda.

1. Baird, W., Monograph of the Family Limnadiadae etc. — Proced. of the Zool. Soc. of London. Pt. 16. 1849. p. 84. Taf. 11.
2. — Monograph of the Family Branchipodidae etc. — Ibid. 1852. p. 18.
3. — Description of some new recent Entomostraca from Nagpur etc. — Ibid. 1869. p. 231. Taf. 63.
4. Brady, G. St., Notes on Entomostraca collect. by Mr. A. Haly in Ceylon. — Journ. of the Linnean Soc. Zoology V. 19. 1886. p. 293. Taf. 37—40.
5. Daday, E. v., Mikroskopische Süßwassertiere aus Patagonien. — Termrajz. füz. T. 25. 1902. p. 201. Taf. 2—15.
6. Ihering, H. v., Os Crustaceos phyllopodos do Brazil. — Revista do Museu Paulista. V. 1. 1895. (Sec. Richard, J.)
7. Lilljeborg, W., Diagnosen zweier Phyllopoden-Arten aus Süd-Brasilien. — Abhandl. naturw. Vereins Bremen. Bd. 10. 1889. p. 424.
8. Sars, G. O., On a new South-american Phyllopod Eulimnadia brasiliensis. — Arch. for Math. og Naturw. T. 2. 1902. Nr. 6. Taf. 1.
9. Weltner, W., Branchipus (Chirocephalus) cervicornis n. sp. aus Südamerika. — Sitzungsber. d. Gesellsch. naturf. Freunde zu Berlin. Nr. 3. 1890. p. 35. Fig. 1—6.

VIII. Ostracoda.

1. Baird, W., Description of several new species of Entomostraca. — Proced. of the Zool. Soc. of London. 1850. T. 18. p. 254. Taf. 18.
2. — The natural history of british Entomostraca. London printed for the roy. Society. 1850. Taf. 1—30.
3. — Description of some new species of Entomostracous Crustacea. — Ann. and Magaz. of nat. history. Ser. 3. V. 10. 1862. p. 1. Taf. 1.
4. Brady, St. G., Notes on Freshwater Entomostraca from South-Australia. — Proceed. of the Zool. Soc. of London. 1866. p. 91. Taf. 9.
4a. — Notes on Entomostraca coll. by Mr. A. Haly in Ceylon. — Linn. Soc. Journ. Zool. V. 19. 1885. p. 293. Taf. 38—40.
5. Brady, G. St. and Norman, A., A monograph of the marine and freshwater Ostracoda of the N. Atlantic and Nord-Western Europe. Part. 1. — Transact. of roy. Soc. of Dublin. 1889.
6. — A monograph etc. Part. 2. — Jbid. V. 5. Ser. 2. 1896.
7. Claus, C., Beiträge zur Kenntnis der Süßwasser-Ostracoden. — Arbeiten a. d. zool. Institut zu Wien. 1892. T. 10. H. 2. Taf. 1—12.
8. Daday, E. v., Ostracoda Hungariae. 1900. Fig. 1—64.
9. — Mikroskopische Süßwassertiere aus Patagonien. — Termrajz. füz. 1902. Bd. 25. p. 201. Taf. 2—15.
10. Dana, J. D., United States exploring. 1852. V. 13. Part. Crustacea.
11. Faxon, W., Exploration of Lake Titicaca etc. 4. Crustacea. — Bull. of the Mus. of Comp. Zool. at Harward Coll. Cambridge. Mass. 1876. V. 3. Nr. 15—16. (Sec. Vávra, W.)
12. Kaufmann, A., Zur Systematik der Cypriden. — Mitteil. d. naturf. Gesellsch. in Bern. 1900. p. 103.

14. Kaufmann, A., Cypriden und Darwinuliden der Schweiz. — Rev. Suisse de Zool. Ann. de la Soc. Suisse. T. 8. Fasc. 3. 1900. p. 209. Taf. 15—31.

14. King, On australian Entomostracous. — Paper et Proceed. of the roy. Soc. of Van Diemens Land. 1855. Vol. 3. Part. 1. (Sec. G. O. Sars.)

15. Lubbock, J., On the freshwater Entomostraca of South-America. — Transact. of entom. Soc. of London. 1854. Ser. 2. T. 3. p. 232.

16. Moniez, R., Sur quelqes Cladocéres et un Ostracode nouv. de lac Titicaca. — Rev. biol. du Nord. de la France. 1889. F. 1.

17. — Les mâles chez les Ostracodes d'eau douce. — Ibid. 1891. An. 3. Nr. 9.

18. Müller, G. W., Ostracoden des Golfes von Neapel, in Fauna und Flora des Golfes von Neapel. 1894.

19. — Ostracoden aus Madagaskar und Ost-Afrika. — Abhandl. Senkenberg. naturf. Gesellsch. 1898. Bd. 21.

20. — Deutschlands Süßwasser-Ostracoden, in Zoologica. Bd. 12. Heft 30. 1900. Taf. 1—10.

21. Nicolet, H., in Gay, Historia fisica i politica de Chile. Zoologia. Vol. 3. 1849. Crustaceos. (Sec. Richard, J.)

22. Sars, G. O., On a small collection of freshwater Entomostraca from Sydney. — Christiania. Vidensk. Selskab. Forhandt. 1889. Nr. 9.

23. — Contributions to the Knowledge of the freshwater Entomostraca of New-Zéaland. — Videnskabs. Selskab. Skrifter. 1. Math. naturv. Klasse. 1894. Nr. 5. Taf. 1—8.

24. — On some South-African Entomostraca etc. — Ibid. 1895. Nr. 8. Taf. 1—8.

25. — Contributions to the Knowledge of the freshwater Entomostraca of South-America. — Part. 2. Copepoda —Ostracoda. — Arch. for Math. og. Naturv. Bd. 24. H. 1. 1901. Taf. 1—8.

26. — Freshwater Entomostraca from China and Sumatra. — Ibid. Bd. 25. Nr. 8. 1903. Taf. 1—4.

27. Saussure, H. v., Mémoir. sur div. Crustac. nouv. des Antilles et du Mexique. 1858. (Sec. Vávra, W.)

28. Stuhlmann, F., Vorläufige Berichte über eine mit Unterstützung d. Kgl. Akad. d. Wissensch. unternommene Reise nach Ost-Afrika. — Sitzungsber. d. Kgl. Akad. d. Wissensch. in Berlin. 1889. p. 1255—1269.

29. Vávra, W., Monographie der Ostracoden Böhmens. — Arch. d. naturw. Landesdurchf. von Böhmen. 8. Bd. Nr. 3. 1891.

29a. — Süßwasser-Ostracoden Zanzibars. — Beiheft z. Jahrb. d. Hamburg. wiss. Anstalten. 12. 1895. Fig. 1—52.

30. — Die Süßwasser-Ostracoden Deutsch-Ostafrikas. 1896. Fig. 1—59.

31. — Süßwasser-Ostracoden. — Hamburger Magalhaenische Sammelreise. 1898. Fig. 1—15.

32. Wierzejski, A., Skorupiaki i wrotki (Rotatoria) stodkowodne zebrane w Argentynie. — Rozpraw Wydzialu matem.-pryzrod. Akad. Umiej w Krakowie. T. 24. 1892. p. 229. Taf. 5—7.

IX. Hydrachnidae.

1. Berlese, A., Acari austro-americani ecc. — Bullet. della Soc. Entomot. italiana. Anno 20. 1888. p. 49.

2. Daday, E. v., Die Eylais-Arten Ungarns. — Math. naturw. Berichte aus Ungarn. Bd. 18. 1900. p. 341. Fig. 1—8.

3. — Mikroskopische Süßwassertiere. — Dritte asiatische Forschungsreise des Grafen Eugen Zichy. Bd. 2. 1901. p. 377. Taf. 14—28.

3a. — Beiträge zur Kenntnis der Süßwasser-Mikrofauna von Chile. — Termrajz. füz. Bd. 25. 1902.

4. Koenike, F., Südamerikanische auf Muscheltieren schmarotzende Atax-Spezies. — Zool. Anz. 13. Jahrg. 1890. p. 424.

5. — Noch ein südamerikanischer Muschel-Atax. — Ibid. 14. Jahrg. 1891. p. 15.

6. — Die von H. Dr. F. Stuhlmann in Ostafrika ges. Hydrachniden. — Jahrb. d. Hamburg. Wiss. Anstalten. Bd. 10. 1893. Sep. Taf. 3.

7. — Zur Hydrachniden-Synonymie. — Zool. Anz. Jahrg. 17. Nr. 453. 1894. p. 269. Fig. 1—9.

8. Koenike, F., Nordamerikanische Hydrachniden. — Abhandl. naturw. Vereins zu Bremen. Bd. 13. 1896. p. 167. Taf. 1—3.

9. — Hydrachniden-Fauna von Madagaskar und Nossi-Bé. — Abhandl. Senkenberg. naturf. Gesellsch. Bd. 21. H. 2. 1898. Taf. 1—10.

10. Piersig, R., Deutschlands Hydrachniden. Zoologica. H. 22. Taf. 1—52.

11. — Hydrachnidae und Halacaridae, in: Das Tierreich. Lief. 13. 1901.

12. Ribaga, C., Acari sudamericani. — Zool. Anz. 1902. Jahrg. 25. Nr. 675. p. 502.

13. — Diagnosi di alcune specie nuove di Hydrachnidae etc. — Annali della R. Scuola Sup. di Agricoltura in Portici. V. 5. 1903. Extr. p. 1—28. Taf. 1—2.

14. Thor, Sig., Une intéressante Hydrachnide nouvelle, provenant des récoltes de M. Geay au Vénézuela. — Bull. Mus. d'hist. Nat. 1897. p. 11—13. Fig. 1—6.

15. Wolcott, R. H., New genera and species of North American Hydrachnidae. — Transact. American microscop. Soc. Vol. 21. 1900. Taf. 9—12.

Anhang.

Zur Kenntnis der Naididen.

Von

Dr. W. Michaelsen (Hamburg).

Mit einer Abbildung im Text.

Die vorliegende kleine Arbeit beruht der Hauptsache nach auf der Untersuchung des Oligochäten-Materials, welches Herr Prof. E. v. Daday (Budapest) aus Süßwasserplankton-Fängen von Paraguay ausgelesen hat. Diese Oligochäten gehören, soweit sie genügend gut konserviert und bestimmbar sind, der Familie *Naididae* an. An dieses Material schließe ich einige wenige Naididen-Exemplare an, die Herr Prof. K. Kraepelin (Hamburg) während seines Aufenthaltes auf Java sammelte. Auch einige ältere Materialien des Naturhistorischen Museums zu Hamburg wurden zur Nachuntersuchung herangezogen.

Dero Schmardai n. sp.

Diagnose: Dimensionen: Dicke max. 0,22—0,25 mm. Einzeltiere (incl. Palpen) 2,2—2,6 mm lang, Segmentzahl 18—21, Doppeltiere ca. 2,8 mm lang, Segmentzahl ca. 24 (15+9).

Kopflappen kurz, gerundet.

Augen fehlen.

Borstenloses Hinterende cylindrisch, hinten dorsal aufgeschlitzt, im Innern 2 (3?) Paar kleine (nicht hervorragende) Kiemen bergend, mit 2 an der ventralen Partie des hinteren Randes entspringenden langen, fadenförmigen Palpen.

Dorsale Borstenbündel: vom 6. Segment an vorhanden, mit einer mäßig langen Haarborste (viel kürzer als der Körperdurchmesser) und einer Schaufel- oder Fächerborste, deren im spitzen Winkel divergierende Zinken durch eine glatte Spreite verbunden sind.

Ventrale Borstenbündel: am 2.—5. Segment mit 6—8 schlanken Gabelborsten, deren obere Zinke deutlich länger als ihre untere Zinke ist; an den folgenden Segmenten mit 6 oder 5, seltener mit 4, sehr selten mit 3 Gabelborsten, die deutlich kürzer und plumper sind als die der vorderen Segmente, und deren obere Zinke dünner als die untere und ebenso lang, wenn nicht etwas kürzer, ist.

Fundort: Paraguay (Daday leg.).

Es liegen mir viele Exemplare einer Art vor, die ich anfangs für identisch mit Schmardas *Aulophorus discocephalus*[1] von Jamaica hielt. Eine genauere Prüfung ergab

---

[1] L. K. Schmarda, Neue wirbellose Tiere, Bd. I, 2. Hälfte, p. 9, Taf. XVII, Fig. 151.

jedoch, daß sie in der Zahl der Borsten der ventralen Bündel sehr stark von letzterer abweicht, und daß sie demnach als besondere Art angesehen werden muß. Zweifellos aber steht sie dem *A. discocephalus* nahe und gestattet uns einen Rückschluß auf gewisse fragliche Charaktere desselben. Ich füge hierauf bezügliche Erörterungen in die Beschreibung der *Dero Schmardai* ein, und will hier nur folgendes feststellen: *Aulophorus* ist als synonym zu *Dero* anzusehen; *Aulophorus discocephalus* als *Dero discocephala* zu bezeichnen. *D. discocephala* (Schmarda) mag als gute Art angeführt werden, nachdem durch Untersuchung einer verwandten Art (der *D. Schmardai*) die Zweifel über gewisse Eigenheiten gehoben sind. *D. discocephala* läßt sich von *D. Schmardai* durch die geringere Borstenzahl sicher unterscheiden. Nach Schmarda sollen die Borsten bei seiner Art in den ventralen Bündeln „zu dreien" stehen. Bei *D. Schmardai* fand ich eine derartig geringe Zahl nur selten, und nur in einzelnen der letzten Segmente, die gewöhnlich nicht als maßgebend für die Borstenzahlen angesehen werden; ich fand im allgemeinen am Mittelkörper 4—6, am Vorderkörper 6—8 Borsten in einem ventralen Bündel.

Ich lasse eine eingehende Beschreibung der *Dero Schmardai* folgen:

Die vorliegenden Tiere sind größtenteils frei; einige wenige aber stecken in fast cylindrischen, nur sehr schwach nach hinten konvergierenden Röhren, die der Beschreibung der Röhren von *Aulophorus discocephalus* entsprechen. Sie sind innen glatt, drehrund. Bei einem sehr jungen Tier bestand die Röhre aus gleichmäßigen, sehr feinen, eben zusammengekitteten Sandkörnern. Die Röhren der größeren Tiere sind äußerlich durch Aufkittung von Algenfäden und Pflanzenspreu viel unregelmäßiger gestaltet und verhältnismäßig dick.

Die Dimensionen sind im allgemeinen wenig verschieden. Die Dicke beträgt im Maximum 0,22—0,25 mm, die Länge der Einzeltiere (inkl. Palpen) 2,2—2,6 mm bei einer Segmentzahl von 18—21. Einige Tiere zeigen eine einzige Sprossungszone. Diese Tiere sind etwas größer, etwa 2,8 mm lang, bei einer Segmentzahl von ca. 24 (z. B. 15 + 9).

Das Vorderende in der Region des Schlundes ist meist etwas angeschwollen.

Der Kopflappen ist kurz, gerundet. Augen fehlen.

Das Hinterende ist sehr charakteristisch gestaltet. An das letzte borstentragende Segment schließt sich ein nicht oder kaum merklich erweitertes, annähernd cylindrisches borstenloses Glied an, das meist etwas länger als dick ist. Dieses Endglied, welches dem Kiemennapf anderer *Dero*-Arten entspricht, ist dorsalmedian vom Hinterrande her aufgeschlitzt, jedoch nicht in ganzer Länge, sondern nur etwa in der Länge des hinteren Drittels oder der hinteren Hälfte. Im Innern dieses cylindrischen Endgliedes, dessen Lumen direkt in den Enddarm übergeht, finden sich kleine paarige Kiemen. Dieselben treten bei keinem der vorliegenden Stücke nach außen hervor; sie sind demnach erst an Querschnitten erkennbar. Die Zahl der Kiemen ließ sich nicht ganz sicher feststellen. Die meisten Schnitte einer Querschnittserie ließen zwei Paar erkennen, ein Paar umfangreichere untere und ein Paar kleinere gerade darüber stehende; in den extremen Querschnitten war nur ein einziges Paar, das untere, getroffen. Es sind demnach mindestens zwei Paar vorhanden. Ich halte es aber nicht für ausgeschlossen, daß die größeren unteren Kiemen durch eine in der Querschnittserie nicht zur Anschauung kommende Lücke gespalten sind, also vielleicht zwei Paar hintereinanderliegende Kiemen darstellen. Vielleicht sind also drei Paar Kiemen vorhanden, zwei Paar untere, ventrale, und ein Paar obere, dorsale. Ich halte es für zweifellos, daß auch Schmardas *Aulophorus discocephalus* derartige innere, nicht nach außen vortretende Kiemen besitzt, demnach also eine echte *Dero* ist. Wie bei dieser letzteren Art, so entspringen auch bei *Dero Schmardai* an der ventralen Partie des Hinterrandes des Endgliedes zwei lange, fadenförmige Palpen. Dieselben sind etwa 0,35 mm lang und an der Basis etwa 0,05 mm dick, gegen das Hinterende schwach verjüngt. Sie ragen meist gerade nach hinten und divergieren gar nicht oder sehr schwach.

Die dorsalen Borstenbündel fehlen den ersten fünf Segmenten; sie beginnen am 6. Segment. Sie bestehen ausnahmslos aus je einer mäßig langen Haarborste, deren Länge beträchtlich geringer ist als der Körperdurchmesser des Tieres, und je einer Fächer- oder Schaufelborste. Diese letzteren sind schwach gebogen; ihr distales Ende läuft in zwei dünne, gerade Zinken aus, die im spitzen Winkel divergieren, und zwischen denen eine anscheinend glatte und glattrandige Spreite ausgespannt ist; selbst bei starker Vergrößerung ließ sich an dieser Borstenspreite keine Fältelung oder Längsriffelung erkennen.

Die ventralen Borstenbündel sind am Vorderkörper etwas anders gestaltet als am Mittel- und Hinterkörper, und zwar sowohl was die Zahl, wie auch was die Gestalt der Borsten anbetrifft. Die ventralen Borsten des 2.—5. Segments sind schlanker, etwa 124 μ lang bei einer Dicke von 4 μ, und auch ihre Gabelzinken sind schlanker, besonders die obere; diese ist fast doppelt so lang wie die untere und deutlich länger als die Borste dick. Es finden sich 6—8 Borsten in diesen Bündeln des 2.—5. Segments. Die ventralen Borsten der folgenden Segmente sind plumper, bei gleicher Dicke (ca. 4 μ) nur etwa 60 μ lang. Die Gabelzinken sind beide kürzer als die Borste dick; die obere Gabelzinke ist nicht länger, sondern eher kürzer als die untere, höchstens ebenso lang; dabei ist sie deutlich dünner als die untere. Diese Borsten stehen am Mittelkörper meist zu 5 oder 6 im Bündel, am Hinterkörper meist zu 5, manchmal auch zu 4; sehr selten sinkt die Zahl bis auf 3 und nur in einzelnen der letzten Segmente.

Eine charakteristische Gestaltung zeigt die vordere Partie des Darmes. Der Schlund ist bei sämtlichen vorliegenden Exemplaren etwas, zum Teil stark, erweitert, und das vordere Körperende infolgedessen mehr oder weniger verdickt. Der Schlund wird von einem dicken, lang-bewimperten Cylinderepithel gebildet. Zweifellos ist der ganze Schlund ausstülpbar, und zweifellos auch ist die von Schmarda bei seinem *Aulophorus discocephalus* beobachtete veränderliche, saugnapfartige und zum Festsaugen dienende, mit Flimmerwimpern besetzte und die flimmernde Mundöffnung tragende „Kopfscheibe" nichts anderes als der ausgestülpte Schlund. Mit dieser Erklärung werden die Probleme, die Vejdovsky[1] und nach ihm Stieren[2] an die angebliche Bewimperung des Kopflappens knüpften, hinfällig. Jene Forscher glaubten hierin eine innigere Beziehung zwischen der Gattung *Aulophorus* und der phyletisch ältesten Gattung *Aeolosoma* zu erblicken, und Stieren glaubte die phyletische Reihe *Aeolosoma—Aulophorus—Naidomorpha* als genügend sicher begründet ansehen zu dürfen, falls auch der Zustand des Zentralnervensystems bei *Aulophorus* einen Übergang zu dem ursprünglicheren *Aeolosoma*-Stadium repräsentierte. Wenngleich es einer

[1] System und Morphologie der Oligochaeten, Prag 1884.
[2] Über einige Dero aus Trinidad; in Sitzungsber. Nat. Ges. Dorpat, 10. Bd, 1. Heft, 1892, p. 117, 118.

Feststellung kaum noch bedarf, so will ich doch hier aussprechen, daß das Zentralnerven-system bei der *Aulophorus*-artigen *Dero Schmardai* die gleiche hohe Differenzierung auf-weist, wie bei den übrigen Naididen, und daß in dieser Hinsicht nichts an den primitiven *Aeolosoma*-Zustand erinnert. Der Oesophagus ist bei *D. Schmardai* eng und einfach; er geht, allmählich sich etwas erweiternd, in den mäßig weiten, ebenso einfachen Mitteldarm über. Eine magenartige Erweiterung ist nicht deutlich ausgeprägt. Im 9. Segment erscheint jedoch der Mitteldarm etwas weiter als in den benachbarten Segmenten.

Von Geschlechtsorganen war bei keinem Stück eine Spur zu erkennen.

Dero tonkinensis Vejd.

1894. *Dero tonkinensis,* Vejdovsky, Description du *Dero tonkinensis* n. sp.; in Mém. Soc. zool. Fr., VII, p. 244, Textfig.

Diagnose: Dimensionen zweier Tiere mit einer Sprossungszone: Länge 3,5 mm, Dicke max. 0,28 mm, Segmentzahl 26—29 (17+9 bezw. 18+11).

Kopflappen klein, kurz, gerundet.

Endglied cylindrisch, nicht erweitert, mit schief trichterförmigem Lumen, aus dem 2 Paar lange, drehrund fadenförmige, distal kegelförmig zugespitzte Kiemen hervorragen; dorsale Kiemen länger und dicker als die ventralen. Ventraler Hinterrand des Endgliedes in 1 Paar drehrund fadenförmige, distal schwach angeschwollene und gerundete Palpen auslaufend, die noch etwas länger und dicker als die dorsalen Kiemen sind.

Dorsale Borstenbündel vom 6. Segment an vorhanden, mit einer ca. 0,16 mm langen, pro-ximal 3 µ dicken Haarborste und einer ca. 0,064 mm langen und 4 µ dicken Schaufel- oder Fächerborste, deren distale Zinken spitzwinklig bis zur Weite von ca. 7 µ divergieren und eine nicht ganz glatte Spreite zwischen sich fassen.

Ventrale Borstenbündel mit 4—7 gabelspitzigen, kurzzinkigen Hakenborsten, am 2.—5. Segment bei gleicher Dicke (ca. 3 µ) länger (etwa 0,09 mm lang) als weiter hinten (0,07 mm lang).

Fundort: Tjibodas auf Java (Kraepelin leg.).

Weitere Verbreitung: Kebao in Tonkin (Vejdovsky).

Vorliegend zwei konservierte Exemplare dieser Art, die nach Untersuchung eines Bruchstückes aufgestellt worden, und demnach nur unvollständig bekannt ist.

Die vorliegenden Exemplare zeigen eine einzige Sprossungszone. Sie sind im ganzen 3,5 mm lang und im Maximum 0,28 mm dick. Ihre Segmentzahl beträgt 29 bezw. 26, wovon 18 bezw. 17 (17 bezw. 16 borstentragende) auf das Muttertier und 11 bezw. 9 (borstentragende) auf die Knospentier entfallen.

Der Kopflappen ist klein, kurz und gerundet. Die Segmente der Schlund-region sind angeschwollen, viel dicker und höher als der Kopflappen, der wie ein kleiner nasenartiger Vorsprung an jener dickeren Körperpartie sitzt.

Auf das letzte borstentragende Segment folgt ein kurz cylindrisches, nicht erweitertes Endglied, das als Homologon des Kiemennapfes anderer *Dero*-Arten anzusehen ist. Aus dem schief trichterförmigen Inneren dieses Endgliedes ragen zwei Paar lang faden-förmige, drehrunde Kiemen hervor und gerade nach hinten. Die Kiemen des oberen, dor-salen Paares sind ungefähr doppelt so lang wie die des unteren, ventralen Paares und zugleich etwas dicker (dorsale Kiemen 0,25 mm lang und 24 μ dick, ventrale Kiemen 0,14 mm lang und 20 μ dick). Die Kiemen sind zart, dünnwandig, von feinen Flimmerwimpern bedeckt. Ihr distales Ende ist regelmäßig kegelförmig zugespitzt (bleistiftartig). An der Vejdovskyschen Abbildung ist diese charakteristische Gestaltung des Kiemen-Endes nicht ausgeprägt, vielleicht infolge unregelmäßiger Schrumpfung des Originalstückes. Der ventrale Hinterrand des Endgliedes läuft in ein Paar ebenfalls sich gerade nach hinten erstreckende, drehrund-fadenförmige Palpen aus. Diese Palpen sind etwas länger und viel dicker als die größten Kiemen (0,3 mm lang und 40 μ dick), zugleich auch derbhäutiger und natürlich ohne Wimperbesatz. Ihr distales Ende ist schwach keulenförmig angeschwollen und gerundet und unterscheidet sie auch dadurch sofort von den zugespitzten Kiemen.

Dorsale Borsten fehlen an den fünf ersten Segmenten. Vom 6. Segment an finden sich dorsale Borstenbündel, die aus einer ca. 0,16 mm langen und proximal etwa 3 μ dicken Haarborste und einer ca. 0,064 mm langen und im allgemeinen 4 μ dicken Schaufel- oder Fächerborste bestehen. Die Gabelzinken des distalen Endes der Fächer- oder Schaufelborsten divergieren im spitzen Winkel bis zu einer Weite von ca. 7 μ. Es spannt sich zwischen ihnen eine Spreite aus, die nicht ganz glatt erscheint, sondern wahrscheinlich etwas längsgefaltet (?, längsgerippt?) ist. Manchmal schien es mir, als sei eine einzige Mittel-Längsrippe vorhanden.

Die ventralen Borsten, gabelspitzige Hakenborsten, sind an den Segmenten 2—5 etwas schlanker, etwa 0,09 mm lang, als an den folgenden, an denen ihre Länge bei gleicher Dicke (ca. 3 μ) nur 0,07 mm beträgt. Ihre Gabelzinken sind ziemlich kurz. Sie stehen bis zu 7 in einem Bündel.

Dero sp. (? D. limosa Leidy).

Fundort: Paraguay (Daday leg.).

Vorliegend zahlreiche Stücke, welche der weitverbreiteten *Dero limosa* Leidy anzugehören scheinen.

Nais paraguayensis n. sp.

Diagnose: Dimensionen der Einzeltiere: Länge 3—5 mm, Dicke 0,2—0,3 mm, Segmentzahl größer als 30—48.

Kopflapppen kurz, gerundet.

Augen fehlen.

Dorsale Borstenbündel am 6. Segment beginnend, mit je 1—2 Haarborsten und 1—2 Hakenborsten. Haarborsten einfach, im Maximum so lang wie der Körper dick. Hakenborsten ca. 0,06 mm lang und 4 μ dick, schwach gebogen, mit undeutlichem Nodulus distal von der Mitte, am distalen Ende in zwei spitzwinklig divergierende, verschieden große, ziemlich grobe Gabelzinken auslaufend; größere (untere!) Gabelzinke etwas gebogen, säbelförmig, fast doppelt so lang und doppelt so dick wie die fast gerade kleinere (obere!) Gabelzinke.

Ventrale Borstenbündel mit 4—6 gabelspitzigen Hakenborsten, die an den ersten Borstensegmenten kaum schlanker als an denen des Mittelkörpers sind; obere Gabelzinke an den ventralen Borsten der Segmente 2—5 wenig länger als die untere, an den übrigen ventralen Borsten annähernd ebenso lang wie die untere.

Fundort: Paraguay (Daday leg.).

Vorliegend drei Exemplare, von denen keines Geschlechtsorgane oder eine Sprossungszone aufweist.

Äußeres: Die Dimensionen der Einzeltiere betragen: Länge 3—5 mm und Dicke
0,25—0,3 mm. Die Segmentzahl ist nicht genau festzustellen, da die Segmente des Hinterendes der Borsten entbehren und allmählich undeutlich werden. Das letzte borstentragende
Segment erwies sich als 30.—48.

Der Kopflappen ist kurz, gerundet.

Augen sind nicht vorhanden.

Die dorsalen Borstenbündel beginnen am 6. Segment. Sie bestehen aus 2 oder
4 Borsten, zur Hälfte Haarborsten und zur Hälfte Hakenborsten. Je eine Hakenborste
ist eng an eine Haarborste angeschmiegt. Die Haarborsten sind einfach, im Maximum etwa so lang wie der Körper des Tieres dick (0,3 mm).
Die Hakenborsten sind etwa 0,06 mm lang und etwa 4 μ
dick, schwach gebogen, mit undeutlichem Nodulus etwas distal
von der Mitte. Ihr distales Ende läuft in zwei ziemlich grobe, verschieden große, im spitzen
Winkel divergierende Zinken aus. Die untere Gabelzinke ist etwas gebogen, säbelförmig, fast
doppelt so lang und doppelt so dick wie die obere, die fast gerade gestreckt ist. Die kleinere
obere Gabelzinke ist dem der Hakenborste eng angeschmiegten Haarborstenschaft zuge-
wendet. Bei starker Vergrößerung glaubte ich im Winkel zwischen den beiden Gabelzinken
eine schwimmhautartige Spreite zu erkennen.

Die ventralen Borstenbündel bestehen aus 4—6 gabelspitzigen Hakenborsten.
Diejenigen der ersten vier borstentragenden Segmente sind kaum schlanker als die folgenden; jedoch ist bei denen der Segmente 2—5 die obere Gabelzinke ein Geringes länger und
ebenso dick wie die untere; während die obere Gabelzinke bei den ventralen Borsten des
Mittelkörpers ungefähr so lang wie die untere und zugleich etwas dünner als diese letztere ist.

Erörterung: *Nais paraguayensis* scheint der *N. elinguis* Müll., Oerst. nahe zu stehen.
Sie unterscheidet sich von letzterer durch die viel gröbere Form der Gabelzinken der dorsalen Hakenborsten, die schon bei verhältnismäßig schwacher Vergrößerung deutlich erkennbar ist, sowie durch die sehr verschiedene Größe der beiden Gabelzinken.

Naidium (Nais?) Dadayi n. sp.

Diagnose: Dimensionen: Einzeltiere 3,5—6,5 mm lang, ca. 0,3 mm dick; Segmentzahl 41—ca. 64.
Kopflappen kurz, kuppelförmig gerundet.
Augen fehlen.

Dorsale Borstenbündel normal am 2. Segment beginnend, im allgemeinen mit je einer Haar-
und einer Hakenborste. Haarborsten am 5. oder 6. Segment beginnend, kaum halb so lang wie der
Körperdurchmesser, einzeilig mit äußerst feinen Haaren besetzt. Hakenborsten meist am 2. Segment,
manchmal weiter hinten beginnend, ca. halb so lang wie die Haarborsten, im allgemeinen schwach gebogen,
nur distal stärker, häufig in gerundetem stumpfen Winkel; einfach-spitzig.

Ventrale Bündel mit 2—5 gabelspitzigen Hakenborsten; Hakenborsten am 2.—5. Segment
sehr schlank, mit Nodulus ungefähr in der Mitte; obere Gabelzinke ungefähr doppelt so lang und mindestens doppelt so dick wie die untere; Hakenborsten vom 6. Segment an viel plumper, mit Nodulus distal
von der Mitte, obere Gabelzinke kaum länger und deutlich dünner als die untere; bei segmentreichen
Tieren Hakenborsten am Hinterende sehr viel kleiner, mit verkürzter und sehr dünner oberer Gabelzinke.

Fundort: Paraguay (Daday leg.).

Vorliegend drei Exemplare.

Die vorliegenden Stücke zeigen weder Geschlechtsorgane, noch läßt sich eine Sprossungszone an denselben erkennen; es sind ungeschlechtliche Einzeltiere. Ihre Dimensionen sind: Länge 3,5—6,5 mm, Dicke ca. 0,3 mm, Segmentzahl 41 bis ca. 64. Die letzten Segmente sind undeutlich gesondert und besitzen keine Borsten.

Der Kopflappen ist kürzer als an der Basis breit, kuppelförmig gerundet.

Augen sind nicht vorhanden.

Die dorsalen Borstenbündel, die in voller Ausbildung anscheinend konstant aus je einer einzigen Hakenborste und einer einzigen Haarborste zu bestehen scheinen, zeigen in ihrem Beginn eine auffällige Variabilität. Nur die Hakenborsten beginnen in der Mehrzahl der Fälle, bei zwei Stücken, am 2. Segment; bei dem dritten Stück beginnen sie am 6.; bei einem der ersteren finden sie sich am 2., 4., 5. Segment und den folgenden. Die Haarborsten fehlen bei allen drei Stücken an den ersten borstentragenden Segmenten; sie beginnen bei einem Stück am 5. Segment, bei den beiden anderen am 6., und zwar ist darunter dasjenige, bei dem die Hakenborsten ebenfalls am 6. Segment beginnen. Dieses Exemplar besitzt also vor dem 6. Segment überhaupt keine dorsalen Borsten, entspricht also durchaus der Diagnose der Gattung *Nais*. Die Haarborsten sind kaum so lang wie der halbe Körperdurchmesser, nämlich ca. 0,12 mm; dabei sind sie proximal ca. 4 μ dick. Sie sind schwach säbelförmig gebogen, distal verjüngt. Der frei hervorragende Teil ist an der konvexen Seite der Krümmung einzeilig mit äußerst feinen, kurzen Haaren besetzt, ähnlich wie bei *Pristina proboscidea* Bedd. und *P. Leidyi* Smith. Bei *Naidium Dadayi* sind diese Haarborstenhärchen jedoch noch feiner als bei jenen Arten; ich erkannte sie mit genügender Deutlichkeit erst bei stärkster Vergrößerung (Zeiß Apochromat 2 mm, 1,40 Apertur). Die Hakenborsten der dorsalen Bündel sind etwa halb so lang wie jene Haarborsten, nämlich ca. 0,06 mm, bei einer durchschnittlichen Dicke von 3 μ. Sie sind im allgemeinen sehr schwach S-förmig gebogen; nur das frei hervorragende distale Ende ist stärker gekrümmt, manchmal in regelmäßigem Bogen, manchmal in gerundet stumpfwinkliger Knickung. Das distale Ende ist einfach zugespitzt, meist ziemlich scharf.

Die ventralen Bündel, die aus 2—5 gabelspitzigen Hakenborsten bestehen, zeigen an den verschiedenen Segmenten eine verschiedene Gestaltung. Am 2.—5. Segment sind sie sehr schlank, ca. 0,12 mm lang; ihre Dicke ist bei verschiedenen Individuen etwas verschieden; sie beträgt ca. 2½—4 μ. Sie zeichnen sich durch die Länge der oberen Gabelzinke aus; dieselbe ist ungefähr doppelt so lang und mindestens ebenso dick wie die untere; der Nodulus liegt fast in der Mitte der Borstenlänge. Vom 6. Segment an sind die ventralen Hakenborsten viel plumper, bei einer Dicke von ca. 4½ μ nur etwa 0,08 mm lang; die obere Gabelzinke ist kaum länger und deutlich dünner als die untere; der Nodulus liegt etwas distal von der Mitte der Borstenlänge. Bei dem Exemplar mit 64 Segmenten ändert sich die Gestalt der ventralen Hakenborsten an den letzten Segmenten noch beträchtlich, insofern sich die obere Gabelzinke noch weiter zurückbildet, deutlich kürzer und viel dünner als die untere wird. Bei den kürzeren Individuen mit wenig mehr als 40 Segmenten tritt diese letztere Umwandlung nicht in die Erscheinung.

Der Oesophagus geht allmählich in den Mitteldarm über. Eine magenartige Erweiterung ist nicht vorhanden.

Erörterung: *Naidium Dadayi* unterscheidet sich von den übrigen Arten der Gattung *Naidium* durch die einfache Zuspitzung der dorsalen Hakenborsten.[1] In der Gestalt der dorsalen Haarborsten ähnelt sie den hier erörterten Arten der Gattung *Pristina*. Ob hierin ein Anzeichen näherer Verwandtschaft liegt, muß einstweilen dahingestellt bleiben. Vielleicht kommt eine solche manchmal sehr schwer erkennbare Fiederung der Haarborsten bei noch anderen Gattungen vor, deren Haarborsten bis jetzt für einfach gehalten wurden.

Die auffälligste Erscheinung bildet das unregelmäßige Auftreten der dorsalen Borsten-bündel an den Segmenten 2 bis 5. Die Individuen mit stärkster Rückbildung dieser Bündel repräsentieren durchaus den *Nais*-Charakter, so daß es fraglich erscheinen kann, ob man diese Art als eine *Nais* mit manchmal abnorm auftretenden dorsalen Borsten am 2.—5. Seg-ment, oder als ein *Naidium* mit manchmal abnorm fehlenden dorsalen Borsten des 2.—5. Seg-ments ansehen soll. Auch die durch die abweichende Gestalt der ventralen Borsten des 2.—5. Segments markierte Cephalisation entspricht dem Charakter der Gattung *Nais*. Von *Nais obtusa* (Gervais) unterscheidet sich die hier erörterte Art durch die starke Krümmung des distalen Endes der dorsalen Hakenborsten, sowie wahrscheinlich auch durch die Fie-derung der Haarborsten.

Pristina Leidyi Smith.

? 1831. *Pristina longiseta,* (Hemprich &) Ehrenberg, Symbolae physicae, Phytoz.
? 1850. *Pristina longiseta,* Leidy, Descriptions of some American Annelida abranchia; in J. Ac. Philad., ser. 2, Vol. 2 I, p. 44, Taf. II, Fig. 3.
1896. *Pristina Leidyi,* Frank Smith, Notes on Species of North American Oligochaeta II; in Bull.. Illinois Lab., Vol. IV, p. 397, Pl. XXXV.
1900. *Pristina longiseta,* Michaelsen, Hamburgische Elb-Untersuchung IV, Oligochaeten; in Mt. Mus. Hamburg, Bd. XIX, p. 186.

Diagnose: Dimensionen: Länge der Einzeltiere 2—4 mm, der Tierketten 4—8 mm, Dicke max. 0,1—0,15 mm, Segmentzahl ca. 30.

Kopflappen mit tentakelartigem Anhang.

Augen fehlen.

Hinterende ohne Palpen.

Dorsale Borstenbündel vom 2. Segment an, im allgemeinen mit 1—3 zart gezähnten Haar-borsten, die etwas länger bis etwa doppelt so lang wie der Körper dick sind; Entfernung zwischen den Sägezähnchen in der Mitte der Haarborsten ca. 6 μ. Haarborsten des 3. Segments dicker und stark ver-längert bis etwa auf das Vierfache der Körperdicke, glatt, ohne Sägezähnelung.

Ventrale Borstenbündel mit 4—9 S-förmig gebogenen gabelspitzigen Hakenborsten; obere Zinke sehr wenig länger als die untere.

Fundort: Paraguay (Daday leg.).

Weitere Verbreitung: Chile (Michaelsen), Illinois, Pennsylvania (Smith), Deutschland (Michaelsen).

---

[1] Das Fehlen der Angabe über die Gestaltung des distalen Endes der ventralen Hakenborsten von *N. bilobatum* Bretscher (Beob. Olig. Schweiz, VII. Folge; in Rev. Suisse Zool. XI, 1903, p. 11) ist zweifellos dahin zu deuten, daß diese Art in dieser Hinsicht nicht von den übrigen jenem Autor bekannten *Naidium*-Arten abweicht.

— 358 —

?Böhmen (Vejdovsky), Schweiz (Bretscher), Dänemark (Tauber), Belgien (d'Udekem), England.

Vorliegend zahlreiche Exemplare, die genau der Beschreibung Smith' entsprechen. Eine Nachuntersuchung der früher von mir als *P. longiseta* bestimmten Exemplare ergab, daß auch bei diesen die Haarborsten mit Ausnahme der verlängerten des 3. Segments zart sägezähnig sind. So wie ich diese Eigenheit ursprünglich übersehen habe, so mag es auch anderen Forschern ergangen sein. Ich halte es deshalb für wahrscheinlich, daß die europäische *P. longiseta* (Hemprich &) Ehrenberg mit der jetzt auch in Europa nachgewiesenen *P. Leidyi* identisch ist. Die Sägezähnelung ist um so leichter zu übersehen, als man bei einer Prüfung der Haarborsten zunächst wohl die großen Haarborsten des 3. Segments ins Auge faßt und dann den Befund verallgemeinert. Diese verlängerten Haarborsten unterscheiden sich aber von den normalen darin, daß ihnen die Sägezähnelung fehlt.

Von *P. proboscidea* Bedd. forma typica unterscheidet sich *P. Leidyi* wesentlich nur durch diese verlängerten Borsten des 3. Segments. Es kam mir deshalb der Gedanke, ob die *proboscidea*-Form nicht etwa lediglich eine Abnormität der *P. Leidyi* sein möge, hervorgerufen durch einen Ausfall der verlängerten Borsten. Ich gebe diesem Gedanken nicht weiter Raum, da in jenem hypothetischen Falle das 3. Segment ja der Haarborsten ganz entbehren müßte, während es bei *P. proboscidea* sägezähnige Haarborsten besitzt, die bei *P. Leidyi* niemals neben jenen glatten, verlängerten Borsten beobachtet wurden.

Pristina flagellum Leidy.

Pristina flagellum, Leidy, Notice on some aquatic Worms of the Family Naides; in Amer. Natur. XIV, p. 425, Textfig. 5, 6.

Diagnose: Dimensionen: Länge 2,2—10 mm, Dicke 0,3—0,55 mm, Segmentzahl 17—76. Größere Tiere mit einer Sprossungszone.

Kopflappen mit tentakelartigem Anhang, der etwas kürzer als der eigentliche Kopflappen ist.

Endsegment am Hinterrande in 3 nach hinten sich erstreckende längliche Palpen auslaufend, 2 längere und breitere paarige ventrale und 1 kürzere dorsalmediane.

Dorsale Borstenbündel vom 2. Segment an, bestehend aus Haarborsten (im Maximum 0,25 mm lang), die einseitig (einzeilig oder in zwei dicht nebeneinander verlaufenden Zeilen?) äußerst fein und ziemlich dicht behaart sind.

Ventrale Borstenbündel mit 3—5 S-förmigen, im Maximum 0,15 mm langen und 5 μ dicken, mit Nodulus versehenen, gabelspitzigen Hakenborsten; Gabelzinken gleich lang, untere deutlich dicker als obere.

Fundort: Paraguay (Daday leg.).

Weitere Verbreitung: Pennsylvania, New Jersey (Leidy).

Vorliegend zahlreiche Exemplare dieser ungemein charakteristisch gestalteten Art.

Die Dimensionen derselben sind ungemein verschieden. Das kleinste Stück, ein vollständiges Einzeltier, ist nur 2,2 mm lang bei einer Segmentzahl von 17. Das größte, eine Sprossungszone aufweisende Tier ist dagegen 10 mm lang und besteht aus 76 Segmenten. Die maximale Dicke schwankt zwischen 0,3 und 0,55 mm. Es ist höchstens eine einzige Sprossungszone erkennbar.

Der Kopflappen läuft vorn in einen tentakelartigen Anhang aus, der stets etwas kürzer als der eigentliche Kopflappen bis zur Basis des ziemlich scharf abgesetzten Tentakels ist. Hierin entsprechen meine Untersuchungsobjekte der Abbildung Leidys (l. c. Textfig. 5). In dieser Abbildung ist jedoch die Kontur des vordersten Darmabschnittes verzeichnet, und infolgedessen mag die Figur leicht irrtümlich aufgefaßt, die Basis des Tentakels zu weit hinten gesehen, und also der Tentakel zu lang geschätzt werden.

Das Endsegment setzt sich in drei längliche, nach hinten sich erstreckende Palpen fort, zwei paarige ventrale und eine unpaarige dorsalmediane. Die beiden ventralen sind meist langgestreckt, häufig aber unter sich nicht gleich lang, meist etwas seitlich abgeplattet. Die dorsalmediane ist stets viel kürzer und dünner, höchstens halb so lang wie die ventralen, manchmal sehr kurz, kegelförmig. Die Palpen entspringen sämtlich auf dem hinteren Rande des Endsegments, nicht etwa im Inneren desselben, wie die Kiemen von *Dero tonkinensis*; auch zeigen sie keine Spur von Flimmerwimpern. Es sind lediglich hohle Ausstülpungen der äußeren Leibeswand, in die hinein sich die Leibeshöhle fortsetzt. Die dorsale Palpe gleicht in ihrer feineren Struktur ganz den beiden ventralen Palpen, ist also nicht etwa als Kieme anzusehen. *Pristina flagellum* hat also nichts mit der Gattung *Dero* zu tun, zu der L. Vaillant sie fraglicherweise stellt.

Die stets vom 2. Segment an vorhandenen dorsalen Borstenbündel bestehen aus Haarborsten, die im Maximum etwa 0,25 mm lang sind. Diese Haarborsten sind nicht einfach und glatt, sondern an einer Längsseite ziemlich dicht mit äußerst feinen, in sehr spitzem Winkel vom Borstenschaft abstehenden Haaren besetzt, ähnlich wie bei den übrigen hier erörterten *Pristina-* und *Naidium*-Arten. Die Härchen sind nur bei sehr starker Vergrößerung (Hartnack-Objektiv No. 9, Wasserimmersion) erkannt worden. Sie stehen in einer Zeile oder in zwei dicht nebeneinander verlaufenden Zeilen. Bei einer scharf abgebrochenen Borste sah man zwei dieser feinen Haare dicht nebeneinander über die Höhe des Bruches hinwegragen. In seiner Feinheit und in der gedrängteren Anordnung ähnelt dieser Härchenbesatz der Haarborsten am meisten dem von *Naidium Dadayi* n. sp.

Die ventralen Borstenbündel bestehen aus 3—5 im Maximum etwa 0,15 mm langen und 5 μ dicken, an den hinteren Segmenten viel kleineren, gabelspitzigen Hakenborsten. Diese Gabelborsten zeigen etwa am Ende der distalen $^2/_5$ einen deutlichen Nodulus. Die Gabelzinken des distalen Endes sind gleich lang; die untere ist jedoch deutlich dicker als die obere.

Keines der vorliegenden Stücke zeigt Geschlechtsorgane.

Pristina proboscidea Beddard.

Forma typica.

? 1841. *Pristina equiseta*, Bourne, Notes on the Naidiform Oligochaeta etc.; in Quart. Journ. micr. Sci., n. ser., Vol. XXXII, p. 352.

? 1890. *Pristina affinis*, Garbini, Una nuova specie di Pristina (P. affinis n. sp.); in Zool. Anz., XXI. Bd., N. 571, p. 562, Textfig. 1.

1896. *Pristina proboscidea*, Beddard, Naiden, Tubificiden und Terricolen; in Erg. Hamburg. Magalh. Sammelr., p. 4, Taf. Fig. 18.

1900. *Pristina aequiseta* (part?), Michaelsen, Oligochaeta; in Tierreich, Lief. 10, p. 34.

Diagnose: Dimensionen: Länge 2—4 mm, Dicke ca. 0,25 mm, Segmentzahl 18—30.

Kopflappen mit tentakelartigem Anhang, der etwas länger als der eigentliche Kopflappen oder beträchtlich länger, bis fast 3mal so lang, ist.

Augen fehlen.

Hinterende ohne Palpen.

Dorsale Borstenbündel vom 2. Segment an vorhanden, mit 1—3 zart gesägten Haarborsten, die meist nur etwas länger, zum Teil auch kürzer sind als der Körper dick ist; Sägezähnchen in der Mitte der Haarborsten ca. 6 μ voneinander entfernt. Die Haarborsten des 3. Segments sind nicht verlängert.

Ventrale Borstenbündel mit 3—5 S-förmig gebogenen gabelspitzigen Hakenborsten; obere Gabelzinke etwas länger als die untere.

Fundorte: Paraguay (Daday leg.), Tjibodas auf Java (Kraepelin leg.).

Weitere Verbreitung: Salto bei Valparaiso (Beddard).

England? (Bourne), Italien? (Garbini).

Mir liegen außer den Originalstücken der Beddardschen *Pristina proboscidea*, die vielleicht mit *P. aequiseta* Bourne vereint werden muß, mehrere Exemplare der gleichen Art von Paraguay und ein einziges von Java vor.

Eine genaue Untersuchung der Haarborsten bei starker Vergrößerung ergab, daß dieselben zart gesägt sind, genau so wie die kürzeren Haarborsten von *P. Leidyi* Smith (siehe oben!). Diese Gestaltung der Haarborsten ist, falls die Aufmerksamkeit nicht direkt darauf gelenkt wird, leicht zu übersehen und tatsächlich sowohl von Beddard wie von mir bei den Originalstücken von *P. proboscidea* übersehen worden. Ich halte es nicht für ausgeschlossen, daß dieser Charakter auch von Bourne und Garbini bei ihren Untersuchungsobjekten lediglich übersehen worden ist. Die Sägezähnchen stehen sehr dicht, in der Mitte der Borste ca. 6 μ voneinander entfernt. Diese Eigenheit unterscheidet die typische Form dieser Art von der unten beschriebenen Varietät, var. *paraguayensis*, ebenso wie die geringere Länge der Haarborsten. Dieselben sind bei der typischen Form sehr verschieden lang, meist aber höchstens um die Hälfte länger als der Körper dick, während sie bei var. *paraguayensis* zum Teil dreimal so lang sind wie der Körper dick. Das Stück von Java bildet ein Zwischenglied zwischen der typischen Form und der var. *paraguayensis*, insofern seine Haarborsten fast dreimal so lang wie der Körper dick, dabei aber so zart gesägt sind, wie es für die typische Form charakteristisch ist. Ich ordne das Stück aus dem letzteren Grunde der typischen Form zu.

Das Verhältnis dieser Art zu *P. Leidyi* Smith ist bei dieser letzteren erörtert (siehe oben!).

var. nov. paraguayensis.

Diagnose: Haarborsten der dorsalen Bündel sehr verschieden lang, zum Teil 3mal so lang (bis ca. 0,55 mm) wie der Körper dick, besonders in den hinteren Segmenten. Sägezähnchen der Haarborsten grob, bei verhältnismäßig schwacher Vergrößerung sichtbar, in der Mitte der Borste ca. 11 μ voneinander entfernt.

Im Übrigen wie die typische Form.

Fundort: Paraguay (Daday leg.).

Vorliegend mehrere Exemplare.

Ich betrachte diese Form nur als eine Varietät der *P. proboscidea*, da ich Übergänge nach dieser letzteren hin glaube erkannt zu haben. Jedenfalls ist der auf der Länge der Haarborsten und der Feinheit ihrer Zähnelung beruhende Unterschied schwer zu fixieren, da einenteils die Borstenlänge sehr verschieden ist, und man nie sicher sein kann, ob nicht etwa längere Borsten nur ausgefallen sind (manchmal findet man nämlich die sehr langen Borsten nur an den Segmenten des Hinterkörpers), und da anderenteils die Feinheit der Sägezähnelung an verschiedenen Stellen der Borsten etwas verschieden ist.

Erklärung der Tafeln.

Fig. 7. *Aphanolaimus multipapillatus* n. sp., ♂ Kopfende; nach Reich. Oc. 5. Obj. 8.
„ 8. „ . „ „ ♂ Spiculum; „ „ Obj. 5.
, 9. „ „ „ ♂ von der Seite; „ „ Obj. 4.
„ 10. *Monhystera propinqua* n. sp., ♀ Kopfende; nach Reich. Oc. 5. Obj. 8.
„ 11. „ „ „ ♀ von der Seite; „ „ Obj. 4.
„ 12. „ „ „ ♀ Schwanzende; „ „ Obj. 5.
„ 13. „ *annulifera* „ ♀ von der Seite; „ „ Obj. 4.
„ 14. „ „ „ ♂ „ „ „ „ „
„ 15. „ „ „ ♀ Kopfende; „ „ Obj. 5.
„ 16. „ „ „ ♀ Oesophagusende; „ „ „
„ 17. „ „ „ ♂ Spiculum; „ „ „
„ 18. *Trilobus diversipapillatus* n. sp., ♀ Kopfende; „ „ Obj. 4.
„ 19. „ „ „ „ „ „ Obj. 5.
, 20. „ ♀ Vulva; „ „ „
, 21. „ ♀ Schwanzende; „ „ Obj. 4.
„ 22. „ „ ♂ Spiculum; „ „ Obj. 5.
, 23. „ ♂ Schwanzende; , „ „ „

Tafel 3.

Fig. 1. *Trilobus diversipapillatus* n. sp., Hermaphródit, von der Seite; nach Reich. Oc. 5. Obj. 4.
„ 2. *Monhystera paludicola* de Man, ♂ Kopfende; nach Reich. Oc. 5. Obj. 4.
„ 3. „ „ „ „ „ „ Obj. 5. .
„ 4. „ „ „ ♂ Schwanzende; „ „ Obj. 4.
„ 5. *Prismatolaimus microstomus* n. sp., ♀ Oesophagusende; nach Reich. Oc. 5. Obj. 5.
„ 6. „ „ „ ♀ von der Seite; „ „ Obj. 4.
„ 7. „ „ „ ♀ Kopfende; „ „ Obj. 8.
„ 8. *Cylindrolaimus politus* n. sp., ♀ von der Seite; „ „ Obj. 4.
„ 9. „ „ „ ♀ Kopfende; „ „ Obj. 8.
„ 10. *Bathylaimus maculatus* n. g. n. sp., ♀ Kopfende; „ „ „
„ 11. „ „ „ „ ♀ von der Seite; „ „ Obj. 4.
„ 12. „ „ „ „ ♀ Kopfende; „ „ Obj. 5.
„ 13. „ „ „ „ ♂ von der Seite; „ „ Obj. 4.
„ 14. „ „ „ „ ♂ Spiculum; „ „ Obj. 8.
„ 15. „ „ „ „ ♂ Papillen; „ „ „
„ 16. *Hoplolaimus paradoxus* n. g. n. sp., ♀ von der Seite; „ „ Obj. 4.
„ 17. „ „ „ „ ♀ Oesophagusbulbus; „ „ Obj. 8.
„ 18. „ „ „ „ ♀ Kopfende mit den Papillen; nach Reich. Oc. 5. Obj. 8.
„ 19. „ „ „ „ ♀ Kopfende mit dem Oesophagus; „ „ Obj. 5.

Tafel 4.

Fig. 1. *Dorylaimus annulatus* n. sp., ♂ Oesophagusende; nach Reich. Oc. 5. Obj. 2.
„ 2. „ „ „ ♂ Schwanzende; „ „ Obj. 4.
„ 3. „ „ „ ♂ Kopfende; „ „ „
„ 4. „ „ „ ♂ Schwanzende; „ „ Obj. 2.
„ 5. „ *cyatholaimus* „ ♂ „ „ „ Obj. 5.
„ 6. „ „ „ ♂ Kopfende; „ „ Obj. 8.
„ 7. „ *filicaudatus* „ ♀ Schwanzende; „ „ Obj. 4.
„ 8. „ „ „ ♀ Kopfende; „ „ Obj. 5.

Fig. 9. *Dorylaimus micrurus* n. sp., ♀ Kopfende; nach Reich. Oc. 5. Obj. 8.
„ 10. „ „ „ ♀ von der Seite; „ „ Obj. 2
„ 11. „ „ „ ♀ Vulva ; „ „ Obj. 8.
„ 12. „ „ „ ♀ Schwanzende; „ „ Obj. 4.
„ 13. „ *pusillus* „ ♀ Kopfende ; „ „ Obj. 8.
„ 14. „ „ „ ♀ Schwanzende; „ „ Obj. 5.
„ 15. „ „ „ ♀ Vulva ; „ „ „
„ 16. „ „ „ ♀ Schwanzende; „ „ „
„ 17. „ *unipapillatus* „ ♂ Schwanzende; „ „ Obj. 4.
„ 18. „ „ „ ♂ Kopfende; „ „ Obj. 5.
„ 19. „ *tripapillatus* „ ♀ Schwanzende; „ „ Obj. 4.
„ 20. „ „ „ ♂ Schwanzende; „ „ „
„ 21. „ „ „ ♂ Kopfende ; „ „ Obj. 8.

Tafel 5.

Fig. 1. *Cephalobus aculeatus* n. sp., ♂ von der Seite; nach Reich. Oc. 5. Obj. 2.
„ 2. „ „ „ ♂ Kopfende ; „ „ Obj. 5.
„ 3. „ „ „ ♂ Schwanzende; „ „ „
„ 4. *Ichthydium crassum* n. sp., von oben; „ „ „
„ 5. „ „ „ Hinterende von d. Seite ; „ „ „
„ 6. *Chaetonotus dubius* n. sp., von der Seite; „ „ „
„ 7. „ *similis* Zel., von der Seite : „ „ „
„ 8. „ „ „ Rückenschuppe des Rumpfes; nach Reich. Oc. 5. Obj. 6.
„ 9. „ „ „ „ „ „ „ „
„ 10. „ *pusillus* n. sp., von oben; nach Reich. Oc. 5. Obj. 5.
„ 11. „ „ „ Kopf von der Seite; „ „ „
„ 12. „ „ „ Schuppen in Gruppe; „ „ Obj. 6.
„ 13. „ „ „ Schuppen in seitlichem Durchschnitt; nach Reich. Oc. 5. Obj. 6
„ 14. „ „ „ Rumpfschuppe von oben; „ „ „
„ 15. „ *heterochaetus* n. sp., von oben; „ „ Obj. 5.
„ 16. „ „ „ einfache Rückenstachel mit der Schuppe; „ „ Obj. 6.
„ 17. „ „ „ Gabelstachel mit der Schuppe; „ „ „
„ 18. „ *erinaceus* „ von oben; nach Reich. Oc. 5. Obj. 5.
„ 19. „ „ „ dorsale Halsschuppe; „ „ „
„ 20. „ „ „ dorsale Rumpfschuppe; „ „ „
„ 21. „ „ „ das Tier von der Seite; „ „ „
„ 22. „ „ „ drei dorsale Rumpfschuppen ; nach Reich. Oc. 5. Obj. 5.
„ 23. „ *hystrix* Metsch., dorsale Rumpfschuppen; „ „ Obj. 6.
„ 24. „ „ „ dorsale Rumpfschuppe mit dem Stachel; „ „ „
„ 25. „ „ „ linke Hälfte des Schwanzes; „ „ Obj. 5.
„ 26. „ „ „ dorsale Halsschuppe mit dem Stachel; „ „ „
„ 27. „ „ „ das Tier von oben ; „ „ „

Tafel 6.

Fig. 1. *Lepidoderma elongatum* n. sp., von oben; nach Reich. Oc. 5. Obj. 4.
„ 2. „ „ „ Kopf von unten ; „ „ Obj. 5.
„ 3. *Gossea pauciseta* n. sp., von oben; „ „ „
„ 4. „ „ „ von der Seite; „ „ „

Fig. 5. *Gossea fasciculata* n. sp., von oben; nach Reich. Oc. 5. Obj. 5.
„ 6. „ „ „ von der Seite; „ „ „
„ 7. „ „ „ ein Stück der Kutikula; nach Reich. Oc. 5. hom. immers.
„ 8. *Anuraea aculeata* Ehrb., von oben; nach Reich. Oc. 5. Obj. 4.
„ 9. *Megalotrocha spinosa* Thorpe, von der Seite; „ „ Obj. 2.
„ 10. „ „ „ Kiefer; „ „ Obj. 7.
„ 11. *Distyla Ludwigi* Eckst., von der Bauchseite; „ „ Obj. 4.
„ 12. *Cathypna leontina* Turn., „ „ „ „ „
„ 13. „ *appendiculata* Lev., „ „ „ „ „
„ 14. „ *biloba* n. sp., „ „ „ „ „ „
„ 15. *Noteus quadricornis* v. *brevispinus*, von der Rückenseite; nach Reich. Oc. 5. Obj. 4.
„ 16. *Rattulus bicornis* West., von der Seite; nach Reich. Oc. 5. Obj. 2.
„ 17. *Cathypna incisa* n. sp., von der Bauchseite; „ „ Obj. 4.
„ 18. „ *leontina* v. *bisinuata* n. v., von der Bauchseite; nach Reich. Oc. 5. Obj. 4.
„ 19. „ *ungulata* Goss., „ „ „ „ „ „
„ 20. *Pterodina mucronata* Goss., „ „ „ „ „ „
„ 21. *Anuraea aculeata* Ehrb., von der Rückenseite; „ „ „

Tafel 7.

Fig. 1. *Noteus quadricornis* Ehrb., von der Rückenseite; nach Reich. Oc. 5. Cbj. 4.
„ 2. „ *militaris* (Ehrb.) Forma typica, von der Rückenseite; nach Reich. Oc. 5. Obj. 4.
„ 3. „ „ v. *macracanthus* n. v., „ „ „ „ „ „
„ 4. „ „ „ „ „ „ „ „ „ „
„ 5. „ „ „ „ „ „ Bauchseite; „ „ „
„ 6. *Brachionus Bakeri* Ehrb., „ „ Rückenseite; „ „ „
„ 7. „ „ v. *Melheni* Br. Dad., „ „ „ „ „ „
„ 8. „ „ v. *Anisitsi* n. v., „ „ Bauchseite; „ „ „
„ 9. „ *mirabilis* Dad., von der Rückenseite; nach Reich. Oc. 5. Obj. 4.
„ 10. „ „ „ „ Seite; „ „ „
„ 11. „ *caudatus* Bar. Dad., „ „ Rückenseite; „ „ Obj. 5.
„ 12. *Salpina brevispina* Ehrb., „ „ Seite; „ „ „
„ 13. „ *eustala* Gosse, „ „ „ „ „ „
„ 14. *Brachionus mirus* n. sp., „ „ Rückenseite; „ „ Obj. 4.
„ 15. „ „ „ Fußende; „ „ Obj. 5.
„ 16. *Monostyla pyriformis* n. sp., von der Bauchseite; „ „ „
„ 17. *Diarthra monostyla* Dad., „ „ Rückenseite; „ „ „
„ 18. *Dinocharis subquadratus* Perty, „ „ „ „ „ Obj. 4.

Tafel 8.

Fig. 1. *Cyclops phaleratus* Fisch., ♀ fünfter Fuß mit einem Stückchen des letzten Rumpfsegmentes; nach Reich. Oc. 5. Obj. 4.
„ 2. „ *anceps* Rich., ♀ Genitalsegment; nach Reich. Oc. 5. Obj. 4.
„ 3. „ „ „ ♀ fünfter Fuß mit einem Stückchen des letzten Rumpfsegmentes; nach Reich. Oc. 5. Obj. 5.
„ 4. „ „ „ ♀ unterer Maxillarfuß; nach Reich. Oc. 5. Obj. 4.
„ 5. „ *prasinus* Fisch., ♀ Genitalsegment; „ „ Obj. 5.
„ 6. „ *varicans* Sars v. *furcatus* n. var., ♀ von oben; „ „ Obj. 4.

Fig. 7. *Cyclops raricans* Sars v. *furcatus* n. var., ♀ letztes Rumpf- und das Genitalsegment; nach Reich. Oc. 5. Obj. 4.
" 8. " " " " " ♀ erste Antenne; nach Reich. Oc. 5. Obj. 5.
" 9. " " " " " ♀ dritter Fuß; " " Obj. 4.
" 10. " " " " " ♀ fünfter Fuß mit dem letzten Rumpfsegment; n. Reich. Oc. 5. Obj. 5.
" 11. " " " " " ♀ zweite Antenne; nach Reich. Oc. 5. Obj. 5.
" 12. " *macrurus* Sars, ♀ letztes Rumpf- und das Genitalsegment; nach Reich. Oc. 5. Obj. 2.
" 13. " *albidus* Jur., ♀ " " " " " " Obj. 4.
" 14. " " " ♀ fünfter Fuß; nach Reich. Oc. 5. Obj. 5.
" 15. " *annulatus* Wierz., ♀ Abdomen; " " Obj. 4.
" 16. " " " ♀ fünfter Fuß; " " Obj. 5.
" 17. " *mendocinus* Wierz., ♀ fünfter Fuß; " " "
" 18. " *Duborskyi* Land., ♀ letztes Rumpf- und das Genitalsegment; nach Reich. Oc. 5. Obj. 4.
" 19. " " " " dasselbe.
" 20. " " " " ♀ fünfter Fuß; nach Reich. Oc. 5. Obj. 5.
" 21. " *macrurus* Sars, ♂ Riechstäbchen der Greifantennen; nach Reich. Oc. 5. Obj. 5.
" 22. " *spinifer* Dad., ♀ zweite Antenne; nach Reich. Oc. 5. Obj. 4.
" 23. " " " ♀ fünfter Fuß; " " Obj. 5.
" 24. " " " ♀ oberer Maxillarfuß; " " Obj. 4.
" 25. " " " ♀ unterer " " " "
" 26. " " " ♀ erster Fuß; " " "
" 27. " " " ♀ untere Maxille; " " Obj. 5.
" 28. " *macrurus* Sars, ♀ fünfter Fuß; " "
" 29. " " " " ♀ Furca mit dem letzten Abdominalsegment; nach Reich; Oc. 5. Obj. 2

Tafel 9.

Fig. 1. *Cyclops spinifer* Dad., ♀ von oben; nach Reich. Oc. 5. Obj. 2.
" 2. " " " ♀ fünfter Fuß; " " Obj. 5.
" 3. " *strenuus* Fisch., ♀ letztes Rumpf- und das Genitalsegment; nach Reich. Oc. 5. Obj. 4.
" 4. " " " ♀ fünfter Fuß; " " Obj. 5.
" 5. *Canthocamptus bidens* Schmeil, O., ♀ Furca von der Seite; " " "
" 6. " " " ♀ fünfter Fuß; " " "
" 7. " " " ♀ Hinterrand d. ersten Rumpfsegmentes " " "
" 8. " " " ♀ äußerer Genitalapparat; " " "
" 9. " *trispinosus* Brad., ♀ fünfter Fuß; " " "
" 10. *Diaptomus conifer* Sars, *digitatus*, ♀ letzte Rumpfsegmente von d. Seite; " " Obj. 2.
" 11. " *falcifer* n. sp., ♂ Greifantenne; " " "
" 12. " " " ♀ fünfter Fuß; " " Obj. 4.
" 13. " " " ♂ linker fünfter Fuß; " " "
" 14. " " " ♂ fünftes Fußpaar; " " "
" 15. " " " ♀ von oben; " " Obj. 2.
" 16. " *Anisitsi* n. sp., ♂ Distalstück der Greifantenne; " " "
" 17. " " " ♀ letztes Rumpf- und das Genitalsegment von der Seite; nach Reich. Oc. 5. Obj. 1.
" 18. " " " ♀ fünfter Fuß; nach Reich. Oc. 5. Obj. 2.
" 19. " " " ♂ linker fünfter Fuß " " "
" 20. " " " ♂ fünfter Fuß; " " "

Fig. 21. *Diaptomus Anisitsi* n. sp., ♂ Proximalstück der Greifantenne; nach Reich. Oc. 5. Obj. 2.
„ 22. „ „ „ ♀ von oben; nach Reich. Oc. 5. Obj. 1.

Tafel 10.

Fig. 1. *Chydorus dentifer* n. sp., ♀ von der Seite; nach Reich. Oc. 5. Obj. 2.
„ 2. „ „ „ ♀ Postabdomen; „ „ Obj. 4.
„ 3. „ *flarescens* „ ♀ von der Seite; „ „ „
„ 4. „ „ „ ♀ Postabdomen; „ „ Obj. 5.
„ 5. „ *hybridus* „ ♀ von der Seite; „ „ Obj. 4.
„ 6. „ „ „ ♀ Lippenanhang; „ „ Obj. 5.
„ 7. „ „ „ ♀ Postabdomen; „ „ „
„ 8. *Alonella globulosa* (Dad.), ♀ von der Seite; „ „ Obj. 4.
„ 9. „ „ „ ♀ Postabdomen; „ „ Obj. 5.
„ 10. „ *dentifera* Sars, ♀ von der Seite; „ „ Obj. 2.
„ 11. „ „ „ ♀ Postabdomen; „ „ „
„ 12. „ *punctata* (Dad.), ♀ von der Seite; „ „ Obj. 1.
„ 13. „ „ „ ♂ „ „ „ „ „ „
„ 14. „ „ „ ♀ Postabdomen; „ „ Obj. 2.
„ 15. „ „ „ ♀ von der Seite; „ „ „
„ 16. „ „ „ ♀ Lippenanhang; „ „ „
„ 17. „ „ „ ♂ Postabdomen; „ „ „
„ 18. *Leptorhynchus dentifer* n. sp., ♀ von der Seite; „ „ „
„ 19. „ „ „ ♀ Lippenanhang; „ „ Obj. 5.
„ 20. „ „ „ „ „ „ „
„ 21. „ „ „ ♀ Postabdomen; „ Obj. 2.
„ 22. „ „ „ ♀ hintere untere Schalenecke; nach Reich. Oc. 5. Obj. 5.
„ 23. „ „ „ ♀ von der Seite; nach Reich. Oc. 5. Obj. 2.
„ 24. „ *rostratus* (C. L. K), ♀ von der Seite; „ „ Obj. 4.
„ 25. . „ „ „ ♀ Postabdomen; „ „ Obj. 5.
„ 26. *Alona affinis* Leyd., ♂ Postabdomen; „ „ Obj. 4.
„ 27. „ „ „ ♀ „ „ „ „

Tafel 11.

Fig. 1. *Alona Cambouei* Gr. Rich., ♀ von der Seite; nach Reich. Oc. 5. Obj. 4.
„ 2. „ „ „ ♀ Postabdomen; „ „ Obj. 5.
„ 3. „ *glabra* G. O. Sars, ♀ von der Seite; „ „ Obj. 4.
„ 4. „ „ „ ♀ Postabdomen; „ „ „
„ 5. „ *anodonta* n. sp., ♀ von der Seite; „ „ Obj. 2.
„ 6. „ „ „ ♀ Postabdomen; „ „ „
„ 7. „ *rectangula* G. O. Sars, ♀ von der Seite; „ „ „
„ 8. „ „ „ ♀ Postabdomen; „ „ „
„ 9. „ *fasciculata* n. sp., ♀ von der Seite; „ „ Obj. 4.
„ 10. „ „ „ ♀ Lippenanhang; „ „ Obj. 5.
„ 11. „ „ „ ♀ Postabdomen; „ „ „
„ 12. *Euryalona tenuicaudis* (Sars), ♀ von der Seite; „ „ Obj. 2.
„ 13. „ „ „ ♀ Postabdomen; „ „ „

Fig. 14. *Euryalona orientalis* (Dad.), ♀ Postabdomen; nach Reich. Oc. 5. Obj. 4.
„ 15. „ „ „ ♀ von der Seite; „ „ Obj. 2.
„ 16. „ „ „ ♀ Endklaue des erstenFußes; „ „ Obj. 5.
„ 17. *Pseudalona latissima* (Kurz), ♀ Postabdomen; „ „ Obj. 4.
„ 18. „ *longirostris* (Dad.), ♀ Postabdomen; „ „ „
„ 19. *Leydigia acanthocercoides* (Fisch.), „ „ „ „
„ 20. „ *parva* n. sp., „ „ „ „
„ 21. „ „ „ ♀ von der Seite; „ „ Obj. 2.

Tafel 12.

Fig. 1. *Leydigiopsis ornata* n. sp., ♀ von der Seite; nach Reich. Oc. 5. Obj. 2.
„ 2. „ „ „ ♀ Kopf; „ „ Obj. 4.
„ 3. „ „ „ ♀ Postabdomen; „ „ „
„ 4. *Camptocercus australis* Sars, „ „ „ „
„ 5. *Euryalona fasciculata* n. sp., „ „ „ Obj. 2.
„ 6. „ „ „ ♀ Endklaue des ersten Fußes; nach Reich. Oc. 5. Obj. 5.
„ 7. „ „ „ ♂ Postabdomen; nach Reich. Oc. 5. Obj. 2.
„ 8. „ „ „ ♀ von der Seite; „ „ Obj. 1.
„ 9. „ „ „ ♀ erste Antenne; „ „ Obj. 4.
„ 10. „ „ „ ♂ von der Seite; „ „ Obj. 1.
„ 11. *Iliocryptus verrucosus* n.sp., ♀ „ „ „ „ „ Obj. 2.
„ 12. „ „ „ ♀ von oben; „ „ „
„ 13. „ „ „ ♀ erste Antenne; „ „ Obj. 4.
„ 14. „ „ „ ♀ Postabdomen; „ „ „
„ 15. *Macrothrix gibbera* n. sp., ♀ von der Seite; „ „ „
„ 16. „ „ „ ♀ Postabdomen; „ „ Obj. 5.
„ 17. „ „ „ ♀ erste Antenne; „ „ „
„ 18. *Bosmina tenuirostris* n. sp., ♀ von der Seite; „ „ Obj. 2.
„ 19. „ „ „ ♀ erste Antenne; „ „ Obj. 5.
„ 20. „ „ „ ♀ Postabdomen; „ „ „
„ 21. „ *macrostyla* n. sp., „ „ „ „
„ 22. „ „ „ ♀ erste Antenne; „ „ „
„ 23. „ „ „ ♀ von der Seite; „ „ Obj. 4.

Tafel 13.

Fig. 1. *Bosminella Anisitsi* Dad., ♀ von der Seite; nach Reich. Oc. 5. Obj. 4.
„ 2. „ „ „ ♀ Rostrum mit den ersten Antennen von oben; n.Reich. Oc.5. Obj. 4.
„ 3. „ „ „ ♀ Postabdomen; nach Reich. Oc. 5. Obj. 4.
„ 4. „ „ „ ♀ jung, von der Seite; „ „ „
„ 5. „ „ „ ♀ zweite Antenne; „ „ „
„ 6. *Moinodaphnia reticulata* n. sp., ♀ von der Seite; „ „ Obj. 2.
„ 7. „ „ „ ♀ Postabdomen; „ „ Obj. 4.
„ 8. „ „ „ ♀ erste Antenne; „ „ Obj. 5.
„ 9. *Moina ciliata* n. sp., ♀ Postabdomen; „ „ Obj. 4.
„ 10. „ „ „ ♀ Bauchrand der Schale; „ „ Obj. 6.
„ 11. „ „ „ ♀ erste Antenne; „ „ Obj. 4.

Fig. 12. *Moina ciliata* n. sp., ♀ von der Seite; nach Reich. Oc. 5. Obj. 1.
„ 13. „ „ „ „ ♀ „ „ „ „ „
„ 14. *Ceriodaphnia Rigaudi* Rich., ♀ Postabdomen; „ „ Obj. 4.
„ 15. „ „ „ ♀ von der Seite; „ „ „
„ 16. „ *cornuta* G. O. Sars, ♀ von der Seite; nach Reich. Oc. 5. Obj. 2.
„ 17. „ „ „ ♀ Postabdomen; „ „ Obj. 4.
„ 18. „ *Silvestrii* Dad., ♀ Endklaue des Postabdomens; nach Reich. Oc. 5. Obj. 5.
„ 19. „ „ „ ♀ von der Seite; nach Reich. Oc. 5. Obj. 2.
„ 20. „ „ „ ♀ Postabdomen; „ „ „
„ 21. „ *reticulata* (Jur.), „ „ „ Obj. 4.
„ 22. „ „ „ ♀ von der Seite; „ „ Obj. 2.
„ 23. *Simocephalus capensis* Sars, ♀ von der Seite; „ Oc. 3. Obj. 2.
„ 24. „ „ „ ♀ Endklaue des Postabdomens; nach Reich. Oc. 5. Obj. 2.
„ 25. *Daphnia obtusa* v. *propinqua* G. O. Sars, ♀ von der Seite; „ Oc. 3. „
„ 26. „ „ „ „ ♀ jung, von der Seite; „ Oc. 5. „
„ 27. „ *curvirostris* v. *insulana* Mon., ♀ Endklaue; „ „ Obj. 4.
„ 28. „ „ „ „ ♀ Postabdomen; „ „ „
„ 29. „ „ „ „ ♀ von der Seite; „ Oc. 3. Obj. 2.

Tafel 14.

Fig. 1. *Latonopsis breviremis* n. sp., ♀ Postabdomen; nach Reich. Oc. 5. Obj. 5.
„ 2. „ „ „ ♀ von der Seite; „ „ Obj. 2.
„ 3. „ „ „ ♀ erste Antenne; „ „ Obj. 4.
„ 4. *Parasida ramosa* n. g. n. sp., ♀ Postabdomen; „ „ „
„ 5. „ „ „ „ ♀ Dornengruppen des Postabdomens; nach Reich. Oc. 5. Obj. 8.
„ 6. „ „ „ „ ♀ erste Antenne; nach Reich. Oc. 5. Obj. 4.
„ 7. „ „ „ „ ♀ von der Seite: „ „ Obj. 2.
„ 8. „ *variabilis* „ „ ♀ Ende des Postabdomens; „ „ Obj. 4.
„ 9. „ „ „ „ ♀ Kopf von der Seite; „ „ Obj. 2.
„ 10. „ „ „ „ ♀ erste Antenne; „ „ Obj. 4.
„ 11. „ „ „ „ ♂ Kopf von unten; „ „ Obj. 2.
„ 12. „ „ „ „ ♂ erster Fuß; „ „ Obj. 4.
„ 13. *Latonopsis fasciculata* n. sp., ♀ Postabdomen; „ „ „
„ 14. „ „ „ ♀ von der Seite; „ „ Obj. 2.
„ 15. „ „ „ ♀ Dornengruppen des Postabdomens; nach Reich. Oc. 5. Obj. 6.
„ 16. „ „ „ „ „ Schalenhinterrandes; „ „ „
„ 17. „ „ „ ♀ erste Antenne; nach Reich. Oc. 5. Obj. 4.

Tafel 15.

Fig. 1. *Estheria Hislopi* Baird, ♀ von der Seite; nach Reich. Oc. 3. Obj. 2.
„ 2. „ „ „ ♀ von oben; „ „ „
„ 3. „ „ „ ♀ Kopf von vorn; „ Oc. 5. „
„ 4. „ „ „ ♀ Kopf von der Seite; „ „ „
„ 5. „ „ „ ♀ dreizehnter Fuß; „ „ Obj. 4.
„ 6. „ „ „ ♀ erster Fuß; „ „ Obj. 2.
„ 7. „ „ „ ♀ sechster Fuß; „ „ „

Fig. 8. *Estheria Hislopi* Baird, ♀ zweite Antenne; nach Reich. Oc. 5. Obj. 2.

" 9. " " " ♀ Postabdomen; " " "

" 10. " " " ♀ erste Antenne; " " "

" 11. *Eucypris areguensis* n. sp., ♀ von der Seite; " " "

" 12. " " " ♀ von oben; " " "

" 13. " " " ♀ Furka; " " Obj. 4.

" 14. " *Anisitsi* n. sp , ♀ rechte Schale von der Seite; nach Reich. Oc. 5. Obj. 1.

" 15. " " " ♀ linke " " " " " " "

" 16. " " " ♀ Schalen von oben; " " "

" 17. " " " ♀ Mandibulartaster; nach Reich. Oc. 5. Obj. 2.

" 18. " " " ♀ Maxillarfuß; " " "

" 19. " " " ♀ Maxillartaster; " " Obj. 5.

" 20. " " " ♀ Furka; " " Obj. 2.

" 21. " " " ♀ Muskeleindrücke; " " "

" 22. " " " ♀ erster Fuß; " " "

Tafel 16.

Fig. 1. *Eucypris tenuis* n. sp., ♀ von der Seite; nach Reich. Oc. 5. Obj. 2.

" 2. " " " ♀ von oben; " " "

" 3. " " " ♀ Maxille; " " Obj. 4.

" 4. " " " ♀ Furka; " " "

" 5. *Cypria denticulata* n. sp., " " " Obj. 5.

" 6. " " " ♀ rechte Schale von der Seite; nach Reich. Oc. 5. Obj. 2.

" 7. " " " ♀ linke " " " " " "

" 8. " " " ♀ Schalen von oben; " " "

" 9. " " " ♀ Ende des zweiten Fußes; " " Obj. 5.

" 10. " *pellucida* G. O. Sars, ♂ von oben; " " Obj. 2.

" 11. " " " ♂ Kopulationsorgan; " " Obj. 5.

" 12. " " " ♂ Furka; " " "

" 13. " " " ♂ Taster des linken Maxillarfußes; " " "

" 14. " " " " " rechten " " " "

" 15. " " " ♂ Vorderrand der linken Schale; " " "

" 16. *Candonopsis Anisitsi* n. sp., ♀ Schale von der Seite; " " Obj. 2.

" 17. " " " ♀ Schalen von oben; " " "

" 18. " " " ♂ " " " " " "

" 19. " " " ♂ Schale von der Seite; " " "

" 20. " " " ♂ Furka; " " "

" 21. " " " ♂ Taster des rechten Maxillarfußes; " " Obj. 5.

" 22. " " " " " linken " " "

" 23. " " " ♂ Kopulationsorgan; " " Obj. 4.

" 24. " " " ♂ Ende des zweiten Fußes; " " "

" 25. " " " ♀ Furka; " " "

" 26. " " " ♀ Muskeleindrücke; " " "

" 27. *Candona parva* n. sp., ♀ Schale von der Seite; " " Obj. 2.

" 28. " " " ♂ Schalen von oben; " " "

" 29. " " " ♂ Sinnesstäbchen der zweiten Antenne; " " Obj. 5.

Tafel 17.

Fig. 1. *Candona parva* n. sp., ♂ Schale von der Seite; nach Reich. Oc. 5. Obj. 2.
„ 2. „ „ „ ♂ Taster des linken Maxillarfußes; „ „ Obj. 5.
„ 3. „ „ „ „ „ rechten „ „ „ „
„ 4. „ „ „ ♂ Kopulationsorgan; nach Reich; Oc. 5. Obj. 4.
„ 5. „ „ „ ♂ Furka; „ „ „
„ 6. „ „ „ ♀ Furka; „ „ „
„ 7. „ „ „ ♀ zweiter Fuß; „ „ „
„ 8. *Eucandona cyproides* n. sp., ♀ Schale von der Seite; nach Reich. Oc. 5. Obj. 2.
„ 9. „ „ „ ♀ Schalen von oben; „ „ „
„ 10. „ „ „ ♀ Taster der Maxille; „ „ Obj. 5.
„ 11. „ „ „ ♀ zweite Antenne; „ „ Obj. 4.
„ 12. „ „ „ ♀ zweiter Fuß; „ „ „
„ 13. „ „ „ ♀ Furka; „ „ „
„ 14. „ „ „ ♀ erster Fuß; „ „ „
„ 15. *Cytheridella Ilosvayi* n. g. n. sp., ♀ rechte Schale von der Seite; nach Reich. Oc. 5. Obj. 2.
„ 16. „ „ „ „ ♀ linke „ „ „ „ „ „ „
„ 17. „ „ „ „ ♀ Schalen von oben; „ „ „
„ 18. „ „ „ „ ♀ innere Seite der linken Schale; „ „ „
„ 19. „ „ „ „ ♂ Schalen von oben; „ „ „
„ 20. „ „ „ „ ♀ Struktur der Schalenwandung; „ „ Obj. 4.
„ 21. „ „ „ „ ♂ innere Seite der linken Schale; „ „ Obj. 2.
„ 22. „ „ „ „ ♀ ganzes Tier aus der Schale entfernt; a^1 = erste, a^2 = zweite Antenne; mx = Maxille; $p^1 - p^3$ = erster, zweiter und dritter Fuß; v = Vulva; f = Furka; nach Reich. Oc. 5. Obj. 4.
„ 23. „ „ „ „ ♂ Kopf und zweite Antenne; „ „ „
„ 24. „ „ „ „ ♀ erste Antenne; „ „ „
„ 25. „ „ „ „ ♀ Muskeleindrücke; „ „ „
„ 26. „ „ „ „ ♀ Sinnesstäbchen der ersten Antenne; „ „ Obj. 8.
„ 27. „ „ „ „ ♀ Furkalanhang; „ „ Obj. 4.
„ 28. „ „ „ „ ♂ Sinnesstäbchen d. zweiten Antenne; „ „ Obj. 8.

Tafel 18.

Fig. 1. *Cytheridella Ilosvayi* n. g. n. sp., ♂ Mandibel; nach Reich; Oc. 5. Obj. 4.
„ 2. „ „ „ „ ♂ Maxille; „ „ „
„ 3. „ „ „ „ ♂ Kiemenanhang der Maxille; nach Reich. Oc. 5. Obj. 4.
„ 4. „ „ „ „ ♀ erster Fuß; „ „ „
„ 5. „ „ „ „ ♀ zweiter Fuß; „ „ „
„ 6. „ „ „ „ ♀ dritter Fuß; „ „ Obj. 5.
„ 7. „ „ „ „ ♂ Kopulationsorgan; „ „ Obj. 4.
„ 8. „ „ „ „ ♂ inneres Skelett des Kopfes; „ „ Obj. 5.
„ 9. „ „ „ „ „ „ „ Rumpfes; „ „ „
„ 10. „ „ „ „ ♀ inneres Skelett d. zweiten Antenne; „ „ „
„ 11. „ „ „ „ „ des ersten Fußes; „ „ „
„ 12. *Hydryphantes ramosus* n. sp., Augenplatte; nach Reich. Oc. 5. Obj. 2.
„ 13. „ „ „ Seitenaugenpaar; „ „ „

Fig. 14. *Hydryphantes ramosus* n. sp., Genitalplatten;   nach Reich.   Oc. 5.   Obj. 2.
" 15.   "   "   "   Maxillartaster;   "   "   "
" 16.   "   "   "   Papillen des Integuments; "   "   Obj. 5.
" 17. *Hygrobates verrucifer* n. sp., von unten ;   "   "   Obj. 2.
" 18.   "   "   "   Ende des vierten Fußes mit den Klauen; nach Reich. Oc. 5. Obj. 5.
" 19.   "   "   "   Maxillartaster;   "   "   Obj. 2.
" 20.   "   "   "   zweites und drittes Glied des Maxillartasters; "   "   Obj. 5.
" 21. *Limnesia sp.*, Maxillartaster; nach Reich. Oc. 5. Obj. 2.
" 22.   "   "   Genitalplatten;   "   "   "
" 23. *Hygrobates verrucifer* n. sp., vierter Fuß; nach Reich. Oc. 5. Obj. 5.
" 24. *Diplodontus despiciens* (O. F. M.), Genitalplatten; "   "   Obj. 2.
" 25.   "   "   "   Maxillartaster; "   "   "

Tafel 19.

Fig. 1. *Eulais Anisitsi* n. sp., ♀ Capitulum von unten; nach Reich. Oc. 5. Obj. 2.
" 2.   "   "   "   ♀   "   von der Seite;   "   "   "
" 3.   "   "   "   ♀ Innenseite d. Maxillartasters ; "   "
" 4.   "   "   "   ♀ Außenseite d.   "   "   "
" 5.   "   "   "   ♀ Augenbrille;   "   "   Obj. 4.
" 6.   " *propinqua* n. sp.,   "   "   "   "
" 7.   "   "   "   ♀ Capitulum von unten ;   "   "   "
" 8.   "   "   "   ♀ Außenseite d. Maxillartasters; "   Obj. 2.
" 9.   "   "   "   ♀ Capitulum von der Seite;   "   Obj. 4.
" 10.   "   "   "   ♀ Innenseite d. Maxillartasters; "   Obj. 2.
" 11. *Hydrachna pusilla* n. sp., ♀ Epimeren mit den Genitalplatten; nach Reich. Oc. 5. Obj. 2.
" 12.   "   "   "   ♀ Stück des Integuments;   "   "   Obj. 5.
" 13.   "   "   "   ♀ von oben; nach Reich. Oc. 5. Obj. 2.
" 14.   "   "   "   ♀ Maxillartaster ;   "   Obj. 4.
" 15. *Diplodontus despiciens* juv., von unten;   "   Obj. 2.
" 16.   "   "   "   Maxillartaster;   "   Obj. 4.
" 17. *Arrhenurella minima* n. sp., ♀ Maxillartaster ;   "   "   "
" 18.   "   "   "   ♀ Epimeren mit den Genitalplatten; nach Reich. Oc. 5. Obj. 4.
" 19.   "   "   "   ♀ von oben;   "   Obj. 2.
" 20.   " *rotunda* n. sp.,   "   "   "   "
" 21.   "   "   "   ♀ zwei distale Glieder der Maxillartasters; "   Obj. 5.
" 22.   "   "   "   ♀ Maxillartaster;   "   Obj. 4.
" 23.   "   "   "   ♀ vierter Fuß;   "   "   "
" 24.   "   "   "   ♀ Epimeren mit den Genitalplatten;   "   "   "

Tafel 20.

Fig. 1. *Arrhenurus Anisitsi* n. sp., ♀ von oben; nach Reich. Oc. 5. Obj. 2.
" 2.   "   "   "   ♀ von unten;   "   "   "
" 3.   "   "   "   ♀ Maxillartaster ;   "   Obj. 4.
" 4.   " *apertus* n. sp.,   "   Oc. 3.   "
" 5.   "   "   "   ♀ von oben;   "   Obj. 2.
" 6.   "   "   "   ♀ Epimeren mit den Genitalplatten; nach Reich. Oc. 3. Obj. 2.

373

Fig. 7. *Arrhenurus meridionalis* n. sp., ♀ von oben; nach Reich. Oc. 5. Obj. 2.
„ 8. „ „ „ „ ♀ Epimeren mit den Genitalplatten; nach Reich. Oc. 5. Obj. 2.
„ 9. „ *multangulus* n. sp., ♀ von unten; nach Reich. Oc. 5. Obj. 2.
„ 10. „ „ „ „ ♀ von oben; „ „ „
„ 11. „ „ „ „ ♀ Maxillartaster; „ „ Obj. 4.
„ 12. „ *propinquus* n. sp., „ „ „ „
„ 13. „ „ „ „ ♀ von oben; „ „ Obj. 2.
„ 14. „ *trichophorus* n. sp., ♂ Maxillartaster; „ „ Obj. 4.
„ 15. „ „ „ „ ♀ „ „ „ „
„ 16. „ *propinquus* n. sp., ♀ Epimeren mit den Genitalplatten; nach Reich. Oc. 5. Obj. 2.
„ 17. „ *trichophorus* n. sp., ♀ von oben; nach Reich. Oc. 3. Obj. 3.
„ 18. „ „ „ „ ♀ Epimeren und Genitalplatten; nach Reich. Oc. 3. Obj. 2.
„ 19. „ „ „ „ ♂ zweiter Fuß; nach Reich. Oc. 5. Obj. 2.
„ 20. „ „ „ „ ♂ von der Seite; „ Oc. 3. „

Tafel 21.

Fig. 1. *Arrhenurus trichophorus* n. sp., ♂ von oben; nach Reich. Oc. 3. Obj. 2.
„ 2. „ „ „ „ ♂ von unten; „ „ „
„ 3. „ „ „ „ ♂ erster Fuß; „ Oc. 5. „
„ 4. „ „ „ „ ♂ dritter Fuß; „ „ „
„ 5. „ „ „ „ ♂ vierter Fuß; „ „ „
„ 6. „ *uncatus* n. sp., ♂ von oben; „ „ „
„ 7. „ „ „ „ ♂ von unten; „ „ „
„ 8. „ „ „ „ ♂ Maxillartaster; „ „ Obj. 5.
„ 9. „ „ „ „ ♂ von der Seite; „ „ Obj. 2.
„ 10. *Anisitsiella aculeata* n. g. n. sp., ♀ Endklaue des ersten Fußes; nach Reich. Oc. 5. Obj. 3.
„ 11. „ „ „ „ „ ♀ von oben; nach Reich. Oc. 5. Obj. 2.
„ 12. „ „ „ „ „ ♀ Mandibel; „ „ Obj. 4.
„ 13. „ „ „ „ „ ♀ Maxillartaster; „ „ „
„ 14. „ „ „ „ „ ♀ vierter Fuß; „ „ „
„ 15. „ „ „ „ „ ♀ von unten; „ „ Obj. 2.
„ 16. *Limnesia cordifera* n. sp., ♀ Maxillartaster; „ „ Obj. 4.
„ 17. „ „ „ ♀ von unten; „ „ Obj. 2.
„ 18. „ *dubiosa* n. sp., ♀ Maxillartaster; „ „ Obj. 4.
„ 19. „ „ „ ♀ von unten; „ „ Obj. 2.

Tafel 22.

Fig. 1. *Limnesia parva* n. sp., ♂ von oben; nach Reich. Oc. 5. Obj. 2.
„ 2. „ „ „ ♂ Epimeren und Genitalplatten; nach Reich; Oc. 5. Obj. 4.
„ 3. „ „ „ ♂ Maxillartaster; „ „ „
„ 4. *Limnesiella globosa* n. g. n. sp., ♂ Epimeren u. Genitalplatten; „ „ Obj. 2.
„ 5. „ „ „ „ „ ♂ Genitalplatten; „ „ Obj. 4.
„ 6. „ „ „ „ „ ♂ Maxillartaster; „ „ „
„ 7. *Limnesia intermedia* n. sp., Epimeren und Genitalplatten; „ „ Obj. 2.
„ 8. „ „ „ Genitalplatten; „ „ Obj. 4.

Fig. 9. *Limnesia intermedia* n. sp., Maxillartaster; nach Reich. Oc. 5. Obj. 4.
„ 10. „ „ „ vierter Fuß; „ „ Obj. 2.
„ 11. *Limnesiella pusilla* n. g. n. sp., von unten; „ „ „
„ 12. „ „ „ „ Genitalplatten; „ „ Obj. 4.
„ 13. „ „ „ „ Maxillartaster; „ „ „
„ 14. *Koenikea convexa* n. sp., ♂ Genitalplatten; „ „ „
„ 15. „ „ „ ♀ Maxillartaster; „ „ „
„ 16. „ „ „ ♀ von oben; „ „ Obj. 2.
„ 17. „ „ „ ♀ Epimeren und Genitalplatten; nach Reich. Oc. 5. Obj. 4.
„ 18. „ „ „ ♀ zweiter Fuß; nach Reich. Oc. 5. Obj. 4.
„ 19. „ „ „ ♀ erster Fuß; „ „ „
„ 20. „ „ „ ♀ dritter Fuß; „ „ „
„ 21. „ „ „ ♀ vierter Fuß; „ „ „
„ 22. „ *spinosa* n. sp., ♀ zweiter Fuß; „ „ „
„ 23. „ „ „ ♀ erster Fuß; „ „ „

Tafel 23.

Fig. 1. *Koenikea spinosa* n. sp., ♀ von oben; nach Reich. Oc. 5. Obj. 2.
„ 2. „ „ „ ♀ von unten; „ „ „
„ 3. „ „ „ ♀ Maxillartaster; „ „ Obj. 5.
„ 4. „ „ „ ♂ „ „ „ „
„ 5. „ „ „ ♀ dritter Fuß; „ „ Obj. 4.
„ 6. „ „ „ ♀ vierter Fuß; „ „ „
„ 7. „ „ „ ♂ . „ „ „ „
„ 8. „ „ „ ♂ von oben; „ „ Obj. 2.
„ 9. „ „ „ ♂ von unten; „ „ „
„ 10. „ *biscutata* n. sp., ♀ Maxillartaster; „ „ Obj. 4.
„ 11. „ „ . „ ♀ von oben; „ „ Obj. 2.
„ 12. „ „ „ ♀ Epimeren und Genitalplatten; nach Reich. Oc. 5. Obj. 4.
„ 13. „ „ „ ♀ verschiedene Fußborsten; „ „ Obj. 5.
„ 14. „ „ „ ♀ erster Fuß; nach Reich. Oc. 5. Obj. 4.
„ 15. „ „ „ ♀ zweiter Fuß; „ „ „
„ 16. „ „ „ ♀ vierter Fuß; „ „ „
„ 17. *Piona Anisitsi* n. sp., ♀ Maxillartaster; „ „ Obj. 2.
„ 18. „ „ „ ♀ Epimeren und Genitalöffnung; nach Reich. Oc. 5. Obj. 2.
„ 19. „ „ „ ♀ Genitalöffnung und Poren; „ „ Obj. 4.
„ 20. „ *sp. larve*, Maxillartaster; nach Reich. Oc. 5. Obj. 5.
„ 21. „ „ „ von unten; „ „ Obj. 4.

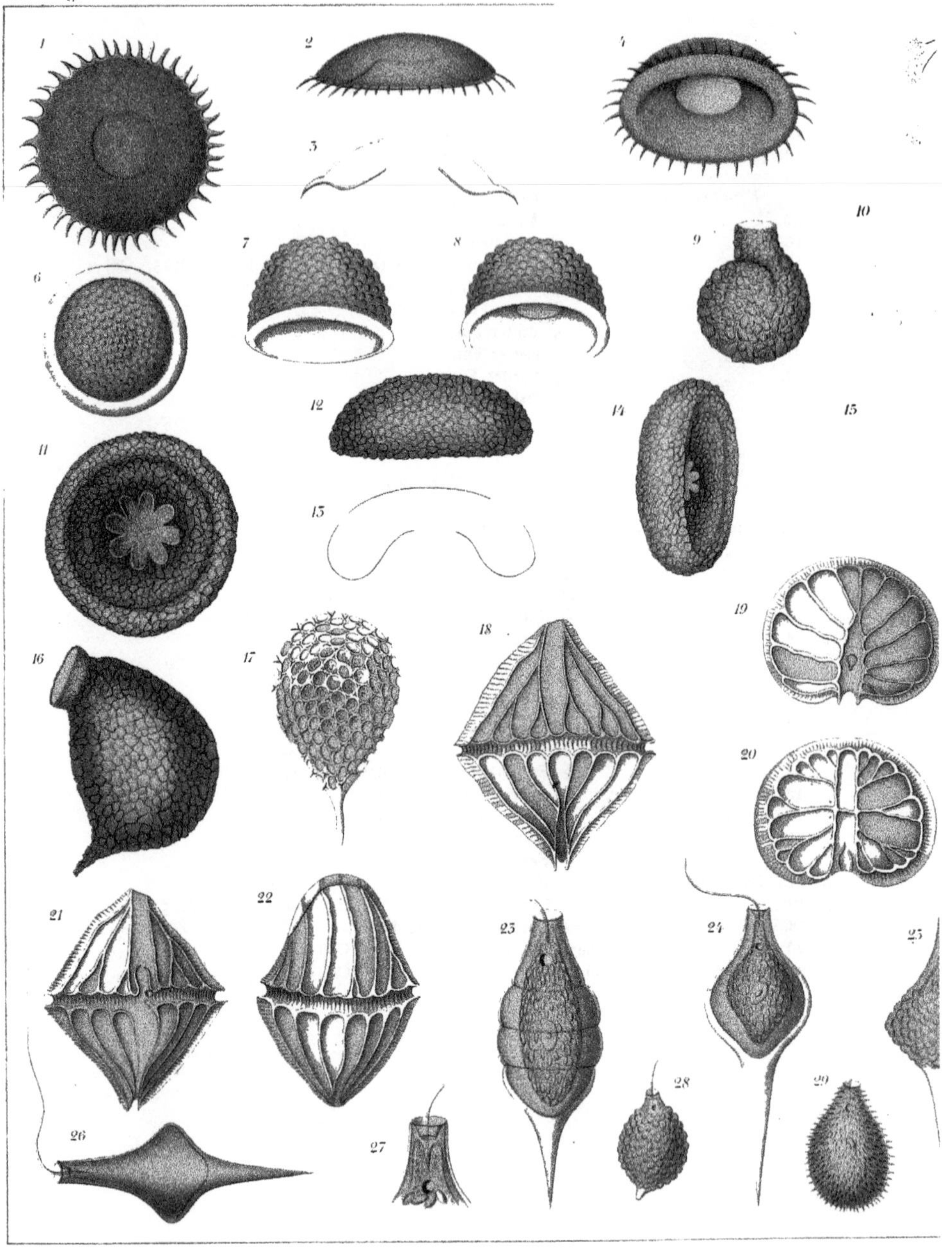
1
2
3
4
6
7
8
9
10
11
12
13
14
15
16
17
18
19
20
21
22
23
24
25
26
27
28
29

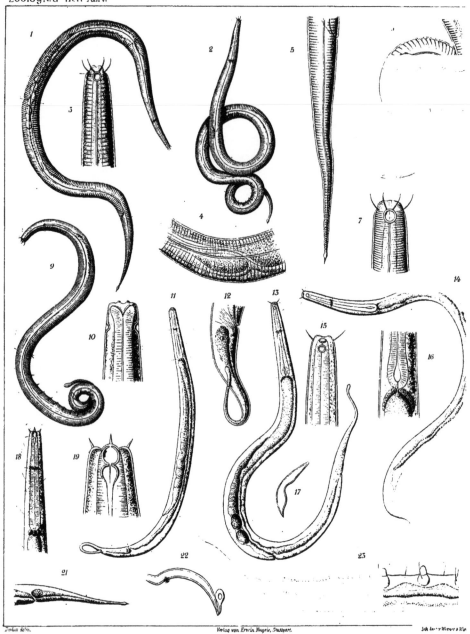

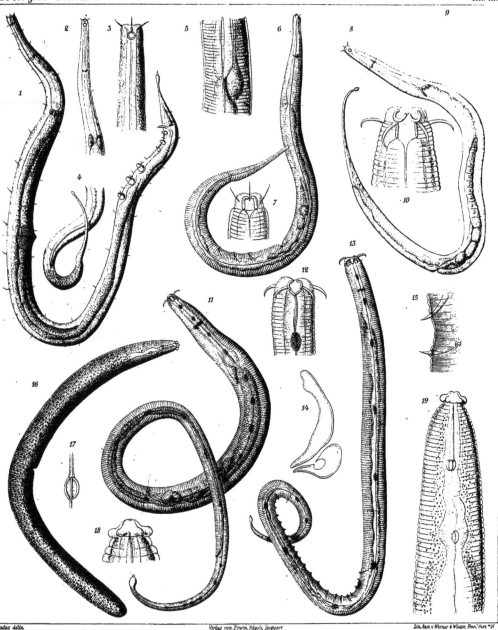

Daday delin.

Verlag von Erwin Nägele, Stuttgart.

Lith.Anst.v.Werner & Winter, Frankfurt ªM

1

5 7

10

8 9 11

15

12 13

14

16

17

19 21

20

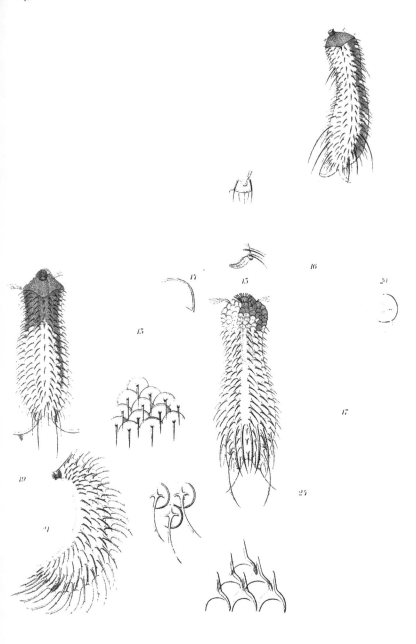

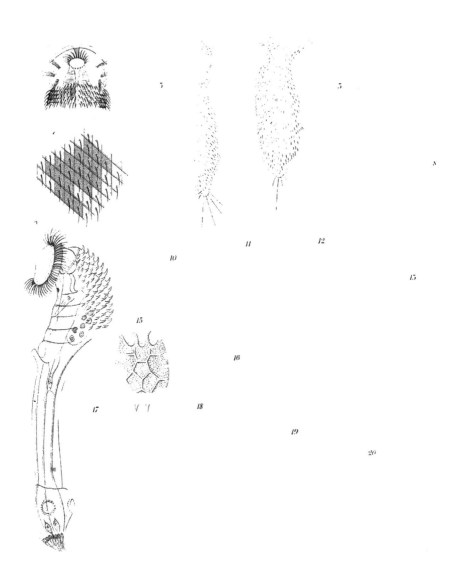

3

5

8

11

12

10

15

15

16

17

18

19

20

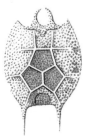

10

12

16

15

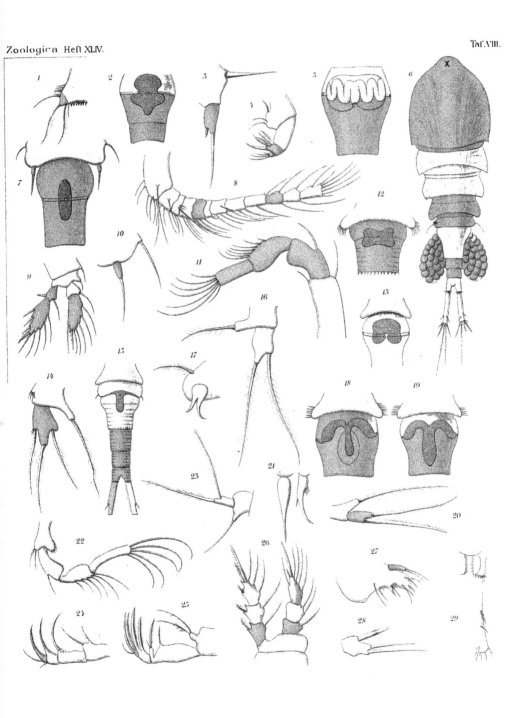

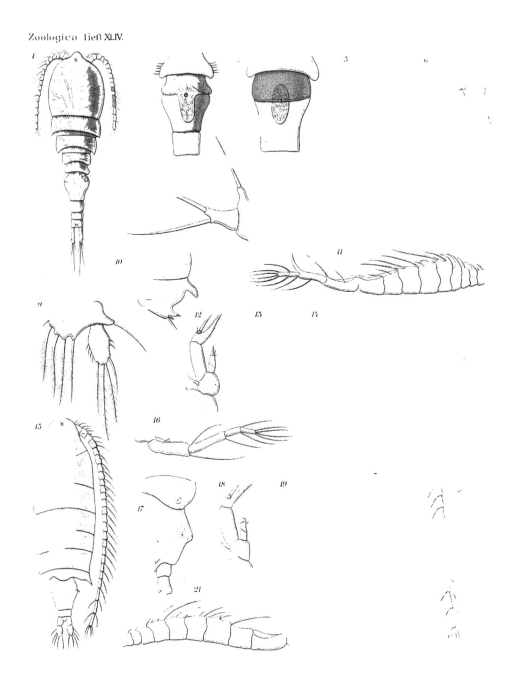

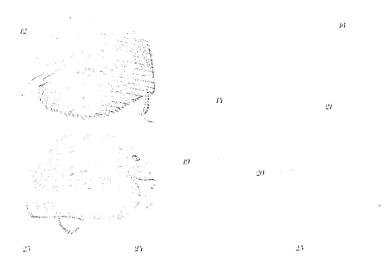

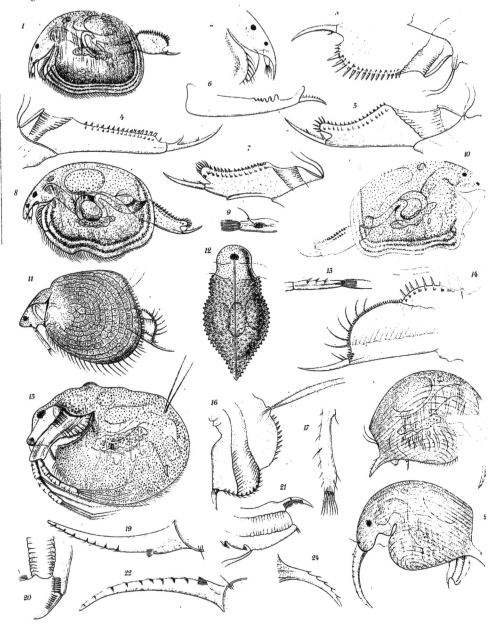

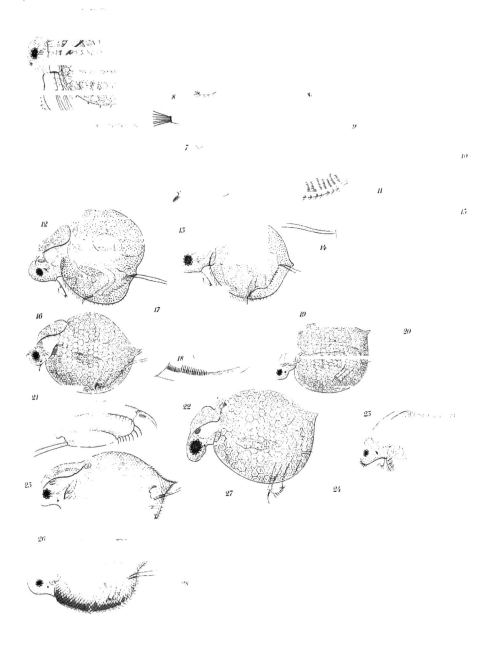

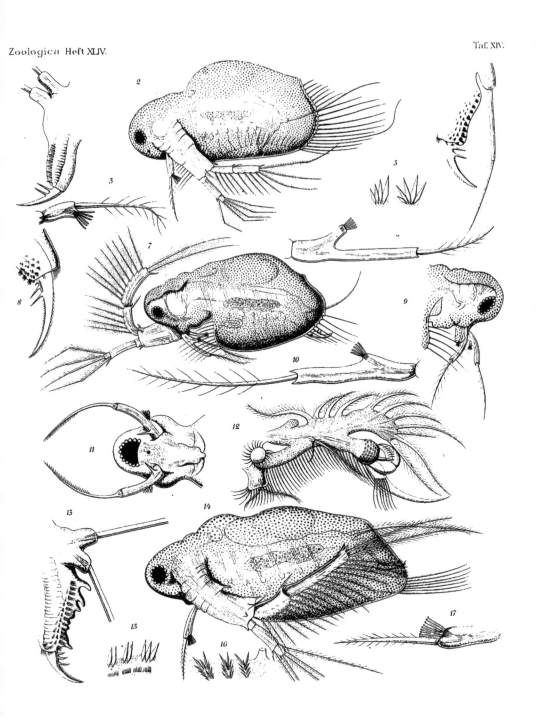

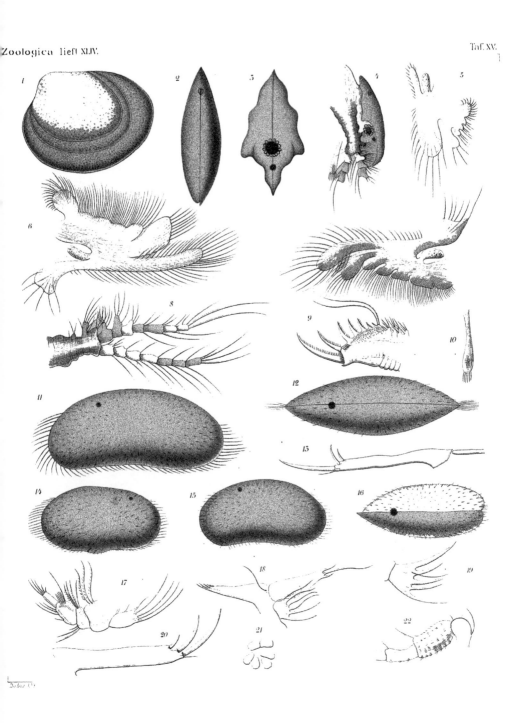

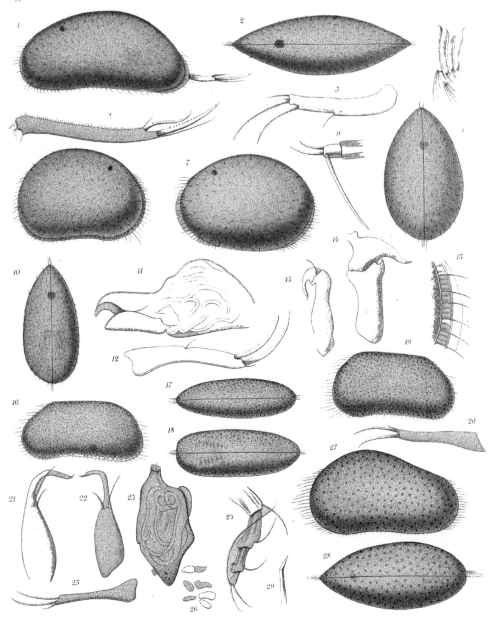

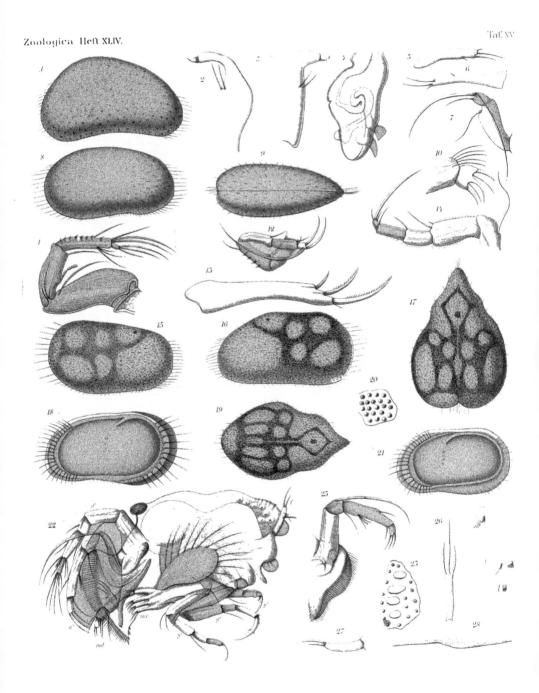

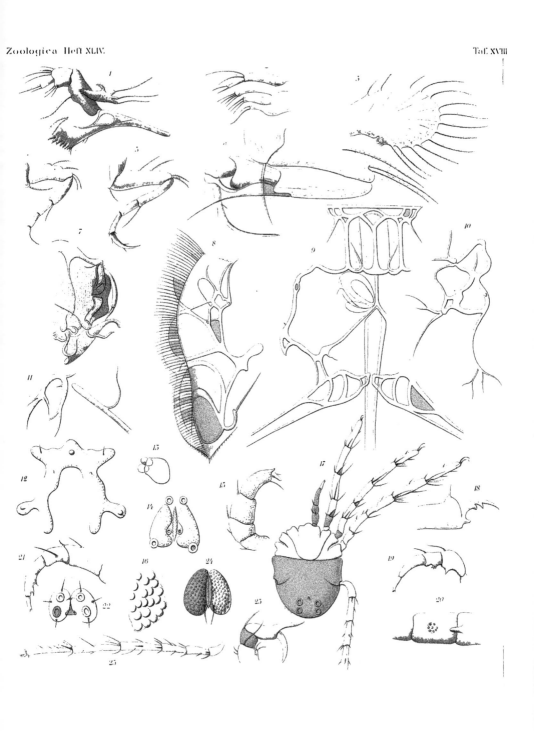

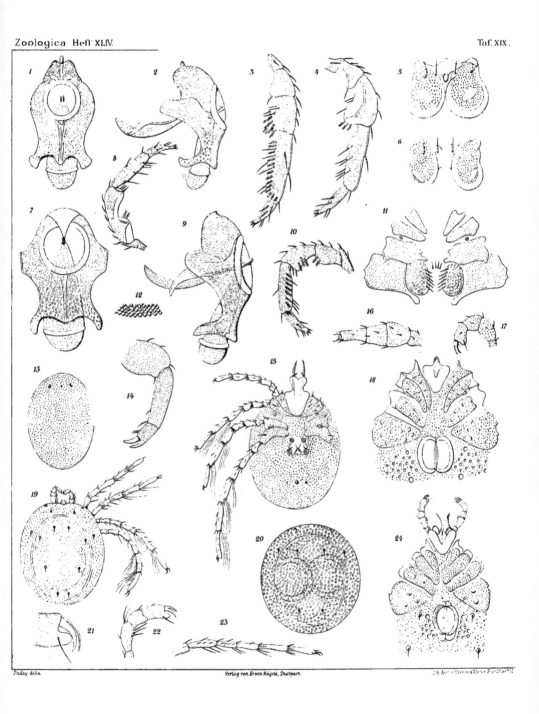

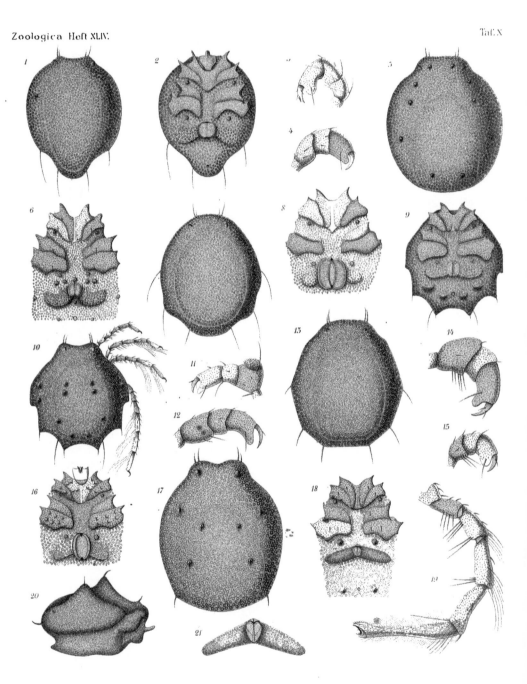

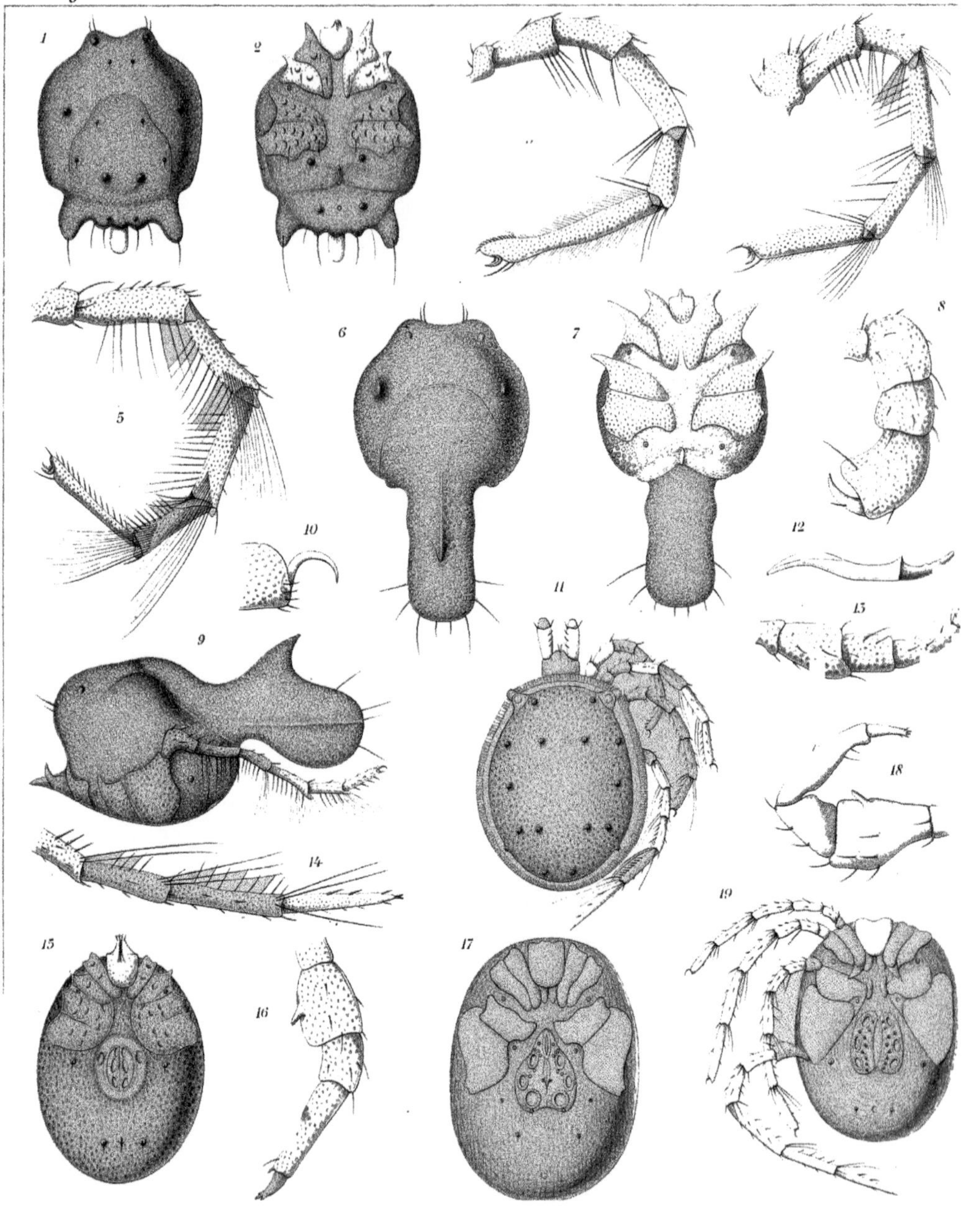
1
2
5
6
7
8
9
10
11
12
13
14
15
16
17
18
19

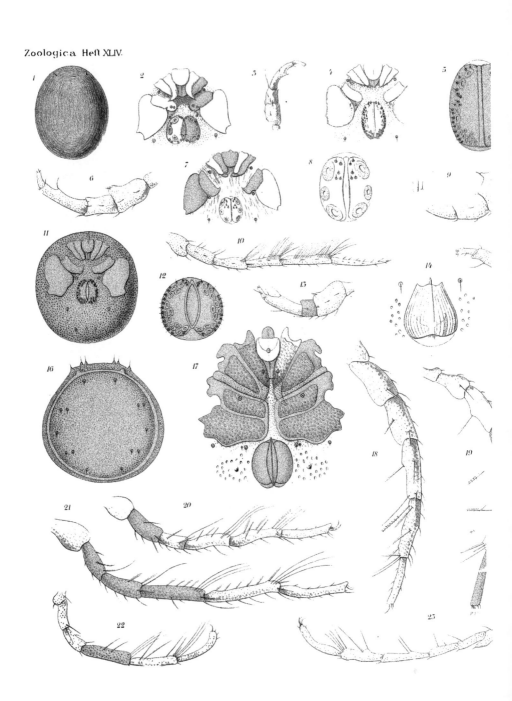

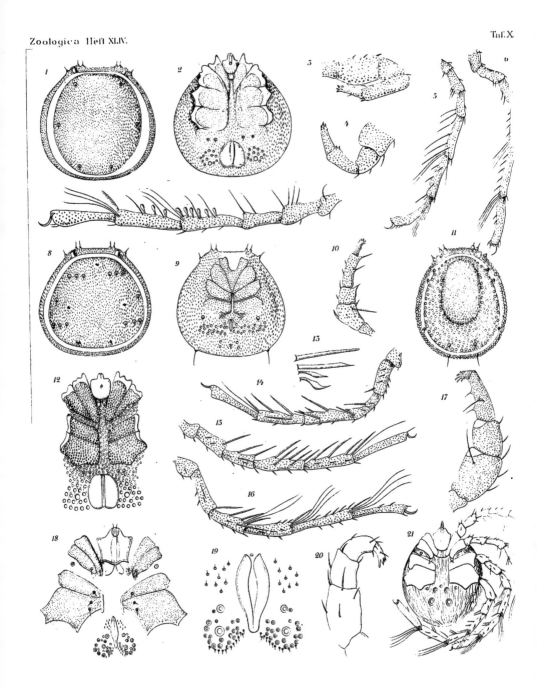

Verzeichnis der bisher erschienenen Hefte der Zoologica:

Lightning Source UK Ltd.
Milton Keynes UK
UKHW020444091218
333599UK00008B/538/P